Nationalatlas Bundesrepublik Deutschland – Bevölkerung

Nationalatlas Bundesrepublik Deutschland

Diese Reihenfolge entspricht nicht der Erscheinungsreihenfolge. Das Gesamtwerk soll bis zum Jahre 2004 abgeschlossen sein; Informationen über die geplanten Erscheinungstermine der einzelnen Bände erhalten Sie beim Verlag. Markierte Titel sind lieferbar.

Der Nationalatlas Bundesrepublik Deutschland erhielt im Jahr 2001 den Leipziger Wissenschaftspreis.

Dieser Band wurde ermöglicht durch Projektförderung der Fritz Thyssen Stiftung, Köln.

Institut für Länderkunde, Leipzig (Hrsg.)

Nationalatlas
Bundesrepublik Deutschland

Bevölkerung

Mitherausgegeben von Paul Gans und Franz-Josef Kemper

Spektrum Akademischer Verlag Heidelberg · Berlin

Die Deutsche Bibliothek – CIP-Einheitsaufnahme

Nationalatlas Bundesrepublik Deutschland / Institut für Länderkunde, Leipzig (Hrsg.).
[Projektleitung: A. Mayr ; S. Tzschaschel. Trägerges.: Deutsche Gesellschaft für Geographie ...
Kartographie: K. Großer ; B. Hantzsch]. – Heidelberg ; Berlin : Spektrum, Akad. Verl.
    CD-ROM-Ausg. u.d.T.: Bundesrepublik Deutschland Nationalatlas

Bd. 4. Bevölkerung / mithrsg. von Paul Gans und Franz-Josef Kemper. - 2001
    ISBN 3-8274-0944-6

Nationalatlas Bundesrepublik Deutschland
Herausgeber: Institut für Länderkunde, Leipzig
Schongauerstr. 9
D-04329 Leipzig
Mitglied der Wissenschaftsgemeinschaft Gottfried Wilhelm Leibniz

Bevölkerung
Mitherausgegeben von
Paul Gans und Franz-Josef Kemper

© 2001 Spektrum Akademischer Verlag GmbH Heidelberg · Berlin

Nationalatlas Bundesrepublik Deutschland
Projektleitung: Prof. Dr. A. Mayr, Dr. S. Tzschaschel
Lektorat: S. Tzschaschel
Redaktion: V. Bode, K. Großer, D. Hänsgen, C. Lambrecht, A. Mayr, S. Tzschaschel
Kartographie: K. Großer, B. Hantzsch
Umschlag- und Layoutgestaltung: WSP Design, Heidelberg
Satz und Gesamtgestaltung: J. Rohland
Druck und Verarbeitung: Editoriale Bortolazzi-Stei, Verona

Umschlagfotos: PhotoDisc Volume 38/42/24/39 und PhotoAlto Volume 14

Geleitwort

Die Bevölkerung: auf den ersten Blick ein statischer Begriff, der die Summe aller in einem Staatsgebiet lebenden Menschen repräsentiert. Im Deutschland nach 1945, in dem auch das Staatsgebiet mehrfachen Veränderungen unterworfen war, kann jedoch ein stetiger Wandlungsprozess konstatiert werden. Vier große Zuwanderungsbewegungen und Eingliederungsprozesse lassen sich unterscheiden: die Zuwanderung und Integration der deutschen Flüchtlinge und Vertriebenen unmittelbar nach Ende des Zweiten Weltkriegs bis in die erste Hälfte der fünfziger Jahre hinein, die Zuwanderung von Arbeitssuchenden und dringend benötigten und daher nach Deutschland eingeladenen Gastarbeitern – vor allem in Westdeutschland, die Zuwanderung der Asylsuchenden und anderer Flüchtlinge, zum Beispiel aus den Bürgerkriegsregionen in Südosteuropa, und die Zuwanderung und Integration von Aussiedlern oder Spätaussiedlern aus den ehemaligen deutschen Ostgebieten und aus dem Gebiet der früheren Sowjetunion.

Während in Westdeutschland Eingliederung und Zuwanderung dominierten, war in Ostdeutschland die Bevölkerungsentwicklung in großem Maße durch Auswanderung und Umsiedlung nach Westdeutschland geprägt. Dass dieser Prozess mehr als zehn Jahre nach der Wiedervereinigung noch nicht gestoppt ist, muss beunruhigen.

Die heutige Diskussion über Bevölkerungsfragen ist geprägt durch die Situation auf dem Arbeitskräftemarkt, durch die Asylproblematik und die Gestaltung einer künftigen Einwanderungspolitik, die der demographischen Entwicklung Rechnung trägt. Für diese großen Themenbereiche ist eine umfangreiche Diskussion in Politik, Gesellschaft und Medien festzustellen. Verantwortlich wird man mit den damit verbundenen Fragen jedoch nur dann umgehen können, wenn man die Bevölkerung in ihrer Gesamtheit und die gesellschaftlichen und wirtschaftlichen Bedürfnisse zukünftiger Generationen in die Betrachtung mit einbezieht.

Der deutsch-italienische Vertrag 1955 ermöglichte erstmals die geregelte Anwerbung ausländischer Arbeitskräfte. Bis zum durch den Ölpreisschock verursachten Anwerbestop im Jahre 1973 kamen rund 14 Millionen Menschen in die Bundesrepublik Deutschland, von denen rund drei Millionen im Lande blieben. Ihnen folgten Freunde und Familienangehörige, die, mehr oder weniger in die Bevölkerung integriert, als Mitbürger mitten unter uns leben. In weit kleinerem Maße war die arbeitsbedingte Zuwanderung auch in der DDR zu konstatieren; verbunden war sie jedoch hier mit einer besonders starken Tendenz zur Ausgrenzung der Fremden.

Ein anderes zentrales Problem, das in der Bevölkerung als besonders drängend empfunden wird, ist das grundgesetzlich verankerte Asylrecht. Seit der Eingrenzung des Grundrechts auf Asyl im Jahre 1993 ist die Zahl der Asylsuchenden stark zurückgegangen, doch fehlt es auch heute noch an einem gesellschaftlichen Konsens über Umfang und Gestaltung einer sich an den Interessen des Landes orientierenden Einwanderungspolitik. Einwanderung und Integration neuer Mitbürger aus Ostmittel- und Osteuropa stellen Politik, Verwaltung und Gesellschaft zudem vor große, aber lösbare Aufgaben.

Es ist auch eine der Aufgaben der Wissenschaft, zur Lösung dieser Probleme die Grundlagen aufzuarbeiten, sie zu analysieren und Wege zur Gestaltung aufzuzeigen. Voraussetzungen und Folgen der Wandlungsprozesse, die uns ständig begleiten, müssen transparent gemacht werden.

Das Institut für Länderkunde, Leipzig, stellt mit dem Nationalatlas Bundesrepublik Deutschland und mit dem vorliegenden Band „Bevölkerung" ein Instrument zur Ist-Analyse zur Verfügung. Der Atlas versammelt eine Vielzahl von wichtigen Informationen zu Themenkomplexen und Aufgabenbereichen, die uns alle betreffen. Hierzu zählen die Bereiche „Altersstruktur, Geburten und Sterbefälle", „Erwerbsleben und Qualifikation", „Haushaltsstruktur und Rolle der Frau", „Ethnische und religiöse Bevölkerungsgruppen", „Wanderung".

Unter dem speziellen Aspekt des Zusammenwachsens von West und Ost zeigen sich unterschiedliche Trends, von denen einige ein Zusammenwachsen und andere deutliche Disparitäten aufweisen. Auf der einen Seite fallen für die neuen Länder einige spezifische Problembereiche auf wie Arbeitslosigkeit und Sinken der Frauenerwerbsquote, Abwanderung von jungen Fachkräften, Suburbanisierung und Entleerung der Innenstädte mit den entsprechenden Folgewirkungen für die soziale Infrastruktur, den Verkehr und den Wohnungsbau. Auf der anderen Seite gleichen sich Bereiche in Ost und West an, so zum Beispiel im Bereich der Lebenserwartung und der Geburtenzahl.

Es wäre sehr zu begrüßen, wenn der Nationalatlas Bundesrepublik Deutschland dabei helfen könnte, die notwendigen Grundlagen für eine weitere Diskus-

sion in Politik, Wissenschaft und Gesellschaft zu schaffen. Die Fritz Thyssen Stiftung als Einrichtung der privaten Wissenschaftsförderung fühlt sich diesem Ziel ebenfalls verpflichtet, und ich hoffe, dass der Nationalatlas und insbesondere dieser Band die wünschenswerte Aufmerksamkeit und Beachtung finden.

Köln, im Mai 2001

Dr. Klaus Liesen, Vorsitzender des Kuratoriums der Fritz Thyssen Stiftung

Abkürzungsverzeichnis

Zeichenerläuterung

❶   Verweis auf Abbildung/Karte
▶▶   Verweis auf anderen Beitrag
→   Hinweis auf Folgeseiten
▶   Verweis auf blauen Erläuterungsblock

Allgemeine Abkürzungen

Abb. – Abbildung
aL – alte Länder
BBR – Bundesamt für Bauwesen und Raumordnung
BIP – Bruttoinlandsprodukt
BRD – Bundesrepublik Deutschland
BSP – Bruttosozialprodukt
bspw. – beispielsweise
bzw. – beziehungsweise
ca. – cirka, ungefähr
DDR – Deutsche Demokratische Republik
DM – Deutsche Mark
dtsch. – deutsch
dzt. – derzeit
einschl. – einschließlich
engl. – englisch
etc. – etcetera, und so weiter
EU – Europäische Union
Ew. – Einwohner
franz. – französisch
ggf. – gegebenenfalls
GIS – Geographisches Informationssystem
Hrsg. – Herausgeber
i.d.R. – in der Regel
IfL – Institut für Länderkunde
inkl. – inklusive
J. – Jahr/e
Jh./Jhs. – Jahrhundert/s
k.A. – keine Angabe (bei Daten)
Kfz – Kraftfahrzeug
km – Kilometer
lat. – lateinisch
m – Meter
Max./max. – Maximum/maximal
Med./med. – Medizin/medizinisch
Min./min. – Minimum/minimal
mind. – mindestens
Mio. – Millionen
MOE – Mittel- und Osteuropa
Mrd. – Milliarden
N – Norden
NUTS – nomenclature des unités territoriales stastistiques [1]
n.Ch. – nach Christus
nL – neue Länder
O – Osten
o.g. – oben genannt/e/er
ÖPNV – Öffentlicher Personennahverkehr
Pkw – Personenkraftwagen
rd. – rund
s – Sekunde
S – Süden

s. – siehe
sog. – sogenannte/r/s
Tsd. – Tausend
u.a. – und andere
u.s.w. – und so weiter
u.U. – unter Umständen
v.a. – vor allem
v.Ch. – vor Christus
W – Westen
z.B. – zum Beispiel
z.T. – zum Teil

[1] NUTS – Schlüsselnummern der EU-Statistik. Die Ebene NUTS-0 bilden die Staaten; NUTS-1 die nächstniederen Verwaltungseinheiten, in Deutschland die Länder; NUTS-2 in Deutschland die Regierungsbezirke; NUTS-3 in Deutschland die Kreise.

Für Abkürzungen von geographischen Namen – Kreis- und Länderbezeichnungen, die in den Karten verwendet werden – siehe Verzeichnis im Anhang.

Inhaltsverzeichnis

In der hinteren Umschlagklappe finden Sie Folienkarten zum Auflegen auf die Atlaskarten zur administrativen Gliederung der Bundesrepublik Deutschland (Gebietsstand 1999) mit Grenzen und Namen der Kreise in den Maßstäben 1:2,75 Mio. und 1:3,75 Mio. sowie zur Gliederung nach Raumordnungsregionen in den Maßstäben 1:5 Mio. und 1:6 Mio.

Vorwort des Herausgebers

Der Begriff Bevölkerung ist eine Abstraktion, die die Menschen bezeichnet, die zu einem bestimmten Zeitpunkt in einem gegebenen Raumausschnitt leben. Die Wissenschaften, die sich mit der Bevölkerung beschäftigen, vor allem die Demographie und die Bevölkerungsgeographie, definieren die Bevölkerung als Gesamtheit oder Summe der Einwohner eines Gebietes, das durch politische oder Verwaltungsgrenzen bestimmt ist.

Aber die in einem Gebiet ständig wohnenden Menschen als Bevölkerung aufzufassen, ist eine stark verallgemeinernde Betrachtungsweise. Schließlich sind diese Einwohner keinesfalls eine gleichmäßig zusammengesetzte Menge, sondern nach vielen Merkmalen unterschieden. Es gibt Frauen und Männer, Junge und Alte, Einheimische und Zugewanderte, Menschen mit und ohne Arbeit, Arme und Reiche, gut und weniger gut Ausgebildete, Kranke und Gesunde.

Um die Differenzierungen einer Bevölkerung und ihre Veränderungen darstellen zu können, bedient man sich seit dem 19. Jh. der amtlichen Statistik, dem Instrument, das auch die Grundlage für den anthropogenen Teil eines jeden Nationalatlas liefert. Sie verfügt über verschiedene Instrumente, darunter die Volkszählung, die Fortschreibung, die Erhebung von Stichproben (Mikrozensus) und Befragungen. Volkszählungen gelten als die zuverlässigsten Quellen von Bevölkerungsstatistik, erfordern jedoch einen erheblichen organisatorischen und finanziellen Aufwand, der nur in Abständen von mehreren Jahrzehnten vertretbar ist. Es muss daher betont werden, dass die letzte Volkszählung in der alten Bundesrepublik 1987 und in der DDR 1981 stattfand, weshalb die Karten des vorliegenden Bandes überwiegend auf Fortschreibungen der Bevölkerungsdaten und Stichproben (Mikrozensus) beruhen.

Doch die Statistik bietet nicht nur eine unendliche Informationsquelle, sondern birgt auch manche Probleme. Ein sehr erfolgreiches Buch mit dem Titel „Wie lügt man mit Statistik" (W. KRÄMER, Frankfurt 1997) enthält vielfältige Hinweise darauf, wie leicht der Umgang mit Zahlen die Wirklichkeit verzerren kann, die durchaus ihre humoristischen Seiten haben, aber auch zum Nachdenken Anlass geben.

Die Statistik erhebt die Daten zur Bevölkerung in den Verwaltungseinheiten. Demzufolge sind die kleinsten Einheiten, auf die sich die kartographischen Darstellungen beziehen können, die Gemeinden und in Großstädten die Stadtbezirke bzw. Ortsteile. Kartographisch sind die 13.854 (Ende 1999) Gemeinden der Bundesrepublik Deutschland im Maßstab des Nationalatlas kaum darstellbar, aber um großräumige Unterschiede zu verdeutlichen, genügt oft die Wiedergabe der Ausprägung der Merkmale in den 440 Kreisen. Häufig ist es sogar sinnvoll, auf die zur Analyse geschaffenen 97 Raumordnungsregionen zurückzugreifen, um Einheiten zu zeigen, die funktional auf einander bezogen sind und lokale Besonderheiten in einem Betrachtungsgebiet ausschließen bzw. nivellieren, so dass sie unmittelbar miteinander vergleichbar sind.

Ergänzend muss darauf hingewiesen werden, dass nach 1990 in den neuen Ländern Reformen der Verwaltungsgliederung durchgeführt wurden, die z.T. erst Ende der 1990er Jahre weitgehend abgeschlossen waren. Infolge dieser Reformen änderten sich die statistisch-kartographischen Bezugseinheiten in großem Umfang. Vergleichende Darstellungen, die weiter als 5 bis 8 Jahre zurückreichen, sind deshalb nur für wenige Grunddaten möglich. Die Vergleichbarkeit wurde in diesen Fällen durch aufwändige Umrechnungen gewährleistet. Für den Beginn der 1990er Jahre fehlen spezielle Daten über die neuen Länder gänzlich.

Ähnliche, wenn nicht größere Schwierigkeiten ergaben sich für die europäische Datenaufbereitung. Das Statistische Büro der Europäischen Union, Eurostat, bewegt einen großen Apparat, um europäische Statistiken so weit vergleichbar zu machen, dass sinnvolle Analysen möglich werden. Die Darstellung unterhalb der gesamtstaatlichen Ebene erfolgt für die von Eurostat ausgewiesenen Einheiten, die sog. NUTS, und ist damit nur für die Mitgliedsländer der EU möglich. Für viele Parameter ist wegen unterschiedlicher Definitionen der Statistiken Osteuropas nicht einmal die Vergleichbarkeit der gesamtstaatlichen Daten gewährleistet. Im vorliegenden Band sind deshalb nur dort Daten von Nicht-EU-Mitgliedern dargestellt, wo sie in homogenisierter, d.h. vergleichbarer Form vorliegen.

Die Probleme bei der Vereinheitlichung und Objektivierung von Statistik bergen bereits das erste Moment von statistischer Unwahrheit in sich –

KRÄMER nennt das „die Illusion der Präzision". Ein zweites trügerisches Moment birgt der notwendigerweise immer wieder bemühte Durchschnitt oder Mittelwert in sich. Zwar kann man für bestimmte Sachverhalte absolute Werte darstellen, wie es z.B. H. D. Laux im vorliegenden Band für die Bevölkerungsverteilung zeigt (S. 33), aber die Vergleichbarkeit ist bei solchen Darstellungen aufgrund unterschiedlich großer Raumeinheiten – in diesem Fall der verschieden großen Gemeinden in Nord-, Süd- und Ostdeutschland – deutlich eingeschränkt. Jede relative Darstellung – sei sie auf Gemeindeebene oder auf der Ebene von Raumordnungsregionen – ist die Darstellung eines Durchschnittswerts. Dass aber Durchschnitte oft die Wahrheit eher vertuschen als wiederspiegeln, lehrt uns nicht erst das Beispiel der Schulklasse mit einer Durchschnittsgröße von 1,45 m, in der kein einziges Kind 1,45 m groß ist.

Ein drittes Irrtumsmoment besteht in der Extrapolation von punktuellen Daten. Niemand, der mit Statistik arbeitet, würde es für unzulässig halten, drei Messwerte – z.B. die Bevölkerungszahlen eines Ortes 1995, 1997 und 1999 – mit einer geraden Linie zu verbinden. Und bei dem gegebenen Beispiel mag alle Plausibilität dafür sprechen, dass zwischen den drei gemessenen Werten keine extremen Abweichungen liegen und sich die Bevölkerung im entsprechenden Ort in der Tat in den Jahren 1996 und 1998 ähnlich entwickelt hat, wie angenommen. Doch andere Beispiele sind da weniger eindeutig. Nimmt man z.B. die Ausländerstatistik der Jahre 1988 bis 1993, könnte man – je nach den ausgewählten Daten – sowohl nachweisen, dass mehr Ausländer Deutschland verlassen als zuziehen, als auch eine gegenläufige Entwicklung, während in Wirklichkeit extreme kurzzeitige Schwankungen vorlagen und es einfach keine eindeutigen Trends gab. In solchen Situationen greift dann nur allzu gerne die Sensationspresse einige isolierte Daten auf und baut darauf spekulative Meldungen einer bevorstehenden Extrementwicklung auf.

Diese wenigen Hinweise mögen genügen, um unsere Aufmerksamkeit gegenüber Zahlen zu schärfen und zu relativieren, was oft als scheinbar objektiver Wert ein großes Gewicht einnimmt. Und gerade deshalb möchten wir an dieser Stelle all den unermüdlichen Datensammlern danken, die ihre Arbeit in den Dienst der Statistik stellen

und sich alle erdenkliche Mühe geben, um „Lügen mit Statistik" aufzudecken, die Fehlerquoten gering zu halten und ein enges räumliches und zeitliches Netz von Daten zu erstellen, damit Ungenauigkeiten und unfundierte Spekulationen möglichst gering gehalten werden. Vorab seien dabei die Statistischen Ämter der Länder, das Statistische Bundesamt sowie die Bundesanstalt für Arbeit genannt, auf deren Daten der vorliegende Band des Nationalatlas im Wesentlichen beruht, sowie das Bundesamt für Bauwesen und Raumordnung, von dem diese Daten zu Indikatoren der Laufenden Raumbeobachtung aufbereitet werden und dessen Mitarbeiter in besonderem Maße zum Gelingen dieses Bandes beigetragen haben. Auch Eurostat hat eine Menge von Daten geliefert, die ein einzelner Datensammler alleine nie auf eine vergleichbare Basis bringen könnte, und hat so ermöglicht, dass viele der dargestellten Informationen zum Vergleich in einem europäischen Maßstab präsentiert werden konnten.

Ihnen allen sowie den Autoren, den Koordinatoren und all den ungenannten Mitwirkenden gebührt wie immer unser Dank.

Leipzig, im April 2001

Alois Mayr
    (Projektleitung)
Sabine Tzschaschel
    (Projektleitung und Gesamtredaktion)
Konrad Großer
    (Kartenredaktion)
Christian Lambrecht
    (elektronische Ausgabe)

Deutschland auf einen Blick

Dirk Hänsgen, Birgit Hantzsch, Uwe Hein

❶ Bevölkerungsdichte am 1.1.1999
nach Gemeinden

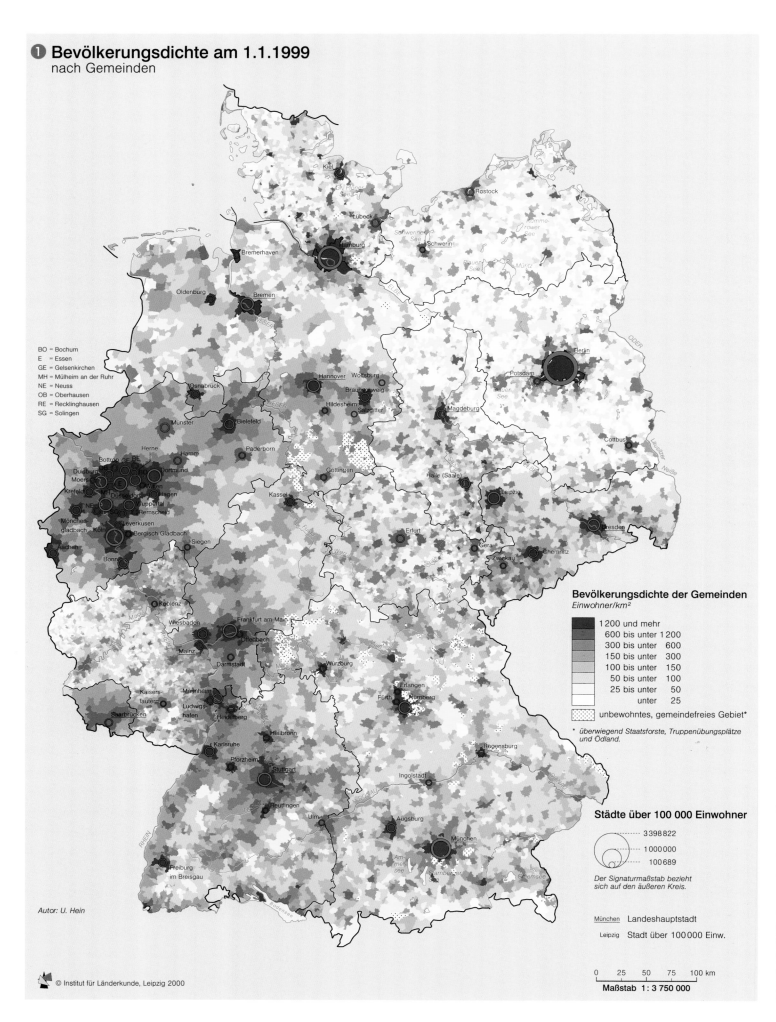

BO = Bochum
E = Essen
GE = Gelsenkirchen
MH = Mülheim an der Ruhr
NE = Neuss
OB = Oberhausen
RE = Recklinghausen
SG = Solingen

Bevölkerungsdichte der Gemeinden
Einwohner/km²

	1 200 und mehr
	600 bis unter 1 200
	300 bis unter 600
	150 bis unter 300
	100 bis unter 150
	50 bis unter 100
	25 bis unter 50
	unter 25
	unbewohntes, gemeindefreies Gebiet*

* überwiegend Staatsforste, Truppenübungsplätze und Ödland.

Städte über 100 000 Einwohner

3398822
1000000
100689

Der Signaturmaßstab bezieht sich auf den äußeren Kreis.

München   Landeshauptstadt
Leipzig   Stadt über 100 000 Einw.

0   25   50   75   100 km

Maßstab 1 : 3 750 000

Autor: U. Hein

© Institut für Länderkunde, Leipzig 2000

Deutschland liegt in Mitteleuropa, hat ein kompakt geformtes Territorium mit einer Fläche von 357.022 km² und grenzt an neun andere Staaten.

- **Gemeinsame Grenzen mit anderen Ländern:** Dänemark (67 km), Niederlande (567 km), Belgien (156 km), Luxemburg (135 km), Frankreich (448 km), Schweiz (316 km), Österreich (816 km), Tschechische Republik (811 km), Polen (442 km)
- **Äußerste Grenzpunkte (Gemeinden):** List (SH) 55°03′33″N / 8°24′44″E, Oberstdorf (BY) 47° 16′15″N / 10°10′46″E, Selfkant (NW) 51°03′09″N / 5°52′01″E, Deschka (SN) 51°16′22″N / 15°02′37″E
- **N-S-Linie der Grenzpunkte:** 876 km
- **W-O-Linie der Grenzpunkte:** 640 km

Gliederung des Staatsgebiets
Das Bundesgebiet gliedert sich in verschiedene Gebietskörperschaften. Die föderative Struktur der 16 Länder trägt den regionalen Besonderheiten Deutschlands Rechnung. Die 323 Landkreise/Kreise, 117 kreisfreien Städte/Stadtkreise und 13.854 Gemeinden bilden die Basis der verwaltungsräumlichen Gliederung (Stand 31.12.1999).

Landesnatur
Die landschaftliche Großgliederung ❷ Deutschlands ordnet sich in die für Mitteleuropa typischen Großlandschaften: Tiefland, Mittel- und Hochgebirge. Im Norden befindet sich das *Norddeutsche Tiefland*. Eine besondere Differenzierung erfährt die Mittelgebirgslandschaft durch das *Südwestdeutsche Schichtstufenland* und den *Oberrheingraben*. Im Süden stellt das *Süddeutsche Alpenvorland* den Übergang zu der Hochgebirgsregion der *deutschen Alpen* dar.

- **Höchste Erhebungen:** Zugspitze (2.962 m), Hochwanner (2.746 m), Höllentalspitze (2.745m), Watzmann (2.713 m)
- **Längste Flussabschnitte:** Rhein (865 km), Elbe (700 km), Donau (647 km), Main (524 km), Weser (440 km), Saale (427 km)
- **Größte Seen:** Bodensee (571,5 km²), Müritz (110,3 km²), Chiemsee (79,9 km²), Schweriner See (60,6 km²)
- **Größte Inseln:** Rügen (930 km²), Usedom (373 km²), Fehmarn (185,4 km²), Sylt (99,2 km²)

Bevölkerung, Siedlung, Flächennutzung
Auf der Fläche Deutschlands leben im Jahr 2000 rund 82 Mio. Menschen, bei einer mittleren Bevölkerungsdichte von 230 Ew./km². Die reale Verteilung ❶ weist ein ausgeprägtes West-Ost-Gefälle auf. Die Siedlungs- und Verkehrsfläche beansprucht 12% des Territoriums. Die größten Flächenanteile entfallen auf die Landwirtschaftsfläche (54%) und die Waldfläche (29%).

- **Höchste und niedrigste Bevölkerungsdichte** (Kreise): kreisfreie Stadt München (3917 Ew./km²), Landkreis Müritz (41 Ew./km²)
- **Größte Städte:** Berlin (3,4 Mio. Ew.), Hamburg (1,7 Mio. Ew.), München (1,2 Mio. Ew.), Köln (0,96 Mio. Ew.)

Bevölkerung in Deutschland – eine Einführung

Paul Gans und Franz-Josef Kemper

Das DMSP-Satellitenprogramm steht für ein Programm des US-amerikanischen Verteidigungsministeriums: Defense Meteorological Satellite Program. Die DMSP-Satelliten befinden sich in etwa 830 km Höhe über der Erde und fliegen in einer sonnensynchronen polaren Umlaufbahn. Mit Sicht- und Infrarotsensoren werden Tag- und Nacht-Ansichten von einem ca. 3000 km breiten Streifen aufgenommen und zur Erde gesendet, so dass jedes Gebiet der Erde bis zu zweimal täglich erfasst wird. Den Daten werden Informationen zur Wolkenbedeckung, zu meteorologischen und zu ozeanographischen Bedingungen entnommen. Außerdem ist es möglich, den mit dem Operational Linescan System gewonnenen und verarbeiteten Daten natürliche und anthropogene Lichtquellen zu entnehmen.
Näheres ist zu finden unter: http://spidr.ngdc.noaa.gov/biomass/night.html bzw. biomass/references.html

Bevölkerung im Raum: Deutschland bei Nacht

Die Satellitenaufnahme „Deutschland bei Nacht" vermittelt einen schemenhaften Überblick über die Bevölkerungsverteilung ❶. Die Größe heller Flächen dient zur Orientierung, um Lage und Einwohnerzahl der Siedlungsgebiete einzuordnen. Da Licht jedoch auch von Industriearealen ohne Wohnbevölkerung ausstrahlt, wie z.B. im Raum Halle/Leipzig, ist die Interpretation der Helligkeit im Hinblick auf die Bevölkerung im Raum nicht eindeutig. Trotz dieser Probleme und der geringen Auflösung zeigt die Verteilung der Lichtflecken durchaus Bezüge zur Punktstreuungskarte (▶▶ Beitrag Laux, S. 32) oder zur Bevölkerungsdichtekarte (▶▶ Beitrag „Deutschland auf einen Blick", S. 11). „Deutschland bei Nacht" drückt die bestehende Spanne zwischen den Verdichtungsräumen mit ihren hohen Einwohnerzahlen auf relativ kleiner Fläche und den günstigen Möglichkeiten zur Kommunikation (▶▶ Beitrag Breßler, S. 40) auf der einen sowie den weniger dicht besiedelten, ländlich geprägten Gebieten auf der anderen Seite aus. Bei den Bevölkerungskonzentrationen sind die monozentrischen Agglomerationen wie Berlin, Hamburg oder München von den polyzentrischen Strukturen in den Ballungsgebieten Rhein-Ruhr oder Rhein-Main gut zu unterscheiden. Dort sind die einzelnen Städte nicht voneinander abzugrenzen, ein Hinweis auf das Zerfließen und Ineinandergreifen der Siedlungsentwicklung in den Verdichtungsräumen, die z.T. sogar in angrenzende ländliche Gebiete überspringt und durchaus unerwünschte Auswirkungen auf eine nachhaltige Nutzung des Raumes hat. Wohnungswechsel aus ganz unterschiedlichen Motiven können hier als Gründe angeführt werden (▶▶ Beiträge Bucher/ Heins, S. 108 f; Herfert, S. 116; Friedrich, S. 124). Den Agglomerationen stehen die ländlich geprägten Gebiete mit ihrer relativ großen Streuung der Bevölkerungsverteilung in Siedlungen mit geringer Größe wie z.B. in Mecklenburg-Vorpommern gegenüber.

Das Spannungsgefälle in der Bevölkerungsverteilung von einer Konzentration der Menschen in Verdichtungsräumen zur Dispersion in weniger dicht besiedelten ländlichen Gebieten wird von strukturierenden Leitlinien überlagert. Stärker verdichtet ist das Siedlungsband entlang der Mittelgebirgsschwelle vom Ruhrgebiet im Westen bis nach Sachsen im Osten. Eine zweite von Nord nach Süd gerichtete Achse ist entlang des Rheins zu erkennen. Zudem gewinnt man den Eindruck, dass nördlich der Mittelgebirgsschwelle die Bevölkerungsverteilung relativ gleichmäßig ist, während südlich davon Becken und Täler Gunsträume für die Siedlungen darstellen.

Bevölkerung und Statistik

Ein Erfassen der Bevölkerungsverteilung im Raum erfordert je nach Fragestellung für einen festgelegten Zeitpunkt konkrete Angaben zur Einwohnerzahl in räumlichen Einheiten der verschiedenen Maßstabsebenen, d.h. von Deutschland insgesamt über Bundesländer, Regierungsbezirke, Raumordnungsregionen und Kreise bis zu Baublockseiten in Städten. Volkszählungen sind die genaueste Methode, um Zahl, Zusammensetzung und räumliche Verteilung der Bevölkerung an einem bestimmten Stichtag festzustellen. Nach dem Zweiten Weltkrieg fanden Volkszählungen in der früheren Bundesrepublik 1950, 1961, 1970 und 1987 statt, in der DDR in den Jahren 1950, 1964, 1971 und 1981. Rückblickende Vergleiche der Bevölkerungsverteilung, einschließlich struktureller Merkmale, sind aufgrund der abweichenden Stichtage nur mit Einschränkungen möglich. Erschwerend zur unregelmäßigen Durchführung kommen noch die differierenden Merkmalsdefinitionen sowie häufige Gebietsreformen (▶▶ Beitrag Laux, S. 32) hinzu, die nach 1990 auch in den neuen Ländern wiederholt realisiert wurden. Längsschnittanalysen sind – wenn überhaupt – nur mit erheblichem Aufwand durchführbar.

Am Beispiel des Großraumes Berlin ist beispielsweise 1992 ein klares Kern-Rand-Gefälle der Bevölkerungsdichte zu erkennen ❸. Die kleinräumige Abgrenzung der Kreise und ihre ringförmige Anordnung um Berlin geben die siedlungsstrukturelle Gliederung des Umlandes gut wieder. Fünf Jahre später ist diese Distanzabhängigkeit der Bevölkerungsdichte stark abgeschwächt. Es entsteht der Eindruck, dass sich in unmittelbarer Nachbarschaft von Berlin ländliche Gebiete mit sehr niedriger Bevölkerungsdichte anschließen. Hintergrund ist die Neugestaltung der Kreise entlang von Sektoren, die sich an Berlin als regionalen Wachstumsmotor anhängen, und die Zusammenlegung städtischer und ländlicher Kreise, so dass siedlungsstrukturelle Unterschiede, die spezifische Maßnahmen zur Raumentwicklung erfordern (▶▶ Beitrag Priebs, S. 28), verdeckt werden.

Volkszählungen sind zeitaufwendig und kostenintensiv. Um den relativ großen zeitlichen Abstand zwischen zwei Erhebungen zu überbrücken, wendet die amtliche Statistik in Deutschland das Verfahren der Fortschreibung an, das auf der polizeilichen Meldepflicht basiert. Als Quelle dienen die Registrierungen von Standes- und Einwohnermeldeämtern. Ausgehend von der Bevölkerung zum Stichtag der letzten Volkszählung kann die Einwohnerzahl durch Addition von Geburten und Zuzügen sowie Subtraktion von Sterbefällen und Wegzügen zu späteren Zeitpunkten berechnet werden. Fehlerquellen resultieren im Wesentlichen aus dem Unterlassen von An- oder Abmeldungen bei einem Wohnungswechsel, wie der letzte Zensus am 25.5.1987 klar vor Augen führte. So ergaben die Fortschreibungsergebnisse auf der Basis der Volkszählung vom 27.5.1970 für Schleswig-Holstein eine Einwohnerzahl von

❶ Deutschland bei Nacht

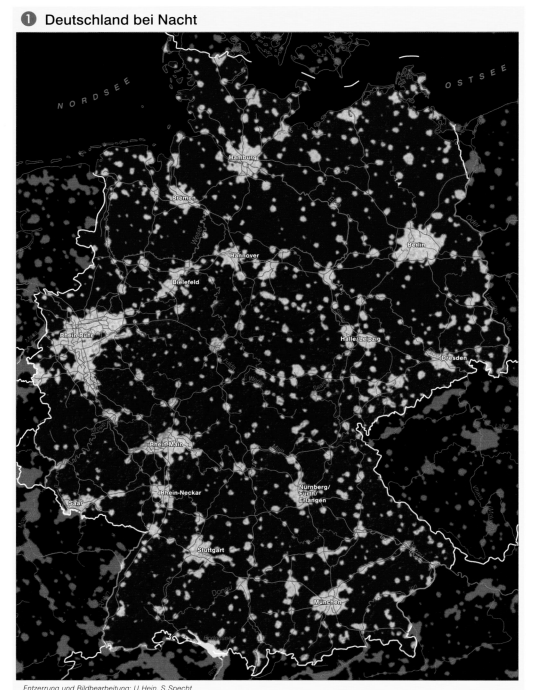

Entzerrung und Bildbearbeitung: U. Hein, S. Specht

© Institut für Länderkunde, Leipzig 2001

0 25 50 75 100 km
Maßstab 1 : 5 000 000

100 Jahre gesetzliche Rentenversicherung

2 Bevölkerungsentwicklung 1820-1940

in Mio.

1820-1870 ohne Elsass-Lothringen
1871-1930 jeweiliger Gebietsstand
1940 Gebietsstand von 1937

© Institut für Länderkunde, Leipzig 2001

2,612 Mio. am 30.6.1987 (StBA 1988, S. 52), die Volkszählung am 25.5.1987 registrierte jedoch nur 2,554 Mio. Menschen (StBA 1989, S. 43). Weiterhin unterbleiben bei Fortschreibungen Erhebungen zu wichtigen Strukturmerkmalen einer Bevölkerung wie z.B. zu Ausbildung oder Beruf.

Dieses Defizit versucht man seit 1957, mit dem Mikrozensus zu beheben, der auf einer ▶ geklumpten Flächenstichprobe von 1% zahlreiche bevölkerungsstatistisch relevante Merkmale einer Person nachfragt. Seine Ergebnisse erlauben zwar, Angaben für die Bevölkerung und ihre Zusammensetzung nach größeren Verwaltungseinheiten eines Staates zu schätzen und somit Ungenauigkeiten der Bevölkerungsfortschreibung zu verringern. Zur Analyse kleinräumiger Strukturen und ihrer Dynamik ist der Mikrozensus allerdings nur sehr begrenzt von Nutzen, da er auf einer Stichprobe basiert.

Weiterhin sind die Angaben zur Einwohnerzahl von Gemeinden innerhalb von Deutschland unterschiedlich: So berücksichtigt das Statistische Landesamt Baden-Württemberg nur Personen mit Hauptwohnung und gibt zum 31.12.1997 für Mannheim eine Einwohnerzahl von 310.475 an (StLABW 1999, S. 20), die Stadt selber weist jedoch alle Wohnberechtigten aus, auch jene Personen mit Nebenwohnung, und kommt zum selben Stichtag auf 320.698 Einwohner (MaSt1998).

Bevölkerungsstrukturen

Wenn man sich mit der Bevölkerung im Raum beschäftigt, sind nicht nur Verteilung und Dichte (▶▶ Beitrag Laux, S. 32) von Interesse, sondern auch Angaben über die Zusammensetzung der Bevölkerung nach einzelnen Merkmalen, also über die Bevölkerungsstruktur. Hierbei unterscheidet man nach demographischen (Alter, Geschlecht, Familienstand und Hauhaltsgröße), nach sozioökonomischen (Erwerbstätigkeit, Ausbildung, Einkommen) und ethnisch-kulturellen Merkmalen (z.B. Staatsangehörigkeit, Religion). Aktuelle Bestandserhebungen dazu sind im Kapitel „Bevölkerungsstrukturen" zusammengestellt. Viele dieser Merkmale werden nicht allein von jüngeren Prozessen bestimmt, sondern sind Ergebnis längerfristiger Entwicklungen. So spiegelt sich in der Altersgliederung zu einem gegebenem Zeitpunkt aufgrund der unterschiedlichen Besetzung von Altersjahrgängen die Bevölkerungsge-

schichte der vorangegangenen 80 bis 100 Jahre. Insofern reagiert die Bevölkerungsstruktur relativ träge auf Veränderungen. Daraus ergeben sich zwei Folgerungen: Zum einen können Prognosen der Bevölkerung und ihres Altersaufbaus über einen mittelfristigen Zeitraum von 20 bis 30 Jahren mit relativ hoher Zuverlässigkeit erstellt werden (▶▶ Beiträge Börsch-Supan, S. 26; Bucher, S. 142); zum anderen sind zur Erklärung gegenwärtiger Bevölkerungsstrukturen häufig historische Entwicklungen und längerfristige demographische Tendenzen heranzuziehen. Solche säkularen Trends bevölkerungsstruktureller Merkmale sind als Hintergrund-Information für die einzelnen Teilabschnitte dieses Atlasses zu betrachten.

Säkulare Trends

Viele demographische Trends und damit die Bevölkerungsentwicklung sind eng mit anderen gesellschaftlichen Wandlungen und Prozessen verbunden, mit Industrialisierung, Urbanisierung, Modernisierung, Säkularisierung und Individualisierung. So fallen die Hochin-

dustrialisierung und das rapide Städtewachstum – in Deutschland etwa zwischen der Reichsgründung 1871 und dem Ersten Weltkrieg 1914 – mit einem starken Bevölkerungswachstum aufgrund sinkender ▶ Mortalität und gleichbleibend hoher ▶ Geburtenraten zusammen. Im Deutschen Reich ist die Bevölkerung zwischen 1871 und 1910 von 42,61 Mio. auf 64,57 Mio. angewachsen, hat sich also um 52% vergrößert. Die höchsten Wachstumsraten wurden in den ersten Dekade des 20. Jhs. mit etwa 15‰ pro Jahr erreicht **2**. Ähnlich hohe Bevölkerungszunahme gab es aber schon im späten 18. Jh. und in der ersten Hälfte des 19. Jhs. (MARSCHALCK 1984). Zwischen 1817 und 1850 war die Bevölkerungszahl auf dem Gebiet des späteren Deutschen Reichs von 25,01 Mio. um 41% auf 35,31 Mio. angestiegen.

Trends im Heiratsverhalten

Vor der Hochindustrialisierung erfolgte das Wachstum im Rahmen der vorindustriellen Bevölkerungsweise, bei der die Zahl der Familiengründungen, reguliert über Heiratsalter und -häufigkeit, in Abhängigkeit vom Nahrungsspielraum die Entwicklung der Einwohnerzahlen steuerte (LIVI-BACCI 2000). Für Deutschland wie für andere europäische Länder war über Jahrhunderte das „Eu-

ropäische Heiratsmuster" (HAJNAL 1982) mit später Eheschließung charakteristisch. Heiratserlaubnisse wie auch Niederlassungsrechte waren grundsätzlich an ein gesichertes Einkommen oder an Grundbesitz geknüpft, so dass je nach Beschäftigungslage in einem Gebiet oder zu einer Zeitperiode ein mehr oder weniger großer Anteil der heiratsfähigen Bevölkerung eine Ehe eingehen durfte. Im Laufe des 19. Jhs. wurden diese Einschränkungen gelockert, was zum genannten Bevölkerungswachstum führte. Dadurch kam es aber in Zeiten wirtschaftlicher Krisen, vor allem in den 1830er und 40er Jahren, zu Massenarmut und Elend (Pauperismus), was eine Auswanderungswelle nach Übersee auslöste (▶▶ Beitrag Swiaczny, S. 128) und erst durch den Ausbau der Industrie und der neuen Beschäftigungsmöglichkeiten in den Städten gemildert bzw. →
beseitigt werden konnte.

3 Berlin und Brandenburg
Bevölkerungsdichte 1992 und 1997
nach Kreisen zum jeweiligen Gebietsstand

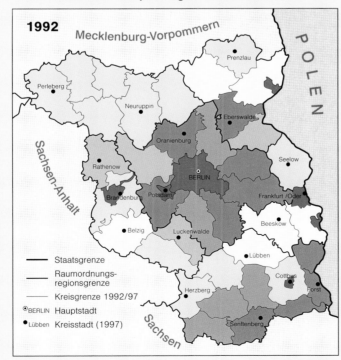

Staatsgrenze
Raumordnungsregionsgrenze
Kreisgrenze 1992/97
⊙BERLIN Hauptstadt
•Lübben Kreisstadt (1997)

© Institut für Länderkunde, Leipzig 2001

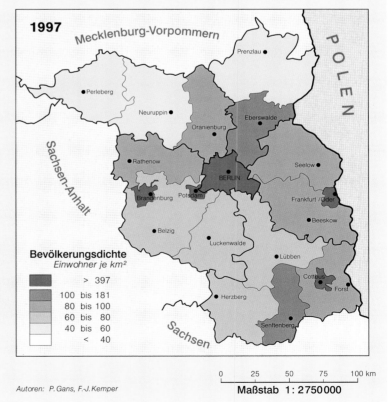

Bevölkerungsdichte
Einwohner je km²

> 397
100 bis 181
80 bis 100
60 bis 80
40 bis 60
< 40

Autoren: P. Gans, F.-J. Kemper

Maßstab 1 : 2750000

Familie um 1914

⑤ Mittlere Haushaltsgröße 1871-1999

Personen je Haushalt

© Institut für Länderkunde, Leipzig 2001

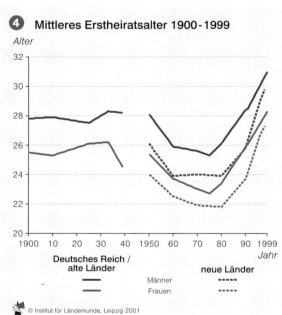

④ Mittleres Erstheiratsalter 1900-1999

Alter

Deutsches Reich /
alte Länder

neue Länder

Männer —————
Frauen ----------

© Institut für Länderkunde, Leipzig 2001

Im Gefolge der Industrialisierung wurde es für immer mehr Menschen möglich, eine Ehe zu schließen. Dennoch blieb das Erstheiratsalter bis in die Zwischenkriegszeit hoch, und erst nach dem Zweiten Weltkrieg sanken die Werte in der Bundesrepublik auf 25,3 Jahre für Männer und 22,7 Jahre für Frauen (jeweils 1975) ④. Danach ist als Folge von Individualisierungsprozessen und veränderten Bewertungen eine deutliche Trendwende zu späterer Eheschließung und abnehmender Heiratshäufigkeit festzustellen, gefördert durch verlängerte Ausbildungszeiten, vermehrte Berufstätigkeit von Frauen sowie die zunehmende gesellschaftliche Akzeptanz alternativer Formen des Zusammenlebens. In der DDR hatte sich das industriegesellschaftliche Muster von früher und universaler Heirat noch weit stärker als in Westdeutschland durchgesetzt, wie man an den niedrigen Werten des Erstheiratsalters erkennt. Zwar ist auch dort ein leichter Anstieg der Werte in den 1980er Jahren zu konstatieren, doch vollzog sich ein schneller Wandel in Richtung eines postindustriellen Heiratsmusters erst nach der Wende (▶▶ Beitrag Gans, S. 96).

Ein weiteres Merkmal des Heiratsmusters ist die Häufigkeit von Ehescheidungen. Als Indikator wird die ▶ zusammengefasste Scheidungsziffer benutzt, die als Prozentanteil der durch Scheidung aufgelösten Ehen zu interpretieren ist, wenn die Verhältnisse eines Beobachtungsjahres konstant gehalten werden. Diese Ziffer lag in der Bundesrepublik 1965 noch bei 12, stieg in den 1970er und 80er Jahren deutlich an und erreichte einen Wert von 30 Ende der 1980er Jahre. Im selben Zeitraum erhöhten sich auch in der DDR die Ziffern. Sie übertrafen stets beträchtlich die Raten Westdeutschlands (1987: 45). Nach der Wende sind in den neuen Ländern die Ehescheidungen zeitweise stark zurückgegangen, als das bundesrepublikanische Scheidungsrecht übernommen wurde.

Trends der Haushaltsgröße

Eheschließungen und -lösungen gehören zu den Prozessen der Familienbildung, die eng mit der Haushaltsbildung verknüpft ist. Allerdings können zu Haushalten als Einheiten des Zusammenlebens auch Nicht-Verwandte zählen. Letzteres war in der agrarischen Gesellschaft mit Dienstboten und Gehilfen weit verbreitet. Die mittlere Haushaltsgröße betrug im vorindustriellen Europa etwa 5 Personen. Entgegen gängiger Vorstellungen waren Dreigenerationen-Haushalte und Großfamilien die Ausnahme. Während der Hochindustrialisierung lag die Haushaltsgröße 1871 im Deutschen Reich bei 4,6 Personen und fiel bis 1910 nur leicht auf 4,4 (KEMPER 1997). Als Folge des Geburtenrückgangs und einer „Familisierung" der Haushalte durch Auszug von Dienstpersonal sank der Wert bis 1933 auf 3,3 ab ⑤. Diese säkulare Reduzierung der Haushaltsgröße setzte sich in der Nachkriegszeit fort, wobei der Anteil der Einpersonenhaushalte ständig anstieg (▶▶ Beitrag Kemper, S. 58); 1998 entfielen auf einen Privathaushalt in Deutschland 2,2 Personen (▶▶ Beitrag Bucher/Kemper, S. 54).

Neben der zeitlichen Variation der Haushaltsgröße spielen auch räumliche Unterschiede eine Rolle. 1890, zu Beginn der Hochindustrialisierung, schwankte die ▶ mittlere Haushaltsgröße zwischen 4 Personen im schlesischen Regierungsbezirk Liegnitz und 5,4 im westfälischen Regierungsbezirk Münster ⑥. Große Haushalte waren nicht nur im Nordosten des Reichs, sondern auch in den Städten im Ruhrgebiet zu finden. Unterdurchschnittliche Haushaltsgrößen waren für die Großstädte Berlin und Hamburg, die gewerblichen Regionen Sachsens, Schlesiens und Thüringens, aber auch für eine Reihe ländlicher Gebiete Ostelbiens kennzeichnend.

Altersstruktur

Eines der wichtigsten demographischen Merkmale der Bevölkerungszusammensetzung ist die Altersstruktur (▶▶ Beitrag Maretzke, S. 46). Wenn man zusätzlich noch eine Aufteilung der Altersgruppen nach Geschlecht vornimmt, gelangt man zur bekannten Darstellungsform der Bevölkerungspyramide ⑨. Für das Deutsche Reich des Jahres 1910 weist die Darstellung noch eine regelmäßige Pyramidenform mit breiter Basis auf, die einen hohen Kinderanteil und eine geringere Besetzung der älteren Altersgruppen vor allem der Männer anzeigt. Vierzig Jahre später hat sich der Grundtyp des Altersaufbaus zu einer Bienenkorbform gewandelt, die jedoch durch deutliche Einschnitte verzerrt wird. Letztere sind bedingt durch die wechselhafte Geschichte, die Krisen und Katastrophen im Deutschland der ersten Hälfte des 20. Jhs. Zu erkennen sind die Geburtenausfälle am Ende der beiden Weltkriege, in geringerem Ausmaß auch während der Weltwirtschaftskrise, der durch die Bevölkerungspolitik der Nationalsozialisten unterstützte Geburtenanstieg in den späten 1930er Jahren sowie die hohen Kriegsverluste der Männer. Auch nach weiteren 50 Jahren lassen sich diese ▶ Singularitäten in der Altersverteilung noch erkennen. Der Grundtyp hat sich abermals verändert, nun in Richtung einer Urnenform mit geringer werdender Besetzung der jüngeren ▶ Alterskohorten und Tendenzen zur Überalterung. Deutlich werden der als Pillenknick bezeichnete Geburtenrückgang seit Ende der 1960er Jahre und der Geburtenrückgang in den neuen Ländern im Gefolge der Wende.

Aus den Alterspyramiden lässt sich die fortschreitende Überalterung der Bevölkerung ablesen. Der Kinderanteil, der 1871 im Deutschen Reich 34,3% gegenüber einem Altenanteil von 4,6% betrug, verringerte sich spürbar nach dem Ersten Weltkrieg infolge des Geburtenrückgangs, so dass 1925 der Anteil der unter 15-Jährigen nur noch

⑥ Mittlere Haushaltsgröße 1890
räumliche Bezugseinheiten nach KNODEL

Mittlere Personenzahl
je Haushalt

≥ 4.974
4,838 - 4,973
4,702 - 4,837
4,566 - 4,701
4,430 - 4,565
< 4,430
keine Daten

1 F. Lübeck
2 Lübeck
3 Hamburg
4 Bremen
5 Berlin
6 Schaumburg - Lippe
7 Braunschweig
8 Lippe
9 Minden
10 Hildesheim
11 Anhalt
12 Oberhessen
13 Birkenfeld
14 Rheinhessen
15 Starkenburg
16 Neckarkreis
17 Schwarzwald
18 Sigmaringen
19 Konstanz

© Institut für Länderkunde, Leipzig 2001   Autoren: P. Gans, F.-J. Kemper

0   100   200 km
Maßstab 1 : 11 000 000

7 Anteil der Kinder und der Älteren 1871-1999

in Prozent

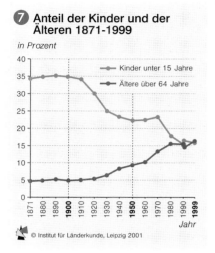

© Institut für Länderkunde, Leipzig 2001

25,7% ausmachte und 1950 in der Bundesrepublik 23,2% (Altenquote 9,3%). Der Pillenknick führte dann zu einer erneuten Reduktion auf 17,8% im Jahr 1980. Im vereinten Deutschland des Jahres 1999 ist der Kinderanteil (15,7%) bereits niedriger als der der Älteren ab 65 Jahre (16,2%). Damit hat sich die demo-ökonomische Belastung (▶▶ Beitrag Maretzke, S. 46) innerhalb eines Jahrhunderts stark gewandelt, von einem hohen Übergewicht der Kinderanteile hat sich heute etwa ein Gleichstand von Kindern und Älteren ergeben 7, der in Zukunft zu einem Übergewicht der Älteren mit gravierenden Fol-

gen für viele Lebensbereiche führen wird (▶▶ Beitrag Börsch-Supan, S. 26).

Erwerbsstruktur nach Wirtschaftsbereichen

Die demographischen Trends waren von tiefgreifenden Änderungen in der Erwerbsstruktur begleitet, die sich nach dem Schema von Jean FOURASTIÉ durch eine Gewichtsverlagerung der Bedeutung der drei Wirtschaftssektoren Landwirtschaft, Industrie und Handwerk sowie Dienstleistungen beschreiben lassen 8. Im Gefolge der Industrialisierung kam es zu einem relativen Beschäftigungsrückgang in der Landwirtschaft und einem deutlichen Anstieg der Arbeitnehmerzahlen im sekundären Sektor, der Anfang der 1970er Jahre mit 49% seinen höchsten Wert in der Bundesrepublik erreichte. Aufgrund der Produktivitätsfortschritte sowie der Verlagerung von Produktionsstätten ins Ausland verlor in der Folgezeit die Erwerbstätigkeit in der Industrie an Bedeutung, und der tertiäre Sektor legte zu, so dass wir uns heute in der postindustriellen Phase befinden, in der der größte Anteil der Erwerbstätigen im Dienstleistungssektor beschäftigt ist. Mit der Hinwendung zur Dienstleistungsgesellschaft stieg auch der Anteil der erwerbstätigen Frauen, der jedoch in der DDR traditionell immer sehr hoch war (▶▶ Beitrag Stegmann, S. 62). Der

allochthon – fremden Ursprungs

Alterskohorte – alle Mitglieder einer Altersgruppe

autochthon – lokalen Ursprungs

Emigration/emigrieren – Auswanderung/auswandern über Staatsgrenzen hinweg

geklumpte Flächenstichprobe – mehrstufige Zufallsauswahl, bei der die Untersuchungseinheiten aufgrund ihrer räumlichen Lage zu Gruppen („Klumpen") zusammengefasst werden

intraurban/interurban – innerhalb von Städten/zwischen Städten

intraregional/interregional – innerhalb von Regionen/zwischen Regionen

Migranten/migrieren – Wohnungswechsel über Gemeindegrenzen hinweg

Migrationsbilanz/Migrationssaldo – Wanderungssaldo

pronatalistisch – Maßnahmen oder Politik, die eine höhere Geburtenzahl fördern soll

Segregation – Ungleichverteilung von sozialen, ethnischen oder anders definierten Bevölkerungsgruppen über ein Betrachtungsgebiet; oft als Ausdruck für die Konzentration von höheren und niedrigeren Einkommensgruppen in Stadtvierteln verwendet

Singularitäten – historisch einmalige Ereignisse, die allgemeine Muster überlagern

Wanderungssaldo – Differenz zwischen Zuzügen und Fortzügen

Rückgang des industriellen Sektors brachte in Westdeutschland seit den 1980er Jahren steigende Arbeitslosenzahlen mit sich, die in einigen Regionen mit hoher Langzeitarbeitslosigkeit

8 Modell von FOURASTIÉ
Entwicklung des Erwerbspersonenanteils in den drei Wirtschaftssektoren beim Übergang von der Agrar- zur Dienstleistungsgesellschaft

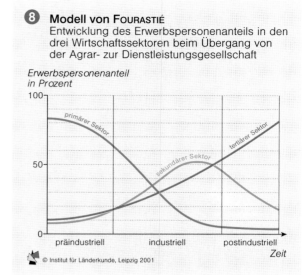

© Institut für Länderkunde, Leipzig 2001

verbunden sind. Dieses Problem gewinnt zeitverschoben Ende der 1990er Jahre auch in den Industrieregionen der neuen Länder ständig an Bedeutung (▶▶ Beiträge Gans/Thieme, S. 80 und S. 82).

Ethnische Minoritäten

Hinsichtlich der ethnisch-kulturellen Bevölkerungsstruktur lässt sich nach Merkmalen wie Religion, Sprache, Herkunft oder Staatsangehörigkeit differenzieren. Traditionell sind für Deutschland regionale Unterschiede von Religion bzw. Konfession bedeutsam (▶▶ Beitrag Henkel, S. 68). Ethnische Minderheiten sind Gruppen, die aufgrund von Gemeinsamkeiten wie Kultur oder Sprache und der Vorstellung einer gemeinsamen Herkunft ein Zusammengehörigkeitsbewusstsein entwickelt haben. Dabei unterscheidet man zwischen ▶ autochthonen, schon lange im Lande lebenden Minoritäten und ▶ allochthonen, zugewanderten Gruppen. Zu letzteren zählen die in der Nachkriegszeit nach Deutschland gekommenen Arbeitsmigranten und ihre Nachkommen (▶▶ Beiträge Glebe/Thieme, S. 72 und S. 76). Zu den ersteren werden die nationalen Minderheiten gerechnet, die schon vor der Staatsgründung im Land in einem relativ geschlossenen Territorium wohnten und die einen rechtlichen Minderheitenstatus genießen: z.B. die in Schleswig-Holstein lebenden Dänen und Friesen sowie die Sorben in der Lausitz. Sie sind in aller Regel zweisprachig und erhalten staatliche Unterstützung zur Förderung ihrer Sprache und Kultur.

Juden in Deutschland

Zu den ältesten Minoritäten in Deutschland mit einer wechselvollen Geschichte zählen die Juden sowie die Sinti und Roma. Beide Gruppen umfassen heute sowohl ▶ autochthone wie zugewanderte Personen. Die jüdische Minderheit, auf die hier etwas genauer eingegangen wird, ist zwar keine nationale Minderheit im rechtlichen Sinne, erhält aber eine institutionelle Förderung, nicht zuletzt aufgrund der Verfolgung und Ermordung vieler →

9 Bevölkerungspyramiden 1910, 1950, 1998

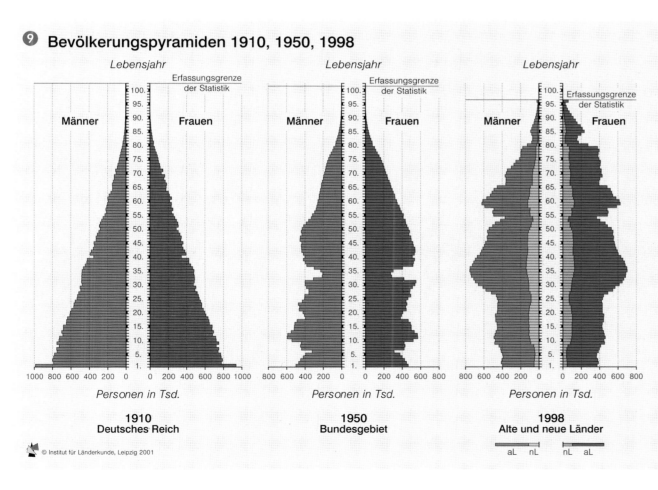

© Institut für Länderkunde, Leipzig 2001

⑩ Lebenserwartung von Neugeborenen 1740-1995

Jahre

Legende:
— Jungen
— Mädchen

Jahr

Veränderung der Lebenserwartung beider Geschlechter im Alter von 0 Jahren

Jahre

Zeitraum

© Institut für Länderkunde, Leipzig 2001

Millionen Menschen jüdischer Herkunft zur Zeit des Nationalsozialismus. Im Gebiet des späteren Deutschlands lebten Juden schon seit den ersten Jahrhunderten nach Christus. Im Mittelalter waren sie zwar eine unter mehreren ethnischen Minoritäten, mussten aber wegen ihrer Religion zahlreiche Diskriminierungen erdulden und konnten nur in bestimmten Berufen tätig werden. Die Judenemanzipation seit der Aufklärung führte zur bürgerrechtlichen

Gleichstellung bei der Gründung des Deutschen Reiches im Jahr 1871, auch wenn bestimmte Berufe im staatlichen Bereich (Beamte, Offiziere) ihnen nur schwer zugänglich waren. Im Kaiserreich wuchs die Zahl der Juden, d.h. der Personen der jüdischen Religionsgemeinschaft, von 512.000 (1871) auf 615.000 (1910) an, ihr prozentualer Anteil an der Gesamtbevölkerung sank aber von 1,25% auf 0,95%. Dies war vor allem auf eine unterdurchschnittliche Fruchtbarkeit zurückzuführen, denn der Geburtenrückgang setzte bei ihnen schon relativ früh ein. Die deutschen Juden zeichneten sich durch demographische Modernität aus.

Auf dem Lande konnten Juden lange Zeit nur im Handel (z.B. Vieh- oder Produktenhandel) oder als Hausierer tätig werden, wohingegen sich ihnen in den Städten neue berufliche Positionen eröffneten. Im Jahre 1885 lebte ein knappes Drittel der jüdischen Bevölkerung Deutschlands in Großstädten, während es 1910 schon fast 60% waren. Besonders groß war die Anziehungskraft von Berlin, wo 1871 knapp 10% der Juden wohnten, 1925 aber bereits 32%. Die Verstädterung war eng verknüpft mit einem ausgeprägten Bildungsstreben, einer Akademisierung und Verbürgerlichung. Diese Aussagen gelten allerdings nur für die autochthone jüdische Bevölkerung und nicht für die aus den russisch-polnischen Gebieten und aus Galizien zugewanderten Ost-Juden, von denen viele in die USA weiter migrierten.

Alle Emanzipations- und Integrationserfolge der jüdischen Minorität wurden schließlich durch den Holocaust zunichte gemacht, den nur wenige Ju-

⑪ Bevölkerung nach ausgewählten Gemeindegrößenklassen 1871-1997

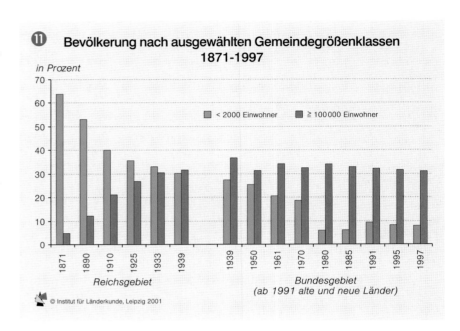

in Prozent

Legende:
□ < 2000 Einwohner
■ ≥ 100 000 Einwohner

Reichsgebiet

Bundesgebiet (ab 1991 alte und neue Länder)

© Institut für Länderkunde, Leipzig 2001

⑫ Modell des demographischen Übergangs

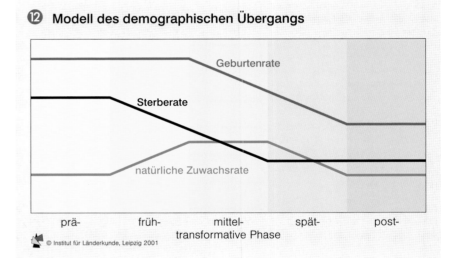

Geburtenrate

Sterberate

natürliche Zuwachsrate

prä- / früh- / mittel- / spät- / post- transformative Phase

© Institut für Länderkunde, Leipzig 2001

⑬ Geburten-, Sterbeziffern und natürliche Zuwachsrate 1817-1998

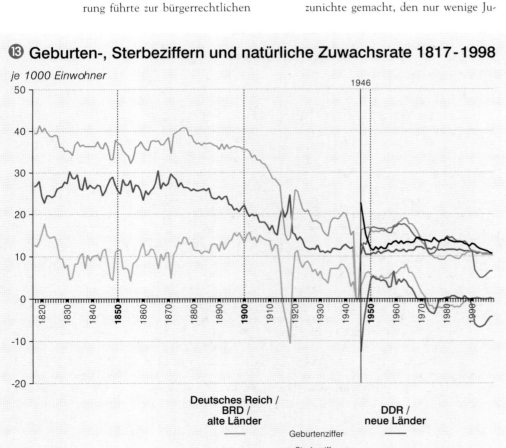

je 1000 Einwohner

1946

Deutsches Reich / BRD / alte Länder

DDR / neue Länder

— Geburtenziffer
— Sterbeziffer
— natürliche Zuwachsrate

© Institut für Länderkunde, Leipzig 2001

den in Deutschland überlebten. Anfang 1989 gab es in der Bundesrepublik knapp 30.000 Mitglieder von jüdischen Gemeinden. Diese Zahl hat sich bis 1999 durch die geförderte Zuwanderung aus Russland und anderen GUS-Staaten auf 82.000 erhöht.

Verstädterung und Bevölkerungskonzentration

Der bevölkerungsstrukturelle Wandel im 19. und 20. Jh. spielte sich vor dem Hintergrund einer zunehmenden Verstädterung ab, deren Hochphase mit der Periode der Hochindustrialisierung zusammenfiel. Für das Deutsche Reich betrug der Bevölkerungsanteil in Großstädten ab 100.000 Einwohnern im Jahr 1871 nur 4,8%, 1910 schon 21,3%. Im Jahr 1939 wurden 31,6% errechnet 1980, für die Bundesrepublik 34,0%. Parallel dazu sank der Anteil der ländlichen Bevölkerung in Gemeinden unter 2000 Einwohnern ⑪. Aus diesen Trends wird ersichtlich, dass der räumliche Konzentrationsprozess der Bevölke-

rung während der Hochindustrialisierung am stärksten ausgeprägt war. Heute dominiert dagegen eine kleinräumige Dekonzentration, weil das Umland stärker wächst als die Kernstädte (▶▶ Beiträge Laux, S. 36; Herfert, S. 116).

Niedrigere Geburtenhäufigkeit und steigende Lebenserwartung

Die natürliche Bevölkerungsentwicklung ist in Deutschland seit den 1970er Jahren negativ ⑬. Ähnlich wie in den übrigen europäischen Staaten ist dieser Trend Folge eines Geburtenrückganges (▶▶ Beitrag Gans/Ott, S. 92). Die Abbildung veranschaulicht, dass die heutigen ▶ Sterbeüberschüsse offenbar das Ergebnis eines tiefgreifenden Wandels der Fruchtbarkeits- und Sterblichkeitsbedingungen in den letzten 200 Jahren sind. Lag die ▶ Geburtenziffer vor 1900 zumeist über 35‰, so hat sie sich heute um 10‰ stabilisiert. In diesem Zeitraum verringerte sich auch die ▶ Sterberate von über 25‰ auf ebenfalls etwa

Kennziffern der Bevölkerungsentwicklung

Die **Bevölkerungsentwicklung** wird durch die natürliche Bevölkerungsentwicklung sowie das Wanderungsgeschehen bestimmt.

Geburten- bzw. **Sterbeüberschüsse** sind Ausdruck für den momentanen Zustand der **natürlichen Bevölkerungsentwicklung**, die je nachdem, ob die Sterbefälle oder die Geburten (jeweils absolut) überwiegen, durch Wachstum oder Schrumpfung gekennzeichnet ist. Die Begriffe **Geburtenhäufigkeit**, **Fruchtbarkeit** oder **Fertilität** werden synonym verwendet.

Das einfachste Maß zur Charakterisierung der Geburtenhäufigkeit ist die **allgemeine** oder **rohe Geburtenziffer oder -rate**, welche die Zahl der Lebendgeborenen eines Jahres auf 1000 Personen der mittleren Bevölkerung, in der Regel die Zahl zur Jahresmitte, bezieht. Die Geburtenziffer ist jedoch für räumliche und zeitliche Vergleiche ungeeignet, da sie sich auf die gesamte Bevölkerung stützt. Eine Erhöhung des Wertes kann allein aus altersstrukturellen Veränderungen und nicht aus einem Wandel des generativen Verhaltens resultieren.

Das **generative Verhalten** in einem Zeitraum ergibt sich aus den Wechselwirkungen zwischen gesellschaftlichen und ökonomischen Merkmalen, welche die Geburtenhäufigkeit oder Heiratsvorgänge beeinflussen. Ein geeignetes Maß ist die **zusammengefasste Geburtenziffer oder Totale Fertilitäts-/Fruchtbarkeitsrate (TFR)**, welche die Zahl der geborenen Kinder von 1000 Frauen während ihrer reproduktiven Lebensphase angibt, wenn sie den für eine bestimmten Zeitpunkt maßgeblichen Fruchtbarkeitsverhältnissen unterworfen wären und dabei von der Sterblichkeit abgesehen wird; dieses Maß liegt heute in Europa zwischen 800 und 1800. Die TFR wird manchmal auch als Wert je Frau angegeben, der je nach historischer Situation in Europa zwischen 0,8 und 1,8 streut. Die Fruchtbarkeit kann als Gesamtziffer angegeben werden oder sich nur auf die ehelichen bzw. die außerehelichen Geburten beziehen (**eheliche Fruchtbarkeitsziffer, außereheliche Fruchtbarkeitsziffer**).

Eine alternative **Ziffer der ehelichen Fruchtbarkeit** setzt die Zahl der ehelichen Geburten in Beziehung zu einer erwarteten Zahl, die bei gegebener Altersverteilung der verheirateten Frauen und maximaler Fruchtbarkeit, wie sie bei der in Nordamerika lebenden religiösen Gruppe der Hutterer beobachtet wurde, resultieren würde. Diese Ziffer wird als Prozentanteil am maximal zu erwartenden Wert bzw. als Anteil am Index 1 angegeben.

Das einfachste Maß zur Charakterisierung der **Sterblichkeit** oder **Mortalität** ist die **allgemeine** oder **rohe Sterberate/Mortalitätsrate bzw. -ziffer**, welche die Zahl der Todesfälle eines Jahres auf 1000 Personen der mittleren Bevölkerung bezieht. Die **Sterbeziffer** ist jedoch

für räumliche und zeitliche Vergleiche ungeeignet, da sich Unterschiede in der Mortalität aus der altersstrukturellen Zusammensetzung der Bevölkerung ergeben können. Diesen Nachteil gleicht die **mittlere Lebenserwartung** aus. Sie gibt die wahrscheinliche Zahl von Jahren an, die eine Person zum Zeitpunkt der Geburt, aber auch in einem beliebigen Alter unter den in einer Zeitperiode gegebenen Sterblichkeitsverhältnissen einer Bevölkerung zu leben erwarten kann. Berechnungen der Lebenserwartung gehen auf Sterbetafeln zurück. Im Text wird die mittlere Lebenserwartung bei der Geburt immer abgekürzt als **Lebenserwartung** bezeichnet.

Untersuchungen zur **Säuglingssterblichkeit** basieren auf der **Säuglingssterblichkeitsrate oder -ziffer**. Diese ist eine altersspezifische Mortalitätsrate, die sich aus der Zahl der Sterbefälle von unter einjährigen Personen bezogen auf 1000 Lebendgeborene in einem Kalenderjahr berechnet.

Die **generative Struktur** einer Bevölkerung prägt die Entwicklung der Bevölkerung in einem Raum während einer bestimmten Phase durch das spezifische Zusammenwirken von Heiratshäufigkeit und -alter, inner- und außerehelicher Fruchtbarkeit sowie der altersspezifischen Sterblichkeit.

Unter **Nettoreproduktionsrate** wird die Zahl der Töchter verstanden, die von einer Generation von Frauen im Laufe ihrer reproduktionsfähigen Jahre geboren werden und die unter den herrschenden Sterblichkeitsverhältnissen ihrerseits das reproduktionsfähige Alter erreichen werden. Bei Werten von über 1 ist eine Zu-, bei Werten niedriger als 1 eine Bevölkerungsabnahme zu erwarten.

Die Häufigkeit von Ehescheidungen wird als **zusammengefasste Scheidungsziffer** ausgedrückt, die den Anteil der durch Scheidung aufgelösten Ehen pro Jahr angibt, wenn die Verhältnisse eines Beobachtungsjahres konstant gehalten werden.

Die **Haushaltsgröße** wird in der Regel als **mittlere Haushaltsgröße** in Zahl der Personen je Haushalt ausgedrückt, wobei meist nur Privathaushalte betrachtet werden. Neben den Privathaushalten werden Anstaltshaushalte, z.B. Wohnheime oder Internate, unterschieden.

altersspezifische Indizes – Fruchtbarkeit, Sterblichkeit oder andere Kenngrößen können entweder für die Gesamtbevölkerung oder für bestimmte Altersgruppen ermittelt werden, wobei jeweils die Grundbevölkerung, auf die sich ein errechneter Wert bezieht, durch die Bevölkerungszahl der jeweiligen Gruppe ausgewechselt wird.

Der **demographische Übergang** oder die **demographische Transformation** ist der mehr oder minder regelhafte Wandel der Geburten- und Sterbeziffern von relativ hohen zu vergleichsweise niedrigen Werten.

10‰. Zugleich verzeichnete die Bevölkerung in Deutschland während dieser Transformation ein erhöhtes natürliches Wachstum. Diesen mehr oder minder regelhaften Wandel der natürlichen Bevölkerungsbewegungen von hohen, variierenden ▶ Geburten- und ▶ Sterbeziffern zu deutlich niedrigeren, wenig schwankenden Werten bezeichnet man als ▶ demographischen Übergang. Gleichzeitig entstanden neue Strukturen in Gesellschaft und Wirtschaft, die sich z.B. in den Änderungen von der Agrar- über die Industrie- zur Dienstleistungsgesellschaft äußern (s.o.). Der demographische Wandel hat sich in allen Industrieländern nach einem gleichartigen Muster vollzogen, das sich nach dem Modell des demographischen Übergangs in fünf Phasen untergliedern lässt ⑫.

Generative Strukturen in der prätransformativen Phase (bis 1870)

Von 1815 bis 1870 verlaufen die Geburten- und Sterbeziffern bei relativ starken, unregelmäßigen Schwankungen etwa parallel auf konstant hohem Niveau. Der kurzfristigen Zunahme der Mortalität nach Hungerkrisen wie 1816/17 oder bei Epidemien wie 1831/32 folgt verzögert eine Steigerung der Geburtenrate. Sterbeüberschüsse sind jedoch nicht zu beobachten, da bereits im 18. Jh. mit dem Verschwinden der Pest eine erste Besserung bei der ▶ Lebenserwartung eintrat (MARSCHALCK 1984, S. 26) ⑩. Daher ist in allen Jahren von 1815 bis 1870 ein vorindustrielles natürliches Bevölkerungswachstum zu beobachten, das zwischen 10 und

16‰ pendelte und sich vor allem auf dem Lande vollzog.

Das hohe Niveau und die wiederholten kurzfristigen Ausschläge beider Raten sind Ausdruck der vorindustriellen Bevölkerungsweise. Die Familie hatte aufgrund religiöser Normen und Werte sowie rechtlicher Vorgaben einen gesicherten Platz in der Gesellschaft. Die außereheliche Fruchtbarkeit spielte keine Rolle. Die Eltern hatten von einer großen Kinderzahl durchaus Vorteile. Die Nachkommen konnten schon früh in der durch die Landwirtschaft geprägten Ökonomie bestimmte Arbeiten erledigen, sie waren für die Eltern eine Absicherung im Alter und bei Krankheit.   →

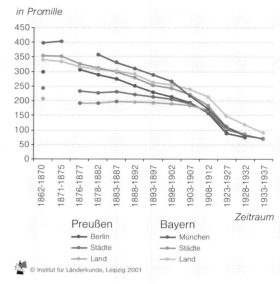

⑭ Preußen und Bayern
Stadt-Land-Unterschiede der Säuglingssterblichkeit 1862-1937

in Promille

	Preußen	Bayern
	■ Berlin	■ München
	● Städte	● Städte
	● Land	● Land

© Institut für Länderkunde, Leipzig 2001

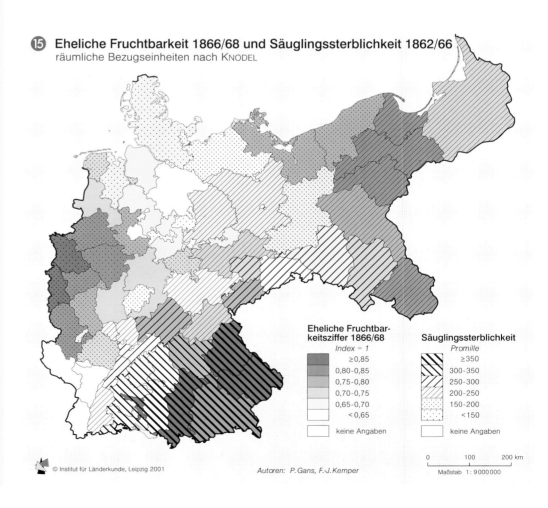

⑮ **Eheliche Fruchtbarkeit 1866/68 und Säuglingssterblichkeit 1862/66**
räumliche Bezugseinheiten nach KNODEL

Eheliche Fruchtbarkeitsziffer 1866/68
Index = 1
- ≥0,85
- 0,80-0,85
- 0,75-0,80
- 0,70-0,75
- 0,65-0,70
- <0,65
- keine Angaben

Säuglingssterblichkeit
Promille
- ≥350
- 300-350
- 250-300
- 200-250
- 150-200
- <150
- keine Angaben

© Institut für Länderkunde, Leipzig 2001

Autoren: P. Gans, F.-J. Kemper

0   100   200 km
Maßstab 1 : 9 000 000

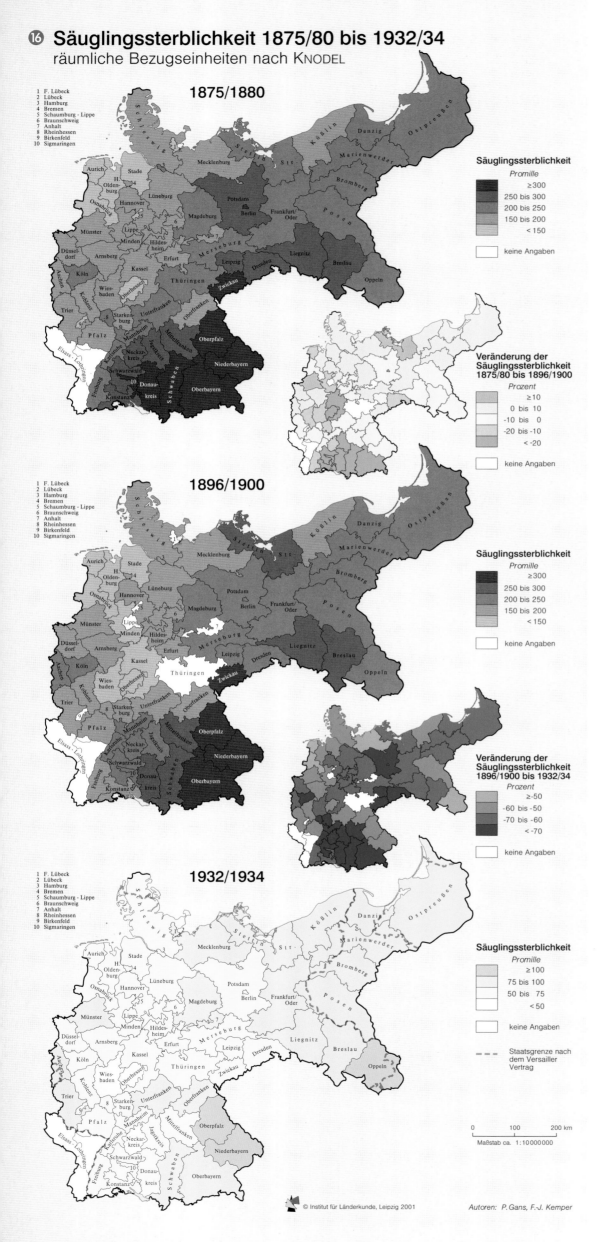

⑯ Säuglingssterblichkeit 1875/80 bis 1932/34
räumliche Bezugseinheiten nach KNODEL

1875/1880

1 F. Lübeck
2 Lübeck
3 Hamburg
4 Bremen
5 Schaumburg - Lippe
6 Braunschweig
7 Anhalt
8 Rheinhessen
9 Birkenfeld
10 Sigmaringen

Säuglingssterblichkeit
Promille
- ≥300
- 250 bis 300
- 200 bis 250
- 150 bis 200
- < 150
- keine Angaben

Veränderung der
Säuglingssterblichkeit
1875/80 bis 1896/1900
Prozent
- ≥10
- 0 bis 10
- -10 bis 0
- -20 bis -10
- < -20
- keine Angaben

1896/1900

1 F. Lübeck
2 Lübeck
3 Hamburg
4 Bremen
5 Schaumburg - Lippe
6 Braunschweig
7 Anhalt
8 Rheinhessen
9 Birkenfeld
10 Sigmaringen

Säuglingssterblichkeit
Promille
- ≥300
- 250 bis 300
- 200 bis 250
- 150 bis 200
- < 150
- keine Angaben

Veränderung der
Säuglingssterblichkeit
1896/1900 bis 1932/34
Prozent
- ≥-50
- -60 bis -50
- -70 bis -60
- < -70
- keine Angaben

1932/1934

1 F. Lübeck
2 Lübeck
3 Hamburg
4 Bremen
5 Schaumburg - Lippe
6 Braunschweig
7 Anhalt
8 Rheinhessen
9 Birkenfeld
10 Sigmaringen

Säuglingssterblichkeit
Promille
- ≥100
- 75 bis 100
- 50 bis 75
- < 50
- keine Angaben

- - - Staatsgrenze nach
dem Versailler
Vertrag

0   100   200 km

Maßstab ca. 1:10 000 000

© Institut für Länderkunde, Leipzig 2001   Autoren: P. Gans, F.-J. Kemper

---

Die generative Struktur der prätransformativen Phase weist erhebliche regionale Abweichungen auf, die sich in einem Anstieg der ▶ Säuglingssterblichkeit von Nord nach Süd und von West nach Ost dokumentiert ⑮. Auffallend sind auch die erhöhten Werte vor allem in den großen Städten ⑭. IMHOF (1981b) bezeichnet die generative Struktur in Süddeutschland als System der Verschwendung: hohe Geburtenhäufigkeit, aber auch extreme Säuglingssterblichkeit, kurze Stillzeiten, ungenügende Schonung von Schwangeren und jungen Müttern, geringer Abstand zwischen zwei Geburten, hohe und rasche Wiederverheiratung von Witwern und Witwen. Demgegenüber ist die generative Struktur in Nordwestdeutschland durch eine höhere Mitverantwortung der Eltern für das Überleben ihrer Kinder gekennzeichnet, die sich in einer sich bis in die 1920er Jahre beschleunigte, dann aber abflachte. Der Sterblichkeitsrückgang nach 1870 basierte auf einer merklichen Verbesserung der Ernährungssituation. Modernisierung und Intensivierung der Landwirtschaft sowie der expandierende Welthandel sicherten zunehmend die Nahrungsmittelversorgung, mit dem Ausbau der Verkehrsinfrastruktur im Zuge der Industrialisierung konnten regionale Defizite rasch ausgeglichen werden. Der Anstieg der Lebenserwartung in dieser frühen Phase resultierte aus der verringerten ▶ Mortalität von Kindern und Erwachsenen, weniger aus der von Säuglingen. Deren ▶ Sterblichkeit erhöhte sich sogar noch, zum einen in Gebieten mit eher unterdurchschnittlicher Mortalität der unter 1-Jährigen ⑯, zum andern in den Städten, verstärkt in den damaligen Metropolen ⑭. Hinter

Familie Anfang 20. Jh.

ner unterdurchschnittlicher Fruchtbarkeit und einer sehr niedrigen Säuglingssterblichkeit ausdrückt ⑮.

Der Sterblichkeitsrückgang in der frühtransformativen Phase (1870-1900)

Aus Abbildung ⑬ kann man etwa ab 1870 eine augenfällige Verringerung der Sterbeziffer ablesen. Bei weiterhin hohen Geburtenraten öffnet sich die Bevölkerungsschere, der demographische Übergang beginnt: Das natürliche Bevölkerungswachstum erhöht sich von etwa 10 auf fast 15‰ um 1900.

Der Rückgang der Sterberate war Folge einer Zunahme der Überlebenschancen. In Abbildung ⑩ ist seit 1865/75 bis heute ein Zuwachs der ▶ Lebenserwartung von Männern und Frauen zu erkennen (▶▶ Beiträge Gans/Kistemann/Schweikart, S. 98; Ott, S. 100),

diesem Stadt-Land-Gefälle verbargen sich mangelnde Hygiene, sehr kurze Stillzeiten und Defizite im sanitären Bereich. Erst mit dem Ausbau von Trink- und Abwassersystemen, mit der Regulierung von Frischmilchtransporten und Milchsterilisierung beschleunigte sich der Rückgang der Säuglingssterblichkeit (IMHOF 1981b).

Vermehrtes Überleben bedeutete nicht nur eine Verbesserung der Lebensbedingungen breiter Bevölkerungsschichten, sondern es hieß auch, dass mehr Jugendliche, insbesondere Frauen, das Erwachsenenalter erreichten. Die ▶ Geburtenziffer bleibt jedoch konstant auf hohem Niveau ⑬, wozu eine insgesamt leicht rückläufige Kinderzahl der Frauen beitrug ⑰. Seit den 1880er Jahren zeichnen sich erste Änderungen in der altersstrukturellen Fruchtbarkeit ab. Zum einen erhöht sich die Geburtenhäu-

⑰ Totale Fertilitätsrate TFR 1871/80 bis 1998

Geburten je 1000 Frauen

— Deutsches Reich/ab 1946 Bundesrepublik Deutschland bzw. alte Länder
— ab 1950 DDR bzw. neue Länder

Absolute Kinderzahl 1865 bis 1959/60
nach dem Geburtsjahrgang der Frauen

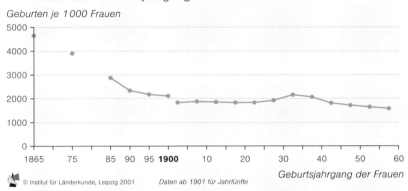

Geburten je 1000 Frauen

Geburtsjahrgang der Frauen

© Institut für Länderkunde, Leipzig 2001   Daten ab 1901 für Jahrfünfte

figkeit der unter 25-Jährigen, was für ein Beibehalten traditioneller Normen und Gewohnheiten in Bezug auf Familiengründung und für eine Verringerung des Heiratsalters spricht. Zum andern sank die Fruchtbarkeit der mindestens 35-Jährigen, was auf eine Anpassung der Familiengröße an die neuen, zunehmend städtisch geprägten Sozialstrukturen schließen lässt ⑱. Der Fruchtbarkeitsrückgang

setzte vornehmlich in den großen Städten ein und war dort stärker ausgeprägt als in kleineren Zentren und in ländlichen Gebieten ⑲. Der Geburtenüberschuss hat sich in dieser Phase nicht voll auf das Bevölkerungswachstum ausgewirkt, da bis zur Jahrhundertwende 2,4 Mio. Menschen Deutschland in Richtung Übersee den Rücken kehrten (▶▶ Beitrag Swiaczny, S. 126). →

⑲ Preußen
Eheliche Fruchtbarkeitsziffer 1867-1911

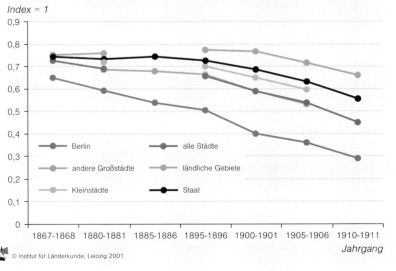

Index = 1

— Berlin
— andere Großstädte
— Kleinstädte
— alle Städte
— ländliche Gebiete
— Staat

Jahrgang

© Institut für Länderkunde, Leipzig 2001

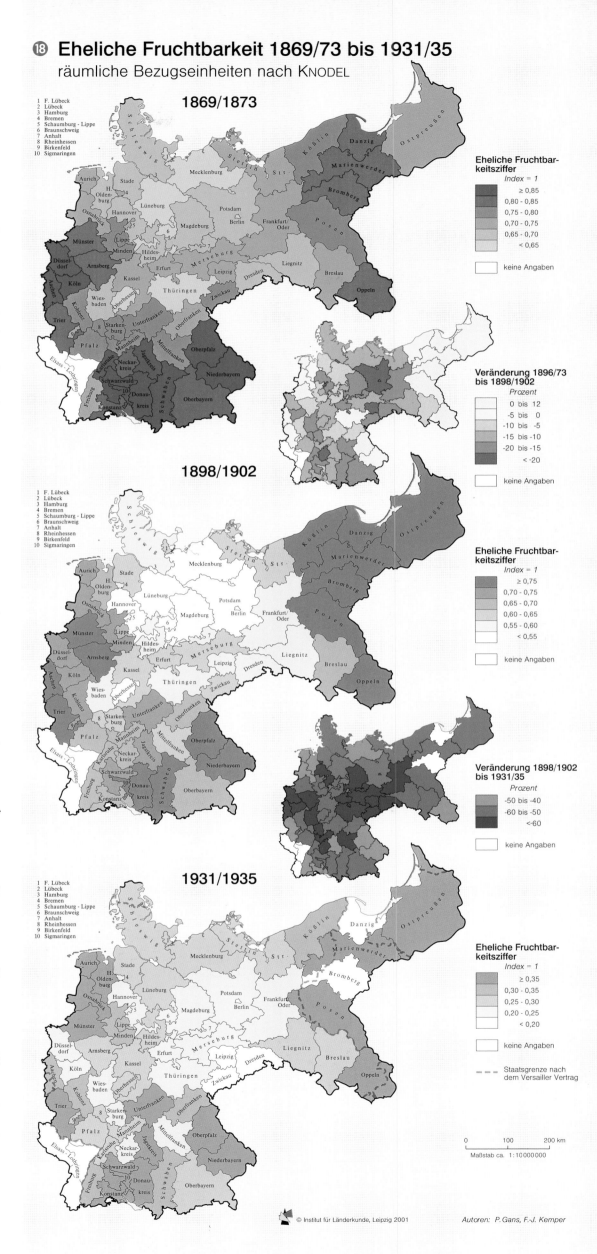

⑱ Eheliche Fruchtbarkeit 1869/73 bis 1931/35
räumliche Bezugseinheiten nach KNODEL

© Institut für Länderkunde, Leipzig 2001   Autoren: P. Gans, F.-J. Kemper

Der Fruchtbarkeitsrückgang in der mittel- und spättransformativen Phase (1900-1945)

Die mittel- und die spättransformative Phase des demographischen Übergangs gehen in Deutschland ineinander über, da der Erste Weltkrieg und die wirtschaftlichen Probleme in der Zwischenkriegszeit den Verlauf von Fruchtbarkeit und Mortalität erheblich beeinflussten [13]. Anfang des 20. Jhs. lag das natürliche Bevölkerungswachstum bis zum Ausbruch des Ersten Weltkriegs weiterhin deutlich über 10‰, obwohl die Geburtenrate bis zu diesem Zeitpunkt um 25% gesunken war, die Sterbeziffer jedoch fast um ein Drittel absank und weiter stark rückläufig war. Von 1920 bis 1938 verringerte sich die Zahl der Geborenen auf 1000 Einwohner sogar um 31%, die der Sterbefälle um 25%, so dass sich etwa ab 1920 die Bevölkerungsschere zu schließen beginnt und das natürliche Wachstum rückläufig ist [13].

Der Fruchtbarkeitsrückgang beruhte auf dem Zusammenwirken mehrerer Faktoren. Die Modernisierung der Gesellschaft, die sich in der Verstädterung sowie im Wandel von der agraren zur industriellen Erwerbsstruktur äußert, fand ihren Niederschlag auch in der beginnenden Emanzipation der Frau, in einer Hebung des Lebensstandards, in

rechtlichen Änderungen wie der allgemeinen Schulpflicht und dem Verbot der Kinderarbeit sowie in sozialpolitischen Maßnahmen wie der Einführung der Krankenversicherung. Kinder standen immer weniger für billige Arbeitskräfte und soziale Absicherung, ihr „ökonomischer Wert" für die Eltern sank. Ein sozialer Aufstieg hing in steigendem Maße von der individuellen Leistung bzw. der Ausbildung einer Person ab. Um diese qualitativen Ziele für ihre Kinder zu erreichen, begrenzten Eltern aufgrund der damit verbundenen Aufwendungen die Zahl ihrer Nachkommen. In diesem Zusammenhang kann der Fruchtbarkeitsrückgang als Anpassung an den sozialen und ökonomischen Wandel interpretiert werden.

Diese Veränderungen begannen in den großen Städten und setzen sich dort verstärkt fort [18] [19]. Hier konzentrierten sich aufstiegswillige Gruppen, die im Sinne einer Wohlstandssteigerung – ebenso wie die Angehörigen unterer Einkommensschichten aus Armutsgründen – die Kinderzahl beschränkten. Kirche und Religion verloren an Einfluss. Die Säkularisierung breitete sich in evangelischen Gebieten schneller als in katholischen Gebieten aus. In diesem Zusammenhang kann der Fruchtbarkeitsrückgang als Neuerung generativer Strukturen verstanden werden, die sich durch

die Ausbreitung geänderter Normen und Wertvorstellungen entlang von Kommunikationslinien entfalten.

Nach 1900 erreichte der Anstieg der Lebenserwartung maximale Werte [10]. Der entscheidende Faktor war der Rückgang der Säuglingssterblichkeit um durchschnittlich 63% bis 1932/34 [16]. Dabei wirkten sich medizinische Fortschritte, der Ausbau des Gesundheitswesens (Infrastruktur wie verstärkte Ausbildung von Fachpersonal) sowie die Hebung des Lebensstandards stark aus. In Abbildung [20] erkennt man zudem eine Änderung der Todesursachenstruktur, die sog. epidemiologische Transformation, die einen langfristigen Wandel im Krankheits- und Sterbegeschehen beschreibt: Infektionskrankheiten, Tbc und Todesursachen, die auf dem Verdauungssystem beruhen, weichen zurück, während degenerative und individuell-selbstverschuldete sowie zivilisatorische Krankheiten an Bedeutung gewinnen (▶▶ Beiträge Dangendorf/Fuchs/Kistemann, S. 102; Kistemann/Uhlenkamp, S. 104; Schweikart,

S. 106). Die heutige Lebenserwartung ist bei einer Säuglingssterblichkeit von etwa 5‰ (GÄRTNER 1996) von der Mortalität in den höheren Altersgruppen abhängig, und ein weiterer Anstieg der Überlebenschancen ist vor allem durch Fortschritte bei der Gesundheitsversorgung der älteren Menschen zu erzielen.

Schon vor dem Ersten Weltkrieg kamen mit dem Geburtenrückgang Überlegungen zu einer ▶ pronatalistischen Bevölkerungspolitik auf. Doch erst während des Nationalsozialismus wurden Maßnahmen eingeführt, die eine Geburtenkontrolle erschwerten und geburtenfördernd wirken sollten. Zwar erhöhte sich die ▶ Totale Fruchtbarkeitsrate (TFR) in den 1930er Jahren, doch ist die Zahl der Kinder für aufeinanderfolgende Geburtsjahrgänge der Frauen weiterhin leicht rückläufig [17], so dass die Entwicklung auf ein Nachholen bzw. ein Vorziehen der Geburten zurückgeht. In den Folgejahren hinterließen der Holocaust, die Tötung von für „lebensunwert" erachteten Menschen sowie die Auslösung des Zweiten Welt-

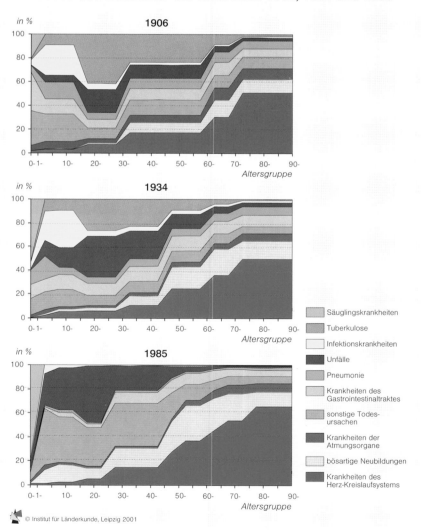

[20] Todesursachenstruktur der Sterbefälle 1906, 1934 und 1985

© Institut für Länderkunde, Leipzig 2001

krieges große Einschnitte in der Bevölkerungspyramide und rissen tiefe Wunden in das Zusammenleben der Völker.

Ausklingen des demographischen Übergangs sowie erneuter Fruchtbarkeitsrückgang in der posttransformativen Phase (seit 1946)

Nach 1945 haben Geburten- und Sterbeziffern in der Bundesrepublik sowie in der DDR auf niedrigem Niveau einen ähnlichen Verlauf wie in anderen europäischen Ländern (▶▶ Beitrag GANS/OTT, S. 92). Das natürliche Bevölkerungswachstum war zunächst leicht positiv, seit Anfang der 1970er Jahre eher negativ. Die Sterberaten verzeichneten nur noch sehr geringfügige Schwankungen. Bis Mitte der 1970er Jahre erhöhte sich die Lebenserwartung in beiden deutschen Teilstaaten kontinuierlich, erst danach ist eine Divergenz zu beobachten (▶▶ Beitrag Gans/Kistemann/Schweikart , S. 98). Bei der Geburtenrate waren bis Mitte der 1970er Jahre die Unterschiede ähnlich wie bei der Totalen Fruchtbarkeitsrate (TFR) geringfügig ⓱. Nach ihrem Anstieg auf Werte um 2500 im Jahre 1965 ging die TFR in beiden Teilstaaten zehn Jahre später auf ein Niveau von ca. 60% zurück. Ab 1975 reduzierte sich die TFR im Bundesgebiet bis 1985 auf ein Minimum von 1280, während sie sich in der DDR bis 1980 aufgrund einer ▶▶ pronatalistischen Bevölkerungspolitik um 25% auf 1942 erhöhte (GANS 1996). Anschließend glichen sich die Ziffern wieder an. In der DDR verringerten sich die Raten bis 1988 kontinuierlich auf 1670, während sie im Bundesgebiet einen leichten Anstieg auf 1350 bis 1450 registrierten. Nach der Wende fiel die TFR in den neuen Ländern auf ein wohl weltweit und historisch einmaliges Niveau von 772 im Jahre 1994 (ZAPF u. MAU 1993). Danach setzte auch hier wieder eine leichte Zunahme ein (▶▶ Beiträge Gans, S. 94 und S. 96).

Zur regionalen Differenzierung von Geburtenhäufigkeit und Lebenserwartung gibt es mangels Datengrundlagen nur wenige Untersuchungen. SCHWARZ (1983) nennt drei Gründe, die den zweiten demographischen Übergang (▶▶ Beitrag Gans/Ott, S. 92) mit seinem markanten Fruchtbarkeitsrückgang ⓭ ⓱ bedingen: eine Zunahme des Anspruchsniveaus, die Erweiterung der

Wahlmöglichkeiten zur Lebensgestaltung sowie das sich ändernde Rollenverständnis der Frauen. In den 1960er Jahren begann diese Verringerung der Geburtenhäufigkeit in den Großstädten, wo sich offensichtlich zuerst ein neues Leitbild der Familie mit einem Kind, höchstens jedoch zwei Kindern durchsetzte. Räume mit hoher Geburtenhäufigkeit und einer ▶ Nettoreproduktionsrate von über eins zeichneten sich durch eine geringe Bevölkerungsdichte aus, einen hohen Anteil von Erwerbstätigen in der Landwirtschaft sowie einen relativ niedrigen Stand der Schulbildung von Frauen. Die Religionszugehörigkeit hatte dagegen keinen Einfluss (SCHWARZ 1983, S. 28). Dieses Land-Stadt-Gefälle der Fruchtbarkeit hat sich bis heute verringert (▶▶ Beitrag Gans, S. 94).

Bei regionalen Unterschieden in den Überlebenschancen kommt indirekt auch der Wirtschaftsstruktur eine gewisse Bedeutung zu. So zeichnen sich strukturschwache Regionen eher durch eine unterdurchschnittliche, prosperierende Gebiete durch eine überproportionale Lebenserwartung aus (GATZWEILER u. STIENS 1982; KEMPER u. THIEME 1992; GANS 1996). Da sich in Westdeutschland der Zusammenhang zwischen Siedlungsstruktur und wirtschaftlicher Entwicklung zunehmend aufgelöst hat, verringerte sich der Stadt-Land-Gegensatz in der Sterblichkeit, während er in den neuen Ländern nach wie vor zu beobachten ist.

Konsequenzen des demographischen Übergangs

Welche Konsequenzen hat der demographische Übergang für die heutige Gesellschaft im Vergleich zu der vor 200 Jahren (SCHWARZ 1999)? Die Lebenserwartung bei Geburt hat sich verdoppelt. Dabei haben Frauen ein wesentlich längeres Leben vor sich als Männer (▶▶ Beitrag Stegmann, S. 60). Als Gründe könnten genetische Vorteile, eine geringere Unfallgefährdung und ein größeres Gesundheitsbewusstsein eine Rolle spielen. Das Bild von den „armen Witwen und Waisen" trifft heute jedoch nicht mehr zu. Ledige, Geschiedene und/oder Alleinerziehende kennzeichnen immer mehr gesellschaftliche Werthaltungen. Eine weitere Erhöhung der Lebenserwartung kann – abgesehen von einer Reduzierung der Zahl

der Unfalltoten (▶▶ Beitrag Schweikart, S. 106) – nur durch ein Zurückdrängen der Todesursachen im Alter geschehen. Hierzu sind vor allem Fortschritte in der Bekämpfung von Herz- und Kreislauferkrankungen notwendig (▶▶ Beitrag Gans/Kistemann/Schweikart, S. 98).

Der Fruchtbarkeitsrückgang hat dazu geführt, dass Deutschland heute als Erwachsenengesellschaft bezeichnet werden muss, und dieser Trend verstärkt sich noch (▶▶ Beiträge Börsch-Supan, S. 26; Kemper, S. 140). 1910 wurden im Deutschen Reich 2 Mio. Kinder geboren, im vereinten Deutschland sind es heute rund 770.000 pro Jahr – bei einer fast 30% höheren Einwohnerzahl! Kinder „hat" man heute nicht mehr, vom „Kindersegen" ganz zu schweigen. Sogar die Kirchen sprechen von der „verantwortlichen Elternschaft" (SCHWARZ 1999) und beziehen sich damit auf Probleme von erwerbstätigen und von allein erziehenden Frauen (▶▶ Beiträge Stegmann, S. 62 und 66). Für die heutige Gesellschaft ist Kinderlosigkeit der zutreffende Begriff (▶▶ Beitrag Gans, S. 96). Kinder stehen für zeitliche und monetäre Aufwendungen, sie werden als Faktoren gesehen, welche Wahlmöglichkeiten begrenzen und damit individuelle Lebensgestaltungen einengen.

Wanderungen

Neben der natürlichen Bevölkerungsbewegung sind die Wanderungen die zweite Komponente der Bevölkerungsveränderung. Wanderung als eine Form der räumlichen Mobilität bezieht sich auf den Wechsel eines Wohnsitzes. Dabei werden von der amtlichen Statistik nur diejenigen Wohnungswechsel erfasst, die eine Gemeindegrenze überschreiten; ist dies nicht der Fall, spricht man von „Umzügen". Sofern es sich bei den Gemeinden um Städte handelt, spielen derartige innerstädtische Umzüge eine bedeutsame Rolle für die Veränderungen der Bevölkerungsstruktur der Wohnviertel, d.h. für ▶ Segregation, soziale Auf- oder Abwertungsprozesse. Bei den Wanderungen, die Gemeindegren-

zen überschreiten, kann man Nahwanderungen zwischen benachbarten oder nahe gelegenen Orten (▶▶ Beitrag Bucher/Heins, S. 114) und Fernwanderungen über größere Distanzen (▶▶ Beiträge Bucher/Heins, S. 108 und 112) unterscheiden. Sofern sich der Wohnungswechsel dabei innerhalb eines Staates abspielt, spricht man von Binnenwanderungen, anderenfalls von Außenwanderungen (▶▶ Beiträge Swiaczny, S. 126, S. 128 und S. 130).

Modell des Mobilitätsübergangs

Formen und Ausmaß von Wanderungen haben sich von der vor- zur postindustriellen Zeit in regelhafter Weise verändert. Der amerikanische Geograph Wilbur ZELINSKY (1971) hat daher versucht, in Anlehnung an den demographischen Übergang ein Modell des „Mobilitätsübergangs" zu entwickeln, das sich zur Beschreibung der Entwicklungen in Deutschland gut eignet ㉑. In der vorindustriell-agrarischen Zeit herrscht nach ZELINSKY Immobilität vor; ein großer Teil der Bevölkerung bleibt zeitlebens im Heimatort oder in der Heimatregion. In Phase 2 entsteht durch Bevölkerungswachstum aufgrund sinkender Mortalität vor allem in agrarischen Regionen ein Bevölkerungsdruck, der Abwanderung induziert. Auf der Suche nach Erwerbsmöglichkeiten wird die Land-Stadt-Wanderung intensiviert, vor allem aber kommt es zur Auswanderung in Länder, die Immigranten suchen. In der dritten Phase ist dann die Industrialisierung so weit fortgeschritten, dass die Städte den Großteil der weiterhin hohen Bevölkerungsüberschüsse des Landes aufnehmen können; die Außenwanderung geht entsprechend zurück. Bei abklingenden Bevölkerungsgewinnen sind in Phase 4 die Land-Stadt-Wanderungen rückläufig, statt dessen wachsen die Zahlen der Binnenwanderungen zwischen den Städten und der ▶ intraurbanen Umzüge. Schließlich dominieren in der postindustriellen Phase 5 in einer stark →

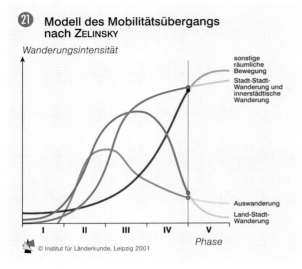

㉑ Modell des Mobilitätsübergangs nach Zelinsky

Wanderungsintensität

sonstige
räumliche
Bewegung

Stadt-Stadt-
Wanderung und
innerstädtische
Wanderung

Auswanderung

Land-Stadt-
Wanderung

I II III IV V

Phase

© Institut für Länderkunde, Leipzig 2001

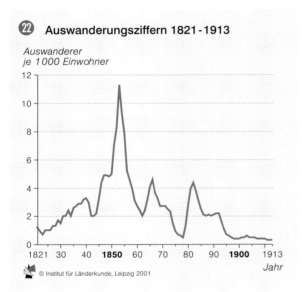

㉒ Auswanderungsziffern 1821-1913

Auswanderer je 1000 Einwohner

1821 30 40 **1850** 60 70 80 90 **1900** 1913

Jahr

© Institut für Länderkunde, Leipzig 2001

300. Jahrestag der Einwanderung der ersten Deutschen in Amerika – Einwanderer-Segelschiff "Concord" 1683

urbanisierten Gesellschaft die zuletzt genannten Wanderungsarten zusammen mit anderen Formen räumlicher Mobilität wie der Pendelwanderung, die den Wohnortwechsel zunehmend substituiert.

Auswanderung

Wenn man dieses Modell für Deutschland anwendet, so wird die Aufmerksamkeit zunächst den Auswanderungen gelten müssen. Emigrationen gab es zwar schon im 18. Jh., wobei religiöse Gruppen und Minoritäten einen beachtlichen Anteil einnahmen. Ihren Höhepunkt erreichte die Auswanderung nach Übersee aber in der zweiten Hälfte des 19. Jhs. aufgrund von Bevölkerungswachstum, Agrarkrisen und Überbevölkerung. Im Einzelnen können drei Auswanderungswellen unterschieden werden (Marschalck 1984) ㉒. Die erste zwischen 1845 und 1858 betraf mehr als 1,3 Mio. Menschen, die wie auch später zu etwa 90% in die USA auswanderten. Überwiegend handelte es sich um eine Familienwanderung selbständiger Kleinlandwirte und Kleingewerbetreibender, von denen viele den Realteilungsgebieten Südwestdeutschlands entstammten. Bei der zweiten Auswanderungswelle zwischen 1864 und 1873 mit 1 Mio. Migranten kam es zu einer Ausweitung der Herkunftsgebiete in die preußischen Ostprovinzen, die schließlich in der dritten Welle zwischen 1880 und 1893, als insgesamt 1,8 Mio. emigrierten, dominant wurden. Gemäß den agrarsozialen Verhältnissen der ostelbischen Gebiete waren jetzt Tagelöhner, unterbäuerliche Schichten und Handwerker überproportional beteiligt. Zwar war die Auswanderung im Familienverbund noch vorherrschend, doch gab es immer mehr jüngere Einzelwanderer (▶▶ Beitrag Swiaczny, S. 126).

Binnenwanderungen während der Hochindustrialisierung

In der Zeit der wilhelminischen Hochkonjunktur zwischen 1885 und 1913 war die Auswanderung stark zurückgegangen und wurde nun von der Binnenwanderung in industrielle Zentren und Großstädte, die schon vorher eingesetzt hatte, vollständig überlagert. Diese Binnenwanderung während der Hochindustrialisierung wird als „die größte Massenbewegung der deutschen Geschichte" (Köllmann 1976) bezeichnet, und

sie hat ganz wesentlich das Bild der räumlichen Siedlungsstruktur in der Folgezeit bestimmt. Bis in die 1880er Jahre waren Nahwanderungen aus einem mehr oder weniger ausgedehnten ländlichen Umland in die Städte kennzeichnend, zu denen in der Folgezeit immer mehr Fernwanderungen traten. Dabei gewannen die Ost-West-Wanderungen aus den agrarischen Ostprovinzen in die Großstädte und Industrieviere, vor allem ins Ruhrgebiet, eine herausragende Bedeutung. So kamen von den Migranten in die Provinz Westfalen 1907 fast 45% aus Ostdeutschland, während es 1880 erst 15% gewesen waren. Eine Karte der ▶ Wanderungssalden 1905-10, die zu dieser Zeit weitgehend durch Binnenwanderungen geprägt waren, zeigt die größten Wanderungsverluste im Nordosten, besonders in Ost- und Westpreußen sowie in Hinterpommern ㉓. Daneben hatten die meisten ländlichen Regionen Deutschlands Abwanderungen zu verzeichnen. Zuwanderungsgebiete waren Großstädte wie Hamburg und Bremen oder Regionen mit Industrie- und Städtewachstum, wie Hannover, Münster, Düsseldorf, Wiesbaden und ausgewählte Gebiete in Oberbayern. Mit Ausnahme des Raumes Berlin waren alle Regionen mit positiven Wanderungssalden in der westlichen Reichshälfte lokalisiert. Die Bevölkerungsgewinne im Raum Berlin konzentrierten sich auf die damals noch nicht eingemeindeten großen Vorstädte, so dass die Provinz Potsdam die relativ höchsten Migrationsgewinne in Deutschland auf sich vereinigte, während Berlin selber trotz noch steigender Bevölkerungszahlen Wanderungsverlus-

te hatte. Das Königreich Sachsen, das in einer früheren Industrialisierungsperiode positive ▶ Migrationssalden verzeichnet hatte, wies zu diesem Zeitpunkt leichte Verluste auf.

Eines der Kennzeichen der Binnenwanderung während der Hochindustrialisierung ist die außerordentlich hohe Wohnmobilität in den Städten. Selbst wenn man die Umzüge außer Acht lässt, kamen in vielen Städten pro Jahr 30 und mehr Zu- und Fortzüge auf 100 Einwohner – Mobilitätsziffern, die weit über den gegenwärtig beobachteten liegen. Neben den Zuzügen gab es zahlreiche Fortzüge in andere Städte oder zurück in die ländlichen Herkunftsregionen, verursacht durch kurzfristige Arbeitsverhältnisse, Suche nach besseren Arbeitsbedingungen usw. Zu dieser hochmobilen Bevölkerungsgruppe zählten viele ledige Arbeiter, Handwerker, Arbeiterinnen und Dienstmädchen unter 30 Jahren. Mit fortschreitender Urbanisierung wurden die Land-Stadt-Wanderungen im Sinne des Modells des Mobilitätsübergangs durch Stadt-Stadt-Wanderungen ergänzt, wobei auch hier die Suche nach besseren Arbeitsmöglichkeiten im Vordergrund stand.

Wanderungen nach dem Zweiten Weltkrieg

Die weitere Entwicklung des Wanderungsgeschehens in der ersten Hälfte des 20. Jahrhunderts ist stark durch ▶ Singularitäten gekennzeichnet, wobei die Folgen der Weltkriege im Vordergrund stehen. Vor allem nach dem Zweiten Weltkrieg kam es zu großen Flüchtlingsbewegungen und zur zwangsweisen Umsiedlung von Deutschen aus den ehemaligen Ostgebieten jenseits

Auswanderung – Hamburger Hafen

㉓ Wanderung 1905-1910
räumliche Bezugseinheiten nach KNODEL

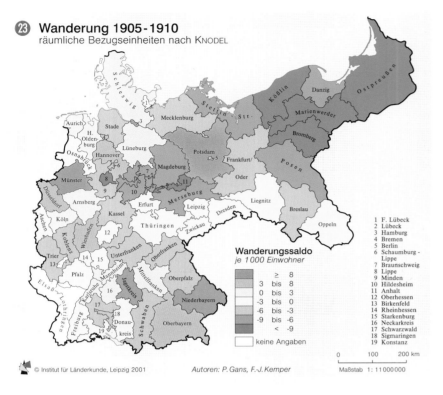

Wanderungssaldo
je 1000 Einwohner

	≥ 8
3	bis 8
0	bis 3
-3	bis 0
-6	bis -3
-9	bis -6
	< -9
	keine Angaben

1 F. Lübeck
2 Lübeck
3 Hamburg
4 Bremen
5 Berlin
6 Schaumburg-Lippe
7 Braunschweig
8 Lippe
9 Minden
10 Hildesheim
11 Anhalt
12 Oberhessen
13 Birkenfeld
14 Rheinhessen
15 Starkenburg
16 Neckarkreis
17 Schwarzwald
18 Sigmaringen
19 Konstanz

© Institut für Länderkunde, Leipzig 2001   Autoren: P. Gans, F.-J. Kemper   Maßstab 1 : 11 000 000

0   100   200 km

von Oder und Neiße, aus der Tschechoslowakei, aus Polen und aus anderen Ländern. Insgesamt gelangten zwischen 1945 und 1950 etwa 11 Mio. Umsiedler in das Gebiet der beiden deutschen Staaten. Im Jahr 1950 lebten 7,9 Mio. Vertriebene in Westdeutschland, entsprechend einem Bevölkerungsanteil von 15,9%, und 4,4 Mio. in der DDR, wo der Anteil sogar 23,9% ausmachte. Dazu kamen in der Bundesrepublik 1,6 Mio. Flüchtlinge aus der damaligen Sowjetischen Besatzungszone (SBZ) bzw. nach 1949 aus der DDR, so dass zusammen etwa 20% der Bevölkerung Migranten dieser neuen Ost-West-Wanderung waren. Die Zuwanderer wurden zunächst mehr in ländlichen Räumen angesiedelt, weil in den Städten aufgrund der Kriegszerstörungen Wohnungsmangel herrschte ㉕. Der Wiederaufbau der 1950er Jahre war begleitet von einer Wanderung vom Land in die Großstädte, an der auch viele Flüchtlinge, Vertriebene und Umsiedler beteiligt waren.

Seit den 1950er Jahren hat sich die Intensität der Binnenwanderungen in West- und Ostdeutschland ganz unterschiedlich entwickelt ㉔. Nach der durch hohe Mobilität gekennzeichneten Situation um 1950 erfolgte in der DDR eine stetige Reduktion der Wanderungen, die staatlich reglementiert waren und besonders durch den Wohnungsbau gesteuert wurden. Für Zuzüge vor allem in größere Städte waren entsprechende Genehmigungen erforderlich. In der Bundesrepublik blieb das Wanderungsvolumen bis Anfang der 1970er Jahre

㉔ BRD und DDR
Binnenwanderungsvolumen 1952-1989
Wanderung zwischen den Kreisen

je 1000 Einwohner

© Institut für Länderkunde, Leipzig 2001

relativ hoch und sank dann im Gefolge von wirtschaftlichen Rezessionen ab (▸▸ Beitrag Bucher/Heins, S. 108). In den 1980er Jahren herrschte in der DDR die Land-Stadt-Wanderung vor, und die Wanderungsgewinne erreichten die höchsten Werte in den Großstädten, wo der Wohnungsneubau konzentriert war. Dagegen waren für die Bundesrepublik Wanderungsgewinne des ländlichen Raums und vor allem eine kleinräumige Umverteilung von den Großstädten in das Umland charakteristisch ㉖ ㉗. Ab 1990 stieg die Mobilität durch zusätzliche Binnenwanderungen von Über-, Aussiedlern und Asylbewerbern wieder an.

Diese neuen Migrationen haben sich aber vor allem in den Außenwanderungsgewinnen zu Beginn der 1990er Jahre dokumentiert (▸▸ Beiträge Mammey/Swiaczny, S. 132; Wendt, S. 136). Zuströme von Aussiedlern, Asylbewerbern, Flüchtlingen, Arbeitsmigranten aus Ost- und Mitteleuropa, hochqualifizierten Migranten u.a. haben die Gastarbeiterwanderung der 1960er und frühen 70er Jahre (▸▸ Beitrag Glebe/Thieme, S. 72) ersetzt und konstituieren die große Vielfalt der heutigen Zuwanderung nach Deutschland.

In der zweiten Hälfte der 1990er Jahre werden die ▸ Migrationsbilanzen der Regionen und Teilgebiete weniger von Außen- als von Binnenwanderungen geprägt. In Abbildung ㉓, die beide Komponenten der Salden auf der Basis von Kreisen zeigt, fällt die hohe Bedeutung der Binnenwanderungen in den neuen Ländern besonders ins Auge. Zu beobachten ist eine Polarisierung der Gebiete. Kreisen mit hohen Gewinnen

durch die Binnenwanderungen treten Teilräume mit starken Verlusten gegenüber. Letztere konzentrieren sich in peripher gelegenen Teilen Brandenburgs und Mecklenburg-Vorpommerns, in Nordthüringen und in den altindustrialisierten Gebieten Sachsen-Anhalts. Daneben sind hohe Fortzugsraten für die Städte charakteristisch. Die Abwanderer ziehen zum einen in ein Umlandkreise, die in erster Linie die Gewinner der Binnenwanderung in Ostdeutschland darstellen, aber auch in weiter entfernte Gebiete in den alten Ländern. Die Außenmigranten können diese Muster →

㉕ BRD, DDR
Vertriebene 1950
nach Ländern

Schleswig-Holstein
Hamburg
Mecklenburg-Vorpommern
Bremen
Niedersachsen
Brandenburg
Berlin West Ost
Nordrhein-Westfalen
Sachsen-Anhalt
Hessen
Thüringen
Sachsen
Rheinland-Pfalz
Saarland
Baden-Württemberg
Bayern

Stand der Ländergrenzen 1952

Anteil der Vertriebenen an der Bevölkerung
Prozent

	23 - 34
	16 - 22
	10 - 16
	5 - 10

Saarland, ab 1957 zur Bundesrepublik

DDR: Personen, die am 1.9.1939 in den Gebieten östlich der Oder-Neiße-Grenze oder im Ausland lebten

© Institut für Länderkunde, Leipzig 2001   Autoren: P. Gans, F.-J. Kemper

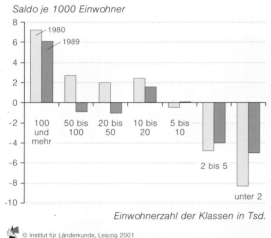

㉖ DDR
Binnenwanderungssaldo 1980 und 1989
nach Gemeindegrößenklassen

Saldo je 1000 Einwohner

Einwohnerzahl der Klassen in Tsd.

© Institut für Länderkunde, Leipzig 2001

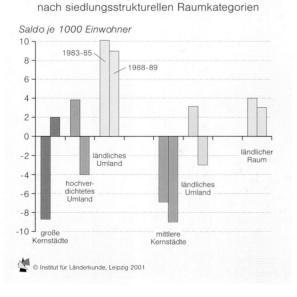

㉗ Alte Länder
Binnenwanderungssaldo in den 1980er Jahren
nach siedlungsstrukturellen Raumkategorien

Saldo je 1000 Einwohner

© Institut für Länderkunde, Leipzig 2001

nicht wesentlich verändern, auffallend sind aber Abwanderungen im Norden und Zuwanderungen im Süden und in östlichen Grenzregionen.

Außen- und Binnenwanderungen sind u.a. dadurch verbunden, dass Aussiedler und Asylbewerber bei ihrer Ankunft in Erstaufnahmelagern als Außenzuzüge und bei der weiteren Zuweisung in andere Kreise des Bundesgebietes als Binnenfortzüge registriert werden (▶▶ Beiträge Mammey/Swiaczny, S. 132; Wendt, S. 136). In den Kreisen mit großen Aufnahmelagern sind diese Migrationen so hoch, dass sie auf der Karte ㉘ nur durch Sondersymbole ausgedrückt werden können. Weitere kleinere Aufnahmelager ergeben ein Muster von starken Außengewinnen und Binnenverlusten einzelner Landkreise.

In den alten Ländern spielt die durch Binnenwanderungsgewinne der Umlandkreise gekennzeichnete Suburbanisierung ebenfalls eine große Rolle, doch sind die Migrationssalden deutlich geringer als in den neuen Ländern (▶▶ Beitrag Herfert, S. 116). In Norddeutschland und Südbayern gehen die Migrationsgewinne weit über die Grenzen des jeweiligen Umlands von Hamburg, Bremen und München hinaus (▶▶ Beitrag Bucher/Heins, S. 144). Daneben gibt es weitere Gebiete mit geringer Mobilität und nur leichten Wanderungsgewinnen oder, in der Mehrzahl der Fälle, Verlusten; dazu zählen Nordhessen und umliegende Gebiete, das Saarland und Teile Württembergs. Bei den Außenwanderungen fällt auf, dass viele Kreise in Süddeutschland Fortzüge aufweisen. Verantwortlich hierfür dürfte u.a. die Rückkehr von Bürgerkriegsflüchtlingen aus dem ehemaligen Jugoslawien sein.

Für die weitere Entwicklung des räumlichen Wanderungsgeschehens in Deutschland ist die Situation der neuen Länder von großer Bedeutung (▶▶ Beitrag Münz, S. 30). Die allgemei-

ne Beschäftigungslage (▶▶ Beitrag Gans/ Thieme, S. 80), die sinkenden Möglichkeiten für Frauenerwerbstätigkeit (▶▶ Beitrag Stegmann, S. 62), das Ansteigen der Langzeitarbeitslosigkeit und die teilweise erschreckend hohe Jugendarbeitslosigkeit (▶▶ Beitrag Bode/Burdack, S. 84) führen dazu, dass immer mehr junge Menschen aus Ostdeutschland Ausbildungs- und Arbeitsplätze in West- und besonders in Süddeutschland aufsuchen. Die gleichzeitig ablaufenden Umverteilungen mit hoher Abwanderung aus den meisten Kernstädten und aus peripheren Räumen Ostdeutschlands, verbunden mit hohen Zuzügen in suburbane Kreise sind mit den Zielen einer nachhaltigen und ausgeglichenen Raumentwicklung nicht kompatibel (▶▶ Beitrag Priebs, S. 28). Denn zunehmend sind damit eine soziale Segregation und eine Konzentration von Armut und Problemfällen in den Kernstädten verknüpft (▶▶ Beitrag Horn/Lentz, S. 88).

Neben den inter- und den intraregionalen Wanderungen hängt die Bevölkerungsentwicklung Deutschlands wesentlich vom zukünftigen Verlauf der Einwanderung ab und damit von der Frage, in welcher Form und in welchem Ausmaß sich Deutschland als Einwanderungsland verstehen will.◆

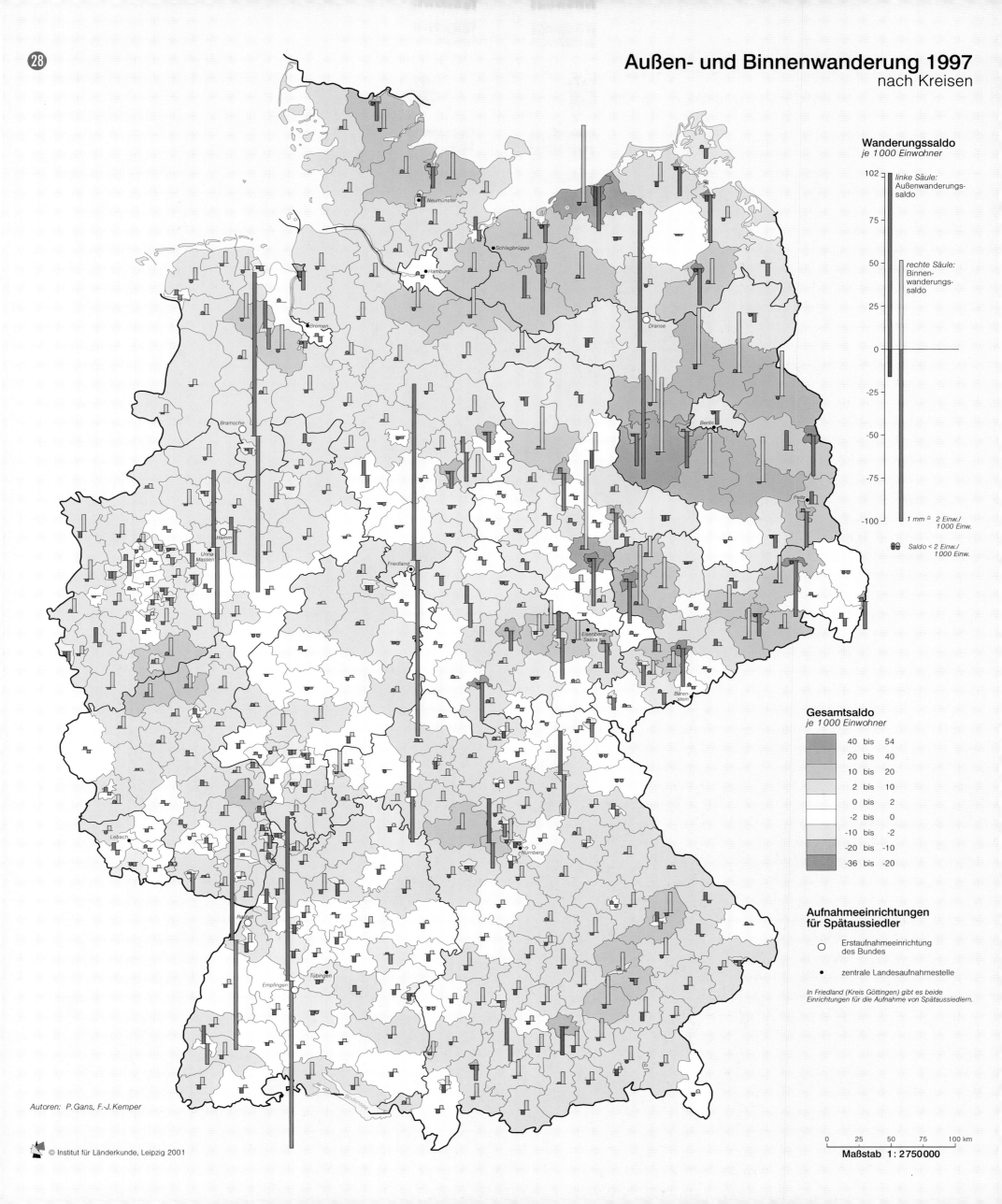

Außen- und Binnenwanderung 1997
nach Kreisen

Wanderungssaldo
je 1000 Einwohner

102

linke Säule:
Außenwanderungs-
saldo

75

50

rechte Säule:
Binnen-
wanderungs-
saldo

25

0

-25

-50

-75

-100

1 mm ≙ 2 Einw./
1000 Einw.

Saldo < 2 Einw./
1000 Einw.

Gesamtsaldo
je 1000 Einwohner

40 bis 54
20 bis 40
10 bis 20
2 bis 10
0 bis 2
-2 bis 0
-10 bis -2
-20 bis -10
-36 bis -20

**Aufnahmeeinrichtungen
für Spätaussiedler**

○ Erstaufnahmeeinrichtung
des Bundes

● zentrale Landesaufnahmestelle

*In Friedland (Kreis Göttingen) gibt es beide
Einrichtungen für die Aufnahme von Spätaussiedlern.*

Neumünster
Schlagbrügge
Hamburg
Bremen
Dranse
Bramsche
Berlin
Peitz
Hamm
Unna-
Massen
Friedland
Eisenberg-
Saasa
Bären-
stein
Lebach
Nürnberg
Rastatt
Tübingen
Empfingen
Bodensee

Autoren: P. Gans, F.-J. Kemper

0   25   50   75   100 km

Maßstab 1 : 2 750 000

Zukunftsträchtige Alterssicherung

Axel Börsch-Supan

Drei wichtige Entwicklungen werden die Alterssicherung Deutschlands im neuen Jahrhundert prägen:

- Erstens wird die Bevölkerung beträchtlich altern. Während 1990 etwa jeder fünfte Bundesbürger 60 Jahre oder älter ist, wird es im Jahre 2030 mehr als jeder dritte sein. Während heute zwei sozialversicherungspflichtige Arbeitnehmer mit ihren Beiträgen einen Rentner finanzieren, wird das Verhältnis im Jahre 2040 eins zu eins betragen.
- Zum Zweiten wird das klassische Lebensmodell des Familienvaters, als Alleinverdiener in einem einzigen Lebensberuf, den er von der Ausbildung bis zum Renteneintritt ausübt, immer seltener werden.
- Zum Dritten ist ein Wertewandel beobachtbar: Die sozialen Leistungen des Staates werden zunehmend wie

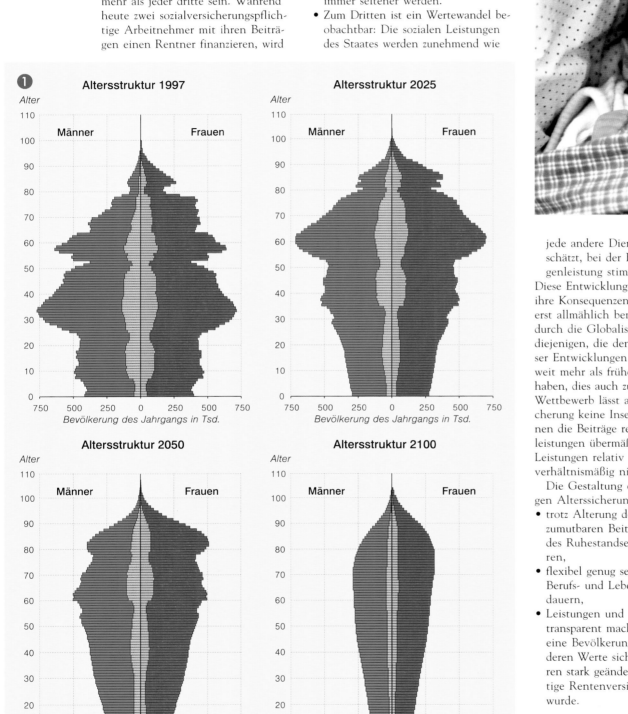

❶

Altersstruktur 1997

Alter — Männer — Frauen

110 100 90 80 70 60 50 40 30 20 10 0

750 500 250 0 250 500 750
Bevölkerung des Jahrgangs in Tsd.

Altersstruktur 2025

Alter — Männer — Frauen

110 100 90 80 70 60 50 40 30 20 10 0

750 500 250 0 250 500 750
Bevölkerung des Jahrgangs in Tsd.

Altersstruktur 2050

Alter — Männer — Frauen

110 100 90 80 70 60 50 40 30 20 10 0

750 500 250 0 250 500 750
Bevölkerung des Jahrgangs in Tsd.

Altersstruktur 2100

Alter — Männer — Frauen

110 100 90 80 70 60 50 40 30 20 10 0

750 500 250 0 250 500 750
Bevölkerung des Jahrgangs in Tsd.

Als grundlegende Parameter für die Prognose wurden verwendet:
1. Anstieg der Lebenserwartung um 1 Jahr pro Dekade zwischen 2000 und 2080;
2. konstante Fruchtbarkeitsrate (TFR) von 1,35 bei Angleichung der Werte in Ost- und Westdeutschland;
3. Außenwanderung von +120 000 (netto) ab 2004, davon 15% in die neuen Länder.

© Institut für Länderkunde, Leipzig 2001   ▪ alte Länder ▫ neue Länder ▫ neue Länder ▪ alte Länder

jede andere Dienstleistung eingeschätzt, bei der Bezahlung und Gegenleistung stimmen müssen.

Diese Entwicklungen sind nicht neu, ihre Konsequenzen machen sich jedoch erst allmählich bemerkbar. Sie werden durch die Globalisierung akzentuiert, da diejenigen, die den Konsequenzen dieser Entwicklungen entkommen wollen, weit mehr als früher die Möglichkeit haben, dies auch zu tun. Der globale Wettbewerb lässt auch bei der Alterssicherung keine Inseln mehr zu, auf denen die Beiträge relativ zu den Sozialleistungen übermäßig hoch bzw. die Leistungen relativ zu den Beiträgen unverhältnismäßig niedrig sind.

Die Gestaltung einer zukunftsträchtigen Alterssicherung muss daher

- trotz Alterung der Bevölkerung bei zumutbaren Beiträgen ein ausreichendes Ruhestandseinkommen garantieren,
- flexibel genug sein, um Wechsel in Berufs- und Lebensbiografien zu überdauern,
- Leistungen und Gegenleistungen transparent machen, um auch für eine Bevölkerung akzeptabel zu sein, deren Werte sich seit den 1950er Jahren stark geändert haben, als die heutige Rentenversicherung geschaffen wurde.

Die Alterung der deutschen Bevölkerung

Abbildung ❶ zeigt, wie sich die Altersstruktur der deutschen Bevölkerung im nächsten Jahrhundert entwickeln wird. Die Aufeinanderfolge von Babyboom und Pillenknick ist in der ersten Bevölkerungspyramide, die den Zustand von 1997 abbildet, deutlich sichtbar: Es gibt fast doppelt so viele Dreißig- wie Zwan-

zigjährige. Dieser Knick verschiebt sich Jahr um Jahr nach oben, bis die Dreißigjährigen von 1997 etwa im Jahre 2025 das Renteneintrittsalter erreichen, das in Deutschland im Durchschnitt bei erstaunlich niedrigen 59 Jahren liegt. Die zweite Bevölkerungspyramide zeigt, was nun passiert: Viele Bürger im Ruhestand müssen nach unserem Umlageverfahren von den Beiträgen relativ weniger Bürger finanziert werden, die im Arbeitsleben stehen. Dies trifft auch für die Kranken- und die Pflegeversicherung zu, denn deren Leistungen entfallen weit überproportional auf ältere Mitbürger.

Die Bevölkerungspyramiden zeigen zwei weitere wichtige Phänomene. Erstens wird sich vor dem Jahre 2020 recht wenig tun. Da der Geburtenrückgang der zweiten demographischen Transformation innerhalb von zehn Jahren (ca. 1965 bis 1975) erfolgte (▶▶ Beitrag Gans/Ott, S. 92), wird auch die Renteneintrittswelle nach einer langen Phase der Ruhe bis etwa 2020 recht plötzlich kommen. Für die Rentenpolitik ist dies fatal: Scheinbar besteht noch eine lange Pause bis zur Krise, was die ohnehin starke Versuchung verstärkt, unpopuläre Entscheidungen hinauszuschieben. Reagiert man aber erst im Jahre 2020, wird es längst zu spät sein, die Maßnahmen zu ergreifen, die zu einer Entschärfung der Beitragslast dann nötig sein werden. Zweitens zeigen die Bevölkerungspyramiden, dass sich langfristig das Finanzierungsproblem zwar etwas mindern wird, wir aber dennoch – wenn es bei der hier unterstellten konstanten Geburtenrate des heutigen Niveaus bleibt – auch nach dem Schock, den die „Babyboomer" mit ihrem Renteneintritt auslösen, nicht mehr zu der heutigen Situation zurückkehren werden, sondern auf einem Plateau verharren, das auch langfristig die jeweilige jüngere Generation stark belasten wird.

Auswirkungen der Alterung auf die Alterssicherung

Bereits heute zahlt der Durchschnittsarbeitnehmer fast 30% seines Bruttoarbeitseinkommens in die umlagefinanzierte Gesetzliche Rentenversicherung (GRV). Davon werden 19,3% direkt bezahlt und zusätzlich fast 9% indirekt über die Mehrwert- und die Öko- sowie sonstige Steuern. Abbildung ❷ zeigt, wie der Beitragssatz ansteigen müsste, wenn das Rentenniveau des Jahres 1997 in den nächsten Dekaden beibehalten würde – die Gesamtbeiträge würden dann bis zum Jahre 2035 auf etwa 38% des Bruttoarbeitseinkommens ansteigen, einschließlich ca. 10% Steuerfinanzierung. Der rasante Anstieg nach 2015 schwächt sich nach 2035 ab, der Beitrag verharrt aber auf diesem hohen Niveau für die absehbare Zukunft.

Wie sicher sind diese Voraussagen? Die Abbildung zeigt die Spannbreite zwischen einer sehr optimistischen und einer sehr pessimistischen Variante. Dazwischen liegt die engere Spanne der aus heutiger Sicht realistischen Annahmen. Die Demographie der Jahre 2025 bis 2040 ist gut zu prognostizieren, denn die Alten des Jahres 2040 sind die heute 40-Jährigen, und deren Kinder, also die Erwerbstätigen des Jahres 2040, die deren Renten zahlen müssen, sind bereits geboren. Dass eine Belastungskrise unserer sozialen Sicherungssysteme um die Jahre 2025 bis 2035 mit Sicherheit kommen wird, ist eine wichtige Einsicht.

Dies gilt, obwohl sich Gesellschaften immer wieder als höchst anpassungsfähig erwiesen haben. Eine Anpassung der Geburtenrate kommt zu spät, da die Produktivkraft einer neuen starken Generation erst mit einer Verzögerung von etwa 25 Jahren zum Zuge käme. Auch die Vorstellung, man könnte den gesamten demographischen Wandel durch eine höhere Erwerbstätigkeit auffangen, ist illusorisch. Denn selbst eine völlige Angleichung der Frauen- an die Männererwerbsquote kann nur etwa ein Drittel der Alterslast abfangen. Zur Kompensation der Altersstrukturverschiebung durch Immigration müsste der Einwandererüberschuss von nun bis 2030 etwa 800.000 Personen pro Jahr betragen. Dies ist völlig unrealistisch. Selbst bei einer Verschiebung des Renteneintrittsalters – an und für sich die einleuchtendste Maßnahme, wenn die Lebenserwartung ständig steigt – bieten die Zahlen wenig Hoffnung,

denn man müsste das Rentenalter um 9,5 Jahre erhöhen, um das Alterungsproblem vollständig zu kompensieren. Dies scheint in absehbarer Zeit aber undenkbar.

Auswirkung der Alterung auf die gesamtwirtschaftliche Entwicklung

Neben der Bedrohung der Alterssicherung bedeutet die Alterung auch einen tiefgreifenden makroökonomischen Strukturwandel, der die gesamtwirtschaftliche Entwicklung stark beeinflussen wird. Die demographischen Prognosen sagen einen nur sehr geringen Bevölkerungsrückgang in den nächsten 30 Jahren voraus. Drastisch wird sich dagegen das zahlenmäßige Verhältnis zwischen Jüngeren und Älteren ändern. Bei einer etwa gleicher Anzahl von Konsumenten wird es in 30 Jahren also wesentlich weniger Erwerbstätige geben, die diesen Konsum produzieren müssen. Die Zahlen sind dramatisch: Die Zahl der Personen im erwerbsfähigen Alter wird um etwa 25% sinken, d.h. pro Jahr um etwa 0,8%. Der Anteil des Konsums Nichterwerbstätiger wird im Jahr 2030 bei über 50% liegen.

Die gesamtwirtschaftliche Herausforderung des Alterungsprozesses besteht also darin, mit einer geringen Zahl an Erwerbstätigen die Nachfrage einer großen Zahl von Konsumenten im Deutschland des Jahres 2030 zu befriedigen. Dazu gibt es zwei Mechanismen, die sich ergänzen: Zum einen kann eine deutliche Steigerung der Arbeitsproduktivität die heimische Produktion erweitern, zum anderen muss man sich in der Bundesrepublik an eine höhere Importquote gewöhnen.

Eine höhere Arbeitsproduktivität erfordert eine höhere Kapitalintensität. Die Produktionsstruktur der deutschen Volkswirtschaft wird sich der demographischen Entwicklung also stark anpassen müssen. Eine ansteigende Kapitalintensität war schon immer Konsequenz der technischen Entwicklung. Die in naher Zukunft erforderlichen Größenordnungen übertreffen diese natürliche Entwicklung jedoch bei weitem, was allein daran sichtbar wird, dass die jährliche Produktivitätssteigerung dann Jahr für Jahr um 0,8 Prozentpunkte höher liegen muss als die derzeitige – also eine Steigerung um etwa 50%. Auch ein zweiter Grund wird der heimischen Kapitalintensivierung Grenzen setzen. Bei einer solch hohen Kapitalintensität werden die heimischen Renditen sinken, Kapital wird dann zunehmend ins Ausland wandern.

Von daher wird auch der zweite Mechanismus benötigt werden: Das konsumentenreiche, aber arbeitskräftearme Deutschland wird zunehmend importieren müssen. Ausgehend davon, dass Arbeit relativ immobil ist und wir keine massive Einwanderungswelle bekommen, werden statt der in Deutschland knappen Arbeitskräfte die Erwerbstätigen im Ausland die Konsumgüter produzieren, die in Deutschland nachgefragt werden. Hier hilft die Globalisierung. Denn für die Ausweitung der Produktion wird Kapital benötigt. Zudem wird Deutschland ein starkes Interesse haben, per Direktinvestitionen eine gewisse Kontrolle über die Unternehmen zu behalten, die die Konsumgüter für den Import herstellen sollen. Dank der globalen Märkte kann das zunehmend im Ausland investierte Kapital die Produktionsstätten im Ausland finanzieren, deren Absatzmärkte wiederum im Inland liegen.

Die Globalisierung eröffnet dabei Verbesserungsmöglichkeiten nicht nur für das unter Arbeitskräftemangel leidende alternde Inland, sondern auch für das relativ jüngere und relativ kapitalschwächere Ausland: Es erhält Kapital und Absatzmärkte und kann damit schneller wachsen als ohne eine solche Direktinvestition. Motor für den Globalisierungsgewinn sind die relativen Unterschiede in der Alterung. Obwohl fast alle Länder absolut altern, kommt es für die Handelsgewinne nur auf die relativen Unterschiede an. Da Deutschland als eines der Länder mit der stärksten Alterung eine Extremposition einnimmt, sind diese Gewinne für Deutschland besonders stark ausgeprägt.

Die Gestaltung einer zukunftsträchtigen Alterssicherung

Unter der Prämisse, dass die Gesamtbeiträge zur Gesetzlichen Rentenversicherung (GRV) nicht auf fast 40% des Bruttoarbeitseinkommens steigen können, ist eine Leistungsreduktion der umlagefinanzierten GRV unvermeidlich. Sie ist der Preis dafür, dass die Geburtenrate in den 1960er Jahren stark gefallen und die Lebenserwartung stark gestiegen ist. Für eine zukunftsträchtige Alterssicherung muss man also in Deutschland von der bestehenden überwiegend umlagefinanzierten Alterssicherung zu einem Mehrsäulenmodell mit einer stärkeren Kapitaldeckung übergehen, da dadurch die Leistungsreduktion der umlagefinanzierten GRV wieder aufgefangen werden kann. Die anderen Säulen müssen durch betriebliche und Eigenleistung entsprechend aufgestockt werden.

Deutschland hat derzeit eine Extremposition mit einem überproportionalen Anteil der umlagefinanzierten Säule ❸. Er beträgt etwa 85%, wenn man die Leistungen der Beamtenversorgung, die ergänzende Sozialhilfe im Alter und ähnliche öffentliche Transfers an Personen im Ruhestand mit berücksichtigt. In fast allen übrigen Ländern der OECD ist diese Säule deutlich niedriger. Insofern ist eine Gewichtsverteilung von einer monolithischen ersten Säule zu stärker ausgebildeten zweiten und dritten Säulen nur eine Abkehr von einem Extrem zu dem im internationalen Kontext Normalen.

Wichtig ist die Einsicht, dass die höhere Kapitaldeckung in die oben beschriebene gesamtwirtschaftliche Situation passt: Deutschland benötigt ohnehin mehr Kapital, damit die Produktivität heimischer Arbeitnehmer steigt und die ausländische Produktion erhöht werden kann. Die kapitalgedeckten ergänzenden Säulen verschaffen dazu die Flexibilität und die Transparenz, die eine zukunftsträchtige Alterssicherung benötigt: Sie ist flexibel, weil die Einzahlungen dem Einkommensverlauf angepasst werden z.B. von Mann zu Frau übertragen werden können. Sie ist transparent, weil sich bei einer kapitalgedeckten Säule – solange sie im Wettbewerb des Kapitalmarkts steht – Leistungen und Beiträge immer entsprechen müssen.◆

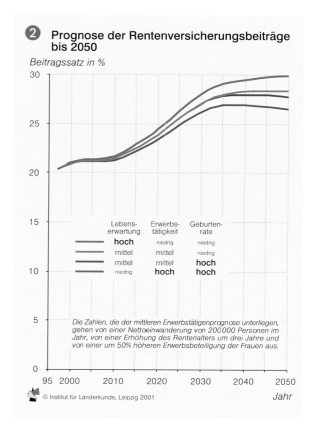

❷ **Prognose der Rentenversicherungsbeiträge bis 2050**
Beitragssatz in %

Die Zahlen, die der mittleren Erwerbstätigenprognose unterliegen, gehen von einer Nettoeinwanderung von 200000 Personen im Jahr, von einer Erhöhung des Rentenalters um drei Jahre und von einer um 50% höheren Erwerbsbeteiligung der Frauen aus.

© Institut für Länderkunde, Leipzig 2001

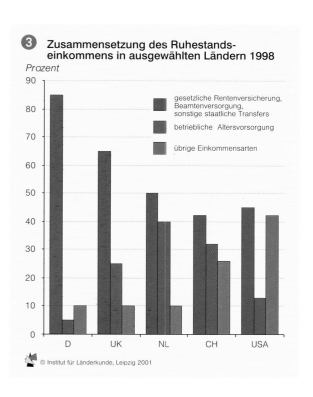

❸ **Zusammensetzung des Ruhestandseinkommens in ausgewählten Ländern 1998**
Prozent

© Institut für Länderkunde, Leipzig 2001

Bevölkerungsverteilung und Raumordnung

Axel Priebs

Die Raumordnung wirkt auf der Basis des Verfassungsauftrages, in den Teilräumen des Bundesgebiets gleichwertige Lebensbedingungen zu schaffen, unter anderem auf eine zweckmäßige Verteilung und Dichte der Bevölkerung sowie eine in allen Teilräumen ausreichende Infrastrukturausstattung hin. In unterschiedlich strukturierten Räumen muss sie differenzierte Handlungsansätze verfolgen, was im Folgenden am Beispiel der dünn besiedelten, strukturschwachen Regionen sowie der dynamischen Verdichtungsräume dargestellt wird. Einleitend ist jedoch der Hinweis erforderlich, dass die Raumordnung in einer freiheitlichen Gesellschaft lediglich die Rahmenbedingungen für individuelle

Im ländlichen Raum in Mecklenburg-Vorpommern

einmaligen Geburtenrückgang führen. Staat und Kommunen haben dagegen auf die natürliche Bevölkerungsentwicklung keinen unmittelbaren Einfluss, sondern können nur mittelbar über Kindergeld oder die soziale Absicherung von Müttern, das Bereitstellen von Kindertageseinrichtungen oder die Förderung von familiengerechtem Wohnungsbau u.ä. Anreize schaffen.

Bei den kleinräumigen Wanderungsbewegungen schließlich, insbesondere der Suburbanisierung in den Verdich-

zum Teil extrem niedriger Bevölkerungsdichte und erheblichen strukturellen Problemen sind die Prignitz und die Uckermark im nördlichen Teil des Landes Brandenburg ❶. Im so genannten äußeren Entwicklungsraum, abseits des Ausstrahlungsbereichs der Metropole Berlin gelegen, erreichen sie nur Dichtewerte bis zu 50 Einw./km². Zur Stabilisierung dieser Regionen bemüht sich die Raumordnung, d.h. die Gemeinsame Landesplanung Berlin-Brandenburg und die Regionalplanung, auf der Grundlage

des Leitbildes der dezentralen Konzentration, gezielt Entwicklungen auf die Städte des Städtekranzes um Berlin (z.B. die Mittelzentren Neuruppin und Eberswalde) und die regionalen Entwicklungszentren des äußeren Entwicklungsraums (z.B. die Mittelzentren Wittenberge, Prenzlau und Schwedt/Oder) zu lenken ❷. Instrumente hierfür, die allerdings überwiegend in den Händen anderer Ressorts liegen, sind die Fördermittelvergabe, der Infrastrukturausbau sowie Entwicklung und Verlagerung von

---

❶ Nördlicher Entwicklungsraum Berlins (Nordbrandenburg)
Bevölkerungsentwicklung 1990-1999
nach Gemeinden

Staatsgrenze
Landesgrenze
Kreisgrenze
engerer Verflechtungsraum

Bevölkerungs-entwicklung
in %

80,0 - 390,6
60,0 - 80,0
30,0 - 60,0
1,5 - 30,0
-1,5 - 1,5
-30,0 - -1,5
-54,9 - -30,0

© Institut für Länderkunde, Leipzig 2001   *Autor: Atlasredaktion*   Maßstab 1 : 1 700 000

Entscheidungen beeinflussen und räumliche Problemlagen abfedern kann. Ihr Einfluss auf die Bevölkerungsentwicklung darf deswegen nicht überschätzt werden. So entziehen sich die großräumigen Wanderungen zwischen den Teilräumen des Staatsgebiets oder über Staatsgrenzen hinweg weitestgehend der raumordnerischen Einflussnahme, weil sie hochgradig abhängig sind von übergeordneten wirtschaftlichen und politischen Rahmenbedingungen. Auch die natürliche Bevölkerungsentwicklung ist – neben demographischen Faktoren – besonders sensibel gegenüber wirtschaftlichen und gesellschaftlichen Veränderungen. So konnten die außergewöhnlichen politischen Ereignisse in der Phase der wirtschafts- und sozialpolitischen Neuorientierung nach der Wende in den neuen Ländern kurzfristig zu einem weltweit wahrscheinlich

tungsräumen, die Ausdruck freiwilliger Wohnpräferenzen sind, versucht die Raumordnung auf der Grundlage siedlungsstruktureller Leitbilder, negative raumstrukturelle Auswirkungen abzuwehren.

Bevölkerung und Raumordnung in dünn besiedelten, strukturschwachen Räumen

In dünn besiedelten, strukturschwachen Räumen ist es vorrangige Aufgabe der Raumordnung, einer abwanderungsbedingten Entleerung entgegenzuwirken; sie ist hier vor allem in ihrer stabilisierenden und entwickelnden Funktion gefordert. Neben der Sicherung des Arbeitsplatz- und Dienstleistungsangebots gilt es, die infrastrukturellen Voraussetzungen für neue Arbeitsplätze in außerlandwirtschaftlichen Bereichen zu schaffen. Beispiele für Regionen mit

---

❷ Berlin-Brandenburg
Raumordnerisches Leitbild der dezentralen Konzentration

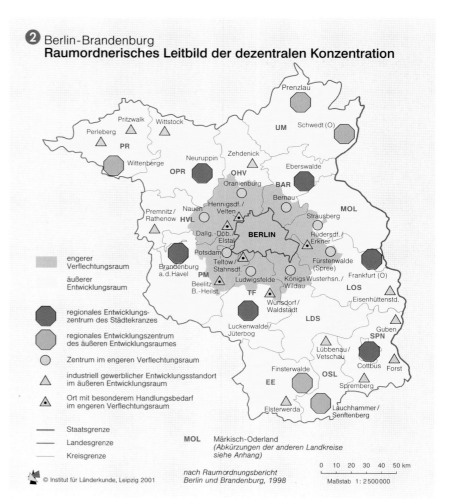

engerer Verflechtungsraum
äußerer Entwicklungsraum

regionales Entwicklungszentrum des Städtekranzes
regionales Entwicklungszentrum des äußeren Entwicklungsraumes
Zentrum im engeren Verflechtungsraum
industriell gewerblicher Entwicklungsstandort im äußeren Entwicklungsraum
Ort mit besonderem Handlungsbedarf im engeren Verflechtungsraum

Staatsgrenze
Landesgrenze
Kreisgrenze

MOL   Märkisch-Oderland
(Abkürzungen der anderen Landkreise siehe Anhang)

© Institut für Länderkunde, Leipzig 2001

nach Raumordnungsbericht Berlin und Brandenburg, 1998   Maßstab 1 : 2 500 000

Behördenstandorten. Karte ❷ zeigt, dass es auf diese Weise gelingt, trotz schwierigster wirtschaftsstruktureller Bedingungen mit begrenzten Entwicklungspotenzialen und kaum vorhandenen ▶ Spill-over-Effekten aus der Metropolregion eine gewisse Stabilisierung des ländlichen Raumes zu erreichen, auch wenn die genannten Mittelzentren (die z.T. durch kleinräumige Suburbanisierungstendenzen geschwächt werden) bis jetzt nicht in vollem Umfang die Funktion von Kristallisationskernen der Raumentwicklung wahrnehmen.

Bevölkerung und Raumordnung in dynamischen Verdichtungsräumen

In dynamischen, verdichteten Räumen muss die Raumordnung einen wirksamen Ordnungsrahmen setzen, um neue

Siedlungsgebiete auf leistungsfähige Nahverkehrssysteme zu lenken und die ▶ Zersiedelung einzudämmen. Insbesondere junge Familien mit stabiler Einkommenssituation wandern aus der Kernstadt in kleinere Nachbarkommunen mit preiswerterem Baulandangebot ab. Wesentliche Gründe hierfür sind neben dem Preisgefälle der Wunsch nach Wohnen im Grünen sowie die Hoffnung auf ein kinderfreundlicheres Wohnumfeld. Begünstigt wird die Suburbanisierung durch eine undifferenzierte Eigenheimförderung, die mobilitätsfördernde Kilometerpauschale des Steuerrechts sowie durch die hohe Autonomie der Kommunen bei der Baulandausweisung. Die mit der Suburbanisierung einhergehende ▶ sozialräumliche Segregation ist nicht unproblematisch, allerdings von der Raumordnung im geltenden Rechtsrahmen nicht zu verhindern. In der Raumordnung des Großraums Hannover haben die Erhaltung eines regionalen Freiraumsystems und die Zuordnung neuer Baugebiete auf die ▶ zentralen Orte und die Haltestellen des schienengebundenen Personennahverkehrs oberste Priorität. Karte ❸ zeigt als typisches Suburbanisierungsphänomen, dass im Großraum Hannover die Einwohnerentwicklung zwischen 1987 und 1999 in den meisten Kommunen des Landkreises günstiger verlief als in der Kernstadt. Entsprechend haben sich die Bevölkerungsgewichte zwischen Kernstadt und Landkreis von 54:46 in 1970 auf 46:54 im Jahr 1999 (jeweils heutiges Stadt- und Kreisgebiet) umgekehrt. Es zeigt sich aber als Ergebnis einer gezielten Raumordnung, dass sich die Bevölkerungszu-

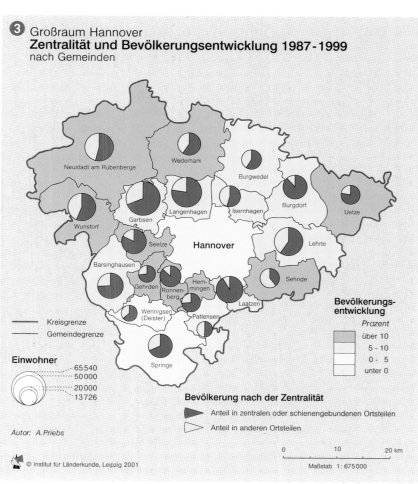

❸ Großraum Hannover
Zentralität und Bevölkerungsentwicklung 1987-1999
nach Gemeinden

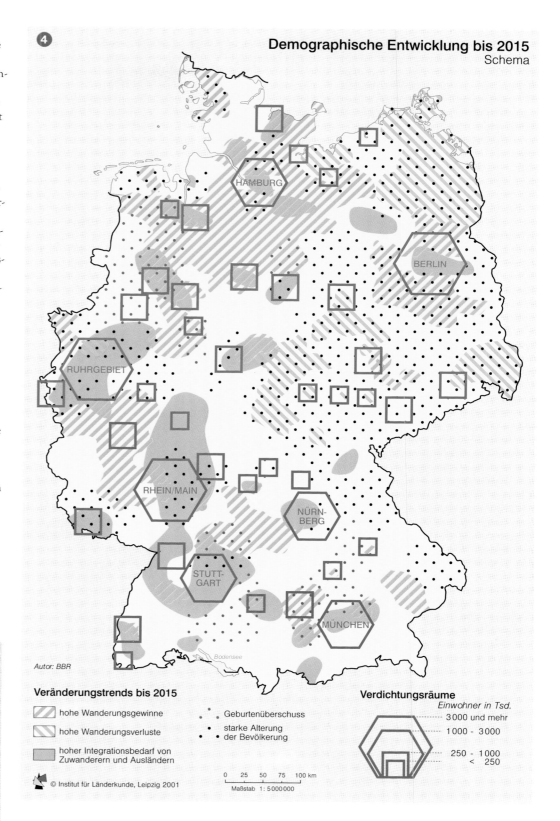

❹ Demographische Entwicklung bis 2015
Schema

Autor: BBR

Veränderungstrends bis 2015

- hohe Wanderungsgewinne
- hohe Wanderungsverluste
- hoher Integrationsbedarf von Zuwanderern und Ausländern
- Geburtenüberschuss
- starke Alterung der Bevölkerung

Verdichtungsräume
Einwohner in Tsd.
- 3000 und mehr
- 1000 - 3000
- 250 - 1000
- < 250

0 25 50 75 100 km
Maßstab 1: 5000000

© Institut für Länderkunde, Leipzig 2001

nahmen im Landkreis immerhin zu rund zwei Drittel auf die zentralen Orte beziehen.

Raumordnungsrelevante Trends der großräumigen Bevölkerungsentwicklung

Karte ❹ zeigt als Ergebnis der vom Bundesamt für Bauwesen und Raumordnung prognostizierten großräumigen Trends der demographischen Entwicklung, dass sich einige überwiegend westdeutsche Regionen auch künftig auf erhebliche Wanderungsgewinne einrichten müssen, während große Teile Ostdeutschlands mit Wanderungsverlusten und einer Überalterung der Bevölkerung zu rechnen haben. Angesichts der begrenzten Steuerungs- und Umverteilungspotenziale der Bundes- und Lan-

desraumordnung sind die von Abwanderung betroffenen Regionen verstärkt gefordert, selbst durch regionale Entwicklungskonzepte und regionale Kooperation ihre regionstypischen Potenziale zu fördern und damit zur Stabilisierung der Raumstruktur beizutragen. Der Raumordnung auf regionaler Ebene, d.h. der Regionalplanung, kommt dabei die Aufgabe zu, diese Prozesse zu moderieren und kontraproduktive zwischengemeindliche Konkurrenzen in gemeinsame Aktionen umzuformen. Hierzu benötigt die Regionalplanung allerdings politischen Rückhalt, der nicht in allen Regionen gleichermaßen vorausgesetzt werden kann.◆

Migration und Bevölkerungsentwicklung: Rückblick und Prognose

Rainer Münz

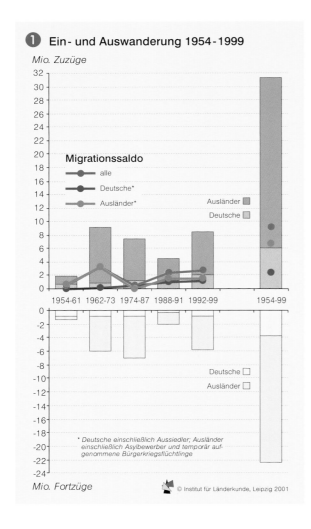

① **Ein- und Auswanderung 1954-1999**

Mio. Zuzüge

Migrationssaldo
alle
Deutsche*
Ausländer*
Ausländer
Deutsche

Deutsche
Ausländer

* Deutsche einschließlich Aussiedler; Ausländer einschließlich Asylbewerber und temporär aufgenommene Bürgerkriegsflüchtlinge

Mio. Fortzüge

© Institut für Länderkunde, Leipzig 2001

② **Jährliche Zu- und Fortzüge von Ausländern 1954-1999**

in Mio.

Zuzüge
Fortzüge
Saldo

Jahr

© Institut für Länderkunde, Leipzig 2001

DDR und Bundesrepublik hatten zu Beginn der 1950er Jahre zusammen etwas über 68 Mio. Einwohner. Unter ihnen waren damals fast ausschließlich deutsche Staatsbürger. Bis 1999 wuchs die Bevölkerung Deutschlands auf 82 Mio. Personen ③. Für die zweite Hälfte des 20. Jhs. bedeutete dies einen Anstieg von fast 14 Mio. Einwohnern. Von diesem Zuzug erklären sich etwa 9,4 Mio. aus den insgesamt positiven ▶ Wanderungssalden jener 50 Jahre ①. Nur 4,7 Mio. ergeben sich aus ▶ Geburtenüberschüssen, die es in Deutschland vor allem während der 1950er, 60er und frühen 70er Jahre gab. Nicht übersehen werden darf der indirekte Beitrag von ▶ Migration zur Bevölkerungsentwicklung. Denn die meisten Zuwanderer kamen als junge Erwachsene ins Land. Viele, die blieben, gründeten hier Familien, bekamen Kinder und trugen damit positiv zur Geburtenentwicklung bei.

Der Wanderungsgewinn in der zweiten Hälfte des 20. Jhs. erklärt sich aus dem Zuzug von insgesamt 31 Mio. Menschen. Sie kamen zwischen 1954 und 1999 als Arbeitsmigranten, nachziehende Familienangehörige, deutschstämmige Aussiedler, Asylbewerber oder als Bürgerkriegsflüchtlinge nach Deutschland (▶▶ Beiträge Swiaczny, S. 126; Wendt, S. 136). Im gleichen Zeitraum verließen mehr als 22 Mio. Deutsche und Ausländer das Land ①. Manche gingen freiwillig, andere nach Ablauf ihrer Arbeitsgenehmigung, nach Ablehnung ihres Asylantrages oder weil ihnen der Status als geduldete Bürgerkriegsflüchtlinge entzogen wurde.

Bei den Ausländern war die Zuwanderung während der 1960er und frühen 1970er Jahre sowie zwischen 1988 und 1995 am größten. Beträchtliche Fortzüge gab es in der zweiten Hälfte der 1960er Jahre, zwischen 1974 und 1984 sowie während eines Großteils der 1990er Jahre. In den Jahren 1967, 1973-75, 1981-83 sowie 1997-98 wanderten mehr Ausländerinnen und Ausländer aus Deutschland ab als neu ins Land kamen ②. Insgesamt belief sich die Zahl der ausländischen Zuwanderer zwischen 1954 und 1999 auf 22,3 Mio. Zugleich verließen 18,6 Mio. Ausländerinnen und Ausländer das Land. Diese Zahlen belegen: Ein größerer Teil der ausländischen Zuwanderer blieb nicht auf Dauer in der Bundesrepublik. Dennoch betrug der Wanderungsgewinn bei der ausländischen Bevölkerung seit Mitte der 1950er Jahre 6,7 Mio. Personen ①.

Deutschstämmige Aussiedler im Lager Unna-Massen

③ **Bevölkerungsentwicklung 1949-99**

Mio. Einwohner   Index (1949/50=100)

Mio. Einwohner
Index (1949/50=100)

Bevölkerungsentwicklung 1950-99
Gesamtveränderung: +14,0 Mio.
davon:
- Wanderungssaldo**: + 9,4 Mio.
- Geburtenüberschuss: + 4,7 Mio.

*) Jahresendbevölkerung;
**)Die Differenz zu dem in Abb.1 ausgewiesenen Gesamtsaldo ergibt sich rechnerisch aus den Zu- und Abwanderungen der Jahre 1950-1953/54, für die keine vollständigen Angaben vorliegen. Im wesentlichen erklärt sich die Differenz aus der Aussiedlerzuwanderung der Jahre 1950-53 ff.

Jahr*

© Institut für Länderkunde, Leipzig 2001

Unter den 6,1 Mio. deutschen Zuwanderern fallen 4 Mio. ▶ Aussiedler besonders ins Gewicht. Allerdings verließen seit 1954 immerhin 3,8 Mio. Deutsche auf Zeit oder auf Dauer das Land. Ein Teil von ihnen kehrte früher oder später wieder zurück. Doch nur durch die massive Zuwanderung von Angehörigen deutscher Minderheiten aus Ostmittel- und Osteuropa war ein positiver Wanderungssaldo von 2,3 Mio. Personen zu verzeichnen (▶▶ Beitrag Mammey/Swiaczny, S. 132). Besonders groß war der Aussiedlerzuzug 1957-58 sowie in der Periode ab 1988 ④.

Altersstruktur und Zuwanderung

Von den 82 Mio. Menschen die 1999 in Deutschland lebten, besaßen 74,7 Mio.

Aussiedler – Seit den 1950er Jahren gibt es eine privilegierte Zuwanderung von Angehörigen volkdeutscher Minderheiten sowie von deren Ehepartnern und Kindern aus Ostmittel- und Osteuropa, Sibirien und Zentralasien in die Bundesrepublik Deutschland. Diese Personen werden auf Grundlage des Bundes-Flüchtlings- und Vertriebenengesetzes von 1953 als „Statusdeutsche" im Sinne von Art. 116 (1) des Grundgesetzes behandelt, obwohl von ihnen in Art. 116 GG selbst nicht die Rede ist. Aussiedler erhalten bei der Einreise sofort die deutsche Staatsbürgerschaft, Sprachkurse, Eingliederungshilfen, diverse Sozialleistungen und eine Wohnung zugewiesen. Seit 1993 dürfen fast nur noch Personen aus den Nachfolgestaaten der UdSSR als Aussiedler nach Deutschland kommen. Diese Einwande-

rer heißen seitdem offiziell Spätaussiedler.

Geburtenüberschuss – mehr Geborene als Gestorbene während einer Zeitperiode in einem bestimmten Gebiet

Migration – Wanderung bzw. Verlegung des Wohnsitzes; dies kann innerhalb eines Landes (Binnenwanderung) oder von einem Land in ein anderes (internationale Wanderung, Außenwanderung) erfolgen. In der vorliegenden Betrachtung geht es ausschließlich um internationale Wanderungen.

Nettozuwanderung – eine positive Differenz zwischen Zu- und Abwanderung

Wanderungssaldo – die Differenz zwischen der Zu- und Abwanderung; je nachdem, welche der beiden Einflussgrößen überwiegt, handelt es sich um ein positives oder ein negatives Wanderungssaldo.

per, Einleitung, S. 12 ff), bedeutet dies einen weiteren Anstieg der Sterbefälle. Gleichzeitig wird als Spätfolge des Geburtenrückgangs ab den späten 1960er Jahren die Zahl der Geburten weiter abnehmen. Dieser führt dazu, dass es in der ersten Hälfte des 21. Jhs. in Deutschland immer weniger potenzielle Eltern und somit voraussichtlich auch weniger Geburten gibt.

Bei einem wachsenden Überschuss der Sterbefälle über die Geburten entscheidet die Zuwanderung aus dem Ausland über die zukünftige Struktur und Entwicklung der Bevölkerung ❻. Ohne jede Zuwanderung hätte Deutschland im Jahr 2050 voraussichtlich rund 23 Mio. Einwohner weniger als 1999/2000. Bei einer ▶ Nettozuwanderung von 100.000 Personen pro Jahr bzw. insgesamt 5 Mio. zwischen 2000 und 2050 würden 2050 in Deutschland etwa 65 Mio. Menschen leben; 17 Mio. weniger als 1999/2000. Bei einer Nettozuwanderung von 200.000 Personen pro Jahr bzw. insgesamt 10 Mio. zwischen 2000 und 2050 läge die Einwohnerzahl im Jahr 2050 bei 70 Mio.; ein Minus von 12 Mio. gegenüber 1999/2000. Selbst bei einem Nettozustrom von 300.000 Zuwanderern pro Jahr bzw. 15 Mio. zwischen 2000 und 2050 würde sich die Einwohnerzahl Deutschlands bis 2050 auf 75 Mio. verringern; ein Minus von 7 Mio. Ohne weitere Zuwanderung würden Mitte des 21. Jhs. vier von zehn Bewohnerinnen und Bewohner des Landes über 60 Jahre alt sein (40%), aber nur noch jeder bzw. jede Siebente wäre unter 20 Jahre alt

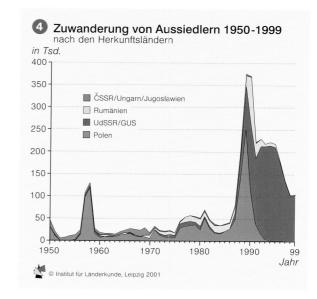

❹ **Zuwanderung von Aussiedlern 1950-1999**
nach den Herkunftsländern
in Tsd.

ČSSR/Ungarn/Jugoslawien
Rumänien
UdSSR/GUS
Polen

© Institut für Länderkunde, Leipzig 2001

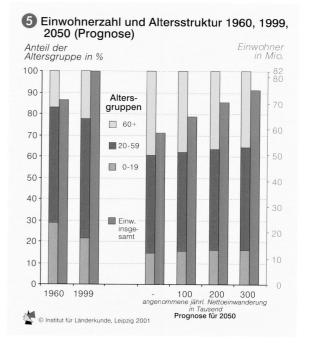

❺ **Einwohnerzahl und Altersstruktur 1960, 1999, 2050 (Prognose)**
Anteil der Altersgruppe in % — *Einwohner in Mio.*

Altersgruppen
60+
20-59
0-19

Einw. insgesamt

angenommene jährl. Nettoeinwanderung in Tausend
Prognose für 2050

© Institut für Länderkunde, Leipzig 2001

Einwohner (91%) die deutsche Staatsbürgerschaft, 7,3 Mio. (9%) waren Ausländer. Ein Fünftel der Bewohner Deutschlands waren 1999 unter 20 Jahre alt (21%), mehr als die Hälfte waren im Alter zwischen 20 und 60 Jahren (56%), gut ein weiteres Fünftel über 60 Jahre alt (23%) ❺.

In Zukunft wird die Bevölkerung Deutschlands weiter altern (▶▶ Beitrag Börsch-Supan, S. 26) und voraussicht-

lich auch schrumpfen. Absehbar ist eine wachsende Zahl von Sterbefällen. Dies ist trotz voraussichtlich weiter steigender Lebenserwartung unausweichlich. Denn nun kommen Generationen ins Sterbealter, die keine Kriegstoten mehr zu beklagen haben. Sobald die starken Geburtjahrgänge der NS-Zeit sowie des Baby-Booms der späten 1950er und der 1960er Jahre ihr Sterbealter erreichen (▶▶ Beitrag Gans/Kem-

(15%). Aber selbst bei einer Nettozuwanderung von 300.000 Personen pro Jahr wird der Anteil der über 60-Jährigen auf über ein Drittel steigen, jener der unter 20-Jährigen auf unter ein Sechstel fallen (16%). Und kein realistisch erwartbares Wanderungsvolumen wird dazu führen, dass der Anteil der Einwohner im Haupterwerbsalter, also der 20- bis 60-Jährigen, mehr als 50% erreicht ❺.

Die Prognosen zeigen: Selbst bei einer substanziellen Nettozuwanderung von 15 Mio. Personen bis 2050 wird Deutschland dann weniger Einwohner haben als zu Beginn des 21. Jh. Und trotz Zuwanderung wird sich das Gewicht noch viel stärker von der jüngeren zur älteren Generation verschieben. Denn bei schrumpfender Gesamtbevölkerung wächst nicht bloß der relative Anteil der Personen im Rentenalter, sondern in der ersten Hälfte des 21. Jhs. auch deren absolute Zahl. Und je größer die Zuwanderung ist, um so stärker wächst zukünftig die Zahl der Älteren.◆

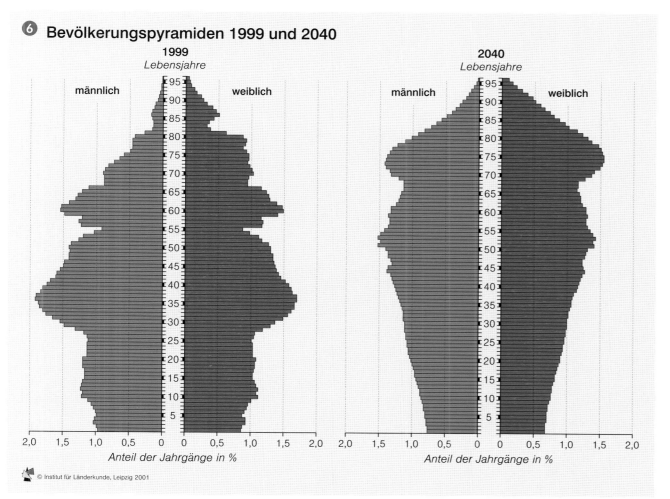

❻ **Bevölkerungspyramiden 1999 und 2040**

1999
Lebensjahre
männlich — weiblich

2040
Lebensjahre
männlich — weiblich

Anteil der Jahrgänge in % — *Anteil der Jahrgänge in %*

© Institut für Länderkunde, Leipzig 2001

Bevölkerungsverteilung

Hans Dieter Laux

Am 31. Dezember 1998 lebten in der Bundesrepublik Deutschland auf einer Fläche von 357.022 km² etwas mehr als 82 Mill. Menschen. Damit ist Deutschland nach Rußland der bevölkerungsreichste Staat in Europa. Abbildung ❸ zeigt die absoluten Einwohnerzahlen auf der Basis der kleinsten kommunalen Gebietseinheiten, den insgesamt 14.197 politischen Gemeinden des Landes (31.12.1998). Die Karte lässt ein detailliertes und zugleich komplexes räumliches Muster der Bevölkerungsverteilung erkennen. Dabei ist zu beachten, dass das Verteilungsbild stark durch die von Bundesland zu Bundesland unterschiedlichen Zahlen und Größenverhältnisse der Gemeinden geprägt wird ❶.

Gemeindegrößen – der Effekt der kommunalen Gebietsreformen

Im Rahmen von kommunalen Gebietsreformen kam es seit Ende der sechziger Jahre in den alten Ländern zu einer teilweise massiven Zusammenlegung von ehemals selbstständigen Kommunen, mit dem Ergebnis, dass sich die Gesamtzahl der Gemeinden von 23.040 im Jahre 1969 auf nur mehr 8512 (31.12.1998, nur alte Länder) verringerte. Am radikalsten erfolgte diese „kommunale Flurbereinigung" in Nordrhein-Westfalen, wo die Zahl der Kommunen zwischen 1961 und 1998 von 2365 auf 396 zurückging. Ähnlich durchgreifend waren die Verwaltungsreformen auch in Hessen, im Saarland und in Teilen Niedersachsens, während in Baden-Württemberg und Bayern eher moderate Zusammenlegungen erfolgten. Demgegenüber blieben in Rheinland-Pfalz und in Schleswig-Holstein die alten Ortsgemeinden als unterste Gebietskörperschaften weitgehend erhalten. Hier werden – wie auch in den neuen Ländern – die kommunalen Auf-

gaben vor allem von der Zwischenstufe der Verbandsgemeinden, von Ämtern bzw. Verwaltungsgemeinschaften wahrgenommen. In den neuen Ländern erfolgten nach der Wiedervereinigung bisher nur in Sachsen und Thüringen kommunale Gebietsreformen mit einer nennenswerten Zusammenlegung von Gemeinden. Ingesamt sank die Zahl der Kommunen in Ostdeutschland zwischen dem 31.12.1990 und dem 31.12.1998 von 7622 auf 5685. Aufgrund all dieser Veränderungen spiegelt die Verteilung der Gemeinden nach Einwohnergrößenklassen ❷ die überkommene Siedlungs-

struktur in Deutschland nur sehr eingeschränkt wider. Dennoch stellen die kleinen Gemeinden unter 2000 Einwohner mit 62,5% noch immer die Mehrzahl der kommunalen Gebietskörperschaften, auch wenn in ihnen nur knapp 8% der Bevölkerung leben.

Bevölkerungsverteilung und Siedlungsstruktur

Trotz der Effekte der unterschiedlichen Gemeindegrößen lassen sich deutliche Muster der regionalen Bevölkerungsverteilung unterscheiden ❸. Diese Muster sind teils von hoher Persistenz und durch weit in die Vergangenheit zurückreichende siedlungs- und wirtschaftgeschichtliche Prozesse geprägt, teils aber auch das Ergebnis von jungen Bevölkerungsverschiebungen seit dem Ende des Zweiten Weltkriegs. Ins Auge springen

zunächst die großstädtischen Bevölkerungskonzentrationen. Sie sind zwar in nahezu allen Teilen des Landes zu finden, es lassen sich jedoch charakteristische Unterschiede in Dichte und Struktur zwischen dem stärker verstädterten Westen und Südwesten Deutschlands und den übrigen Regionen erkennen. Als weitgehend solitäre, monozentrische Bevölkerungsagglomerationen mit jeweils einem einzigen dominierenden Zentrum von mehr als einer Million Einwohner erscheinen München, Hamburg und vor allem Berlin. Im Umland der räumlich ausgesprochen peripher gelegenen Bundeshauptstadt finden sich mit Ausnahme von Potsdam nur wenige Gemeinden mit einer größeren Zahl von Einwohnern.

In deutlichem Gegensatz hierzu stehen die großen Verdichtungsräume →

---

❶ **Gemeinden in den Ländern 31.12.1998**

Länder	Gemeinden	Einwohner	mittlere Einwohnerzahl
Baden-Württemberg	1111	10426040	9384
Bayern	2056	12086548	5879
Berlin	1	3398822	3398822
Brandenburg	1489	2590375	1740
Bremen	2	667965	333982
Hamburg	1	1700089	1700089
Hessen	426	6035137	14167
Meckl.-Vorpommern	1069	1798689	1883
Niedersachsen	1032	7865840	7622
Nordrhein-Westfalen	396	17975516	45393
Rheinland-Pfalz	2305	4024969	1746
Saarland	52	1074223	20658
Sachsen	779	4489415	5763
Sachsen-Anhalt	1295	2674490	2065
Schleswig-Holstein	1130	2766057	2448
Thüringen	1053	2462836	2339
Summe	**14197**	**82037011**	**5778**

---

❷ **Gemeindegrößenklassen 31.12.1998 - Einwohner und Flächen**

Größenklassen (Einwohner)	Zahl der Gemeinden	Einwohner	%	Fläche* (km²)	%
bis 500	3876	1106854	1,4	35425	10,1
500- 1000	2638	1905220	2,3	37255	10,6
1000- 2000	2366	3368903	4,1	43336	12,3
2000- 5000	2539	8028773	9,8	72815	20,7
5000- 10000	1248	8723285	10,6	54395	15,4
10000- 20000	859	11904797	14,5	49800	14,1
20000- 50000	482	14585211	17,8	36265	10,3
50000-100000	107	7234990	8,8	9522	2,7
100000- 1 Mio.	79	18891170	23,0	11752	3,3
über 1 Mio.	3	6287808	7,7	1956	0,6
Summe	**14197**	**82037011**	**100,0**	**352521**	**100,0**

* ohne unbewohnte gemeindefreie Gebiete

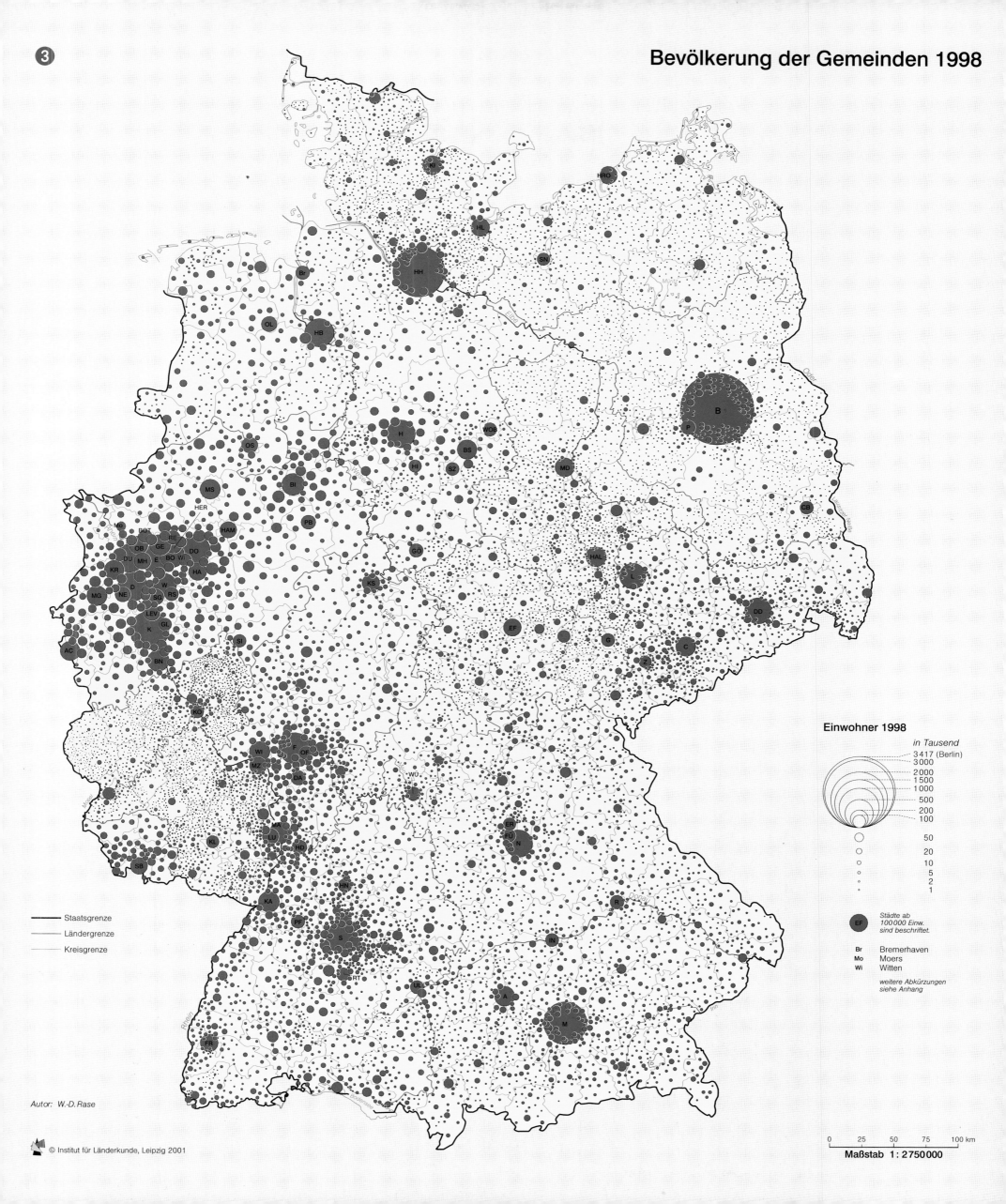

Bevölkerung der Gemeinden 1998

Einwohner 1998

in Tausend

3417 (Berlin)
3000
2000
1500
1000
500
200
100

50
20
10
5
2
1

Städte ab
100000 Einw.
sind beschriftet.

Br Bremerhaven
Mo Moers
Wi Witten

*weitere Abkürzungen
siehe Anhang*

Staatsgrenze
Ländergrenze
Kreisgrenze

Autor: W.-D. Rase

© Institut für Länderkunde, Leipzig 2001

0   25   50   75   100 km

Maßstab 1 : 2750000

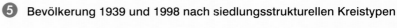

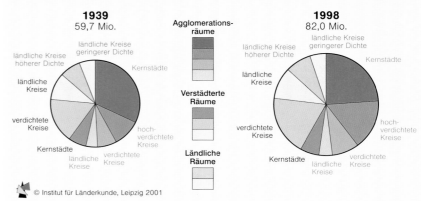

⑤ Bevölkerung 1939 und 1998 nach siedlungsstrukturellen Kreistypen

© Institut für Länderkunde, Leipzig 2001

an Rhein und Ruhr, im Rhein-Main- und Rhein-Neckar-Gebiet sowie in der Region Stuttgart und im Raum Nürnberg-Erlangen. Diese Bevölkerungsagglomerationen bilden in sich stark differenzierte, polyzentrische Stadtlandschaften. Eine Zwischenstellung nehmen die Verdichtungsregionen mittlerer Größe ein, wie z.B. Augsburg, Dresden, Leipzig, Bielefeld, Hannover oder Bremen, die jeweils durch ein stark dominierendes Zentrum geprägt sind. All

diese Verdichtungsräume sind – z.T. anknüpfend an vorindustrielle, mittelalterliche Handels- und Gewerbezentren wie Köln, Frankfurt, Nürnberg oder Augsburg – in ihrer Grundstruktur das Resultat der bevölkerungskonzentrierenden Wirkung industriewirtschaftlicher Standortbedingungen und Produktionsweisen seit der Mitte des 19. Jahrhunderts sowie der Herausbildung politischer Zentren im föderal geprägten Deutschland vor und nach der Reichs-

gründung 1871. Mehr oder weniger stark überprägt und umgestaltet wurden die Agglomerationen schließlich durch die vielfältigen Suburbanisierungsprozesse seit der Mitte des 20. Jahrhunderts.

Neben den stark verstädterten Räumen wird als zweite Schicht eine relativ disperse Siedlungs- bzw. Bevölkerungsverteilung erkennbar, die als Erbe agrarischer Produktions- und Lebensbedingungen zu deuten ist. Diese spezifisch ländliche Bevölkerungsverteilung in Form kleiner Siedlungseinheiten, aus denen nur wenige größere Städte als zentrale Orte herausragen, kennzeichnet das Siedlungsmuster der nordöstlichen Länder, aber auch von Rheinland-Pfalz und weiten Teilen Bayerns. In diesen Regionen, die industriell relativ wenig überprägt wurden und in denen die Verwaltungsreformen weniger radikal eingegriffen haben, ist die historisch überkommene Grundstruktur der deutschen Siedlungslandschaft noch deutlich erkennbar.

Deutschland – eine urbanisierte Gesellschaft

Welches Gewicht die großen Städte und Bevölkerungsagglomerationen bis heute gewonnen haben, zeigt die ▶ isodemographische Darstellung ④, die zugleich ergänzende Angaben über die prozentuale Einwohnerentwicklung zwischen 1939 und 1998 enthält. Grundlage der Darstellung bilden die 440 kreisfreien Städte und Landkreise der Bundesrepublik im Jahre 1998. Dabei fallen sowohl die herausragende Stellung der Städtelandschaft Nordrhein-Westfalens ins Auge wie die Ballungsräume um Stuttgart und Frankfurt sowie die stärker solitären Millionenstädte München, Hamburg und Berlin. Gegenüber diesen Bevölkerungsriesen erscheinen die peripheren ländlichen Kreise z.B. im engeren und weiteren Umland von Berlin oder im östlichen Bayern fast bedeutungslos. Die Darstellung macht sehr deutlich, in welchem Ausmaß Deutsch-

land zu einer verstädterten Gesellschaft geworden ist. So wohnten im Jahre 1998 71,8% der Bevölkerung in Gemeinden über 10.000 Einwohnern ②.

Nimmt man die vom Bundesamt für Bauwesen und Raumordnung (BBR) zum Zweck der „laufenden Raumbeobachtung" auf Kreisbasis abgegrenzten siedlungstrukturellen Kreistypen als Bezugseinheiten (▶▶ Beitrag Priebs, Bd. 1, S. 67), so lebten Ende 1998 in den Agglomerationsräumen 52,1%, in den verstädterten Räumen 34,8% und in den ländlichen Räumen 13,1% der Gesamtbevölkerung ⑤. Diese Werte sind trotz der beträchtlichen großräumigen Bevölkerungsverschiebungen der vergangenen 60 Jahre (▶▶ Beitrag Laux, S. 36) weitgehend identisch mit den entsprechenden Anteilen für das Jahr 1939. Allein die Kategorie der verstädterten Räume verzeichnete seit dem Jahr einen leichten Anstieg um 1,8 Prozentpunkte auf Kosten der beiden übrigen Raumtypen. Hieraus folgt, dass Deutschland bereits vor dem Zweiten Weltkrieg ein in hohem Maße verstädtertes Land war.

Bei weiterer Differenzierung lassen sich jedoch charakteristische Veränderungen erkennen. So verloren vor allem die Kernstädte der Agglomerationsräume im Zuge von innerregionalen Dekonzentrationsprozessen erhebliche Bevölkerungsanteile (-8,4 Prozentpunkte) an die suburbanen, hochverdichteten und verdichteten Kreise, und auch die verdichteten Kreise der verstädterten Räume konnten ihren Anteil etwas steigern.

Räumliche Muster der Bevölkerungsdichte

Regionale Dekonzentrationserscheinungen werden auch beim Vergleich der Bevölkerungsdichten der Jahre 1939 ⑦ und 1998 ⑧ deutlich. So ist vor allem bei den großen Ballungsräumen im Westen und Südwesten der Bundesrepublik, aber auch bei München, Nürnberg und Hamburg im Jahre 1998 ein deutlich geringeres Dichtegefälle zwischen

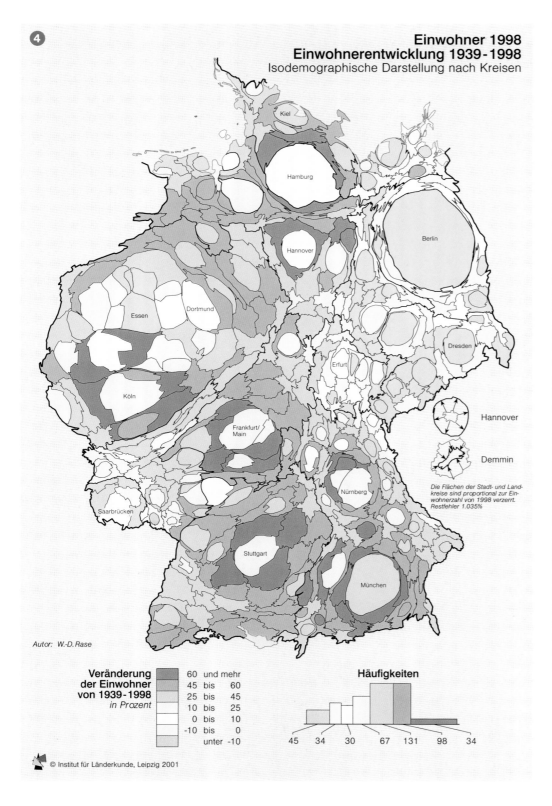

④

Einwohner 1998
Einwohnerentwicklung 1939-1998
Isodemographische Darstellung nach Kreisen

Die Flächen der Stadt- und Landkreise sind proportional zur Einwohnerzahl von 1998 verzerrt. Restfehler 1.035%

Autor: W.-D. Rase

Veränderung der Einwohner von 1939-1998 *in Prozent*

	60 und mehr
	45 bis 60
	25 bis 45
	10 bis 25
	0 bis 10
	-10 bis 0
	unter -10

Häufigkeiten

45 34 30 67 131 98 34

© Institut für Länderkunde, Leipzig 2001

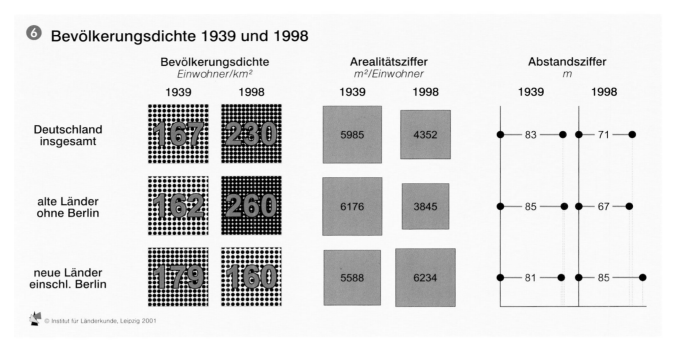

⑥ Bevölkerungsdichte 1939 und 1998

	Bevölkerungsdichte *Einwohner/km²*		Arealitätsziffer *m²/Einwohner*		Abstandsziffer *m*	
	1939	**1998**	**1939**	**1998**	**1939**	**1998**
Deutschland insgesamt	167	230	5985	4352	83	71
alte Länder ohne Berlin	162	260	6176	3845	85	67
neue Länder einschl. Berlin	179	160	5588	6234	81	85

© Institut für Länderkunde, Leipzig 2001

den Zentren und der Peripherie vorhanden als 1939. Darüber hinaus ragen zu Beginn des Zweiten Weltkriegs in allen Landesteilen die Stadtkreise noch sehr viel stärker aus ihrem Umland heraus als in der Gegenwart. Im Übrigen lassen die Karten großräumige Bevölkerungsverschiebungen von beträchtlichem Ausmaß erkennen: Während die neuen Länder, die aufgrund des Gewichts von Berlin und der Bevölkerungskonzentration in Sachsen im Jahre 1939 insgesamt noch eine höhere Dichte besaßen ⑥, bis 1989 durch einen Bevölkerungsrückgang geprägt sind, erlebten im Westen Deutschlands neben den Verdichtungsräumen auch weite Teile des ländlichen Raumes in Bayern, Niedersachsen und Schleswig-Holstein eine flächenhafte Bevölkerungszunahme. Das großräumige Muster der Bevölkerungsverteilung wird heute – sieht man von den Zentren Berlin und Hamburg

sowie den Agglomerationsräumen Sachsens ab – im Wesentlichen von einem Südwest-Nordost-Gefälle bestimmt. Eine weitgehend geschlossene Zone höchster Bevölkerungsdichte erstreckt sich vom Ruhrgebiet über das Rhein-Main-Gebiet bis in den Raum Stuttgart, mit Ausläufern nach Hannover und

Hamburg im Norden sowie nach München und entlang des Oberrheins im Süden.

Neben dem klassischen Maß der Einwohnerdichte sind auch die ▶ Arealitätsziffer und die ▶ Abstandsziffer als anschauliche Dichtemaße gebräuchlich ⑥, um die Relation zwischen Bevölke-

rung und Fläche und damit auch die Belastung des Raumes durch den Menschen abzuschätzen.◆

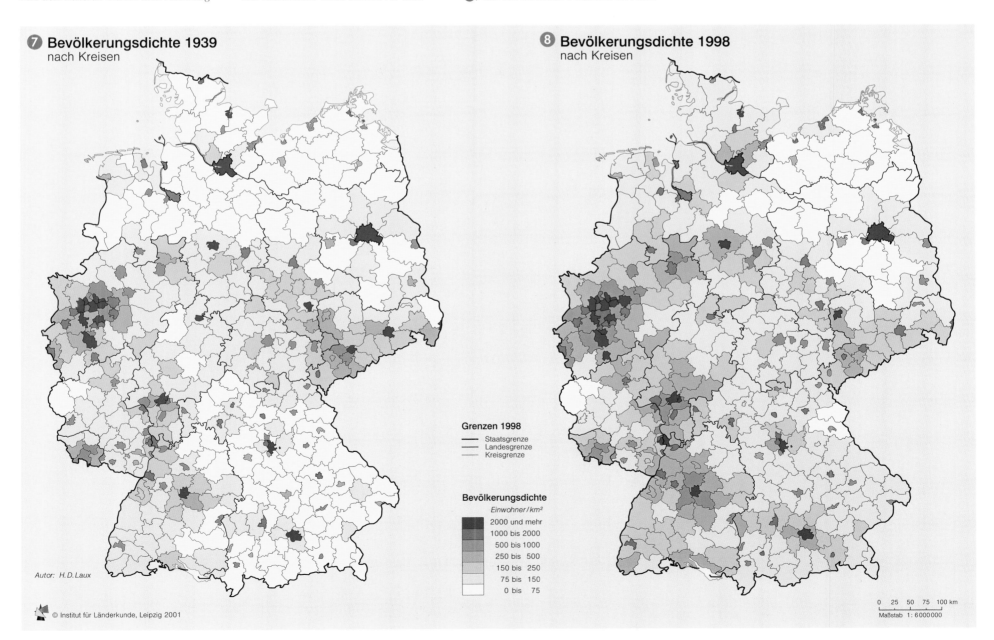

⑦ Bevölkerungsdichte 1939 nach Kreisen

⑧ Bevölkerungsdichte 1998 nach Kreisen

Autor: H.D.Laux

© Institut für Länderkunde, Leipzig 2001

Grenzen 1998
— Staatsgrenze
— Landesgrenze
— Kreisgrenze

Bevölkerungsdichte
Einwohner/km²
2000 und mehr
1000 bis 2000
500 bis 1000
250 bis 500
150 bis 250
75 bis 150
0 bis 75

0 25 50 75 100 km
Maßstab 1:6 000 000

Bevölkerungsentwicklung

Hans Dieter Laux

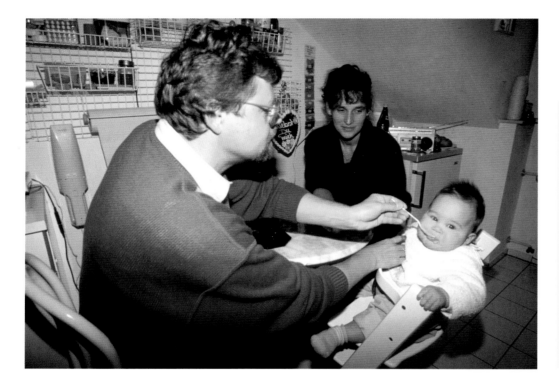

Zwischen dem Datum der Volkszählung von 1939 und dem Ende des Jahres 1998 wuchs die Bevölkerung auf dem Gebiet der heutigen Bundesrepublik Deutschland von 59,65 auf 82,04 Mio. Einwohner. Dieses Wachstum verlief nicht nur zeitlich mit wechselndem Tempo, es war vor allem sehr ungleich auf die verschiedenen Teilräume und Regionen des Landes verteilt.

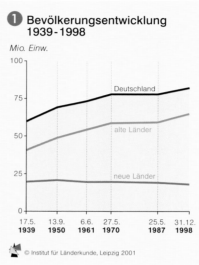

❶ Bevölkerungsentwicklung 1939-1998

Mio. Einw.

© Institut für Länderkunde, Leipzig 2001

Unterschiede der Bevölkerungsentwicklung in Ost und West

Der auffallendste Gegensatz zeigt sich zwischen den alten und neuen Ländern einschließlich Berlin ❶. Nach einem Anstieg um knapp eine Million Einwohner zwischen 1939 und 1950 erlebte der Osten des Landes bis 1998 einen Verlust von mehr als 3 Mio. Menschen. Während der Zeit ihres Bestehens war die DDR damit der einzige Staat in Europa, der einen Bevölkerungsrückgang zu verzeichnen hatte. Im Gegensatz hierzu stieg die Einwohnerzahl in den alten Bundesländern seit 1939 von 40,22 auf 64,62 Mill. Das relative Bevölkerungsgewicht zwischen West und Ost verschob sich dabei von 67:33 auf 79:21.

Die beiden Komponenten der Bevölkerungsentwicklung – das natürliche Wachstum sowie der Wanderungssaldo – waren in West und Ost sowie im Zeitverlauf sehr unterschiedlich an diesen Veränderungen beteiligt ❷. In der Bilanz entfielen 65,7% des Bevölkerungszuwachses von 13,71 Mio. zwischen dem 1.1.1950 und dem 1.1.1999 auf den Wanderungsgewinn und nur 34,3% auf den Geburtenüberschuss. In den alten Ländern einschl. Westberlin betrug der Beitrag des Wanderungssaldos sogar 74,1%. Dem gegenüber steht

in den neuen Ländern einschl. Ostberlin ein permanenter Wanderungsverlust, der nur unwesentlich durch das natürliche Wachstum kompensiert werden konnte.

Auf der Basis der Bundesländer kam es ebenfalls zu ausgesprochenen Wachstumsunterschieden, die das Gewicht der einzelnen Länder nachhaltig veränderten ❸. Die größten relativen Gewinne zwischen 1939 und 1998 verzeichneten Baden-Württemberg, Hessen, Schleswig-Holstein und Niedersachsen, gefolgt von Nordrhein-Westfalen und Rheinland-Pfalz. Als einziges der neuen Länder zeigte Mecklenburg-Vorpommern über den Gesamtzeitraum hinweg eine Bevölkerungszunahme, während Sachsen und Berlin die stärksten Verluste aufwiesen. Zwischen 1950 und 1998 konnte Berlin als einziges der neuen Länder einen leichten Bevölkerungsanstieg verbuchen.

Regionale Bevölkerungsentwicklung 1939 bis 1998 – ein komplexes Muster

Abbildung ❺ versucht ein räumlich differenziertes Bild der Bevölkerungsentwicklung in Deutschland zu zeichnen. Zu diesem Zweck wurden für sämtliche 439 Stadt- und Landkreise die individuellen Wachstumsverläufe – dargestellt als Prozentwerte der Einwohnerzahl Ende 1998 – über fünf Stichjahre hinweg ermittelt und anschließend mit Hilfe des statistischen Verfahrens der ▶ Clusteranalyse zu neun Verlaufstypen zusammengefasst. Die Typen sind in der Legende durch die mittleren Kurvenverläufe der jeweiligen Kreise gekennzeichnet.

Die regionalen Unterschiede der Bevölkerungsentwicklung während der sechs Jahrzehnte seit 1939 werden durch das Zusammenwirken einer Vielzahl von Prozessen verursacht. Im Einzelnen sind dies:

- die regionalen Unterschiede und zeitlichen Veränderungen von Fruchtbarkeit und Sterblichkeit (GANS 1996)
- die Evakuierung der Bevölkerung aus den großen Städten während des Zweiten Weltkriegs in ländliche Räume und deren Rückführung
- die Zuwanderung der Vertriebenen und Flüchtlinge aus den ehemaligen deutschen Ostgebieten in der unmittelbaren Nachkriegszeit und deren

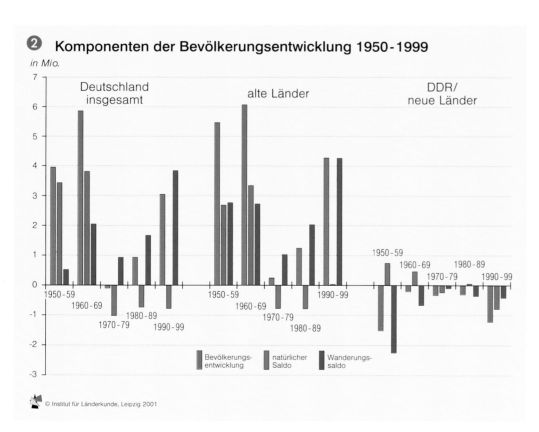

❷ Komponenten der Bevölkerungsentwicklung 1950-1999

in Mio.

Deutschland insgesamt — alte Länder — DDR/ neue Länder

■ Bevölkerungsentwicklung ■ natürlicher Saldo ■ Wanderungssaldo

© Institut für Länderkunde, Leipzig 2001

Umverteilung zwischen den Ländern der alten Bundesrepublik in den 1950er Jahren
- die Flüchtlingsbewegung aus der DDR bis zum Bau der Berliner Mauer (WENDT 1993/94)
- die Zuwanderung der Gastarbeiter und ihrer Familien seit Ende der 1950er Jahre (KEMPER 2000; MÜNZ, SEIFERT U. ULRICH 1997)
- die Zuwanderung der Aussiedler und Asylbewerber vor allem seit Ende der 1980er Jahre (KEMPER 2000; WENDT 1993/94)
- die Wanderung zwischen den neuen und alten Ländern nach dem Fall der Mauer und dem Ende der DDR 1989/90 (WENDT 1993/94)

- die großräumigen Binnenwanderungen innerhalb der alten Bundesrepublik und der DDR mit Bevölkerungsverschiebungen von Nord nach Süd im Westen sowie der Konzentration auf Berlin im Osten (KEMPER 1997; WENDT 1993/94)
- die kleinräumig wirksamen ▶ Suburbanisierungsprozesse seit den 1950er Jahren im Westen und seit der Wende im Osten Deutschlands (GATZWEILER U. SCHLIEBE 1982; HERFERT 1998)

Von all diesen Prozessen spielen die vielfältigen Wanderungsbewegungen die entscheidende Rolle für die regionalen Unterschiede der Bevölkerungsentwicklung (▶▶ Beiträge Bucher/Heins, S. 108 f.; Friedrich, S. 124).

❸ Bevölkerungsentwicklung der Länder 1939-1998

Mio. Einw.

1939 1950 1970 1987 1998

© Institut für Länderkunde, Leipzig 2001

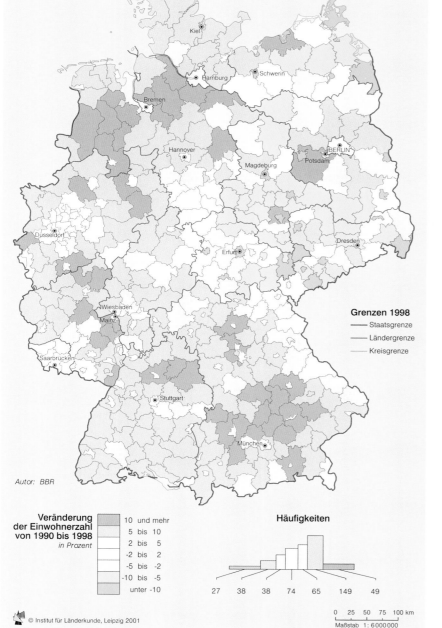

❹ Bevölkerungsentwicklung 1990-1998
nach Kreisen

Kiel
Hamburg   Schwerin
Bremen
Hannover   BERLIN
Magdeburg   Potsdam
Düsseldorf
Erfurt   Dresden
Wiesbaden
Mainz
Saarbrücken
Stuttgart
München

Autor: BBR

Grenzen 1998
—— Staatsgrenze
—— Ländergrenze
—— Kreisgrenze

Veränderung der Einwohnerzahl von 1990 bis 1998 *in Prozent*
- 10 und mehr
- 5 bis 10
- 2 bis 5
- -2 bis 2
- -5 bis -2
- -10 bis -5
- unter -10

Häufigkeiten

27   38   38   74   65   149   49

© Institut für Länderkunde, Leipzig 2001

0 25 50 75 100 km
Maßstab 1 : 6 000 000

Das Kartenbild ❺ zeigt einen markanten West-Ost-Gegensatz. So kommen die Entwicklungstypen 7, 8 und 9 nahezu ausschließlich in den neuen Ländern vor. Ihnen gemeinsam ist eine langfristige Bevölkerungsabnahme. Dabei repräsentiert Typ 7 eine städtische Variante mit starken Verlusten zunächst zwischen 1939 und 1950 als Folge der Kriegszerstörungen sowie einen erneuten Rückgang nach 1987 als Resultat der Ost-West-Migration und der beginnenden Stadt-Umland-Wanderung (▶▶ Beitrag Herfert, S. 116). Demgegenüber zeigen die Typen 8 und 9, die überwiegend ländliche Kreise,

z.T. aber auch Städte umfassen, zunächst eine Bevölkerungszunahme zwischen 1939 und 1950 mit anschließend stetigem Verlust von unterschiedlicher Intensität.

In markantem Gegensatz hierzu stehen die Entwicklungstypen 1, 2 und 3. Typ 1 erfasst die meisten Kernstädte der Verdichtungsräume der alten Länder und ist gekennzeichnet durch kriegsbedingte Bevölkerungsverluste zwischen 1939 und 1950, einen deutlichen Wiederanstieg der Einwohnerzahlen bis 1961/70, einen erneuten und langfristigen Verlust in Folge von Suburbanisierungsprozessen bis 1987 sowie   →

Internet-Surfen im Altenheim

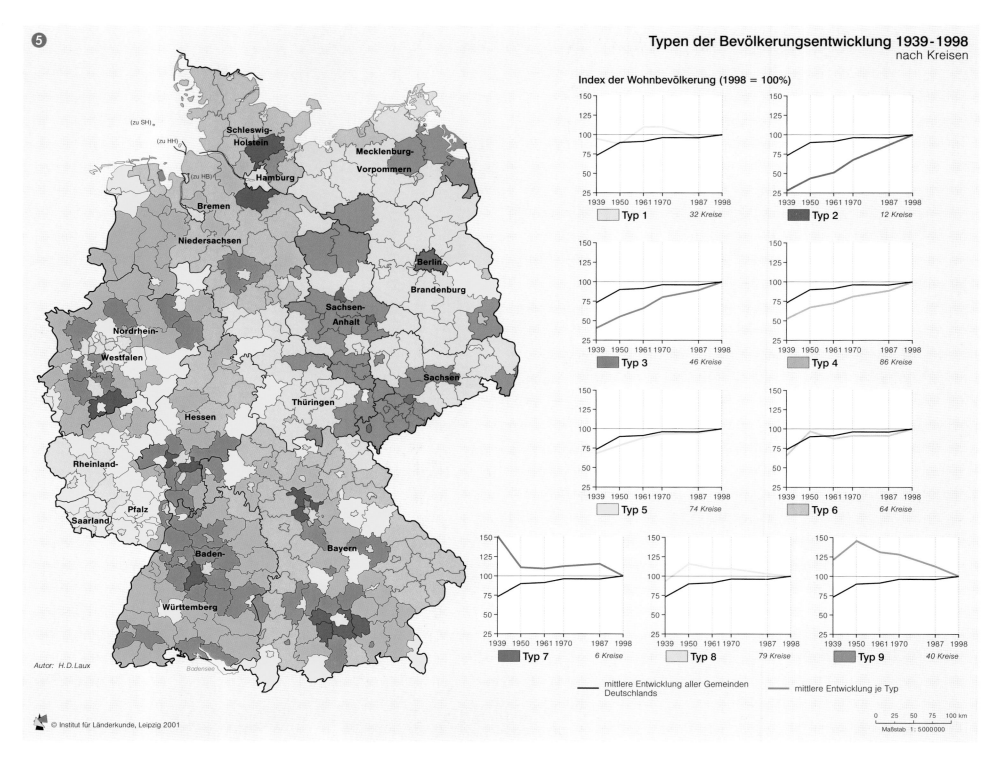

❺

Index der Wohnbevölkerung (1998 = 100%)

Typ 1   *32 Kreise*

Typ 2   *12 Kreise*

Typ 3   *46 Kreise*

Typ 4   *86 Kreise*

Typ 5   *74 Kreise*

Typ 6   *64 Kreise*

Typ 7   *6 Kreise*

Typ 8   *79 Kreise*

Typ 9   *40 Kreise*

— mittlere Entwicklung aller Gemeinden Deutschlands

— mittlere Entwicklung je Typ

Autor: H.D.Laux

© Institut für Länderkunde, Leipzig 2001

0   25   50   75   100 km
Maßstab 1 : 5000000

---

einen vorübergehenden leichten Gewinn als Resultat von Zuwanderungsprozessen nach 1989. Komplementär hierzu stehen die Verlaufstypen 2 und 3, die sich überwiegend um die großen Städte scharen und mit unterschiedlicher Intensität den Prozess der Suburbanisierung und flächenhaften Bevölkerungsverdichtung widerspiegeln. Ein überdurchschnittlich starkes und stetiges Bevölkerungswachstum zeigt auch Typ 4, der sich vor allem auf Baden-Württemberg, Bayern, Nordrhein-Westfalen und das westliche Niedersachsen konzentriert, während die verbleibenden Kategorien 5 und 6 weitgehend dem mittleren Entwicklungsverlauf folgen. Dabei zeigt sich jedoch ein bemerkenswerter Unterschied: So wird Typ 5, der sich in einem breiten Streifen westlich der ehemals innerdeutschen Grenze von Schleswig-Holstein nach Bayern erstreckt, durch einen deutlichen Bevölkerungsanstieg zwischen 1939 und 1950

und einen anschließenden Rückgang gekennzeichnet. Hierin spiegelt sich die Ansiedlung der Vertriebenen und Flüchtlinge in ländlichen Räumen während der ersten Nachkriegsjahre wider sowie deren spätere Umsiedlung vor allem in die Industriegebiete des Westens und Südwestens.

Im Gegensatz zu diesen langfristigen Trends zeigt die Bevölkerungsentwicklung in der Zeit nach 1990 ❹ vor allem in den neuen Ländern ein differenzierteres Bild. Der Trend der flächenhaften Bevölkerungsabnahme wird z.T. überlagert durch den Effekt von Suburbanisierungsprozessen mit verstärkten Verlusten in den Stadtkreisen und eher moderaten Rückgängen bis Bevölkerungsgewinnen in den umgebenden Landkreisen. Am deutlichsten wird dieser Prozess im Raum Berlin-Brandenburg sowie in den Regionen Rostock, Halle und Leipzig erkennbar (HERFERT 1998; ▸▸ Beitrag Herfert, S. 116). Demgegen-

über fallen die Bevölkerungsverluste der Stadtkreise im Westen der Bundesrepublik eher gering aus. Bei einer flächenhaften Bevölkerungszunahme haben sich die Maxima der Gewinne z.T. aus den Verdichtungsräumen in entfernter gelegene ländliche Räume verlagert. Damit werden im Westen Deutschlands nach der Phase der Urbanisierung in den 1950er Jahren und der anschließenden Suburbanisierung in jüngster Zeit deutliche Prozesse der ▸ Deurbanisierung erkennbar (vgl. GANS U. KEMPER 1999).

Rheinland und Westfalen – Bevölkerungsentwicklung von der Agrar- zur Dienstleistungsgesellschaft

Einen zeitlich tieferen und räumlich differenzierteren Blick liefert die Karte der Bevölkerungsentwicklung zwischen 1815 und 1998 für das nördliche Rheinland und Teile Westfalens mit dem

Ruhrgebiet ❻. Die Entwicklungsverläufe von 241 Gemeinden nach dem Gebietsstand von 1998 wurden ebenfalls mit Hilfe einer Clusteranalyse zu 8 Typen zusammengefasst. Der Zeitraum mit den 10 ausgewählten Stichjahren umfasst eine Entwicklung, die von der Agrargesellschaft mit frühindustriellen Ansätzen am Niederrhein und im Bergischen Land über die Periode der Hochindustrialisierung und massiven Verstädterung bis hin zu einer postindustriellen, vom Dienstleistungssektor geprägten und hochmobilen Gesellschaft reicht (LAUX U. BUSCH 1989).

Zwischen 1815 und 1998 stieg die Einwohnerzahl im Bereich der Karte von 1,5 auf 13,6 Mio. Die stärksten Wachstumsraten von über 2% pro Jahr erlebten die Perioden von 1871 bis 1905 sowie von 1950 bis 1961, während die Zeiträume von 1905 bis 1939 und nach 1960 eine moderate Bevölkerungszunahme zeigten. Von diesem Wachs-

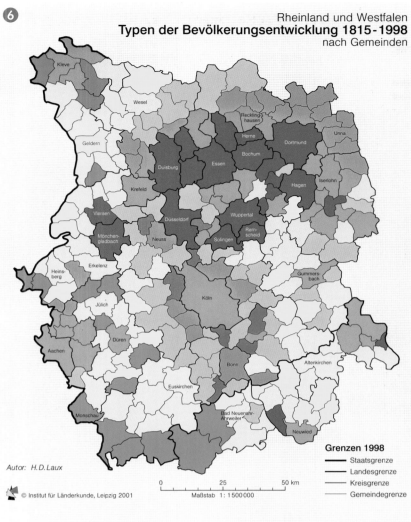

6 Rheinland und Westfalen
Typen der Bevölkerungsentwicklung 1815-1998
nach Gemeinden

Kleve · Wesel · Geldern · Recklinghausen · Herne · Dortmund · Unna · Bochum · Duisburg · Essen · Iserlohn · Hagen · Krefeld · Viersen · Düsseldorf · Wuppertal · Mönchengladbach · Neuss · Solingen · Remscheid · Heinsberg · Erkelenz · Gummersbach · Jülich · Köln · Düren · Aachen · Bonn · Altenkirchen · Euskirchen · Monschau · Bad Neuenahr-Ahrweiler · Neuwied

Autor: H.D. Laux

© Institut für Länderkunde, Leipzig 2001

0   25   50 km
Maßstab 1 : 1 500 000

Grenzen 1998
—— Staatsgrenze
—— Landesgrenze
—— Kreisgrenze
—— Gemeindegrenze

Index der Wohnbevölkerung (1998 = 100%)

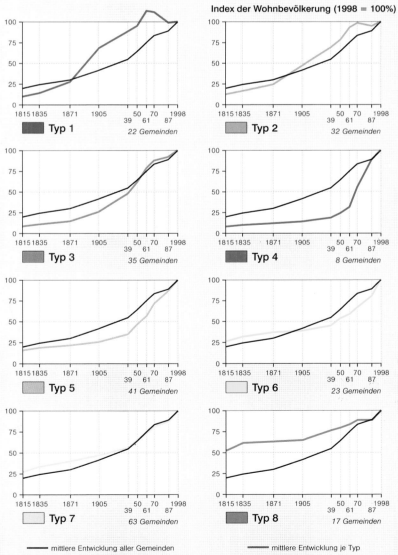

Typ 1 — 22 Gemeinden
Typ 2 — 32 Gemeinden
Typ 3 — 35 Gemeinden
Typ 4 — 8 Gemeinden
Typ 5 — 41 Gemeinden
Typ 6 — 23 Gemeinden
Typ 7 — 63 Gemeinden
Typ 8 — 17 Gemeinden

—— mittlere Entwicklung aller Gemeinden   —— mittlere Entwicklung je Typ

---

Deurbanisierung – Bevölkerungsverlagerung von Verdichtungsräumen in ländliche Räume

Suburbanisierung – Bevölkerungsverlagerung von Kernstädten in deren Umland

Dekonzentration – relative Abnahme einer einmal vorhandenen Bevölkerungsballung in Agglomerationsgebieten

Clusteranalyse
Oberbegriff für eine Reihe von mathematisch-statistischen Verfahren , mit deren Hilfe eine meist umfangreiche Zahl von Elementen – hier Raumeinheiten – mit verschiedenen Merkmalen auf der Basis eindeutig nachprüfbarer Kriterien zu einer begrenzten Zahl von Gruppen (Clustern) mit ähnlicher Merkmalsausprägung zusammengefasst wird. Dabei sollen die einzelnen Gruppen in sich möglichst homogen sein und sich von den übrigen Gruppen deutlich unterscheiden.
Bei der Clusteranalyse in Abbildung **5** wurden als Ähnlichkeitskriterium das Cosinus-Maß und als Gruppierungsmethode das Average-Linkage-Verfahren verwendet. Die Gruppierung in Abbildung **6** beruht auf der euklidischen Distanz als Ähnlichkeitskriterium und der Gruppierungsmethode nach Ward.

Anmerkungen
Während in der Regel Berlin als Ganzes zu den neuen Ländern gezählt wird, erfolgt in Abbildung **2** eine Trennung zwischen Ost- und Westberlin.
Zur Darstellung der Bevölkerungsentwicklung auf der Basis der Stadt- und Landkreise **5** wurden die Einwohnerzahlen vom Bundesamt für Bauwesen und Raumordnung für die Stichjahre der Volkszählungen 1939 bis 1987 auf den aktuellen Gebietsstand von 1998 umgerechnet. Dabei können leichte Schätzfehler auftreten. Ebenso wurden für Abbildung **6** die älteren Bevölkerungszahlen für die heutigen Gemeinden und Verbandsgemeinden in Nordrhein-Westfalen und Rheinland-Pfalz zusammengefasst.

tum waren jedoch die verschiedenen Teilregionen sehr unterschiedlich betroffen. Im Jahr 1815 war die Bevölkerung der agrarischen Wirtschaftsweise entsprechend noch relativ gleichmäßig über den Raum verteilt **7**. Vor allem nach 1871 kommt es mit der verstärkten Industrialisierung und dem Aufstieg des Ruhrgebietes zur führenden Industrieregion Mitteleuropas zu einer massiven Bevölkerungsballung in den großen Städten und gewerblich geprägten Räumen. So konnten die Gemeinden der Entwicklungstypen 1 und 2 zwischen 1871 und 1905, dem Zeitraum der stärksten Bevölkerungskonzentration, ihren Anteil an der Gesamteinwohnerzahl von 58 auf 73,9% erhöhen und diesen dann bis 1939 halten.
Die Entwicklung nach dem Zweiten Weltkrieg wird durch regionale ▶ De-

---

konzentrationsprozesse bestimmt, die vor allem nach 1970 an Tempo gewinnen und über die ▶ Suburbanisierung hinaus zunehmend Merkmale einer ▶ Deurbanisierung zeigen. Während die Kernstädte und meist altindustrialisierten Gemeinden der Typen 1 und 2 nach 1961 bzw. 1970 z.T. deutlich an Einwohnerzahlen verlieren, erleben die teils suburbanen, teils städtischen Gemeinden des Typs 3, wie etwa Bonn

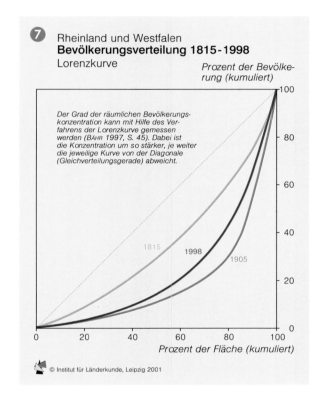

7 Rheinland und Westfalen
Bevölkerungsverteilung 1815-1998
Lorenzkurve

Prozent der Bevölkerung (kumuliert)

Der Grad der räumlichen Bevölkerungskonzentration kann mit Hilfe des Verfahrens der Lorenzkurve gemessen werden (BÄHR 1997, S. 45). Dabei ist die Konzentration um so stärker, je weiter die jeweilige Kurve von der Diagonale (Gleichverteilungsgerade) abweicht.

1815 · 1998 · 1905

Prozent der Fläche (kumuliert)

© Institut für Länderkunde, Leipzig 2001

oder Neuß, noch bis in die Gegenwart einen spürbaren Bevölkerungszuwachs. Die stärksten Wachstumsschübe nach 1950 aber zeigen die Typen 4 und 5, die sich als breiter Kranz um die Kernräume des Ruhrgebietes und der Rheinachse zwischen Duisburg und Bonn legen. Etwas verzögert werden schließlich auch die Gemeinden des Typs 6 von einem stärkeren Wachstum erfasst, während die peripheren Typen 7 und 8 durch moderate bzw. deutlich verlangsamte Entwicklungsverläufe geprägt sind. Als Folge dieser regional differenzierten Wachstumsprozesse sinkt der Konzentrationsgrad der Bevölkerung bis 1998 wieder deutlich ab **7** ◆

Das Bevölkerungspotenzial – Messgröße für Interaktionschancen

Christian Breßler

Die räumliche Verteilung der Bevölkerung eines Landes ist niemals gleichförmig. Immer gibt es dichter besiedelte Gebiete, die weniger dicht besiedelten oder unbesiedelten gegenüberstehen. Diese Bevölkerungsverteilung ist Ausdruck sehr unterschiedlicher, häufig historischer Wanderungs- und Besiedlungsprozesse. Doch sagt die Verteilung noch nicht allzu viel über Lagebeziehungen und Lebensbedingungen der regionalen Bevölkerung aus. Dünn besiedelte Regionen im Umfeld von Ballungsräumen weisen charakteristische Unterschiede im Vergleich zu Regionen mit ebenfalls geringer Dichte in größerer Entfernung zu Agglomerationen auf. Beispielsweise ähnelt die Ausstattung mit Infrastruktur in ballungsraumnahen Regionen häufig eher der Ausstattung in den Ballungsräumen selbst, während die Verhältnisse in peripheren Regionen deutlich anders sind.

Eine Erhöhung der Bevölkerungsdichte weist zwei Aspekte auf: Mit zunehmender Dichte sinken die durchschnittlichen Distanzen zwischen Personen und damit nimmt der einer Person zur Verfügung stehende Raum ab. Diesem eher negativen Effekt steht jedoch ein positiver Vernetzungseffekt gegenüber, der sich aus der mit zunehmender Dichte wachsenden Zahl theoretisch möglicher Interaktionen wie z.B. Kommunikation oder Geschäftsvorgängen ergibt. Gering besiedelte Regionen in räumlicher Nähe zu Agglomerationen weisen damit eine größere Wahrscheinlichkeit für Interaktionen auf – beispielsweise in Form von Pendlerbewegungen – wie ebenso gering besiedelte Regionen in der Peripherie. Die auf diesen Lagebeziehungen beruhenden theoretischen Interaktionsmöglichkeiten von Regionen lassen sich in Form

Vor dem von Christo und Jeanne-Claude verhüllten Reichstagsgebäude in Berlin im Juni 1995

einer einzigen rechnerischen Maßzahl, dem Bevölkerungspotenzial, darstellen. Das Potenzial drückt für jede betrachtete Raumeinheit die Summe aller theoretisch möglichen Interaktionsbeziehungen innerhalb eines Landes oder einer definierten Region aus. Die Untersuchung der Veränderungen des Bevölkerungspotenzials im zeitlichen Verlauf zeigt darüber hinaus deutlicher als die Untersuchung von Wanderungsvorgängen die Veränderung der großräumigen Bevölkerungsverteilung und deren Lagebeziehung innerhalb eines Landes.

Was ist ein Bevölkerungspotenzial?

Die Potenzialwerte sind eine Funktion der Distanzen zwischen den Raumeinheiten und der Einwohnerzahl. Das Bevölkerungspotenzial eines Punktes oder einer bestimmten Raumeinheit (z.B. Stadt oder Landkreis) errechnet sich aus den Einwohnern in der Raumeinheit selbst und der Einwohnerzahlen sämtlicher weiterer Raumeinheiten eines Landes, die jeweils durch die Distanz zum betrachteten Ausgangspunkt dividiert werden. In den Potenzialwert einer Raumeinheit geht somit die Bevölkerungszahl eng benachbarter Regionen beinahe vollständig ein – diese Regionen haben einen starken Einfluss auf das Ergebnis –, während Bevölkerungszahlen weit entfernter Regionen sich kaum im Resultat der Berechnung nie-

derschlagen. Gebiete in Ballungsräumen haben durchweg hohe Potenzialwerte, während Raumeinheiten mit stark unterschiedlicher Bevölkerungsverteilung (z.B. einzelne Kernstadt in ländlichem Umland) niedrigere Werte aufweisen.

Es gibt unterschiedliche Auffassungen über den Einfluss der Distanz auf Interaktionswahrscheinlichkeiten und das Potenzial einer Region. Ältere Daten von Wanderungsbewegungen zeigen, dass die tatsächlichen Verflechtungen mit der Distanz nicht linear abnehmen. Nach diesen Beobachtungen verringerten sich Wanderungshäufigkeiten zwischen Regionen mit dem Quadrat der Distanz, so dass Wanderungen über eine gegebene Distanz im Vergleich zu solchen über die doppelte Distanz nicht im Verhältnis 2 : 1, sondern 4 : 1 stehen (Gravitationsmodell). Wären diese Werte aktuell gültig, müsste man folgern, dass für die Berechnung des Potenzialwertes eines Ortes die Bevölkerungszahlen anderer Raumeinheiten geteilt durch die Quadrate der jeweiligen Luftliniendistanzen zu summieren wären. Auf diese Weise ergäben sich zum einen geringere maximale Potenzialwerte, zum anderen größere Kontraste zwischen verschiedenen Regionen eines Landes ❶.

Aktuelle Untersuchungen in verkehrsinfrastrukturell gut erschlossenen Ländern haben aber gezeigt, dass mit jeder Verbesserung der Erreichbarkeit –

und hierunter fällt auch der Ausbau sämtlicher Formen von Telekommunikation – der Einfluss der Distanz immer geringer wird, so dass ein linearer Einfluss der Distanz den heutigen Bedingungen angemessener erscheint als ein quadratischer Distanzeffekt wie beim oben geschilderten Gravitationsmodell.

Bevölkerungspotenziale der Kreise 1998

Auf der Grundlage der Einwohnerzahlen der Landkreise und kreisfreien Städte der Bundesrepublik wurden Bevölkerungspotenziale für das Jahr 1998 ermittelt. Für die Bestimmung der Distanzen wurden die Luftliniendistanzen zwischen den geometrischen Mittelpunkten der Regionen herangezogen. Die Karte ❷ zeigt hohe Werte für Bevölkerungspotenziale vor allem im Rhein-Ruhr-Gebiet, den Regionen Rhein-Main und Stuttgart, verbunden durch Bereiche mittlerer Potenzialwerte. Berlin weist als Stadtstaat ebenfalls mittlere Potenzialwerte auf. Der Norden und der Osten Deutschlands zeigen ebenso wie das Alpenvorland und der Bayerische Wald generell niedrige Potenzialwerte. In Analogie zur Physik sind hier die Anziehungskräfte zwischen den (Bevölkerungs-) Massen am niedrigsten, die Wahrscheinlichkeit für Interaktionen am geringsten und damit auch die Zahlen der tatsächlichen Interaktionen z.B. in Form von Kfz-Pendelbewegungen minimal. →

❶ **Veränderung von Potenzialwerten bei unterschiedlichen Exponenten 1997**

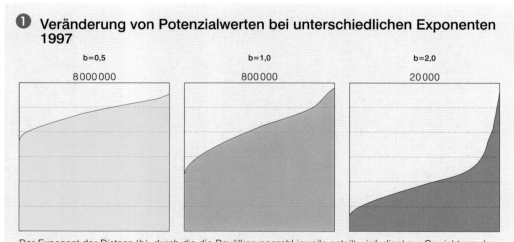

b=0,5	b=1,0	b=2,0
8 000 000	800 000	20 000

Der Exponent der Distanz (b), durch die die Bevölkerungszahl jeweils geteilt wird, dient zur Gewichtung des Einflusses, den die Distanz hat. Dargestellt sind die Verteilungen der Werte der 439 Kreise Deutschlands bei drei unterschiedlichen Gewichtungen der Distanz.

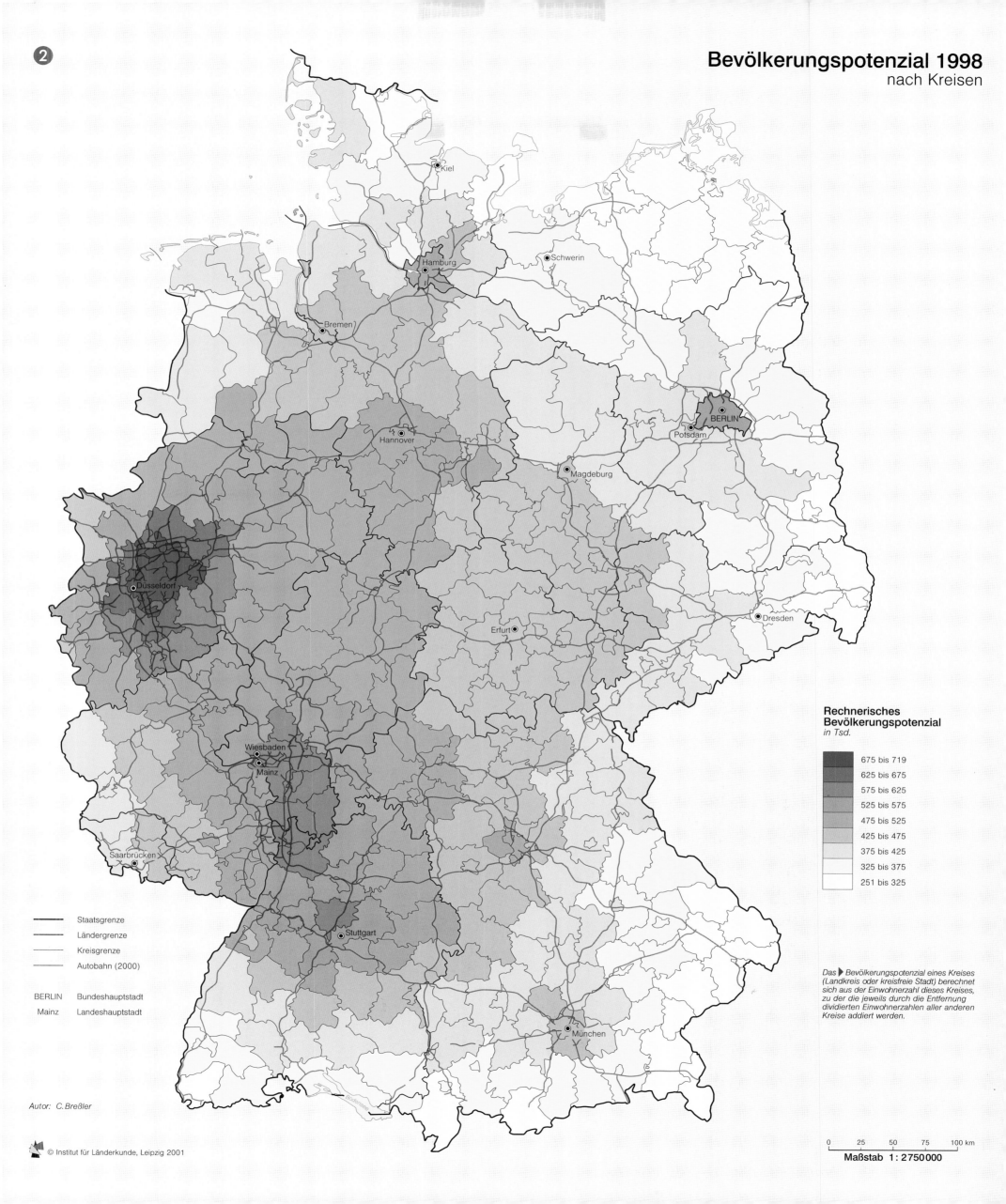

Bevölkerungspotenzial 1998
nach Kreisen

②

Rechnerisches Bevölkerungspotenzial
in Tsd.

	675 bis 719
	625 bis 675
	575 bis 625
	525 bis 575
	475 bis 525
	425 bis 475
	375 bis 425
	325 bis 375
	251 bis 325

Staatsgrenze
Ländergrenze
Kreisgrenze
Autobahn (2000)

BERLIN Bundeshauptstadt
Mainz Landeshauptstadt

Das ▶ Bevölkerungspotenzial eines Kreises (Landkreis oder kreisfreie Stadt) berechnet sich aus der Einwohnerzahl dieses Kreises, zu der die jeweils durch die Entfernung dividierten Einwohnerzahlen aller anderen Kreise addiert werden.

Autor: C. Breßler

© Institut für Länderkunde, Leipzig 2001

0   25   50   75   100 km

Maßstab 1 : 2750000

Ehemalige Grenzübergangsstelle an der innerdeutschen Staatsgrenze

Die theoretischen Werte weisen dabei eine hohe Übereinstimmung mit der Zahl der realen Interaktionen auf. Der Vergleich mit der Netzdichte der Bundesautobahnen zeigt beispielsweise einen eindeutigen Zusammenhang mit den Potenzialwerten. Bei dieser Betrachtung werden allerdings nur Lagebeziehungen innerhalb eines Landes einbezogen, womit die grenznahen Regionen systematisch niedrige Werte aufweisen müssen, während bei internationaler Betrachtung – wenn auch abgeschwächt durch verkehrliche, sprachliche oder administrative Einschränkungen – Interaktionen über Staatsgrenzen hinweg ebenfalls berücksichtigt werden müssten. Ein weiterer methodischer Einwand betrifft die unterschiedliche Größe der untersuchten Regionen. Kleinteilig strukturierte Räume wie das Ruhrgebiet weisen allein durch die größere Zahl der Raumeinheiten höhere Potenzialwerte auf als vergleichbare Räume mit einer geringeren Zahl von Raumeinheiten. Um die hierdurch entstehenden Verzerrungen möglichst klein zu halten, wurde eine mittlere Distanz zwischen allen Raumeinheiten bestimmt und in den Fällen, in denen Raumeinheiten näher beieinander liegen als die Durchschnittsdistanz, die gemessene Distanz durch den Mittelwert ersetzt.

Veränderungen in den letzten 30 Jahren

Mindestens ebenso interessant wie die Darstellung der Potenzialwerte eines Landes für einen einzelnen Zeitpunkt sind Betrachtungen der Potenzialveränderungen in der zeitlichen Dimension ❸, da dabei besonders großräumige Veränderungen gegenüber kleinräumigen Verschiebungen deutlich zum Ausdruck kommen.

Da die beiden deutschen Staaten bis zur Wiedervereinigung 1990 als getrennte Systeme zu betrachten waren –

Wanderungen fanden zwar statt, waren aber ab 1962 von einer vernachlässigbaren Größenordnung – ist bei einer Betrachtung der Veränderungen im Zeitraum zwischen 1970 und 1987 von zwei getrennten Teilsystemen auszugehen.

Ab 1990 lassen sich dann Veränderungen im Gesamtsystem abbilden. Voraussetzung für diese Betrachtungen sind standardisierte Raumeinheiten, die auf der Basis der heutigen administrativen Grenzen festgelegt wurden. Die Bevölkerungszahlen wurden jeweils auf die heutige Struktur der Stadt- und Landkreise umgerechnet.

Veränderungen 1970 bis 1987

In den beiden deutschen Staaten sind sehr deutliche Veränderungen der Potenzialwerte erkennbar. In der Bundesrepublik ist ein von Norden nach Süden gerichteter Gradient sichtbar. Die Potenzialwerte im Ruhrgebiet, in Schleswig-Holstein und im östlichen Niedersachsen nehmen ab, die Potenzialwerte in Baden-Württemberg und Bayern nehmen zu, mit maximalem Zuwachs im Raum München. Dieser Gradient ist wesentlich durch die Nord-Süd-Wanderung innerhalb des Bundesgebiets aufgrund der günstigeren ökonomischen Entwicklung im Süden bedingt (▶▶ Beiträge Bucher/Heins, S. 108ff).

In der DDR ist – bei insgesamt deutlich abnehmenden Potenzialwerten – ein Gradient von der Peripherie ins Zentrum zu erkennen. Eine Zunahme des Potenzials ist allerdings nur in Ost-Berlin, Potsdam und im heutigen Kreis Bernau zu erkennen, während eine stärkere Abnahme in den am dichtesten besiedelten industriellen Kerngebieten in Sachsen und Thüringen sichtbar wird.

Veränderungen 1990 bis 1991

Mit der Wiedervereinigung 1990 veränderten sich vor allem die Wanderungsbeziehungen zwischen den vorher getrennten Teilsystemen dramatisch. Innerhalb nur eines Jahres verloren einzelne Teilgebiete bis zu 0,36% ihres Potenzials, die absoluten Bevölkerungsverluste waren weitaus höher. Am meisten betroffen waren Nordost-Vorpommern und Sachsen, während alle Kreise westlich der ehemaligen innerdeutschen Grenze Potenzialgewinne und damit eine zunehmende Lagegunst verzeichnen konnten. Leicht zunehmende Potenzialwerte waren in der Osthälfte Deutschlands nur in einem an Westdeutschland angrenzenden Streifen, der an Lagegunst gewann, und in der Region Berlin sichtbar. Die Entwicklungsdynamik reflektiert zum einen die wirtschaftliche Umbruchsituation, die insbesondere die industriellen Kerngebiete der ehemaligen DDR stark betraf, und zum anderen die hohe Zuwanderung von Aus- und Übersiedlern sowie Asylbewerbern zu Beginn der 1990er Jahre in der Bundesrepublik. Die durch die Wiedervereinigung ausgelöste steigende Nachfrage nach Konsumgütern führte in der Konsumgüterindustrie in den alten Ländern zu kurzfristig steigendem Arbeitskräftebedarf. Die insgesamt stark steigenden Potenzialwerte in Baden-Württemberg – mit Maximalwerten

von rund 1,3% Zuwachs innerhalb eines Jahres im Raum Stuttgart – bilden diese, für den Beginn der 1990er Jahre charakteristische Entwicklung sehr deutlich ab.

Veränderungen 1991 bis 1994

Die Konsolidierung der wirtschaftlichen Entwicklung in den alten und den neuen Ländern und die Änderung der Asylgesetzgebung im Juli 1993 veränderten, nach einem Höchstwert von rund 780.000 Asylanträgen im Jahr 1992, sowohl das Volumen der Außenwanderungen, wie auch die Zahl der Binnenwanderungen (▶▶ Beitrag Gans/Kemper, Bd. 1, S. 78). Zwischen 1991 und 1994 erhöhten sich die Potenzialwerte durchgängig für alle Raumeinheiten bei gleichzeitiger Abnahme der räumlichen Unterschiede. Allerdings weisen die

Regionen in den alten Ländern durchweg höhere Zuwächse mit Maximalwerten im südlichen Baden-Württemberg und Bayern auf als die neuen Länder. Dort ist eine Zweiteilung in die industriellen Kerngebiete mit geringeren Zuwächsen und alle übrigen Raumeinheiten mit durchschnittlichen Zuwächsen zu verzeichnen.

Veränderungen 1994 bis 1998

Zwischen 1994 und 1998 erhöhen sich die räumlichen Ungleichheiten bei der Entwicklung der Potenzialwerte wieder. Neben einer erneut hervortretenden Ost-West-Komponente mit Abnahme in der Osthälfte Deutschlands sind weitere Gradienten in der Verteilung erkennbar. Als Hauptverlustgebiet tritt neben Sachsen und Thüringen nun auch der Berliner Raum besonders hervor, wo sowohl die regionalen Umverteilungsprozesse in den suburbanen Raum als auch die negative Entwicklung auf dem Berliner Arbeitsmarkt die Attraktivität der Bundeshauptstadt verringern. Ähnliche Umverteilungsmechanismen von Kernstadt zu Umland sind auch in Bremen, Hamburg und München zu beobachten. Abnehmende Potenzialwerte sind aber ebenfalls in den westdeutschen Kernräumen der altindustrialisierten Räume Ruhrgebiet und Saarland zu beobachten. Baden-Württemberg, das westliche Niedersachsen und Schleswig-Holstein zeigen leichte Zuwächse.

Während die Zunahmen im Süden Deutschlands eher mit den günstigeren Bedingungen auf dem Arbeitsmarkt zu erklären sind, spielen in Nordwestdeutschland vor allem Binnenwanderungen älterer Menschen eine Rolle.

Die Regionen Ost- und Nordfriesland weisen für den Zeitraum 1994-98 die höchsten jährlichen Zuwächse bei den Potenzialwerten auf. Dort überlagern sich Wanderungsgewinne und Geburtenüberschüsse: In Ostfriesland und den angrenzenden Regionen spielen vor allem die Zuwanderung von Aussiedlern aus der ehemaligen Sowjetunion sowie ein relativ hoher Anteil von Kindern und Jugendlichen eine Rolle. Sowohl Ost- wie Nordfriesland kennzeichnen geringe Dichten, Flächenreserven und niedrige Baulandpreise sowie die Lage an europäischen Binnengrenzen, die eine Standortgunst für Arbeitnehmer aufweisen.◆

Mittlere jährliche Veränderung des Bevölkerungspotenzials 1970-1998
nach Kreisen

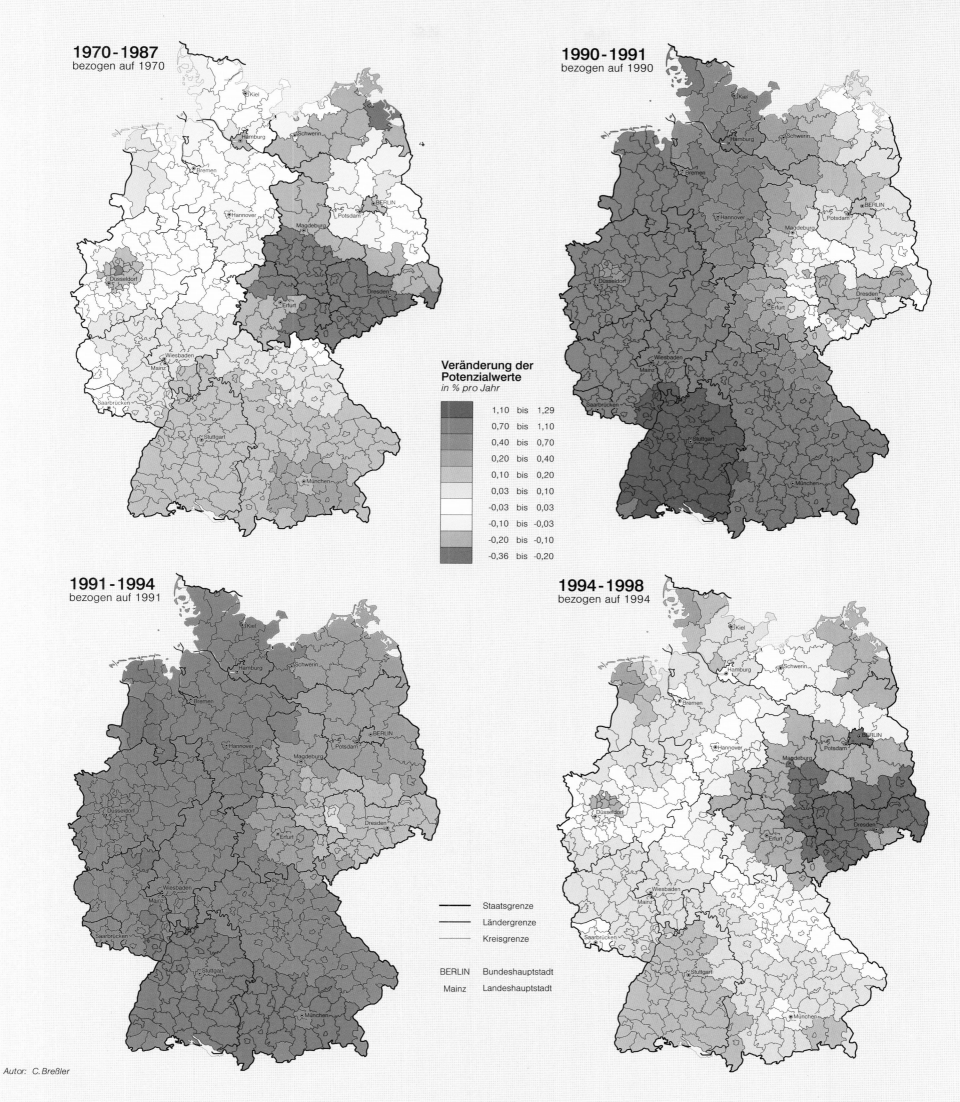

1970-1987
bezogen auf 1970

1990-1991
bezogen auf 1990

**Veränderung der
Potenzialwerte**
in % pro Jahr

1,10	bis	1,29
0,70	bis	1,10
0,40	bis	0,70
0,20	bis	0,40
0,10	bis	0,20
0,03	bis	0,10
-0,03	bis	0,03
-0,10	bis	-0,03
-0,20	bis	-0,10
-0,36	bis	-0,20

1991-1994
bezogen auf 1991

1994-1998
bezogen auf 1994

Staatsgrenze
Ländergrenze
Kreisgrenze

BERLIN   Bundeshauptstadt
Mainz   Landeshauptstadt

Autor: C. Breßler

0   50   100   150   200 km

Maßstab 1 : 6500000

Bevölkerungsentwicklung in Europa

Thomas Ott

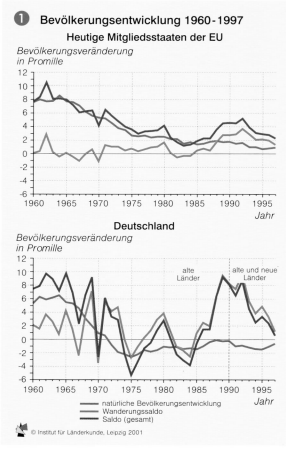

① Bevölkerungsentwicklung 1960-1997

Heutige Mitgliedsstaaten der EU

Bevölkerungsveränderung in Promille

Deutschland

Bevölkerungsveränderung in Promille

alte Länder

alte und neue Länder

— natürliche Bevölkerungsentwicklung
— Wanderungssaldo
— Saldo (gesamt)

Jahr

© Institut für Länderkunde, Leipzig 2001

Die Bevölkerung der EU ist zwischen 1950 und 1995 von 296 auf 372 Millionen gestiegen – durchschnittlich um 0,51% pro Jahr. Spätestens seit den 1970er Jahren war eine deutliche Verlangsamung des Bevölkerungswachstum in der Europäischen Gemeinschaft zu beobachten ① (▶▶ Beitrag Gans/Ott, S. 92). Hochrechnungen der EU-Kommission gehen davon aus, dass die Einwohnerzahl auf dem heutigen Gebiet der EU bis zum Jahr 2025 noch leicht zunehmen, bis 2050 aber auf den heutigen Stand zurückfallen wird. Diese Angaben zur allgemeinen ▶ demographischen Entwicklung verdecken jedoch erhebliche nationale und regionale Unterschiede hinsichtlich der Wachstums- bzw. Schrumpfungsraten sowie des zeitlichen Ablaufs des prognostizierten Bevölkerungsrückgangs.

Am 1. Januar 2000 zählte die Europäische Union 375.967.700 Einwohner. Insgesamt nahm die Bevölkerung im Jahr 1999 um 989.200 Personen oder 2,6‰ zu. Wie bereits in den Jahren zuvor, war dies im Wesentlichen auf den Einfluss der ▶ Nettozuwanderung zurückzuführen, die sich auf 711.400 Personen belief und damit etwas mehr als 70% zum Gesamtwachstum beitrug ①.

Im Vergleich dazu lag der Anteil des ▶ natürlichen Wachstums mit 277.800 Personen deutlich niedriger. Die höchsten Wachstumsraten verzeichneten Luxemburg (15‰) und Irland (10,7‰) (1999). Innerhalb der EU übertraf in Finnland, Frankreich, Irland und den Niederlanden der Geburtenüberschuss die Zuwanderung. Zu einer negativen natürlichen Entwicklung kam es 1999 in Deutschland, Italien, Schweden sowie – weniger deutlich ausgeprägt – in Griechenland und Österreich. Ein Bevölkerungsrückgang blieb in diesen Ländern nur aufgrund der Nettozuwanderung aus. In Mittel- und Osteuropa wurde 1999 für jedes zweite Land ein Bevölkerungsrückgang ermittelt, bedingt vor allem durch Geburtendefizite. Am stärksten waren davon die Ukraine (-7,9‰), Lettland (-6,3‰), Russland (-5,3‰), Bulgarien (-4,8‰), Ungarn (-4,8‰) und Estland (-4,4‰) betroffen. Für die 1990er Jahre ④ ergibt sich eine West-Ost-Teilung des Kontinents mit negativen Wanderungssalden der meisten osteuropäischen und Wanderungsgewinnen der EU- und EFTA-Staaten. Im gleichen Zeitraum war Deutschland als einziges westeuropäisches Land durch eine negative ▶ natürliche Bilanz gekennzeichnet, bedingt vor allem durch die Geburtenausfälle in Ostdeutschland.

Verteilung der Bevölkerung im Raum

Die räumliche Verteilung der Bevölkerung in Europa ② ist gekennzeichnet durch den Gegensatz zwischen einer hohen Konzentration in Zentral- und Nordwesteuropa und einer sehr geringen Dichte in vielen Regionen Süd- und Nordeuropas. Während die Bevölkerungsdichte in der nordwesteuropäischen Megalopolis – dem Raum zwischen Südost-England, den Benelux-Staaten, dem Rhein-Ruhrgebiet, Südwestdeutschland und Norditalien – sowie in den Regionen um die großen europäischen Metropolen über 500 Einwohner pro Quadratkilometer liegt, erreichen viele Regionen Nord- und Südeuropas lediglich Werte unter 50 Einwohner pro Quadratkilometer.

Zudem weisen die einzelnen Länder sehr unterschiedliche Muster der Bevölkerungsverteilung auf. Im Fall der Iberischen Halbinsel ergibt sich ein deutlicher zentral-peripherer Gegensatz. Neben Madrid und Lissabon treten die Re-

gionen um die großen Hafenstädte wie Barcelona, Valencia, Bilbao und Porto hervor. In Frankreich ist die Stellung der Ile de France gegenüber den übrigen Landesteilen klar herausgehoben. Die britischen Inseln sind durch ein Süd-Nord-Gefälle gekennzeichnet, das von einem schwächeren Ost-West-Gefälle überlagert wird. Höchste Verdichtungswerte zeigen sich hier in den Regionen um die großen Agglomerationen und Industriezentren wie Greater London, West Midlands County (Birmingham), Merseyside (Liverpool) und Greater Manchester. Ausgehend vom Verdichtungsraum an Rhein und Ruhr als Teil der nordwesteuropäischen Megalopolis,

erstrecken sich in Deutschland zwei Verdichtungsachsen entlang des Rheins nach Süden (Rhein-Main, Rhein-Neckar, Oberrhein) und entlang des Nordrands der Mittelgebirge nach Thüringen und Sachsen. Daneben gibt es weitere Bevölkerungskonzentrationen um die großen Städte wie Berlin, Hamburg, München oder Stuttgart. Ebenfalls als Teil der nordwesteuropäischen Megalopolis treten die Randstad Holland und der Großraum Brüssel hervor.

Die überwiegende Zahl der Europäer lebt in Städten. Der Anteil der städtischen Bevölkerung liegt – mit Ausnahme von Albanien, Bosnien-Herzegowina und Moldawien – über 50%, wobei die Werte in West- und Nordeuropa mehr als 75% betragen. Mitte der 1990er Jahre gab es in Europa (ohne

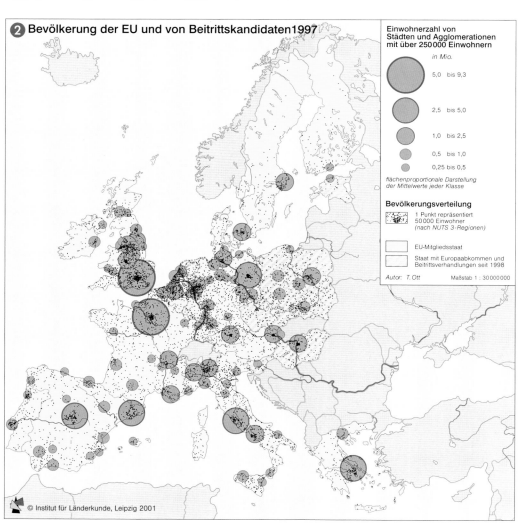

② Bevölkerung der EU und von Beitrittskandidaten 1997

Einwohnerzahl von Städten und Agglomerationen mit über 250 000 Einwohnern

in Mio.

5,0 bis 9,3

2,5 bis 5,0

1,0 bis 2,5

0,5 bis 1,0

0,25 bis 0,5

flächenproportionale Darstellung der Mittelwerte jeder Klasse

Bevölkerungsverteilung

1 Punkt repräsentiert 50000 Einwohner (nach NUTS 3-Regionen)

☐ EU-Mitgliedsstaat

☐ Staat mit Europaabkommen und Beitrittsverhandlungen seit 1998

Autor: T. Ott   Maßstab 1 : 30000000

© Institut für Länderkunde, Leipzig 2001

Europa bei Nacht (s. dazu Anmerkung S. 12)

demographische Entwicklung – Bevölkerungswachstum, bestimmt durch das natürliche Wachstum und das Wanderungssaldo

Fertilität – Fruchtbarkeit; Geburten auf 1000 Einwohner

Mortalität – Sterblichkeit; Sterbefälle auf 1000 Einwohner

natürliche Bilanz – Saldo zwischen Geburten und Sterbefällen; auch als **natürliches Wachstum** bezeichnet

Nettozuwanderung – Saldo zwischen Zu- und Fortwanderung; auch als **Wanderungsbilanz** oder **Wanderungssaldo** bezeichnet

Russland) elf Städte mit mehr als 2 Mio. Einwohnern, 17 Städte mit 1-2 Mio. und 39 Städte mit einer Einwohnerzahl zwischen 500.000 und einer Million. Statistische Probleme bereitet die unterschiedliche administrative Abgrenzung von Kernstädten und Stadtregionen.

Natürliche Bevölkerungsentwicklung und Mobilität

Die EU-Staaten und in ihnen vor allem die großen Agglomerationen waren in der Vergangenheit in sehr unterschied-

lichem Ausmaß von den Zuwanderungen aus dem Ausland betroffen (▶▶ Beitrag Swiaczny, S. 130). Zuwanderer nach Frankreich kamen bevorzugt aus Nordafrika, die ins Vereinigte Königreich aus den Commonwealthländern und ehemaligen Kolonien, und in die Bundesrepublik Deutschland kamen besonders viele Zuwanderer aus Süd- und Südosteuropa. Per Saldo weisen heute auch die europäischen Mittelmeerranrainer keine negativen Wanderungsbilanzen mehr auf (vgl. KRINGS 1995).

Auch innerhalb der Staaten lassen sich Konzentrationsprozesse der Bevölkerung nachweisen. In Italien zeigt sich beispielsweise eine deutliche Tendenz der Abwanderung aus dem Mezzogiorno in die Regionen des Nordens. Auch in Spanien und Griechenland sind ähnliche Prozesse zu beobachten. Es stehen sich Regionen mit hohen Abwanderungsraten (z.B. Galicia bzw. Thrakien) und Regionen mit Wanderungsgewinnen (z.B. Madrid bzw. Zentralmazedonien) gegenüber. In Frankreich, den Niederlanden und dem früheren Bundesgebiet sind Wanderungsbewegungen vom Norden in den Süden zu beobachten (▶▶ Beitrag Bucher/Heins, S. 108), wäh-

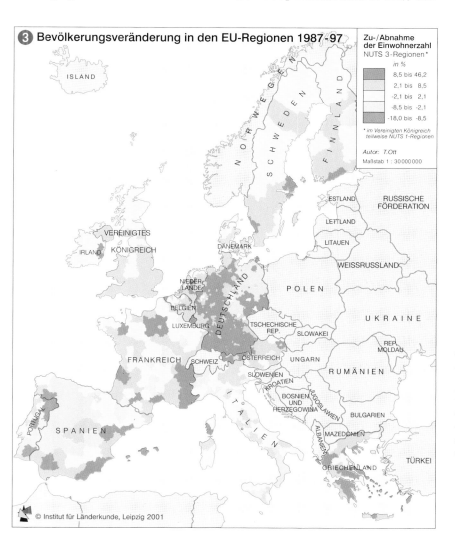

③ Bevölkerungsveränderung in den EU-Regionen 1987-97

Zu-/Abnahme der Einwohnerzahl NUTS 3-Regionen* in %
8,5 bis 46,2 / 2,1 bis 8,5 / -2,1 bis 2,1 / -8,5 bis -2,1 / -18,0 bis -8,5
* im Vereinigten Königreich teilweise NUTS 1-Regionen
Autor: T.Ott
Maßstab 1 : 30000000

© Institut für Länderkunde, Leipzig 2001

rend in Dänemark die Region östlich des Großen Belt Wanderungsgewinne verzeichnen kann. In Großbritannien ergibt sich ein heterogenes Bild. Die Regionen mit hohen Wanderungsverlusten liegen hier im Norden (Schottland, Nordirland) und um die traditionellen Industrieregionen (North West, West Midlands, Yorkshire). Auch die Region South East mit Greater London als Zentrum verzeichnet ein negatives Wanderungssaldo. Hohe Wanderungsgewinne zeigen sich demgegenüber im Südwesten, in Wales, in East Anglia und in den East Midlands.

Auch in Zukunft wird die Bevölkerungsentwicklung in Europa stärker durch das Wanderungsgeschehen als durch die ▶ Fertilität und die ▶ Mortalität beeinflusst werden. Hierzu tragen der hohe Lebensstandard in den Staaten der EU ebenso bei wie Entwicklungsunterschiede zwischen den europäischen Regionen. Aus demographischer Sicht sind diese Zuwanderungen in die EU ein willkommener Ausgleich zur Überalterung der Bevölkerung (▶▶ Beitrag Ott, S. 52).◆

④ Staaten Europas Natürliche Bevölkerungsentwicklung und Migration 1988-1997

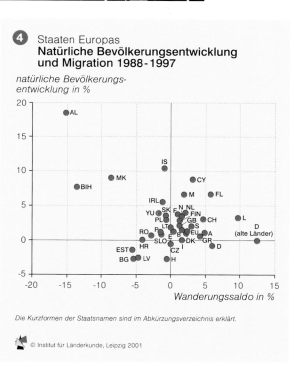

Die Kurzformen der Staatsnamen sind im Abkürzungsverzeichnis erklärt.

© Institut für Länderkunde, Leipzig 2001

Altersstruktur und Überalterung

Steffen Maretzke

Am Altersaufbau der Bevölkerung lässt sich ablesen, wie sich das Verhältnis der jüngeren zur älteren Generation entwickelt. Die Besetzung der einzelnen Altersklassen bietet zudem ein eindrucksvolles Spiegelbild historischer Ereignisse, regionaler Entwicklungen und verschiedener Potenziale. So haben nicht nur die zwei Weltkriege des 20. Jhs. ihre Spuren hinterlassen, auch der extreme Geburtrückgang, der in den neuen Ländern nach 1989 mit der deutschen Einigung einsetzte, zeigt sich im Lebensbaum einer jeden ostdeutschen Region. Neben solchen historisch einmaligen Ereignissen wirken sich langfristige Trends der Bevölkerungsentwicklung ebenfalls mehr oder weniger stark auf die Altersstruktur aus ❶. Zum einen handelt es sich dabei um Prozesse der natürlichen Bevölkerungsbewegungen, d.h. um die Niveaus von Geburtenentwicklung und Sterblichkeit, zum andern um Wanderungen, die aufgrund ihrer Intensität und Selektivität sogar kurzfristig markante Änderungen in der Altersstruktur hervorrufen können (MA-RETZKE 1998, S. 753). All diese Einflussgrößen verstärken oder kompensieren sich in ihren Wirkungen auf die Altersstruktur der Bevölkerung und steuern in ihrem Wechselspiel eine Verjüngung oder Alterung. Während ein Geburtenniveau, das langfristig den Ersatz der Elterngeneration nicht mehr absichert, oder eine steigende Lebenserwartung tendenziell zu einem wachsenden An-

teil der älteren Generation führen, können kontinuierliche Wanderungsgewinne diesen Alterungsprozess der Bevölkerung abschwächen oder sogar völlig ausgleichen. Nicht zuletzt resultieren aus einem stark unregelmäßigen Altersaufbau der Bevölkerung erhebliche altersstrukturelle Schwankungen.

Merkmale der Altersstruktur der Bevölkerung

Die Altersstruktur der Bevölkerung in Deutschland wird gegenwärtig vor allem durch geschlechts-, siedlungsspezifische und regionale Besonderheiten geprägt. Um regionale Strukturen und Trends der Altersstruktur der Bevölkerung differenzierter zu bewerten und zu beschreiben, werden verschiedene Indikatoren genutzt, u.a. das ▶ Durchschnittsalter, das ▶ Billeter-Maß, der ▶ Lastindex oder der Anteil ausgewählter Altersgruppen.

Bereits heute ist die Bundesrepublik Deutschland – wie die meisten Industrieländer (▶▶ Beitrag Ott, S. 52) – durch eine verhältnismäßig schwach vertretene junge Generation gekennzeichnet. Das Durchschnittsalter der Bevölkerung lag 1997 bei 40,4 Jahren. Frauen waren im Schnitt 3,7 Jahre älter als die Männer. Zu diesen geschlechtsspezifischen Besonderheiten trugen die beiden Weltkriege bei, in deren Folge die ältesten Jahrgänge der Bevölkerung erhebliche Defizite bei den Männern aufweisen. Diese Unterschiede ergeben sich aber auch aus der höheren Lebenserwartung der Frauen, die 1997 bei einem weiblichen Neugeborenen bei 80,2 Jahren, bei einem männlichen lediglich bei 73,8 Jahren lag (▶▶ Beitrag Gans/Kistemann/Schweikart, S. 98).

Aus der siedlungsspezifischen Perspektive weist die Bevölkerung der ländlichen Räume mit einem Wert von 39,9 Jahren das niedrigste Durchschnittsalter auf ❷. In den Agglomerationen liegt dieser Wert bei 40,7 Jahren. Innerhalb der einzelnen Regionstypen zeigt sich ein ausgeprägtes Stadt-Land-Gefälle, d.h. die ländlichen Kreise verzeichnen jeweils das geringste, die Kernstädte das höchste mittlere Alter der Bevölkerung. Diese Unterschiede spiegeln sich mehr oder weniger in allen Indikatoren. So erhöht sich in der Tendenz mit sinkendem Durchschnittsalter das ▶ Billeter-Maß, d.h. die unter 20-Jährigen gewinnen gegenüber den älteren Personen (65 Jahre und älter) an Bedeutung. Bei den Werten für den ▶ Lastindex gestalten sich diese Beziehungen genau entgegengesetzt ❺. Auffällig ist, dass sich der Index, der das Verhältnis von Nichterwerbsfähigen und Erwerbsfähigen misst, mit geringerer Siedlungsdichte in den Regionen und Kreisen erhöht.

Die Erwerbsfähigen konzentrieren sich demnach – überwiegend aus Arbeitsplatzgründen – stärker auf die Kernstädte, während in den ländlichen Gebieten der Anteil der Nichterwerbsfähigen überdurchschnittlich hoch ausfällt. Diese Strukturen sind ein Ergebnis inter- und intraregionaler Wanderungen (▶▶ Beiträge Bucher/Heins, S. 108 f; Herfert, S. 116), die bei 18- bis unter 30-Jährigen eher Kernstädte, bei Haushalten der mittleren Altersgruppen und älteren Menschen eher ländliche Gebiete zum Ziel haben.

Großräumige Abweichungen in der Altersstruktur überlagern die von der Siedlungsstruktur abhängigen Muster ❷ ❸ ❹. Zu nennen sind hier vor allem die deutlichen Ost-West-Unterschiede, wobei das mittlere Alter der Bevölkerung in den neuen Ländern mit 40,7 Jahren ca. 0,4 Jahre über dem Niveau der alten Länder liegt. Diese Divergenz resultiert vor allem aus dem höheren Durchschnittsalter der ostdeutschen Frauen, die mit 42,8 Jahren insgesamt

0,8 Jahre älter als westdeutsche Frauen sind. Die Lebenserwartung ist für diese regionalen Altersstrukturunterschiede bedeutungslos, denn diese liegt in den neuen Ländern sowohl bei den Frauen als auch bei den Männern niedriger als im früheren Bundesgebiet (▶▶ Beitrag Gans/Kistemann/Schweikart, S. 98). Ausschlaggebend für diese Strukturen sind vielmehr die hohen ostdeutschen Binnenwanderungsverluste bei den 20- bis unter 30-jährigen Frauen zugunsten der alten Länder nach 1990 (▶▶ Beiträge Stegmann, S. 60 f.), die das Durchschnittsalter der Frauen im Zielgebiet senken, das im Herkunftsgebiet dagegen erhöhen.

Ein Vergleich der alten und neuen Länder zeigt zudem, dass die altersstrukturellen Unterschiede zwischen den westdeutschen Regionen deutlich größer ausfallen als zwischen den ostdeutschen ❸. Dies wird u.a. an der größeren Spannbreite der Altersstrukturindikatoren in Westdeutschland deutlich. Während das mittlere Alter der Bevölkerung in den alten Ländern von 37,2 bis →

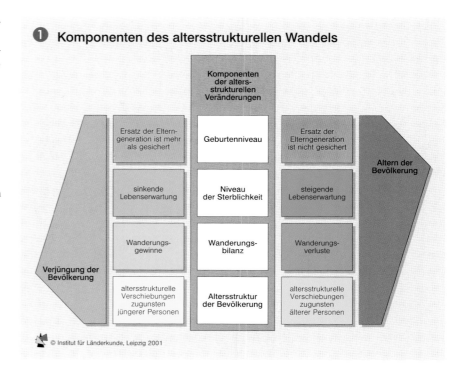

❶ Komponenten des altersstrukturellen Wandels

© Institut für Länderkunde, Leipzig 2001

❷ Altersstruktur der Bevölkerung, Strukturen und Trends

	1997				1985-1997 *Entwicklung (um … %)*			
Regions- und Kreistypen	Durch-schnitts-alter[1]	Last-index[2]	Billeter-Maß	Alten-anteil[2]	Durch-schnitts-alter	Last-index	Billeter-Maß	Alten-anteil
Alte Länder	40,3	57,4	-0,37	16,0	2,8	2,1	11	7,6
Agglomerationsräume	40,7	55,0	-0,40	16,0	2,7	3,3	14	7,8
Verstädterte Räume	39,7	59,6	-0,33	15,8	3,0	1,3	9	7,6
Ländliche Räume	40,0	61,9	-0,35	16,5	3,0	-1,1	8	6,8
Neue Länder inkl. Berlin	40,7	54,9	-0,40	15,2	8,3	-11,8	72	7,7
Agglomerationsräume	40,8	52,7	-0,40	15,0	6,1	-14,6	50	-1,6
Verstädterte Räume	41,0	57,0	-0,42	15,9	9,8	-9,1	88	16,1
Ländliche Räume	40,0	57,0	-0,35	14,6	10,5	-9,2	114	17,1
Deutschland	**40,4**	**56,8**	**-0,40**	**15,8**	**4,0**	**-1,3**	**19**	**7,8**

[1] in Jahren   [2] ▶ Glossar

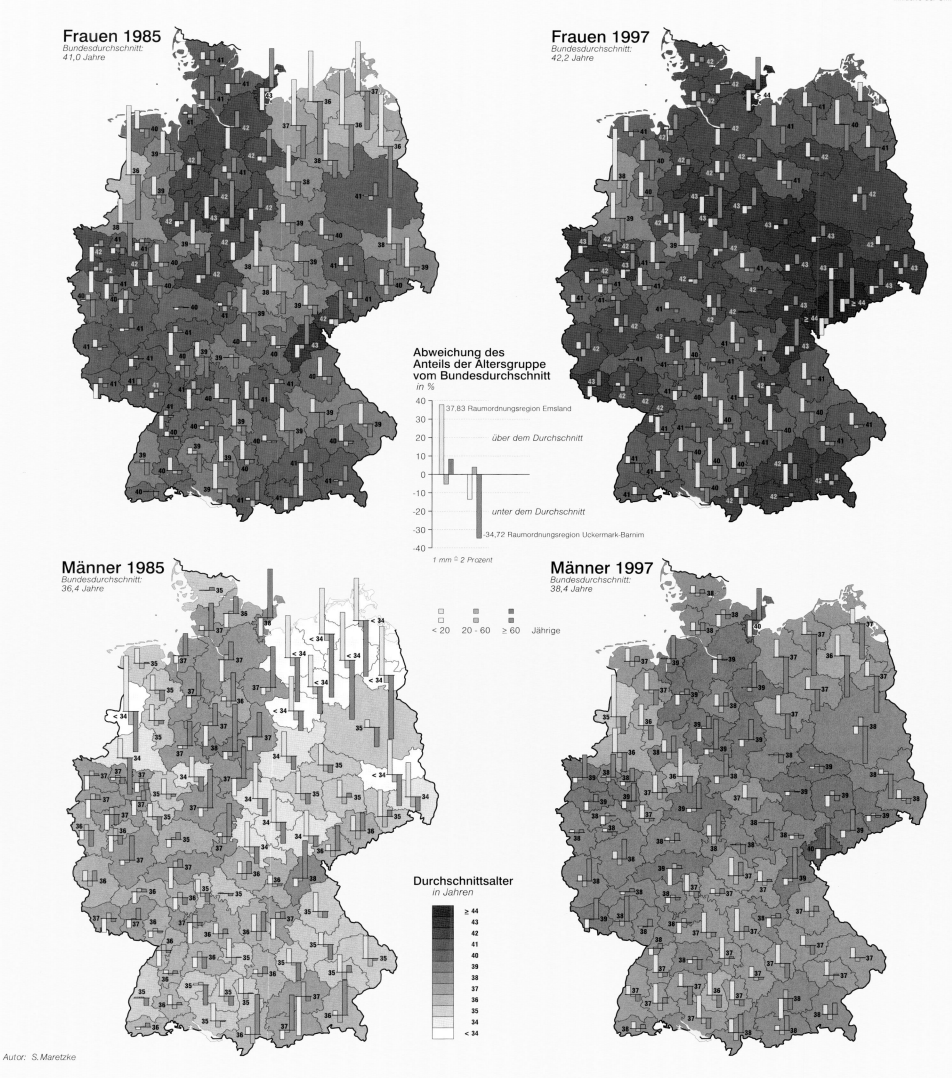

Alterstruktur der Bevölkerung 1985 und 1997
nach Raumordnungs- und Analyseregionen*

* Berlin, Hamburg und Bremen, inklusive der Umlandkreise

Frauen 1985
Bundesdurchschnitt: 41,0 Jahre

Frauen 1997
Bundesdurchschnitt: 42,2 Jahre

Abweichung des Anteils der Altersgruppe vom Bundesdurchschnitt
in %

37,83 Raumordnungsregion Emsland

über dem Durchschnitt

unter dem Durchschnitt

-34,72 Raumordnungsregion Uckermark-Barnim

1 mm ≙ 2 Prozent

Männer 1985
Bundesdurchschnitt: 36,4 Jahre

Männer 1997
Bundesdurchschnitt: 38,4 Jahre

< 20   20 - 60   ≥ 60   Jährige

Durchschnittsalter
in Jahren

≥ 44
43
42
41
40
39
38
37
36
35
34
< 34

Autor: S. Maretzke

0   50   100   150   200 km

Maßstab 1 : 6 500 000

42,4 Jahre reicht, also um 5,2 Jahre schwankt, beträgt diese Spannbreite in den neuen Ländern nur 3,8 Jahre (38,9 bis 42,7 Jahre). Das höhere Durchschnittsalter der Ostdeutschen resultiert dabei nicht aus einem höheren Anteil

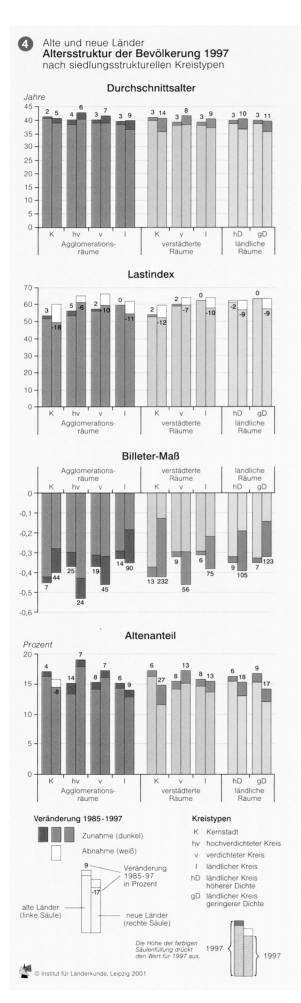

④ Alte und neue Länder
Altersstruktur der Bevölkerung 1997
nach siedlungsstrukturellen Kreistypen

älterer Personen, deren Anteil 1997 lediglich bei 15,2 % lag (alte Länder: 16%) **②**. Es ergibt sich vielmehr aus dem geringeren Anteil junger und einem höheren Anteil erwerbsfähiger Personen. Bundesweit liegt das Durchschnittsalter der Bevölkerung in der Region Südwestsachsen mit 42,7 Jahren am höchsten, während die Region Emsland mit 37,2 Jahren den niedrigsten Wert aufweist. Das Beispiel des traditionell katholischen Emslandes zeigt die positive Wirkung eines langjährig hohen Kinderreichtums auf die Altersstruktur der Bevölkerung. Auch im thüringischen Eichsfeld, im ländlichen Niederbayern oder in den Regionen Mecklenburg-Vorpommerns ist vor allem das langfristig höhere Geburtenniveau für die günstige Altersstruktur der dortigen Bevölkerung verantwortlich (▶▶ Beitrag Gans, S. 96).

Trends des altersstrukturellen Wandels

Die Veränderung der Altersstruktur ist ebenfalls durch geschlechts- und siedlungsspezifische sowie durch regionale Besonderheiten gekennzeichnet. Gemeinsam ist all diesen Betrachtungsebenen der sich fortsetzende Alterungsprozess der Bevölkerung. Die weitere Verringerung des ▶ Billeter-Maßes, das 1985 bereits ein negatives Vorzeichen hatte, belegt, dass sich die in der Altersstruktur angelegte Tendenz zur Alterung seit 1985 flächendeckend intensiviert hat **⑤**. Am stärksten erhöhte sich das Durchschnittsalter der Männer, das im Zeitraum von 1985 bis 1997 um 2 Jahre auf 38,4 Jahre anstieg, wobei diese höhere Dynamik hauptsächlich aus dem allmählichen Abbau der kriegsbedingten Männerdefizite in den höheren Altersgruppen resultierte.

Den stärksten Alterungsprozess der Bevölkerung verzeichneten im Zeitraum 1985 bis 1997 die ländlichen Räume, also die Gebiete mit dem niedrigsten Durchschnittsalter der Bevölkerung. Gleiches zeigt sich auf Kreisebene. Während innerhalb der Regionstypen jeweils die ländlichen Kreise einen überdurchschnittlichen Anstieg des Durchschnittsalters der Bevölkerung registrierten, gestaltete sich der Alterungsprozess der Bevölkerung mit steigendem Verdichtungsgrad der Regionen meist weniger intensiv. Damit führte der altersstrukturelle Wandel der letzten Jahre zu einer deutlichen Verringerung der siedlungsspezifischen Unterschiede in der Altersstruktur der Bevölkerung.

Diese Veränderungen sind in den neuen Ländern in besonderem Maße zu beobachten. Das Durchschnittsalter der Ostdeutschen erhöhte sich seit 1985 mit 3,1 Jahren mehr als das der Westdeutschen mit 1,1 Jahren, so dass die neuen Länder den Vorteil einer jüngeren Bevölkerung bis 1997 verloren hatten. Am intensivsten vollzog sich dieser Alterungsprozess im nordöstlichen Mecklenburg-Vorpommern. Die dortigen Regionen hatten von 1985 bis 1997 beispielsweise einen Anstieg des mittle-

ren Alters der Bevölkerung von mehr als 12% zu verzeichnen, während die Zunahme in der Region Bielefeld weniger als 1% betrug.

Ein Vergleich der Jahre 1985, 1990 und 1997 verdeutlicht, dass sich die höhere Dynamik des Alterungsprozesses in den neuen Ländern vor allem nach 1990, dem Jahr der deutschen Einigung, entfaltete. Angesichts massiver Ost-West-Wanderungen – von 1989 bis 1997 zogen fast 2,1 Millionen Ostdeutsche in den Westen, bei nur ca. 940.000 Zuzügen – und eines dramatischen Geburteneinbruchs bis 1993 auf 40% des 1989er Ausgangsniveaus, ist der drastische Rückgang des Anteils junger Menschen keine überraschende Entwicklung. Da die ländlichen Räume der neuen Länder Anfang der 1990er Jahre die stärksten Wanderungsverluste aufwiesen, ergaben sich für diese Gebiete auch die spürbarsten Auswirkungen auf die Altersstruktur (MARETZKE 1995). Das Durchschnittsalter stieg hier seit 1990 um mehr als 11% auf 40 Jahre. Da die negativen Wanderungsbilanzen des Ostens aber immer auch Migrationsgewinne des Westens waren, begünstigten diese Wohnstandortwechsel in vielen westdeutschen Regionen eine kurzfristige Umkehr des Alterungsprozesses, was sich im Zeitraum 1990 bis 1997 eindrucksvoll am Anstieg des Billeter-Maßes zeigt. Dies lässt sich in Abbildung **④** in einer leichten prozentualen Verringerung erkennen. Verstärkend haben die beachtlichen Außenwanderungsgewinne, die sich in diesen Jahren vor allem auf die westdeutschen Regionen konzentrierten, zu dieser vergleichsweise günstigen Dynamik beigetragen.

Fazit

Der Alterungsprozess der Bevölkerung hat in Deutschland mehr oder weniger alle Regionen erfasst. Aufgrund des niedrigen Geburtenniveaus, das den einfachen Ersatz der Elterngeneration

in keiner Region mehr sichert, ist eine Fortsetzung dieses Trends sehr wahrscheinlich. Eine dauerhafte Abschwächung oder Kompensation ließe sich einzig über kontinuierliche Außen- und/oder Binnenwanderungsgewinne erreichen. Während positive Binnenwanderungssalden allerdings nur in der Zielregion zu einer Abschwächung des Alterungsprozesses der Bevölkerung führen, resultierend aus den grundsätzlich selektiven Wirkungen von Migrationen, kommt es in den Quellregionen zu einem forcierten Anstieg des Durchschnittsalters der Bevölkerung. Kontinuierliche Außenwanderungsgewinne wären dagegen eine flächendeckende Alternative zur Abschwächung bzw. Kompensation des Alterungsprozesses, aber auch die Zuzüge aus dem Ausland können die aufgezeigte Tendenz bei unverändert niedrigem Geburtenniveau nur temporär mildern oder stoppen. Zudem wären solche Außenwanderungsgewinne mit einer beachtlichen Zunahme des Anteils der ausländischen Bevölkerung, insbesondere in den Stadtregionen, verbunden, was dort auf Dauer zu Akzeptanz- und damit auch Integrationsproblemen führen könnte.

Das Anwachsen des Anteils der älteren Generation geht mit einem spürbaren Wandel der Bedürfnisstruktur der Bevölkerung einher. Die Nachfrage nach infrastrukturellen Leistungen wird zunehmend von den Interessen der Älteren geprägt, worauf sich Politik und Wirtschaft einstellen müssen. Nicht zuletzt berührt der altersstrukturelle Wandel auch die Finanzierungssysteme der Kranken-, Pflege- und Rentenversicherung (▶▶ Beitrag Börsch-Supan, S. 26), die aufgrund des wachsenden Anteils älterer Personen zunehmend stärker belastet werden. Hier gilt es, neue Finanzierungsmodelle zu entwickeln, die den altersstrukturellen Wandel der Bevölkerung besser berücksichtigen.◆

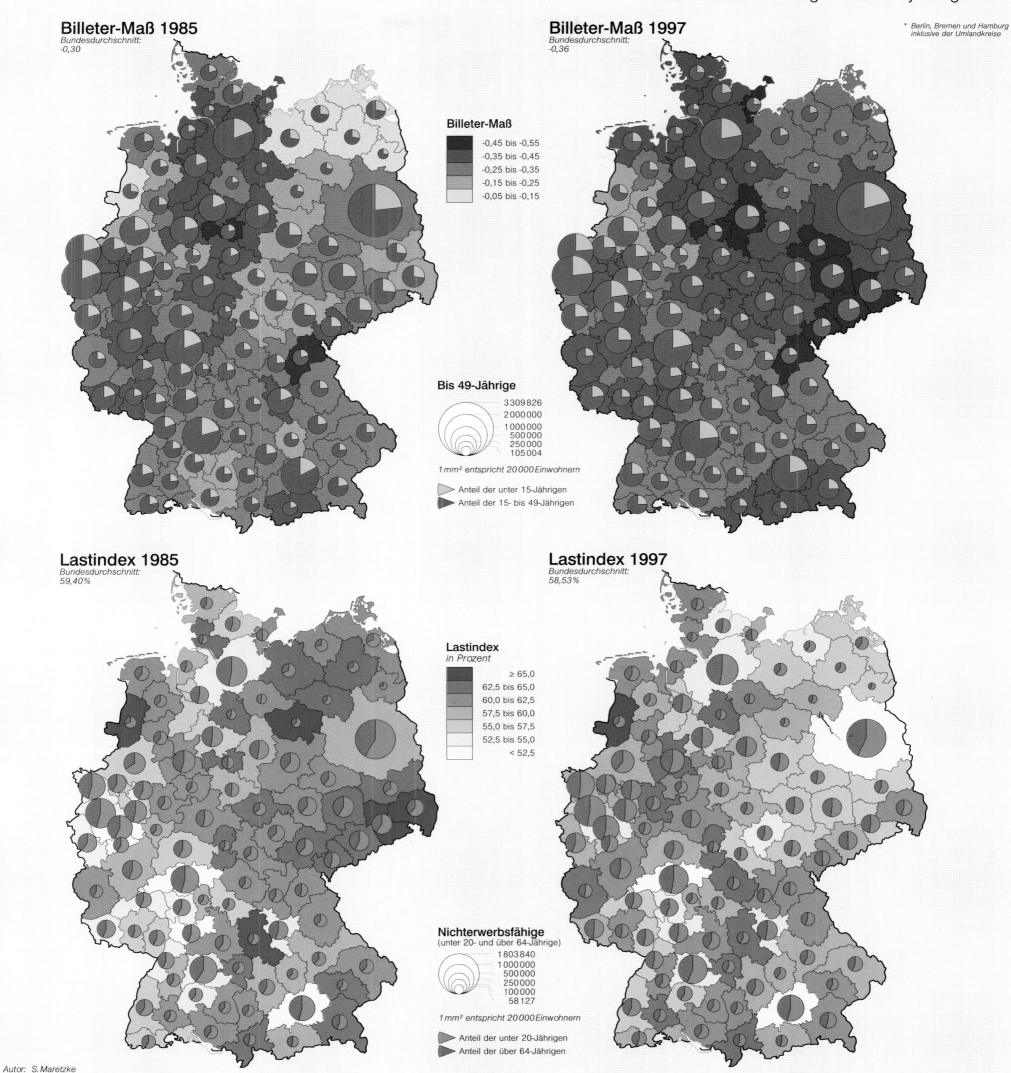

⑤

Erwerbsfähige und Nichterwerbsfähige 1985 und 1997
Billeter-Maß und Lastindex
nach Raumordnungs- und Analyseregionen*

* Berlin, Bremen und Hamburg inklusive der Umlandkreise

Billeter-Maß 1985
Bundesdurchschnitt: -0,30

Billeter-Maß 1997
Bundesdurchschnitt: -0,36

Billeter-Maß

- -0,45 bis -0,55
- -0,35 bis -0,45
- -0,25 bis -0,35
- -0,15 bis -0,25
- -0,05 bis -0,15

Bis 49-Jährige

3 309 826
2 000 000
1 000 000
500 000
250 000
105 004

1 mm² entspricht 20 000 Einwohnern

Anteil der unter 15-Jährigen
Anteil der 15- bis 49-Jährigen

Lastindex 1985
Bundesdurchschnitt: 59,40%

Lastindex 1997
Bundesdurchschnitt: 58,53%

Lastindex
in Prozent

- ≥ 65,0
- 62,5 bis 65,0
- 60,0 bis 62,5
- 57,5 bis 60,0
- 55,0 bis 57,5
- 52,5 bis 55,0
- < 52,5

Nichterwerbsfähige
(unter 20- und über 64-Jährige)

1 803 840
1 000 000
500 000
250 000
100 000
58 127

1 mm² entspricht 20 000 Einwohnern

Anteil der unter 20-Jährigen
Anteil der über 64-Jährigen

Autor: S. Maretzke

0   50   100   150   200 km

Maßstab 1 : 6 500 000

Regionale Unterschiede in der Altersstruktur

Steffen Maretzke

❶ Bevölkerungspyramide 1999

Lebensjahre

männlich   weiblich

95
90
85
80
75
70
65
60
55
50
45
40
35
30
25
20
15
10
5

2,0 1,5 1,0 0,5 0 0 0,5 1,0 1,5 2,0
Anteil der Jahrgänge in %

© Institut für Länderkunde, Leipzig 2001

Das Altern der Bevölkerung ist ein Phänomen, das in ganz Deutschland (▶▶ Beitrag Maretzke, S.46) sowie in allen Industrienationen (▶▶ Beitrag Ott, S. 52) zu beobachten ist ❶. Allerdings sind die Alterungsprozesse keinesfalls überall gleich. Die Altersstruktur sowie Wanderungsprozesse bewirken deutliche regionale Differenzierungen wie auch gewisse zyklische Veränderungen in einzelnen Regionen, die vorübergehend auch wieder zu verjüngenden Trends führen können.

Auf der Basis dieser Altersstrukturindikatoren wurden über eine ▶ Faktoren-, Cluster- und Diskriminanzanalyse Regionen mit einer ähnlichen Altersstruktur der Bevölkerung und mit vergleichbaren Trends des altersstrukturellen Wandels identifiziert ❷. Diese Untersuchung wurde aufgrund der siedlungsspezifischen Besonderheiten im Altersaufbau der Bevölkerung auf Kreisebene durchgeführt. Die Ergebnisse bestätigen, dass das regionale Muster der Altersstruktur der Bevölkerung in Deutschland zum einen maßgeblich durch die markanten Ost-West-Disparitäten geprägt wird. Zum anderen zeigen sich sowohl in den alten als auch in den neuen Ländern deutliche Unterschiede zwischen den Kernstädten und ihrem Umland. Die ostdeutschen Stadtkreise zeichneten sich 1997 meist durch ein eher niedriges Durchschnittsalter der Bevölkerung und eine hohe Dynamik des Alterungsprozesses aus. Dieser Trend hängt u.a. mit dem zu DDR-Zeiten typischen Zuzug junger Menschen und Familien besonders nach Berlin und in die Bezirksstädte zusammen, wo sich die Investitionen in den Woh-

nungsbau, in die Wirtschaft und in die Infrastruktur konzentrierten. Demgegenüber gehören die Kernstädte im Westen oft dem Typ von Kreisen an, der durch ein vergleichsweise hohes mittleres Alter der Bevölkerung und eine niedrige Intensität des Alterungsprozesses geprägt ist. Diese geringere Dynamik von 1985 bis 1997 ist in den Stadtkreisen vor allem darauf zurückzuführen, dass deren Bevölkerung aufgrund der bereits seit den 1960er Jahren zu beobachtenden Abwanderung von Familien mit Kindern in das städtische Umland schon 1985 ein überproportional hohes Durchschnittsalter aufwies. Interessanterweise gehören diesem Clustertyp auch viele Kreise im Norden und Süden der alten Länder an, die sich durch eine hohe landschaftliche Attraktivität auszeichnen, wie der Alpenraum oder die Nordsee. Die landschaftlichen und infrastrukturellen Vorteile machen diese Regionen zu bevorzugten Wohnstandorten älterer Menschen (▶▶ Beitrag Friedrich, S. 124), so dass die Altersspezifik dieser Kreise sicherlich auch aus der kontinuierlichen Zuwanderung der mindestens 50-Jährigen resultiert.

Extremwerte in West- und Ostdeutschland

Die hier beschriebenen regionalen Strukturen und Trends spiegeln sich eindrucksvoll im Wandel der Altersstruktur der Bevölkerung jener Kreise wider, die in den alten und neuen Ländern im Jahre 1985 jeweils das niedrigste bzw. höchste Durchschnittsalter aufwiesen. Die siedlungsspezifischen Unterschiede im Altersaufbau sind zudem ein sichtbares Zeichen für die differenzierten wirtschaftlichen und sozialen Prozesse, welche die regionale Entwicklung der alten und neuen Länder vor 1990 prägten. Verzeichneten in den alten Ländern vor allem die Stadtkreise eher eine vergleichsweise ungünstige Altersstruktur der Bevölkerung, gemessen am überdurchschnittlich hohen mittleren Alter, so waren es in den neu-

Faktoren-, Cluster- und Diskriminanzanalyse – multivariate statistische Verfahren, anhand derer eine Reihe von Variablen nach relativer Ähnlichkeit bzw. Verschiedenheit gruppiert werden können. Damit lassen sich entweder Gruppen von Variablen zu übergeordneten Faktoren zusammenfassen (Faktorenanalyse), Untersuchungseinheiten gruppieren, die ähnliche Ausprägungen der untersuchten Variablen aufweisen (Clusteranalyse), oder Variablen so kombinieren, dass sie gegebene unabhängige Gruppen möglichst gut voneinander trennen (Diskriminanzanalyse).

en Ländern vor allem die Landkreise. Diese siedlungsspezifischen Kontraste haben ihre Ursachen in den verschiedenen politischen, ökonomischen und gesellschaftlichen Systemen der DDR und der Bundesrepublik. Während sich die Entwicklung in der DDR vorrangig auf die Städte konzentrierte, verlagerte sich die Dynamik in Westdeutschland zunehmend in die Gebiete außerhalb der Stadtkreise, wozu der höhere Wohnwert, das geringere Bodenpreisniveau sowie die verbesserte Erreichbarkeit dieser Räume entscheidend beitrugen. Im Ergebnis individueller Standortentscheidungen vollzog sich im Westen in den letzten Jahrzehnten ein kontinuierlicher Dekonzentrationsprozess von Bevölkerung und Beschäftigung (IRMEN U. BLACH 1994, S. 445 f.), der sich auch in entsprechenden Stadt-Umland- oder Stadt-Land-Wanderungen niederschlug (GANS U. KEMPER 1999). Solch umfangreiche Suburbanisierungs- oder Exurbanisierungsprozesse wie im Westen konnten sich in den ostdeutschen Regionen erst nach 1990 entfalten. Den Binnenwanderungsverlusten der Stadtkreise im Westen standen daher zumindest bis 1990 Gewinne der Stadtkreise im Osten gegenüber und vice versa ❷.

Während der Alterungsprozess der Bevölkerung in den Regionen mit positiven Wanderungssalden durch den Zuzug junger Menschen zumindest begrenzt wurde, beschleunigte die selektive Wirkung der Migrationen den Alte-

tersuchungszeitraum durch eine höhere Intensität des Alterungsprozesses gekennzeichnet. Während diese Entwicklung in den alten Ländern aus einem Rückgang des Bevölkerungsanteils der unter 20- *und* der 20- bis unter 65-Jährigen resultierte, ist die außerordentlich hohe Dynamik des Alterungsprozesses in den neuen Ländern bis 1997 einzig auf den sehr starken Anteilsverlust der unter 20-Jährigen zurückzuführen. Dass diese höhere Intensität vor allem der Entwicklung nach 1989 geschuldet ist, wurde bereits dargestellt.◆

❷ Muster der Altersstruktur der 90er Jahre
Ergebnis einer Faktoren-, Cluster- und Diskriminanzanalyse

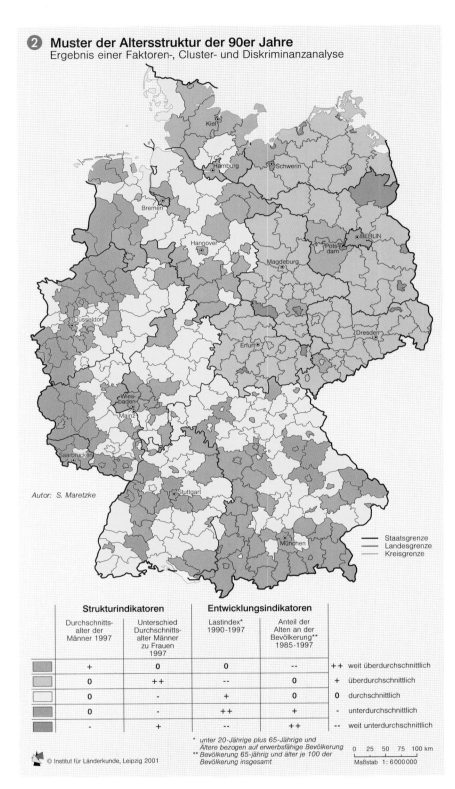

Autor: S. Maretzke

	Strukturindikatoren		Entwicklungsindikatoren		
	Durchschnitts-alter der Männer 1997	Unterschied Durchschnitts-alter Männer zu Frauen 1997	Lastindex* 1990-1997	Anteil der Alten an der Bevölkerung** 1985-1997	
	+	0	0	– –	++ weit überdurchschnittlich
	0	++	– –	0	+ überdurchschnittlich
	0	–	+	0	0 durchschnittlich
	0	–	++	+	– unterdurchschnittlich
	–	+	– –	++	– – weit unterdurchschnittlich

* unter 20-Jährige plus 65-Jährige und Ältere bezogen auf erwerbsfähige Bevölkerung
** Bevölkerung 65-jährig und älter je 100 der Bevölkerung insgesamt

Staatsgrenze
Landesgrenze
Kreisgrenze

0 25 50 75 100 km
Maßstab 1 : 6000000

© Institut für Länderkunde, Leipzig 2001

rungsprozess der Bevölkerung in den Abwanderungsregionen weiter. So kann es nicht verwundern, dass 1985 der Stadtkreis Neubrandenburg und der Landkreis Emsland jeweils das niedrigste Durchschnittsalter der Bevölkerung aufwiesen ❸. In diesen Kreisen trafen kontinuierliche Binnenwanderungsgewinne und ein traditionell hohes Geburtenniveau aufeinander. Beides sind optimale Voraussetzungen für einen hohen Anteil junger Menschen an der Bevölkerung. Demgegenüber war im Stadtkreis Baden-Baden sowie im Vogt-

landkreis das Durchschnittsalter der Bevölkerung überproportional hoch. In beiden Kreisen spielen für die Alterung die niedrigen Geburtenzahlen je Frau eine Rolle, verstärkt durch Binnenwanderungsverluste junger Menschen im Vogtlandkreis und durch Zuzüge älterer Menschen in Baden-Baden.

Im Zeitraum von 1985 bis 1997 hat sich das mittlere Alter in den Extremwert-Kreisen weiter erhöht. Der Landkreis Emsland und der Stadtkreis Neubrandenburg mit ihrer vergleichsweise günstigen Altersstruktur waren im Un-

❸ Bevölkerungsentwicklung 1985-1997

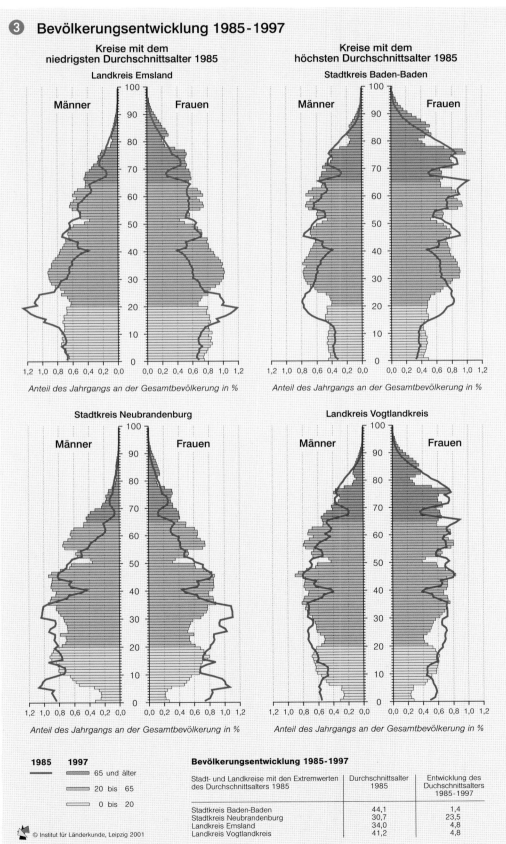

1985	1997			Bevölkerungsentwicklung 1985-1997		
			65 und älter	Stadt- und Landkreise mit den Extremwerten des Durchschnittsalters 1985	Durchschnittsalter 1985	Entwicklung des Durchschnittsalters 1985-1997
			20 bis 65	Stadtkreis Baden-Baden	44,1	1,4
			0 bis 20	Stadtkreis Neubrandenburg	30,7	23,5
				Landkreis Emsland	34,0	4,8
				Landkreis Vogtlandkreis	41,2	4,8

© Institut für Länderkunde, Leipzig 2001

Unterschiede der Altersstruktur in Europa

Thomas Ott

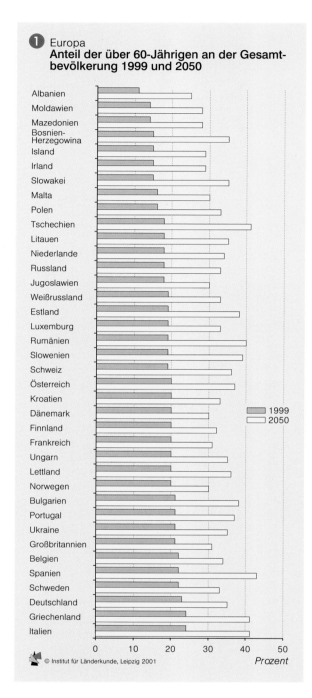

① Europa
Anteil der über 60-Jährigen an der Gesamt-bevölkerung 1999 und 2050

Albanien
Moldawien
Mazedonien
Bosnien-Herzegowina
Island
Irland
Slowakei
Malta
Polen
Tschechien
Litauen
Niederlande
Russland
Jugoslawien
Weißrussland
Estland
Luxemburg
Rumänien
Slowenien
Schweiz
Österreich
Kroatien
Dänemark
Finnland
Frankreich
Ungarn
Lettland
Norwegen
Bulgarien
Portugal
Ukraine
Großbritannien
Belgien
Spanien
Schweden
Deutschland
Griechenland
Italien

□ 1999
□ 2050

0   10   20   30   40   50
Prozent

© Institut für Länderkunde, Leipzig 2001

Kinder in Hamburg

höhen: Im Jahr 2050 werden 10% der Einwohner dieses Alter erreicht haben, heute sind es erst 4%. Diese enorme Zunahme der älteren Bevölkerung bewirkt einen Anstieg der Ausgaben im Gesundheitswesen und wird weitreichende Folgen für die sozialen Sicherungssysteme haben – insbesondere für die Renten, die zum größten Teil durch die Beitragszahlungen von Arbeitnehmern und Arbeitgebern finanziert werden (▶▶ Beitrag Börsch-Supan, S. 26). Die Erwerbstätigen werden immer stärker belastet, da sie eine steigende Zahl von Nichterwerbstätigen unterstützen müssen.

Der in Karte ❹ dargestellte Lastindex, der die Bevölkerung unter 20 und über 60 Jahre ins Verhältnis setzt zur dazwischen liegenden Gruppe der Erwerbsfähigen (▶▶ Beitrag Maretzke, S. 46), ging in der Europäischen Union von ca. 100% Mitte der 1970er Jahre auf etwa 80% im Jahr 1995 zurück, d.h. ausgehend von einer etwa gleichen Größe beider Gruppen sank dieses Verhältnis zu Gunsten der Erwerbsfähigen. Dies ist auf die starke Abnahme der Kinderzahl in allen Ländern der EU zurückzuführen. Die Bevölkerungspyramiden in Karte ❹ dokumentieren das Ausmaß und den zeitlichen Verlauf des Geburtenrückgangs in den einzelnen Staaten. Bis zum Jahr 2005 dürfte der Lastindex relativ konstant bleiben,

könnte jedoch danach eine Rekordhöhe von über 120% erreichen, in einigen Regionen auch weit mehr. Diese Verschiebung zu Gunsten der Nicht-Erwerbsfähigen ist hauptsächlich darauf zurückzuführen, dass immer mehr Menschen sehr alt werden. Bildet man einen Altenquotienten aus der Relation von Ruhestands- zu Erwerbsbevölkerung, ergibt sich in den nächsten Jahrzehnten eine Verschiebung von heute 1:3 auf Werte unter 1:2.

Ein Vergleich der europäischen Staaten ❹ offenbart interessante räumliche Verteilungsmuster: In Skandinavien betrug der Anteil der über 65-Jährigen durchschnittlich 15,5%, in Westeuropa

Die andauernde, kontrovers geführte Diskussion um die Reform der Rentenversicherung belegt, dass die Zunahme des relativen Anteils älterer Menschen an der Gesamtbevölkerung – die demographische Alterung – als Hauptproblem der Bevölkerungsentwicklung in Europa angesehen werden muss ❸. Der Anteil der älteren Menschen in der Europäischen Union wird nach Berechnungen der Vereinten Nationen und der europäischen Statistikbehörde Eurostat von jetzt 21% auf rund 34% im Jahr 2050 ansteigen ❶. Auch die Zahl der sehr alten oder hochbetagten Menschen (über 80 Jahre) wird sich drastisch er-

② Anteil der Alten an der Gesamtbevölkerung 1999

Anteil der 60-Jährigen und Älteren an der Gesamtbevölkerung

Prozent
■ 20 - 24
■ 10 - 19
□ < 10

□ keine Angaben

© Institut für Länderkunde, Leipzig 2001

14,5% und in Südeuropa – vor allem aufgrund des später einsetzenden Geburtenrückgangs – 12,7% (▶▶ Beitrag Gans/ Ott, S. 92). Allerdings führt der starke Geburtenrückgang in Südeuropa zu einem erheblichen Anstieg des Anteils der Älteren ❶. Die vergleichsweise hohe Mortalität in den osteuropäischen Transformationsstaaten (▶▶ Beitrag Ott, S. 100) schlägt sich in einem Altenanteil von 11,3% nieder, obwohl sich auch hier die Geburtenhäufigkeit verringert hat. Auf regionaler Ebene heben sich klimatisch attraktive (Küsten-) Regionen, in denen sich besonders viele Ruhestandswanderer niederlassen, oder ländliche Räume, aus denen die jüngere Bevölkerung abgewandert ist, hervor (▶▶ Beitrag Friedrich, S. 124).

Die Hauptursache für den anhaltenden strukturellen Alterungsprozess der Bevölkerung besteht zweifellos in dem während der letzten drei Jahrzehnte zu beobachtenden Geburtenrückgang (▶▶ Beitrag Gans/Ott, S. 92). Aber auch die kontinuierliche Abnahme der Sterblichkeitsraten in den höheren Altersgruppen jenseits von 70 Jahren stellt einen Faktor dar, der rasch an Bedeutung gewinnt. Es kommt also zu einer

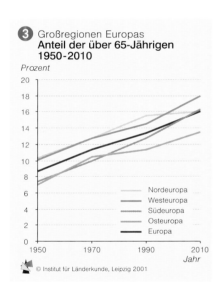

❸ Großregionen Europas
Anteil der über 65-Jährigen 1950-2010
Prozent

Nordeuropa
Westeuropa
Südeuropa
Osteuropa
Europa

© Institut für Länderkunde, Leipzig 2001

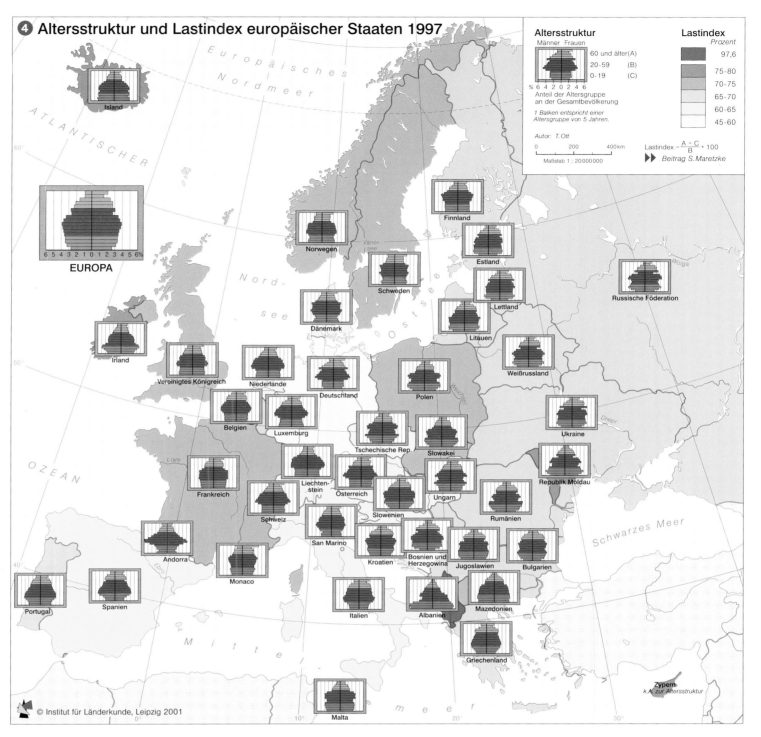

❹ Altersstruktur und Lastindex europäischer Staaten 1997

Altersstruktur
Männer Frauen

60 und älter (A)
20-59 (B)
0-19 (C)

% 6 4 2 0 2 4 6
Anteil der Altersgruppe an der Gesamtbevölkerung
1 Balken entspricht einer Altersgruppe von 5 Jahren.

Autor: T. Ott

0   200   400km
Maßstab 1 : 20000000

Lastindex
Prozent
97,6
75-80
70-75
65-70
60-65
45-60

Lastindex = $\frac{A + C}{B} \cdot 100$
▶▶ Beitrag S. Maretzke

© Institut für Länderkunde, Leipzig 2001

gleichzeitigen Alterung der Bevölkerungspyramiden „von unten" durch Geburtenrückgang und „von oben" durch den Rückgang der Alterssterblichkeit. Da sich innerhalb der EU die Säuglingssterblichkeit kaum weiter reduzieren lässt, spielt der Rückgang der Alterssterblichkeit bzw. ihre Verschiebung hin zu einem immer höheren Lebensalter eine entscheidende Rolle für die künftige Zunahme der Lebenserwartung (MERTINS 1997, S. 18 f).

Derzeit muss davon ausgegangen werden, dass die Überalterung innerhalb der EU irreversibel ist, da die Haupteinflussgröße, die Fruchtbarkeitsrate, sich nicht nachhaltig erholen wird. Die weitere Erhöhung der Lebenserwartung lässt zugleich erwarten, dass die zukünftigen Ruheständler ein gesünderes Leben als ihre heutigen Altersgenossen führen werden.

Vergleicht man diese europäische Entwicklung mit der Situation im Rest der Welt ❷, sieht man deutlich, dass das Phänomen der Alterung derzeit auf Westeuropa und Japan beschränkt ist. In ganz Afrika und weiten Teilen Asiens ist dagegen der Anteil der über 60-Jährigen sehr gering. Eine Prognose der UN für 2050 geht davon aus, dass der Unterschied zwischen den Industrienationen und der übrigen Welt immer deutlicher zu Tage tritt. Danach werden die Bevölkerungen Nordamerikas, Osteuropas und Australiens ebenfalls eine Tendenz zur Überalterung zeigen, während besonders der afrikanische Kontinent nach wie vor von einer jungen Bevölkerung geprägt sein wird.◆

Haushaltsgrößen im Wandel

Hansjörg Bucher und Franz-Josef Kemper

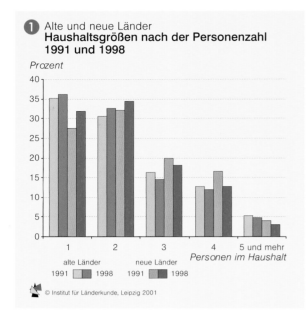

1 Alte und neue Länder
Haushaltsgrößen nach der Personenzahl 1991 und 1998

Prozent

1 2 3 4 5 und mehr
Personen im Haushalt

alte Länder   neue Länder
1991   1998   1991   1998

© Institut für Länderkunde, Leipzig 2001

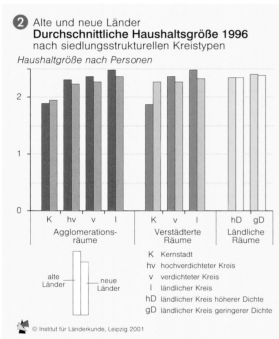

2 Alte und neue Länder
Durchschnittliche Haushaltsgröße 1996
nach siedlungsstrukturellen Kreistypen

Haushaltgröße nach Personen

K hv v l   K v l   hD gD
Agglomerations-   Verstädterte   Ländliche
räume   Räume   Räume

alte   neue
Länder   Länder

K   Kernstadt
hv   hochverdichteter Kreis
v   verdichteter Kreis
l   ländlicher Kreis
hD   ländlicher Kreis höherer Dichte
gD   ländlicher Kreis geringerer Dichte

© Institut für Länderkunde, Leipzig 2001

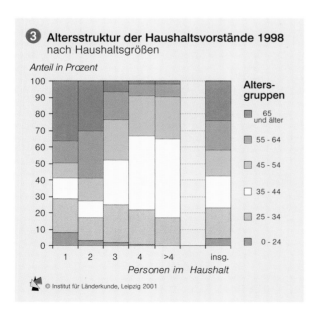

3 Altersstruktur der Haushaltsvorstände 1998
nach Haushaltsgrößen

Anteil in Prozent

1 2 3 4 >4 insg.
Personen im Haushalt

Alters-
gruppen

65 und älter
55 - 64
45 - 54
35 - 44
25 - 34
0 - 24

© Institut für Länderkunde, Leipzig 2001

Haushalte sind diejenigen Kleingruppen der Bevölkerung, die gemeinsam wohnen und wirtschaften. Es gibt daher sehr enge Verknüpfungen zwischen Haushalten und Wohnungen auf der einen Seite und Haushalten und Konsummustern auf der anderen. Daher haben räumliche Unterschiede der Zusammensetzung von Haushalten Konsequenzen für zentrale Bereiche des Lebens, der Versorgung, des Infrastrukturbedarfs, für staatliche und private Leistungen.

Die amtliche Statistik, auf deren Daten sich die folgenden Karten und Graphiken beziehen, unterscheidet zwischen Privat- und Anstaltshaushalten, zu denen z.B. Altenheime, Kasernen oder Internate gehören. Privathaushalte, die hier allein Berücksichtigung finden, werden nach unterschiedlichen Merkmalen gegliedert, von denen die Haushaltsgröße, d.h. die Zahl der Personen pro Haushalt, ein einfacher, aber durchaus aussagekräftiger Index ist. 1998 entfielen auf einen Privathaushalt in Deutschland 2,2 Personen. Im gleichen Jahr bestanden von 100 Haushalten 35 nur aus einer Person, 33 hatten zwei und 32 drei oder mehr Mitglieder. Große Haushalte ab 4 Personen machen nur noch knapp 17% aller Haushalte aus, aber in ihnen lebt immerhin ein Drittel der Bevölkerung.

Zwischen alten und neuen Ländern gab es Anfang der 1990er Jahre bemerkenswerte Unterschiede in der Haushaltsgrößen-Verteilung **1**. Einpersonenhaushalte waren in Westdeutschland deutlich häufiger vertreten, aber auch große Haushalte ab 5 Mitgliedern, während in Ostdeutschland Haushalte mit 2 bis 4 Mitgliedern überrepräsentiert waren. In der DDR war es zu einer Standardisierung von Familienbiographien und Haushaltsbildung gekommen, zu der frühe Heirat und ein junges Alter der Mütter bei der Geburt ihrer Kinder beigetragen haben und die durch den Neubau normierter Wohnungsgrößen und die Vergabe von Wohnungen mit Präferenzen für Familien mit Kindern unterstützt wurde (BERTRAM 1992; MEYER U. SCHULZE 1992). Dagegen ist für Westdeutschland seit den späten 1960er Jahren eine Tendenz zur Pluralisierung von Lebens- und Haushaltsformen charakteristisch (HUININK U. WAGNER 1998). Neben Ehepaaren mit Kindern finden sich immer mehr Alleinerziehende, kinderlose Paare, nichteheliche Lebensgemeinschaften und Wohngemeinschaften. Bis zum Ende der 1990er Jahre hat sich in den neuen Ländern eine Angleichung an die Haushaltsstruktur der alten Länder vollzogen, wenngleich weiterhin deutliche Unterschiede bestehen (▶▶ Beitrag Glatzer/ Zapf, Bd. 1, S. 22 f.).

Einer der wichtigsten demographischen Einflussfaktoren der Haushaltsgröße ist der regional variierende Kinderanteil (▶▶ Beitrag Gans, S. 94). Daneben ist das sog. Haushaltsbildungsverhalten für die Haushaltsgröße verantwortlich. Darunter versteht man die Neigung volljähriger Personen, eigene Haushalte einzurichten oder mit anderen zusammenzuwohnen. Der vieldiskutierte Prozess der Individualisierung in modernen Gesellschaften, die Erhöhung des Heiratsalters, geringere Heiratsneigung und gestiegene Scheidungsquoten haben alle zur Verkleinerung der Haushalte beigetragen. Nach MAYER UND MÜLLER (1994) hat auch der Wohlfahrtsstaat, der Leistungen in der Regel an Individuen, nicht an Haushalte vergibt und ökonomische Abhängigkeiten zwischen Familienmitgliedern reduziert, diese Tendenzen zur Verkleinerung gefördert.

Durchschnittliche Haushaltsgröße

Die Geburtenhäufigkeit und die soziodemographischen Prozesse der Haushaltsbildung weisen beachtliche räumliche Differenzierungen auf, wie es die Verteilungskarte der Haushaltsgröße auf Kreisbasis zeigt **4**. Erkennbar wird dies als Erstes in einem deutlichen Stadt-Land-Unterschied. In den Großstädten sind die Individualisierung, das Alleinleben und die Kinderlosigkeit am stärksten ausgeprägt. Daher ist dort die mittlere Haushaltsgröße am geringsten. Diese spezifische Haushaltsstruktur ist zum einen darauf zurückzuführen, dass die Großstädte ein besonderes Angebot für Ausbildung und berufsbezogene Karrieren aufweisen und dass sich mobile,

nicht-familiäre Lebensstile eher in städtischen Wohngebieten konzentrieren. Diese Merkmale sind für Dienstleistungsmetropolen und Universitätsstädte eher charakteristisch als für traditionelle Industriestädte, und so sind die Haushaltsgrößen in den erstgenannten Städten auch geringer als z.B. im Ruhrgebiet. Zum anderen verstärken selektive Wanderungen die Haushaltsstrukturen der Großstädte, denn Familien mit Kindern wandern aufgrund ihrer Wohnvorstellungen und des Wohnungsangebots besonders ins Umland oder in andere Regionen ab (▶▶ Beitrag Bucher und Heins, S. 114).

Wegen dieser selektiven Wanderungen weisen die Umlandtypen der Verdichtungsregionen und der verstädterten Regionen überdurchschnittliche Haushaltsgrößen auf, am meisten in den äußeren Zonen **2**. In den alten Ländern werden in diesen Zonen sogar höhere Werte als im ländlichen Raum erreicht. Dagegen befinden sich in den neuen Ländern die größten Haushalte im peripheren ländlichen Raum. Karte **4** zeigt darüber hinaus, dass die ländlichen Gebiete außerhalb der Verdichtungsräume hinsichtlich ihrer Haushaltsstrukturen nicht homogen sind. Große Haushalte und relativ hohe Kinderanteile kennzeichnen katholische Regionen in Nordwestdeutschland, Osthessen, Unter- und Oberfranken, Niederbayern und im bayerisch-schwäbischen Grenzgebiet, wozu in Ostdeutschland das Eichsfeld tritt. Dagegen finden sich kleinere Haushalte in landschaftlich attraktiven Regionen mit Tourismus und Ruhesitzwanderungen wie im südlichen Bayern und Baden-Württemberg oder an der Ostseeküste →

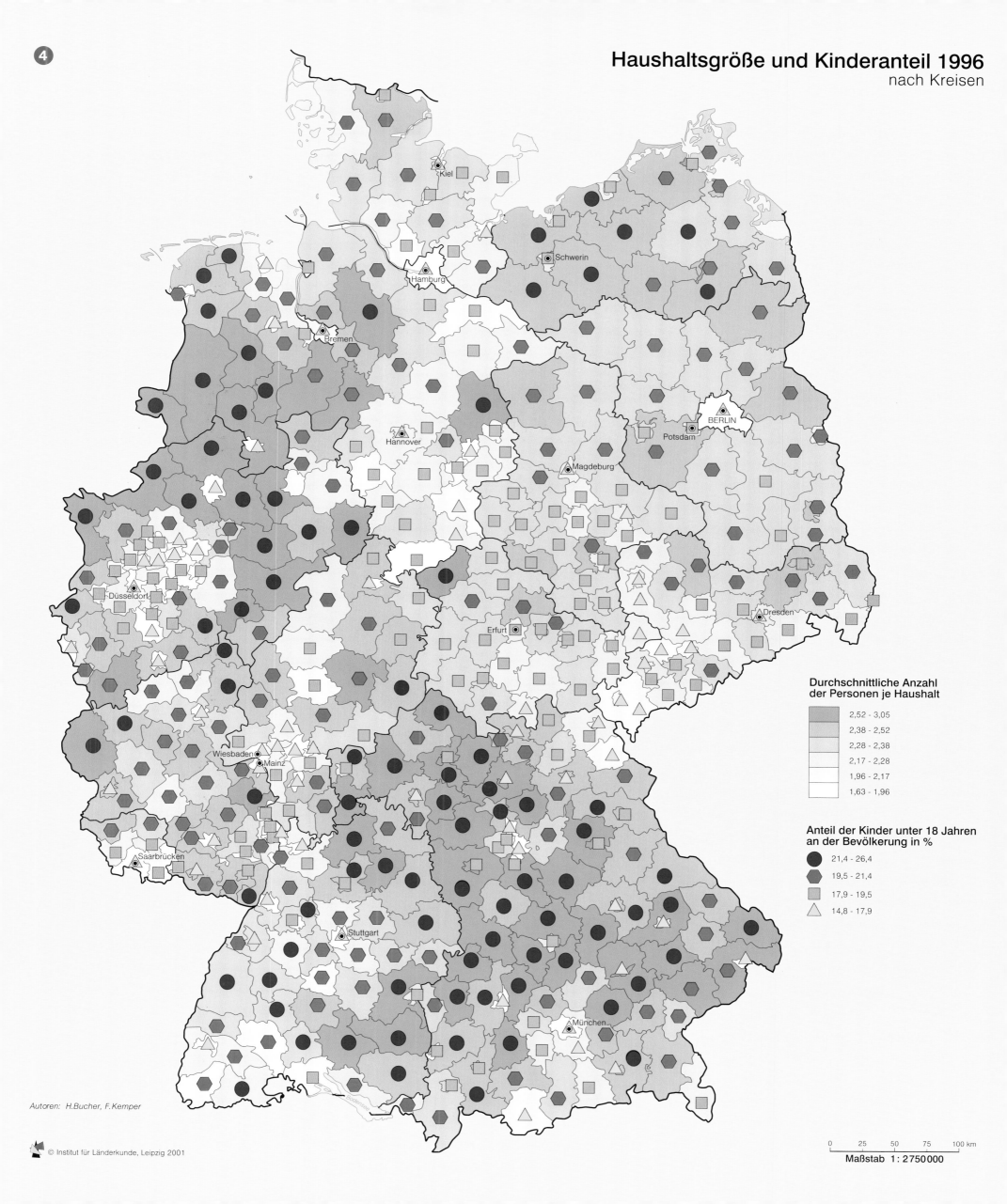

4

Haushaltsgröße und Kinderanteil 1996
nach Kreisen

Durchschnittliche Anzahl
der Personen je Haushalt

2,52 - 3,05
2,38 - 2,52
2,28 - 2,38
2,17 - 2,28
1,96 - 2,17
1,63 - 1,96

Anteil der Kinder unter 18 Jahren
an der Bevölkerung in %

21,4 - 26,4
19,5 - 21,4
17,9 - 19,5
14,8 - 17,9

Kiel
Hamburg
Schwerin
Bremen
Hannover
BERLIN
Potsdam
Magdeburg
Düsseldorf
Dresden
Erfurt
Wiesbaden
Mainz
Saarbrücken
Stuttgart
München

Autoren: H.Bucher, F.Kemper

© Institut für Länderkunde, Leipzig 2001

0   25   50   75   100 km

Maßstab 1 : 2750000

mit einem mittleren Anteil von 61% Einpersonenhaushalten konzentriert sich auf die Innenstadt und angrenzende Gebiete im Westen, wo sich u.a. die Universität befindet, während in Gruppe 6 fast die Hälfte aller Haushalte 3 oder mehr Mitglieder umfasst. Bei Gruppe 5, für die vor allem Zweipersonenhaushalte kennzeichnend sind, handelt es sich vielfach um ältere Neubaugebiete, in denen Kinder den elterlichen Haushalt verlassen haben.

Die großen Haushalte

Vor 100 Jahren hatten noch über 60% aller Haushalte mindestens 4 Mitglieder. Heute sind die großen Haushalte von der Mehrheit zu einer Randgruppe geschrumpft. Die räumliche Differenzierung dieses Prozesses zeigt als Ergebnis beachtliche Disparitäten **⑥**. Unmittelbar nach der Einigung gab es ein Ost-West-Gefälle, das jedoch durch einen rasanten Haushaltsverkleinerungsprozess inzwischen teilweise verschwunden ist. Gleichwohl zeigt der Osten immer noch Besonderheiten. Das geographische Gefälle – zugleich die Siedlungsstruktur widerspiegelnd – verläuft in

Clusteranalyse
Mathematisch-statistisches Verfahren , mit dessen Hilfe eine große Zahl von Elementen bzw. Raumeinheiten mit verschiedenen Merkmalen zu Gruppen (Clustern) von Fällen mit ähnlichen Merkmalsausprägungen zusammengefasst wird. Dabei werden die Gruppen so gebildet, dass sie in sich möglichst homogen und von den übrigen Gruppen möglichst deutlich unterschieden sind.

den neuen Ländern genau entgegengesetzt zu den alten Ländern. Im Norden Ostdeutschlands und im Süden Westdeutschlands sind die großen Haushalte häufiger. In den Agglomerationen sind sie durchweg unterdurchschnittlich – mit einem Anteil von weniger als 14% – präsent. Dagegen zeigen große Teile der ländlich geprägten Räume überdurchschnittlich hohe Anteile. Das regionale Maximum liegt mit 27,6% im Emsland, einer Region mit traditionell hoher Fruchtbarkeit.

Die Haushaltsgrößenstruktur

Im Folgenden soll eine Gesamtschau der Haushaltsgrößenstruktur durch eine Typenbildung mit dem Instrument einer te ▶ Clusteranalyse versucht werden. Für jede Region sind die Anteile von fünf Haushaltsgrößenklassen an allen Haushalten bekannt. Diese Anteile werden als Merkmale für die Gruppierung von Raumordnungsregionen verwendet, wobei sie zuvor an der bundesdurchschnittlichen Struktur standardi-

siert werden. Nach dem Mikrozensus von 1998 bestanden 35,4% aller Haushalte aus lediglich einer Person, 33,0% aus zwei Personen, 15,0% aus drei, 12,1% aus vier und 4,5% aus fünf und mehr Personen. Die Anteile dieser fünf Größenklassen haben verschieden starke räumliche Varianzen, am geringsten die Zweipersonenhaushalte, am höchsten die ganz kleinen und die ganz großen Haushalte. Für die Regionstypen ergeben sich spezifische Muster der Haushaltsstrukturen, je nachdem, ob bestimmte Haushaltsgrößen über- oder unterrepräsentiert sind **⑦**. Folgende Befunde lassen sich erkennen:
1. Es gibt eigene Muster für Ost- und Westdeutschland.
2. Die Haushaltstrukturen des Osten sind räumlich homogener; dort kon-

zentrieren sich die Regionen fast ausschließlich auf zwei Gruppen, die durch hohe Anteile der mittleren Haushaltsgrößen mit zwei bis vier Personen charakterisiert sind.
3. Westdeutschland zeigt eine räumliche Vielfalt der Haushaltsstrukturen mit einer stärkeren Streuung um den Durchschnitt. Einerseits gibt es Regionen mit sehr hohen Anteilen an Einpersonenhaushalten, andererseits aber auch solche mit weit überdurchschnittlichen Anteilen der Fünf-und-mehr-Personen-Haushalte. Regionen mit besonders hohen Anteilen der mittleren Größenklassen treten dagegen seltener auf.
4. Die westdeutschen Regionsgruppen verteilen sich entlang dem sied-

Schleswig-Holsteins, daneben im östlichen Niedersachsen und in Teilen Sachsens und Thüringens, wo aufgrund schon länger bestehender niedriger Geburtenhäufigkeit viele ältere Leute leben.

Schließlich sind auf der Karte die weiterhin bestehenden spezifischen Haushaltsstrukturen in Ostdeutschland mit einer geringeren Variationsbreite der Werte zu erkennen. Das Nord-Süd-Gefälle der Haushaltsgrößen geht auf die Fruchtbarkeitsunterschiede zurück. Bemerkenswert sind weiterhin die im Vergleich zu Westdeutschland geringeren Stadt-Land-Unterschiede. In den mittelgroßen Kernstädten liegt die durchschnittliche Haushaltsgröße 1996 mit 2,26 Personen sogar leicht über dem Bundesdurchschnitt. Hier sind während der 1970er und 1980er Jahre viele Familien mit Kindern in Neubauten gezogen, und aufgrund fehlender Zuwanderung von jüngeren Alleinlebenden haben sich diese Strukturen bis heute erhalten.

Innerstädtische Haushaltsgrößenstruktur

Gerade im Bereich von Haushaltsstrukturen haben sich innerhalb von Städten und Verdichtungsräumen ausgeprägte kleinräumige Unterschiede herausgebildet, die mit der Lage, der Wohnungsstruktur und dem Überbauungsgrad der einzelnen Viertel verknüpft sind. Am Beispiel der westdeutschen Regionalmetropole Köln lassen sich typische Muster aufzeigen **⑤**. Die durchschnittliche Haushaltsgröße, die für Köln 1,95 im Jahre 1998 betrug, schwankte zwischen 1,52 in der nördlichen Altstadt, die den Citybereich enthält, und 3,10 in einem Neubaugebiet des nördlichen Stadtrandes. Insgesamt ist ein zentral-peripher ansteigender Gradient der Haushaltsgröße zu erkennen. Eine Typisierung der Stadtteile ergab sechs Gruppen mit homogener Haushaltsstruktur. Gruppe 1

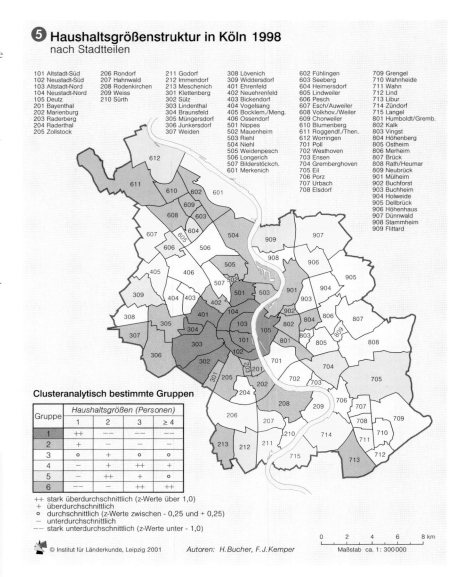

⑤ Haushaltsgrößenstruktur in Köln 1998 nach Stadtteilen

101 Altstadt-Süd	
102 Neustadt-Süd	206 Rondorf
103 Altstadt-Nord	207 Hahnwald
104 Neustadt-Nord	208 Rodenkirchen
105 Deutz	209 Weiss
201 Bayenthal	210 Sürth
202 Marienburg	
203 Raderberg	
204 Raderthal	
205 Zollstock	

211 Godorf
212 Immendorf
213 Meschenich
301 Klettenberg
302 Sülz
303 Lindenthal
304 Braunsfeld
305 Müngersdorf
306 Junkersdorf
307 Weiden

308 Lövenich
309 Widdersdorf
401 Ehrenfeld
402 Neuehrenfeld
403 Bickendorf
404 Vogelsang
405 Bocklem./Meng.
406 Ossendorf
501 Nippes
502 Mauenheim
503 Riehl
504 Niehl
505 Weidenpesch
506 Longerich
507 Bilderstöckch.
601 Merkenich

602 Fühlingen
603 Seeberg
604 Heimersdorf
605 Lindweiler
606 Pesch
607 Esch/Auweiler
608 Volkhov./Weiler
609 Chorweiler
610 Blumenberg
611 Roggendf./Then.
612 Worringen
701 Poll
702 Westhoven
703 Ensen
704 Gremberghoven
705 Eil
706 Porz
707 Urbach
708 Elsdorf

709 Grengel
710 Wahnheide
711 Wahn
712 Lind
713 Libur
714 Zündorf
715 Langel
801 Humboldt/Gremb.
802 Kalk
803 Vingst
804 Höhenberg
805 Ostheim
806 Merheim
807 Brück
808 Rath/Heumar
809 Neubrück
901 Mülheim
902 Buchforst
903 Buchheim
904 Holweide
905 Dellbrück
906 Höhenhaus
907 Dünnwald
908 Stammheim
909 Flittard

Clusteranalytisch bestimmte Gruppen

Gruppe	Haushaltsgrößen (Personen)			
	1	2	3	≥ 4
1	++	--	--	--
2	+	--	--	--
3	o	+	o	o
4	-	+	++	+
5	-	++	+	o
6	--	--	+	++

++ stark überdurchschnittlich (z-Werte über 1,0)
+ überdurchschnittlich
o durchschnittlich (z-Werte zwischen - 0,25 und + 0,25)
- unterdurchschnittlich
-- stark unterdurchschnittlich (z-Werte unter - 1,0)

© Institut für Länderkunde, Leipzig 2001   Autoren: H. Bucher, F. J. Kemper   Maßstab ca. 1: 300000

0   2   4   6   8 km

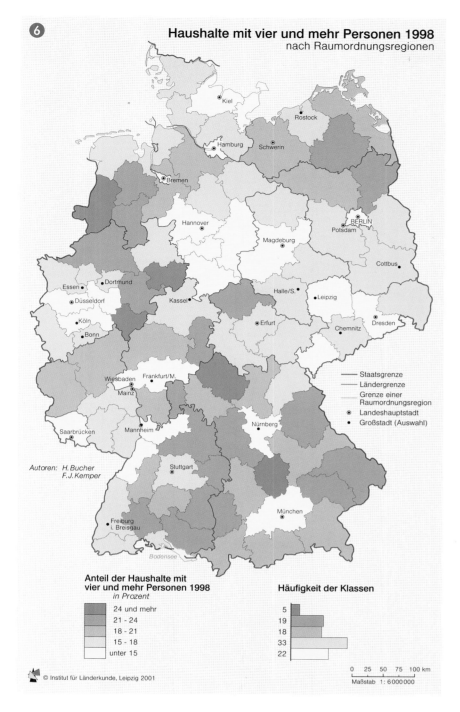

6 **Haushalte mit vier und mehr Personen 1998**
nach Raumordnungsregionen

Autoren: H. Bucher
F. J. Kemper

Staatsgrenze
Ländergrenze
Grenze einer
Raumordnungsregion
◉ Landeshauptstadt
• Großstadt (Auswahl)

Anteil der Haushalte mit vier und mehr Personen 1998
in Prozent

24 und mehr
21 - 24
18 - 21
15 - 18
unter 15

Häufigkeit der Klassen

5
19
18
33
22

0 25 50 75 100 km
Maßstab 1 : 6 000 000

© Institut für Länderkunde, Leipzig 2001

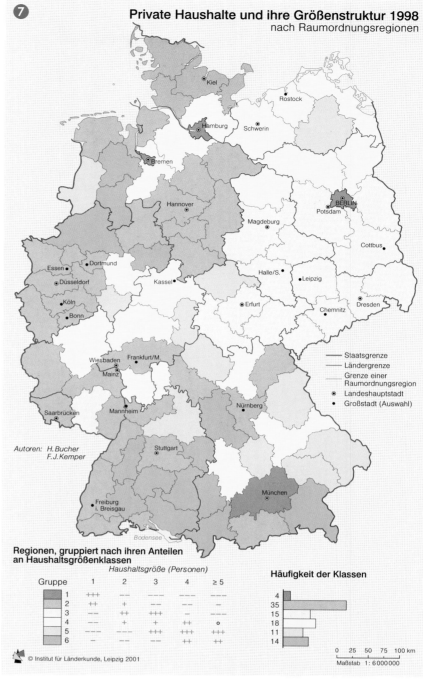

7 **Private Haushalte und ihre Größenstruktur 1998**
nach Raumordnungsregionen

Autoren: H. Bucher
F. J. Kemper

Staatsgrenze
Ländergrenze
Grenze einer
Raumordnungsregion
◉ Landeshauptstadt
• Großstadt (Auswahl)

Regionen, gruppiert nach ihren Anteilen an Haushaltsgrößenklassen
Haushaltsgröße (Personen)

Gruppe	1	2	3	4	≥ 5
1	+++		--	--	--
2	++	+	--	--	--
3	--	++	+++	--	--
4	--	+	+	++	o
5	--	--	+++	+++	+++
6	--	--	--	++	++

Häufigkeit der Klassen

4
35
15
18
11
14

0 25 50 75 100 km
Maßstab 1 : 6 000 000

© Institut für Länderkunde, Leipzig 2001

lungsstrukturellen Gefälle. Regionen mit weit überdurchschnittlicher Repräsentanz der Singles sind Agglomerationen wie die drei Stadtstaaten und die Region München. Auch die Gruppe mit überdurchschnittlichen Anteilen von Haushalten mit bis zu zwei Personen konzentriert sich auf die hochverdichteten Regionen.

5. Der dem Bundesdurchschnitt am nächsten liegende Typ (Gruppe 4) findet sich in suburbanen Räumen wie dem Umland der Hansestädte oder Nachbarregionen der beiden Agglomerationen Bayerns sowie in weniger verdichteten Regionen im zentralen Hessen und in Rheinland-Pfalz.

6. Ländlich geprägt, dünn besiedelt und peripher gelegen sind die Regionen jener beiden Regionsgruppen, in denen die kleinen Haushalte unter-, die großen dagegen überrepräsentiert sind. Der westliche, zumeist katholische Teil Niedersachsens und das Münsterland, fast ganz

Württemberg außer der Region Mittlerer Neckar, zahlreiche Regionen in Franken, Bayern und Schwaben sind im Haushaltsverkleinerungsprozess noch nicht so weit fortgeschritten. Die regionaldemographische Phasenverschiebung mit dem zeitverzögerten Rückgang der Fertilität in den 1970er Jahren und die Selektivität der Binnenwanderungen in Zusammenhang mit der Bevorzugung einer Familien- oder Berufskarriere können als die wichtigsten Ursachen dieser starken räumlichen Haushaltsstrukturunterschiede gesehen werden.

Die Altersstruktur der Haushaltsvorstände

Über den Familienzyklus besteht ein Zusammenhang zwischen dem Alter der Haushaltsmitglieder und deren Mitgliederzahl. Abbildung **8** veranschaulicht, welche Beziehungen zwischen den einzelnen Altersgruppen von Haushaltsvorständen und den Haushaltsgrößen besteht. Jeder zweite allein lebende

Mensch ist 55 Jahre oder älter, bei den Zweipersonenhaushalten sind es sogar knapp 60% der Vorstände. Dagegen sind drei von vier Vorständen der Dreipersonenhaushalte zwischen 25 und 54 Jahre alt. Zwischen 35 und 54 Jahre alt sind etwa 70% der Vorstände von Vier- und sogar 74% derer von Fünf-und-mehr-Personen-Haushalten. Aus den Geburtsjahrgängen von 1945 bis 1965 bestehen derzeit die Altersgruppen, die bevorzugt großen Haushalten vorstehen. Es handelt sich um relativ gut besetzte Jahrgänge mit Ausnahme der unmittelbar nach Kriegsende Geborenen. Der Geburtenrückgang zwischen 1964 und 1975 wird nunmehr mit großer zeitlicher Verzögerung dazu führen, dass auch die Zahl großer Haushalte in nächster Zukunft abnehmen wird. Die Alterung der Gesellschaft – einer der harten demographischen Trends der Zukunft – wird demnach den Verkleinerungsprozess der Haushaltsgröße weiter tragen. Jenseits der Individualisierung speist ein weiterer Trend die Zahl der Einpersonenhaushalte: Frauen haben in

Deutschland eine um knapp sieben Jahre höhere Lebenserwartung als Männer, zudem sind sie im Durchschnitt jünger als ihre Partner. Die Witwen werden ihren Anteil an der Gruppe der allein Lebenden eher vergrößern, da das Potenzial der jung allein lebenden Personen abnimmt.◆

Die Einpersonenhaushalte

Franz-Josef Kemper

Wohnungen in Leipzig für Singles

lein Leben gewinnt man, wenn man für einzelne Altersgruppen die Anteile derjenigen bestimmt, die einen eigenen Haushalt führen ➊. Eine erste Altersphase mit relativ hohen Anteilen Alleinlebender erstreckt sich für Männer zwischen dem 20. und dem 39. Lebensjahr, bei Frauen zwischen dem 20. und 29. Jahr, wobei die Männer bis auf die 20 bis 24-jährigen höhere Anteile aufweisen. Das ist in der zweiten Altersphase ab etwa 60 Jahre ganz anders. Wegen der höheren Lebenserwartung der Frauen übersteigt die Zahl der Witwen bei weitem diejenige der Witwer,

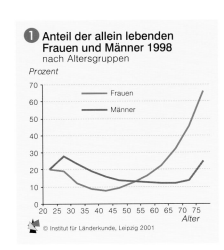

➊ **Anteil der allein lebenden Frauen und Männer 1998**
nach Altersgruppen

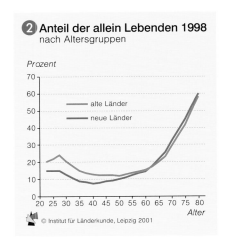

➋ **Anteil der allein Lebenden 1998**
nach Altersgruppen

Seit einigen Jahrzehnten ist die Bundesrepublik Deutschland das Land innerhalb der Europäischen Union mit dem höchsten Anteil von Einpersonenhaushalten. Im Jahr 1998 bestanden 35,4% aller Privathaushalte nur aus einer Person. Dabei gibt es beträchtliche Ost-West Unterschiede, weil in der DDR aufgrund von Wohnungsknappheit und der Bevorzugung von jungen Familien bei der Wohnungsvergabe das Alleinleben für jüngere Menschen nur bedingt möglich war. Erst nach der Wende stieg der Anteil der Einpersonenhaushalte in den neuen Ländern deutlich an und erreichte 31,9% im Jahr 1998.

Einen näheren Einblick in die altersspezifisch variierende Neigung zum al-

➌ **Einpersonenhaushalte 1996**
nach Kreisen

Anteil der Einpersonenhaushalte
Prozent
- 41,1 - 53,5
- 36,1 - 41,0
- 32,1 - 36,0
- 28,1 - 32,0
- 25,1 - 28,0
- 18,4 - 25,0

Autoren: H.Bucher, F.J.Kemper

© Institut für Länderkunde, Leipzig 2001

0 25 50 75 100 km
Maßstab 1:6000000

und nur eine Minderheit der älteren Frauen lebt zusammen mit anderen Familienangehörigen.

Regionale Verteilung der Einpersonenhaushalte

Hinsichtlich der regionalen Unterschiede im allein Leben sind zunächst weiterhin bestehende Ost-West-Differenzen zu konstatieren. Ostdeutschland hat nicht nur einen Anteil von Einpersonenhaushalten, der um 5% niedriger als im Westen liegt, sondern eine spezifische Altersstruktur der allein Lebenden mit höheren Anteilen von Älteren ➋. Daher zählt die überwiegende Mehrheit der in Einpersonenhaushalten Lebenden in den neuen Ländern zu den älteren Resthaushalten, wohingegen in Westdeutschland die Singularisierung bei den Jüngeren wesentlich weiter fortgeschritten ist.

Erwartungsgemäß ist eine solche Singularisierung in den Städten besonders ausgeprägt. Nach dem Mikrozensus von 1998 lag der Anteil von Einpersonenhaushalten in den Gemeinden über 100.000 Einwohnern bei 44,4%, und in einer Metropole wie Hamburg besteht fast jeder zweite Haushalt nur aus einer Person. Daher weist die Karte der Anteile von Einpersonenhaushalten ➌ die höchsten Werte in den Kernstädten auf. Aber auch in vielen Umlandkreisen der hochverdichteten Regionen sind überdurchschnittliche Anteile von allein Lebenden zu erkennen, vor allem um Hamburg, München und Stuttgart. Das Umland von kleineren kreisfreien Städten, besonders in Bayern, zeichnet sich dagegen durch recht geringe Werte aus, weil hier Familien mit Kindern noch dominant die Haushaltsstruktur bestimmen.

Auch außerhalb der Verdichtungsräume und der kreisfreien Städte gibt es Teilräume in Deutschland mit erhöhten Anteilen von Einpersonenhaushalten. Ein wichtiger Typ besteht aus Kreisen mit einer Überalterung der Bevölkerung, in denen daher ältere allein Lebende vorherrschen. Dies können Zuwanderungsgebiete von Ruheständlern sein, wie die Küstenregionen Schleswig-

am wenigsten im nördlichen Bezirk Chorweiler, der durch eine Konzentration der Neubautätigkeit und einen hohen Anteil von Sozialwohnungen gekennzeichnet ist. In der Innenstadt, wo schon 1970 über 40% der Haushalte aus einer Person bestanden, ist dieser Wert 1998 auf über zwei Drittel angestiegen. Bemerkenswert ist weiterhin, dass in sämtlichen Stadtbezirken die Zahl der Haus-

Anteil der Einpersonenhaushalte 1945-2000

Prozent

© Institut für Länderkunde, Leipzig 2001

Wie viele andere Industrieländer ist auch Deutschland in den letzten Jahrzehnten durch ein stetiges Wachstum der Lebensform des allein Wohnens gekennzeichnet. Diese Entwicklung gilt aber nicht für alle Teilregionen. Ein Gegenbeispiel ist Berlin **6**. In beiden Teilen der Stadt war bis in die frühen 1960er Jahre ein sehr ähnlicher Anstieg der Anteile von Einpersonenhaushalten festzustellen. Es schloss sich eine Phase der Divergenz an, in der in Ost-Berlin die Werte um einiges zurückgingen, während sie in West-Berlin stark anstiegen. Dies hängt zusammen mit der Zu-

wanderung junger Familien nach Ost-Berlin, während der Westteil nach dem Mauerbau Abwanderungen nach Westdeutschland und eine deutliche Überalterung hinnehmen musste. Diese Überalterung milderte sich in den 1980er und 1990er Jahren mit der Folge einer Reduzierung der Anteile von allein Lebenden. Gegenläufig dazu ist es im Ostteil vor allem nach der Wende zu einem starken Wachstum von Einpersonenhaushalten gekommen, u.a. durch den Zuzug von jüngeren Berufstätigen und Studierenden in innerstädtische Bezirke und durch die Abwanderung von Haushalten mit Kindern. Auch wenn weiterhin beträchtliche Unterschiede der Haushaltsstrukturen von Ost- und West-Berlin existieren, zeigt das räumliche Muster der Alleinlebendenquoten **6** ein beide Teile der Stadt übergreifendes Gebiet innerhalb des wilhelminischen Ringes, in dem mehr als jeder zweite Haushalt nur aus einer Person besteht.♦

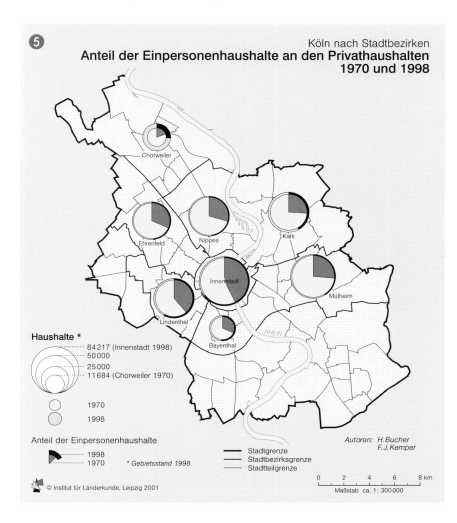

5 Köln nach Stadtbezirken
Anteil der Einpersonenhaushalte an den Privathaushalten 1970 und 1998

Haushalte *
84217 (Innenstadt 1998)
50000
25000
11684 (Chorweiler 1970)

1970
1998

Anteil der Einpersonenhaushalte
1998
1970   * Gebietsstand 1998

Autoren: H. Bucher
F. J. Kemper

Stadtgrenze
Stadtbezirksgrenze
Stadtteilgrenze

0   2   4   6   8 km
Maßstab ca. 1 : 300 000

© Institut für Länderkunde, Leipzig 2001

Holsteins, der Schwarzwald, die Bodensee-Region und Südbayern, oder Gebiete mit niedriger Fruchtbarkeit wie das östliche Niedersachsen. Zu einem anderen Typ, der durch jüngere Singles charakterisiert ist, zählen Kreise mit Universitäten (Göttingen, Marburg, Gießen, Tübingen).

Innerstädtische Verteilung der Einpersonenhaushalte

Insgesamt ist in den Großstädten als Zentren der räumlichen und sozialen Mobilität die Haushaltsform des allein Lebens am stärksten ausgeprägt. Am Beispiel von Köln lässt sich erkennen, wie stark die Anteile der allein Lebenden in den letzten Jahrzehnten zugenommen haben **5**. In allen Stadtbezirken, die schon 1970 zum Stadtgebiet gehörten, sind diese Anteile deutlich angestiegen,

halte gewachsen ist, während die Einwohnerzahl z.T. gesunken ist, so in der Innenstadt um 13%. Die Verkleinerung der Haushalte und die damit verbundene starke Vergrößerung des Wohnflächenverbrauchs ist einer der wichtigsten Prozesse der Bevölkerungsveränderung in den Städten, der in vielen Wohnquartieren zu einem Rückgang der Bevölkerung geführt hat.

Diese Singularisierung ist nicht notwendigerweise von einer zunehmenden Anonymität oder sozialen Isolation begleitet gewesen (GLATZER 1999). Untersuchungen über soziale Netzwerke haben gezeigt, dass gerade in großstädtischen Zentren die Lebensform des *living apart together* bedeutsam geworden ist, in der Singles feste Partnerschaften haben ohne zusammen zu wohnen (BERTRAM 1995).

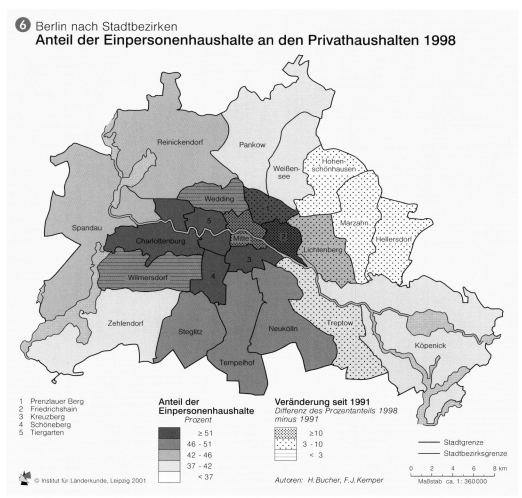

6 Berlin nach Stadtbezirken
Anteil der Einpersonenhaushalte an den Privathaushalten 1998

Reinickendorf
Pankow
Weißensee
Hohenschönhausen
Wedding
Marzahn
Spandau
Charlottenburg
Mitte
Lichtenberg
Hellersdorf
Wilmersdorf
Zehlendorf
Steglitz
Neukölln
Treptow
Köpenick
Tempelhof

1 Prenzlauer Berg
2 Friedrichshain
3 Kreuzberg
4 Schöneberg
5 Tiergarten

Anteil der Einpersonenhaushalte
Prozent
≥ 51
46 - 51
42 - 46
37 - 42
< 37

Veränderung seit 1991
Differenz des Prozentanteils 1998 minus 1991
≥ 10
3 - 10
< 3

Stadtgrenze
Stadtbezirksgrenze

0   2   4   6   8 km
Maßstab ca. 1 : 360 000

Autoren: H. Bucher, F. J. Kemper

© Institut für Länderkunde, Leipzig 2001

Frauen und Männer

Daniele Stegmann

Frauen stellen in Deutschland mit 51,3% wie in den meisten Industrieländern mehr als die Hälfte der Bevölkerung. Die ▸ Sexualproportion beträgt etwa 95. Für Teilregionen oder einzelne Bevölkerungsgruppen können sich allerdings durch Unterschiede in der Geburtenhäufigkeit (▸▸ Beitrag Gans, S. 94) und Lebenserwartung (▸▸ Beitrag Gans/Kistemann/Schweikart, S. 98); der Altersstruktur (▸▸ Beitrag Maretzke, S. 46)

und der nationalen Zusammensetzung (▸▸ Beitrag Glebe/Thieme, S. 72) oder durch die selektive Wirkung von Wanderungsprozessen (▸▸ Beiträge Bucher/Heins, S. 108f) erhebliche Abweichungen von diesem Mittelwert ergeben.

Sexualproportion und Alter

Bei Neugeborenen ist generell das Geschlechterverhältnis unausgewogen: Auf 100 weibliche Lebendgeborene kamen

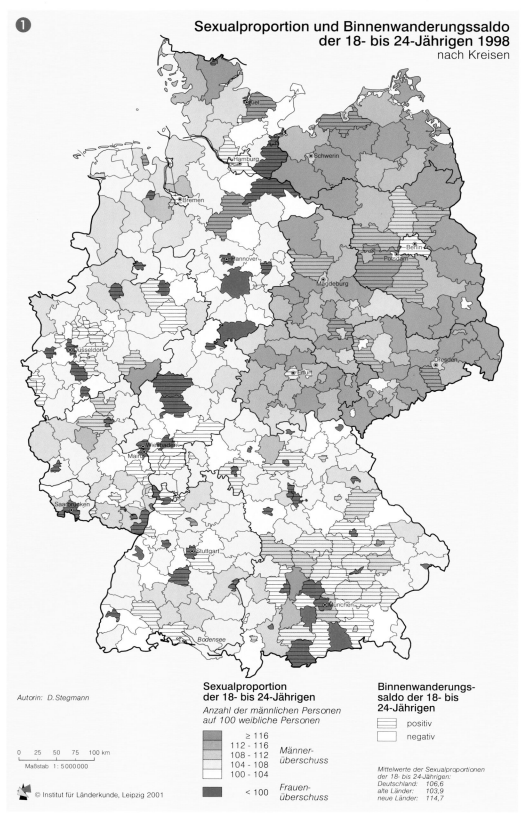

❶

Sexualproportion und Binnenwanderungssaldo der 18- bis 24-Jährigen 1998
nach Kreisen

Autorin: D.Stegmann

Sexualproportion der 18- bis 24-Jährigen
Anzahl der männlichen Personen auf 100 weibliche Personen

≥ 116	
112 - 116	Männer-
108 - 112	überschuss
104 - 108	
100 - 104	
< 100	Frauen-überschuss

Binnenwanderungssaldo der 18- bis 24-Jährigen

	positiv
	negativ

Mittelwerte der Sexualproportionen der 18- bis 24-Jährigen:
Deutschland: 106,6
alte Länder: 103,9
neue Länder: 114,7

0   25   50   75   100 km
Maßstab 1 : 5000000

© Institut für Länderkunde, Leipzig 2001

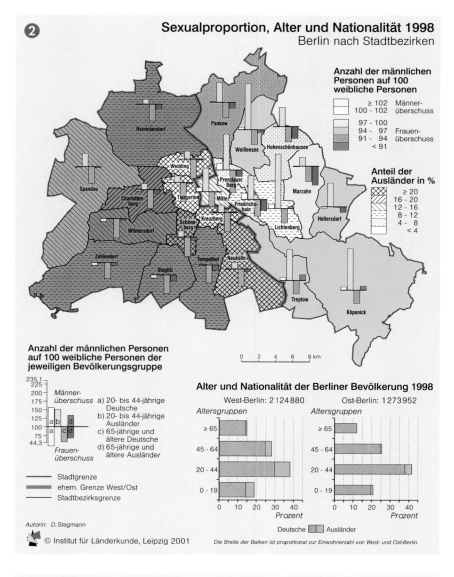

❷

Sexualproportion, Alter und Nationalität 1998
Berlin nach Stadtbezirken

Anzahl der männlichen Personen auf 100 weibliche Personen

≥ 102	Männer-
100 - 102	überschuss
97 - 100	
94 - 97	Frauen-
91 - 94	überschuss
< 91	

Anteil der Ausländer in %

≥ 20
16 - 20
12 - 16
8 - 12
4 - 8
< 4

0   2   4   6   8 km

Anzahl der männlichen Personen auf 100 weibliche Personen der jeweiligen Bevölkerungsgruppe

235,1
225
200
175 Männer-
150 überschuss
125
100
75
44,3 Frauen-überschuss

a) 20- bis 44-jährige Deutsche
b) 20- bis 44-jährige Ausländer
c) 65-jährige und ältere Deutsche
d) 65-jährige und ältere Ausländer

— Stadtgrenze
━ ehem. Grenze West/Ost
— Stadtbezirksgrenze

Alter und Nationalität der Berliner Bevölkerung 1998

West-Berlin: 2124880
Altersgruppen

≥ 65
45 - 64
20 - 44
0 - 19

0   10   20   30   40
Prozent

Ost-Berlin: 1273952
Altersgruppen

≥ 65
45 - 64
20 - 44
0 - 19

0   10   20   30   40
Prozent

☐ Deutsche ■ Ausländer

Die Breite der Balken ist proportional zur Einwohnerzahl von West- und Ost-Berlin.

Autorin: D.Stegmann

© Institut für Länderkunde, Leipzig 2001

Die **Sexualproportion** beschreibt die Geschlechtsgliederung einer Bevölkerung. Sie kann auf zwei verschiedene Weisen berechnet werden:
• Zahl der weiblichen Personen auf 100 männliche Personen einer Bevölkerung
• Zahl der männlichen Personen auf 100 weibliche Personen einer Bevölkerung
Um die Werte des Nationalatlas auch mit anderen nationalen Kartenwerken oder Statistiken vergleichen zu können, wird die zweite Definition verwendet:
Zahl der Männer * 100/ Zahl der Frauen.

1998 in Deutschland 105 männliche. Infolge der höheren Sterblichkeit des männlichen Geschlechtes und der damit einhergehenden längeren weiblichen Lebenserwartung verschiebt sich die Sexualproportion über die Jahre zugunsten der Frauen, bis der Wechsel vom Männer- zum Frauenüberschuss im Alter von 57 Jahren stattfindet ❸. Der besonders steile Abfall der Kurve im achten Lebensjahrzehnt weist noch heute auf die hohen Verluste des männlichen Bevölkerungsteils im Zweiten Weltkrieg hin. Sehr vereinfacht gilt also generell: Je älter eine Bevölkerung im Schnitt ist, desto höher ist ihr Frauenanteil (BÄHR 1997). Karte ❺ bestätigt diese Aussage.

Während in Westdeutschland der Wechsel vom Männer- zum Frauenüberschuss erst bei 59 Jahren festzustellen

ist, beginnt die weibliche Dominanz in Ostdeutschland bereits bei 52 Jahren. Eine Erklärung sind vor allem die in Ostdeutschland stärker ausgeprägten geschlechtsspezifischen Mortalitätsunterschiede zugunsten der Frauen.

Sexualproportion und Wanderungen

Die scherenartige Öffnung der west- und ostdeutschen Kurven etwa zwischen dem 20. und 30. Lebensjahr ergibt sich aus dem immer noch negativen ostdeutschen Binnenwanderungssaldo von jungen Leuten zwischen 18 und 25 Jahren (-13,0‰); diese Wanderungen werden zu einem überproportionalen Teil von Frauen getragen. Für 87% aller ostdeutschen Kreise sind ein negativer Binnenwanderungssaldo und eine deutliche

Männerdominanz in dieser Altersgruppe die Folge ❶. Ziel dieser Wanderungen sind vor allem die westdeutschen Kernstädte, besonders die Universitätsstädte. Da auch die Wanderungen innerhalb Westdeutschlands bei den 18- bis 25-Jährigen auf die Kernstädte ausgerichtet

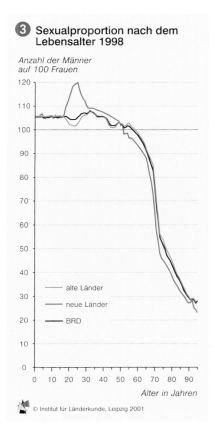

❸ Sexualproportion nach dem Lebensalter 1998

Anzahl der Männer auf 100 Frauen

— alte Länder
— neue Länder
— BRD

© Institut für Länderkunde, Leipzig 2001

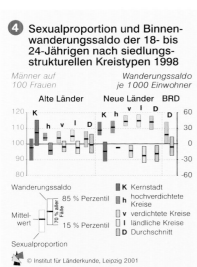

❹ Sexualproportion und Binnenwanderungssaldo der 18- bis 24-Jährigen nach siedlungsstrukturellen Kreistypen 1998

Männer auf 100 Frauen   *Wanderungssaldo je 1000 Einwohner*

Alte Länder   Neue Länder   BRD

Wanderungssaldo

Mittelwert   85 % Perzentil
15 % Perzentil

Sexualproportion

K Kernstadt
h hochverdichtete Kreise
v verdichtete Kreise
l ländliche Kreise
D Durchschnitt

© Institut für Länderkunde, Leipzig 2001

sind und ebenfalls stärker von Frauen getragen werden, verzeichnen die westdeutschen Kernstädte einen Frauenüberschuss von 98,3. Alle anderen westdeutschen Kreistypen haben dagegen im Schnitt Wanderungsverluste hinzunehmen und dabei gleichzeitig eine Sexualproportion deutlich über 100, die aber immer noch etwas unter dem gesamtdeutschen Männerüberschuss in dieser Altersgruppe von 106,6 liegt ❹.

Das Beispiel Berlin

Unterschiede in der Sexualproportion lassen sich auch für das Merkmal Nationalität feststellen, wie am Beispiel Berlin gezeigt wird ❷. Bezüglich der Sexualproportion besteht erstens ein Gefälle

zwischen den Innenstadtbezirken mit durchgehenden Männerüberschüssen und den äußeren Bezirken, die überwiegend eine Mehrzahl der Frauen aufweisen. Zweitens ist der Frauenüberschuss in West-Berlin mit einer Sexualproportion von 91,9 ausgeprägter als in Ost-Berlin (98,1), was zum großen Teil an der im Schnitt älteren West-Berliner Bevölkerung liegt.

Sehr viel deutlichere Unterschiede in der Sexualproportion treten hervor, differenziert man nach deutscher und nicht-deutscher Bevölkerung. Die ausländische Bevölkerung ist sehr ungleich über die Stadt verteilt und zeichnet sich durch einen hohen Männerüberschuss aus. Allein aufgrund der unterschiedlichen Altersstruktur der ausländischen im Vergleich zur deutschen Bevölkerung

sind weniger Frauen vorhanden. Darüber hinaus sind internationale Wanderungen von Personen im erwerbsfähigen Alter nach Deutschland meist selektiv und werden in der Regel von Männern dominiert (DORBRITZ U. GÄRTNER 1995), was sich hier am Beispiel der 20- bis unter 45-jährigen ausländischen Einwohner Berlins bestätigt.◆

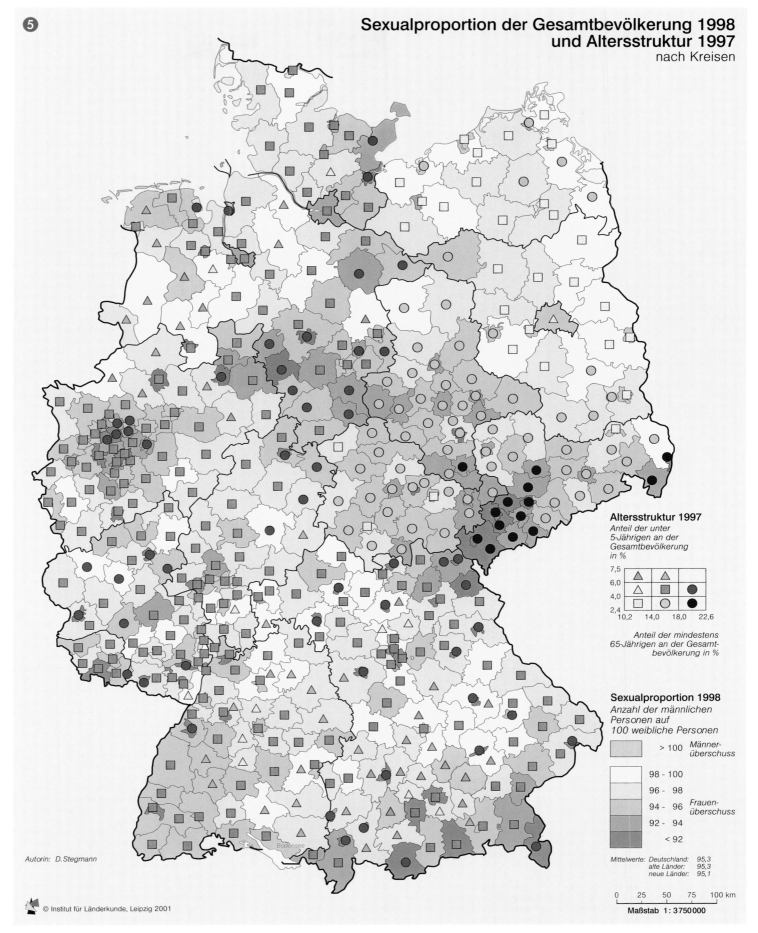

❺ **Sexualproportion der Gesamtbevölkerung 1998 und Altersstruktur 1997**
nach Kreisen

Autorin: D. Stegmann

© Institut für Länderkunde, Leipzig 2001

Altersstruktur 1997
Anteil der unter 5-Jährigen an der Gesamtbevölkerung in %

7,5
6,0
4,0
2,4
10,2   14,0   18,0   22,6

Anteil der mindestens 65-Jährigen an der Gesamtbevölkerung in %

Sexualproportion 1998
Anzahl der männlichen Personen auf 100 weibliche Personen

> 100   Männerüberschuss
98 - 100
96 - 98
94 - 96   Frauenüberschuss
92 - 94
< 92

Mittelwerte: Deutschland: 95,3
alte Länder: 95,3
neue Länder: 95,1

0   25   50   75   100 km

Maßstab 1 : 3750000

Erwerbsbeteiligung von Frauen

Daniele Stegmann

Vergleicht man die ▶ Erwerbsquoten von Frauen Ende der 1960er und Ende der 1990er Jahre, so hat die weibliche Erwerbsbeteiligung im Haupterwerbsalter (25-49 Jahre) sowohl in West- als auch in Ostdeutschland deutlich zugenommen ❶: 1998 beträgt die durchschnittliche Erwerbsquote von Frauen im erwerbsfähigen Alter 60,8% bzw. 73,4%. Hinter diesen Mittelwerten, die bereits mit dem großen Ost-West-Gefälle einen wichtigen räumlichen Zusammenhang erkennen lassen, verbergen sich allerdings regionale und altersstrukturelle Abweichungen.

Bierproduktion in Deutschlands östlichster Privatbrauerei, der Landskronbrauerei in Görlitz

Regionale Unterschiede

Die allgemeine Erwerbsquote der Frauen im erwerbsfähigen Alter zwischen 15 und 65 Jahren liegt in Ostdeutschland durchgehend über dem gesamtdeutschen Durchschnitt von 63,7% und wird von keiner westdeutschen Region erreicht. Ihre Schwankung zwischen größtem und niedrigstem Wert ist zudem mit 3,9% sehr gering. In den alten Ländern ist bei einer sehr viel größeren Streuung (maximale Wertespanne 20,6%) ein klares Süd-Nord-Gefälle festzustellen, das nur von einigen nördlichen Regionen – z.B. im Einflussbereich von Hamburg und Bremen – durchbrochen wird. Weit unterproportionale Werte liegen z.B. für das Ruhrgebiet vor. Die altersspezifischen Erwerbsquoten spiegeln ähnliche räumliche Muster wider, die allerdings nicht für alle Altersgruppen gleich stark ausgeprägt sind. Die Erwerbsquoten der jüngsten Frauengruppe (15- bis 30-Jährige) zeigen im West-Ost-Vergleich ein ähnliches Niveau ❷, deutlicher ist hingegen der West-Ost-Gegensatz in den beiden älteren Frauengruppen, bei den 45- bis 65-Jährigen und vor allem den 30- bis 45-Jährigen (Wertespanne 12,0% bzw. 20,6%).

Individuelle Einflüsse

Die Höhe der weiblichen Erwerbsquoten kann durch eine Kombination verschiedener Faktoren erklärt werden. Auf der individuellen Ebene sind hier die Qualifikation, die Einkommenssituation des Haushalts, das Rollenverständnis und die persönliche Lebenslage zu nennen. So hat sich beispielsweise herausgestellt, dass die Lebens- oder Familiensituation einen sehr starken Einfluss auf das Erwerbsverhalten besitzt. Dies bestätigt sich z.B. für den Fall der allein erziehenden und verheirateten Mütter ❷ – allerdings nur für Westdeutschland. Während es in Ostdeutschland zwischen den Erwerbsquoten beider Frauentypen nur geringe Unterschiede gibt, nehmen alleinerziehende westdeutsche Frauen deutlich stärker am Erwerbsleben teil als verheiratete. Dies geschieht mehr aus ökonomischer Notwendigkeit als aufgrund größerer Berufsbezogenheit (STEGMANN 1997). Dass die weiblichen Erwerbsquoten vom Alter des jüngsten im Haushalt leben-

den Kindes abhängen – je jünger, desto geringer die Erwerbsbeteiligung –, gilt dagegen für West- und Ostdeutschland gleichermaßen.

Unternehmensspezifische Einflüsse

Auf der Nachfrageseite stehen unternehmensspezifische Einflüsse, worunter vor allem die Quantität und die Qualität des Arbeitsplatzangebotes fallen. IRMEN und MARETZKE (1995) haben gezeigt, dass sich das Erwerbsverhalten von westdeutschen Frauen am Niveau, an der Struktur und an den regionalen Trends der allgemeinen Beschäftigungsnachfrage orientiert, wofür das Süd-Nord-Gefälle in Westdeutschland ein sichtbarer Beleg ist. Regionale Unterschiede in der Erwerbsbeteiligung von Frauen sind demnach auch ein Spiegelbild der regionalen Wirtschaftsstruktur und -entwicklung: Steigt das Arbeitsplatzangebot in einer Region, so erhöhen sich auch die Erwerbsquoten der Frauen.

Trotz einer erhöhten Frauenerwerbsbeteiligung bleibt die Konzentration von Frauen auf bestimmte Berufe und Branchen erhalten, z.B. den Einzelhandel oder die Textil- und Bekleidungsindustrie. Durch die geschlechtsspezifische Strukturierung von Arbeitsmärkten spiegelt sich eine räumliche Arbeitsteilung auch in einem räumlichen Muster der Erwerbsbeteiligung wider. Heute ist der tertiäre Sektor das wichtigste Beschäftigungsfeld für Frauen; folglich ist der Anteil von sozialversicherungspflichtig beschäftigten Frauen in den Kernstädten, aber auch in ländlichen, touristisch geprägten Regionen vergleichsweise hoch. Dagegen ist die Erwerbsquote von Frauen in Gebieten, in denen z.B. die Schwerindustrie nach

wie vor die Wirtschaftsstruktur kennzeichnet, niedrig.

Teilzeitquoten

Die Zunahme der Frauenerwerbsbeteiligung in Westdeutschland ist zu einem sehr großen Teil durch die Ausweitung von Teilzeitarbeit zu erklären. So waren 95% der in der Bundesrepublik zwi-

---

❶ **Alte und neue Länder**
Frauenerwerbsquote 1969, 1991 und 1998

Erwerbsquote in %

```
alte Länder    neue Länder
        1998 —————    Männer 1998 ————
        1991 - - - -
        1969 ·········
```

15-19 20-24 25-29 30-34 35-39 40-44 45-49 50-54 55-59 60-64

im Alter von ... bis ... Jahren

© Institut für Länderkunde, Leipzig 2001

---

❷ **West- und ostdeutsche Frauen**
Erwerbsquoten und Teilzeitquoten nach Alter und Familiensituation 1998

Altersgruppen

Erwerbsquote 15 - 29 J. — 60,7 / 57,8

Erwerbsquote 30 - 44 J. — 94,1 / 73,5

Erwerbsquote 45 - 64 J. — 63,3 / 51,3

Familiensituation

Erwerbsquote jüngstes Kind < 3 J. — 52,7 / 48,2 / 65,8 / 68,9

Erwerbsquote jüngstes Kind 15 - 17 J. — 86,6 / 70,7 / 94,6 / 94,7

Erwerbsquote jüngstes Kind < 18 J. — 76,0 / 60,4 / 90,5 / 92,2

Teilzeitquote — 20,4 / 36,4

Teilzeitquote jüngstes Kind < 18 J. — 70,7 / 81,9 / 51,1 / 47,7

10 20 30 40 50 60 70 80 90 100
Erwerbsquoten und Teilzeitquoten in %

```
ostdeutsche Frauen          Alleinerziehende Westdeutschland
westdeutsche Frauen         Ehefrauen Westdeutschland
                            Alleinerziehende Ostdeutschland
                            Ehefrauen Ostdeutschland
```

© Institut für Länderkunde, Leipzig 2001

Erwerbstätige – Personen, die einer auf Erwerb ausgerichteten Arbeit nachgehen

Erwerbslose – im Sinne der amtlichen Statistik alle nichtbeschäftigten Personen, die sich nach eigenen Angaben um eine Arbeitsstelle bemühen, unabhängig davon, ob sie beim Arbeitsamt als arbeitsuchend registriert sind oder nicht

Erwerbspersonen – Summe der Erwerbstätigen und der Erwerbslosen

Erwerbsquote – Anteil der Erwerbspersonen an der Bevölkerung im erwerbsfähigen Alter (15-65 Jahre), wobei häufig auch alters- und/oder geschlechtsspezifische Erwerbsquoten berechnet werden

Erwerbsquote der 15- bis 30-jährigen Frauen – Anteil der weiblichen Erwerbspersonen im Alter zwischen 15 und 30 an allen Frauen im Alter von 15 bis 30 Jahren

Sozialversicherungspflichtig Beschäftigte – alle Erwerbstätigen, die in der gesetzlichen Renten-, Kranken- und/oder Arbeitslosenversicherung pflichtversichert sind, also ohne Selbstständige, Beamte, mithelfende Familienangehörige und geringfügig Beschäftigte. Obwohl damit nur ca. 65-85% der Erwerbstätigen erfasst werden, gilt der Parameter als Maß der dem Arbeitsmarkt zur Verfügung stehenden Arbeitsplätze

Teilzeitquote – Anteil der Erwerbstätigen, die einer Teilzeitbeschäftigung von weniger als 35 Stunden in der Woche nachgehen, an allen Erwerbstätigen

schen 1970 und 1990 zusätzlich einge-
richteten Arbeitsplätze Teilzeitarbeits-
plätze (IRMEN U. MARETZKE 1995). Und
wiederum 87,3% bzw. 85,1% aller Teilzeitbeschäftigten waren 1998 in West-
und Ostdeutschland Frauen. Damit liegt
die ▶ Teilzeitquote bezogen auf alle sozialversicherungspflichtig beschäftigten
Frauen bei 36,4% in West- und bei
20,4% in Ostdeutschland. Auf der einen Seite müssen teilzeitbeschäftigte
Frauen Nachteile in Kauf nehmen, da
diese Arbeitsverhältnisse häufig mit
Einbußen an Qualität, Sicherheit sowie
mit schlechteren Einkommens- und
Aufstiegsmöglichkeiten verbunden
sind. Teilzeitarbeit verstärkt generell
die berufliche Segregation (MARUANI
1995). Auf der anderen Seite ermöglicht eine Teilzeitbeschäftigung vielen
Frauen erst, Familie und Beruf zu vereinbaren, wie die deutlich über den allgemeinen Mittelwerten liegenden Teilzeitquoten von Frauen mit minderjähri-
gen Kindern beweisen.

Einflüsse von Gesellschaft, Politik und Ökonomie

Der West-Ost-Gegensatz, der auch zehn
Jahre nach der Wiedervereinigung noch
fortbesteht, spiegelt die nachhaltige Bedeutung von gesellschaftlichen, ökonomischen und politischen Faktoren wider. In der DDR war es sowohl aus Sicht
der Volkswirtschaft als auch aus Sicht
der einzelnen Haushalte wirtschaftlich
notwendig (GRÜNHEID 1999), die Frauen
vollständig in den Arbeitsprozess zu in-
tegrieren. Auf diese Weise entwickelte
sich das Rollenbild der Frau als das der
vollerwerbstätigen Mutter. Dies wurde
durch eine ganze Reihe von politischen
Maßnahmen gefördert, deren wirkungs-
vollste sicher die staatlich geregelte
umfassende Kinderbetreuung war. Nach
der Wiedervereinigung haben sich die
Rahmenbedingungen für die Erwerbs-
teiligung ostdeutscher Frauen grundlegend verändert, meist zum Schlechteren. Die Umstrukturierung der ostdeutschen Ökonomie, die mit einem dramatischen Beschäftigungsabbau einher-
geht, verzeichnete von 1990 bis 1998
eine Abnahme der sozialversicherungspflichtig Beschäftigten um 37%. Davon
waren Frauen in besonderem Maße betroffen. Das höhere Niveau der ostdeutschen Frauenerwerbsquoten ist also –
anders als im Westen – nicht Ausdruck
vorhandener Beschäftigungspotenziale
oder -trends, sondern ein über viele
Jahre geformter Ausdruck weiblicher
Identität und weiblichen Selbstwertge-
fühls (IRMEN U. MARETZKE 1995).

Karte ❸ bringt jedoch zum Ausdruck,
dass sich dieses Selbstverständnis in der
jungen Frauengeneration zu wandeln
scheint: Während 1991 die Erwerbsquo-

te für die 15- bis unter 30-jährigen ostdeutschen Frauen noch bei 79,3% lag
❶, beträgt sie 1998 nur noch 60,7%
und hat sich somit dem westlichen Niveau (57,8%) angenähert. Diese Abnahme von 18,6 Prozentpunkten innerhalb von sieben Jahren lässt sich nicht
nur durch eine längere Ausbildungs-
oder Studiendauer im Vergleich zu
DDR-Zeiten erklären, sondern ist auch

Ausdruck eines sich wandelnden Er-
werbsverhaltens als Reaktion auf veränderte wirtschaftliche und gesellschaftliche Rahmenbedingungen. Dieser Trend
könnte in der Zukunft zu einer Konvergenz west- und ostdeutscher Erwerbsquoten führen. Auf welchem Niveau
diese Angleichung allerdings stattfinden wird, hängt entscheidend von den
wirtschaftlichen Bedingungen und den

Möglichkeiten ab, Erwerbs- und Famili-
enarbeit miteinander vereinbaren zu
können (GRÜNHEID 1999).◆

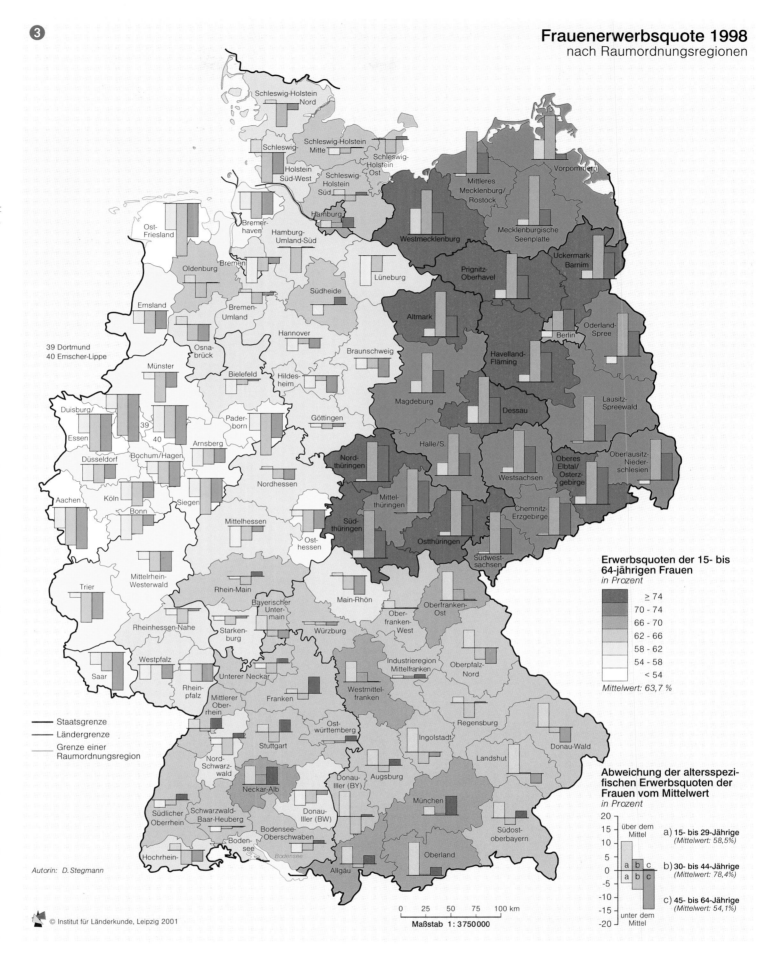

Frauenerwerbsquote 1998
nach Raumordnungsregionen

Erwerbsquoten der 15- bis
64-jährigen Frauen
in Prozent

≥ 74
70 - 74
66 - 70
62 - 66
58 - 62
54 - 58
< 54

Mittelwert: 63,7 %

Abweichung der altersspezifischen Erwerbsquoten der
Frauen vom Mittelwert
in Prozent

a) 15- bis 29-Jährige
(Mittelwert: 58,5%)

b) 30- bis 44-Jährige
(Mittelwert: 78,4%)

c) 45- bis 64-Jährige
(Mittelwert: 54,1%)

Staatsgrenze
Ländergrenze
Grenze einer
Raumordnungsregion

Autorin: D. Stegmann

© Institut für Länderkunde, Leipzig 2001

0   25   50   75   100 km

Maßstab 1 : 3750000

Erwerbsbeteiligung von Frauen

Erwerbstätigkeit von Frauen in Europa

Thomas Ott

Obwohl schon Artikel 119 der Römischen Verträge von 1957 das Prinzip vom „gleichen Entgelt für gleiche Arbeit" festschrieb, sind Frauen bis heute auf den Arbeitsmärkten der Europäischen Union schlechter gestellt als männliche Arbeitskräfte. Interessanterweise wurde dieser Artikel auch nicht aufgrund von Gleichstellungsüberlegungen, sondern zum Ausschluss von Wettbewerbsvorteilen durch niedrig bezahlte weibliche Arbeitskräfte aufgenommen.

Jüngere auf harmonisierter Basis verfügbare Daten zur Erwerbs- und Einkommenssituation von Frauen in der Europäischen Union lassen darauf schließen, dass Frauen im Durchschnitt mindestens ein Viertel weniger verdienen als Männer. Die Berechnungen beruhen auf Vollzeitbeschäftigten in allen Wirtschaftsbereichen, ausgenommen Landwirtschaft, Bildung, Gesundheit, persönliche Dienstleistungen und Verwaltung. Dieser Durchschnittswert spiegelt strukturelle Unterschiede bei den Merkmalen von arbeitenden Frauen und Männern, wie beispielsweise Alter, Bildung und Art der Beschäftigung wider. So bekleiden z.B. weniger Frauen als Männer gut bezahlte Führungspositionen ①. Das Ungleichgewicht im Anteil von Frauen und Männern in bestimmten Wirtschaftssektoren und Berufen ist einer der bestimmenden Faktoren für den Unterschied in der Bezahlung beider Geschlechter. Bei dem Versuch, den Durchschnittsverdienst von Frauen mit strukturellen Faktoren der männlichen Beschäftigten zu kombinieren, reduziert sich zwar der Unterschied in der Bezahlung, aber es bleibt eine Differenz von etwa 15%.

Beschäftigungs- und Einkommensstruktur

Bei den Bruttostundenlöhnen sind die Unterschiede am geringsten in Ostdeutschland. Dort erreichen die Verdienste der Frauen 89,9% der Verdienste der Männer, während es in den alten Ländern nur 76,9% sind. Es folgen in geringem Abstand Dänemark mit 88,1%, Schweden mit 87,0%, Luxemburg mit 83,9% und Belgien mit 83,2%. Am andern Ende der Skala befinden sich die Frauen in Griechenland, deren Einkommen nur 68% des Stundenlohns von Männern erreichen; in den Niederlanden sind es 70,6% und in Portugal 71,7%. Der EU-Durchschnitt liegt bei 76,3%.

Die Durchschnittswerte der Einkommen müssen aufgrund von Unterschieden in der Beschäftigungsstruktur von Männern und Frauen auf dem Arbeitsmarkt mit Vorsicht interpretiert werden:

• Erstens üben Männer und Frauen nicht die gleichen Tätigkeiten aus. Von der in der Erhebung (BENASSI 1999) erfassten Personengruppe ist etwa ein Drittel der vollzeitbeschäftigten Frauen als Bürokräfte tätig, während es bei den Männern nur 10% sind. Dagegen sind 47% der Männer Arbeiter oder Anlagenbediener, während lediglich 18% der Frauen eine solche Tätigkeit ausüben. Darüber hinaus ist der Anteil der Teilzeitbeschäftigten an den erwerbstätigen Frauen länderspezifisch differenziert ❹. So drückt die hohe Teilzeitquote der Frauen in den Niederlanden deren mittleres Lohnniveau.

• Zweitens sind berufstätige Frauen im Durchschnitt jünger: 44% sind unter 30 Jahre alt, gegenüber 32% bei den Männern. Dies ist darauf zurückzuführen, dass in den älteren Generationen weniger Frauen berufstätig sind und dass viele Frauen zur Kindererziehung aus dem Berufsleben ausscheiden. Die Folge ist, dass Frauen im Durchschnitt eine kürzere Betriebszugehörigkeit haben und ihre Möglichkeiten, in Führungspositionen aufzusteigen, geringer sind, was sich wiederum auf ihre Gehälter auswirkt.

• Drittens besteht ein Bildungsunterschied: Von den berufstätigen Frauen verfügen 51% lediglich über einen Primar- oder Sekundarschulabschluss gegenüber 43% der Männer, und 36% der Männer haben einen Sekundarabschluss mit Fachausbildung, während es bei den Frauen nur 29% sind.

Aber auch wenn man die Verdienstunterschiede von Personengruppen betrachtet, die die gleichen statistischen Merkmale aufweisen, stellt man fest, dass Frauen systematisch schlechter bezahlt werden. Zum Beispiel ist bei den Führungskräften die ungleiche Bezahlung in 10 der 15 Mitgliedstaaten besonders stark ausgeprägt. Generell finden sich an der Unternehmensspitze, wo die Einkommen extrem hoch sein können, nur sehr wenige Frauen. Hinzu treten andere Unterschiede, zum Beispiel die Bezahlung von Überstunden hauptsächlich für Arbeiter, die meist Männer sind, während das Verkaufspersonal im Einzelhandel mit seinem niedrigen Einkommensniveau vor allem aus Frauen besteht.

Wie die Mütter so die Töchter?

Selbst in der Altersgruppe der 25 bis 29-Jährigen erreichen Frauen nur 86% der Verdienste der Männer. Grundsätzlich, so ▶ Eurostat, hatten die Frauen dieser Altersgruppe die gleichen Bildungs- und Berufschancen (BENASSI 1999). Damit wird deutlich, dass es selbst bei der jüngeren Generation Unterschiede im Hinblick auf den Zugang zu gut bezahlten Arbeitsplätzen gibt. Hinzu kommt, dass junge Frauen ihre Berufstätigkeit später möglicherweise

Ärztin in der Notaufnahme

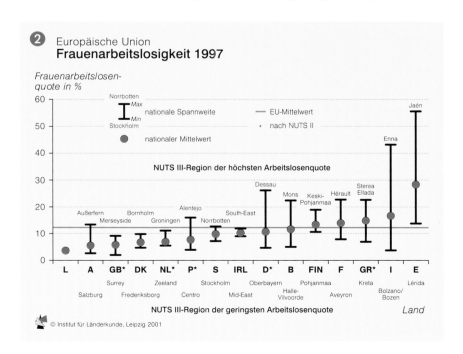

② Europäische Union
Frauenarbeitslosigkeit 1997

③ Europa
Erwerbsanteil von Frauen im Alter von 30-45 Jahren 1960-95
Auswahl von Staaten

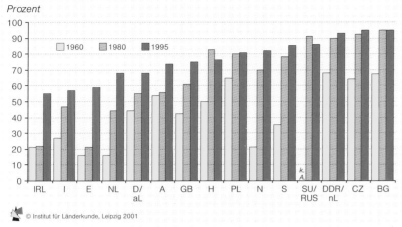

© Institut für Länderkunde, Leipzig 2001

lediglich in Russland und Ungarn war von 1980 bis 1995 ein leichter Rückgang zu verzeichnen. Am unteren Ende der Skala liegen die südeuropäischen Staaten sowie Irland, wobei auch in diesen Ländern seit 1980 ein starker Anstieg der weiblichen Erwerbsteilnahme zu beobachten ist.

Doch auch 1995 variiert der Prozentsatz der berufstätigen Frauen zwischen den einzelnen EU-Staaten erheblich. Während in Italien (42%), Luxemburg und Griechenland (beide 44%) vergleichsweise wenige Frauen einer beruflichen Tätigkeit nachgingen, war der Anteil in Schweden (78%), Dänemark (73%) und Finnland (69%) relativ hoch. Mit 61% berufstätigen Frauen lag Deutschland nur leicht über dem EU-Durchschnitt ⑤. Weitaus mehr Frauen als Männer gehen zudem einer ▶ Teilzeitarbeit nach: In Luxemburg stellen die Frauen sogar 91% der Teilzeitarbeiter, dicht gefolgt von Deutschland mit 89%.

Frauen sind i.d.R. in stärkerem Umfang von Arbeitslosigkeit betroffen als Männer (▶▶ Beitrag Stegmann, S. 62). Innerhalb der Staaten ergeben sich häufig große regionale Unterschiede zwi-

schen den Agglomerationsräumen mit großem Arbeitsplatzangebot im ▶ tertiären Sektor und den peripheren Räumen, die durch eine stärkere Bedeutung der ▶ sekundären und primären Wirtschaftssektoren und somit durch ein geringeres frauenspezifisches Arbeitsplatzangebot gekennzeichnet sind. Diese Disparitäten, die sich in unterschiedlichen Frauenarbeitslosenquoten niederschlagen, sind besonders ausgeprägt in den südeuropäischen Ländern ②.◆

④ Ausgewählte EU-Staaten
Frauenbeschäftigungs- und Teilzeitquoten 1985-96

© Institut für Länderkunde, Leipzig 2001

für längere Zeit unterbrechen, so dass die Einkommensunterschiede zunehmen und denen ähneln dürften, von denen ihre Mütter derzeit betroffen sind.

Berufstätigkeit und Arbeitslosigkeit

Die Lage auf dem Arbeitsmarkt sieht in der EU ganz ähnlich aus: 1995 waren europaweit 57% der Frauen und 78% der Männer im erwerbsfähigen Alter berufstätig, wobei sich bei den Frauen eine steigende Tendenz und bei den Männern eine rückläufige abzeichnet.

Ein vergleichender Blick auf die Entwicklung der Teilnahme von Frauen am Erwerbsleben ③ verdeutlicht, dass in

Eurostat – das Statistische Amt der Europäischen Union, Eurostat, sammelt nicht nur Statistiken aus allen Mitgliedsländern, sondern harmonisiert sie auch, d.h. bei unterschiedlichen Definitionen rechnet es die Werte auf eine vergleichbare Basis um. Zu den NUTS-Regionen s. Abkürzungsverzeichnis (S. 6).

primärer, sekundärer und tertiärer Wirtschaftssektor – die Einteilung der wirtschaftlichen Aktivitäten nach Fourastié unterscheidet in Land- und Forstwirtschaft wie auch Bergbau (primärer Sektor), Industrie und verarbeitendes Gewerbe (sekundärer Sektor) und Dienstleistung (tertiärer Sektor) (vgl. Abbildung 8, Beitrag Gans/Kemper, S. 15).

Römische Verträge – die am 25.3.1957 von den Benelux-Staaten, der Bundesrepublik Deutschland, Frankreich und Italien in Rom unterzeichneten Verträge über die Gründung der Europäischen Wirtschaftsgemeinschaft.

Teilzeitarbeit – nach allgemeinster Definition, wie sie auch vom Mikrozensus des Statistischen Bundesamtes verwendet wird, alle vertragliche Arbeit, die weniger Zeit umfasst, als der in der jeweiligen Beschäftigung tariflübliche Vollzeit-Arbeitsvertrag vorsieht. Die Bundesanstalt für Arbeit erfasst dagegen nur Arbeitsverträge, die mindestens 15 und höchstens 35 Stunden/Woche umfassen, als Teilzeitarbeit. Bei Eurostat werden jährlich Arbeitsmarkt-Stichproben erhoben, die in den Mitgliedstaaten alle Arbeitsverträge von weniger als 30 Stunden/Woche als Teilzeitverträge erfassen.

allen europäischen Staaten der Anteil der erwerbstätigen Frauen seit den sechziger Jahren stark angestiegen ist. Die ehemals sozialistischen Staaten Osteuropas konnten ihren Vorsprung gegenüber den skandinavischen und westeuropäischen Staaten auch nach den Umbrüchen von 1989/90 behaupten,

⑤ Europa
Erwerbstätigkeit von Frauen 1998*

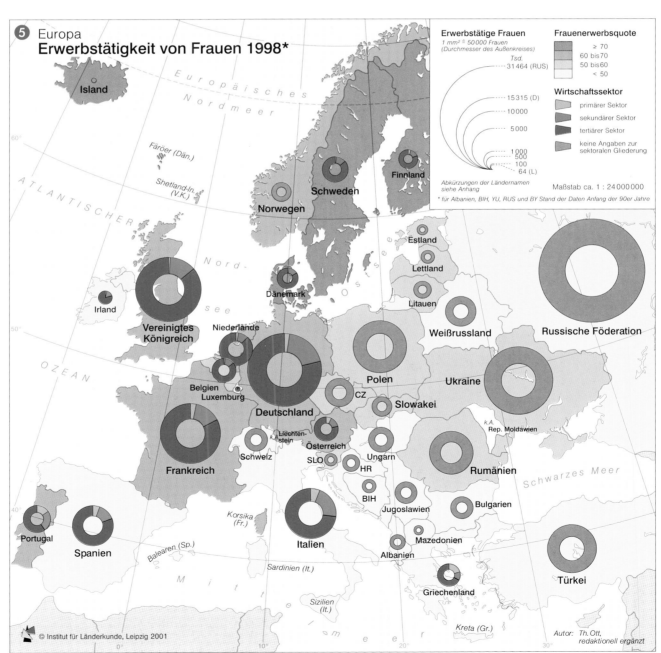

© Institut für Länderkunde, Leipzig 2001

Soziale Problemlagen von Frauen

Daniele Stegmann

Trotz eines stetigen Wirtschaftswachstums bleibt die hohe strukturelle Arbeitslosigkeit eines der schwerwiegendsten und ungelösten Probleme der Bundesrepublik (▶▶ Beitrag Gans/Thieme, S. 80), so dass Zahl und Anteil derjenigen Menschen steigen, die auf Leistungen der öffentlichen Hand, wie etwa ▶ Wohngeld oder ▶ Sozialhilfe, angewiesen sind (KLAGGE 1998) (▶▶ Beitrag Miggelbrink, Bd. 1, S. 98). Frauen sind häufig im gleichen Maße wie Männer

betroffen – oft sind ihre sozialen Problemlagen allerdings größer. Die Sozialhilfeempfänger sind sowohl in West- als auch in Ostdeutschland mehrheitlich Frauen (57,1% bzw. 53,5%).

Vergleicht man großräumig die beiden Sozialindikatoren Frauenarbeitslosigkeit und ▶ weibliche Sozialhilfequoten ❶, fallen die West-Ost-Gegensätze ebenfalls ins Auge. Während in Ostdeutschland der ▶ Anteil arbeitsloser Frauen an allen Frauen im erwerbsfähigen Alter mit 12,9% sehr viel höher ist als in Westdeutschland (5,4%), liegt die Sozialhilfequote im Westen leicht über dem ostdeutschen Niveau ❺, wobei allerdings Berlin mit einem extrem hohen Wert (8%) eine Sonderstellung einnimmt. Die ostdeutschen Flächenländer haben dagegen nur eine Sozialhilfequote von 2,3%. Man muss jedoch von einer hohen Dunkelziffer ausgehen, die man für Ostdeutschland mit etwa 60% der Unterstützungsberechtigten beziffert (HÜBINGER 1997), für Westdeutschland mit etwa 40% (HAUSER U. HÜBINGER 1993).

Regionale Differenzierungen

Das Niveau der beiden Indikatoren Frauenarbeitslosigkeit und Sozialhilfequote spiegelt zum großen Teil die sozioökonomischen Disparitäten in Westdeutschland wider. Die regionale Ver-

Berlin, Hamburg und Bremen stehen. Hier machen sich die Folgen des Suburbanisierungsprozesses und Probleme des Wohnungsmarktes bemerkbar (▶▶ Beiträge Herfert, S. 116; Horn/Lentz, S. 88). KLAGGE (1998) erklärt die großräumigen Unterschiede in der Sozialhilfequote zwischen westdeutschen Städten über 50.000 Einwohnern mit vier Faktoren: dem Niveau von Arbeitslosigkeit, dem Tertiärisierungsgrad, dem Ausländeranteil und dem Anteil derer, die keine Kirchenmitglieder sind.

Der wirtschaftliche Strukturwandel in Ostdeutschland geht überproportional zu Lasten der Frauen. Neu geschaffene Arbeitsplätze in Mischbranchen wie dem verarbeitenden Gewerbe werden kaum noch mit weiblichen Arbeitskräften besetzt (IRMEN U. MARETZKE 1995), und frauentypische Branchen wie Handel, Banken und Versicherungen werden zu Mischbranchen (ENGELBRECH 1994). Der Anteil arbeitsloser Frauen zeigt in Ostdeutschland einen klaren Stadt-Land-Gegensatz, wobei er in den

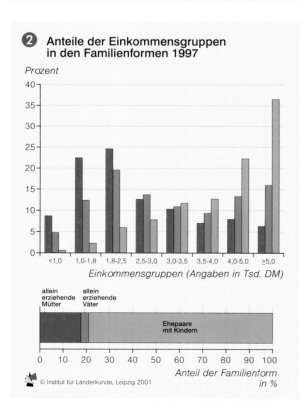

❶ **Arbeitslosigkeit 1998 und Sozialhilfequoten 1997 von Frauen**
nach siedlungsstrukturellen Kreistypen

Prozent

Kernstädte · hochverdichtete Kreise · verdichtete Kreise · ländliche Kreise · gesamt (aL bzw. nL)

© Institut für Länderkunde, Leipzig 2001

❷ **Anteile der Einkommensgruppen in den Familienformen 1997**

Prozent

Einkommensgruppen (Angaben in Tsd. DM)

allein erziehende Mütter · allein erziehende Väter · Ehepaare mit Kindern

Anteil der Familienform in %

© Institut für Länderkunde, Leipzig 2001

Arbeitslosenzahl – alle Männer und Frauen, die bei den Arbeitsämtern als arbeitssuchend gemeldet sind

Anteil arbeitsloser Frauen – Zahl der weiblichen Arbeitslosen bezogen auf alle Frauen im erwerbsfähigen Alter: Arbeitslose Frauen/Frauen von 15-65 Jahren mal 100

Sozialhilfe – wird hilfebedürftigen Menschen gewährt als
• laufende Hilfe zum Lebensunterhalt,
• Hilfe in besonderen Lebenslagen.

weibliche Sozialhilfequote – Empfängerinnen laufender Hilfe zum Lebensunterhalt außerhalb von Einrichtungen je 100 Frauen

Wohngeld – ein Zuschuss zu den Wohnkosten, der von Bund und Ländern gemeinsam getragen wird

teilung belegt den viel diskutierten Nord-Süd-Gegensatz ❸. Größere Gebiete mit überdurchschnittlichen Arbeitslosenanteilen und sehr hohen Sozialhilfequoten finden sich vor allem entlang der ehemaligen innerdeutschen Grenze, im Ruhrgebiet und in den peripheren Kreisen Nordwest-Niedersachsens.

Besondere soziale Brennpunkte von Frauen sind die Kernstädte ❶, an deren Spitze wiederum die drei Stadtstaaten

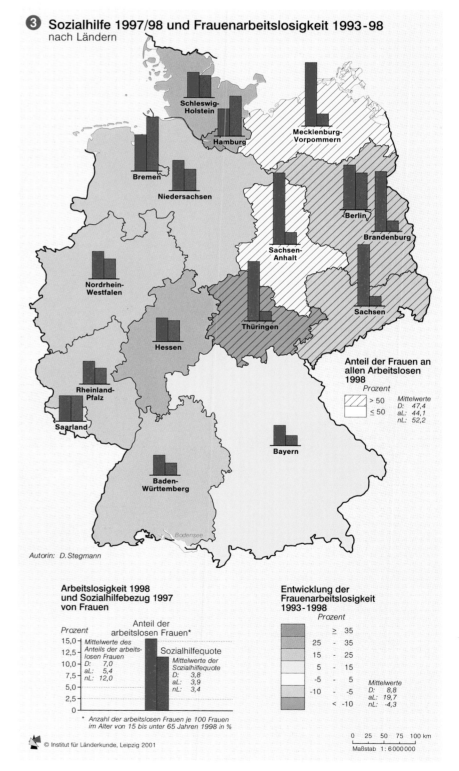

❸ **Sozialhilfe 1997/98 und Frauenarbeitslosigkeit 1993-98**
nach Ländern

Anteil der Frauen an allen Arbeitslosen 1998
Prozent
> 50 | ≤ 50
Mittelwerte
D: 47,4
aL: 44,1
nL: 52,2

Autorin: D. Stegmann

Arbeitslosigkeit 1998 und Sozialhilfebezug 1997 von Frauen
Prozent
Anteil der arbeitslosen Frauen*
Mittelwerte des Anteils der arbeitslosen Frauen
D: 7,0
aL: 5,4
nL: 12,0
Sozialhilfequote
Mittelwerte der Sozialhilfequote
D: 3,8
aL: 3,9
nL: 3,4
* Anzahl der arbeitslosen Frauen je 100 Frauen im Alter von 15 bis unter 65 Jahren 1998 in %

Entwicklung der Frauenarbeitslosigkeit 1993-1998
Prozent
≥ 35
25 - 35
15 - 25
5 - 15
-5 - 5
-10 - -5
< -10
Mittelwerte
D: 8,8
aL: 19,7
nL: -4,3

© Institut für Länderkunde, Leipzig 2001

0 25 50 75 100 km
Maßstab 1 : 6 000 000

Kernstädten niedriger ist als in den übrigen Kreistypen **❶**.

Demographische Faktoren

Neben der Arbeitslosigkeit ist die Veränderung von Haushalts- und Familienformen ein wichtiger Grund dafür, dass Frauen immer stärker auf Sozialhilfe angewiesen sind. Die Zahlen der allein lebenden und der allein erziehenden Frauen haben in den letzten Jahrzehnten kontinuierlich zugenommen. 1997 werden 20,9% aller Haushalte von allein stehenden Frauen gebildet (26% in Ost-, 14% in Westdeutschland), wobei allein erziehende Mütter dem höchsten Armutsrisiko ausgesetzt sind. Als einziger potenzieller Einkommensbezieher können sie wegen der alleinigen Verantwor-

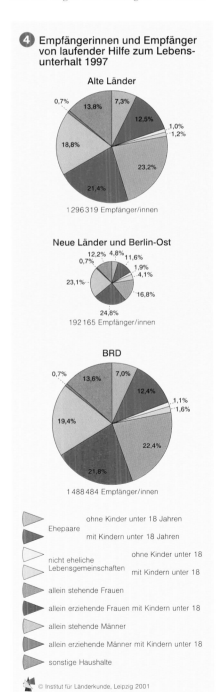

❹ Empfängerinnen und Empfänger von laufender Hilfe zum Lebensunterhalt 1997

Alte Länder

0,7%　13,8%　7,3%
12,5%
1,0%
1,2%
18,8%
23,2%
21,4%

1 296 319 Empfänger/innen

Neue Länder und Berlin-Ost

12,2%　4,8%　11,6%
0,7%
1,9%
23,1%
4,1%
16,8%
24,8%

192 165 Empfänger/innen

BRD

0,7%　13,6%　7,0%
12,4%
1,1%
1,6%
19,4%
22,4%
21,8%

1 488 484 Empfänger/innen

Ehepaare
ohne Kinder unter 18 Jahren
mit Kindern unter 18 Jahren

nicht eheliche Lebensgemeinschaften
ohne Kinder unter 18
mit Kindern unter 18

allein stehende Frauen

allein erziehende Frauen mit Kindern unter 18

allein stehende Männer

allein erziehende Männer mit Kindern unter 18

sonstige Haushalte

© Institut für Länderkunde, Leipzig 2001

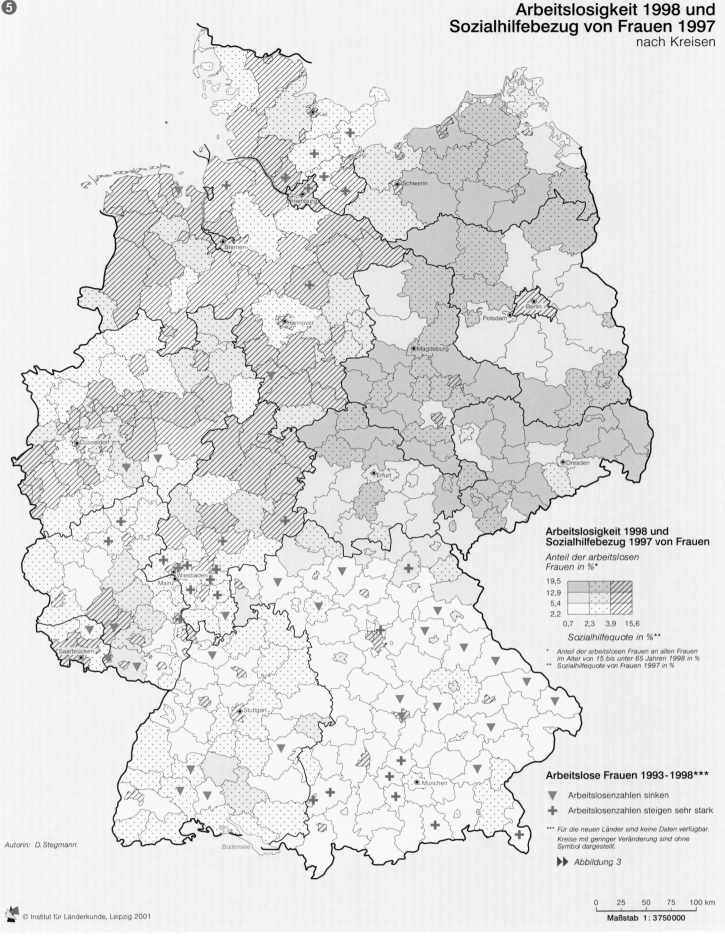

❺

Arbeitslosigkeit 1998 und
Sozialhilfebezug von Frauen 1997
nach Kreisen

Arbeitslosigkeit 1998 und Sozialhilfebezug 1997 von Frauen

Anteil der arbeitslosen Frauen in %*

19,5
12,9
5,4
2,2
0,7　2,3　3,9　15,6

Sozialhilfequote in %**

* Anteil der arbeitslosen Frauen an allen Frauen im Alter von 15 bis unter 65 Jahren 1998 in %
** Sozialhilfequote von Frauen 1997 in %

Arbeitslose Frauen 1993-1998***

▼ Arbeitslosenzahlen sinken
✛ Arbeitslosenzahlen steigen sehr stark

*** Für die neuen Länder sind keine Daten verfügbar.
Kreise mit geringer Veränderung sind ohne Symbol dargestellt.

▶▶ Abbildung 3

Autorin: D. Stegmann

© Institut für Länderkunde, Leipzig 2001

0　25　50　75　100 km
Maßstab 1: 3750000

tung für die Kindererziehung oft nur eingeschränkt oder gar nicht erwerbstätig sein, so dass ihre Einkommen entsprechend niedrig sind **❷**. So sind fast 30% aller west- und 12% aller ostdeutschen alleinerziehenden Frauen auf laufende Hilfe zum Lebensunterhalt angewiesen und stellen damit einen überproportional großen Anteil an allen Sozialhilfe

empfangenden Haushalten **❹**. Noch prekärer ist die Situation jener allein erziehenden Frauen, die ihren Anspruch auf Sozialhilfe nicht geltend machen; in Ostdeutschland müssen sie (bei einem Kind) von einem Einkommen leben, das im Schnitt nur 75% des Sozialhilfeniveaus beträgt (KNOKE 1999). Besonders durch die wachsende Zahl der Ein-El-

tern-Familien ist der Anteil von Kindern an den Sozialhilfebeziehern kontinuierlich auf ein sehr hohes Niveau angewachsen (▶▶ Beitrag Wiest, Bd. 1, S. 88), während gleichzeitig die noch in den 1970er Jahren dominante Altersarmut von Frauen aufgrund verbesserter Altersvorsorge und der Dynamisierung der Renten an Bedeutung verloren hat.◆

Religiöse Minderheiten

Reinhard Henkel

Die gemeinsame Kultur von Personen wie z.B. ihre Sprache oder Religion ist neben ihrer Herkunft und Geschichte ein wesentlicher Aspekt, ethnische Gruppen in einer Bevölkerung zu identifizieren. Die Zugehörigkeit zu religiösen Minderheiten spielt dabei eine große Rolle, da sie weltanschauliche und ethische Einstellungen prägt und sich über Normen, Werte sowie Traditionen auf das Verhalten im ökonomischen, sozialen und demographischen Bereich auswirkt (RINSCHEDE 1999).

Überblick

Im Vergleich zu den beiden großen christlichen Kirchen in Deutschland, der evangelischen mit 27,7 Mio. und der römisch-katholischen mit 27,5 Mio. Mitgliedern, lassen sich etwa 5 Mio. Menschen religiösen Minderheiten zuordnen. Das sind ungefähr 6% der Bevölkerung (HENKEL 1999, S. 102 f). Trotz der geringen Zahl ist ihre Vielfalt hier nicht darstellbar. EGGENBERGER (1994) beschreibt weit mehr als 200

❶ Entwicklung des Bundes der Baptistengemeinden bis 1935* und des BEFG 1955-1995**

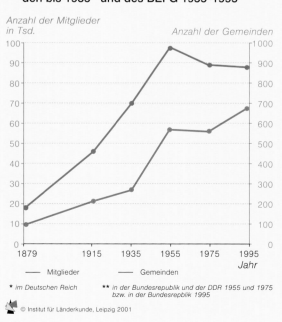

Anzahl der Mitglieder in Tsd.
Anzahl der Gemeinden

— Mitglieder   — Gemeinden

* im Deutschen Reich   ** in der Bundesrepublik und der DDR 1955 und 1975 bzw. in der Bundesrepublik 1995

© Institut für Länderkunde, Leipzig 2001

Syrisch-orthodoxe Kirche in Kirchardt bei Heilbronn

vertretene religiöse Gemeinschaften, von denen in Abbildung ❷ nur diejenigen mit mehr als 20.000 Mitgliedern aufgelistet sind. Nach religionswissenschaftlich-theologischen Kriterien sind zunächst die vom Christentum geprägten Gruppen zu nennen. Die Zahl der zu den verschiedenen orthodoxen Kirchen gehörenden Christen beträgt mittlerweile fast eine Million. Zu den evangelischen Freikirchen zählen sich etwa 330.000 Menschen, zu sonstigen christlichen Kirchen etwa 170.000. Bei den überwiegend aus dem Christentum entwickelten Sondergemeinschaften – auf den Begriff Sekte wird verzichtet, da er unscharf ist – ist von etwa 700.000 Angehörigen auszugehen. Diese Gruppen unterscheiden sich in ihrer Theologie und Organisationsform beträchtlich und haben lediglich gemeinsam, dass sie ökumenische Kontakte zu anderen christlichen Kirchen weitgehend ablehnen. Zu den nichtchristlichen Religionen gehören in Deutschland etwa 2,85 Mio. Menschen. Von ihnen sind 2,7 Mio. zum Islam einschließlich Aleviten und Ahmadis zu rechnen, etwa 150.000 zu den anderen Weltreligionen.

Nach sozial- bzw. religionsgeographischen Gesichtspunkten können die religiösen Minderheiten in solche Gruppen untergliedert werden, die hauptsächlich durch Zuwanderung in Deutschland Fuß gefasst haben, und solche, die von Einheimischen neu gegründet bzw. durch Kirchenspaltung und Missionierung entstanden sind. Das Christentum wie auch das Judentum und der Islam sind in Deutschland insofern Fremdreligionen, als sie hier nicht ihren Ursprung hatten, sondern sich durch Missionierung und Immigration im Altertum und frühen Mittelalter in Mitteleuropa verbreitet haben. Allerdings hat sich die christliche Religion seit ihrer Ankunft in Mitteleuropa erheblich verändert und vor allem in verschiedene Konfessionen bzw. Denominationen gespalten. Zu den Immigranten-Religionsgemeinschaften gehören als größte Gruppen die Muslime (HENKEL 1999, S. 102 f), gefolgt von Orthodoxen und Buddhisten.

Bei einigen Religionsgruppen haben sich starke soziale Netzwerke entwickelt, aus denen sich räumliche Konzentrationen ergeben können. Bei den Immigrantengruppen stellt dabei oft die jeweilige Kirche den organisatorischen Rahmen.

Die meisten der genannten Religionsgemeinschaften finanzieren sich durch

direkte Beiträge ihrer Mitglieder. Ausnahmen bilden die jüdische Glaubensgemeinschaft und die altkatholische Kirche, die wie die evangelische und die römisch-katholische Kirche über den Staat Kirchensteuern einziehen. Einige von ihnen besitzen die Rechtsform einer Körperschaft des öffentlichen Rechts, andere sind als Vereine organisiert. Aus den fünf Gruppen der Abbildung ❷ wird nachfolgend jeweils eine Religionsgemeinschaft ausführlicher behandelt.

Ausgewählte Religionsgemeinschaften

Die Syrisch-Orthodoxe Kirche

Die orthodoxen christlichen Kirchen werden meist in die Gruppe derer in der byzantinischen Glaubenstradition stehenden östlich-orthodoxen (z.B. griechisch-, russisch-, serbisch-, rumänisch- und bulgarisch-orthodox) und in diejenige der orientalisch-orthodoxen Kirchen unterschieden. Zu letzteren zählen neben der Koptischen, der Äthiopischen und der Armenischen Kirche auch die Syrisch-Orthodoxen, deren voller Name „Syrisch-Orthodoxe Kirche von Antiochien" lautet. Sie benutzt in ihrer Liturgie das Alt-Aramäische, während im Alltagsleben der Mitglieder dieser Kirche, die in der südöstlichen Türkei, in Syrien, im Libanon und im Irak leben, neben dem Neu-Aramäischen zunehmend Türkisch und Arabisch gesprochen wird. Die Zahl der syrisch-orthodoxen Christen in diesen Staaten wird auf etwa 320.000 geschätzt (MERTEN 1997). Der Sitz ihres Patriarchen befindet sich in Damaskus. Vor allem aus der Türkei wanderte seit etwa

1965 ein großer Teil dieser ethnisch-religiösen Gemeinschaft nach Istanbul und weiter nach Europa aus, meist im Rahmen der Gastarbeiter-Anwerbung. Heute schätzt man ihre Zahl in Istanbul auf 12.000, in Deutschland auf 45.000, in Schweden auf 40.000 und in den Niederlanden sowie der Schweiz auf einige Tausend, während im Tur Abdin (Berg der Gottesknechte), der fast zweitausend Jahre alten Heimat der Gruppe am oberen Euphrat und Tigris, lediglich wenige tausend Mitglieder verblieben sind.

In Deutschland wurden ab 1972 die ersten Gemeinden in Augsburg, Berlin, Ahlen und Gütersloh gegründet. Ihre Zahl stieg bis 1982 auf zwölf an. Wichtig für diese Entwicklung waren die Ernennung eines Bischofs für Europa 1978 durch den Patriarchen in Damaskus und 1981 die Errichtung eines Diözesanzentrums mit Kloster im niederländischen Glane-Losser nahe zur deutschen Gren-

❷ Mitgliederzahlen von religiösen Minderheiten 1995

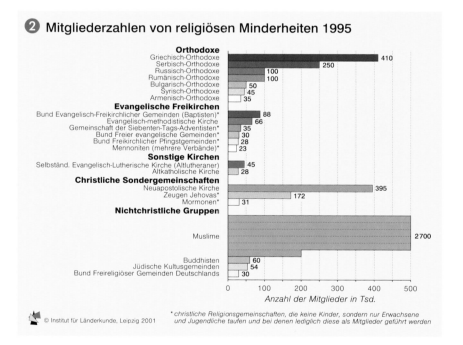

© Institut für Länderkunde, Leipzig 2001

* christliche Religionsgemeinschaften, die keine Kinder, sondern nur Erwachsene und Jugendliche taufen und bei denen lediglich diese als Mitglieder geführt werden

ze. Seit 1997 gibt es einen Erzbischof für Deutschland mit Sitz in Warburg. Er ist das kirchliche Oberhaupt für 40 Pfarrer, die etwa gleich viele Gemeinden betreuen. An 60 Orten werden Gottesdienste abgehalten, mehr als die Hälfte der Gemeinden haben mittlerweile eigene Kirchen (▶ Foto). Die Syrer haben Deutschland weitgehend als neue Heimat akzeptiert. Die meisten Mitglieder haben deutsche Pässe oder sind noch Asylbewerber. Jedoch werden die Ehen in der Regel innerhalb der ethnisch-religiösen Gruppe geschlossen. Beim Prozess der Integration in die deutsche Gesellschaft ist die Kirche entscheidend, weil sie der wichtigste Pfeiler der Identität dieses Volkes ist.

Die innere soziale Differenzierung der Gruppe im Heimatgebiet zum Beispiel in Städter und Landbewohner behält man in Deutschland bei. Dies führt an Orten mit mehreren Pfarrern, z.B. in Gießen, zur Entstehung von Gemeinden mit unterschiedlicher sozialer und beruflicher Gliederung. Die meisten Gemeinden finden sich, wie auch bei den anderen orthodoxen Kirchen, in den von Verdichtungsräumen geprägten Ländern Nordrhein-Westfalen, Baden-Württemberg, Bayern und Hessen . Bei den Syrern ist der Versuch erkennbar, in Westeuropa wieder so zusammen zu wohnen wie in den Dorfgemeinschaften in Nordmesopotamien, wobei die Kirchengemeinden meist den Fokus bilden. Jedoch kann diese Konzentration vor allem aufgrund der Lage auf dem Arbeitsmarkt nicht immer erreicht werden. Die jüngere Generation weist inzwischen Tendenzen auf, sich der sozialen Kontrolle durch die Großfamilien, die mit einer solchen Siedlungsweise verbunden ist, zu entziehen.

Der Bund Evangelisch-Freikirchlicher Gemeinden (BEFG)

Die Evangelisch-Freikirchlichen Gemeinden gelten als eine der klassischen Freikirchen. 1926 haben sie sich mit der Evangelisch-methodistischen Kirche (HENKEL 1999, S. 104 f) und dem Bund Freier evangelischer Gemeinden zur Vereinigung Evangelischer Freikirchen verbunden. Die Freikirchen befürworten die Trennung von Kirche und Staat, und ihre Mitglieder nehmen im Unterschied zu den Angehörigen der großen Konfessionen überwiegend aktiv am kirchlichen Leben teil. Der BEFG entstand 1941 durch den Zusammenschluss des Bundes der Baptistengemeinden mit einer kleinen Gruppe von Brüdergemeinden (Christliche Versammlungen).

Der Baptismus ist dogmatisch, aber nicht kirchengeschichtlich mit dem Täufertum der Reformationszeit verwandt und entstand als eigene Denomination in England Anfang des 17. Jhs. Die von seinen Anhängern praktizierte Taufe von Erwachsenen hat ihm den Namen gegeben (griechisch: baptizein - taufen). Die Mitgliedschaft basiert aufgrund des Alters bei der Taufe auf der eigenen Entscheidung der betreffenden Person und nicht auf der der Eltern. Viele Baptisten wanderten als Glaubensflüchtlinge in die USA aus, wo der Baptismus seine weiteste Verbreitung gefunden hat (BALDERS 1984). Weltweit bilden die baptistischen Kirchen eine der größten protestantischen Denominationen. Die erste Baptistengemeinde in Deutschland wurde 1834 in Hamburg von J.G. ONCKEN (1800 -1884) gegründet, der sich einige Jahre in Großbritannien aufgehalten und die dortigen „Free churches" kennengelernt hatte. Er initierte in Deutschland und in Osteuropa die Gründung weiterer Gemeinden. Der 1849 gegründete „Bund der vereinigten Gemeinden getaufter Christen" expandierte schnell ❶. Seine Schwerpunkte waren Nord- und Ostdeutschland, vor

allem Ostpreußen ❹. 1915 lebten östlich der späteren Oder-Neiße-Linie 43% der deutschen Baptisten. Weitere Hochburgen entwickelten sich in Ostfriesland, Berlin, Hamburg und dem Ruhrgebiet, wo viele Baptisten Arbeitsmigranten aus Ostpreußen waren. Nach dem Zweiten Weltkrieg gingen die Mitgliederzahlen im Gebiet der DDR bis

1995 zurück, während sie im früheren Bundesgebiet leicht zunahmen. Durch die Ansiedlung von Vertriebenen und Flüchtlingen sowie durch Missionierung entstanden auch in Süd- und Südwestdeutschland Gemeinden ❺. Jedoch sind die Baptisten nach wie vor in den katholischen Gebieten deutlich weniger stark vertreten als in den evangelischen.

Die Selbstständige Evangelisch-Lutherische Kirche (SELK)

Nach der Neugliederung Deutschlands im Zuge des Wiener Kongresses versuchten einige Landesherren in der ersten Hälfte des 19. Jhs. in denjenigen deutschen Ländern, in denen die beiden großen protestantischen Konfessionen, die Lutheraner und die Reformierten, →

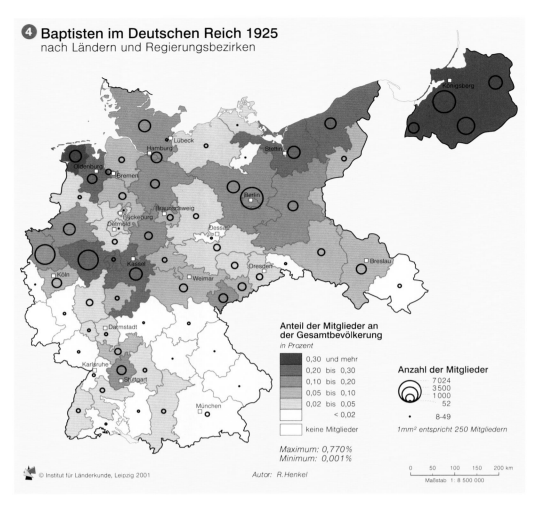

④ Baptisten im Deutschen Reich 1925
nach Ländern und Regierungsbezirken

Anteil der Mitglieder an der Gesamtbevölkerung
in Prozent

- 0,30 und mehr
- 0,20 bis 0,30
- 0,10 bis 0,20
- 0,05 bis 0,10
- 0,02 bis 0,05
- < 0,02
- keine Mitglieder

Anzahl der Mitglieder
- 7024
- 3500
- 1000
- 52
- • 8-49

1mm² entspricht 250 Mitgliedern

Maximum: 0,770%
Minimum: 0,001%

© Institut für Länderkunde, Leipzig 2001

Autor: R.Henkel

0   50   100   150   200 km
Maßstab 1 : 8 500 000

Die Neuapostolische Kirche

Nach der Mitgliederzahl steht die Gemeinschaft der Neuapostolischen gemeinsam mit der Griechisch-orthodoxen Kirche an dritter Position der Kirchen und Glaubensgemeinschaften in Deutschland ②. Mit 395.000 Anhängern ist sie die größte der christlichen Sondergemeinschaften. Ihr Ursprung liegt in der katholisch-apostolischen Bewegung, die in der ersten Hälfte des 19. Jhs. in Großbritannien begann (OBST 2000). Hier kam es zu spirituellen Erfahrungen wie Prophetie, Zungenreden und Heilungen. Des Weiteren wurde die Bedeutung des Apostelamtes in der Kirche wiederentdeckt. Eine der frühen Führungspersonen war der Geistliche Edward Irving (1792-1834), nach dem die Anhänger der Bewegung später häufig „Irvingianer" genannt wurden. Die erste katholisch-apostolische Gemeinde in Deutschland wurde 1848 in Berlin gegründet. 1876 gab es in Preußen bereits 24 Gemeinden mit 3079 Mitgliedern, bei der Volkszählung 1890

im Deutschen Reich wurden 21.751 Menschen als Apostolische registriert. Die neuapostolische Bewegung entstand durch die Einführung des Amtes des Stammapostels 1897. Sie entwickelte sich besonders stark im deutschsprachigen Raum. 1925 bildete die Neuapostolische Kirche mit 138.000 Anhängern nach den beiden Großkirchen, der jüdischen Glaubensgemeinschaft und den Altlutheranern bereits die fünftgrößte Religionsgemeinschaft im Deutschen Reich.

Weltweit ist die Kirche in den letzten Jahren rapide gewachsen, vor allem in Afrika, Asien und Osteuropa. Die Anhängerschaft wird auf mittlerweile 9 Mio. geschätzt. In Deutschland, wo die Mitgliederzahl eher stagniert bzw. leicht zurückgeht, gab es 1997 insgesamt 3037 Gemeinden, die überwiegend von Laien geleitet werden. Gewisse räumliche Konzentrationen sind in Württemberg, im Ruhrgebiet sowie im Vogtland erkennbar ⑦. Die schwache Präsenz in den überwiegend katholischen Gebie-

⑤ Mitglieder in Gemeinden des Bundes Evangelisch-Freikirchlicher Gemeinden (BEFG) 1995
nach Raumordnungsregionen

Autor: R.Henkel

Anteil der Mitglieder an der Gesamtbevölkerung
in Prozent

- 0,30 und mehr
- 0,20 bis 0,30
- 0,10 bis 0,20
- 0,05 bis 0,10
- 0,02 bis 0,05
- < 0,02
- keine Mitglieder

Maximum: 0,337%
Minimum: 0,009%

Anzahl der Mitglieder
- 4597
- 1000
- 42

1mm² entspricht 250 Mitgliedern

— Raumordnungs-regionsgrenze

© Institut für Länderkunde, Leipzig 2001

0   25   50   75   100 km
Maßstab 1 : 6 000 000

---

vertreten waren, diese in Unionen zusammenzuschließen. Am bekanntesten ist die von König Friedrich Wilhelm III. proklamierte Preußische Union von 1817. Gegen diese von oben verordneten Unionen gab es Widerstände, die die Gründung von staatsfreien konfessionellen Freikirchen zum Resultat hatten. 1841 wurde von bewusst lutherischen Kreisen, welche die Union ablehnten, die Evangelisch-lutherische Kirche von Preußen gegründet, auch als Altlutheraner bezeichnet. Ähnliche Protestbewegungen in Sachsen, Nassau, Baden, Hessen-Darmstadt, Kurhessen und Hannover führten zur Entstehung von weiteren selbständigen lutherischen Gemeinden (HAUSCHILD U. KÜTTNER 1984). Die meisten dieser ursprünglich in mehreren Kirchen organisierten Gemeinden fanden sich 1972 auf dem Gebiet der Bundesrepublik Deutschland zur Selbstständigen Evangelisch-Lutherischen Kirche (SELK) zusammen, der sich 1991 die entsprechenden Gemeinden in den neuen Ländern anschlossen. Die Leitung der Kirche übt ein Bischof mit Sitz in Hannover aus. In den 127 Pfarrbezirken arbeiten 148 Pfarrer und Vikare im aktiven Dienst. Zur SELK gehören knapp 40.000 Kirchenmitglieder, zu zwei anderen kleinen selbständigen lutherischen Freikirchen 5500 Mitglieder.

Bei der Volkszählung im Deutschen Reich 1925 gaben 178.000 Personen an, zu lutherischen Freikirchen zu gehören. Damit waren diese nach den beiden großen Kirchen die drittgrößte christliche Religionsgemeinschaft. Die weitaus größte Zahl der Altlutheraner lebte in

den evangelischen Gebieten Preußens. Heute ragen als Schwerpunkte die Regionen Südheide sowie Lüneburg im östlichen Niedersachsen heraus ⑥. Dass sich gerade hier eine Hochburg der Altlutheraner gebildet hat, ist erstaunlich, da sich die Hannoversche Landeskirche nach dem Anschluss des Königreichs Hannover an Preußen 1866 nicht der Union angeschlossen hatte. Es weist aber darauf hin, dass der Protest sich nicht nur auf das Eindringen reformierten Gedankenguts bezog, sondern auch auf die zunehmenden rationalistischen und liberalistischen Strömungen in der Kirche.

Durch Vertreibung und Flucht aus den deutschen Ostgebieten verloren die lutherischen Freikirchen zahlreiche Mitglieder, von denen sich vermutlich viele den Landeskirchen der Bundesrepublik und der DDR anschlossen. 1955 zählten sie in beiden deutschen Staaten etwa 74.000 Personen. Im Zeitraum von 1955 bis 1995 war die Abnahme der Mitglieder in den neuen Ländern deutlich stärker als in den alten. Während in der DDR und Berlin ihre Zahl von 23.500 auf 8600 zurückging, verringerte sie sich im Westen von 50.500 auf 36.900. Ein Grund dafür ist, dass viele Flüchtlinge aus den ehemaligen deutschen Ostgebieten, die sich zunächst in der DDR niedergelassen hatten, nach Westdeutschland weitergewandert sind. Ein weiterer Grund ist in dem kirchenfeindlichen gesellschaftlichen Umfeld der DDR zu vermuten, das auch die evangelischen Landeskirchen und einige, jedoch nicht alle Freikirchen in ihrer Bedeutung stark zurückgedrängt hat.

ten Deutschlands weist darauf hin, dass die Neuapostolische Kirche vornehmlich in protestantischen Gegenden Fuß gefasst hat.

Die Buddhisten

Die 1875 in New York gegründete Theosophische Gesellschaft nahm bereits Ende des 19. Jhs. buddhistische Gedanken auf, und 1903 wurde ein „Buddhistischer Missionsverein in Deutschland" gegründet. Doch erst seit den 1970er Jahren hat der Buddhismus hier eine größere Anzahl von Anhängern gefunden. 1975 gab es bereits knapp 40 Zentren und Gruppen. Diese Zahl hat sich bis 1997 nach Angaben der Deutschen Buddhistischen Union (DBU) auf insgesamt 355 erhöht. Sowohl nach Selbst- als auch nach Beobachtereinschätzung kann man in Deutschland mit etwa 20.000 deutschen und mit 35.000 bis 40.000 asiatischen Buddhisten rechnen, wobei von letzteren viele als Flüchtlinge und Asylbewerber aus den buddhistischen Ländern Südost-

und Ostasiens nach Deutschland kamen. Die Chua-Pagode Vien Giác in Hannover vertritt alleine etwa 30.000 Vietnamesen in Deutschland.

Die DBU wurde 1955, noch unter einem anderen Namen, als Dachverband der verschiedenen kleinen Gruppen gegründet. Sie hat als Ziel, den gesamten Buddhismus in seinen verschiedenen in Deutschland vorhandenen Ausprägungen zu vertreten. Sie ist als Verein organisiert, nachdem ein Versuch, sie als Körperschaft des öffentlichen Rechts eintragen zu lassen, 1984 scheiterte. Mitglieder der DBU sind 42 Gemeinschaften, die meist ebenfalls als Vereine organisiert sind. Die bedeutendste ist die Buddhistische Gemeinschaft in der DBU mit Sitz in München.

Der Buddhismus tibetischer Ausprägung, auch Vajrayana-Buddhismus oder Lamaismus genannt, der weltweit gesehen nur sehr wenige Anhänger hat, ist in Deutschland am stärksten verbreitet. Danach folgt der Mahayana- (u.a. mit dem japanischen Zen) und der Therava-

da-Buddhismus, zu denen sich weltweit die meisten Gläubigen rechnen (BAUMANN 1995). Die räumliche Verteilung der verschiedenen buddhistischen Gruppen in Deutschland lässt erkennen, dass sie vorwiegend in Großstädten zu finden sind ❸. Es fallen vor allem München mit 29 Gruppen, Berlin und Hamburg mit 26 bzw. 24 sowie Freiburg im Breisgau mit 17 Gruppen auf. Außer in Freiburg sind buddhistische Gruppen auch in anderen Universitätsstädten stark vertreten. In den letzten Jahren wurden neben Studenten auch zunehmend Angehörige der bürgerlichen Mittelschicht Mitglieder, darunter Künstler, Selbstständige, Handwerker und in sozialen Berufen Tätige.

Fazit

Die Zusammensetzung der Bevölkerung in Deutschland ist nach ihrer Religionszugehörigkeit in den letzten Jahrzehnten deutlich vielfältiger geworden. Einer Stagnation bzw. Abnahme der Mitglieder in den beiden großen christli-

chen Konfessionen steht eine stark steigende Zahl von Menschen, die keiner Religionsgemeinschaft angehören, gegenüber. Gleichzeitig kamen durch Einwanderung, aber auch durch verstärkte internationale Kommunikation zunehmend nichtchristliche Religionen und weitere christliche Konfessionen und Gruppen nach Deutschland, dessen Bevölkerung vor allem im westlichen Teil religiös immer pluralistischer geworden ist. Die Anhänger dieser Gruppen bilden religiöse Minderheiten, die heute eine relativ größere Bedeutung haben als noch in der Zeit vor dem Zweiten Weltkrieg. Insgesamt zeigen die Karten eine geringere Pluralität in den neuen Ländern und eine stärkere Konzentration in den Städten.◆

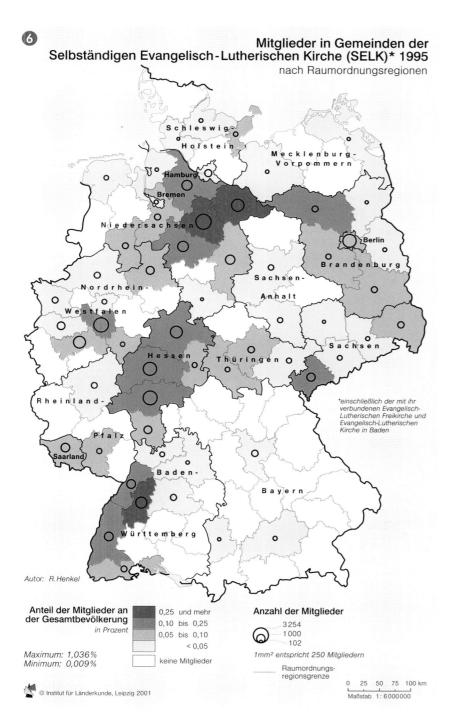

❻ Mitglieder in Gemeinden der Selbständigen Evangelisch-Lutherischen Kirche (SELK)* 1995
nach Raumordnungsregionen

*einschließlich der mit ihr verbundenen Evangelisch-Lutherischen Freikirche und Evangelisch-Lutherischen Kirche in Baden

Autor: R.Henkel

Anteil der Mitglieder an der Gesamtbevölkerung
in Prozent
- 0,25 und mehr
- 0,10 bis 0,25
- 0,05 bis 0,10
- < 0,05
- keine Mitglieder

Maximum: 1,036%
Minimum: 0,009%

Anzahl der Mitglieder
- 3254
- 1000
- 102

1mm² entspricht 250 Mitgliedern

Raumordnungsregionsgrenze

0 25 50 75 100 km
Maßstab 1:6000000

© Institut für Länderkunde, Leipzig 2001

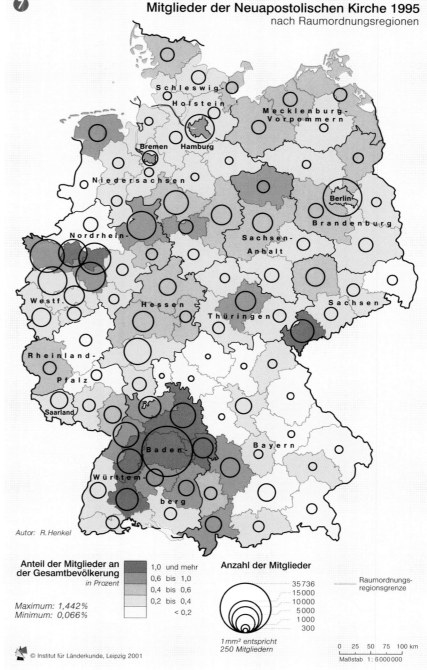

❼ Mitglieder der Neuapostolischen Kirche 1995
nach Raumordnungsregionen

Autor: R.Henkel

Anteil der Mitglieder an der Gesamtbevölkerung
in Prozent
- 1,0 und mehr
- 0,6 bis 1,0
- 0,4 bis 0,6
- 0,2 bis 0,4
- < 0,2

Maximum: 1,442%
Minimum: 0,066%

Anzahl der Mitglieder
- 35736
- 15000
- 10000
- 5000
- 1000
- 300

1mm² entspricht 250 Mitgliedern

Raumordnungsregionsgrenze

0 25 50 75 100 km
Maßstab 1:6000000

© Institut für Länderkunde, Leipzig 2001

Ausländer in Deutschland seit dem Zweiten Weltkrieg

Günther Glebe und Günter Thieme

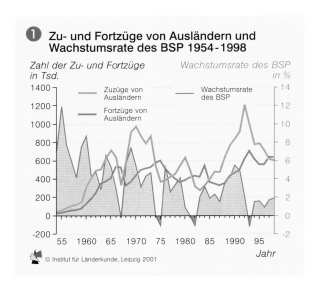

❶ Zu- und Fortzüge von Ausländern und Wachstumsrate des BSP 1954-1998

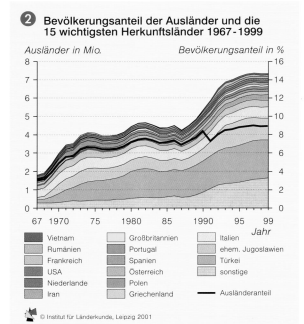

❷ Bevölkerungsanteil der Ausländer und die 15 wichtigsten Herkunftsländer 1967-1999

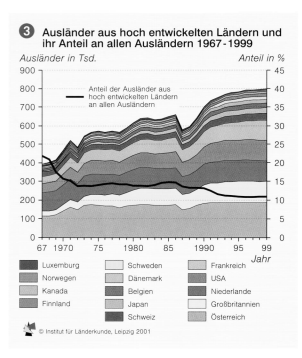

❸ Ausländer aus hoch entwickelten Ländern und ihr Anteil an allen Ausländern 1967-1999

Ausländer sind ein integraler Bestandteil der deutschen Gesellschaft. Zu Ende des Jahres 1998 lebten gut 7,3 Mio. Menschen in Deutschland, die nicht die deutsche Staatsangehörigkeit besaßen – ca. 9% der Gesamtbevölkerung. Der Begriff *Ausländer* ist zwar klar definiert, hinter ihm verbergen sich aber eine Vielzahl unterschiedlicher Personengruppen mit jeweils spezifischen Lebenssituationen und Problemlagen.

Die Unterscheidung zwischen Deutschen und Ausländern ist nach dem Staatsbürgerschaftsrecht festgelegt. Die Neufassung mit Wirkung vom 1. Januar 2000 entfernt sich vom reinen Abstammungsprinzip (*ius sanguinis*), erleichtert die Einbürgerung und gibt Kindern ausländischer Eltern unter bestimmten Voraussetzungen die Option auf die deutsche Staatsangehörigkeit. Wer einen deutschen Pass besitzt, ist Deutscher, unabhängig von ethnischer Herkunft oder kultureller Orientierung. Während die folgenden Analysen auf dieser Definition von Ausländern und Deutschen basieren, treffen in der gesellschaftlichen Realität Personen ausländischer Herkunft oder Spätaussiedler mit deutscher Nationalität auf ähnliche Probleme wie Ausländer im juristischen Sinne. Meist schließt der Erwerb der deutschen Staatsbürgerschaft nicht einen Integrationsprozess ab, sondern steht am Anfang der Eingliederung.

Zuwanderung und Wirtschaft

Die Ausländerzuwanderung in die Bundesrepublik Deutschland setzte Mitte der 1950er Jahre ein **❶**. Eine erste Welle begann auf der Grundlage von Arbeitsverträgen. 1955 war mit Italien als erstem Land ein Vertrag zur Anwerbung ausländischer Arbeitskräfte, den sog. Gastarbeitern, geschlossen worden. 1960 folgten vergleichbare Abkommen mit Griechenland und Spanien, 1961 mit der Türkei, bis 1968 mit Marokko, Portugal, Tunesien und Jugoslawien. Ähnliche Verträge schloss die DDR 1965 bis 1986 mit einer Reihe sozialistischer Staaten in Osteuropa, Asien und Afrika sowie mit Kuba.

Bis Mitte der 1960er Jahre stieg die Zahl der Zuzüge von Ausländern in die Bundesrepublik stetig bis auf über 600.000 Personen pro Jahr. Das änderte sich erstmals beim konjunkturellen Einbruch der Jahre 1966/67. 1967 sanken die Zuzugszahlen dramatisch und blieben deutlich hinter den Fortzügen zurück. In der nachfolgenden wirtschaftlichen Boomphase von 1968 bis 1973 erreichte die Zuwanderung im Jahr 1970 mit knapp einer Million Menschen einen vorläufigen Höhepunkt.

Die Ölkrise von 1973 und der Wirtschaftseinbruch der Jahre 1974/75 lösten eine Periode verstärkter Remigration unter der ausländischen Bevölkerung aus und beendeten mit dem Anwerbestopp die Periode der vertragsbezogenen Arbeitsmigration. Die Wanderungsverluste wurden jedoch bald durch eine Zuwanderungswelle von Familienan- →

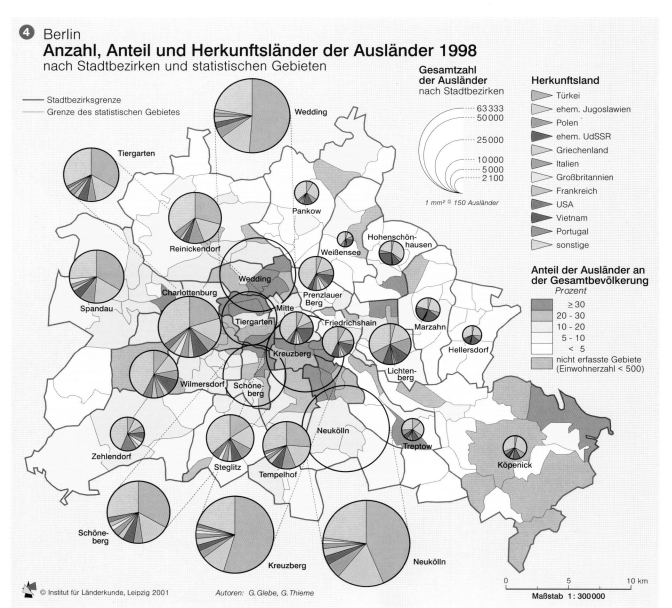

❹ Berlin
Anzahl, Anteil und Herkunftsländer der Ausländer 1998
nach Stadtbezirken und statistischen Gebieten

Stadtbezirksgrenze
Grenze des statistischen Gebietes

Gesamtzahl der Ausländer nach Stadtbezirken

63 333
50 000
25 000
10 000
5 000
2 100

1 mm² ≙ 150 Ausländer

Herkunftsland
Türkei
ehem. Jugoslawien
Polen
ehem. UdSSR
Griechenland
Italien
Großbritannien
Frankreich
USA
Vietnam
Portugal
sonstige

Anteil der Ausländer an der Gesamtbevölkerung
Prozent
≥ 30
20 - 30
10 - 20
5 - 10
< 5
nicht erfasste Gebiete (Einwohnerzahl < 500)

© Institut für Länderkunde, Leipzig 2001

Autoren: G. Glebe, G. Thieme

0   5   10 km

Maßstab 1 : 300000

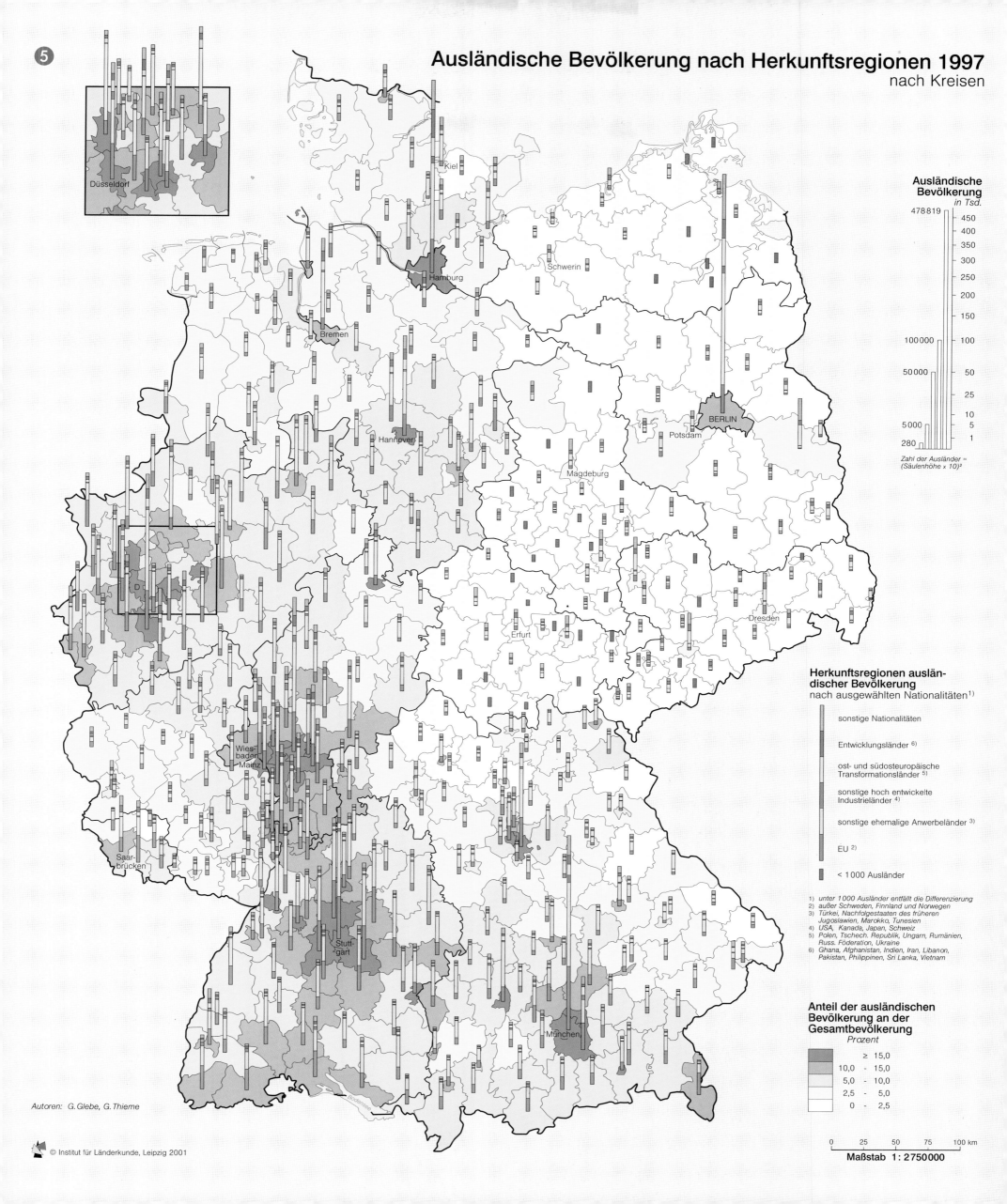

⑤

Kiel

Schwerin

Hamburg

Bremen

BERLIN

Potsdam

Hannover

Magdeburg

Dresden

Düsseldorf

Erfurt

Wiesbaden
Mainz

Saar-
brücken

Stutt-
gart

München

**Ausländische
Bevölkerung**
in Tsd.

478819

450
400
350
300
250
200
150

100000 — 100

50000 — 50

25
10
5

5000 — 5

280 — 1

*Zahl der Ausländer =
(Säulenhöhe x 10)²*

**Herkunftsregionen auslän-
discher Bevölkerung**
nach ausgewählten Nationalitäten[1]

sonstige Nationalitäten

Entwicklungsländer [6]

ost- und südosteuropäische
Transformationsländer [5]

sonstige hoch entwickelte
Industrieländer [4]

sonstige ehemalige Anwerbeländer [3]

EU [2]

< 1 000 Ausländer

1) unter 1 000 Ausländer entfällt die Differenzierung
2) außer Schweden, Finnland und Norwegen
3) Türkei, Nachfolgestaaten des früheren
   Jugoslawien, Marokko, Tunesien
4) USA, Kanada, Japan, Schweiz
5) Polen, Tschech. Republik, Ungarn, Rumänien,
   Russ. Föderation, Ukraine
6) Ghana, Afghanistan, Indien, Iran, Libanon,
   Pakistan, Philippinen, Sri Lanka, Vietnam

**Anteil der ausländischen
Bevölkerung an der
Gesamtbevölkerung**
Prozent

≥ 15,0
10,0 – 15,0
5,0 – 10,0
2,5 – 5,0
0 – 2,5

Autoren: G. Glebe, G. Thieme

© Institut für Länderkunde, Leipzig 2001

0   25   50   75   100 km

Maßstab 1 : 2 750 000

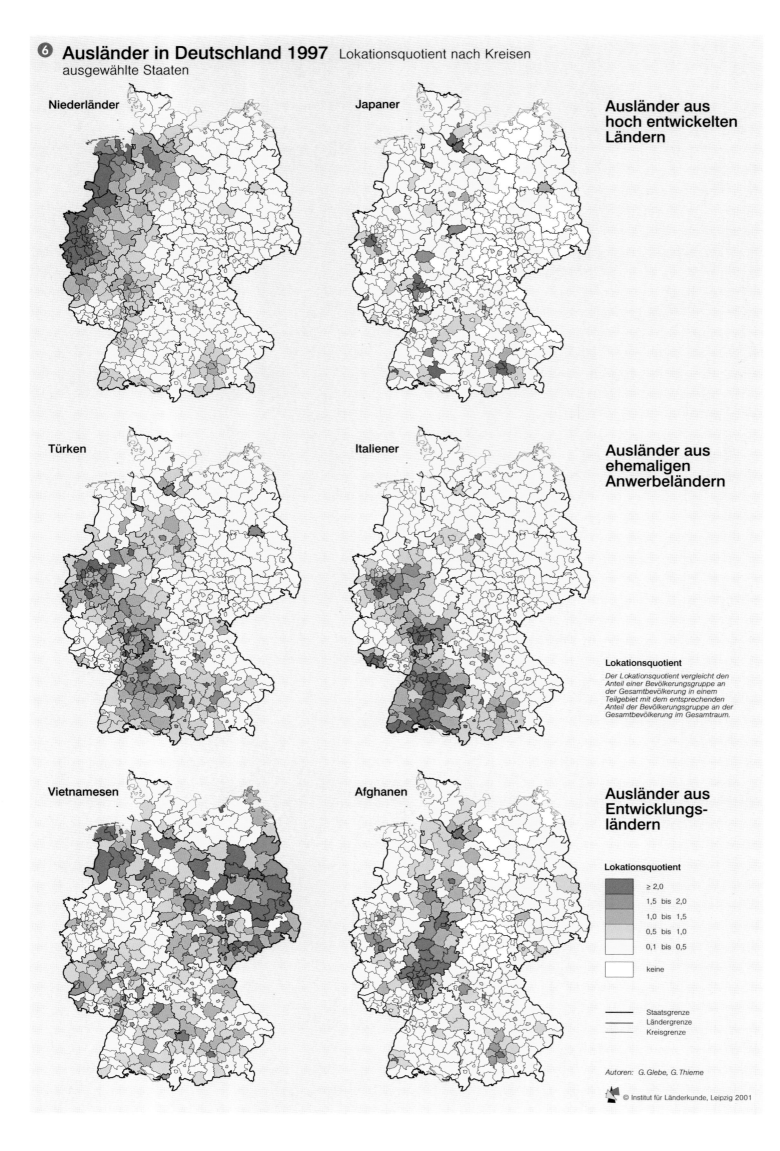

6 Ausländer in Deutschland 1997 Lokationsquotient nach Kreisen
ausgewählte Staaten

Niederländer

Japaner

Ausländer aus hoch entwickelten Ländern

Türken

Italiener

Ausländer aus ehemaligen Anwerbeländern

Lokationsquotient

Der Lokationsquotient vergleicht den Anteil einer Bevölkerungsgruppe an der Gesamtbevölkerung in einem Teilgebiet mit dem entsprechenden Anteil der Bevölkerungsgruppe an der Gesamtbevölkerung im Gesamtraum.

Vietnamesen

Afghanen

Ausländer aus Entwicklungsländern

Lokationsquotient

	≥ 2,0
	1,5 bis 2,0
	1,0 bis 1,5
	0,5 bis 1,0
	0,1 bis 0,5
	keine

Staatsgrenze
Ländergrenze
Kreisgrenze

Autoren: G. Glebe, G. Thieme

© Institut für Länderkunde, Leipzig 2001

gehörigen der verbliebenen Arbeitsmigranten ausgeglichen ❷, bevor Bemühungen der Bundesregierung, durch finanzielle Unterstützung die Rückwanderung zu fördern, zu Beginn der 1980er Jahre zu einem Rückgang führten.

Die zunehmende Internationalisierung und Globalisierung der Wirtschaft verstärkten die Zuwanderung von hochqualifizierten Migranten aus den hochentwickelten Ländern ❸. Viele von ihnen bleiben als Führungskräfte in ausländischen Unternehmen nur wenige Jahre, so dass sie als Zuwanderungsgruppe von der Öffentlichkeit kaum wahrgenommen werden.

Eine gewisse Entkoppelung von Wirtschaftswachstum und Außenwanderung erfolgte Ende der 1980er Jahre mit den geopolitischen Veränderungen in Osteuropa sowie den Bürgerkriegen in Südosteuropa und in verschiedenen Ländern der Dritten Welt. Sie lösten eine Welle der Asylbewerber- und Flüchtlingszuwanderung in die Bundesrepublik aus (▶▶ Beitrag Wendt, S. 136) und führten zu einer stärkeren Diversifizierung der ausländischen Bevölkerung.

Die Anstieg der Zuwanderungszahlen verlief zu Beginn dieser Phase zunächst noch annähernd parallel zum vereinigungsbedingten Wirtschaftsboom 1989 bis 1991. Die höchste Zuzugszahl von über 1,2 Mio. Menschen einschließlich 450.000 Asylbewerbern wurde jedoch erst 1992 erreicht, als die Wachstumsrate der deutschen Volkswirtschaft bereits deutlich rückläufig war. Seither hat sich – bei meist bescheidenem Wirtschaftswachstum – die Zuwanderung tendenziell deutlich abgeschwächt, und 1997 sowie 1998 verzeichnete Deutschland erstmals wieder einen Überschuss an Fortzügen von Ausländern.

Räumliche Differenzierung

Die in Deutschland lebenden Ausländergruppen weisen in ihrer regionalen Verteilung differenzierte nationalitätenspezifische Raummuster auf. Der Ausländeranteil liegt in den meisten Kreisen Ostdeutschlands unter 3%, da zu DDR-Zeiten nur eine geringe, staatlich gelenkte Zuwanderung erfolgte. In den alten Ländern treten vor allem die Verdichtungsräume mit hohen Ausländerkonzentrationen in Erscheinung, die in einigen kreisfreien Städten Werte von über 20% erreichen ❺.

Die großräumige Verteilung von Ausländern aus hochentwickelten Ländern zeigt extreme Unterschiede ❼. Bei Migranten aus den westlich angrenzenden Staaten lässt sich ein ausgeprägter Nachbarschaftseffekt mit hohen Dichten in den Grenzregionen erkennen. Die ehemaligen Besatzungszonen spiegeln sich in den Verteilungsmustern der Migranten Großbritanniens, Frankreichs und der USA deutlich wider. Überwiegend ökonomische Faktoren bestimmen dagegen die Verteilung der Japaner ❻, deren Siedlungsschwerpunkte in den bedeutendsten Dienstleistungszentren Westdeutschlands liegen.

Bei Migranten aus den Anwerbeländern reflektieren die Raummuster der einzelnen Nationalitäten deutlich die raumzeitliche Entwicklung der Arbeitsmigration, die Lage der Herkunftsländer und die Wirtschaftsstruktur der Hauptzielregionen in Deutschland. So weisen die am frühesten zugewanderten Italiener eine Konzentration in den süddeutschen Ländern auf, während die später zugewanderten Türken und Marokkaner weiter nördlich, insbesondere im Rhein-Ruhr-Raum ihre Siedlungsschwerpunkte haben.

Die Zuwanderung aus ost- und südosteuropäischen Ländern und Entwicklungsländern erfolgte überwiegend nach den geopolitischen Veränderungen in Osteuropa mit hohen Anteilen von Asylbewerbern und Bürgerkriegsflüchtlingen. Die hohen Anteile der Nationalitäten mit großen Asylbewerberzahlen gerade in einigen verdichtungsraumferneren Gebieten ist eine Folge der staatlichen Verteilungsregulation.

Ausländer in Städten

Die Konzentration von Ausländern ist überwiegend ein Phänomen der Großstädte. Hier bieten sich ein besonders breites Spektrum von Beschäftigungsmöglichkeiten und ein breit gefächerter Wohnungsmarkt. Innerhalb der Großstädte treten deutliche Konzentrationen auf, die zur Herausbildung ethnischer Stadtviertel führen, welche sowohl von der Zusammensetzung ihrer Wohnbevölkerung als auch vom Geschäftsleben her durch einzelne Nationalitäten stark geprägt sind.

Berlin ❹ weist mit 440.000 Ausländern den höchsten absoluten Wert der deutschen Großstädte auf. Der relative Ausländeranteil beträgt zwar nur 13% (1998), schwankt jedoch zwischen über 30% in den Stadtbezirken Kreuzberg und Wedding und unter 5% in der Mehrzahl der Bezirke im Ostteil der Stadt. Im früheren Westberlin sind die Türken die stärkste Ausländergruppe. Sie stellen in einigen Bezirken 50% und mehr aller Ausländer. Die Angehörigen der früheren alliierten Besatzungsmächte – Franzosen, Briten und US-Amerikaner – konzentrieren sich in ihren ehemaligen Sektoren. Im Osten Berlins treten vor allem die Nationalitäten aus Osteuropa deutlich hervor. Ein Erbe der DDR-Vergangenheit ist der relativ hohe Anteil der Vietnamesen, die von der DDR-Führung als Kontraktarbeiter aus Nord-Vietnam angeworben wurden.

Ein wichtiger Indikator für die gesellschaftliche Integration ausländischer Bevölkerungsgruppen ist der Grad ihrer räumlichen Trennung von der deutschen Bevölkerung sowie ihrer Separierung untereinander. Das Ausmaß dieser Segregation ist z.B. zwischen Türken und Deutschen oder zwischen Türken und Vietnamesen recht stark ausgeprägt, während die Staatsangehörigen der ehemaligen Anwerbeländer Türkei, Griechenland und Jugoslawien deutlich weniger voneinander separiert leben.◆

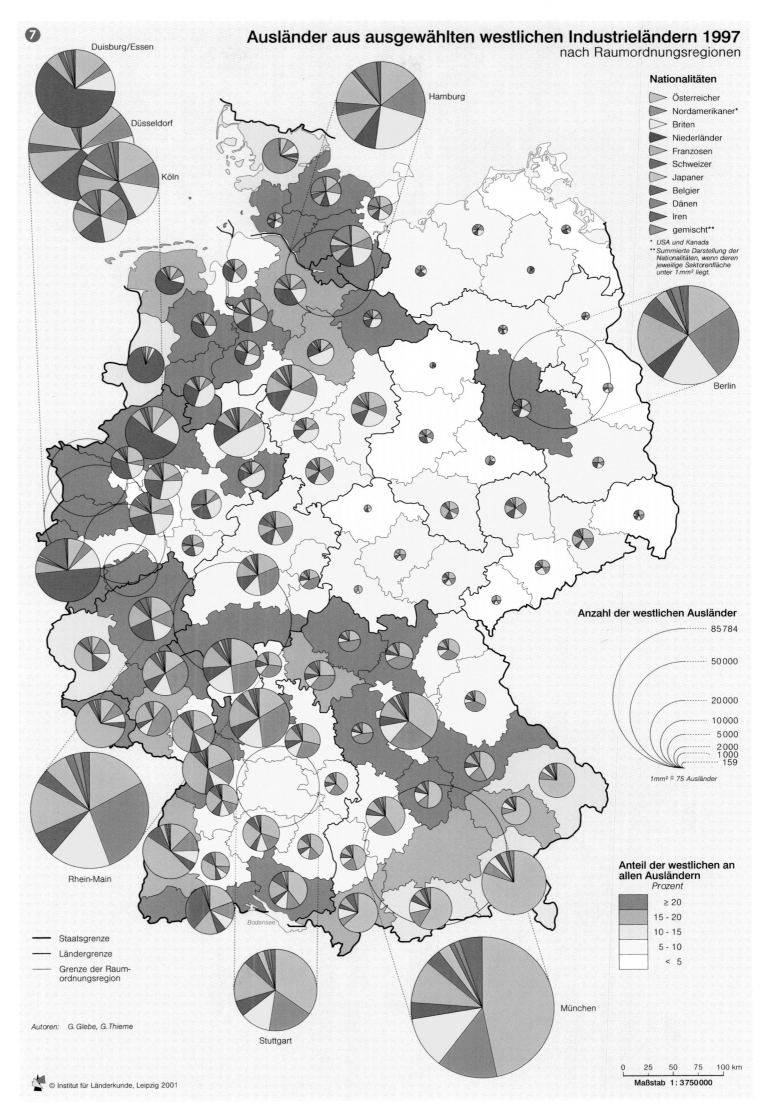

❼ **Ausländer aus ausgewählten westlichen Industrieländern 1997**
nach Raumordnungsregionen

Nationalitäten
- Österreicher
- Nordamerikaner*
- Briten
- Niederländer
- Franzosen
- Schweizer
- Japaner
- Belgier
- Dänen
- Iren
- gemischt**

* USA und Kanada
** Summierte Darstellung der Nationalitäten, wenn deren jeweilige Sektorenfläche unter 1 mm² liegt.

Duisburg/Essen
Düsseldorf
Köln
Hamburg
Berlin
Rhein-Main
Bodensee
Stuttgart
München

Anzahl der westlichen Ausländer
85 784
50 000
20 000
10 000
5 000
2 000
1 000
159

1mm² ≙ 75 Ausländer

— Staatsgrenze
— Ländergrenze
— Grenze der Raumordnungsregion

Autoren: G. Glebe, G. Thieme

© Institut für Länderkunde, Leipzig 2001

Anteil der westlichen an allen Ausländern
Prozent
- ≥ 20
- 15 - 20
- 10 - 15
- 5 - 10
- < 5

0 25 50 75 100 km

Maßstab 1: 3750000

Ausländer – demographische und sozioökonomische Merkmale

Günther Glebe und Günter Thieme

Türkische Familie mit vier Kindern

Die Ausländerbevölkerung in Deutschland unterscheidet sich in ihrer Alters- und Geschlechterzusammensetzung sowie nach ihren sozioökonomischen Merkmalen deutlich von der deutschen Bevölkerung. Dies ist im Wesentlichen durch die selektive Zuwanderung sowie durch ein unterschiedliches generatives Verhalten zu erklären.

Geschlechterverteilung und Altersstruktur

Die Ausländer in Deutschland weisen im Gegensatz zur deutschen Bevölkerung (▶▶ Beitrag Stegmann, S. 60) einen beträchtlichen Männerüberschuss auf (80 Frauen pro 100 Männer). Hierin spiegelt sich noch immer der ursprüngliche Status vieler Ausländer als angeworbene Arbeitskräfte in der gewerblichen Wirtschaft wider. Auch wenn bei den frühen ▶ Arbeitsmigranten die unausgeglichene Sexualproportion zum Teil durch den Nachzug von Familienangehörigen gemildert wurde, ist besonders bei den jüngeren Personen im erwerbsfähigen Alter nach wie vor der Männerüberschuss signifikant.

Die Mehrzahl der Ausländergruppen ist im Schnitt auch wesentlich jünger

als ihre deutschen Mitbürger. Eine wesentliche Ursache sind die noch immer höheren Geburtenraten aufgrund der jüngeren Altersstruktur, obwohl sich bei den meisten Ausländergruppen mit zunehmender Aufenthaltsdauer die Zahl der Geburten je Frau allmählich dem Niveau der deutschen Bevölkerung anpasst. Noch gravierender sind die Unterschiede bei den älteren Jahrgängen. Während der Anteil der Bevölkerung über 65 Jahre unter den Ausländern

① Ausländische Bevölkerung 1993-1999 nach der Aufenthaltsdauer

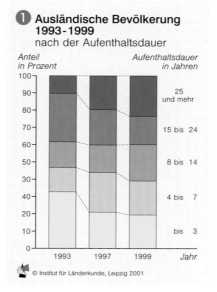

© Institut für Länderkunde, Leipzig 2001

knapp 4% beträgt, liegt er für die Deutschen bei 17%. Da die ersten Ausländer in den späten 1960er und frühen 1970er Jahren angeworben wurden, gelangt die frühere Gastarbeiterbevölkerung erst allmählich in die höheren Altersjahrgänge.

Die demographische Struktur ausländischer Bevölkerung in Deutschland ist je nach Nationalität äußerst unterschiedlich ②. Die Türken – als zahlenmäßig größte ethnische Gruppe – zeigen noch das klassische Bild einer ehemaligen Gastarbeiterbevölkerung mit Männerüberschuss, vor allem in den höheren Jahrgängen, und einem deutlichen Überwiegen von Personen im Erwerbsalter. Der hohe Anteil an unter 10-Jährigen ist ein Zeichen für ein immer noch unterschiedliches ▶ generatives Verhalten. Wesentlich ist zudem die relativ hohe Zahl von Frauen im gebärfähigen Alter.

Ein völlig anderes Bild liefern die etwas mehr als 100.000 in Deutschland lebenden Briten. Sie haben einen ho-

hen Anteil an temporären Arbeitsmigranten, z.T. im Managementbereich, z.T. auch im Baugewerbe. Auch die Bevölkerung polnischer Nationalität hat mit Ausnahme der 15- bis 29-Jährigen ein deutliches Übergewicht männlicher Personen im Erwerbsalter gegenüber Kindern und älteren Menschen. Die relativ hohe Zahl von Personen in der Altersgruppe über 65 dürfte durch Familienangehörige von deutschen Spätaussiedlern zu erklären sein.

Eine ausgesprochen extreme ▶ Sexualproportion und Altersverteilung zeigt die Gruppe der Thai. Hier kommen über 500 Frauen auf 100 Männer, zudem ist die Altersgliederung durch ein extremes Übergewicht der Altersgruppe zwischen 20 und 50 gekennzeichnet. Hierbei handelt es sich offensichtlich um Beschäftigte des Gastgewerbes sowie um die Personengruppe, die in der angelsächsischen Literatur als ▶ *mail order brides* bezeichnet wird.

Aufenthaltsdauer und Migrationsentwicklung

1999 lebten 40,3% der 7,37 Mio. Ausländer länger als 15 Jahre in der Bundesrepublik und von diesen wiederum

die Hälfte schon mehr als 25 Jahre. Die Zunahme der Zahl mit einer Aufenthaltsdauer von mehr als 15 Jahren zwischen 1993 und 1999 deutet darauf hin, dass immer mehr der hier lebenden Ausländer auf Dauer in der BRD bleiben werden, und belegt damit zugleich, dass Deutschland inzwischen ein Einwanderungsland geworden ist ① (▶▶ Beitrag Swiaczny, S. 126). Die einzelnen Gruppen weisen je nach Nationalität, Motiv und Zeitpunkt des Zuzugs recht unterschiedliche Aufenthaltsdauerprofile auf.

Ein beträchtlicher Anteil der Migranten der 1960er und frühen 1970er Jahre aus den ehemaligen Anwerbeländern des mediterranen Raumes, deren Aufenthalt ursprünglich als temporär angesehen wurde, ist nicht in die Heimatländer zurückgekehrt. Sie weisen inzwischen überwiegend eine lange bis sehr lange Aufenthaltsdauer mit zunehmender Tendenz zum ständigen Verbleiben auf. Die unter den Bedingungen der Globalisierung der Wirtschaft zugewanderten Gruppen aus entwickelten Ländern sind dagegen durch eine hohe zeitliche Dynamik und überwiegend kurze Aufenthaltsdauern gekennzeichnet. Es handelt sich vielfach um temporäre Migranten, deren Migrationsablauf und -dauer zum Teil über unternehmensinterne Arbeitsmärkte geregelt ist.

Differenziert man die Ausländernationalitäten nach der Aufenthaltsdauer ③, so lassen sich deutlich Ländertypen

② Ausgewählte Ausländergruppen nach Alter und Geschlecht 1997

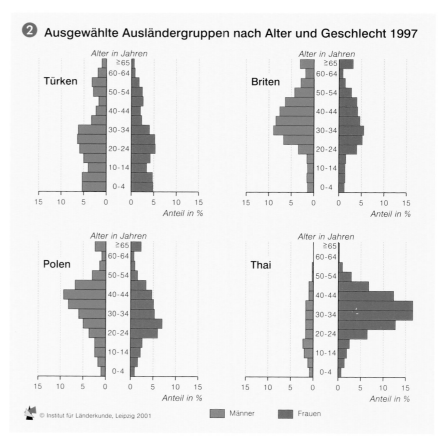

© Institut für Länderkunde, Leipzig 2001

Männer Frauen

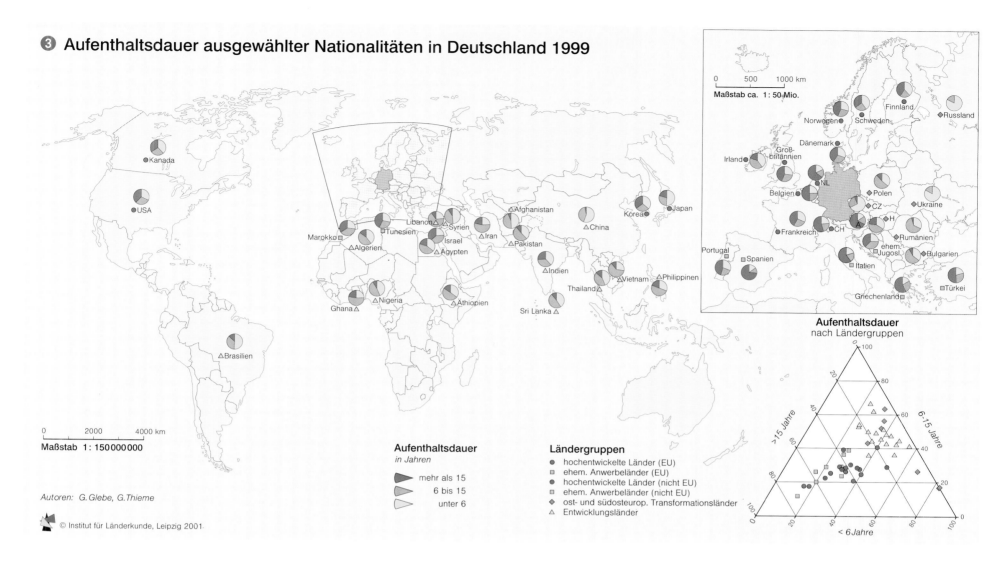

❸ Aufenthaltsdauer ausgewählter Nationalitäten in Deutschland 1999

Maßstab ca. 1 : 50 Mio.

Maßstab 1 : 150000000

Autoren: G.Glebe, G.Thieme

© Institut für Länderkunde, Leipzig 2001.

Aufenthaltsdauer
in Jahren

mehr als 15
6 bis 15
unter 6

Ländergruppen

● hochentwickelte Länder (EU)
□ ehem. Anwerbeländer (EU)
● hochentwickelte Länder (nicht EU)
□ ehem. Anwerbeländer (nicht EU)
◆ ost- und südosteurop. Transformationsländer
△ Entwicklungsländer

Aufenthaltsdauer
nach Ländergruppen

---

mit unterschiedlichen Aufenthaltsprofilen erkennen, in denen sich die jeweilige Zuwanderungsgeschichte, aber auch die Raumbeziehungen zum Zielland Deutschland widerspiegeln. Die Entwicklung unter den älteren Migrantengruppen, insbesondere der ehemaligen Gastarbeiterbevölkerung, ist durch eine Tendenz zum längerfristigen bis dauerhaften Aufenthalt gekennzeichnet. Das bedeutet, dass von sozialpolitischer Seite die Integrationsbemühungen verstärkt werden müssen, um der Gefahr zu begegnen, dass sich ein Teil dieser Ausländer mit teilweise niedrigem Qualifikationsniveau zu sozialen Rand- oder Unterschichtgruppen entwickelt.

Arbeitsmarkt und Erwerbsstruktur

Die Verteilung der ausländischen sozialversicherungspflichtig Beschäftigten in der Bundesrepublik nach Sektoren und Wirtschaftsbereichen zeigt, dass sie inzwischen zu etwa gleichen Anteilen im ▶ sekundären und ▶ tertiären Sektor tätig sind, während sie in früheren Jahrzehnten überwiegend im sekundären Sektor beschäftigt waren ❹.

Je nach Herkunftsregion, Migrationsphase und Zielen der Zuwanderung weisen die einzelnen Nationalitäten deutliche Unterschiede in ihrem erwerbsstrukturellen Gefüge auf. Die in der Phase des spätindustriellen Wirtschafts-

wachstums der 1960er Jahre zugewanderten Arbeitsmigranten waren vornehmlich im sekundären Sektor beschäftigt. Der Strukturwandel in der Wirtschaft hat jedoch auch bei diesen Ausländergruppen zu deutlichen sektoralen Veränderungen geführt. Im immer noch überproportional hohen Anteil von Beschäftigten im produzierenden Gewerbe drückt sich jedoch bis heute ihre erwerbsstrukturelle Ausgangssituation aus.

Migranten aus den entwickelten Ländern sind dagegen deutlich stärker im tertiären Sektor und hier insbesondere in den Wirtschaftsbereichen „distributive (Handel) und wirtschaftsbezogene Dienstleistungen" anzutreffen ❼. Ausländische Erwerbstätige mit niedrigerem Qualifikationsprofil, vornehmlich aus den ehemaligen Anwerbeländern, aber auch aus Entwicklungsländern und ost- und südosteuropäischen Staaten, sind dagegen verstärkt im Segment mit eher unsicheren und schlecht bezahlten Beschäftigungsverhältnissen (z.B. Reinigungsgewerbe) tätig.

Der postindustrielle wirtschaftsstrukturelle Wandel von der Industrie- zur Dienstleistungsökonomie und die zunehmende Globalisierung der Wirtschaft in den letzten Jahrzehnten haben in der Erwerbsstruktur der ausländischen Bevölkerung einen deutlichen Niederschlag gefunden. Die Entwicklung in Nordrhein-Westfalen ❺ dokumentiert diese Veränderungen im Erwerbsgefüge der ausländischen Bevölke-

rung in den letzten 20 Jahren. Die Situation von 1980 mit ca. 75% der ausländischen Erwerbstätigen im sekundären Sektor spiegelt noch weitgehend die Situation am Ende der spätindustriellen Phase wider. Danach folgte auch bei ihnen ein starker Rückgang des Beschäftigtenanteils im sekundären Sektor von 74,6% (1980) auf 50,7% (1997).

Regionale Differenzierung der ausländischen Erwerbstätigkeit

Die regionale Struktur der ausländischen Erwerbstätigen zeigt einige charakteristische Merkmale ❿. Auffällig ist ein ausgeprägter Gegensatz zwischen den alten und neuen Ländern, und zwar nicht nur im Umfang der Ausländerbeschäftigung, sondern teilweise auch in der sektoralen Zusammensetzung. Weiterhin bemerkenswert sind hohe Anteile ausländischer Erwerbstätiger im Dienstleistungssektor in den Stadtstaaten Berlin und Hamburg, beide Dienstleistungszentren mit hochrangigen Kontroll- und Managementfunktionen. Sie dokumentieren die Rolle der Städte als Vorreiter des Strukturwandels auch bei der ausländischen Erwerbsbevölkerung. Nur noch wenige der Flächenländer weisen über dem Bundesdurchschnitt liegende Anteile ausländischer Erwerbspersonen im sekundären Sektor auf.

Arbeitslosigkeit und Einkommensstruktur

Vor allem die erste Generation der Ausländer aus den ehemaligen →

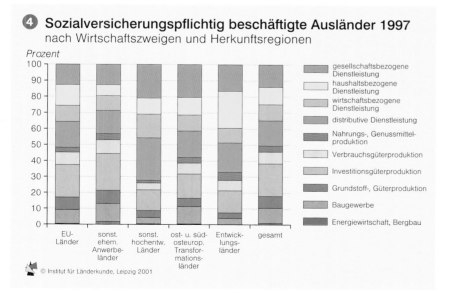

❹ Sozialversicherungspflichtig beschäftigte Ausländer 1997
nach Wirtschaftszweigen und Herkunftsregionen

Prozent

gesellschaftsbezogene Dienstleistung
haushaltsbezogene Dienstleistung
wirtschaftsbezogene Dienstleistung
distributive Dienstleistung
Nahrungs-, Genussmittelproduktion
Verbrauchsgüterproduktion
Investitionsgüterproduktion
Grundstoff-, Güterproduktion
Baugewerbe
Energiewirtschaft, Bergbau

EU-Länder · sonst. ehem. Anwerbeländer · sonst. hochentw. Länder · ost- u. südosteurop. Transformationsländer · Entwicklungsländer · gesamt

© Institut für Länderkunde, Leipzig 2001

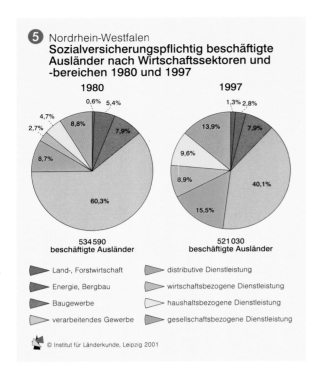

5 Nordrhein-Westfalen
Sozialversicherungspflichtig beschäftigte Ausländer nach Wirtschaftssektoren und -bereichen 1980 und 1997

1980

0,6% 5,4%
4,7%
2,7%
8,8%
7,9%
8,7%
60,3%

534 590
beschäftigte Ausländer

1997

1,3% 2,8%
13,9%
7,9%
9,6%
8,9%
40,1%
15,5%

521 030
beschäftigte Ausländer

◆ Land-, Forstwirtschaft   ◆ distributive Dienstleistung
◆ Energie, Bergbau   ◆ wirtschaftsbezogene Dienstleistung
◆ Baugewerbe   ◆ haushaltsbezogene Dienstleistung
◆ verarbeitendes Gewerbe   ◆ gesellschaftsbezogene Dienstleistung

© Institut für Länderkunde, Leipzig 2001

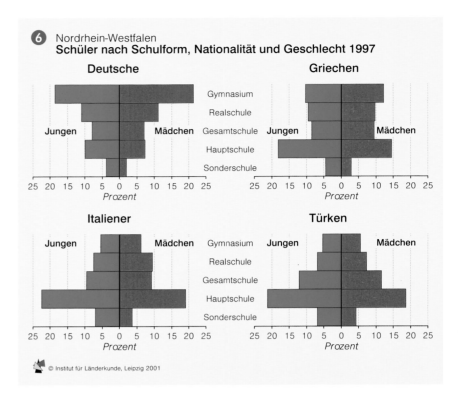

6 Nordrhein-Westfalen
Schüler nach Schulform, Nationalität und Geschlecht 1997

Deutsche

Jungen — Mädchen

Gymnasium
Realschule
Gesamtschule
Hauptschule
Sonderschule

25 20 15 10 5 0 5 10 15 20 25
Prozent

Griechen

Jungen — Mädchen

25 20 15 10 5 0 5 10 15 20 25
Prozent

Italiener

Jungen — Mädchen

25 20 15 10 5 0 5 10 15 20 25
Prozent

Türken

Gymnasium Jungen — Mädchen
Realschule
Gesamtschule
Hauptschule
Sonderschule

25 20 15 10 5 0 5 10 15 20 25
Prozent

© Institut für Länderkunde, Leipzig 2001

Anwerbeländern wurde überwiegend als ungelernte oder angelernte Arbeiter für Routinearbeiten in der Industrie angeworben. Viele der klassischen Tätigkeiten in der Industrie sind mit dem technologischen Wandel und der ▶ Deindustrialisierung seit den späten 1970er Jahren verloren gegangen. Jeder neue Schub rezessiver oder strukturell-technischer Veränderungen in der Wirtschaft führte zu einem im Vergleich zur deutschen Erwerbsbevölkerung überproportional starken Anwachsen der Ar-

beitslosenquoten unter der ausländischen Erwerbsbevölkerung **8**.

Während der in den 1960er Jahren herrschenden Vollbeschäftigung in der Bundesrepublik lag die Arbeitslosenquote unter 1%, die der angeworbenen Ausländer anfangs sogar niedriger als die der deutschen Erwerbsbevölkerung. Mit den Konjunktureinbrüchen seit den 1970er Jahren (▶▶ Beitrag Glebe/Thieme, S. 72) stieg jedoch auch die Arbeitslosenquote stetig an. Seit Mitte der 1970er Jahre liegt das Niveau der Arbeitslosigkeit bei Ausländern stets über dem der Deutschen. In den neuen Ländern spielen Ausländer aufgrund ihres äußerst niedrigen Bevölkerungsanteils bei der Arbeitslosigkeit so gut wie keine Rolle. Charakteristisch für die Situation in den alten Ländern in den 1980er und 90er Jahren ist jedoch die Tatsache, dass sich bei niedrigem Wirtschaftswachstum oder sogar negativer ökonomischer Entwicklung die Schere zwischen den Arbeitslosenquoten der deutschen und ausländischen Bevölkerung ständig weiter geöffnet hat. Bei jeder konjunkturellen Erholung mindert sich diese Diskrepanz vorübergehend und verstärkt sich dann in einer wirtschaftlichen Schwächeperiode erneut. Aufgrund dieser Tendenz hat sich die ausländische Bevölkerung seit längerem als eine der Problemgruppen des Arbeitsmarktes herauskristallisiert (▶▶ Beitrag Gans/Thieme, S. 82). Die nach wie vor bestehenden Defizite ausländischer Jugendlicher im Bildungsbereich **6** lassen für die Zukunft weiterhin erhebliche

Beschäftigungsprobleme bei diesem Personenkreis erwarten, sofern nicht gezielte Maßnahmen zur Verbesserung der beruflichen Qualifikation ergriffen werden.

Die Beschäftigungsstruktur spiegelt jedoch nur bedingt die Einkommensver-

teilung und damit die wirtschaftliche Situation der einzelnen Migrantengruppen wider. Wie das Beispiel der Einkommen einiger ausgewählter Arbeitsmigrantengruppen zeigt, bestehen erhebliche Unterschiede zwischen dem Individual- und dem Haushaltsnettoeinkommen **9**. Die Differenzen machen deutlich, dass in vielen ausländischen Haushalten der ehemaligen Arbeitsmigranten häufig mehrere Einkommensquellen vorhanden sind und damit vielfach eine größere wirtschaftliche Elastizität besteht, als die individuellen Einkommen erkennen lassen. Qualifikationsdefizite und Überalterung, insbesondere der ersten Gastarbeitergeneration, machen viele zu Verlierern des Strukturwandels. Soweit ihnen der Übergang in den expandierenden Dienstleistungssektor gelingt, wählen sie dabei häufig den Weg in die Selbständigkeit.

Nach Schätzungen von Wirtschaftsinstituten liegt der Anteil der von ausländischen Unternehmen erbrachten Wirtschaftsleistung inzwischen bei etwa 9%. In den vergangenen Jahrzehnten hat sich eine ständig wachsende Zahl der oft langfristig in der Bundesrepublik lebenden Ausländer in unterschiedlichen Branchen selbständig gemacht. Über 281.000 ausländische Firmengründungen in Industrie, Handwerk und Handel, davon allein über 40% von Angehörigen aus fünf der wichtigsten ehemaligen Anwerbeländer, dokumentieren die Bedeutung, die ausländische Betriebe inzwischen in der deutschen Wirtschaft einnehmen.

Ausländer im Bildungssystem
Allgemeine und berufliche Bildung sind ein wesentliches Förderungsinstrument

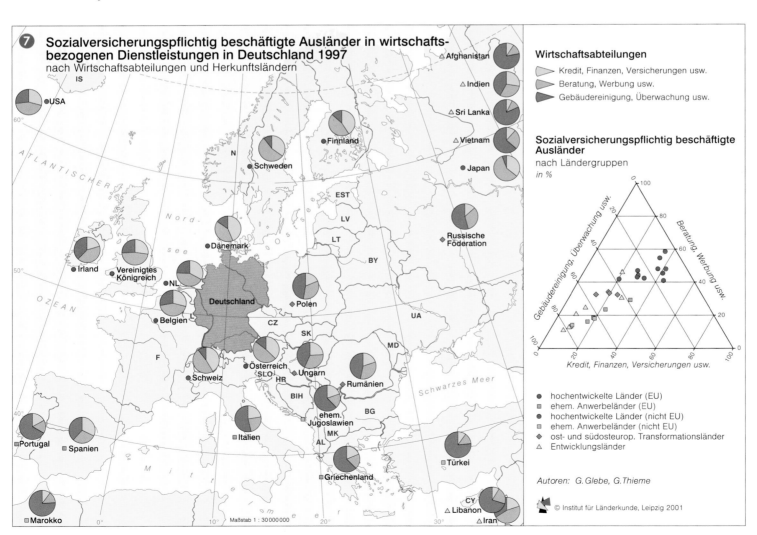

7 **Sozialversicherungspflichtig beschäftigte Ausländer in wirtschaftsbezogenen Dienstleistungen in Deutschland 1997**
nach Wirtschaftsabteilungen und Herkunftsländern

Maßstab 1 : 30 000 000

Wirtschaftsabteilungen
◣ Kredit, Finanzen, Versicherungen usw.
◣ Beratung, Werbung usw.
◣ Gebäudereinigung, Überwachung usw.

Sozialversicherungspflichtig beschäftigte Ausländer
nach Ländergruppen
in %

● hochentwickelte Länder (EU)
■ ehem. Anwerbeländer (EU)
● hochentwickelte Länder (nicht EU)
■ ehem. Anwerbeländer (nicht EU)
◆ ost- und südosteurop. Transformationsländer
△ Entwicklungsländer

Autoren: G. Glebe, G. Thieme

 © Institut für Länderkunde, Leipzig 2001

für die berufliche und soziale Integration ausländischer Bevölkerungsgruppen. Gleichzeitig gilt der Erfolg im Bildungssystem als entscheidender Indikator für die Chancen für einen wirtschaftlichen und sozialen Aufstieg in der Gesellschaft des Einwanderungslandes. Gemessen an diesen Zielen ergibt die Analyse ein sehr ambivalentes Bild. Der Anteil ausländischer Schüler stieg in den alten Ländern von 1970 bis 1996 von 1,8% auf 11,3% und erreicht in ganz Deutschland aufgrund des sehr niedrigen Ausländeranteils in den neuen Ländern 9,1%. Die Unterschiede zwischen den einzelnen Schulformen sind jedoch noch immer beträchtlich. So ist z.B. der Prozentsatz der Ausländer unter den Gymnasiasten im erwähnten Zeitraum von 0,9 auf 4,8 angewachsen, der Rückstand gegenüber den deutschen Mitschülern hat sich jedoch kaum verringert. Dagegen waren im Schuljahr 1997/98 die Ausländerkinder in den Haupt- und Sonderschulen deutlich überrepräsentiert.

Dass Fortschritte bei der Bildungsqualifikation nur langsam erfolgen, zeigt die Darstellung der Bildungsabschlüsse in Nordrhein-Westfalen 1990/91 und 1997/98 ⑫. Noch immer legt ein Viertel der ausländischen Jugendlichen nur sehr niedrig qualifizierte Abschlüsse ab oder bleibt sogar ohne Hauptschulabschluss. Dagegen führen nur wenig mehr als ein Zehntel der Bildungsabschlüsse des Jahres 1997/98 zur Hochschulreife.

Die unterschiedlichen Bildungserfolge einzelner Einwanderergruppen ❻ in Nordrhein-Westfalen zeigen die aus fast allen Bildungsstatistiken vertraute Diskrepanz der Geschlechter mit signifikant höheren Anteilen von Mädchen

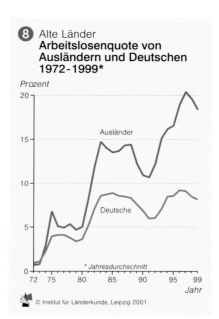

⑧ Alte Länder
Arbeitslosenquote von Ausländern und Deutschen 1972-1999*

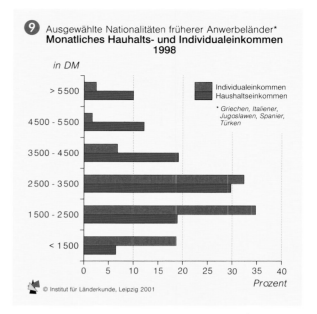

⑨ Ausgewählte Nationalitäten früherer Anwerbeländer*
Monatliches Hauhalts- und Individualeinkommen 1998

in den Schulformen, die zu höheren Bildungsabschlüssen führen, gegenüber der Dominanz von Jungen in Haupt- und Sonderschulen. Auffallend ist der sehr hohe Anteil von Schülern italienischer Nationalität bei Haupt- und Sonderschulen, der entgegen dem populären Vorurteil den Anteil der Schüler türkischer Nationalität sogar noch übertrifft.

Perspektiven der Integration

Die Integration der ausländischen Bevölkerung in Deutschland ist ein mehrdimensionales Phänomen. Neben der rechtlichen Integration durch Einbürgerung ist als Indikator der kulturellen und strukturellen ▶ Assimilation die Zahl der ethnisch gemischten Ehen (intermarriage) quantitativ erfassbar. Aus Datengründen (THRÄNHARDT 1999) wird hier auf die Zahlen von Geburten aus deutsch-ausländischen Ehen und ihren Anteil an der Gesamtzahl aller Geburten zurückgegriffen, der in den letzten Jahren deutlich gestiegen ist. Beim Vergleich der verschiedenen Nationalitäten zeigt sich der erwartete Unterschied zwischen Türken mit dem niedrigsten Anteil von Kindern aus ethnisch gemischten Ehen und Angehörigen anderer EU-Staaten. Innerhalb der letzteren Gruppe sind die Diskrepanzen jedoch erheblich – über 80% der spanischen Kinder stammen aus Mischehen, bei den Griechen sind es nur wenig mehr als 20% ⑪. Die Verschmelzung unterschiedlicher ethnischer Gruppen durch

gemischte Ehen ebenso wie der erleichterte Zugang zur deutschen Staatsangehörigkeit fördern die Integration von Migranten in die deutsche Gesellschaft. Ein beträchtliches Maß an kultureller Vielfalt wird jedoch die Gesellschaft der Bundesrepublik Deutschland dauerhaft prägen.◆

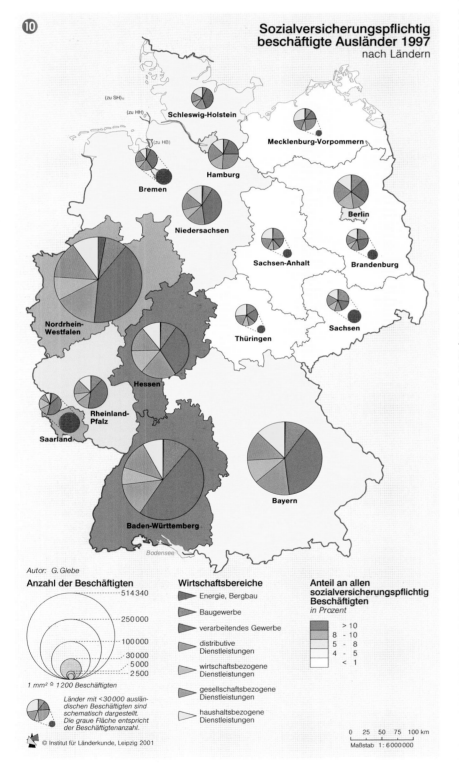

⑩
Sozialversicherungspflichtig beschäftigte Ausländer 1997
nach Ländern

Autor: G. Glebe

Anzahl der Beschäftigten

Wirtschaftsbereiche
- Energie, Bergbau
- Baugewerbe
- verarbeitendes Gewerbe
- distributive Dienstleistungen
- wirtschaftsbezogene Dienstleistungen
- gesellschaftsbezogene Dienstleistungen
- haushaltsbezogene Dienstleistungen

Anteil an allen sozialversicherungspflichtig Beschäftigten
in Prozent
- > 10
- 8 - 10
- 5 - 8
- 4 - 5
- < 1

1 mm² ≙ 1200 Beschäftigten

Länder mit <30000 ausländischen Beschäftigten sind schematisch dargestellt. Die graue Fläche entspricht der Beschäftigtenanzahl.

0 25 50 75 100 km
Maßstab 1 : 6 000 000

© Institut für Länderkunde, Leipzig 2001

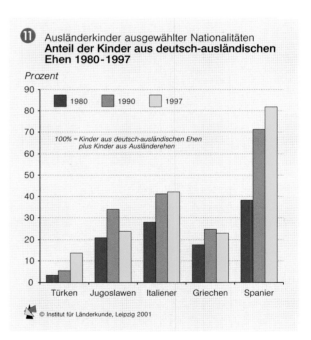

⑪ Ausländerkinder ausgewählter Nationalitäten
Anteil der Kinder aus deutsch-ausländischen Ehen 1980-1997

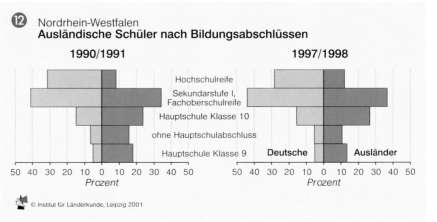

⑫ Nordrhein-Westfalen
Ausländische Schüler nach Bildungsabschlüssen

© Institut für Länderkunde, Leipzig 2001

Beschäftigungsentwicklung und -struktur

Paul Gans und Günter Thieme

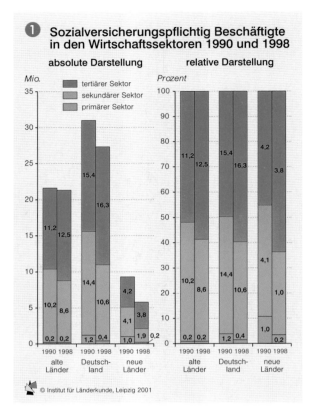

❶ Sozialversicherungspflichtig Beschäftigte in den Wirtschaftssektoren 1990 und 1998

© Institut für Länderkunde, Leipzig 2001

Die deutsche Gesellschaft definiert sich in starkem Maße über die Erwerbstätigkeit. Diese sichert das Einkommen und bildet die Grundlage für den Wohlstand und die soziale Position des Einzelnen. Trotz dieser zentralen Bedeutung ist seit 1990 die Zahl der tatsächlich Erwerbstätigen rückläufig. Mehr als zwei Drittel von ihnen sind sozialversicherungspflichtig Beschäftigte, d.h. Beamte,

Selbständige, mithelfende Familienangehörige oder geringfügig Beschäftigte sind zwar erwerbstätig, werden hier aber nicht mitgezählt. Der sektorale Wandel zugunsten der Dienstleistungen resultiert zwar auch aus dem Rückgang in der Land- und Forstwirtschaft ❶, entscheidend für den Arbeitsmarkt war jedoch der Beschäftigungsrückgang im verarbeitenden Gewerbe. In den neuen Ländern ging mehr als die Hälfte der Arbeitsplätze im sekundären Sektor verloren. Für diese Deindustrialisierung waren u.a. der internationale Wettbewerbsdruck verantwortlich, der eine Verlagerung von Produktionsstätten ins Ausland beschleunigte, sowie die Produktivitätsfortschritte, die mit der Transformation des ökonomischen Systems einhergingen. Dort konnte jedoch der tertiäre Sektor nicht wie im früheren Bundesgebiet für einen gewissen Ausgleich an Arbeitsplätzen sorgen.

Regionale Unterschiede in der Beschäftigungsentwicklung

Ein Blick auf Karte ❸ lässt eine Beziehung zwischen der Siedlungsstruktur und der Beschäftigungsentwicklung vermuten. Zunahmen von über 6% bei den Arbeitsplätzen verzeichnen zwischen 1990 und 1998 der Nordwesten, vor allem das Umland von Hamburg und Bremen, sowie Regionen nördlich und westlich des Ruhrgebiets. Einen vergleichbaren Trend registrierten weniger verdichtete Gebiete in Rheinland-Pfalz, in Baden-Württemberg sowie im Süden

Bayerns. Ein Rückgang bzw. eine Stagnation lag in den großen Agglomerationen München, Rhein-Main, Rhein-Ruhr sowie in den Stadtstaaten Hamburg und Bremen vor. Auffallend ist der starke Arbeitsplatzabbau in Baden-Württemberg, der nicht zuletzt ein Resultat der Rationalisierungsmaßnahmen in der Automobilindustrie ist.

Einer der Gründe für die regionalen Unterschiede in der Beschäftigungsentwicklung sind die Agglomerationsnachteile, die sich in Regionen mit überdurchschnittlich hoher Beschäftigungsquote bemerkbar machen. In Gebieten mit unterproportionaler Erwerbsbeteiligung fand dagegen eher ein Arbeitsplatzwachstum statt. In diesen Regionen ist der Arbeitsmarkt weniger angespannt und daher für Unternehmensansiedlungen interessanter als in Räumen mit hoher Beschäftigungsquote, wo die meisten Erwerbsfähigen im Alter von 15 bis 65 Jahren (z.B. Rhein-Main: 58%, München: 59%) einen Arbeitsplatz besitzen und somit eine strukturelle Arbeitskräfteknappheit mit höheren Lohnkosten existiert.

Weiterhin hat der ökonomische Strukturwandel Konsequenzen für das Beschäftigungssystem. Die Zahl der Arbeitsplätze in der Industrie verringert sich, während der tertiäre Sektor an Gewicht gewinnt. In den neuen Ländern ist inzwischen der strukturelle Wandel des sekundären Sektors weitgehend abgeschlossen. Nach der Wende sind nur wenige industrielle Kerne wie die der Oberlausitz, in der Region von Chemnitz und Zwickau sowie in Südthüringen erhalten geblieben ❸. Neuinvestitionen in Verbindung mit einem hohen Produktivitätsfortschritt haben hier zwar wettbewerbsstarke Betriebe geschaffen, aber keine entsprechenden Beschäftigungseffekte erzielt. Im früheren Bundesgebiet spielt dagegen das verarbeitende Gewerbe nach wie vor eine große Rolle, auch wenn in den großen Agglomerationen mit ökonomischen Steuerungsfunktionen sowie in Regionen mit staatlichen Funktionen von nationaler Bedeutung der tertiäre Sektor dominiert. Diese Dominanz findet sich auch im Norden, wo entlang der Nord- und Ostseeküste des Tourismus eine wichtige ökonomische Basis bildet.

Der Strukturwandel wird von einem Infrastrukturausbau z.B. für schnelle Verkehrsverbindungen sowie von Verbesserungen in der Kommunikationstechnologie begleitet. Diese Neuerungen vergrößern die Alternativen bei Standortentscheidungen von Unternehmen und Haushalten sowie ihre Fähigkeiten, auf räumliche Differenzierungen – z.B. auf Veränderungen des Gewerbesteuerhebesatzes oder der Grundstücks-

preise – flexibel zu reagieren. Sowohl im Vergleich zwischen den Regionen als auch regionsintern schneidet mit abnehmender Siedlungsdichte die Beschäftigungsentwicklung und damit auch die Arbeitslosigkeit günstiger ab ❷.

In den neuen Ländern ist diese Beziehung zwischen Siedlungsstruktur und Beschäftigungssituation nicht zu erkennen. Die Agglomerationen weisen nicht nur eine unterdurchschnittliche Arbeitslosigkeit auf, sondern auch eine relativ hohe Beschäftigungsquote ❸. In den ländlichen Räumen wirkt sich die z.T. extrem niedrige Bevölkerungsdichte negativ auf das Arbeitskräfteangebot aus, das zu klein und zu wenig differenziert ist und damit auch zu geringe Absatzmöglichkeiten bietet. Weiterhin ist die Infrastrukturausstattung im Vergleich zu den wirtschaftlichen Kernräumen zurückgeblieben.

Ein weiterer Einflussfaktor für die Beschäftigungssituation ist die wachsende räumliche Trennung zwischen Arbeiten und Wohnen. So wies Frankfurt am Main von 1980 bis 1994 mit +3,1% die günstigste Arbeitsmarktbilanz der elf größten westdeutschen Städte auf, doch verzeichnete das Umland mit einem Plus von etwa 7% deutlich bessere Werte als die Kernstadt (BARTELHEIMER 1997). Dieser Sachverhalt verweist zum einen auf Standortkonkurrenzen, zum anderen auf Einpendler und die dahinter stehende Suburbanisierung (▶▶ Beitrag Herfert, S. 116). Offenbar kann die Bevölkerung in den Großstädten immer weniger die qualitativen Anforderungen neuer Arbeitsplätze in den Kernstädten erfüllen. Die Folge ist, dass die in den Kernstädten konzentrierten sozial schwächeren Haushalte bei unterdurchschnittlicher Qualifikation immer geringere Chancen erhalten, die Arbeitslosigkeit oder die Anhängigkeit von der Sozialhilfe zu überwinden (▶▶ Beitrag Horn/Lentz, S. 88). Dieser Trend wird durch den wachsenden Anteil ethnischer Minderheiten in den Großstädten auch aufgrund ihrer Funktion als stille Reserve auf dem Arbeitsmarkt noch verstärkt (ZARTH 1994; GANS 1997).

In Westdeutschland wird die Entwicklung zur Dienstleistungsgesellschaft weiter fortschreiten und – wenn auch regional stark differenziert – Alternativen zum Beschäftigungsabbau in der Industrie bieten können. In den neuen Ländern dagegen hat sich der strukturelle Wandel inzwischen weitgehend vollzogen, so dass Chancen zur Verringerung der Arbeitslosigkeit nicht aus sektoraler Kompensation resultieren können, sondern ausschließlich in einer Zunahme international wettbewerbsfähiger Arbeitsplätze liegen.◆

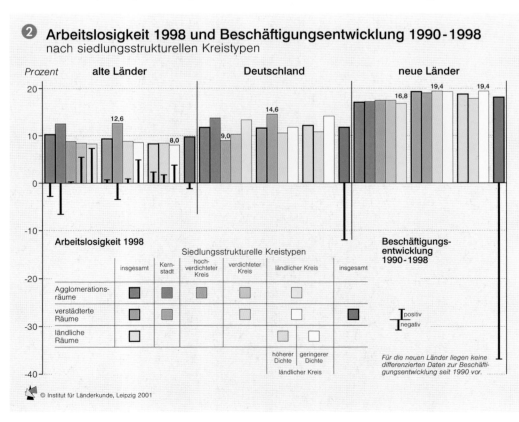

❷ Arbeitslosigkeit 1998 und Beschäftigungsentwicklung 1990-1998 nach siedlungsstrukturellen Kreistypen

© Institut für Länderkunde, Leipzig 2001

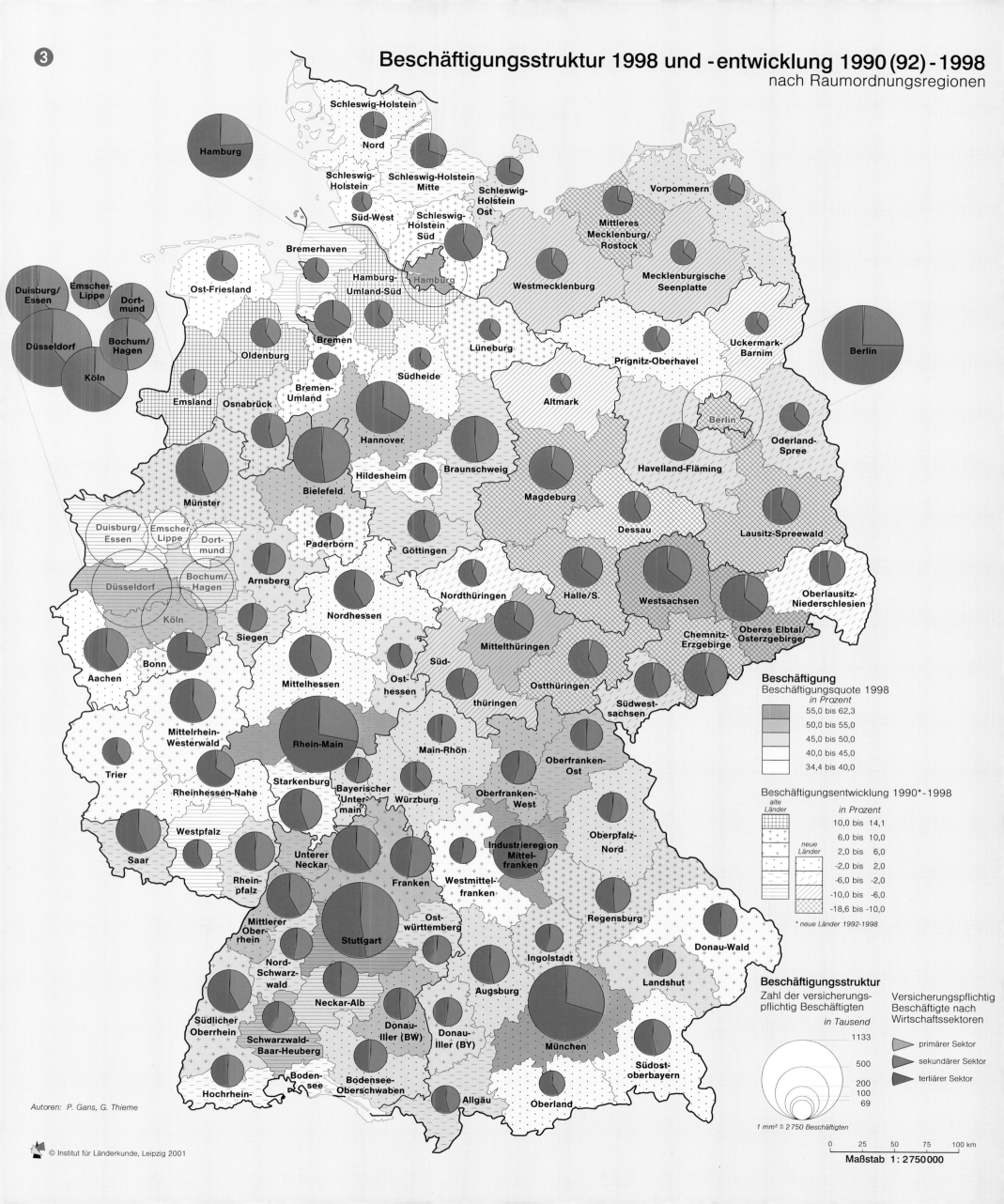

Beschäftigungsstruktur 1998 und -entwicklung 1990 (92) - 1998
nach Raumordnungsregionen

3

Beschäftigung
Beschäftigungsquote 1998
in Prozent

- 55,0 bis 62,3
- 50,0 bis 55,0
- 45,0 bis 50,0
- 40,0 bis 45,0
- 34,4 bis 40,0

Beschäftigungsentwicklung 1990*-1998

alte Länder
in Prozent

- 10,0 bis 14,1
- 6,0 bis 10,0

neue Länder

- 2,0 bis 6,0
- -2,0 bis 2,0
- -6,0 bis -2,0
- -10,0 bis -6,0
- -18,6 bis -10,0

* neue Länder 1992-1998

Beschäftigungsstruktur
Zahl der versicherungs-
pflichtig Beschäftigten
in Tausend

Versicherungspflichtig
Beschäftigte nach
Wirtschaftssektoren

- 1133
- 500
- 200
- 100
- 69

- primärer Sektor
- sekundärer Sektor
- tertiärer Sektor

1 mm² ≙ 2750 Beschäftigte

Autoren: P. Gans, G. Thieme

© Institut für Länderkunde, Leipzig 2001

0   25   50   75   100 km

Maßstab 1 : 2 750 000

Arbeitslosigkeit

Paul Gans und Günter Thieme

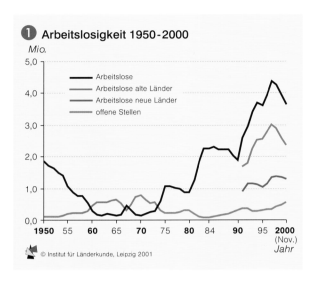

① Arbeitslosigkeit 1950-2000

Mio.

Legend:
- Arbeitslose
- Arbeitslose alte Länder
- Arbeitslose neue Länder
- offene Stellen

© Institut für Länderkunde, Leipzig 2001

Das gesellschaftlich größte Problem in Deutschland ist gegenwärtig die Arbeitslosigkeit. Seit Mitte der 1970er Jahre stieg die Zahl der Arbeitslosen bei jeder der drei Rezessionen um mindestens eine Million an und verringerte sich in konjunkturellen Erholungsphasen nur wenig ①. Arbeitslosigkeit weist auf Ungleichgewichte zwischen Arbeitskräfteangebot und -nachfrage hin. Zahl und Quote der Arbeitslosen sind nicht nur ein wesentlicher Indikator zur Analyse der regionalen Wirtschaftsstruktur und Konjunkturentwicklung, sondern vermitteln auch wichtige Informationen über individuelle Problemlagen und gesellschaftliche Herausforderungen (▶▶ Beitrag Horn/Lentz, S. 88).

Entwicklung der Arbeitslosigkeit seit 1950

Mit dem konjunkturellen Aufschwung der Nachkriegszeit in den 1960er und frühen 1970er Jahren herrschte in der Bundesrepublik Deutschland Vollbeschäftigung, d.h. die Zahl der offenen Stellen überstieg die Zahl der Arbeit Suchenden ①. Schon 1975 überschritt jedoch die Zahl der Arbeitslosen die Millionenschwelle. Der durch die Wiedervereinigung hervorgerufene Wirtschaftsboom sorgte in den alten Ländern für einen zeitweiligen Rückgang der Erwerbslosigkeit, doch schon 1997 registrierte die Bundesanstalt für Arbeit mit dem Überschreiten der Grenze von 4 Mio. einen erneuten Höchststand der Arbeitslosigkeit im vereinten Deutschland. Seit 1998 wirkte sich der wirtschaftliche Aufschwung zögernd auch auf dem Arbeitsmarkt aus und verhalf in den alten Ländern zu einer fühlbaren Reduzierung der Arbeitslosigkeit. In den neuen Ländern war nach der Wiedervereinigung 1990 die Arbeitslosigkeit dramatisch gewachsen und stagniert derzeit auf hohem Niveau.

Räumliche Muster der Arbeitslosigkeit

Das regionale Muster der Arbeitslosigkeit in Deutschland ist primär von einem Ost-West-Gegensatz gekennzeichnet ④. Die gravierendsten Arbeitsmarktprobleme treten in den traditionellen industriellen Kernräumen der neuen Länder wie dem Chemiedreieck Sachsen-Anhalts oder dem Braunkohlerevier der Niederlausitz, aber auch in ländlich-peripheren Gebieten Brandenburgs und Mecklenburg-Vorpommerns auf. Aber nicht überall ist die Arbeitslosigkeit in Ostdeutschland höher als die im Westen. Dort sind es die Regionen mit wirtschaftlichen Strukturproblemen wie das Ruhrgebiet, das Saarland oder das Emsland, die durch hohe Arbeitslosenquoten auffallen. In der Regel weisen zudem die Großstädte höhere Werte der Arbeitslosigkeit auf als ihr Umland. Erkennbar ist schließlich ein Nord-Süd-Kontrast, der sich in äu-

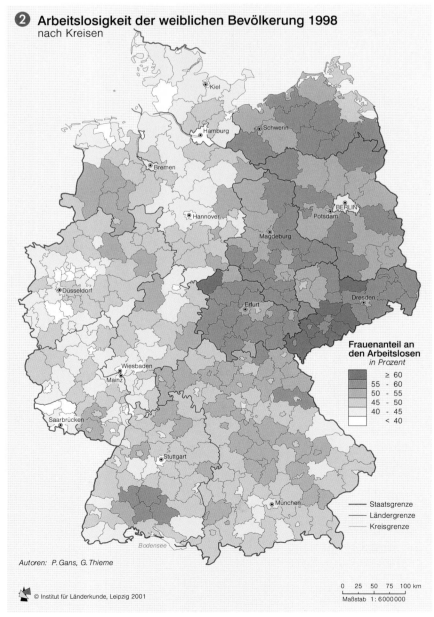

② Arbeitslosigkeit der weiblichen Bevölkerung 1998
nach Kreisen

Frauenanteil an den Arbeitslosen
in Prozent
- ≥ 60
- 55 - 60
- 50 - 55
- 45 - 50
- 40 - 45
- < 40

Staatsgrenze
Ländergrenze
Kreisgrenze

Autoren: P. Gans, G. Thieme

© Institut für Länderkunde, Leipzig 2001

0 25 50 75 100 km
Maßstab 1:6 000 000

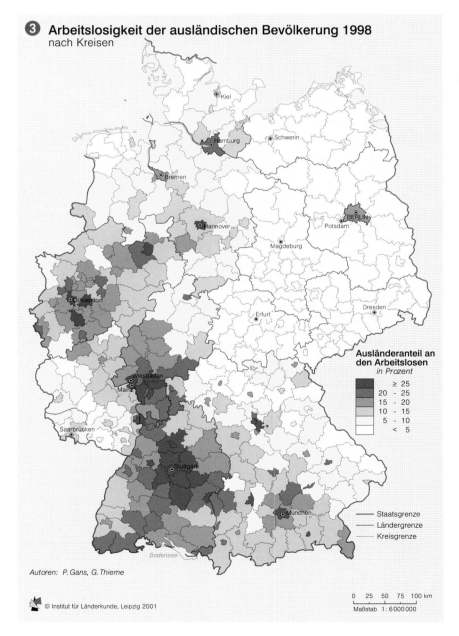

③ Arbeitslosigkeit der ausländischen Bevölkerung 1998
nach Kreisen

Ausländeranteil an den Arbeitslosen
in Prozent
- ≥ 25
- 20 - 25
- 15 - 20
- 10 - 15
- 5 - 10
- < 5

Staatsgrenze
Ländergrenze
Kreisgrenze

Autoren: P. Gans, G. Thieme

© Institut für Länderkunde, Leipzig 2001

0 25 50 75 100 km
Maßstab 1:6 000 000

ßerst geringen Arbeitslosenquoten Baden-Württembergs und insbesondere Bayerns ausdrückt.

Auch bei der Entwicklung der Arbeitslosenquote während der Jahre 1993 bis 1998 zeigen sich beträchtliche regionale Unterschiede. Besonders die großstädtischen Zentren verzeichnen einen deutlichen Anstieg der Arbeitslosenquote. Hier spielen zum einen Standortfaktoren wie Flächenengpässe oder Gewerbehebesteuersätze eine Rolle, die bei Unternehmensansiedlungen eine Entscheidung für das Umland begünstigen. Zum anderen gibt es offenbar auch strukturelle Probleme. Erwerbsfähige arbeitslose Personen in den Großstädten können immer seltener die qualitativen Anforderungen von neu angesiedelten Arbeitsplätzen erfüllen.

Das starke Wachstum der Arbeitslosigkeit speziell in Westberlin ist u.a. durch den umfassenden Subventionsabbau begründet. Von einer deutlichen Zunahme der Arbeitslosigkeit betroffen ist auch das ehemalige Zonenrandgebiet, dessen Förderung bald nach der staatlichen Vereinigung eingestellt wurde, während eine Reihe von Regionen der neuen Länder in der Nähe der ehemaligen innerdeutschen Grenze in der Folgezeit positive Entwicklungen zeigten. Eine entgegen dem Bundestrend rückläufige oder zumindest stagnierende Arbeitslosenquote war vor allem in zahlreichen ländlichen Arbeitsmarktregionen Baden-Württembergs und Bayerns zu beobachten.

Problemgruppen der Arbeitslosigkeit

Der Anstieg der Arbeitslosigkeit hat einige Bevölkerungsgruppen mehr betroffen als andere (▶▶ Beiträge Burdack/ Bode, S. 84). Hier sei nur auf Probleme von Frauen und Ausländern eingegangen. Das Muster des Frauenanteils an allen Arbeitslosen gibt genau das Gebiet der ehemaligen DDR wieder ❷. Mitte 1998 waren in Ostdeutschland 53,2% der registrierten arbeitslosen Frauen, in den alten Ländern nur 44,1%. Dazu tragen Nachfrage- und Angebotsseite bei, denn in den neuen Ländern liegt die weibliche Erwerbsquote um fast zehn Prozentpunkte über dem Vergleichswert der alten (▶▶ Beitrag Stegmann, S. 62). Auf dieses aus DDR-Zeiten stammende Muster nimmt der Arbeitsmarkt keine Rücksicht: Die Arbeitslosigkeit in Ostdeutschland ist „weiblich" (FASSMANN u. SEIFFERT 2000). Lediglich in einigen Großstädten der neuen Länder mit expandierendem Dienstleistungssektor wie in Berlin, Leipzig oder Potsdam liegt der Frauenanteil an den Arbeitslosen unter 50%.

Weit unterdurchschnittliche Frauenanteile an den Arbeitslosen treten ausschließlich in den alten Ländern auf. Neben mehreren Dienstleistungsmetropolen sind es auch die ehemals montanindustriell geprägten Regionen des Ruhrgebiets und des Saarlands mit traditionell niedriger weiblicher Erwerbsbeteiligung, die heute durch niedrige

Werte der weiblichen Arbeitslosigkeit auffallen.

Eine weitere Problemgruppe sind Ausländer ❸. Ihr Prozentsatz an den Arbeitslosen erreicht in den neuen Ländern äußerst niedrige Werte, da hier der ausländische Bevölkerungsanteil sehr gering ist (▶▶ Beitrag Glebe/Thieme, S. 72). In den wirtschaftlichen Kernräumen der alten Länder ist dagegen die Arbeitslosigkeit unter Ausländern

hoch, doch unterscheiden sich dort die Werte nur geringfügig vom Ausländeranteil an der Gesamtbevölkerung. Dagegen ist die Diskrepanz dieser beiden Werte in weniger stark verdichteten Räumen häufig weit stärker ausgeprägt, auch wenn dort insgesamt die Arbeitslosenquote niedrig ist.◆

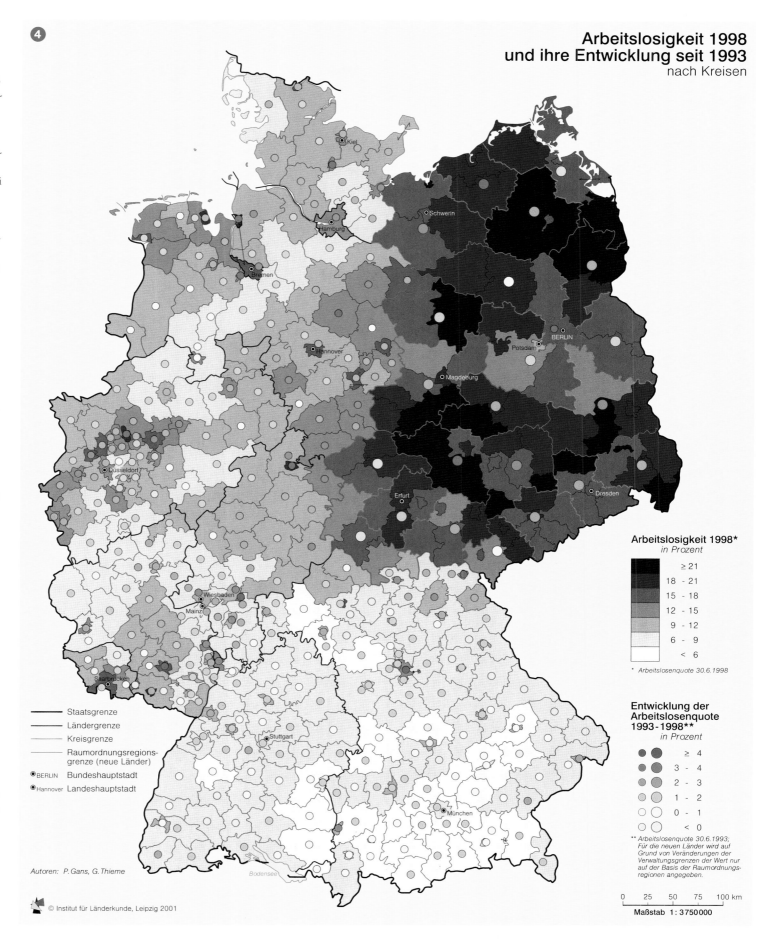

❹

Arbeitslosigkeit 1998 und ihre Entwicklung seit 1993
nach Kreisen

Arbeitslosigkeit 1998*
in Prozent

- ≥ 21
- 18 - 21
- 15 - 18
- 12 - 15
- 9 - 12
- 6 - 9
- < 6

* *Arbeitslosenquote 30.6.1998*

Entwicklung der Arbeitslosenquote 1993-1998**
in Prozent

- ≥ 4
- 3 - 4
- 2 - 3
- 1 - 2
- 0 - 1
- < 0

** *Arbeitslosenquote 30.6.1993; Für die neuen Länder wird auf Grund von Veränderungen der Verwaltungsgrenzen der Wert nur auf der Basis der Raumordnungsregionen angegeben.*

0   25   50   75   100 km

Maßstab 1:3 750 000

—— Staatsgrenze
—— Ländergrenze
—— Kreisgrenze
—— Raumordnungsregionsgrenze (neue Länder)
⊛ BERLIN   Bundeshauptstadt
⊙ Hannover   Landeshauptstadt

Autoren: P. Gans, G. Thieme

© Institut für Länderkunde, Leipzig 2001

Jugendarbeitslosigkeit – ein sozialer Sprengstoff

Volker Bode und Joachim Burdack

① **Lehrstellensituation 1999**
nach Arbeitsamtsbezirken

Zahl der Lehrstellen je 100 Bewerber
ausgeglichen = 100

Lehrstellenüberschuss
Lehrstellen je 100 Bewerber

≥ 106
103 - 106 Max: 110 Regensburg
100 - 103

Lehrstellenmangel
Lehrstellen je 100 Bewerber

97 - 100
94 - 97 Min: 81 Bautzen
< 94

Klassenverteilung

9 27 55 41 25 18

Staatsgrenze
Landesgrenze
Arbeitsamts-
bezirksgrenze

© Institut für Länderkunde, Leipzig 2001   *Autoren: V. Bode, J. Burdack*

Die amtliche Statistik über die **Jugendarbeitslosigkeit** der Bundesanstalt für Arbeit berücksichtigt die Jugendlichen unter 25 Jahren, die sich beim Arbeitsamt als arbeitslos gemeldet haben. Die Jugendarbeitslosenquote berechnet sich aus dem Verhältnis der Anzahl der Arbeitslosen unter 25 Jahren zu den abhängigen Erwerbspersonen dieser Altersgruppe.

In die jährlich vom Bundesministerium für Bildung und Forschung berechnete **Angebots-Nachfrage-Relation an Berufsausbildungsstellen** gehen die Jahresabschlussangaben der Geschäftsstatistik der Arbeitsämter über nicht vermittelte Bewerber und offene Lehrstellen sowie Angaben der Kammern (IHK, Handwerkskammer etc.) über neu abgeschlossene Ausbildungsverträge während des Ausbildungsjahres ein. Die Summe der neu abgeschlossenen Ausbildungsverträge und der noch nicht besetzten Ausbildungsstellen wird mit der Summe der Ausbildungsverträge zuzüglich der noch nicht vermittelten Bewerber verglichen.

Der Begriff **Duales System der Berufsausbildung** bezieht sich in erster Linie auf die Dualität der Lernorte Schule und Betrieb. Während die fachpraktische Ausbildung im Betrieb erfolgt, werden fachtheoretische und allgemeinbildende Ausbildungsteile in einer Berufsschule im Teilzeitunterricht vermittelt. Das duale System impliziert auch die Kompetenzteilung zwischen staatlicher Zuständigkeit für die Berufsschule einerseits und der Verantwortung für die betriebliche Ausbildung durch private und öffentliche Arbeitgeber andererseits.

Jugendarbeitslosigkeit stellt in Deutschland eines der dringlichsten sozialen Probleme dar. Arbeitslosigkeit und der damit verbundene Mangel an qualifizierten Ausbildungsplätzen gefährden die berufliche und darüber hinaus auch die gesellschaftliche Integration von Teilen der jungen Generation. Ein misslungener Start ins Arbeitsleben bei der Ausbildungs- und Arbeitsplatzsuche trifft junge Menschen besonders hart und gefährdet die Persönlichkeitsbildung. Perspektivlosigkeit, Resignation oder auch Gewaltbereitschaft sind mögliche Folgen **②**. Engagement für Belange der Gemeinschaft kann von Jugendlichen nur erwartet werden, wenn sie sich nicht von der Gesellschaft ausgeschlossen fühlen. In einzelnen Regionen Deutschlands existiert eine ausgesprochen problematische Lehrstellensituation **①**, die eine wichtige Ursache für die verhältnismäßig hohe Jugendarbeitslosigkeit in diesen Gebieten ist. Jugendarbeitslosigkeit und Ausbildungsplatzmangel drücken auch eine Verschwendung von Humanressourcen aus und gefährden den Wirtschaftsstandort Deutschland, dessen Wettbewerbsfähigkeit in hohem Maße von der fachlichen Qualifikation seiner Arbeitskräfte abhängt.

Ausmaß und regionale Differenzierung

In den 1990er Jahren hat die Arbeitslosigkeit junger Menschen unter 25 Jahren deutlich zugenommen **⑤** und erreichte im Jahresdurchschnitt 1997 einen Höchststand von 12,2%. Erst mit dem „Sofortprogramm zum Abbau der Jugendarbeitslosigkeit" der Bundesregierung konnte 1999 ein gewisser Rückgang erzielt werden. Im September 1999 waren 446.000 Jugendliche arbeitslos gemeldet (10,8%). Diese amtliche Zahl spiegelt jedoch nur einen Teil der Problematik wider. Jugendliche, die in Überbrückungsmaßnahmen „geparkt" sind, und solche, die sich aus Resignation nicht mehr um Arbeit oder Ausbildung bemühen, sind in der Arbeitslosenstatistik nicht enthalten. Gleiches gilt für einen großen Teil der 217.000 Sozialhilfeempfänger im Alter zwischen 18 und 24 Jahren (1999).

Es ist angesichts der wirtschaftlichen Situation im Osten wenig überraschend, dass die Jugendarbeitslosigkeit in den neuen Ländern in den 1990er Jahren immer deutlich über der in den alten Bundesländern lag. Die Ost-West-Differenz in der Jugendarbeitslosigkeit ist jedoch weniger stark ausgeprägt als bei der Arbeitslosigkeit insgesamt. Während der Ost-West-Unterschied der Jugendarbeitslosigkeit 1999 (April) bei 5,7% lag (Ost: 14,7%; West: 9,0%), be-

trug die Ost-West-Abweichung der Arbeitslosenquote 9,0% (Ost: 19,1%; West: 10,1%).

Die Jugendarbeitslosigkeit 1999 weist deutliche regionale Disparitäten auf **⑥** Eine hohe Arbeitslosigkeit von Jugendlichen unter 25 Jahren besteht vor allem in den neuen Ländern und in einigen altindustriellen Krisenregionen wie dem Ruhrgebiet, dem Saarland und der Küstenregion um Bremen. Als Gebiete geringerer Jugendarbeitslosigkeit heben sich die Länder Süddeutschlands hervor. Die regionalen Muster der Jugendarbeitslosigkeit korrelieren weitgehend mit der Gesamtarbeitslosigkeit. Ein durchgängiges Muster ist die höhere Arbeitslosigkeit der männlichen Jugendli-

chen: 56% der Arbeitslosen sind männlich und nur 44% weiblich.

Die Jugendarbeitslosigkeit weist saisonale Besonderheiten auf. In den Monaten Juli bis September erreicht sie einen Höhepunkt, wenn zahlreiche Schulabgänger und Ausbildungsabsolventen in den Arbeitsmarkt eintreten. Für die Mehrzahl der Jugendlichen ist die Arbeitslosigkeit nur von begrenzter Dauer. Für etwa 80% dauert sie weniger als 6 Monate **④**. Hinsichtlich der Länge der Erwerbslosigkeit bestehen nur geringe Unterschiede zwischen Ost und West. Aufgrund der schlechteren Wirtschaftslage finden junge Erwachsene in den neuen Ländern jedoch häufig nur befristete Tätigkeiten, die immer wieder von

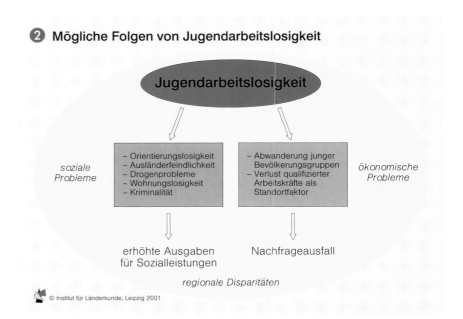

② **Mögliche Folgen von Jugendarbeitslosigkeit**

Jugendarbeitslosigkeit

soziale Probleme

– Orientierungslosigkeit
– Ausländerfeindlichkeit
– Drogenprobleme
– Wohnungslosigkeit
– Kriminalität

– Abwanderung junger Bevölkerungsgruppen
– Verlust qualifizierter Arbeitskräfte als Standortfaktor

ökonomische Probleme

erhöhte Ausgaben für Sozialleistungen

Nachfrageausfall

regionale Disparitäten

© Institut für Länderkunde, Leipzig 2001

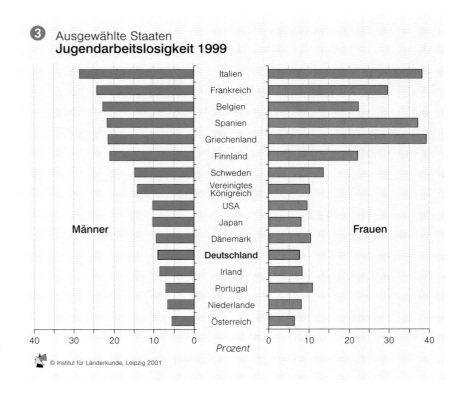

③ Ausgewählte Staaten
Jugendarbeitslosigkeit 1999

Italien
Frankreich
Belgien
Spanien
Griechenland
Finnland
Schweden
Vereinigtes Königreich
USA
Japan
Dänemark
Deutschland
Irland
Portugal
Niederlande
Österreich

Männer   **Frauen**

40   30   20   10   0   0   10   20   30   40
Prozent

© Institut für Länderkunde, Leipzig 2001

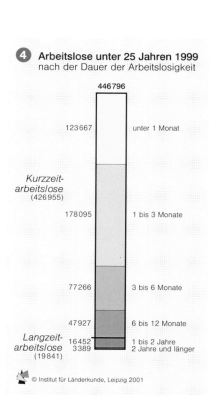

❹ Arbeitslose unter 25 Jahren 1999
nach der Dauer der Arbeitslosigkeit

446796

123667 — unter 1 Monat

Kurzzeit-arbeitslose
(426955)

178095 — 1 bis 3 Monate

77266 — 3 bis 6 Monate

47927 — 6 bis 12 Monate

Langzeit-arbeitslose
(19841)

16452 — 1 bis 2 Jahre
3389 — 2 Jahre und länger

© Institut für Länderkunde, Leipzig 2001

❺ Arbeitslosenquote der Jugend-lichen unter 25 Jahren 1993-2000

Prozent

neue Länder

alte Länder

1993 1994 1995 1996 1997 1998 1999 2000 *Jahr*

© Institut für Länderkunde, Leipzig 2001

Perioden der Arbeitslosigkeit abgelöst werden.

Ursachen der regionalen Unter-schiede

Zusätzlich zu den allgemeinen Gründen für Arbeitslosigkeit spielen bei der Jugendarbeitslosigkeit auch demographische Faktoren des Arbeitsmarktes eine Rolle: Übertrifft die Zahl der Berufsanfänger die der aus dem Arbeitsleben Ausscheidenden, so entstehen verstärkt Engpässe. Auch von einer stagnierenden Wirtschaftsentwicklung mit geringen Neueinstellungsraten sind die auf den Arbeitsmarkt nachrückenden Jugendlichen besonders betroffen.

Ein geringes Arbeitsplatzangebot in stagnierenden Wirtschaftszweigen (sektorale Defizite), Ungleichgewichte in der räumlichen Verteilung der Arbeitsplätze (regionale Defizite) oder eine Benachteiligung bestimmter Gruppen verstärken den Problemdruck. Junge Ausländer sind überdurchschnittlich von

Arbeitslosigkeit betroffen. Der Anteil von Ausländern unter den arbeitslosen Jugendlichen beträgt 13,7%. In den alten Ländern liegt der Anteil sogar bei 20,0 % (1999). 9,2% der Jugendlichen ohne Arbeit leiden an gesundheitlichen Einschränkungen. Allgemein lässt sich ein deutlicher Zusammenhang zwischen Jugendarbeitslosigkeit und mangelnder

Ausbildung feststellen. Mehr als die Hälfte der arbeitslosen jungen Menschen (56,3 %) haben keine abgeschlossene Berufsausbildung.

Im internationalen Vergleich schneidet die Bundesrepublik bei der Jugendarbeitslosigkeit relativ gut ab ❸. Gründe hierfür liegen u.a. in den gesamtwirtschaftlichen Rahmenbedingungen und

in der Leistungsfähigkeit des betriebsnahen beruflichen Ausbildungssystems, dem sog. ▶ Dualen System der Berufsausbildung.◆

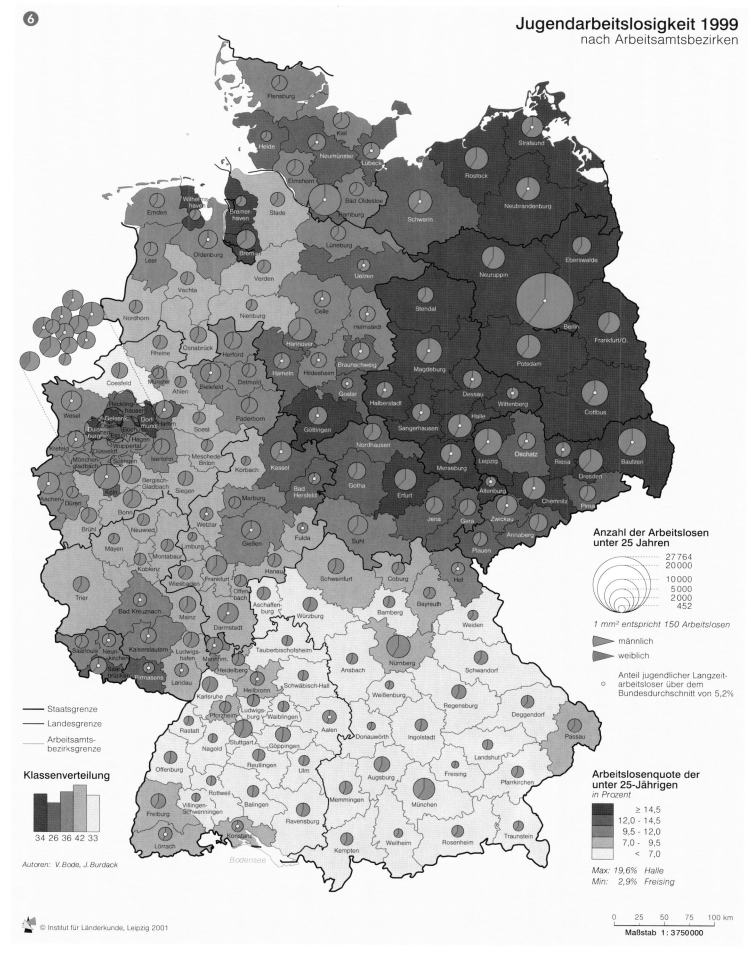

❻ **Jugendarbeitslosigkeit 1999** nach Arbeitsamtsbezirken

Arbeitslosigkeit und Beschäftigung in Europa

Thomas Ott

Art und Ausmaß der Erwerbstätigkeit sind wesentliche sozioökonomische Kennzeichen einer Bevölkerung. Sie werden von vielen interdependenten Größen bestimmt:
- wirtschaftliche Faktoren: z.B. Konjunktur und Nachfrage nach Arbeitskräften, Wirtschaftsstruktur, Produktivität
- rechtliche Faktoren: z.B. Zeitpunkt des Altersruhestands, Verbot bzw. Ausmaß der Kinderarbeit

Die Erwerbsbeteiligung von Frauen liegt überall in der EU weit unter der der Männer

- soziale Faktoren: z.B. soziale Differenzierung, Ausbildungsstand
- sozialdemographische Faktoren: z.B. Geburtenzahlen und Schwangerschaftsurlaub, Kindererziehung

Nach der Beteiligung am Erwerbsleben lässt sich die Bevölkerung eines Landes bzw. einer Region in Erwerbspersonen und Nichterwerbspersonen unterteilen, wobei sich erstere Gruppe aus Erwerbstätigen und Erwerbslosen zusammensetzt. Die Staaten und Regionen unterscheiden sich nicht nur durch das Ausmaß der Erwerbsbeteiligung, sondern auch durch die Anteile der Beschäftigten in den einzelnen Wirtschaftssektoren, dem primären Sektor (Land- und Forstwirtschaft, Fischerei), dem sekundären Sektor (produzierendes Gewerbe) und dem tertiären Sektor (Dienstleistungen). Von Interesse ist dabei, in welcher Phase der dynamischen Entwicklung der Sektoren sich eine Gesellschaft befindet, wobei davon ausgegangen wird, dass sich – nach dem Modell von FOURASTIÉ (1954) – in allen Ländern zu jeweils spezifischen Zeitpunkten ein Wandel von der Agrar- über die Industrie- zur Dienstleistungsgesellschaft vollzieht ❶ ❸.

Beschäftigung nach Wirtschaftssektoren

Die durch den primären Sektor, d.h. im Wesentlichen durch die Landwirtschaft, geprägten Regionen ❺ befinden sich erwartungsgemäß an der Peripherie der Europäischen Union und in den (süd-)

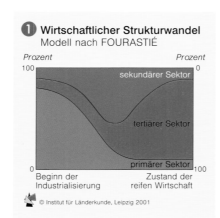

osteuropäischen Staaten. Innerhalb der EU werden die höchsten Anteile des primären Sektors in Griechenland, Portugal, Spanien und Süditalien erreicht, wobei die Agglomerationsräume wie Lissabon, Madrid, Barcelona und Athen naturgemäß eine Ausnahme bilden. Des Weiteren sind Irland, Finnland und große Teile Frankreichs überproportional durch Land- und Forstwirtschaft oder Fischerei gekennzeichnet. Weitere Gebiete mit überdurchschnittlicher Bedeutung des primären Sektors finden sich im Südosten und Norden der Bundesrepublik sowie in den Niederlanden und in Dänemark.

Der Anteil der Beschäftigten im Produzierenden Gewerbe schwankt auf Staatenebene zwischen durchschnittlich 27,4% in Dänemark und 40,1% in der Bundesrepublik ❼. Die Industrieregionen konzentrieren sich dabei im Wesentlichen auf das Kerngebiet der EU, das sich von Mittelengland über das nordbelgisch-südniederländische Industrierevier, das Ruhrgebiet, den Süden Deutschlands und Ostfrankreich nach Norditalien erstreckt. Hinzu kommen Nordspanien und der Norden Portugals. Auch heute noch ist also der größte Anteil in den sog. altindustrialisierten Gebieten Europas anzutreffen.

Die in fast allen EU-Regionen zu beobachtende Zunahme des Anteils der Beschäftigung im tertiären Sektor spiegelt zum einen die Auswirkungen eines vermehrten Dienstleistungsinputs in der Fertigungsindustrie als Folge von technologischem Wandel und Innovationen. Zum anderen geht ein Teil des Anstiegs jedoch lediglich auf organisatorische Verlagerungen zurück, da gewisse Dienstleistungen, die bislang innerhalb der Industriebetriebe erbracht wurden, verstärkt an externe Dienstleistungsunternehmen vergeben bzw. als eigenständige Einheiten ausgegründet werden. Bei den durch den tertiären Sektor geprägten Regionen ergibt sich ein heterogenes Verteilungsmuster ❾. In allen europäischen Hauptstadtregionen hat er eine überdurchschnittliche Bedeutung.

Hinzu treten die vom Tourismus und dem entsprechenden Arbeitsplatzangebot geprägten Gebiete des „sunbelt", also die Küstenregionen des Mittelmeeres (z.B. die Balearen, die Algarve, Sizilien oder Kampanien) sowie die Gebirgsränder (z.B. das Alpenvorland, Tessin, Trentino), wobei sich insbesondere in den südfranzösischen Regionen auch die Ansiedlung von Forschungseinrichtungen und Firmen aus dem Bereich der unternehmensorientierten Dienstleistungen bemerkbar macht.

Arbeitslosigkeit und Erwerbsbeteiligung

Die sektorale Struktur der Wirtschaft wirkt direkt auf die regionalen Arbeitsmärkte. Regionen mit überdurchschnittlicher Bedeutung des sekundären Sektors sind häufig durch alte und wachstumsschwache Industriezweige geprägt. Dabei ist „alt" nicht historisch, sondern im Sinne des Produktlebenszyklus zu verstehen. Alte Industrien sind danach solche, deren Produkte am Ende ihrer Entwicklung stehen und teilweise von anderen, neuen Produkten substituiert werden, so dass ihre Märkte ständig schrumpfen, während ihre Produktion technisch so problemlos geworden ist, dass sie zunehmend in kostengünstigere Regionen verlagert wird. Die Infrastruktur ist in den altindustrialisierten Regionen zwar quantitativ sehr weit ausgebaut, sie ist jedoch oft veraltet und qua-

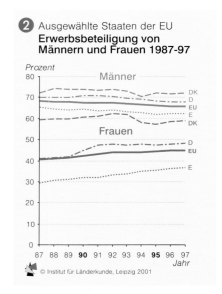

litativ unzureichend bzw. lediglich auf die spezifischen Bedürfnisse der traditionellen Industrien ausgerichtet. Die einseitige Wirtschaftsstruktur spiegelt sich sehr oft auch in der Bevölkerungs- und Sozialstruktur der Region. Als wichtigster Engpassfaktor gilt in diesem Bereich die fehlende, zu geringe, veraltete oder für neue Industrien ungeeignete Qualifikation der Arbeitskräfte.

Die regionalen Unterschiede bei den Arbeitslosenquoten weisen eine extreme Spannbreite von weniger als 4% in Luxemburg bis hin zu mehr als 30% in Andalusien auf ❹. Im nationalen Ver-

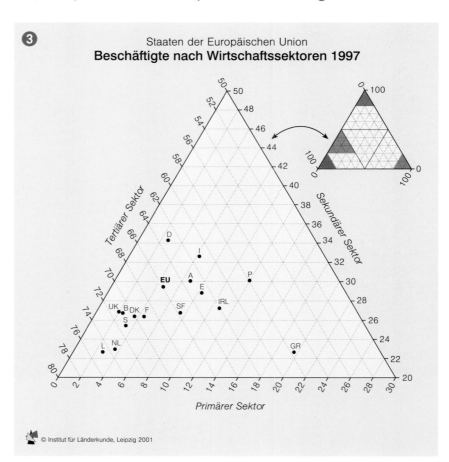

gleich treten insbesondere in Deutschland, Großbritannien, Spanien und Italien interessante Verteilungsmuster zu Tage. In Westdeutschland bestätigt sich das bekannte Süd-Nord-Gefälle mit den Regierungsbezirken Stuttgart und Bremen als den beiden Extremen. Zum Süd-Nord-Gefälle in den alten Ländern treten aufgrund der hohen Arbeitslosenquoten in den neuen Ländern starke West-Ost-Disparitäten. Auch für Italien ergibt sich die klassische Zwei- bzw. Dreiteilung mit dem „reichen Norden", dem „armen Süden" und durchschnittlichen Werten in Mittelitalien. Die hohen Arbeitslosenquoten in den südlichen Regionen der EU stehen auch in Zusammenhang mit der demographischen Entwicklung. Der dort später einsetzende Geburtenrückgang (▶▶ Beitrag Gans/Ott, S. 92) führt heute zu einer schnelleren Zunahme der Zahl der Erwerbspersonen als in den übrigen Regionen der Gemeinschaft. Die Arbeitslosenquoten der Jugendlichen und jungen Erwachsenen folgen den beschriebenen Verteilungsmustern, liegen allerdings in vielen Regionen um den Faktor zwei höher ⑧. Daneben existieren geschlechtsspezifische Unterschiede: Frauen sind generell stärker von der Arbeitslosigkeit betroffen als Männer (▶▶ Beitrag Ott, S. 64) ⑥. Zu differenzieren ist hierbei zwischen den großen Agglomerationen, in denen viele Arbeitsplätze im tertiären Sektor zur Verfügung stehen, und den traditionellen Industrieregionen mit einem deutlichen Übergewicht des sekundären Sektors auf dem Arbeitsmarkt.

In Ostdeutschland und in den anderen Transformationsstaaten schlägt sich die aus der sozialistischen Zeit übernommene stärkere Erwerbsbeteiligung der Frauen in höheren Arbeitslosenquoten nieder, während die Werte in Südeuropa nur langsam ansteigen. So liegt die weibliche Erwerbsquote in den südeuropäischen Ländern mehr als 20 bis 25 Prozentpunkte unter dem Höchstwert von Dänemark (59%) bzw. ca. zehn Prozentpunkte unter dem EU-Durchschnitt (45,1% EU12). In allen EU-Staaten ging in den letzten Jahren die Erwerbsquote der Männer zurück, während die der Frauen – bei sehr viel größeren nationalen Unterschieden – eine ansteigende Tendenz aufweist ②.◆

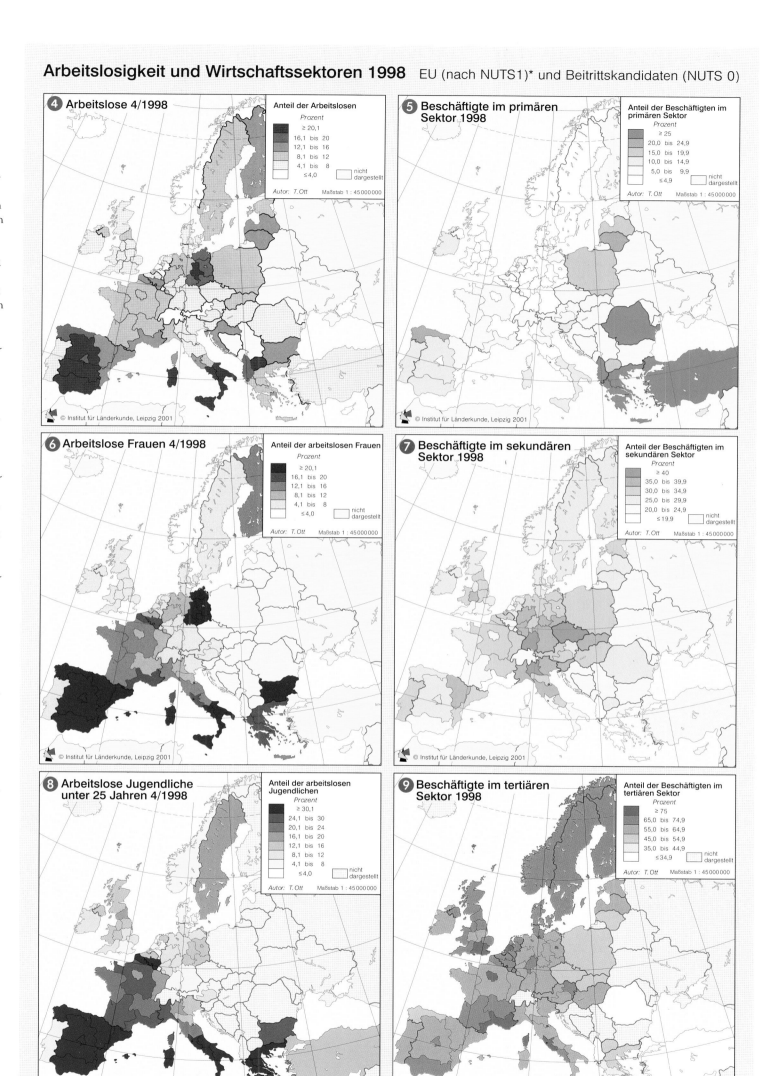

Arbeitslosigkeit und Wirtschaftssektoren 1998 EU (nach NUTS1)* und Beitrittskandidaten (NUTS 0)

④ Arbeitslose 4/1998

Anteil der Arbeitslosen
Prozent
≥ 20,1
16,1 bis 20
12,1 bis 16
8,1 bis 12
4,1 bis 8
≤4,0
nicht dargestellt
Autor: T. Ott   Maßstab 1 : 45000000
© Institut für Länderkunde, Leipzig 2001

⑤ Beschäftigte im primären Sektor 1998

Anteil der Beschäftigten im primären Sektor
Prozent
≥ 25
20,0 bis 24,9
15,0 bis 19,9
10,0 bis 14,9
5,0 bis 9,9
≤4,9
nicht dargestellt
Autor: T. Ott   Maßstab 1 : 45000000
© Institut für Länderkunde, Leipzig 2001

⑥ Arbeitslose Frauen 4/1998

Anteil der arbeitslosen Frauen
Prozent
≥ 20,1
16,1 bis 20
12,1 bis 16
8,1 bis 12
4,1 bis 8
≤4,0
nicht dargestellt
Autor: T. Ott   Maßstab 1 : 45000000
© Institut für Länderkunde, Leipzig 2001

⑦ Beschäftigte im sekundären Sektor 1998

Anteil der Beschäftigten im sekundären Sektor
Prozent
≥ 40
35,0 bis 39,9
30,0 bis 34,9
25,0 bis 29,9
20,0 bis 24,9
≤19,9
nicht dargestellt
Autor: T. Ott   Maßstab 1 : 45000000
© Institut für Länderkunde, Leipzig 2001

⑧ Arbeitslose Jugendliche unter 25 Jahren 4/1998

Anteil der arbeitslosen Jugendlichen
Prozent
≥ 30,1
24,1 bis 30
20,1 bis 24
16,1 bis 20
12,1 bis 16
8,1 bis 12
4,1 bis 8
≤4,0
nicht dargestellt
Autor: T. Ott   Maßstab 1 : 45000000
© Institut für Länderkunde, Leipzig 2001

⑨ Beschäftigte im tertiären Sektor 1998

Anteil der Beschäftigten im tertiären Sektor
Prozent
≥ 75
65,0 bis 74,9
55,0 bis 64,9
45,0 bis 54,9
35,0 bis 44,9
≤34,9
nicht dargestellt
Autor: T. Ott   Maßstab 1 : 45000000
© Institut für Länderkunde, Leipzig 2001

*außer Finnland und Portugal

Armut in Deutschland

Michael Horn und Sebastian Lentz

❶ Entwicklung der HLU*-Empfänger 1980-1998

Anzahl der HLU-Empfänger in Mio.

Anteil der HLU-Empfänger an der Gesamtbevölkerung in %

*laufende Hilfe zum Lebensunterhalt außerhalb von Einrichtungen

© Institut für Länderkunde, Leipzig 2001

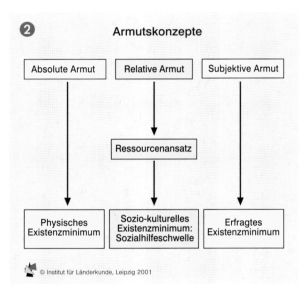

❷ Armutskonzepte

```
Absolute Armut     Relative Armut     Subjektive Armut
                          │
                          ▼
                   Ressourcenansatz
                          │
        ┌─────────────────┼─────────────────┐
        ▼                 ▼                 ▼
  Physisches        Sozio-kulturelles    Erfragtes
  Existenzminimum   Existenzminimum:     Existenzminimum
                    Sozialhilfeschwelle
```

© Institut für Länderkunde, Leipzig 2001

Armut ist ein Phänomen, das in einer Zeit wirtschaftlichen Aufschwungs im Sozialstaat Bundesrepublik Deutschland beseitigt schien. Doch ist in den letzten Jahren das Thema sowohl durch die Diskussion um die strapazierten öffentlichen Sozialhaushalte als auch durch zahlreiche Berichte über Tendenzen zur Konzentration von Armut in bestimmten städtischen Teilräumen wieder verstärkt in das Bewusstsein der Öffentlichkeit getreten (FARWICK 1998). Die Zahl derer, die ihren Lebensunterhalt nicht aus eigener Kraft bestreiten können und deshalb von Leistungen des Sozialstaates abhängig werden, steigt erheblich ❶. Damit sind spätestens seit Mitte der 1980er Jahre soziale Notlagen wieder zu einem zentralen sozialpolitischen Problem geworden, und die Frage,

Hamburger Tafel e.V.: Verteilung von Lebensmitteln an Obdachlose

was unter Armut zu verstehen und wie diese messbar ist, ist wieder neu gestellt worden.

Armut

In der Forschung haben sich drei konzeptionelle Hauptströmungen herausgebildet ❷, die von einem unterschiedlichen Verständnis von Armut ausgehen. Bei dem Konzept der **absoluten Armut** wird Armut als Situation verstanden, in der die verfügbaren Mittel kaum zum physischen Überleben ausreichen. **Relative Armut** ist dagegen so definiert, dass die verfügbaren Mittel nicht ausreichen, um einen Lebensstil auf einem ökonomischen Niveau zu führen, das von der Gesellschaft als annehmbar angesehen wird, während das Konzept der **subjektiven Armut** das persönliche Empfinden der Betroffenen zur Beurteilung darüber heranzieht, ob die verfügbaren Mittel ausreichen, um ein als akzeptabel empfundenes Leben zu führen. Diese drei Interpretationen basieren auf unterschiedlichen Wertvorstellungen, die in der Konsequenz unterschiedliche Armutsgrenzen, Armutsmaße und sozialpolitische Empfehlungen verwenden (BUHMANN 1988; LEU/BURRI/PRIESTER 1997). Im Gegensatz zu den angelsächsischen Ländern existiert in der Bundesrepublik weder eine längere Tradition einer Armutsforschung noch eine institutionell verankerte Armutsberichterstattung, so dass eine institutionalisierte Verständigung über Untersuchungskonzepte, Definitionen oder Kennziffern zur Armut bisher nicht stattgefunden hat.

Für die wirtschaftlich hochentwickelte Bundesrepublik wird eine rein materielle und absolute Definition von Armut als überholt angesehen, da der moderne Sozialstaat den Bürgern nicht nur das physische Überleben, sondern auch ein Teilhaben am gesellschaftlichen Leben ermöglichen will. Gegen die Definition von Armut mittels des subjektiven Empfindens eines Mangels spricht die zweifelhafte Validität eines erfragten Existenzminimums. Um einen gesellschaftlichen Konsens zu erzielen, erscheint der Ansatz der relativen Armut am überzeugendsten, da hierbei Armut in Relation zum Lebensstandard der Gesamtbevölkerung gesetzt wird. Die Armutsgrenze ist dabei der normativ zu

bestimmende Grad der Unterschreitung des allgemeinen Lebensstandards und kann als soziokulturelles Existenzminimum bezeichnet werden (HAUSER/NEUMANN 1992).

Auf der Basis des relativen Armutsbegriffs liegen in der Forschung zahlreiche Bestimmungen von soziokulturellen Existenzminima vor, von denen vor allem der Ressourcenansatz in der empirischen Armutsforschung häufig Anwendung findet. Armut wird dabei als ein Mangel an ökonomischen Ressourcen definiert, welche zum Erlangen eines soziokulturellen Existenzminimums notwendig sind. Ob dieses Existenzminimum dann bei ausreichend vorhandenen Ressourcen tatsächlich realisiert wird, bleibt der Verantwortung des Individuums überlassen (HAUSER u. NEUMANN 1992).

Das Heranziehen der Sozialhilfeschwelle zur Bestimmung des soziokulturellen Existenzminimums ist eine Anwendung des Ressourcenansatzes. Personen und Haushalte, die nach den Gesetzen der Bundesrepublik Deutschland

sozialhilfeberechtigt sind und auch die entsprechenden Sozialleistungen beziehen, werden von der sozialwissenschaftlichen Armutsforschung als arm klassifiziert, da mit dem Bezug von Sozialhilfe die Armut nicht beseitigt, sondern lediglich die härteste Erscheinungsform gemildert wird (HAUSER u. NEUMANN 1992; HERLYN, LAKEMANN u. LETTKO 1991). Im Folgenden wird deshalb der Bezug von ▶ Laufender Hilfe zum Lebensunterhalt (HLU), die ein Teil der ▶ Sozialhilfe ist, als Indikator für Armut verwendet und aus vereinfachenden Gründen mit Sozialhilfe bezeichnet.

Soziodemographische Merkmale des Sozialhilfebezugs

Bei einer Gleichsetzung von Sozialhilfebezug und Armut lässt sich aus der Sozialhilfestatistik ablesen, dass zum Jahresende 1998 in Deutschland rd. 2,88 Mio. Personen in 1,49 Mio. Haushalten von Armut betroffen waren. Die bundesweite ▶ Sozialhilfequote hat seit 1980 von etwa 1,4% auf 3,5% zugenommen ❶. In dieser Zeit hat sich →

Sozialhilfe
Die Sozialhilfe hat die Aufgabe, Bürgern, die in Not geraten und ohne anderweitige Unterstützung sind, eine der Menschenwürde entsprechende Lebensführung zu ermöglichen. Träger der Sozialhilfe sind die Kommunen. Das Bundessozialhilfegesetz (BSHG) unterscheidet zwischen zwei Hilfearten:

Hilfe in besonderen Lebenslagen (HBL) erhalten Personen, die in außergewöhnliche Notsituationen z.B. durch gesundheitliche oder soziale Beeinträchtigung geraten sind.

Laufende Hilfe zum Lebensunterhalt (HLU) (Sozialhilfe im engeren Sinn) erhalten Personen, die ihren Bedarf an Nahrung, Kleidung, Unterkunft und andere

Bedürfnisse des täglichen Lebens nicht ausreichend decken können. Der Umfang der HLU richtet sich nach dem Bedarf des Einzelfalls. Die Höhe des Bedarfs errechnet sich nach einem sogenannten Regelsatz für den Haushaltsvorstand und einem nach dem Alter gestaffelten Anteilsatz für weitere Haushaltsangehörige.
Bei der Unterbringung in Anstalten, Heimen oder gleichartigen Einrichtungen gilt die Bedarfsberechnung nach Regelsätzen nicht. In diesen Fällen werden die tatsächlich anfallenden Kosten der Unterbringung übernommen (BUNDESMINISTERIUM FÜR ARBEIT UND SOZIALORDNUNG).

Die **Sozialhilfequote** bezeichnet den Anteil der HLU-Bezieher an der Gesamtbevölkerung in Prozent.

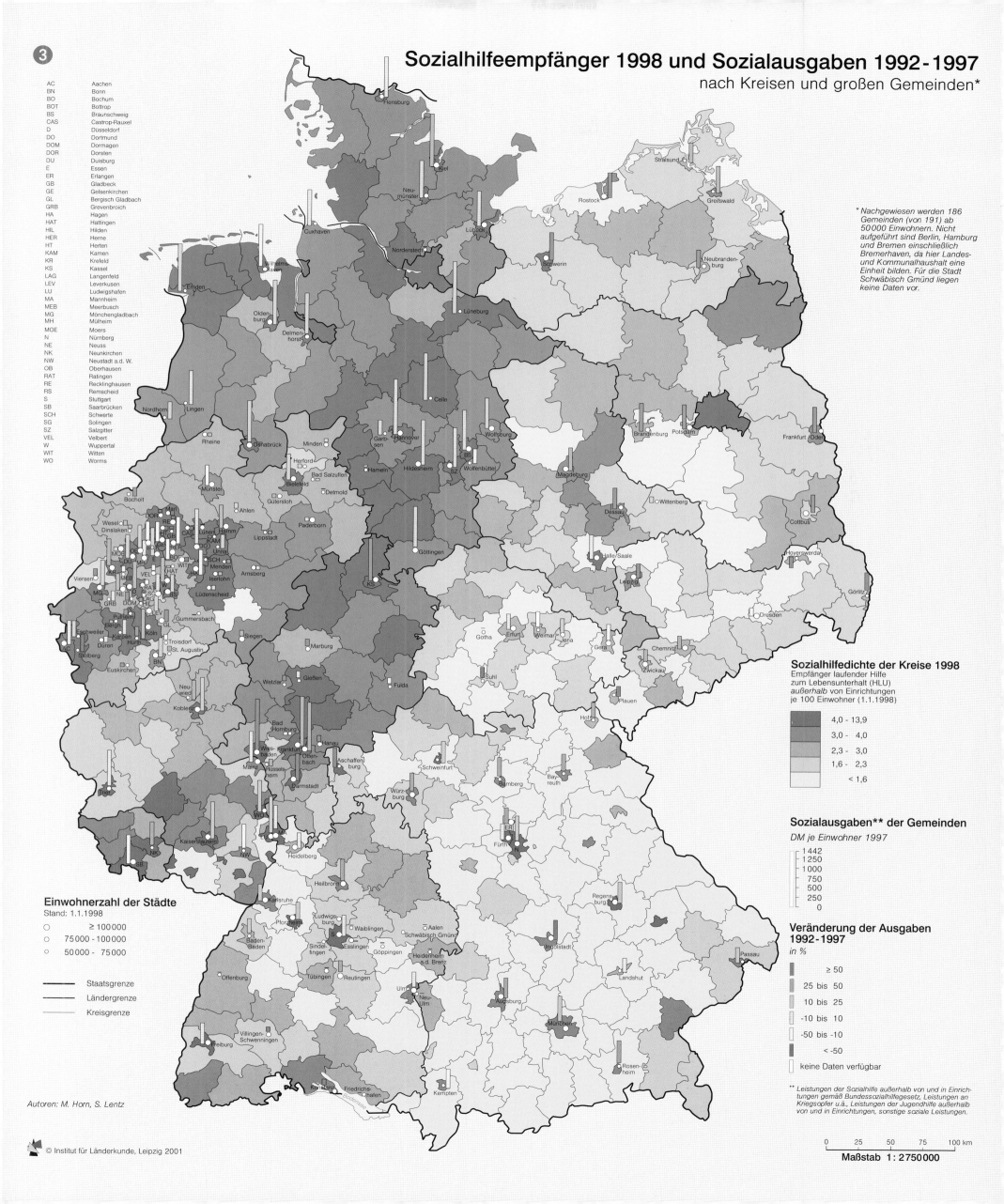

Sozialhilfeempfänger 1998 und Sozialausgaben 1992–1997
nach Kreisen und großen Gemeinden*

③

AC	Aachen
BN	Bonn
BO	Bochum
BOT	Bottrop
BS	Braunschweig
CAS	Castrop-Rauxel
D	Düsseldorf
DO	Dortmund
DOM	Dormagen
DOR	Dorsten
DU	Duisburg
E	Essen
ER	Erlangen
GB	Gladbeck
GE	Gelsenkirchen
GL	Bergisch Gladbach
GRB	Grevenbroich
HA	Hagen
HAT	Hattingen
HIL	Hilden
HER	Herne
HT	Herten
KAM	Kamen
KR	Krefeld
KS	Kassel
LAG	Langenfeld
LEV	Leverkusen
LU	Ludwigshafen
MA	Mannheim
MEB	Meerbusch
MG	Mönchengladbach
MH	Mülheim
MOE	Moers
N	Nürnberg
NE	Neuss
NK	Neunkirchen
NW	Neustadt a.d. W.
OB	Oberhausen
RAT	Ratingen
RE	Recklinghausen
RS	Remscheid
S	Stuttgart
SB	Saarbrücken
SCH	Schwerte
SG	Solingen
SZ	Salzgitter
VEL	Velbert
W	Wuppertal
WIT	Witten
WO	Worms

Nachgewiesen werden 186 Gemeinden (von 191) ab 50000 Einwohnern. Nicht aufgeführt sind Berlin, Hamburg und Bremen einschließlich Bremerhaven, da hier Landes- und Kommunalhaushalt eine Einheit bilden. Für die Stadt Schwäbisch Gmünd liegen keine Daten vor.

Sozialhilfedichte der Kreise 1998
Empfänger laufender Hilfe
zum Lebensunterhalt (HLU)
außerhalb von Einrichtungen
je 100 Einwohner (1.1.1998)

- 4,0 – 13,9
- 3,0 – 4,0
- 2,3 – 3,0
- 1,6 – 2,3
- < 1,6

Sozialausgaben der Gemeinden

DM je Einwohner 1997

1442
1250
1000
750
500
250
0

Veränderung der Ausgaben 1992–1997

in %

- ≥ 50
- 25 bis 50
- 10 bis 25
- -10 bis 10
- -50 bis -10
- < -50
- keine Daten verfügbar

Einwohnerzahl der Städte
Stand: 1.1.1998

- ○ ≥ 100 000
- ○ 75 000 – 100 000
- ○ 50 000 – 75 000

—— Staatsgrenze
—— Ländergrenze
—— Kreisgrenze

** *Leistungen der Sozialhilfe außerhalb von und in Einrichtungen gemäß Bundessozialhilfegesetz, Leistungen an Kriegsopfer u.ä., Leistungen der Jugendhilfe außerhalb von und in Einrichtungen, sonstige soziale Leistungen.*

Autoren: M. Horn, S. Lentz

© Institut für Länderkunde, Leipzig 2001

0   25   50   75   100 km

Maßstab 1 : 2 750 000

die Zusammensetzung des Empfänger-kreises gewandelt.

Unter den Empfängern ist der Anteil der Frauen seit Inkrafttreten des Bundessozialhilfegesetzes 1962 von 67% auf heute 56% gesunken, die Sozialhilfequote der Frauen ist jedoch mit 3,8%

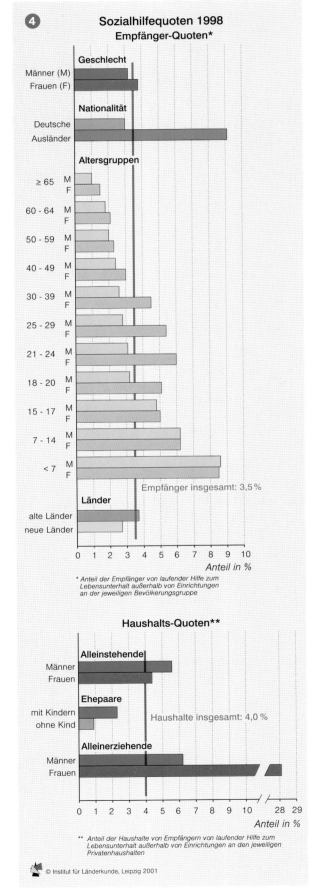

④

Sozialhilfequoten 1998
Empfänger-Quoten*

Geschlecht
Männer (M)
Frauen (F)

Nationalität
Deutsche
Ausländer

Altersgruppen
≥ 65 M / F
60 - 64 M / F
50 - 59 M / F
40 - 49 M / F
30 - 39 M / F
25 - 29 M / F
21 - 24 M / F
18 - 20 M / F
15 - 17 M / F
7 - 14 M / F
< 7 M / F

Empfänger insgesamt: 3,5 %

Länder
alte Länder
neue Länder

0 1 2 3 4 5 6 7 8 9 10
Anteil in %

* Anteil der Empfänger von laufender Hilfe zum
Lebensunterhalt außerhalb von Einrichtungen
an der jeweiligen Bevölkerungsgruppe

Haushalts-Quoten**

Alleinstehende
Männer
Frauen

Ehepaare
mit Kindern
ohne Kind

Haushalte insgesamt: 4,0 %

Alleinerziehende
Männer
Frauen

0 1 2 3 4 5 6 7 8 28 29
Anteil in %

** Anteil der Haushalte von Empfängern von laufender Hilfe zum
Lebensunterhalt außerhalb von Einrichtungen an den jeweiligen
Privathaushalten

© Institut für Länderkunde, Leipzig 2001

immer noch leicht erhöht gegenüber derjenigen der Männer, die bei 3,2% liegt ④ (▶▶ Beitrag Stegmann, S. 66). Ausländer unterliegen einem besonders großen Risiko, hilfebedürftig zu werden: Während die Quote in der deutschen Bevölkerung 3% beträgt, erhalten 9,1% der Ausländer HLU, was auf ein durchschnittlich geringeres Ausbildungsniveau und schlechtere Beschäftigungschancen zurückzuführen ist.

Die Empfängerquoten sind außerdem stark altersabhängig ④. So beziehen Kinder und Jugendliche bei steigender Tendenz in weit überproportionalem Maß Laufende Hilfe zum Lebensunterhalt (Statistisches Bundesamt 2000) (▶▶ Beitrag Wiest, Bd. 1, S. 88). Ab den Lebensaltersgruppen über 18 Jahren bei Männern bzw. erst über 40 Jahren bei Frauen sinkt die Sozialhilfedichte auf unterdurchschnittliche Werte. Die alters- und geschlechtsspezifische Verschiebung verweist auf Strukturen der Bezieherhaushalte: Während Männer über 18 Jahren zu größeren Anteilen in der Arbeitswelt etabliert sind, sind Frauen sehr viel häufiger durch Erziehungsaufgaben von einem Vollzeiterwerb ausgeschlossen. Dies macht die Quote der alleinerziehenden Frauen deutlich. Unter ihnen beziehen 28,1% Sozialhilfe, und 50,5% aller Kinder mit HLU-Bezug lebten in Haushalten von alleinerziehenden Frauen. Dieser Zusammenhang gibt einen Hinweis darauf, dass die Auflösung familiärer oder familienähnlicher Solidargemeinschaften mit einem besonders hohen Risiko der Hilfebedürftigkeit für Frauen und Kinder verbunden ist (▶▶ Beitrag Miggelbrink, Bd. 1, S. 98).

Die räumliche Verteilung des Armutsrisikos

Auf Karte ❸ lassen sich zwei Ebenen mit unterschiedlichen Verteilungsmustern der Sozialhilfedichte unterscheiden: die großräumige nationale und die regionale Ebene der Verdichtungsräume mit den Kernstädten und ihrem jeweiligen Umland.

Nationale Ebene

Die großräumige Verteilung der Sozialhilfedichte zeigt einerseits ein Süd-Nord-Gefälle innerhalb der alten Länder, andererseits einen Ost-West-Gegensatz zwischen alten und neuen Ländern.

Im früheren Bundesgebiet herrscht im Norden und Nordosten die höchste Sozialhilfedichte vor, und zwar sowohl in großen Städten als auch in ländlichen Gebieten. Dies gilt zum Teil auch für strukturschwache Landkreise in Rheinland-Pfalz und im Saarland. In Nordrhein-Westfalen sind es besonders die Städte des Ruhrgebiets, die mit hohen HLU-Bezugsquoten belastet sind. Deut-

lich positiver stellt sich die Situation in Baden-Württemberg und Bayern dar. Die meisten Landkreise weisen eine Sozialhilfedichte unter 2,3% auf. Diese Verteilungsmuster korrespondieren mit den wirtschaftlichen Stärken und Schwächen der Regionen, da Armut hochgradig von den Faktoren Erwerbslosigkeit bzw. geringe Beschäftigungschancen abhängt. KLAGGE (1998) hat darüber hinaus nachgewiesen, dass Wertvorstellungen und Verhaltensweisen der Bezugsberechtigten den Grad der Inanspruchnahme von Sozialhilfe beeinflussen. So gibt es beispielsweise eine umgekehrt proportionale Beziehung zwischen registrierter Armuts- und Kirchenmitgliedsrate.

Die geringeren bis mittleren Werte in den neuen Ländern erklären sich weniger aus einer positiven Wirtschafts- und Arbeitsmarktlage als vielmehr aus staatlichen Programmen zur Arbeitsförderung (▶▶ Beitrag Gans/Thieme, S. 80). Die Arbeitslosenzahlen sind zwar deutlich höher als in den alten Ländern, aber auf Grund von Maßnahmen zur Arbeitsvermittlung sowie zur Förderung der beruflichen Bildung oder Rehabilitation wird häufig ein Einkommen erzielt. Die so Geförderten beziehen keine Sozialhilfe. 1997 wurden in Ostdeutschland 49,9 Mrd. DM für derlei arbeitsmarktpolitische Ziele zur Verfügung gestellt, in Westdeutschland waren es 85,2 Mrd. DM. Im Westen ist die Quote derjenigen, die auf Grund langfristiger Arbeitslosigkeit auf Sozialhilfe angewiesen sind, höher. Dadurch sind auch die Sozialetats der Gemeinden dort höher belastet, insbesondere der großen Städte ❺.

Die zeitliche Entwicklung der Ausgaben für Sozialleistungen der Gemeinden ❸ zeigt für die ostdeutschen Städte

eine Annäherung an die westdeutschen Verhältnisse: Die Zahl der Personen, die aus den Arbeitsfördermaßnahmen herausfallen und zu Sozialhilfeempfängern werden, steigt an, und mit ihnen steigen die Soziallasten in den meisten ostdeutschen Städten zwischen 1992 und 1997. Ausnahmen bilden Dresden sowie die meisten Städte in Thüringen. Auch die meisten süddeutschen Städte haben wachsende Sozialausgaben zu verzeich-

❺ Sozialausgaben der Gemeinden 1997
nach Gemeindegrößenklassen

DM je Einwohner
900
800
700
600
500
400
300
200
100
0

20-50 50-100 100-200 200-500 500 und mehr

Gemeindklassen nach der der Einwohnerzahl in Tsd.

■ alte Länder □ neue Länder

© Institut für Länderkunde, Leipzig 2001

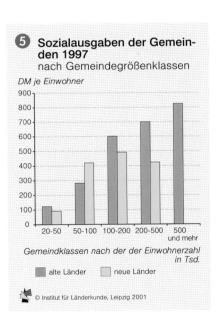

nen, wenn auch das Niveau meist noch niedrig ist. Es gibt aber auch Städte mit deutlicher Entlastung der Sozialhaushalte, ohne dass sich eine generelle Aussage für ganze Regionen treffen lässt. Die sehr unterschiedlichen Werte benachbarter Städte, zum Beispiel im Ruhrgebiet, lassen vermuten, dass vor allem lokale Standortcharakteristika den Ausschlag für positive oder negative Entwicklungen geben. In vielen Fäl-

6 Sozialhilfeempfänger 1999 in der Planungsregion München
nach Gemeinden

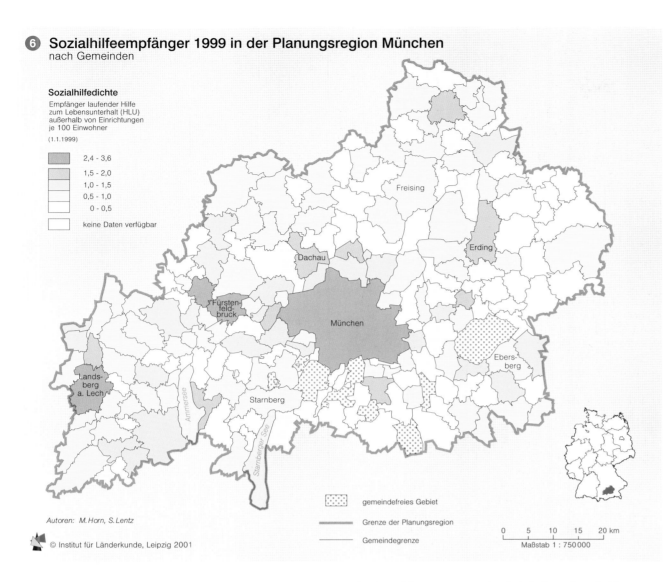

Sozialhilfedichte
Empfänger laufender Hilfe
zum Lebensunterhalt (HLU)
außerhalb von Einrichtungen
je 100 Einwohner

(1.1.1999)

- 2,4 - 3,6
- 1,5 - 2,0
- 1,0 - 1,5
- 0,5 - 1,0
- 0 - 0,5

keine Daten verfügbar

gemeindefreies Gebiet

Grenze der Planungsregion

Gemeindegrenze

Autoren: M. Horn, S. Lentz

© Institut für Länderkunde, Leipzig 2001

0   5   10   15   20 km
Maßstab 1 : 750 000

Mutter mit Kindern im Sozialamt

len sind es allerdings die großen Städte über 500.000 Einwohner, deren Ausgaben besonders hoch sind **5**. Hintergrund ist ein mit der Stadtgröße wachsendes Maß räumlicher Entflechtung von ökonomisch schwächeren und stärkeren Haushalten, da vor allem letztere seit den 1960er Jahren ins Umland abwandern (▶▶ Beitrag Bucher/Heins, S. 114).

Regionale Ebene
Im regionalen Maßstab der Verdichtungsräume fällt besonders der Kernstadt-Umland-Gegensatz auf **3**. Dabei erweisen sich die großen städtischen Zentren in den Agglomerationen praktisch ausnahmslos als Gebiete mit hohen Sozialhilfedichten. Ihre Werte liegen durchweg deutlich über denjenigen des Umlandes. Als eine der Ursachen für die zunehmende Ungleichverteilung in der Sozialstruktur der Verdichtungsräume lässt sich ein selbstverstärkender Prozess der Bevölkerungsverlagerung ausmachen. Da vor allem Mittelstands- und Oberschichthaushalte ihre Wünsche nach einer Verbesserung des Wohnumfelds im suburbanen Raum und im ländlichen Umland realisieren können, während Haushalte mit geringen Einkommen auf dem Wohnungsmarkt mit Eigentumsbildung eher passiv sind und in der Stadt zurückbleiben, kommt es zu einer relativen Konzentration sozial schwacher Bevölkerung in den Kernstädten und

den umgebenden Mittelstädten (▶▶ Beitrag Herfert, S. 116).

Eine weitere Ursache für diese regionalen Disparitäten sind Stadt-Umland-Migrationsbeziehungen, die von der Stellung im Lebenszyklus geprägt sind. Personen, die typischerweise in die Stadt wandern, z.B. Bildungssuchende oder Alleinerziehende, sind meist zu geringeren Anteilen am Erwerbsleben beteiligt. Solche Gruppen können als ökonomische Risikogruppen bezeichnet werden, womit nicht ausgedrückt wird, dass diese Bevölkerungsteile per se arm oder wirtschaftlich schwach wären – auch wenn sie de facto häufig unterdurchschnittliche Kaufkraft aufweisen –, sondern dass ihre ökonomische Situation als unsicher oder instabil eingestuft werden muss. In Zeiten allgemeiner konjunktureller Krisen oder auch nur von Rezession stehen die Mitglieder solcher Haushalte eher in der Gefahr, arbeitslos oder von staatlichen Wohlfahrtszuweisungen abhängig zu werden als die Mitglieder wirtschaftlich etablierter Haushalte. Verhaltensdispositionen wie beispielsweise die geringere Anonymität der Antragsteller in kleinen Gemeinden und ländlichen Regionen bewirken ebenfalls regionale Unterschiede in der Sozialhilfedichte.

Ein Beispiel dafür gibt die polyzentrische Agglomeration Rhein-Neckar **7**. Die Oberzentren Mannheim, Ludwigshafen und Heidelberg wie auch die Mittelzentren Worms und Speyer weisen

eine deutlich höhere Sozialhilfequote als ihre Umlandgemeinden auf. Ähnlich stellt sich die Situation im monozentrischen Verdichtungsraum München dar **6**. Insgesamt ist hier das Niveau niedrig, aber das Oberzentrum ist ebenfalls mit höheren Empfängerantei-

len konfrontiert als das Umland. Dort sind vor allem die städtischen Mittelzentren mit höheren Sozialhilfequoten belastet, außerdem diejenigen Gemeinden, die in der Siedlungsentwicklung bereits höhere Bebauungsdichten erreicht haben (BSLU 1994). Während sich im Zeitverlauf zeigt, dass die nationalen Gegensätze geringer werden (StBA 2000), scheinen sich die Disparitäten auf der Kernstadt-Umland-Ebene immer noch zu verschärfen. ◆

7 Sozialhilfeempfänger 1997 im Raumordnungsverband Rhein-Neckar
nach Gemeinden

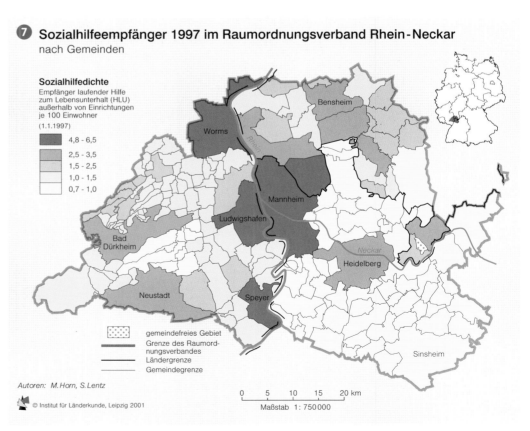

Sozialhilfedichte
Empfänger laufender Hilfe
zum Lebensunterhalt (HLU)
außerhalb von Einrichtungen
je 100 Einwohner

(1.1.1997)

- 4,8 - 6,5
- 2,5 - 3,5
- 1,5 - 2,5
- 1,0 - 1,5
- 0,7 - 1,0

gemeindefreies Gebiet
Grenze des Raumordnungsverbandes
Ländergrenze
Gemeindegrenze

Autoren: M. Horn, S. Lentz

© Institut für Länderkunde, Leipzig 2001

0   5   10   15   20 km
Maßstab 1 : 750 000

Armut in Deutschland | 91

Die natürliche Bevölkerungsentwicklung in Europa

Paul Gans und Thomas Ott

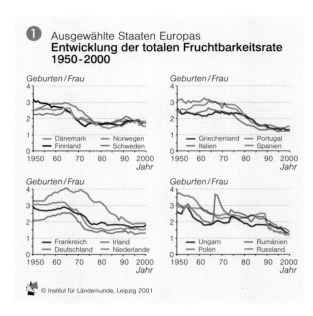

1 Ausgewählte Staaten Europas
Entwicklung der totalen Fruchtbarkeitsrate 1950-2000

© Institut für Länderkunde, Leipzig 2001

durch eine Zunahme der Lebenserwartung und eine rückläufige Fruchtbarkeit auszeichnet und sich in einer mehr oder minder regelhaften Abfolge der Veränderungen von Geburten- und Sterberate in allen europäischen Ländern ausdrückt. Als bevölkerungsstrukturelle Konsequenz ergibt sich u.a. eine Überalterung, auf welche die Alterspyramiden mit ihren relativ breiten Spitzen im Vergleich zu den schmalen Basen hinweisen (▶▶ Beitrag Ott, S. 52).

Das natürliche Bevölkerungswachstum in Europa

Ende des 20. Jhs. schwankt die natürliche Bevölkerungsentwicklung in fast allen europäischen Ländern zwischen –5 und +5‰. Nur in Staaten mit geringer Einwohnerzahl wie Albanien, Island oder Mazedonien liegen höhere Zunahmen vor. Auffallend sind in Karte **4** die großräumigen Gegensätze. Eher überdurchschnittlichen Werten in Nord- und Westeuropa stehen deutliche Sterbeüberschüsse in den Nachfolgestaaten der UdSSR, in Ungarn, Rumänien oder Bulgarien gegenüber. Eine ausgeglichenere Bilanz von Geburten- und Sterberate überwiegt in Mittel- und Südeuropa. Im Vergleich zur aktuellen

Situation war Ende der 1960er Jahre die natürliche Bevölkerungsentwicklung überall positiv. Der Rückgang war in einigen südeuropäischen Ländern sowie in den Transformationsstaaten besonders ausgeprägt.

Die Diagramme in der Karte geben erste Hinweise auf die Hintergründe für den aufgezeigten Trend des natürlichen Wachstums:

• Eine relativ hohe Stabilität zeichnet die Sterberaten aus. In den meisten Ländern verringerten sie sich in den 1950er und 60er Jahren und stiegen dann wieder leicht an. Hierzu trägt der zunehmende Anteil älterer Menschen als Folge sowohl einer sinkenden Mortalität als auch des Geburtenrückganges bei. In Osteuropa, insbesondere in den Nachfolgestaaten der UdSSR, erhöhte sich die Sterberate auf über 13‰ im Jahre 2000, weil nicht nur die Überalterung, also bevölkerungsstrukturelle Effekte, eine Rolle spielten, sondern sich dort die Lebenserwartung tatsächlich verringerte (▶▶ Beitrag Ott, S. 100).

• Die Geburtenrate zeigte seit 1950 nicht nur deutlich stärkere Schwankungen als die Sterbeziffer, sondern auch einen Rückgang von durchschnittlich 20,1‰ zu Beginn der 1950er Jahre auf etwa 10,9‰ Ende des 20. Jhs. Die Abnahme verlief nicht gleichmäßig; nach einer Plateaubildung in den 1950er Jahren und einem mehr oder minder ausgeprägten Anstieg in den 1960er Jahren sank die Geburtenziffer bis ca. 1975 auf ein merklich niedrigeres, dann aber relativ stabiles Niveau. Die beschriebenen Veränderungen treffen vor allem für die Länder in Nord-, West- und Mitteleuropa zu. In Südeuropa setzte der Geburtenrückgang später ein, und in Osteuropa hängt die drastische Minderung mit dem Zusammenbruch des sozialistischen Systems zusammen **1**

Die Diagramme bringen insgesamt zum Ausdruck, dass die negative natürliche Bevölkerungsentwicklung in Europa entscheidend vom Trend der Geburtenhäufigkeit beeinflusst ist.

Raumzeitliche Entwicklung der Fruchtbarkeit in Europa

Die mittlere Geburtenzahl je Frau reduzierte sich in Europa von 2,65 Anfang der 1950er Jahre auf 1,48 Ende des Jhs. Dieser Fruchtbarkeitsrückgang von 44% nach dem Zweiten Weltkrieg verlief in drei Phasen **1**: In der ersten Phase sank die Totale Fruchtbarkeitsrate (TFR) zunächst leicht ab und stieg nach einer vergleichsweise stabilen Entwicklung wieder an. Die zweite, relativ kurze Phase war durch ein Absinken der Ge-

burtenhäufigkeit unter das Niveau zur Bestandserhaltung von 2,1 gekennzeichnet. In der dritten Phase zeigte die TFR bei sehr niedrigen Werten wiederum sehr geringe Schwankungen.

In West-, Mittel- und Nordeuropa setzte um 1965 zuerst ein rasches Abfallen der TFR ein, das ca. zehn Jahre andauerte und mit Werten deutlich unter der Bestandssicherung abschloss, z.B. in Großbritannien und Frankreich mit etwa 1,7 Kindern je Frau oder in Deutschland und Österreich mit ca. 1,4 Geburten. Eine besondere gesellschaftliche Situation besteht ganz offensichtlich in Irland (THIEME 1992). 1992 sank die Geburtenhäufigkeit erstmals unter das ▶ Reproduktionsniveau und verzeichnete anschließend einen weiteren langsamen, kontinuierlichen Rückgang. In den skandinavischen Ländern erhöhte sie sich sogar in den 1980er Jahren vorübergehend, ohne jedoch den TFR-Wert von 2,1 entscheidend und dauerhaft zu übertreffen. In Südeuropa begann der Geburtenrückgang bei höheren Ziffern zwar später, lief dann aber sehr intensiv ab. So verringerte sich in Spanien die TFR von 2,21 (1980) auf 1,36 zehn Jahre später (▶ Nettoreproduktionsrate von 1,08 auf 0,62), in Griechenland von 2,23 auf 1,42 (Nettoreproduktionsrate von 1,58 auf 0,67). In den osteuropäischen Staaten war zwar eine Abnahme der TFR in den 1960er Jahren zu beobachten, die Geburtenhäufigkeit sank jedoch erst nach dem Zusammenbruch des sozialistischen Sys-

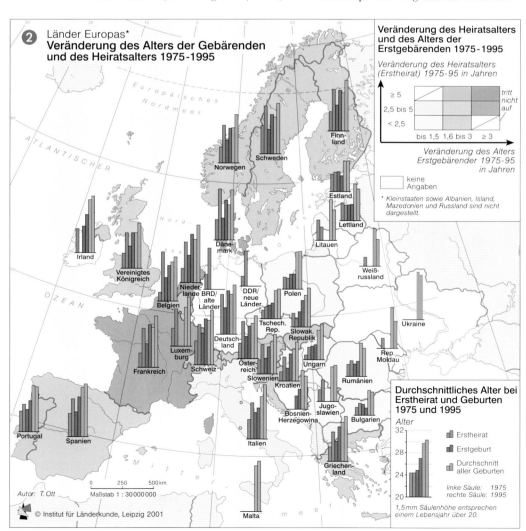

2 Länder Europas*
Veränderung des Alters der Gebärenden und des Heiratsalters 1975-1995

Veränderung des Heiratsalters und des Alters der Erstgebärenden 1975-1995

Veränderung des Heiratsalters (Erstheirat) 1975-95 in Jahren

≥ 5
2,5 bis 5
< 2,5

tritt nicht auf

bis 1,5 1,6 bis 3 ≥ 3

Veränderung des Alters Erstgebärender 1975-95 in Jahren

keine Angaben

* Kleinstaaten sowie Albanien, Island, Mazedonien und Russland sind nicht dargestellt.

Autor: T. Ott

0 250 500km
Maßstab 1 : 30000000

© Institut für Länderkunde, Leipzig 2001

Durchschnittliches Alter bei Erstheirat und Geburten 1975 und 1995

Alter
32
28
24
20

■ Erstheirat
■ Erstgeburt
■ Durchschnitt aller Geburten

*linke Säule: 1975
rechte Säule: 1995*

1,5mm Säulenhöhe entsprechen einem Lebensjahr über 20.

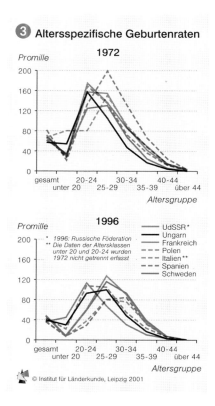

③ Altersspezifische Geburtenraten

Promille

1972

gesamt | unter 20 | 20-24 | 25-29 | 30-34 | 35-39 | 40-44 | über 44
Altersgruppe

Promille

1996

* 1996: Russische Föderation
** Die Daten der Altersklassen
unter 20 und 20-24 wurden
1972 nicht getrennt erfasst

UdSSR*
Ungarn
Frankreich
Polen**
Italien**
Spanien
Schweden

gesamt | unter 20 | 20-24 | 25-29 | 30-34 | 35-39 | 40-44 | über 44
Altersgruppe

© Institut für Länderkunde, Leipzig 2001

tems rasch und deutlich unter die ▶ natürliche Bestandserhaltung.

Insgesamt zeichnet der Verlauf der TFR in den europäischen Staaten ein weitgehend uneinheitliches Bild. Karte ❷ veranschaulicht in Ergänzung zu Abbildung ❶, dass bis zum Ende des Jahrhunderts in allen Staaten ein Geburtenrückgang stattfand, dessen Ausmaß in Ländern mit überdurchschnittlichen Werten Ende der 1960er Jahre besonders groß war (Irland: -50,6%; Rumänien: -57,3%; Spanien: -59%). Das Ergebnis dieser Entwicklung waren eine geringere Schwankungsbreite und eine größere Homogenität in Europa. Ende der 1990er Jahre variierten die Werte der TFR zwischen 1,2 und 1,9 ❺.

Hintergründe für den Geburtenrückgang

Die zweite demographische Transformation (VAN DE KAA 1987) beruht – anders als die erste im 19. Jh. (▶▶ Einführung Gans/Kemper, S. 16 f.) – weniger auf einem gesellschaftlichen und ökonomischen Wandel als vielmehr auf Veränderungen im persönlichen Bereich. Die Individualisierung von Lebensbiographien und die Pluralisierung von Lebensformen spielen eine maßgebliche Rolle und sind mit tiefgreifenden Veränderungen im generativen Verhalten verknüpft, das durch ein Hinausschieben der Familienbildung und durch eine Zunahme des Alters der Frauen bei der Geburt ihres ersten Kindes gekennzeichnet ist.

So erhöht sich das Durchschnittsalter der Frauen bei ihrer ersten Heirat seit

1975 im Mittel von knapp 23 auf etwas über 25 Jahre. Dieser Anstieg ist in Skandinavien mit mindestens vier, in Dänemark sogar mit über sechs Jahren besonders ausgeprägt ❷, fällt dagegen in Osteuropa mit weniger als zwei Jahren geringer aus. Mit der späteren Heirat von Frauen verschiebt sich das Maximum der altersspezifischen Geburtenraten, das von 1972 bis 1996 deutlich zurückging, in höhere Altersgruppen ❸. Diese Tendenz ist in den Transformationsländern weniger deutlich.

Ein weiteres Kennzeichen des geänderten ▶ generativen Verhaltens ist der allgemeine Anstieg des mittleren Alters von Frauen bei der Geburt ihres ersten Kindes, das gegenwärtig außerhalb Osteuropas bei mehr als 27 Jahren liegt, mit Spitzenwerten von über 29 in den Niederlanden oder in der Schweiz. Die relativ hohe Fruchtbarkeit in Skandinavien steht in engem Zusammenhang mit den sozialen Errungenschaften, die Frauen eine optimale Verbindung von Berufstätigkeit und Geburt von Kindern ermöglichen und sich in einem Anteil nichtehelicher Geburten von durchweg über 40% ausdrücken – in Schweden waren es 1995 52,9% aller Kinder –, die meist in eheähnlichen Partnerschaften stattfinden. Die Biographie von Frauen hat sich in Schweden in den letzten Jahrzehnten stark verändert. Vor der Geburt des ersten Kindes sind die schwedischen Frauen meist voll erwerbstätig und gehen nach einem Jahr Mutterschaftsurlaub in der Regel einer Teilzeitbeschäftigung nach. Wenn sie 2,5 Jahre nach der Geburt des ersten Kindes oder später ein zweites gebären, erhalten sie vom Staat einen Zuschuss, der sich am Einkommen der früheren Vollerwerbstätigkeit orientiert.

Das Beispiel Italiens steht für regionale Unterschiede innerhalb von vielen Ländern: Hier lassen sich für die Variablen des Reproduktionsverhaltens ausgeprägte Gegensätze zwischen dem reichen Norden sowie dem ärmeren und stärker von traditionellen Wertvorstellungen geprägten Süden erkennen. So sank die TFR im Norden von 2,14 (1970) auf 1,09 (1989), während im Süden ein Rückgang von 2,42 auf 1,33 zu verzeichnen war.

Ausblick

Die gegenwärtige Fruchtbarkeit in Europa macht offenkundig, dass in nächster Zukunft die Geburtenhäufigkeit weit unter dem Reproduktionsniveau bleiben wird. Die demographischen Konsequenzen aus diesem Tatbestand sind eindeutig: Sie münden in eine innerhalb von etwa 20 Jahren stattfindende Überalterung der europäischen Bevölkerung. Neben den aufgezeigten Determinanten hängt diese Entwicklung auch mit den hohen Geburtenraten nach dem Zweiten Weltkrieg zusammen ❶, dessen Auswirkungen sich noch heute in den Ausbuchtungen der Alterspyramiden bei den 20- bis unter 40-Jährigen zeigen (▶▶ Beitrag Ott, S. 52). Den geburtenstarken Jahrgängen folgen jetzt immer

mehr schwach besetzte Altersgruppen, und dieser Trend muss die Aufmerksamkeit der Politik vermehrt auf soziale und ökonomische Probleme sowie ihre Lösungen lenken (▶▶ Beitrag Börsch-Supan, S. 26).◆

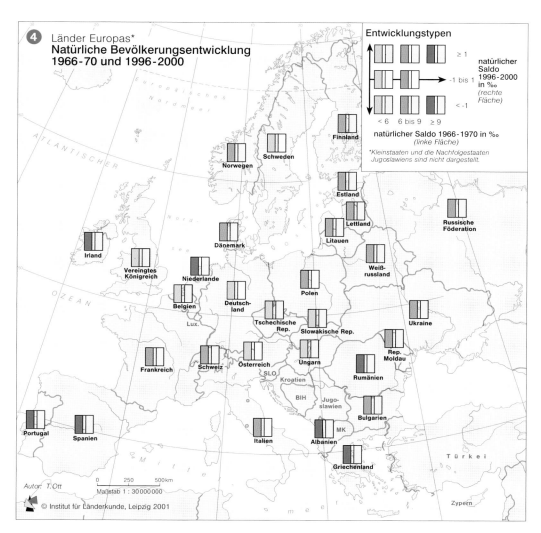

④ Länder Europas*
Natürliche Bevölkerungsentwicklung
1966-70 und 1996-2000

Entwicklungstypen

≥ 1
-1 bis 1
< -1

natürlicher Saldo 1996-2000 in ‰ (rechte Fläche)

< 6 | 6 bis 9 | ≥ 9
natürlicher Saldo 1966-1970 in ‰

*Kleinstaaten und die Nachfolgestaaten Jugoslawiens sind nicht dargestellt.

Autor: T. Ott

0 250 500 km
Maßstab 1 : 30 000 000

© Institut für Länderkunde, Leipzig 2001

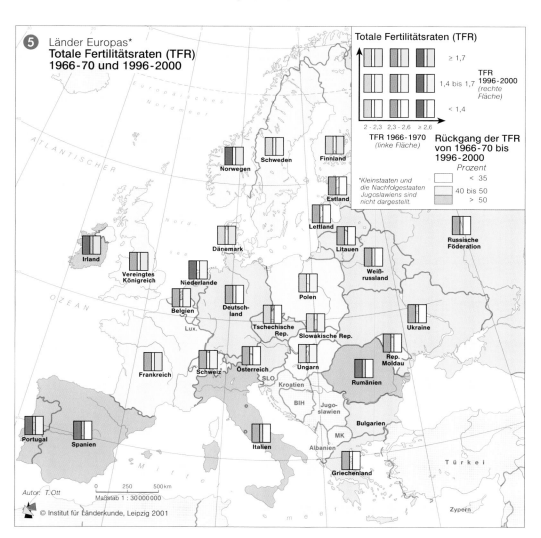

⑤ Länder Europas*
Totale Fertilitätsraten (TFR)
1966-70 und 1996-2000

Totale Fertilitätsraten (TFR)

≥ 1,7
1,4 bis 1,7
< 1,4

TFR 1996-2000 (rechte Fläche)

2 - 2,3 | 2,3 - 2,6 | ≥ 2,6
TFR 1966-1970 (linke Fläche)

*Kleinstaaten und die Nachfolgestaaten Jugoslawiens sind nicht dargestellt.

Rückgang der TFR von 1966-70 bis 1996-2000
Prozent

< 35
40 bis 50
> 50

Autor: T. Ott

0 250 500 km
Maßstab 1 : 30 000 000

© Institut für Länderkunde, Leipzig 2001

Regionale Unterschiede der Geburtenhäufigkeit

Paul Gans

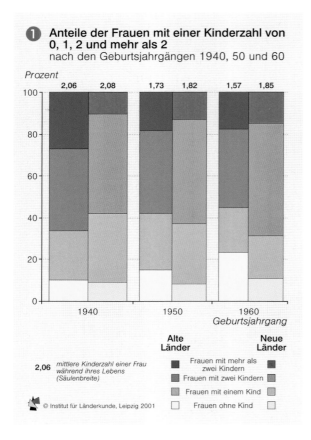

① Anteile der Frauen mit einer Kinderzahl von 0, 1, 2 und mehr als 2
nach den Geburtsjahrgängen 1940, 50 und 60

Prozent

2,06   2,08   1,73   1,82   1,57   1,85

1940   1950   1960
Geburtsjahrgang

	Alte Länder	Neue Länder

2,06 mittlere Kinderzahl einer Frau während ihres Lebens (Säulenbreite)

■ Frauen mit mehr als zwei Kindern
■ Frauen mit zwei Kindern
■ Frauen mit einem Kind
□ Frauen ohne Kind

© Institut für Länderkunde, Leipzig 2001

Schon ein kurzer Blick auf Karte ⑤ lässt die großen Gegensätze in der Geburtenhäufigkeit zwischen Ost- und Westdeutschland erkennen. Aus der ▶ Totalen Fruchtbarkeitsrate (TFR) oder zusammengefassten Geburtenziffer, die von der Altersstruktur der Bevölkerung unabhängig ist und sich daher als

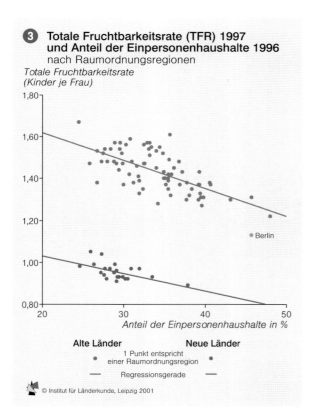

③ Totale Fruchtbarkeitsrate (TFR) 1997 und Anteil der Einpersonenhaushalte 1996
nach Raumordnungsregionen

Totale Fruchtbarkeitsrate (Kinder je Frau)

● Berlin

Anteil der Einpersonenhaushalte in %

Alte Länder	Neue Länder

• 1 Punkt entspricht einer Raumordnungsregion
— Regressionsgerade

© Institut für Länderkunde, Leipzig 2001

Indikator für eine vergleichende Betrachtung eignet, ergibt sich für 1997 eine mittlere Kinderzahl von 0,98 je Frau in den neuen und von 1,41 in den alten Ländern.

Gegenüber diesem großräumigen Unterschied fallen regionale Abweichungen deutlich niedriger aus. In Westdeutschland verringerte sich in den 1990er Jahren die Differenz der TFR zwischen den Agglomerationen und den ländlichen Räumen, während sich in den neuen Ländern nach 1989 die Werte für die Regionstypen zunächst angeglichen haben und gegenwärtig eher höhere Raten in den Verdichtungsräumen zu beobachten sind, allerdings nur unter Einbeziehung Berlins insgesamt ②. Trotz dieser Einschränkung schwächt sich offenbar das herkömmliche Raummuster mit überdurchschnittlicher Geburtenhäufigkeit in weniger verdichteten ländlichen Gebieten und niedriger Fruchtbarkeit in städtischen Räumen ab. Ein Indiz hierfür ist, dass in den neuen und alten Ländern die Schwankungen der TFR innerhalb der siedlungsstrukturellen Regionstypen größer sind als zwischen den Gebietskategorien. Die geringen regionalen Abweichungen der Fruchtbarkeit innerhalb von West- und Ostdeutschland rücken die Hintergründe für die Unterschiede in der Geburtenhäufigkeit zwischen neuen und alten Ländern in den Vordergrund des Interesses. Untersuchungen zu demographischen Strukturen belegen (DORBRITZ U. SCHWARZ 1996; DORBRITZ 1998), dass sich in der Bundesrepublik und in der DDR aufgrund systembedingt divergierender Steuerungsintensität sozialer Institutionen voneinander abweichende generative Verhaltensweisen entwickelten, die bis heute in den großräumigen Gegensätzen der Geburtenhäufigkeit nachwirken. Nach der Wende gewannen regionale Milieus mit ihren kulturellen Werten und Traditionen für die Bevölkerungsprozesse wieder an Bedeutung (NAUCK 1995).

Geburtenhäufigkeit und demographische Strukturen

Abweichungen bei der Geburtenhäufigkeit west- und ostdeutscher Frauen traten erst ab Mitte der 1970er Jahre auf, als in der DDR eine pronatalistische Bevölkerungspolitik zu einer Steigerung der mittleren Zahl von Kindern je Frau führte (▶▶ Beitrag Gans, S. 96). Allerdings blieb die TFR unter dem für die Bestandserhaltung notwendigen Niveau von 2,1. Das natürliche Wachstum in den 1980er Jahren geht auf altersstrukturelle Effekte und weniger auf Änderungen des ▶ generativen Verhaltens zurück (DORBRITZ 1993/94, S. 412),

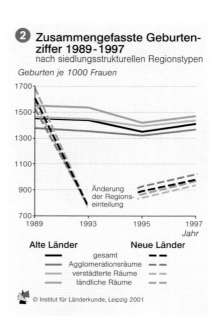

② Zusammengefasste Geburtenziffer 1989-1997
nach siedlungsstrukturellen Regionstypen

Geburten je 1000 Frauen

Änderung der Regionseinteilung

1989   1993   1995   1997
Jahr

Alte Länder	Neue Länder
— gesamt	--
— Agglomerationsräume	--
— verstädterte Räume	--
— ländliche Räume	--

© Institut für Länderkunde, Leipzig 2001

weil es trotz aller Begünstigungen nicht gelang, die Bereitschaft zu drei und mehr Kindern entscheidend zu erhöhen ①. Auch im Vergleich zur Bundesrepublik blieben die Drei- und Mehrkinderfamilien deutlich unterrepräsentiert. Ein begrenzender Faktor waren nach MEYER U. SCHULZ (1992, S. 36) die beengten Wohnverhältnisse in der DDR. Die Zwei-Kind-Familie entsprach offenbar der Wunschvorstellung vieler Paare, während Frauen ohne Kinder für die Geburtsjahrgänge 1940 bis 1960 selten waren. Die Realisierung eines Kinderwunsches hatte im gesellschaftlichen System der DDR nur geringe individuelle Risiken z.B. für Erwerbstätigkeit oder Einkommen zur Folge (NAUCK 1995).

Ganz anders verlief die Entwicklung im früheren Bundesgebiet. Bei Frauen, die von 1940 bis 1950 geboren wurden, verringerte sich vor allem der Anteil dritter und weiterer Kinder. Im Jahrgang 1960 hat sich die Gruppe kinder-

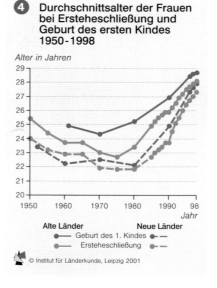

④ Durchschnittsalter der Frauen bei Ersteheschließung und Geburt des ersten Kindes 1950-1998

Alter in Jahren

1950   1960   1970   1980   1990   98
Jahr

Alte Länder	Neue Länder
● Geburt des 1. Kindes	●
● Ersteheschließung	●

© Institut für Länderkunde, Leipzig 2001

loser Frauen auf 23,2 % erhöht, bei gleichzeitigem Rückgang des Anteils von Frauen mit einem Kind. Doch bleibt der Prozentsatz der Frauen mit mindestens drei Kindern im Vergleich zum Geburtsjahrgang 1950 konstant. Das hohe Ausmaß von Kinderlosigkeit ist in Deutschland nichts Neues (DORBRITZ U. SCHWARZ 1996, S. 238). Die heutige Polarisierung zwischen kinderlosen Frauen und jenen mit mindestens drei Kindern im früheren Bundesgebiet geht mit einem expandierenden Nicht-Familiensektor und einer wachsenden Individualisierung der Lebensformen einher. Als ein Indikator kann der Anteil der Einpersonenhaushalte dienen, der in den Agglomerationen höhere Werte als in den ländlichen Gebieten erreicht ⑤ und in den neuen Ländern vergleichsweise gering ausfällt ③. Eine hohe Bedeutung der ▶ Singles zeigt ein Hinausschieben der Familienbildung an und hat eher niedrige Geburtenhäufigkeiten zur Folge, was ein ▶ Korrelationskoeffizient von -0,663 für die alten und von -0,588 für die neuen Länder bestätigt.

Kinderlos sind häufig Alleinlebende und Frauen in nichtehelichen Lebensgemeinschaften. Im früheren Bundesgebiet tritt die Vollerwerbstätigkeit als weiterer Faktor hinzu. Vor allem höher qualifizierte Frauen mit hohen Einkommen entscheiden sich aufgrund ihrer Berufsorientierung bewusst gegen Ehe und Kinder. Diesem „Karrieremilieu" steht das „Milieu der konkurrierenden Optionen" bei nichtverheirateten, berufstätigen Frauen mit niedrigem Einkommen gegenüber, die im Falle von Kindern auf Bedürfnisse der eigenen Lebensgestaltung verzichten müssten (DORBRITZ U. SCHWARZ 1996).

Weiteren Aufschluss zum unterschiedlichen generativen Verhalten in Ost- und Westdeutschland gibt das Alter bei der ersten Eheschließung. Das Erstheiratsalter erhöhte sich bei Frauen in den alten Ländern von 23 Jahren 1970 auf knapp über 28 Jahre 1998 ④. In den neuen Ländern beschleunigt sich die Zunahme des Erstheiratsalters seit 1990. Parallel dazu steigt das Alter bei der Geburt des ersten Kindes an. Auffallend ist, dass es in der DDR schon 1960 über zwei Jahre geringer als in den alten Ländern war und sich diese Differenz erst nach der Wende deutlich reduzierte. Allerdings ist zu bedenken, dass in Ostdeutschland der Anteil der Kinder, die nichtehelich geboren wurden, nach 1989 auf über 40% anwuchs. Diese Geburten gehen nicht in die Berechnungen zum Durchschnittsalter in der Abbildung ein, so dass anzunehmen ist, dass die Werte für alle Frauen mit Geburten überhöht sind. Unabhängig

Geburtenhäufigkeit 1997
nach Raumordnungsregionen

Totale Fruchtbarkeitsrate (TFR) oder **zusammengefasste Geburtenziffer** – gibt die Zahl der geborenen Kinder von 1000 Frauen während ihrer reproduktiven Lebensphase an, wenn sie den für einen bestimmten Zeitpunkt maßgeblichen Fruchtbarkeitsverhältnissen unterworfen wären und dabei von der Sterblichkeit abgesehen wird; dieses Maß liegt Ende der 1990er Jahre in Mitteleuropa zwischen 800 und 1800 je 1000 Frauen bzw. zwischen 0,8 und 1,8 je Frau.

generatives Verhalten – Verhaltensweisen, die die Geburtenhäufigkeit in einer Gesellschaft in einem gegebenen Zeitraum beeinflussen

Korrelationskoeffizient – errechneter Wert für einen mathematisch nachweisbaren Zusammenhang zwischen zwei voneinander unabhängigen Verteilungen; der Korrelationskoeffizient r liegt zwischen –1 und +1, wobei Werte in der Nähe von 0 bedeuten, dass es keinen nachweisbaren linearen Zusammenhang gibt, Werte in der Nähe von –1 bedeuten einen starken gegenläufigen Zusammenhang und Werte nahe +1 einen starken positiven Zusammenhang.

Singles – Alleinlebende in Ein-Personen-Haushalten, die auch in nichtehelicher Gemeinschaft mit anderen Personen zusammen leben können, statistisch aber als allein lebend zählen

davon sind ein Hinausschieben der Familienbildung und ein Rückgang der Heiratsneigung zu erkennen.

Die Ergebnisse lassen darauf schließen, dass sich nach der Wende in Ostdeutschland im Gefolge des Geburteneinbruchs (▶▶ Beitrag Gans, S. 96) der Wandel im generativen Verhalten intensivierte. Die systembedingten Einflüsse aus der DDR-Zeit sind noch zu erkennen, die neuen gesellschaftlichen und ökonomischen Bedingungen, die durch das System der Bundesrepublik mit der Vereinigung gesetzt wurden, sind bis heute nicht von allen verinnerlicht.

Ausblick

In Westdeutschland stellt sich bei der zukünftigen Entwicklung der Geburtenhäufigkeit weniger die Frage, ob sie einen Anstieg verzeichnen wird, sondern ob das jetzige Niveau beibehalten werden kann. Notwendig wäre hierzu ein stabiles Nebeneinander des Familien- und Nicht-Familiensektors (▶▶ Beitrag Bucher/Kemper, S. 54), dessen wachsende Bedeutung eng mit dem Anstieg der Kinderlosigkeit zusammenhängt. Weiterhin ist eine verbesserte Vereinbarkeit von Ehe/Familie und Berufstätigkeit von Frauen zu fordern. Wahrscheinlicher ist es jedoch, dass die Polarisierung der Lebensformen mit wachsender Kinderlosigkeit weiter fortschreiten und die TFR bezogen auf alle Frauen weiter absinken wird.

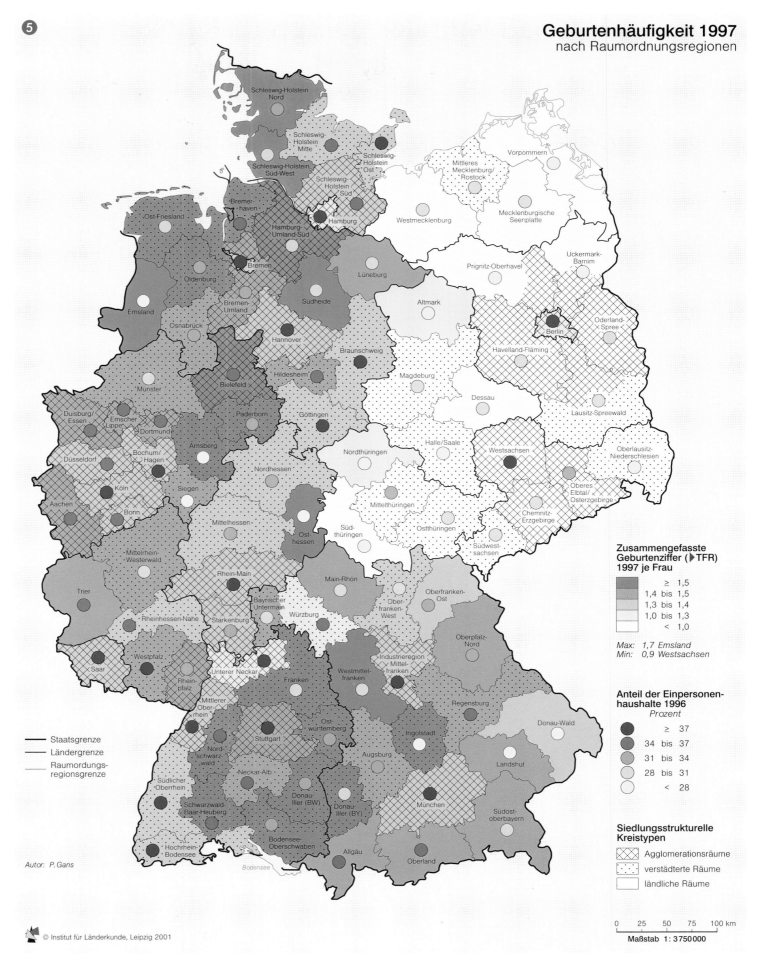

Autor: P. Gans

© Institut für Länderkunde, Leipzig 2001

Zusammengefasste Geburtenziffer (▶TFR) 1997 je Frau
- ≥ 1,5
- 1,4 bis 1,5
- 1,3 bis 1,4
- 1,0 bis 1,3
- < 1,0

Max: 1,7 Emsland
Min: 0,9 Westsachsen

Anteil der Einpersonenhaushalte 1996
Prozent
- ≥ 37
- 34 bis 37
- 31 bis 34
- 28 bis 31
- < 28

Siedlungsstrukturelle Kreistypen
- Agglomerationsräume
- verstädterte Räume
- ländliche Räume

— Staatsgrenze
— Ländergrenze
— Raumordnungs-regionsgrenze

0 25 50 75 100 km
Maßstab 1 : 3750000

In Ostdeutschland wird sich dagegen die 1995 beginnende Zunahme der TFR vermutlich weiter fortsetzen. Es bleibt aber offen, ob und wann es zu einer Konvergenz mit Westdeutschland kommt. Positiv ist zu vermerken, dass nach Berechnungen von GRÜNHEID U. ROLOFF (2000, S. 30) Änderungen des generativen Verhaltens zu diesem An-

stieg beitragen. Auch die altersspezifischen Geburtenraten der nach 1970 geborenen Frauen schließen gegenwärtig einen Trend zu Geburtenhäufigkeiten auf dem Niveau der alten Ländern nicht aus.

Die Konsequenzen beider Trends sind für die natürliche Bevölkerungsentwicklung eindeutig. Die Sterbeüberschüsse

werden bleiben, und die Überalterung (▶▶ Beiträge Maretzke, S. 46 und 50) wird sich mit entsprechenden Auswirkungen auf die sozialen Sicherungssysteme (▶▶ Beitrag Börsch-Supan, S. 26) und auf den Arbeitsmarkt noch beschleunigen.◆

Der Geburtenrückgang in den neuen Ländern

Paul Gans

① DDR/neue Länder
Zusammengefasste Erstheiratsziffer, Ehescheidungsziffer, Quote der nichtehelichen Lebendgeborenen und Nettoreproduktionsrate 1950 - 1998

Prozent

zusammengefasste Erstheiratsziffer (%)
von 100 Ledigen würden ..... heiraten

zusammengefasste Scheidungsziffer (%)
von 100 Ehen würden ..... geschieden werden

nichteheliche Lebendgeborene je 100 Lebendgeborene

Nettoreproduktionsrate

© Institut für Länderkunde, Leipzig 2001

③ Neue Länder
Rangkorrelationen der Geburtenhäufigkeit (TFR) und ihrer Veränderung mit ausgewählten Merkmalen der Regionalstruktur 1989/1993
Bezugsbasis: Raumordnungsregionen

Merkmal	TFR 1989	TFR 1993	Veränderung der TFR 1989-1993
Arbeitsmarkt			
Arbeitslosenquote (30.9.93)	0,367	0,448	–
Anteil der Frauen an den Arbeitslosen (30.9.93)	-0,518*	–	0,439
Beschäftigtenanteil im primären Sektor (30.6.93)	0,789**	–	-0,632**
Siedlungs- und Infrastruktur			
Bevölkerungsdichte (31.12.92)	-0,747**	–	0,617*
Gesamtindikator zur Infrastruktur	-0,443	–	–

Die angegebenen Koeffizienten sind für α=0,05 signifikant, bei (*) ist α=0,01, bei (**) ist α=0,001 (jeweils einseitige Fragestellung).

Die jüngsten Bevölkerungsprognosen für die neuen Länder lassen einen Besorgnis erregenden Bevölkerungsrückgang erwarten. Diese Entwicklung ist im Wesentlichen darauf zurückzuführen, dass die Zahl der Todesfälle die der Geburten übersteigt, während die Wanderungssalden inzwischen vielerorts so gut wie ausgeglichen sind. Die großräumigen Unterschiede in der Fruchtbarkeit zwischen neuen und alten Ländern sind eine Folge des massiven Geburtenrückgangs in Ostdeutschland nach 1989. Im Folgenden stehen dessen regionale Differenzierung und Ansätze zu seiner Erklärung im Mittelpunkt.

Regionale Veränderungen der Fruchtbarkeit

Im Jahre 1989 schwankte die zusammengefasste Geburtenziffer in den Raumordnungsregionen der neuen Länder zwischen 1,44 in Halle und 1,76 in Neubrandenburg. Die räumlichen Unterschiede in Karte ④ spiegeln die Siedlungsstruktur mit überproportionalen Werten der Totalen Fruchtbarkeitsrate (TFR) in den ländlichen Gebieten, vor allem im Norden, und unterdurchschnittlichen Werten in den Agglomerationen überwiegend im Süden wider. Nach 1989 ging die Geburtenhäufigkeit in den weniger dicht besiedelten Regionen von einem hohen Ausgangsniveau im Mittel um 55% zurück, in den Verdichtungsräumen erreichte die Verringerung ein Ausmaß von etwa 50%. Im Jahre 1993 hat sich zum einen die Spannbreite der Werte von 0,69 (Frankfurt/Oder) bis 0,88 (Nordthüringen) reduziert, zum andern verzeichnete die regionale Differenzierung der TFR nicht mehr das Gefälle von Nord nach Süd. So bestand für die zusammengefasste Geburtenziffer von 1993 weder ein Zusammenhang mit den entsprechenden Werten für 1989 noch mit der Siedlungsstruktur ③.

Erklärungsansätze zum Geburtenrückgang

Die in der Tabelle ③ berechneten ▸▸ Korrelationskoeffizienten belegen nicht nur die Veränderung des räumlichen Musters der Geburtenhäufigkeit im Gebiet der neuen Länder zwischen 1989 und 1993, sondern sie bekräftigen auch den von ZAPF U. MAU (1993) gegebenen Erklärungsansatz eines sozialstrukturellen Schocks für den massiven Geburtenrückgang. Das generative Verhalten ist in jenen Gebieten am stärksten negativ beeinflusst worden, in denen der tiefgreifende soziale Wandel nach 1989 mit nur sehr begrenzten ökonomischen Perspektiven und mit hohen persönlichen Risiken verbunden war. Davon waren agrarisch strukturierte Re-

gionen mit niedriger Bevölkerungsdichte besonders betroffen. Der Auflösung der Landwirtschaftlichen Produktionsgenossenschaften folgten vor allem für Frauen nur wenige Arbeitsplatzangebote. Die Bevölkerung reagierte mit Wegzug oder mit anhaltendem Geburtenverzicht.

Die Schocksituation trifft jedoch nur für einen kurzen Zeitraum von weniger als einem Jahr zu (GRÜNHEID U. ROLOFF 2000, S. 33). Der Geburtenrückgang

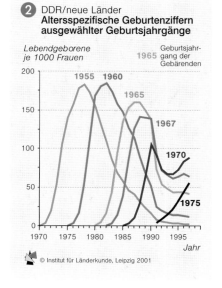

② DDR/neue Länder
Altersspezifische Geburtenziffern ausgewählter Geburtsjahrgänge

Lebendgeborene je 1000 Frauen

Geburtsjahrgang der Gebärenden

© Institut für Länderkunde, Leipzig 2001

setzte im Juli 1990 ein, beschleunigte sich im Oktober desselben Jahres und verlangsamte sich ab April 1991, um auf ein Niveau unter 800 Geburten je 1000 Frauen (TFR) im gebärfähigen Alter einzuschwenken. Erst ab 1995 zeichnete sich ein bis heute anhaltend positiver Trend ab. Die massenhafte Entscheidung der Frauen gegen eine Geburt oder zumindest für deren zeitliches Hinausschieben setzte nach dem Mauerfall ein, „als das Ende der DDR öffentlich thematisiert wurde und sich der soziale Wandel abzeichnete" (DORBRITZ 1997, S. 250). Der Schock äußerte sich darüber hinaus in einem drastischen Absinken der ▸▸ Nettoreproduktionsrate, der Erstheirats- und Ehescheidungsziffern sowie damit zusammenhängend der sprunghaften Zunahme der Quote nichtehelich Geborener ①. Auch der vorübergehende Anstieg der Schwangerschaftsabbrüche um ein Drittel von 1990 bis 1992 ist Ausdruck einer gewissen Verweigerungshaltung gegenüber der Geburt von Kindern (DORBRITZ 1997, S. 241).

Die demographischen Indikatoren lassen einen Verzicht auf Kinder vermuten, der vielleicht nur als vorübergehend gedacht war, dann aber nach Währungsunion und Wiedervereinigung angesichts der nachfolgenden tiefgrei-

Korrelationskoeffizient – statistisch nachweisbarer Zusammenhang zwischen zwei voneinander unabhängigen Verteilungen

Nettoreproduktionsrate – die Zahl der Töchter, die von einer Generation von Frauen im Laufe ihrer reproduktionsfähigen Jahre geboren werden und die unter den herrschenden Sterblichkeitsverhältnissen ihrerseits das reproduktionsfähige Alter erreichen werden

zusammengefasste Geburtenziffer, Totale Fruchtbarkeitsrate, TFR – gibt die Zahl der geborenen Kinder je Frau während ihrer reproduktiven Lebensphase an, wenn sie den für den Betrachtungszeitpunkt maßgeblichen Fruchtbarkeitsverhältnissen unterworfen wären und dabei von der Sterblichkeit abgesehen wird

fenden Umwälzungen einen zunehmend endgültigen Charakter annahm. Dahinter könnte die Einstellung stehen, dass Kinderlose, Alleinlebende oder kleine Familien schneller und insbesondere flexibler reagieren und die durch den Umbruch hervorgerufenen Schwierigkeiten eher bewältigen können.

Die altersspezifischen Geburtenziffern von Frauen in Ostdeutschland belegen diese Erklärung jedoch nur für bestimmte Geburtsjahrgänge ② (DORBRITZ 1997, S. 246 ff.). Der tiefgreifende Umbruch nach 1989 betraf kaum noch jene Frauen, die vor 1960 geboren waren, da sie aufgrund früher Heirat und niedrigen Alters bei der Geburt des ersten Kindes während der DDR-Zeit ihre Geburtenbiographie weitgehend abgeschlossen hatten. Der Verzicht auf Kinder ist dagegen im abrupten Rückgang der Raten nach 1990 bei Frauen zu erkennen, die etwa im Zeitraum Mitte der 1960er bis Anfang der 70er Jahre geboren wurden. Für diese Altersgruppe lässt sich die These eines sozialstrukturellen Schocks aufrechterhalten, dessen Nachwirkungen aufgrund des anhaltend niedrigen Niveaus wohl bis heute andauern. Nachholeffekte deuten sich nur bei den Jüngeren in den ab 1995 ansteigenden Ziffern an. Die Frauen des Jahrgangs 1975, die ihre ersten Geburten nach dem Zusammenbruch der DDR hatten, reagieren mit Aufschieben, was sich im weniger steilen Kurvenverlauf äußert. Diese Frauen zeigen generative Verhaltensweisen, die denen von Frauen in Westdeutschland ähneln.

Fazit und Ausblick

Die Statistiken belegen, dass der Geburtenverzicht als Folge der Schocksituation zeitlich deutlich beschränkt ist und das anschließende niedrige Niveau nicht begründen kann. Als Erklärungsansatz bieten sich Kosten-Nutzen-Überlegungen beim Prozess der Familienbildung an (SACKMANN 1999). Von dem sich nach dem Mauerfall abzeichnenden sozialen Wandel waren neue Anforderungen mit Risiken und Einschnitten für die persönliche Lebensführung zu erwarten ❶. MÜNZ U. ULRICH (1993/94) nennen hierzu drei Komponenten:

- Krisensituationen wie Arbeitslosigkeit, finanzielle Schwierigkeiten, Benachteiligungen von Frauen auf dem Arbeitsmarkt oder die Schließung von Einrichtungen zur Kinderbetreuung sind Beweggründe zum Verschieben oder zum Verzicht auf eine Geburt.
- Die Zahl der Alternativen zu einer frühen Heirat und Mutterschaft ist gestiegen, was im Zusammenhang mit dem sozialen Kontext in der DDR gesehen werden muss, zu dem die relative Abgeschlossenheit der Gesellschaft, die ausgesprochene Fixierung der Lebenswege von Frauen auf Berufstätigkeit und Mutterschaft sowie die mangelnde Pluralität der Lebensläufe gehörten.
- Der Wertewandel stellt Arbeitsplatz und materielle Lebenssicherung vor die Familie an die erste Position.

Bis 1995 erhöhten sich die Werte der TFR leicht auf 0,78 in Westsachsen (Leipzig) und 0,95 in Nordthüringen. Der Anstieg setzte sich mit +11% bei weiterhin geringer Schwankungsbreite der Werte bis 1997 fort und fiel im Süden etwas überdurchschnittlich aus ❺. NAUCK (1995) begründet diese Differenzierung mit regionalspezifischen soziokulturellen Milieus, die in präindustrieller Zeit entstanden sind und bis heute nachwirken. So kontrastiert er das mehr individualistische Verhalten in Mecklenburg-Vorpommern, das sich in höheren Anteilen nichtehelicher Kindschaftsverhältnisse äußert, mit eher familial-kollektivistischen Einstellungen im Süden der neuen Länder. Auch BERTRAM (1996) verweist auf die zunehmende Bedeutung kultureller Traditionen und regionaler Kontexte für die räumliche Differenzierung der Fruchtbarkeit. So stand Nordthüringen mit dem katholischen Eichsfeld im Jahre 1989 bzgl. der TFR an neunter Stelle aller Raumordnungsregionen in den neuen Ländern und nimmt seit 1993 stets die erste Position ein.

Ob die Geburtenhäufigkeit in den neuen Ländern weiterhin zunehmen und das Niveau in Westdeutschland erreichen wird, bleibt abzuwarten. Es gibt Anzeichen, die für eine solche Entwicklung sprechen (▶▶ Beitrag Gans, S. 94). Ob in Zukunft eine stärkere regionale Differenzierung erfolgt, kann gegenwärtig ebenfalls nicht geklärt werden. Aufgrund wiederholter Gebietsreformen in den 1990er Jahren ist zudem leider keine durchgehende raumzeitliche Analyse möglich.◆

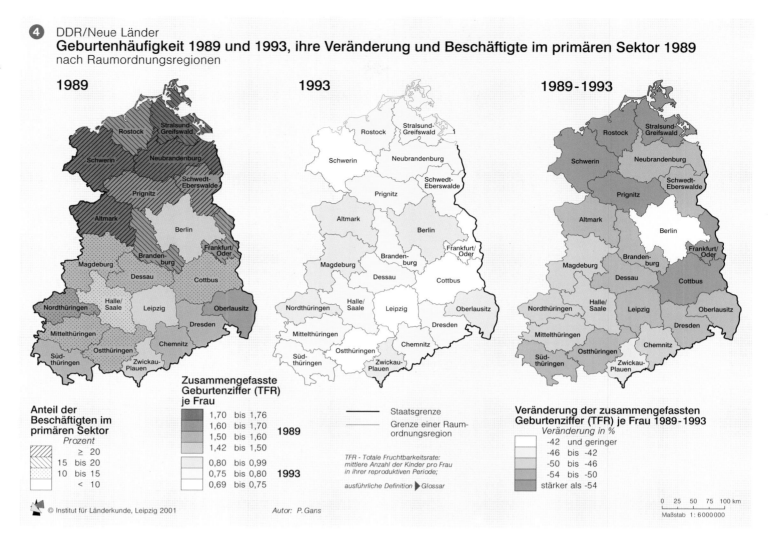

❹ DDR/Neue Länder
Geburtenhäufigkeit 1989 und 1993, ihre Veränderung und Beschäftigte im primären Sektor 1989
nach Raumordnungsregionen

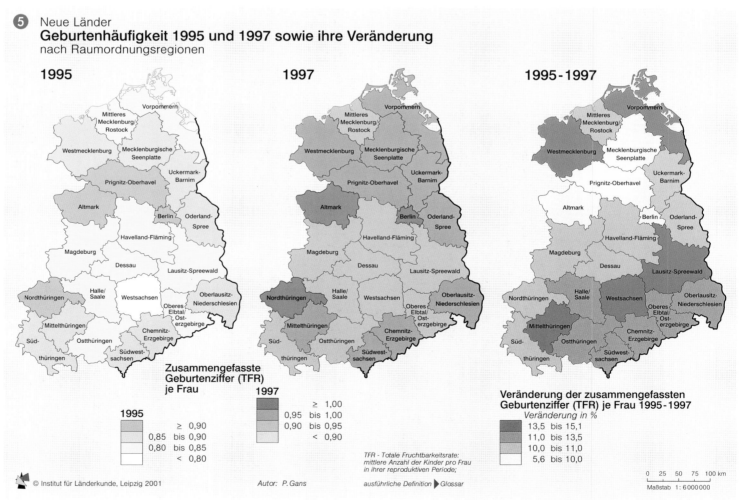

❺ Neue Länder
Geburtenhäufigkeit 1995 und 1997 sowie ihre Veränderung
nach Raumordnungsregionen

Regionale Unterschiede der Lebenserwartung

Paul Gans, Thomas Kistemann und Jürgen Schweikart

Die Bedeutung einzelner Todesursachen für die ▶ Gesamtmortalität hat in Deutschland im 20. Jh. tiefgreifende Veränderungen erfahren. Der ▶ epidemiologische Übergang (OMRAN 1971) wurde insbesondere geprägt vom Rückgang infektiöser Krankheiten und der Bedeutungszunahme degenerativer Krankheiten als Todesursache innerhalb weniger Jahrzehnte. In den letzten Jahr-

1 Mittlere Lebenserwartung eines Neugeborenen 1952-1997

© Institut für Länderkunde, Leipzig 2001

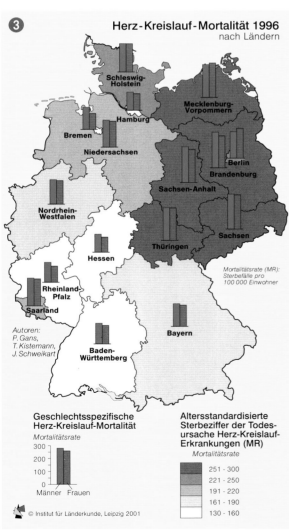

3 Herz-Kreislauf-Mortalität 1996
nach Ländern

Schleswig-Holstein
Hamburg
Bremen
Niedersachsen
Mecklenburg-Vorpommern
Berlin
Brandenburg
Sachsen-Anhalt
Nordrhein-Westfalen
Sachsen
Thüringen
Hessen
Rheinland-Pfalz
Saarland
Bayern
Baden-Württemberg

Mortalitätsrate (MR): Sterbefälle pro 100 000 Einwohner

Autoren:
P. Gans,
T. Kistemann,
J. Schweikart

Geschlechtsspezifische Herz-Kreislauf-Mortalität
Mortalitätsrate
300
200
100
0
Männer Frauen

Altersstandardisierte Sterbeziffer der Todesursache Herz-Kreislauf-Erkrankungen (MR)
Mortalitätsrate
251 - 300
221 - 250
191 - 220
161 - 190
130 - 160

© Institut für Länderkunde, Leipzig 2001

zehnten des 20. Jhs. setzte sich dieser Wandel sehr langsam fort **4**. 1997 verursachten Infektionskrankheiten nur noch 0,9% aller Todesfälle (▶▶ Beitrag Dangendorf/Fuchs/Kistemann, S. 102), während 48,5% mit Krankheiten des Kreislaufsystems und 24,7% mit bösartigen Neubildungen in Zusammenhang standen. Die prozentualen Änderungen hinsichtlich der meisten anderen Todesursachengruppen waren zu vernachlässigen. Lediglich der Anteil der psychischen Krankheiten und Krankheiten des Nervensystems hat sich von 1970 bis 1997 verdoppelt, wobei die alten Länder eine Übersterblichkeit aufweisen (GRÄB 1994).

Die Bedeutung der Todesursachengruppen weist markante geschlechts- und altersspezifische Unterschiede auf. Beispielsweise starben Männer im Vergleich zu Frauen im Jahr 1995 etwa 2½-mal häufiger an Erkrankungen der Atmungsorgane (STBA 1998). 1995 wurden bei den 15- bis 24-Jährigen 54,6% der weiblichen und sogar 71,8% der männlichen Sterbefälle durch äußere Ursachen (Unfälle, Verletzungen, Vergiftungen) bedingt. Bei den 35- bis 64-jährigen Frauen und den 45- bis 64-jährigen Männern die bösartige Neubildungen die wichtigste Todesursache. Bei den über 65-Jährigen sind Kreislaufkrankheiten die Hauptodesursache.

Regionale Unterschiede der Herz-Kreislauf-Mortalität haben große Bedeutung für die räumliche Differenzierung der Gesamtmortalität. Im Jahr 1989 betrug der Unterschied der Lebenserwartung von Frauen zwischen der Bundesrepublik und der DDR 2,7 Jahre. Davon gehen allein 2,1 Jahre auf die Mortalität an Herz-Kreislauf-Erkrankungen zurück. Bei Männern waren es 1,5 von 2,4 Jahren. Diese Unterschiede bestanden auch noch 1996 und schwächen sich nur langsam ab **3**: Die höchsten standardisierten Herz-Kreislauf-Mortalitätsraten verzeichneten die neuen Länder, die niedrigsten der Südwesten sowie Hamburg und Bremen.

Entwicklung der Sterblichkeit

Die höhere Mortalität in den neuen im Vergleich zu den alten Ländern **5** **6** bildete sich erst seit Mitte der 1970er Jahre heraus **1**. Vor 1976 war in der DDR die Lebenserwartung der Männer etwas höher, die der Frauen etwas niedriger als in der Bundesrepublik. Am ausgeprägtesten war das West-Ost-Gefälle der Lebenserwartung für die weibliche Bevölkerung 1987 mit 2,9 Jahren, für männliche Personen 1992 mit 3,3 Jahren. Seitdem verringerten sich die Unterschiede kontinuierlich (GRÜNHEID U. ROLOFF 2000) und betrugen 1997 für die Frauen nur noch 1,2, für die Männer 2,3

Jahre. 1997 erreichte die mittlere Lebenserwartung in den alten Ländern bei Frauen 80,5 und bei Männern 74,4 Jahre, in den neuen Ländern lagen die Werte bei 79,5 und 72,4.

Der Unterschied der Lebenserwartung von Mädchen und Jungen bei ihrer Geburt entwickelte sich in Ost- und Westdeutschland gegenläufig: Während er im Westen über viele Jahre langsam bis auf 6,1 Jahre 1997 abnahm, vergrößerte er sich im Osten bis 1994 auf 7,4 Jahre und betrug auch 1997 noch 7,1 Jahre. Hierbei fällt insbesondere eine sprunghafte Zunahme des Abstands um 1,1 Jahre im Zeitraum von 1989 bis 1992 auf. Es lässt sich eine gewisse Tendenz feststellen, dass bei geringerer Lebenserwartung die geschlechtsspezifischen Unterschiede eher größer sind (SOMMER 1998) **5** **6**.

Der Rückgang der Säuglingssterblichkeit hatte einen wichtigen Anteil an der sinkenden Mortalität. 1996 erreichte sie einen Stand von 4,6 gestorbenen Säuglingen auf 1000 Lebendgeborene in den alten bzw. 4,8 in den neuen Ländern. Auf diesem sehr niedrigen Niveau ist für die Zukunft nur noch eine geringe Abnahme zu erwarten. Ein Anstieg der Lebenserwartung beruht in Zukunft im Wesentlichen auf einer sich fortsetzenden Minderung der Sterblichkeit bei älteren Menschen.

Erklärung regionaler Mortalitätsunterschiede

Die großräumigen Unterschiede der Sterblichkeit sind auf eine Reihe von Faktorengruppen zurückzuführen (dazu HOWE 1986):

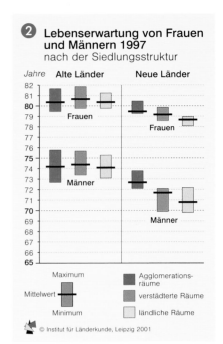

2 Lebenserwartung von Frauen und Männern 1997
nach der Siedlungsstruktur

Jahre   Alte Länder   Neue Länder
Frauen
Männer

Maximum
Mittelwert
Minimum

Agglomerationsräume
verstädterte Räume
ländliche Räume

© Institut für Länderkunde, Leipzig 2001

Verfügbarkeit, Inanspruchnahme und Qualität medizinischer Leistungen haben als Faktorenbündel einen eher untergeordneten Einfluss (SIEGRIST U. MÖLLER-LEIMKÜHLER 1998; WILLICH u. a. 1999), werden jedoch zur Erklärung der unterschiedlichen Herz-Kreislauf-Mortalität im Jahr 1989 in der Bundesrepublik und der DDR genannt (CHRUSCZ 1992).

Der Faktor Lebensstil steht für gesundheitsrelevante Lebensweisen wie Ernährung, Nikotin- und Alkoholkonsum, Gewichtskontrolle und körperliche Bewegung, Drogen- und Medikamentenabhängigkeit sowie riskante und schädigende Verhaltens- und Einstel-

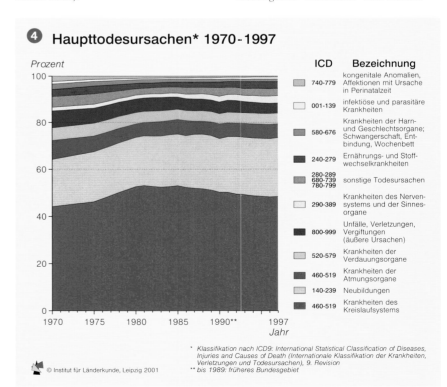

4 Haupttodesursachen* 1970-1997

Prozent

ICD | Bezeichnung
740-779 | kongenitale Anomalien, Affektionen mit Ursache in Perinatalzeit
001-139 | infektiöse und parasitäre Krankheiten
580-676 | Krankheiten der Harn- und Geschlechtsorgane; Schwangerschaft, Entbindung, Wochenbett
240-279 | Ernährungs- und Stoffwechselkrankheiten
280-289 680-739 780-799 | sonstige Todesursachen
290-389 | Krankheiten des Nervensystems und der Sinnesorgane
800-999 | Unfälle, Verletzungen, Vergiftungen (äußere Ursachen)
520-579 | Krankheiten der Verdauungsorgane
460-519 | Krankheiten der Atmungsorgane
140-239 | Neubildungen
460-519 | Krankheiten des Kreislaufsystems

Jahr

© Institut für Länderkunde, Leipzig 2001

* Klassifikation nach ICD9: International Statistical Classification of Diseases, Injuries and Causes of Death (Internationale Klassifikation der Krankheiten, Verletzungen und Todesursachen), 9. Revision
** bis 1989: früheres Bundesgebiet

lungsmuster (SIEGRIST 1998). In den neuen Ländern fiel z.B. der vor dem Beitritt hohe Alkohol- und Fettkonsum bei unzureichendem Verzehr von frischem Obst und Gemüse ins Gewicht (CHRUSCZ 1992).

Ein weiteres Faktorenbündel umfasst die gesamte äußere Lebensumwelt. Zweifellos wird das Krankheitsgeschehen durch anthropogene, zivilisations- und technikbedingte Umweltbelastungen entscheidend mitgeprägt. Diese Faktoren lassen sich aber oft nicht belegen, da sie unterhalb der Nachweisgrenze epidemiologischer Methoden liegen (EIS 1998).

In den neuen Ländern ist zudem ein enger Zusammenhang zwischen der Lebenserwartung und der Siedlungsstruktur nachweisbar ❸. Einwohner in Verdichtungsräumen können dort von einer höheren Lebenserwartung ausgehen als die Bevölkerung in ländlich geprägten Gebieten (NOWOSSADECK 1994). In den alten Ländern ist der beschriebene Zusammenhang weniger ausgeprägt. Die Lebenserwartung ist in den Agglomera-

tionen etwas höher als in ländlichen Gebieten und am höchsten in den verstädterten Regionen. Für die Erklärung dieser Unterschiede spielen selektive Migrationsprozesse eine wichtige Rolle (KEMPER U. THIEME 1992). Gebiete mit unterdurchschnittlicher Sterblichkeit verzeichnen in allen Teilen Deutschlands seit 1980 eher Binnenwanderungsgewinne als -verluste. Für den süddeutschen Raum wurde dies besonders herausgestellt (NEUBAUER U. SONNENHOLZNER-ROCHE 1986). Mobile Personen sind im Allgemeinen besser ausgebildet und einkommensstärker. Sozioökonomischer und beruflicher Status stehen jedoch in einem engen positiven Zusammenhang zu gesundheitsförderndem Lebensstil, Gesundheit und höherer Lebenserwartung (SIEGRIST U. MÖLLER-LEIMKÜHLER 1998).

Zukünftige Sterblichkeitsentwicklung

Aussagen zur zukünftigen Sterblichkeitsentwicklung sind schwierig zu treffen, da in hohem Maße individuelle

Verhaltensweisen einfließen. Die fortbestehenden regionalen Unterschiede sowie die z.T. beträchtlich geringere Lebenserwartung der Gesamtbevölkerung in Deutschland (77 J.) im Vergleich zu Japan (81 J.), der Schweiz (80 J.) oder Schweden (79 J.) (2000) weisen jedoch auf ein Potenzial zur weiteren Verringerung der Sterblichkeit hin. Der präventiven Unterstützung gesundheitsfördernder Lebensstile wird dabei eine zentrale Bedeutung zukommen.

Zunehmend wird auch diskutiert, wie hoch die „Lebenserwartung bei guter Gesundheit" noch steigen kann. Für Deutschland deutet sich an, dass sich Lebenserwartung und beschwerdefreie Lebenserwartung weitgehend parallel entwickeln werden (BRÜCKNER 1997).◆

Die **Sterblichkeit (Mortalität)** ergibt sich aus dem Verhältnis der in einer bestimmten Zeitspanne Gestorbenen zur Einwohnerzahl. Das einfachste Maß ist die **rohe Sterbeziffer**, welche die Zahl der Todesfälle auf 1000 der durchschnittlichen Bevölkerungszahl (i.d.R. zur Jahresmitte) bezieht. In Regionen mit einem überproportionalen Anteil älterer Menschen ist die Zahl der Sterbefälle auf 1000 Einwohner aufgrund der Altersstruktur der Bevölkerung höher als in Gebieten mit mehr jungen Menschen.

Daher ist für räumliche und zeitliche Vergleiche eine **Altersstandardisierung** vorzunehmen. Hierzu werden die altersspezifischen Sterberaten der zu vergleichenden Bevölkerungen mit der Altersstruktur einer Standardbevölkerung gewichtet (direkte Altersstandardisierung). Alternativ gibt die **mittlere Lebenserwartung** die wahrscheinliche Zahl der Jahre an, die ein Neugeborener gemäß der zum Betrachtungszeitpunkt vorliegenden Sterblichkeitsverhältnisse leben wird.

Das Modell des **epidemiologischen Übergangs** beschreibt den Zusammenhang zwischen Krankheitspanorama und Todesursachenspektrum sowie demographischen, sozialen, wirtschaftlichen und ökologischen Lebensbedingungen. Dabei werden drei bis vier Phasen (Seuchen und Hunger, Rückgang von Seuchen und Hunger, degenerative Krankheiten, verspätet einsetzende degenerative Krankheiten) und drei Übergangsformen (westlich, beschleunigt, verzögert) unterschieden.

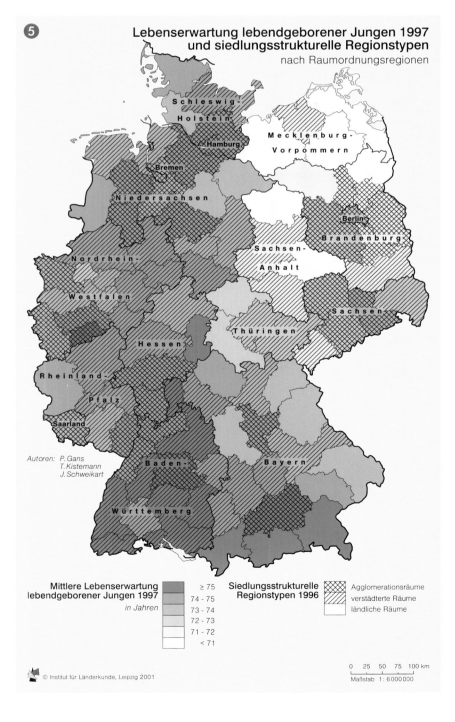

❺ **Lebenserwartung lebendgeborener Jungen 1997 und siedlungsstrukturelle Regionstypen**
nach Raumordnungsregionen

Mittlere Lebenserwartung lebendgeborener Jungen 1997
in Jahren
≥ 75
74 - 75
73 - 74
72 - 73
71 - 72
< 71

Siedlungsstrukturelle Regionstypen 1996
Agglomerationsräume
verstädterte Räume
ländliche Räume

Autoren: P. Gans
T. Kistemann
J. Schweikart

© Institut für Länderkunde, Leipzig 2001

0   25   50   75   100 km
Maßstab 1 : 6 000 000

❻ **Lebenserwartung lebendgeborener Mädchen und geschlechtsspezifische Mortalitätsunterschiede 1997**
nach Raumordnungsregionen

Mittlere Lebenserwartung lebendgeborener Mädchen
in Jahren
≥81
80 - 81
79 - 80
< 79

Abweichung der geschlechtsspezifischen Mortalitätsunterschiede
in Jahren
9
8
7
6
5

Autoren: P. Gans
T. Kistemann
J. Schweikart

© Institut für Länderkunde, Leipzig 2001

0   25   50   75   100 km
Maßstab 1 : 6 000 000

Unterschiede der Lebenserwartung in Europa

Thomas Ott

Sterblichkeit, Mortalität – gemessen als **allgemeine** oder **rohe Sterberate/Mortalitätsrate bzw. -ziffer**, bei der die Zahl der Todesfälle eines Jahres auf 1000 Personen der mittleren Bevölkerung bezogen wird

Müttersterblichkeit – Anzahl der während der Schwangerschaft, bei einem Schwangerschaftsabbruch, bei der Geburt oder im Wochenbett gestorbenen Frauen je 100.000

mittlere Lebenserwartung, Lebenserwartung – die wahrscheinliche Zahl von Jahren, die eine Person zum Zeitpunkt der Geburt unter den gegebenen Sterblichkeitsverhältnissen einer Bevölkerung zu leben erwarten kann

WHO – World Health Organisation, Weltgesundheitsorganisation

Die populäre Einschätzung heutzutage lautet: „Die Menschen werden immer älter!". Bei dieser Aussage, die besonders im Zusammenhang mit der Altersvorsorge geäußert wird (▶▶ Beitrag Börsch-Supan, S. 26), wird vergessen, dass das Altern einer Bevölkerung durch den geringeren Besatz nachfolgender Generationen (▶▶ Beiträge Maretzke, S. 46 f.) nicht

unbedingt damit gleichzusetzen ist, dass Neugeborene ein immer längeres Leben vor sich haben. Aus einer 1998 herausgegebenen Erhebung der Weltgesundheitsorganisation (▶ WHO) geht hervor, dass sich der allgemeine Gesundheitszustand in Europa in den letzten Jahren des 20. Jhs. nicht verbessert, sondern verschlechtert hat. So hat sich zum ersten Mal seit dem Zweiten Weltkrieg die ▶ mittlere Lebenserwartung in Europa insgesamt verringert, und zwar von 73,1 Jahren im Jahr 1991 auf 72,4 Jahre 1994. Entscheidend trugen hierzu die kriegerischen Auseinandersetzungen auf dem Balkan bei, die nach wie vor hohen Zahlen vorzeitiger Todesfälle in den unteren Sozialschichten in vielen osteuropäischen Ländern, die steigende Mortalität in Russland und den europäischen Nachfolgestaaten der Sowjetunion sowie die erneute Ausbreitung von Infektionskrankheiten und das Ansteigen von Herz-Kreislauf-Erkrankungen.

Heute in der Europäischen Union geborene Mädchen werden im Durchschnitt 80,5 Jahre alt, Jungen 74 Jahre. Im Durchschnitt liegt die Lebenserwartung der EU zwischen derjenigen in den USA (72,7 für Männer und 79,4 für Frauen) und der Japans (76,6 bzw. 83,0). In den letzten fünfzig Jahren ist die Lebenserwartung beider Geschlechter um ca. zehn Jahre gestiegen. Die Differenz zwischen den Geschlechtern ❶ schwankt von 4,9 Jahren in Großbritannien bis zu 7,9 Jahren in Frankreich. Innerhalb der EU haben bei der Geburt Französinnen mit 81,9 Jahren die höchste und Däninnen mit 78 Jahren die geringste Lebenserwartung. Männliche Neugeborene haben die niedrigste Lebenserwartung in Portugal (71 Jahre), die höchste in Schweden (76,5 Jahre).

Als wichtigste Faktoren, welche die Lebenserwartung beeinflussen, sind zu nennen: Qualität des Gesundheitswesens, Armut, Obdachlosigkeit und Arbeitslosigkeit, individuelle Verhaltensweisen (Essgewohnheiten, Alkoholkonsum und Rauchen), Arbeitsbedingungen und Art der Arbeitsplätze (z.B. in der Schwerindustrie oder im Dienstleistungssektor), umweltbedingte Gesundheitsbeeinträchtigungen und die Bekämpfung von Infektionskrankheiten. Die Bestandsaufnahme der Gesundheit in allen Ländern Europas zeigt zudem, dass das gesellschaftliche Bewusstsein für die sozialen Determinanten von Gesundheit eine wichtige Rolle spielt.

Mortalitätsentwicklung in den Nachfolgestaaten der Sowjetunion

1995 war die durchschnittliche Lebenserwartung eines Kindes in den Nachfolgestaaten der Sowjetunion um elf Jahre

niedriger als in der EU. Bei der männlichen Bevölkerung Russlands war der Wert so weit zurückgegangen, dass er 1997 mit 58,4 Jahren unter dem Pensionsalter lag. Vieles spricht dafür, dass Bedingungen am Arbeitsplatz, sozialer Stress im Zusammenhang mit den politischen und ökonomischen Umwälzungen sowie individuelle Verhaltensweisen eine starke Bedeutung für diese außerordentlich hohe Mortalität bei Männern im mittleren Lebensalter haben.

Die Rate der ▶ Müttersterblichkeit lag 1995 in den Nachfolgestaaten der Sowjetunion bei 41 Todesfällen pro 100.000 Lebendgeburten, dem Siebenfachen der Müttersterblichkeit in Westeuropa. Diese hohe Rate ist im Wesentlichen auf den Zusammenbruch der medizinischen Infrastruktur und die hohe Zahl der Schwangerschaftsabbrüche in den mittel- und osteuropäischen Transformationsstaaten zurückzuführen.

Wiederkehrende Infektionskrankheiten

Seit Beginn der 1990er Jahre sind jahrzehntelang in Europa in Vergessenheit geratene Infektionskrankheiten wieder auf dem Vormarsch. Die zunehmenden Arzneimittelresistenzen der Erreger erschweren die Bekämpfung ihrer Aus-

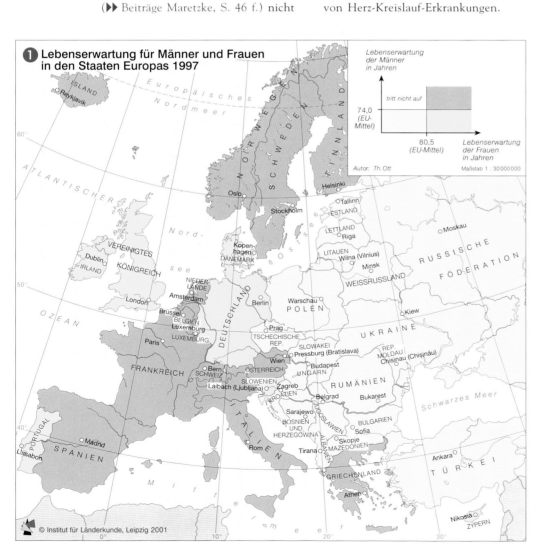

❶ Lebenserwartung für Männer und Frauen in den Staaten Europas 1997

Lebenserwartung der Männer in Jahren

tritt nicht auf

74,0 (EU-Mittel)

80,5 (EU-Mittel) — Lebenserwartung der Frauen in Jahren

Autor: Th. Ott Maßstab 1 : 30 000 000

© Institut für Länderkunde, Leipzig 2001

breitung (▶▶ Beitrag Dangendorf/Fuchs/ Kistemann, S. 102).

- Seit 1990 wütet eine gefährliche *Diphtherie*-Epidemie in den Nachfolgestaaten der Sowjetunion, an der bisher 150.000 Menschen erkrankt und 4000 Menschen gestorben sind. Über 90% der zwischen 1990 und 1995 weltweit gemeldeten Diphtheriefälle gehen auf das Konto dieser Epidemie.
- In den 1990er Jahren kam es durch eingeschleppte *Cholera*-Fälle in den Anrainerländern des Schwarzen Meeres, des Kaspischen Meeres und des Mittelmeeres zu Epidemien.
- Die in den 1980er Jahren aus Europa nahezu verbannte *Malaria* kehrt wieder zurück. Die Zahl der gemeldeten Fälle schnellte von 20.000 im Jahre 1992 auf über 200.000 im Jahre 1995 empor.

- Immer wieder kommt es zu *Influenza*-Epidemien mit Millionen Erkrankungen und Tausenden Todesfällen.
- In vielen osteuropäischen Ländern steigt die Zahl der *Tuberkulose*-Fälle. Aber auch in Westeuropa hat sich der zuvor rückläufige Tuberkulosetrend abgeflacht; 30 bis 50% der neuen TB-Fälle treten dort unter Zuwanderern auf. Die Ausbreitung arzneimittelresistenter Erregerstämme hatte in den letzten Jahren eine massive Ausbreitung der TB zur Folge.
- Bis November 1997 wurden in Europa 197.000 *AIDS*-Fälle gemeldet. Die Zahl der HIV-Infizierten betrug rund 680.000. Während vor den politischen und sozialen Umwälzungen in Osteuropa der HIV-Virus kaum aufgetreten ist, wurden 1996 allein in der Ukraine über 10.000 neue HIV-Infektionen registriert, hauptsächlich im

Zusammenhang mit intravenösem Drogengebrauch.
- In fast allen Nachfolgestaaten der Sowjetunion ist die Inzidenz von *Syphilis* und anderen Geschlechtskrankheiten drastisch gestiegen.

Krankheiten, die mit der Lebensweise zusammenhängen

49% aller Todesfälle in Europa gehen auf das Konto von Herz-Kreislauf-Krankheiten, in den Nachfolgestaaten der Sowjetunion sogar 53%. Dort haben Personen unter 65 Jahren ein viermal so hohes Risiko, an einer Herz-Kreislauf-Krankheit zu sterben wie die entsprechende Bevölkerungsgruppe in Westeuropa.

Tabak war 1995 für den Tod von schätzungsweise 1,2 Millionen Bürgern Europas (rund 13% aller Todesfälle) verantwortlich. In den mittel- und ost-

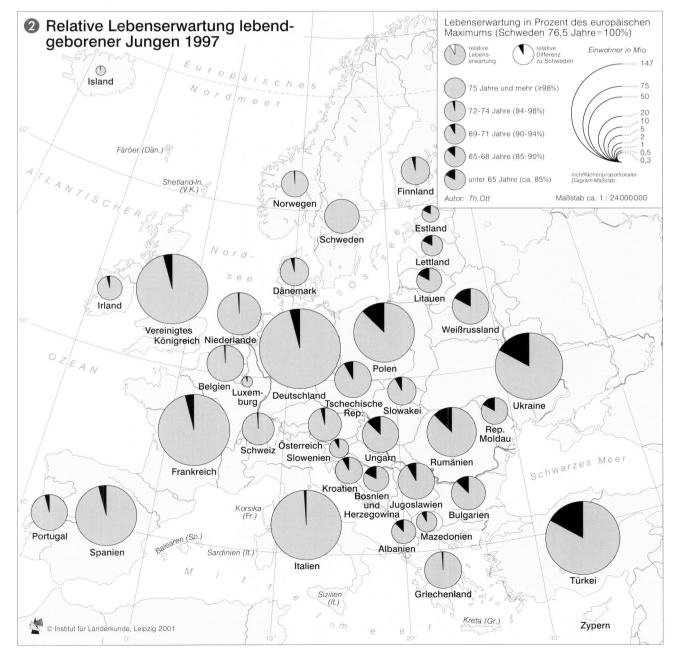

➋ Relative Lebenserwartung lebendgeborener Jungen 1997

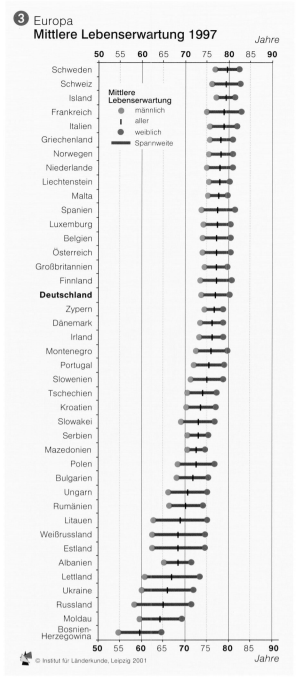

➌ Europa
Mittlere Lebenserwartung 1997

europäischen Ländern sowie den Nachfolgestaaten der Sowjetunion werden nach Schätzungen der WHO (1998) voraussichtlich 20% der zu diesem Zeitpunkt 35-jährigen Männer noch vor Erreichen des 69. Lebensjahrs an einer auf das Rauchen zurückzuführenden Krankheit sterben.◆

Bedeutungswandel der Infektionskrankheiten

Friederike Dangendorf, Claudia Fuchs und Thomas Kistemann

Infektionskrankheiten besitzen für die Mortalität in Deutschland nur noch eine sehr geringe Bedeutung. 1997 waren sie für 0,9% aller Sterbefälle die Hauptursache (▶▶ Beitrag Gans, Kistemann, Schweikart, S. 98). Die Einschätzung, dass Infektionskrankheiten grundsätzlich besiegbar seien, musste jedoch in den letzten Jahren revidiert

werden. Sie werden auch zukünftig eine große epidemiologische Bedeutung behalten, tragen in hohem Maß zum allgemeinen Krankenstand bei und bedingen eine erhebliche gesundheitsökonomische Belastung (KISTEMANN U. EXNER 2000). Nur wenige sind ausrottbar. Exemplarisch werden drei Infektionskrankheiten mit sehr unterschiedlichen epidemiologischen Charakteristika vorgestellt: eine verschwindende – Kinderlähmung, eine neue – AIDS und eine global wie kleinräumig sehr heterogen verbreitete Krankheit – Tuberkulose.

Poliomyelitis bald ausgerottet?

Erst Ende des 19. Jhs. wurde von epidemischen Ausbrüchen der Kinderlähmung (Poliomyelitis) berichtet. Betroffen waren die industriell entwickelten Länder. Deutschland wurde seit 1909 immer wieder von schweren Epidemien heimgesucht. In den 1950er Jahren wurden jährlich 3000 bis 10.000 Fälle gemeldet ❶. Nach Einführung der Schluckimpfung (DDR: 1960; West-Berlin: 1961; Bundesrepublik: 1962) gingen die Fallzahlen rasch zurück auf unter 100 Fälle jährlich in den 1960er, unter 50 in den 1970er und auf wenige Einzelfälle in den 1980er Jahren (RKI 1997a). Lokale, auf Impflücken zurückzuführende Ausbrüche traten zuletzt 1967, 1968 und 1975 auf (LUTHARDT et al. 1976). Seit 1990 gab es in Deutschland keine ▶ autochthone Erkrankung mehr (RKI 1999a). Nach den Pocken ist die Poliomyelitis die zweite Infektionskrankheit, deren weltweite Ausrottung die Weltgesundheitsorganisation (WHO) anstrebt. Trotz neuer Ausbrüche in den Niederlanden (1992/93), in Albanien (1996) und der Türkei (1998) ist davon auszugehen, dass die in Amerika bereits gelungene Ausrottung auch für Europa kurz bevorsteht (RKI 1997b).

Die schweren Epidemien der Vergangenheit wirken dadurch nach, dass 20 bis 30 Jahre nach Genesung von der akuten Erkrankung bei 20 bis 80% aller überlebenden Patienten ein Post-Polio-Syndrom (PPS) mit neuerlicher Muskelschwäche auftritt, das jedoch nicht durch einheitliche Symptome gekennzeichnet ist, so dass die Diagnose selten gestellt wird (MEYER 2000).

Tuberkulose – ungleich verteilt

Ein Drittel der Weltbevölkerung ist mit dem Erreger der Tuberkulose infiziert. In Deutschland hat die ▶ Inzidenz nach einem sprunghaften Anstieg im Anschluss an den Zweiten Weltkrieg seit 1950 von 344 jährlichen Neuerkrankungen je 100.000 Einwohner auf 12,7 abgenommen. Das waren 10.440 Neuerkrankungsfälle im Jahr 1998 (RKI 1999b). Unter den infektionsbedingten

Todesursachen belegte die Tuberkulose in Deutschland 1995 nach Grippe, chronischen Virushepatitiden und AIDS den vierten Rang (RKI 1996). 1997 starben 805 Menschen an einer Tuberkulose oder ihren Spätfolgen (LODDENKEMPER et al. 1999).

Bei einer mittleren Tuberkulose-Inzidenz von 13 bis 14 zeigen sich deutliche Unterschiede in der regionalen Verbreitung ❺. Viele Kreise, insbesondere in den neuen Ländern, weisen eine Inzidenz unter 8 auf. Unter den in Deutschland lebenden Ausländern war im Jahr 1997 die Inzidenz 4,5fach höher als bei den deutschen Staatsbürgern. In den Jahren 1992/93 kam es erstmals wieder zu einem geringen Anstieg der Fallzahlen, was mit zwei Einwanderungsgipfeln 1990 und 1992 zusammenhängt (LODDENKEMPER et al. 1999).

Die Tuberkulose ist auch in Deutschland eine Krankheit der sozial schlechter Gestellten. Bei Tuberkulosepatienten ist der Anteil der Empfänger von Arbeitslosenunterstützung und Sozial-

hilfe signifikant höher als in der Gesamtbevölkerung (LODDENKEMPER et al. 1999). In der regionalen Verteilung sind Ähnlichkeiten mit der des Anteils der Sozialhilfeempfänger an der Wohnbevölkerung erkennbar (▶▶ Beitrag Horn

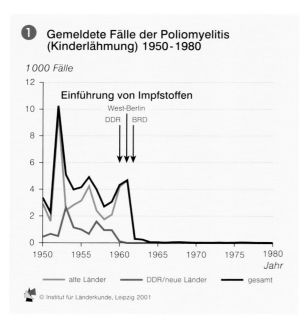

❶ **Gemeldete Fälle der Poliomyelitis (Kinderlähmung) 1950-1980**

1000 Fälle

Einführung von Impfstoffen
West-Berlin
DDR BRD

Jahr

— alte Länder   — DDR/neue Länder   — gesamt

© Institut für Länderkunde, Leipzig 2001

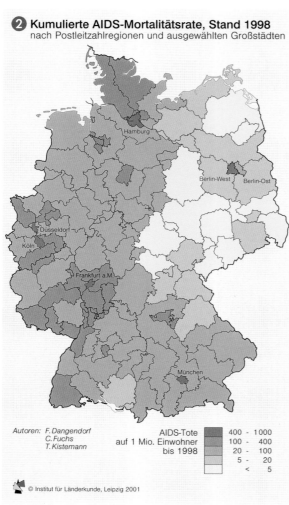

❷ **Kumulierte AIDS-Mortalitätsrate, Stand 1998**
nach Postleitzahlregionen und ausgewählten Großstädten

Hamburg
Berlin-West   Berlin-Ost
Düsseldorf
Köln
Frankfurt a.M.
München

Autoren: F.Dangendorf
C.Fuchs
T.Kistemann

AIDS-Tote
auf 1 Mio. Einwohner
bis 1998

400 - 1000
100 - 400
20 - 100
5 - 20
< 5

© Institut für Länderkunde, Leipzig 2001

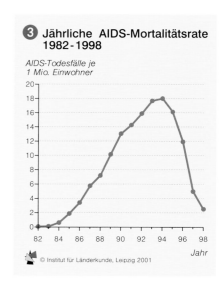

❸ **Jährliche AIDS-Mortalitätsrate 1982-1998**

AIDS-Todesfälle je 1 Mio. Einwohner

Jahr

© Institut für Länderkunde, Leipzig 2001

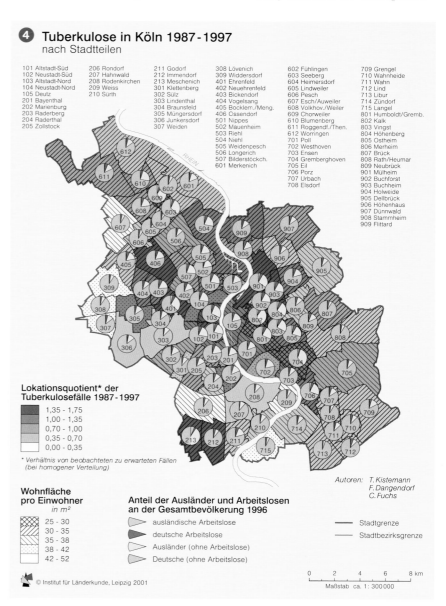

❹ **Tuberkulose in Köln 1987-1997**
nach Stadtteilen

101 Altstadt-Süd	206 Rondorf	211 Godorf	308 Lövenich
102 Neustadt-Süd	207 Hahnwald	212 Immendorf	309 Widdersdorf
103 Altstadt-Nord	208 Rodenkirchen	213 Meschenich	401 Ehrenfeld
104 Neustadt-Nord	209 Weiss	301 Klettenberg	402 Neuehrenfeld
105 Deutz	210 Sürth	302 Sülz	403 Bickendorf
201 Bayenthal		303 Lindenthal	404 Vogelsang
202 Marienburg		304 Braunsfeld	405 Bocklem./Meng.
203 Raderberg		305 Müngersdorf	406 Ossendorf
204 Raderthal		306 Junkersdorf	407 Nippes
205 Zollstock		307 Weiden	

602 Fühlingen 603 Seeberg 604 Heimersdorf 605 Lindweiler 606 Pesch 607 Esch/Auweiler 608 Volkhov./Weiler 609 Chorweiler 610 Blumenberg 611 Roggendf./Then. 612 Worringen 701 Poll 702 Westhoven 703 Ensen 704 Gremberghoven 705 Eil 706 Porz 707 Urbach 708 Elsdorf

709 Grengel 710 Wahnheide 711 Wahn 712 Lind 713 Libur 714 Zündorf 715 Langel 801 Humboldt/Gremb. 802 Kalk 803 Vingst 804 Höhenberg 805 Ostheim 806 Merheim 807 Brück 808 Rath/Heumar 809 Neubrück 901 Mülheim 902 Buchforst 903 Buchheim 904 Holweide 905 Dellbrück 906 Höhenhaus 907 Dünnwald 908 Stammheim 909 Flittard

501 Nippes 502 Mauenheim 503 Riehl 504 Niehl 505 Weidenpesch 506 Longerich 507 Bilderstöckch. 601 Merkenich

Lokationsquotient* der Tuberkulosefälle 1987-1997

1,35 - 1,75
1,00 - 1,35
0,70 - 1,00
0,35 - 0,70
0,00 - 0,35

* Verhältnis von beobachteten zu erwarteten Fällen
(bei homogener Verteilung)

Wohnfläche pro Einwohner in m²

25 - 30
30 - 35
35 - 38
38 - 42
42 - 52

Anteil der Ausländer und Arbeitslosen an der Gesamtbevölkerung 1996

▷ ausländische Arbeitslose
▷ deutsche Arbeitslose
▷ Ausländer (ohne Arbeitslose)
▷ Deutsche (ohne Arbeitslose)

— Stadtgrenze
— Stadtbezirksgrenze

Autoren: T.Kistemann
F.Dangendorf
C.Fuchs

0 2 4 6 8 km
Maßstab ca. 1: 300000

© Institut für Länderkunde, Leipzig 2001

u. Lentz, S. 88). Kleinräumig zeigt sich der Zusammenhang mit soziodemographischen und sozioökonomischen Indikatoren sogar sehr deutlich. Für die Stadt Köln ❹ wurden in einer ▶ schrittweisen multiplen Regressionsanalyse auf Stadtteilebene 61% der räumlichen Variation der Tuberkulose-Inzidenz durch die unabhängigen Variablen Ausländeranteil, Arbeitslosenquote und Wohnfläche je Person erklärt.

AIDS – eine neue Pandemie

In Deutschland wurden die ersten AIDS-Erkrankungsfälle 1982 in Frankfurt am Main bekannt. Bis März 1983 wurden auch in München und West-Berlin Fälle diagnostiziert. Die Anzahl der AIDS-Erkrankten war Ende 1999 auf 18.524 Personen angestiegen, und die Krankheit hatte sich im gesamten Bundesgebiet ausgebreitet. Nach wie

autochthon – lokalen/regionalen Ursprungs

Inzidenz – Fallhäufigkeit, Vorkommen; meist auf 100.000 Einwohner bezogen

Morbidität – Erkrankungshäufigkeit an einer bestimmten Krankheit auf 1000 Einwohner

Mortalität – Sterblichkeit; Todesfälle auf 1000 Einwohner

kumulative Mortalitätsrate – auf die Erkrankungsfälle bezogene Sterblichkeitsrate, die über die Jahre hinweg addiert wird

Pandemie – sich über viele Länder ausbreitende Seuche

schrittweise multiple Regressionsanalyse – ein statistisches Verfahren, mit dem Zusammenhänge zwischen mehreren unabhängigen und einer abhängigen Variablen untersucht werden können. Die Auswahl der schrittweise in die Regressionsgleichung eingehenden unabhängigen Variablen richtet sich nach der Stärke des statistischen Zusammenhangs mit der abhängigen Variablen (Korrelation). Das Quadrat des multiplen Korrelationskoeffizienten (Bestimmtheitsmaß) gibt an, welcher Anteil der (räumlichen) Variation der abhängigen Variablen durch die Regression erklärt wird.

vor sind West-Berlin, Hamburg, Düsseldorf, Köln, Frankfurt und München mit 52% der Fälle die epidemiologischen Zentren. Außerhalb dieser metropolitanen Räume gehen 46% der AIDS-Fälle auf Meldungen aus den alten und nur 2% auf Meldungen aus den neuen Ländern zurück.

Bis Ende 1999 waren von den diagnostizierten AIDS-Fällen 63,5% (absolut: 11.753) als verstorben gemeldet ❸. Das entspricht einer kumulativen, ursachenspezifischen Mortalitätsrate von 144 Todesfällen/1 Mio. Einwohner. Die regionale Verteilung der ▶ kumulativen Mortalitätsraten zeichnet in den alten Ländern die von den metropolitanen Räumen ausgehende, absteigend hierarchisch-expansive AIDS-Diffusion nach (FUCHS 1997). Die neuen Länder weisen weiterhin deutlich niedrigere Raten auf ❷.

Bis 1994 stieg die jährliche AIDS-Mortalitätsrate an. Seitdem geht die

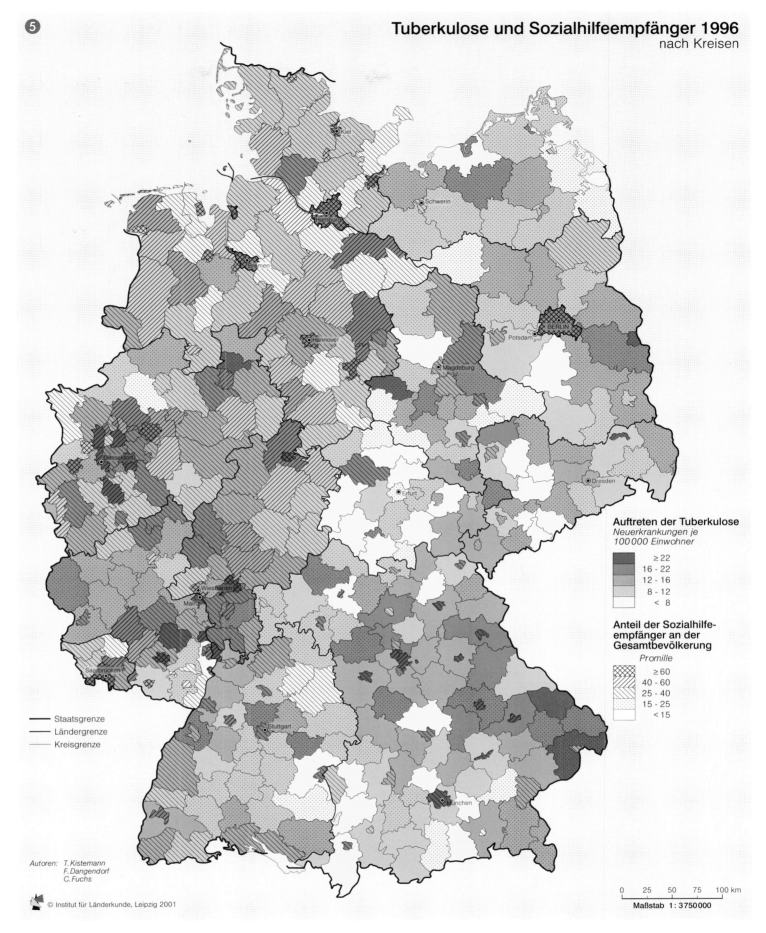

❺
Tuberkulose und Sozialhilfeempfänger 1996
nach Kreisen

Auftreten der Tuberkulose
Neuerkrankungen je 100 000 Einwohner

≥ 22
16 - 22
12 - 16
8 - 12
< 8

Anteil der Sozialhilfeempfänger an der Gesamtbevölkerung
Promille

≥ 60
40 - 60
25 - 40
15 - 25
< 15

— Staatsgrenze
— Ländergrenze
— Kreisgrenze

Autoren: T. Kistemann
F. Dangendorf
C. Fuchs

© Institut für Länderkunde, Leipzig 2001

0 25 50 75 100 km

Maßstab 1 : 3750000

Anzahl der jährlichen Sterbefälle deutlich zurück, was auf verbesserte therapeutische Möglichkeiten zurückzuführen ist. Allerdings ist ein zeitverzögerter erneuter Anstieg der Sterbefallraten zu erwarten.

Ausblick

Der Bedeutungswandel von Infektionskrankheiten für die ▶ Morbidität und ▶ Mortalität in Deutschland beruht auf zahlreichen Faktoren. Veränderungen der Lebens- und Umweltbedingungen haben die Verbreitung von Infektionskrankheiten teils eingeschränkt – z.B. durch sanitäre Infrastruktur, Antibiotika, Schutzimpfungen –, teils begünstigt – z.B. durch Antibiotika-Resistenzen, zunehmende globale Mobilität, Zunahme des Anteils Immunabwehrgeschwächter. Neue Erkenntnisse zu Mikroorganismen führen weltweit zu einer ständigen Erweiterung der Gruppe der Infektionskrankheiten (KISTEMANN U. EXNER 2000). Davon ist auch Deutschland aufgrund globaler Verflechtungen nicht ausgeschlossen (NAS 1992).◆

Krebssterblichkeit

Thomas Kistemann und Tim Uhlenkamp

Die bösartigen Neubildungen (▶ ICD 140-208) sind nach den Krankheiten des Kreislaufsystems die zweithäufigste Todesursache für beide Geschlechter in Deutschland (▶▶ Beitrag Gans/Kistemann/Schweikart, S. 98) ❶. Jährlich erkranken etwa 340.000 Personen an Krebs und etwa 210.000 versterben daran. Das ist ein Viertel aller Todesfälle in Deutschland (BECKER U. WAHRENDORF 1998).

Entwicklung und großräumige Unterschiede

Die ▶ altersstandardisierte Sterblichkeitsrate (MR$_a$) für Krebs geht für Männer in Westdeutschland seit dem Jahr 1990 und in Ostdeutschland seit 1993 zurück, bei Frauen ist dieser rückläufige Trend bereits seit Beginn der 1950er

sen-Anhalt, Mecklenburg-Vorpommern, Bremen und Hamburg (SMR 102,3%). Für den Zeitraum von 1993 bis 1997 liegt die MR$_{ste}$ für Männer bei 264 und für Frauen bei 167 pro 100.000 Einwohner.

Lungenkrebssterblichkeit

Lungenkrebs (ICD 162) ist für Männer die bei weitem häufigste Krebstodesursache ❸. Bei Frauen ist diese Krebsart mit einem Anteil von 9,1% wesentlich seltener. Die zeitliche Entwicklung ist für beide Geschlechter seit Ende der 1980er Jahre gegenläufig: Die Mortalität steigt für Frauen kontinuierlich, für Männer sinkt sie.

Die regionale Verteilung ❺ zeigt erhöhte Mortalitätsraten für Männer in den meisten nördlichen Ländern und

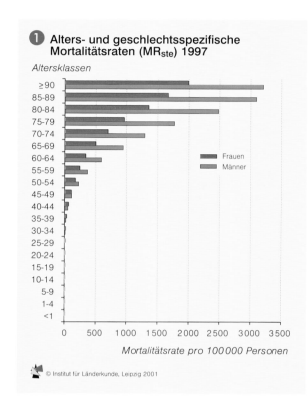

❶ Alters- und geschlechtsspezifische Mortalitätsraten (MR$_{ste}$) 1997

Altersklassen

Frauen
Männer

Mortalitätsrate pro 100 000 Personen

© Institut für Länderkunde, Leipzig 2001

❷ Die 20 häufigsten Krebstodesursachen 1999

Männer		Frauen
Lunge 26,2		20,2 Brust
Darm 12,1		13,1 Darm
Prostata 9,3		10,5 Lunge
Magen 6,3		6,2 Eierstöcke
Bauchspeicheldrüse 5,3		5,7 Bauchspeicheldrüse
Mundhöhle und Rachen 3,8		5,3 Magen
Leukämie 3,4		3,6 Leukämien
Niere 3,4		3,0 Gehirn
Harnblase 3,3		2,7 Non-Hodgkin-Lymphome
Speiseröhre 3,1		2,7 Gallenblase
Leber 3,0		2,6 Gebärmutterhals
Gehirn 2,9		2,5 Gebärmutterkörper
Non-Hodgkin-Lymphome 2,5		2,5 Niere
Multiples Myelom 1,5		1,9 Leber
Kehlkopf 1,3		1,8 Multiples Myelom
Gallenblase 1,2		1,5 Harnblase
Melanom 1,0		1,4 Mundhöhle und Rachen
Mesotheliom 0,7		1,1 Melanom
Weichteile 0,6		1,0 Speiseröhre
andere Verdauungsorgane 0,5		0,8 Weichteile
sonstige 9,1		9,9 sonstige

Anteil der Krebstodesursache in %

© Institut für Länderkunde, Leipzig 2001

Deutsches Krebsforschungszentrum in Heidelberg

Jahre zu beobachten ❸. Bedingt durch die steigende Lebenserwartung der deutschen Bevölkerung erhöht sich jedoch die absolute Zahl der Krebstodesfälle weiterhin. Die mit Abstand häufigste Krebstodesursache bei Männern ist Lungenkrebs mit einem Anteil von 26,5% an allen Krebstodesfällen, bei Frauen ist es Brustkrebs mit 21,3% ❷.

Das ▶ standardisierte Mortalitätsratio (SMR) zur Gesamtkrebssterblichkeit ❹ zeigt, dass in den süd- und einigen ostdeutschen Ländern sowie in Schleswig-Holstein weniger Krebssterbefälle aufgetreten sind als erwartet (SMR <99,7%), mehr dagegen in den Ländern Saarland, Nordrhein-Westfalen, Sach-

im Saarland sowie unterdurchschnittliche Raten in Hessen, Baden-Württemberg und Bayern. Bei Frauen zeigt die Karte in erster Linie ein wesentlich geringeres Sterblichkeitsniveau und ebenfalls ein Nord-Süd-Gefälle der Mortalitätsrate. Die höchsten Werte verzeichnen die Städte Bremen, Hamburg und Berlin.

Der mit Abstand wichtigste Risikofaktor für Lungenkrebs ist das Rauchen. 75 bis 90% aller Lungenkrebsfälle bei Männern und 30 bis 60% bei Frauen sind dem Rauchen zuzuschreiben (IARC 1986). Der Zusammenhang zwischen Rauchen und Lungenkrebs ist durch viele epidemiologische Studien

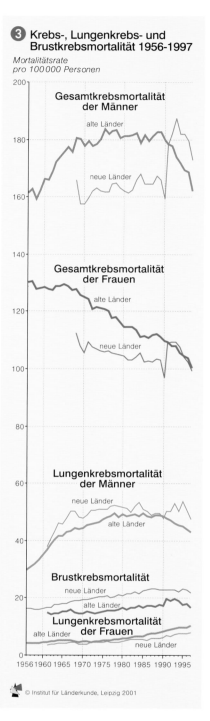

❸ Krebs-, Lungenkrebs- und Brustkrebsmortalität 1956-1997

Mortalitätsrate pro 100 000 Personen

Gesamtkrebsmortalität der Männer
alte Länder
neue Länder

Gesamtkrebsmortalität der Frauen
alte Länder
neue Länder

Lungenkrebsmortalität der Männer
neue Länder
alte Länder

Brustkrebsmortalität
neue Länder
alte Länder

Lungenkrebsmortalität der Frauen
alte Länder
neue Länder

© Institut für Länderkunde, Leipzig 2001

als kausal nachgewiesen worden (IARC 1986; JÖCKEL u. a. 1995). Rund ein Drittel aller Männer und 20,4% aller Frauen rauchen in Deutschland (StBA 1996). Aus Karte ❺ geht der Zusammenhang zwischen Rauchgewohnheiten und Lungenkrebssterblichkeit deutlich hervor. Die Rauchgewohnheiten in Deutschland haben ebenfalls wie die Lungenkrebsmortalität ein Nord-Süd-Gefälle. Der allgemein niedrigere Raucherinnenanteil spiegelt sich in niedrigen Mortalitätsraten wider. Jedoch haben

Die **Internationale Klassifikation der Todesursachen (ICD)** versieht die einzelnen Todesursachen mit durchlaufenden Ziffern. Todesfälle durch Krebserkrankungen haben die Laufnummern 140 bis 208, durch Lungenkrebs z.B. 162.

Das einfachste Maß zur Messung der **Sterblichkeit** oder **Mortalität**, die allgemeine oder **rohe Sterberate** (Zahl der Todesfälle auf 1000 Einwohner), ist für räumliche und zeitliche Vergleiche ungeeignet, da sie sich auf die Gesamtbevölkerung eines Raumes bezieht und altersstrukturelle Unterschiede mit einfließen.

Daher berechnet man **altersstandardisierte Mortalitätsraten MR$_{st}$**, wobei die altersspezifischen Mortalitätsraten der betrachteten Bevölkerung nach der Altersverteilung einer Referenzbevölkerung (**Europa-MR$_{ste}$** oder **Weltstandardbe-**

völkerung MR$_{stw}$) gewichtet und aufsummiert werden. Man erhält eine Gesamtrate, die sich auf 100.000 Personen bezieht. Sie ermöglicht einen Vergleich des Krankheitsgeschehens in unterschiedlichen Populationen.

Das sog. **standardisierte Mortalitätsratio (SMR)** setzt die tatsächlich aufgetretenen Todesfälle in Beziehung zur Anzahl der erwarteten Todesfälle, wenn bei gleicher Altersstruktur das Sterbeverhalten der Vergleichsbevölkerung vorgelegen hätte (KREIENBROCK. U. SCHACH 1997), d.h. in unserem Fall die Bevölkerung Deutschlands insgesamt. Die SMR wird in Prozent angegeben und kann wie folgt interpretiert werden: Beträgt die SMR in Land X 90%, so liegt die Anzahl der aufgetretenen Sterbefälle dort 10% unterhalb der durchschnittlich zu erwartenden Todesfälle (100%).

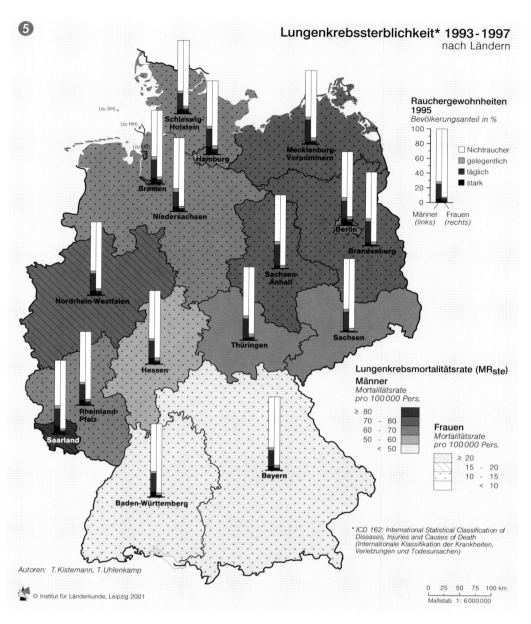

❺

Lungenkrebssterblichkeit* 1993-1997
nach Ländern

Autoren: T. Kistemann, T. Uhlenkamp

© Institut für Länderkunde, Leipzig 2001

* ICD 162: International Statistical Classification of Diseases, Injuries and Causes of Death (Internationale Klassifikation der Krankheiten, Verletzungen und Todesursachen)

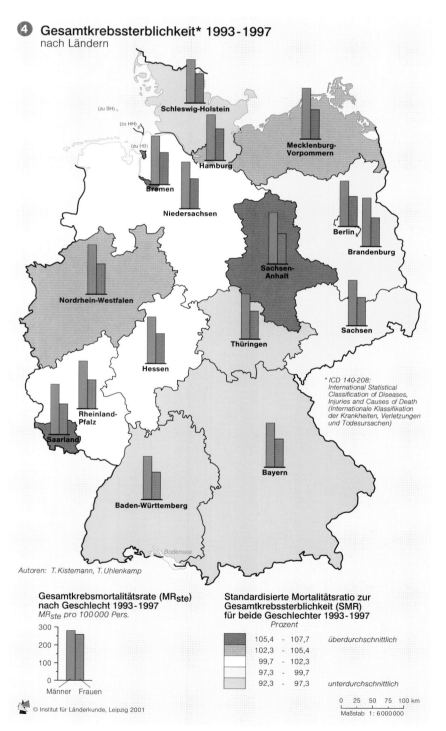

❹ **Gesamtkrebssterblichkeit* 1993-1997**
nach Ländern

* ICD 140-208: International Statistical Classification of Diseases, Injuries and Causes of Death (Internationale Klassifikation der Krankheiten, Verletzungen und Todesursachen)

Autoren: T. Kistemann, T. Uhlenkamp

© Institut für Länderkunde, Leipzig 2001

die zunehmenden Rauchgewohnheiten der Frauen eine steigende Lungenkrebssterblichkeit verursacht ❸.

Brustkrebssterblichkeit

Brustkrebs (ICD 174) ist die bei weitem häufigste Krebstodesursache bei Frauen, mit einem Anteil von 21,3% an der Gesamtkrebsmortalität ❷. Sowohl in West- als auch in Ostdeutschland stieg die Sterblichkeit seit Beginn der 1960er Jahre kontinuierlich an. Erst seit den 1990er Jahren deutet sich eine Stagnation auf hohem Niveau an ❸. Zu den gesicherten Risikofaktoren zählen Übergewicht, Exposition gegenüber ionisierender Strahlung und die Reproduktionsgeschichte der Frau. Als weitere Einflussgrößen werden langjährige Anwendung oraler Kontrazeptiva, Ernährung und Alkoholkonsum diskutiert (BECKER U. WAHRENDORF 1998).

Ausblick

Wenn durch die Krebsprävention in den nächsten Jahren keine ähnlich großen Erfolge erzielt werden wie bei den Krankheiten des Kreislaufsystems, wird Krebs um die Jahre 2015-2020 die Todesursache Nummer eins in Deutschland sein. Das Wissen über die Möglichkeiten zur Prävention hat sich in den letzten 10 bis 15 Jahren beträcht-

lich erweitert. Dass Prävention wirklich zur Senkung der Sterblichkeit beitragen kann, zeigen beispielsweise die epidemiologischen Daten zu Lungenkrebs: Dem zurückgehenden Zigarettenkonsum unter westdeutschen Männern folgt nun mit einigen Jahren Verzögerung seit Ende der 1980er Jahre auch ein deutlicher Rückgang der Mortalität (BECKER U. WAHRENDORF 1998).◆

Unfälle und Gewalteinwirkung mit Todesfolge

Jürgen Schweikart

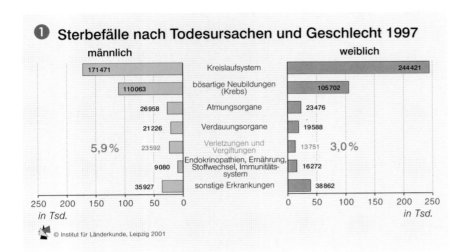

① Sterbefälle nach Todesursachen und Geschlecht 1997

männlich / weiblich

171471	Kreislaufsystem	244421
110063	bösartige Neubildungen (Krebs)	105702
26958	Atmungsorgane	23476
21226	Verdauungsorgane	19588
23592 (5,9%)	Verletzungen und Vergiftungen	13751 (3,0%)
9080	Endokrinopathien, Ernährung, Stoffwechsel, Immunitätssystem	16272
35927	sonstige Erkrankungen	38862

250 200 150 100 50 0 in Tsd. / 0 50 100 150 200 250 in Tsd.

© Institut für Länderkunde, Leipzig 2001

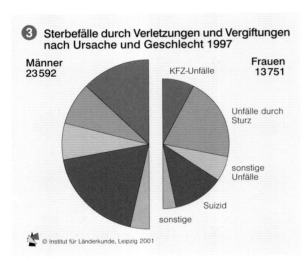

③ Sterbefälle durch Verletzungen und Vergiftungen nach Ursache und Geschlecht 1997

Männer 23592 / Frauen 13751

KFZ-Unfälle
Unfälle durch Sturz
sonstige Unfälle
Suizid
sonstige

© Institut für Länderkunde, Leipzig 2001

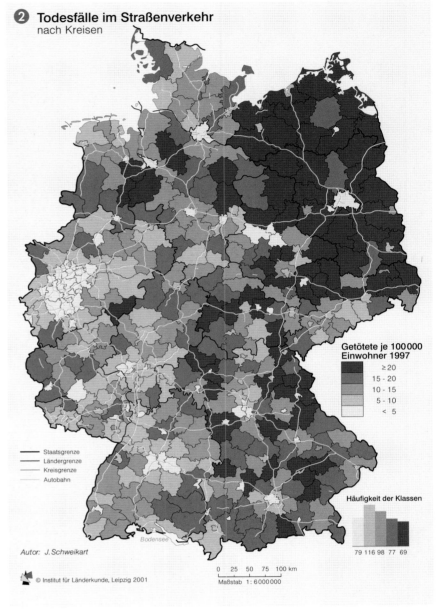

② Todesfälle im Straßenverkehr nach Kreisen

Getötete je 100 000 Einwohner 1997
- ≥ 20
- 15 - 20
- 10 - 15
- 5 - 10
- < 5

— Staatsgrenze
— Ländergrenze
— Kreisgrenze
— Autobahn

Autor: J.Schweikart

© Institut für Länderkunde, Leipzig 2001

Häufigkeit der Klassen
79 116 98 77 69

0 25 50 75 100 km
Maßstab 1 : 6 000 000

Zur ▶ **altersstandardisierten Mortalität** siehe Glossar zu Beitrag Lebenserwartung Gans/Kistemann/Schweikart, S. 99

Unter die Todesursachen durch Verletzungen und Vergiftungen fallen alle Unfälle wie Stürze oder Kraftfahrzeugunfälle sowie Suizid (Selbstmord und Selbstbeschädigung), Mord und Totschlag **①**. In Deutschland erleiden jährlich etwa 10 Millionen Menschen Verletzungen oder Vergiftungen. 1995 mussten 1,59 Millionen im Krankenhaus behandelt werden, und 1997 verstarben über 37.000 Menschen an den Folgen. Bezogen auf die Gesamtmortalität entspricht dies einem Anteil von 4,3 %.

Geschlechts- und altersspezifische Unterschiede

Während bei fast 6% der männlichen Sterbefälle eine Todesursache aus der Klasse der Verletzungen und Vergiftungen zugrunde liegt, erreicht der entsprechende Wert bei den Frauen mit knapp

3% etwa die Hälfte. Dabei überwiegen bei den Männern die Sterbefälle im Verkehr oder durch Suizid (1997 über 70%), während bei den Frauen Stürze, die häufig auf Haushaltsunfälle zurückzuführen sind, den größten Anteil (60%) ausmachen **③**.

Im Alter von 15 bis 29 Jahren resultiert deutlich mehr als die Hälfte aller Sterbefälle aus Verletzungen und Vergiftungen **④**. Für die Gesellschaft entsteht durch die verlorenen Lebensjahre dieser jungen Menschen und die damit vorzeitig beendete Erwerbstätigkeit ein beachtlicher Verlust. Zusätzlich schlagen die medizinischen Aufwendungen zu Buche. In der Rangliste der Ursachen, die zu einer stationären Behandlung führen, nehmen die Verletzungen und Vergiftungen 1995 nach den Krankheiten des Kreislaufsystems und den bösartigen Neubildungen die dritte Position ein (StBA 1998). Fast 10% aller Pflegetage, die in Krankenhäusern erbracht wurden, entfiel auf sie. Die direkten Kosten zur medizinischen Versorgung betrugen 1994 knapp 27 Mrd. DM, was einem Anteil von 7,8% aller Krankheitskosten entsprach (StBA 1998). Ergänzend entstehen indirekte Kosten durch Berufs- und Arbeitsunfähigkeit, Invalidität oder Mortalität.

Unfälle

Die meisten Sterbefälle in der Klasse der Verletzungen und Vergiftungen gehen auf Unfälle zurück, bei Männern zu 69%, bei Frauen zu 55% mit Todesfolgen (1997) **③**. Dabei haben die Verkehrsunfälle und Unfälle im Haushalt die größte Bedeutung. Die überwältigende Mehrzahl der Verkehrstoten resultiert aus dem motorisierten Individualverkehr. Die Mortalität nach allen

Unfallarten ist in ihrer Tendenz im Westen seit 1980 und in den neuen Ländern seit 1991 rückläufig **⑤**. Seitdem hält der kontinuierliche Rückgang insgesamt an.

Es bestehen jedoch deutliche regionale Unterschiede. Trotz starker Rückgänge der Unfallmortalität liegen die Raten in Mecklenburg-Vorpommern, Brandenburg und Thüringen weit über dem deutschen Durchschnitt **②**. Außerdem ist ein Gefälle von Stadt zu Land zu beobachten. Unfälle enden in den ländlichen Kreisen Deutschlands häufiger tödlich, die Zahl der Opfer des Straßenverkehrs ist hier etwa fünfmal so hoch wie in den Kernstädten (BBR 1999). Eine Analyse der Unfälle 1997 nach Ortslage zeigt, dass etwa zwei Drittel aller Getöteten im Straßenverkehr den Unfall auf Straßen außerhalb von Ortschaften erlitten, ein knappes Viertel innerhalb von Ortschaften und etwa 11% auf Autobahnen. Entscheidend ist

zumeist eine nicht angepasste Geschwindigkeit (Nicodemus 1998). Als Risikogruppen sind vor allem die 18- bis 24-Jährigen und die über 65-Jährigen zu nennen (StBA 1998). Männer sind wesentlich stärker gefährdet als Frauen, 1997 waren von den über 8000 Todesfällen fast 75% männlich.

Suizid

Nach den Unfällen hat die Sterblichkeit durch Suizid die größte Bedeutung, wobei angenommen wird, dass unter den Vergiftungen und den Unfällen zusätzlich viele nicht erkannte Suizidfälle verborgen sind. Die standardisierte Sterbeziffer ist seit 1985 sowohl im Osten als auch im Westen rückläufig, nachdem sie von 1980 bis 1985 stagnierte (StBA 1998). Die Suizidsterblichkeit der Männer übertrifft die der Frauen deutlich **③**. Die altersspezifischen Suizidraten steigen mit dem Alter. So waren 1997 fast ein Drittel aller

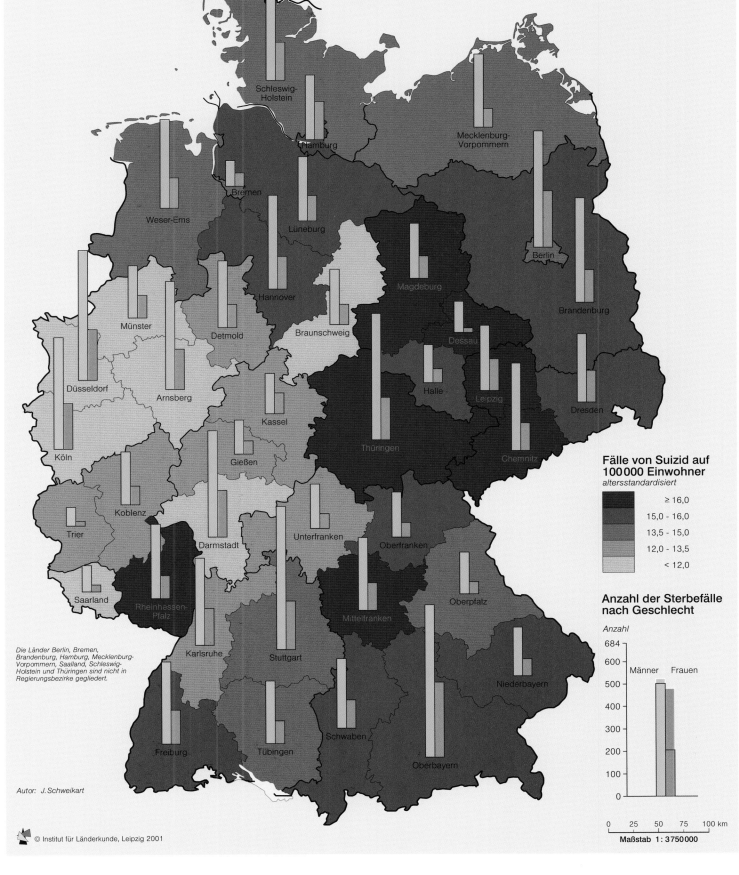

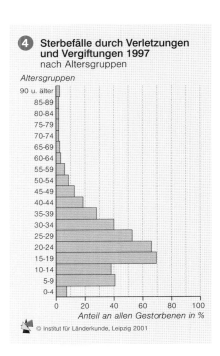

4 Sterbefälle durch Verletzungen
und Vergiftungen 1997
nach Altersgruppen

Altersgruppen

90 u. älter
85-89
80-84
75-79
70-74
65-69
60-64
55-59
50-54
45-49
40-44
35-39
30-34
25-29
20-24
15-19
10-14
5-9
0-4

0   20   40   60   80   100
Anteil an allen Gestorbenen in %

© Institut für Länderkunde, Leipzig 2001

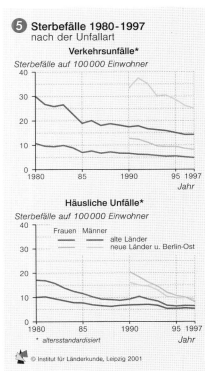

5 Sterbefälle 1980-1997
nach der Unfallart

Verkehrsunfälle*
Sterbefälle auf 100000 Einwohner

40
30
20
10

1980   85   1990   95 1997
Jahr

Häusliche Unfälle*
Sterbefälle auf 100000 Einwohner

Frauen   Männer
━━━━ alte Länder
━━━━ neue Länder u. Berlin-Ost

40
30
20
10

1980   85   1990   95 1997
* altersstandardisiert   *Jahr*

© Institut für Länderkunde, Leipzig 2001

Die Länder Berlin, Bremen,
Brandenburg, Hamburg, Mecklenburg-
Vorpommern, Saarland, Schleswig-
Holstein und Thüringen sind nicht in
Regierungsbezirke gegliedert.

Autor: J.Schweikart

© Institut für Länderkunde, Leipzig 2001

**Fälle von Suizid auf
100000 Einwohner**
altersstandardisiert

◼	≥ 16,0
◼	15,0 - 16,0
◼	13,5 - 15,0
◼	12,0 - 13,5
◻	< 12,0

**Anzahl der Sterbefälle
nach Geschlecht**

Anzahl

684
600
500
400
300
200
100
0

Männer   Frauen

0   25   50   75   100 km

Maßstab 1 : 3750000

Suizidtoten älter als 65 Jahre. Die Hintergründe sind zumeist unbehandelte
Depressionen, Suchtkrankheiten, ernste
physische Erkrankungen und soziale Isolation (HÄRTEL u. a. 1999).

Die Verteilung der Suizide in
Deutschland lässt erhebliche regionale
Unterschiede erkennen **6**. Die Spann-
weite der ▶ altersstandardisierten Mortalität schwankt zwischen 8,4 auf
100.000 Einwohner im Regierungsbezirk
Münster und 23,4 im Regierungsbezirk
Leipzig. Thüringen sowie die Regierungsbezirke Leipzig und Chemnitz weisen im Vergleich zu Gesamtdeutschland
eine signifikant höhere Suizidsterblichkeit auf. Diese hohen Raten sind lange

bekannt und für den Osten Deutschlands bereits am Anfang des 19. Jhs.
nachgewiesen (SCHMIDTKE u. WEINACKER
1994; MÜLLER u. BACH 1994). Alle Er-
klärungsversuche blieben bislang speku-
lativ (LENGWINAT 1961).

Vermeidbare Sterbefälle

Die Mortalität eines Landes lässt sich
u.a. dadurch verringern, dass die Anzahl

vermeidbarer Todesfälle gesenkt wird.
Hierzu zählen die Sterbefälle der Klasse
der Verletzungen und Vergiftungen.
Unfälle gelten häufig noch immer als
schicksalhaft, jedoch wird davon ausgegangen, dass etwa 80% auf menschli-
chem Fehlverhalten beruhen (BW-
MAGS 1996). Die Mehrzahl der Fälle
ist somit tatsächlich vermeidbar und eröffnet Möglichkeiten der Vorsorge.

Dabei ist primär bei den äußeren Ursachen anzusetzen, also bei der Verkehrs-
sicherheit, dem Arbeitsschutz usw., wobei Prävention eine interdisziplinäre
Aufgabe ist.◆

Binnenwanderungen zwischen den Ländern

Hansjörg Bucher und Frank Heins

Neben der Erneuerung der Generationen durch die natürlichen Bewegungen (Geburten und Sterbefälle) sind die räumlichen Bewegungen (Zu- und Fortzüge) die zweite Komponente der Bevölkerungsdynamik. Die Bezugsräume und der Wohnortwechsel von Individuen von einem Teilgebiet in ein anderes sind wesentliche Elemente von Wanderungen. Als Abgrenzungen werden in der Regel administrative Einheiten wie die Gemeinde, der Kreis, das Bundesland oder der Staat verwendet. Wanderungen lassen sich vielfältig differenzieren und kategorisieren, z.B. nach den Wanderungsmotiven, nach der Distanz zwischen Herkunft und Ziel oder nach der Freiwilligkeit. Zwischen den Dimensionen der Mobilität können Zusammenhänge bestehen – je größer beispielsweise die Wanderungsdistanz, um so höher die Bedeutung ökonomischer Motive. Die Wanderungsmotive unterliegen zeitlichen Schwankungen; in jüngerer Zeit nimmt etwa die Bedeutung ökologisch motivierter Wanderungen zu.

❶ Mobilitätsrate 1950-1998
Wanderungen zwischen den Bundesländern

Wanderungsfälle je 1000 Einwohner

alte Bundesrepublik ohne Berlin

alte und neue Länder

alte Bundesrepublik mit Berlin

Jahr

© Institut für Länderkunde, Leipzig 2001

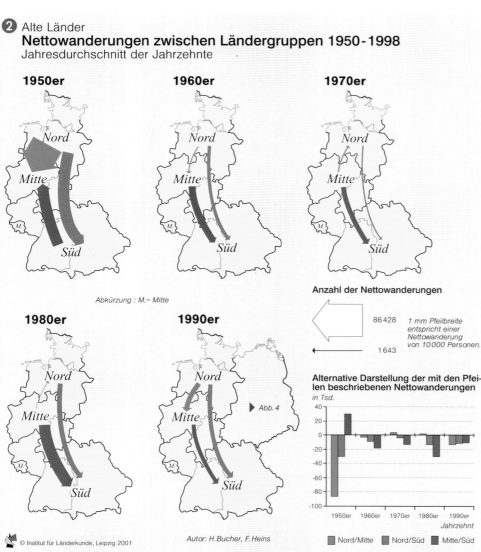

❷ Alte Länder
Nettowanderungen zwischen Ländergruppen 1950-1998
Jahresdurchschnitt der Jahrzehnte

1950er **1960er** **1970er**
Nord / Mitte / Süd

1980er **1990er**
Nord / Mitte / Süd

Abkürzung : M.= Mitte

Anzahl der Nettowanderungen

86 428 *1 mm Pfeilbreite entspricht einer Nettowanderung von 10000 Personen.*

1643

Alternative Darstellung der mit den Pfeilen beschriebenen Nettowanderungen
in Tsd.

1950er 1960er 1970er 1980er 1990er
Jahrzehnt

■ Nord/Mitte ■ Nord/Süd ■ Mitte/Süd

© Institut für Länderkunde, Leipzig 2001

Autor: H.Bucher, F.Heins

Wanderungen zwischen den Bundesländern als Fernwanderungen

Wanderungen zwischen den Bundesländern beziehen sich auf eine räumliche Ebene, die eher große Distanzen zwischen altem und neuem Wohnsitz erwarten lässt. Solche Wohnsitzwechsel sind meist verbunden mit tiefgreifenden biographischen Veränderungen wie Wechsel des Arbeitsplatzes, Familienstandsänderungen und Neuaufbau sozialer Netze. Der besondere Zuschnitt der Länder – drei von sechzehn sind Stadtstaaten, die Ländergrenzen durchschneiden mehrfach Agglomerationsräume – hat aber zur Folge, dass trotz der großräumigen Abgrenzung der Länder auch kleinräumige Stadt-Umland-Wanderungen in den Migrationen zwischen den Ländern enthalten sind. Daher sind die unmittelbaren Nachbarländer zumeist auch die zahlenmäßig bedeutsamsten Herkunfts- und Zielregionen von Wanderungen über Ländergrenzen.

Fasst man Länder zu Gruppen zusammen, lässt sich dadurch das kleinräumige Element der Wanderungen weitgehend eliminieren, es verbleiben fast nur echte Fernwanderungen wie z.B. Nord-Süd- oder Ost-West-Wanderungen (❷ und ❹). Zwischen dem Alter der Migranten, deren Motiven und schließlich der Wanderungsdistanz besteht ein vielfacher ursächlicher Zusammenhang. Wanderungen zwischen großen Einheiten wie Ländern oder Ländergruppen betreffen häufig junge Personen, die aus Gründen der Fortbildung oder der Erwerbstätigkeit einen weiter entfernt liegenden Wohnstandort wählen. Kleinräumige Wanderer sind eher junge Familien, deren vorherrschendes Wanderungsmotiv die Verbesserung ihrer Wohnsituation ist (▶▶ Beiträge Bucher/Heins, S. 114; Herfert, S. 116).

Die langfristige Entwicklung der Wanderungen in Deutschland

Für den Zeitvergleich des Wanderungsverhaltens der Bevölkerung bieten die Länder eine günstige räumliche Bezugsgröße ❸ ❺. Denn in der Vergangenheit waren sie – im Gegensatz zu Gemeinden – kaum von Gebietsreformen betroffen, die sich mit der Neufestlegung von Verwaltungsgrenzen stets auf die Definitionen für Wanderungen auswirken. Deshalb erlauben einzig Länder eine kontinuierliche, jahrzehntelange Beobachtung der Mobilität ohne definitorische Brüche.

Die Mobilität – d.h. Wanderungsfälle bezogen auf die Einwohner – hat zwischen den Ländern langfristig abgenommen, jedoch nicht stetig, sondern stufenweise ❶. Der Rückgang der Mobilität – in der ersten Hälfte der 1970er und Mitte der 1980er Jahre – fiel zusammen mit Zeiten der wirtschaftlichen Rezession und Arbeitsmarktversteifung. Die alte These von der großen Bedeutung ökonomischer Wanderungsmotive, die schon vor über 100 Jahren von E.G. RAVENSTEIN aufgestellt wurde, wird durch diesen Verlauf gestützt. Dagegen führten ab 1989 politische Ereignisse wie Grenzöffnung und Einigung sowie die Umverteilung von Aussiedlern und

❸ Wanderungsbewegungen und Wanderungssaldoraten 1995-1998
nach Ländern

Durchschnittliche
Saldorate/Jahr
Zeitraum 1995-1998

	3,0 und mehr
	1,0 bis 3,0
	-1,0 bis 1,0
	-3,0 bis -1,0
	< -3,0

Außenzuzüge und
Binnenfortzüge
Durchschnittliche Anzahl/Jahr
in Tsd.

161
100
50
Außen-   Binnen-
zuzüge   fortzüge

1mm Säulenhöhe ≙ 10000
Zu- oder Fortzügen

© Institut für Länderkunde, Leipzig 2001

Autoren: H. Bucher, F. Heins

1980er und der gesamten 1990er Jahre sind die internationalen Zuzüge bestimmter Bevölkerungsgruppen (Aussiedler, Asylbewerber) über Aufnahmeeinrichtungen (▶▶ Beiträge Mammey/ Swiaczny, S. 132; Wendt, S. 136). Dies führt zunächst zu einer hohen Konzentration eines wesentlichen Teils der Außenzuzüge auf nur wenige Kreise, später gefolgt von massenhaften Binnenfortzügen aus diesen Einrichtungen in andere Gegenden ❸. Die Standorte solcher Aufnahmeeinrichtungen, die staatliche Regulierung durch Aufnah-

mequoten für die einzelnen Bundesländer, die Besonderheiten jener Bevölkerungsgruppen bezüglich Zusammensetzung und Wanderungsmotiven – all dies führte zu eigenständigen Wanderungsmustern, die bei einer Zahl von fast drei Millionen Aussiedlerzuzügen seit Mitte der 1980er Jahre auch quantitativ nicht unerheblich waren.   →…◆

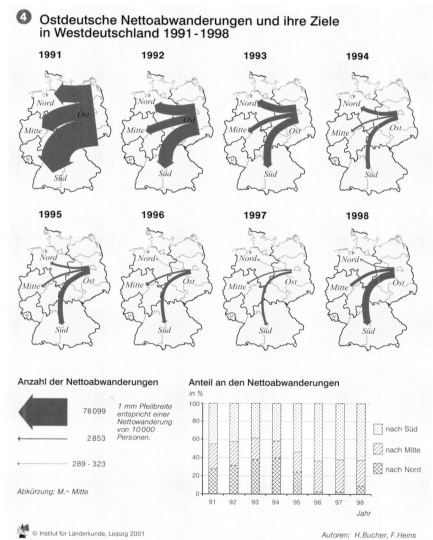

❹ Ostdeutsche Nettoabwanderungen und ihre Ziele in Westdeutschland 1991-1998

1991 1992 1993 1994

1995 1996 1997 1998

Anzahl der Nettoabwanderungen

76099

2853

289 - 323

1 mm Pfeilbreite
entspricht einer
Nettowanderung
von 10000
Personen.

Abkürzung: M.= Mitte

Anteil an den Nettoabwanderungen
in %

nach Süd
nach Mitte
nach Nord

91 92 93 94 95 96 97 98
Jahr

© Institut für Länderkunde, Leipzig 2001

Autoren: H. Bucher, F. Heins

Asylbewerbern zu einem Wiederanstieg der Mobilität auf das Niveau der 1970er Jahre.

Wanderungsverflechtungen zwischen Bundesländergruppen

Die Wanderungsverflechtungen zwischen Ländergruppen (Nord, Mitte, Süd) spiegeln in ihren Salden die Abnahme der Mobilität wider. Die 1950er Jahre hatten ihre besonderen Muster, die sich noch als Folgen des Krieges erklären lassen. Mit dem Wiederaufbau der Verdichtungsräume kehrten viele Menschen aus den ländlichen Regionen zurück. Insbesondere Flüchtlinge zog es aus dem ländlichen Norden, ihrer ersten Bleibe, in die Agglomerationen an Rhein und Ruhr. Ab den 1960er Jahren bildete sich ein Nord-Süd-Trend der Migrationen innerhalb Westdeutschlands heraus, mit besonders starken Ausprägungen in den 1980er Jahren ❷ Fortzüge aus Ostdeutschland in den 1990er Jahren konzentrieren sich zunehmend auf den Süden; der Norden wird als Zielgebiet von Ostdeutschen seit 1996 nur noch gering präferiert. Die Wanderungsverluste des Ostens werden – so die aktuellen Bevölkerungsprognosen (▶▶ Beitrag Bucher, S. 142) – auf nur noch niedrigem Niveau bleiben. Probleme werden sie gleichwohl aus Gründen der kleinräumigen Verteilung unterhalb der Länderebene bereiten,

z.B. was die Tragfähigkeit von Infrastruktur in dünn besiedelten Regionen betrifft (▶▶ Beitrag Priebs, S. 28) sowie auch wegen ihrer Altersselektivität.

Die ostdeutschen Länder hatten in den Jahren 1995 bis 1998 durchweg Wanderungsverluste ❹. Eine Ausnahme bildete Brandenburg, das von der beginnenden Stadtflucht aus Berlin profitierte ❺. Die westdeutschen Länder verzeichneten kurz nach der Einigung allesamt Binnenwanderungsgewinne. Die nach 1994 eingetretene Konsolidierung des Migrationsgeschehens führte teilweise zurück zum altbekannten Nord-Süd-Gefälle. Niedersachsen und das altindustrialisierte Saarland haben wieder Verluste, Hessen, Rheinland-Pfalz und Bayern dagegen teils erhebliche Gewinne. Schleswig-Holstein und Nordrhein-Westfalen weisen weiterhin eine günstigere Wanderungsbilanz auf. Aus dem Rahmen dieses Musters fällt neuerdings Baden-Württemberg mit nur noch geringfügigen Migrationsgewinnen; Wanderungsverluste gegenüber Ländern der Südgruppe werden lediglich leicht ausgeglichen durch Nettozuwanderungen aus den neuen Ländern.

Der Einfluss der internationalen Wanderungen auf die Binnenwanderungen

Eine Besonderheit für die Binnenwanderungsverflechtungen der späten

⑤ Wanderungsverflechtungen 1995-1998
nach Ländern

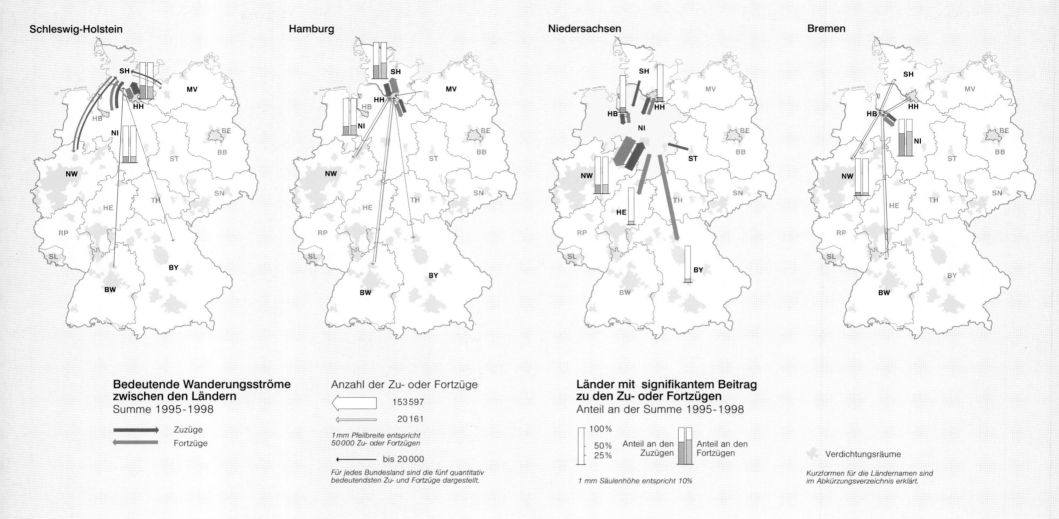

Schleswig-Holstein **Hamburg** **Niedersachsen** **Bremen**

Bedeutende Wanderungsströme zwischen den Ländern
Summe 1995-1998

→ Zuzüge
← Fortzüge

Anzahl der Zu- oder Fortzüge

⬅ 153597
⬅ 20161

1 mm Pfeilbreite entspricht 50000 Zu- oder Fortzügen

← bis 20000

Für jedes Bundesland sind die fünf quantitativ bedeutendsten Zu- und Fortzüge dargestellt.

Länder mit signifikantem Beitrag zu den Zu- oder Fortzügen
Anteil an der Summe 1995-1998

100%
50%
25%
Anteil an den Zuzügen / Anteil an den Fortzügen

1 mm Säulenhöhe entspricht 10%

Verdichtungsräume

Kurzformen für die Ländernamen sind im Abkürzungsverzeichnis erklärt.

⑥ Wanderungen zwischen den Ländern
Summe der Zu- und Fortzüge 1995-1998

Zuzüge → Fortzüge ↓	nach SH aus ...	nach HH aus ...	nach NI aus ...	nach HB aus ...	nach NW aus ...	nach HE aus ...	nach SL aus ...	nach RP aus ...	nach BW aus ...	nach BY aus ...	nach BE aus ...	nach BB aus ...	nach MV aus ...	nach SN aus ...	nach ST aus ...	nach TH aus ...
aus SH nach ...		■	■	▪	■	▪	·	▪	▪	▪	▪	■	▪	▪	▪	▪
aus HH nach ...	■		■	▪	■	▪	·	▪	▪	▪	▪	▪	▪	▪	▪	▪
aus NI nach ...	■	■		■	■	■	▪	■	■	■	■	■	■	■	■	■
aus HB nach ...	▪	▪	■		▪	▪	·	▪	▪	▪	▪	▪	▪	▪	▪	·
aus NW nach ...	■	■	■	■		■	▪	■	■	■	■	■	▪	■	▪	■
aus HE nach ...	▪	▪	■	▪	■		▪	■	■	■	▪	▪	▪	▪	▪	▪
aus SL nach ...	▪	▪	▪	·	▪	▪		■	▪	▪	·	·	·	·	·	·
aus RP nach ...	▪	▪	■	▪	■	■	■		■	■	▪	▪	·	▪	▪	▪
aus BW nach ...	▪	■	■	▪	■	■	▪	■		■	■	▪	▪	■	▪	■
aus BY nach ...	▪	▪	■	▪	■	■	▪	■	■		■	▪	▪	■	▪	■
aus BE nach ...	▪	▪	■	▪	■	▪	·	▪	■	■		■	■	■	■	■
aus BB nach ...	▪	▪	■	▪	■	▪	·	▪	▪	▪	■		■	■	■	■
aus MV nach ...	■	■	■	▪	■	▪	·	▪	▪	▪	■	■		■	■	▪
aus SN nach ...	▪	▪	■	▪	■	▪	·	▪	■	■	■	■	■		■	■
aus ST nach ...	▪	▪	■	▪	■	▪	·	▪	▪	▪	■	■	■	■		■
aus TH nach ...	▪	▪	■	▪	■	■	·	▪	■	■	▪	▪	▪	■	■	

Leserichtung Zuzüge →
Leserichtung Fortzüge →

Interpretationsbeispiele

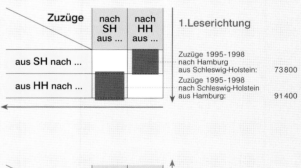

1.Leserichtung

Zuzüge 1995-1998 nach Hamburg aus Schleswig-Holstein: 73800
Zuzüge 1995-1998 nach Schleswig-Holstein aus Hamburg: 91400

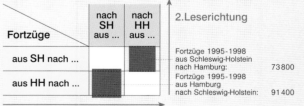

2.Leserichtung

Fortzüge 1995-1998 aus Schleswig-Holstein nach Hamburg: 73800
Fortzüge 1995-1998 aus Hamburg nach Schleswig-Holstein: 91400

Anzahl der Zu- und Fortzüge

153597
50000
10000
1000
168

1mm² ≙ 1500 Zu- bzw. Fortzügen

Autoren: H. Bucher, F. Heins, W. Kraus

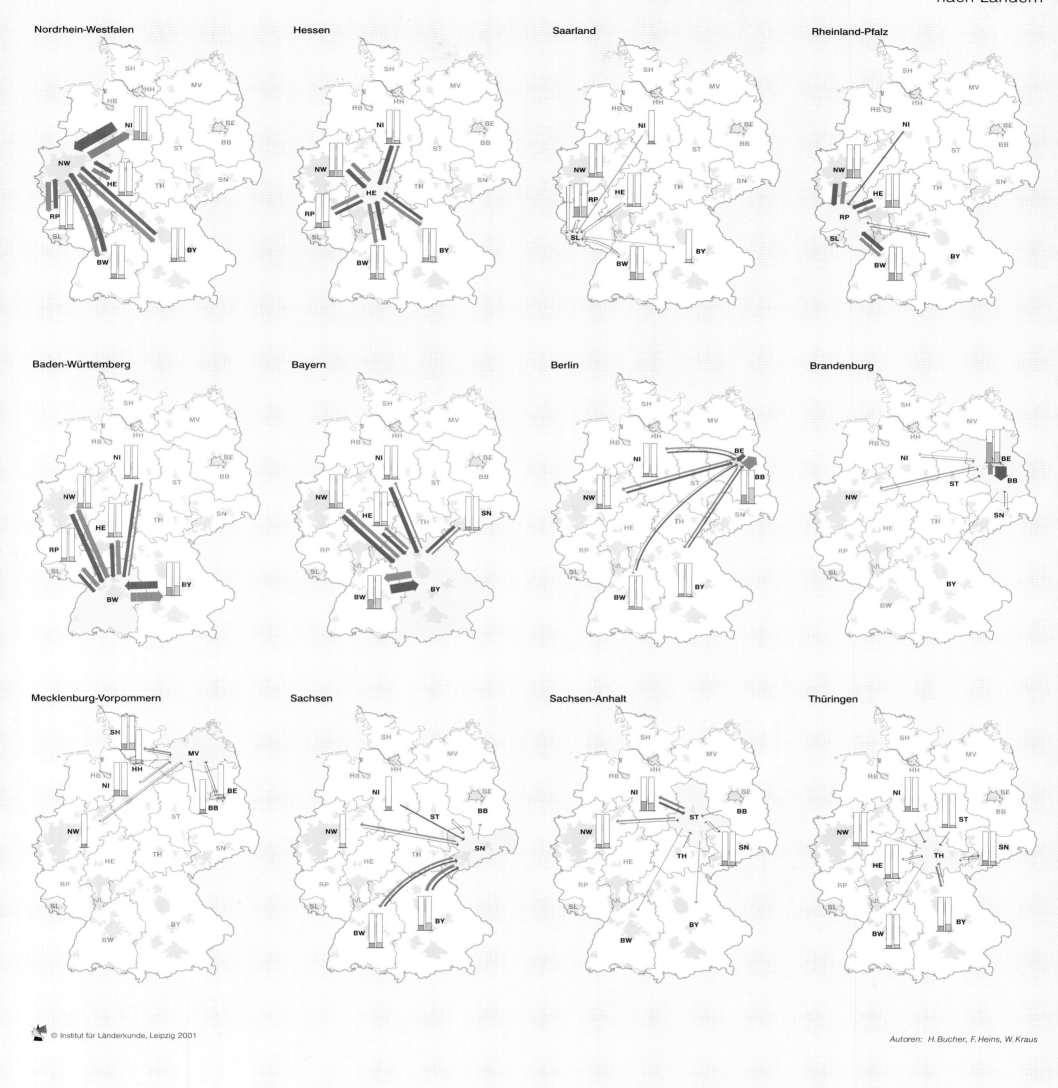

Nordrhein-Westfalen

Hessen

Saarland

Rheinland-Pfalz

Baden-Württemberg

Bayern

Berlin

Brandenburg

Mecklenburg-Vorpommern

Sachsen

Sachsen-Anhalt

Thüringen

© Institut für Länderkunde, Leipzig 2001

Autoren: H. Bucher, F. Heins, W. Kraus

Entwicklung interregionaler Wanderungen in den 1990er Jahren

Hansjörg Bucher und Frank Heins

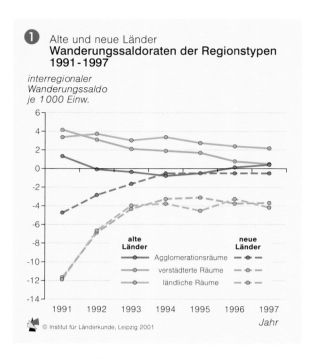

1 Alte und neue Länder
Wanderungssaldoraten der Regionstypen 1991-1997

interregionaler Wanderungssaldo je 1000 Einw.

alte Länder / neue Länder
— Agglomerationsräume
— verstädterte Räume
— ländliche Räume

© Institut für Länderkunde, Leipzig 2001

Inter- und intraregionale Wanderungen sind zwei Kategorien, die sich gegenseitig bedingen. Neben dem Wechsel des Wohnsitzes setzt ihre Definition voraus, dass das betrachtete Gebiet in Regionen unterteilt ist. Interregionale Wanderungen überschreiten die Grenzen dieser Regionen. Sie umfassen in der Regel Wechsel des Wohnstandortes, die zugleich eine Änderung des normalen Lebensumfeldes oder Aktionsraumes – Konsum, Arbeit, Ausbildung – einschließen. Wiewohl die Definition der Regionen ein wichtiges Kriterium für diesen Wanderungstyp darstellt, wohnt ihrer Abgrenzung eine gewisse Beliebigkeit inne. Allerdings haben sich in den letzten Jahrzehnten Konventionen der Regionalisierung herausgebildet, auf die gerne zurückgegriffen wird.

Die Raumordnungsregionen als Basis des Messkonzepts

In Deutschland bieten sich zur Erfassung interregionaler Wanderungen die Raumordnungsregionen an, die vom Bundesamt für Bauwesen und Raumordnung (BBR) aufgrund funktionalräumlicher Verflechtungen (Pendelverflechtungen zwischen Oberzentren und deren Umland) aus Landkreisen und kreisfreien Städten gebildet wurden. Diese Bezugseinheiten stellen nur einen Kompromiss dar, denn Wanderungen innerhalb von Raumordnungsregionen können durchaus einen kompletten Wechsel des Lebensumfeldes bedeuten, während umgekehrt Wanderungen zwischen angrenzenden Raumordnungsregionen die Beibehaltung wesentlicher Teile des Aktionsraumes zulassen. Die Vielfalt der Regionen (97 Raumordnungsregionen) lässt sich durch siedlungsstrukturelle Merkmale (Bevölkerungsdichte,

Vorhandensein von Großstädten) kategorisieren, hier in die drei Klassen hochverdichtet, verstädtert und ländlich geprägt.

Der Einfluss der internationalen Wanderungen auf die Binnenwanderungen

Die Aufnahmeeinrichtungen für Aussiedler – auf der Bundesebene gibt es zehn in sieben Regionen – beeinflussen das Binnenwanderungsgeschehen in außergewöhnlichem Maße (▶▶ Beitrag Mammey/Swiaczny, S. 132). Wegzüge aus den Aufnahmelagern sind Folgewanderungen von Personen aus dem Ausland, die aufgrund von Verwaltungsregelungen in diese Kreise zugezogen sind und später wieder weiterziehen. Diese Wanderungen heben sich in mehrfacher Hinsicht ab und überprägen mit diesen Besonderheiten das Binnenmigrationsgeschehen. Um ein korrektes, unverzerrtes Bild der Binnenwanderungen zu erhalten, sind Kreise mit Aufnahmeeinrichtungen hier von einer weiteren Analyse ausgeschlossen worden.

Regionale Wanderungsbilanz und Siedlungsstruktur

Misst man die interregionalen Wanderungen mit dem Saldo aus Zu- und Fortzügen bezogen auf 1000 Einwohner, dann ergeben sich für die Mitte der 1990er Jahre folgende Befunde **4**:
Der größte Teil der Regionen hat ein relativ ausbalanciertes Wanderungsgeschehen, nur ein kleinerer Teil weist größere Ungleichgewichte auf. Diese zeigen allerdings Regelmäßigkeiten. Wanderungsverluste konzentrieren sich auf einige sehr hoch verdichtete, aber ökonomisch strukturschwache Regionen in Westdeutschland und viele ländliche Regionen in Ostdeutschland.
Wanderungsgewinne dagegen haben zumeist weniger verdichtete Regionen in der Nachbarschaft großer Agglomerationen. Es ist zu vermuten, dass ein Teil dieser Migranten vom Motiv her zu den intraregionalen Wanderern zählen, dass sie aber aufgrund angespannter Wohnungsmärkte und hoher Bodenpreise in den Ballungsgebieten die Regionen verlassen und größere Pendlerdis-

tanzen in Kauf nehmen. Solche Muster zeigen sich deutlich um Berlin, Hamburg, Bremen und München.

Ost-West-Vergleich von Raumkategorien

Neben der Siedlungsstruktur zeigt auch die großräumige Unterteilung in Ost- und Westdeutschland erhebliche Disparitäten **1**. Beide Teilräume haben gemeinsam, dass sich in den 1990er Jahren das Wanderungsgeschehen konsoli-

dierte, allerdings unterschiedlich schnell und auf verschiedenen Niveaus. Die Verringerung der Migrationsverluste kam in den verstädterten und ländlichen Räumen Ostdeutschlands bereits 1993 zum Stillstand, und zwar auf einem Niveau von ca. vier Personen je 1000 Einwohner. In den Agglomerationen, die in den 1990er Jahren immer am relativ günstigsten abschnitten, liegen die Wanderungsverluste seit 1994 nur noch bei einem Promille, ein Wert,

Wohnungsbau in Stahnsdorf bei Berlin

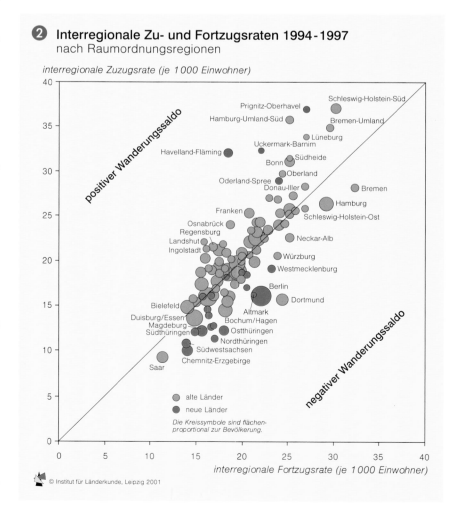

2 **Interregionale Zu- und Fortzugsraten 1994-1997**
nach Raumordnungsregionen

interregionale Zuzugsrate (je 1000 Einwohner)

positiver Wanderungssaldo

negativer Wanderungssaldo

Schleswig-Holstein-Süd
Prignitz-Oberhavel
Hamburg-Umland-Süd
Bremen-Umland
Lüneburg
Uckermark-Barnim
Havelland-Fläming
Südheide
Bonn
Oberland
Oderland-Spree
Donau-Iller
Bremen
Hamburg
Franken
Schleswig-Holstein-Ost
Osnabrück
Regensburg
Neckar-Alb
Landshut
Ingolstadt
Würzburg
Westmecklenburg
Berlin
Bielefeld
Dortmund
Duisburg/Essen
Altmark
Magdeburg
Bochum/Hagen
Südthüringen
Ostthüringen
Nordthüringen
Südwestsachsen
Saar
Chemnitz-Erzgebirge

alte Länder
neue Länder
Die Kreissymbole sind flächenproportional zur Bevölkerung.

interregionale Fortzugsrate (je 1000 Einwohner)

© Institut für Länderkunde, Leipzig 2001

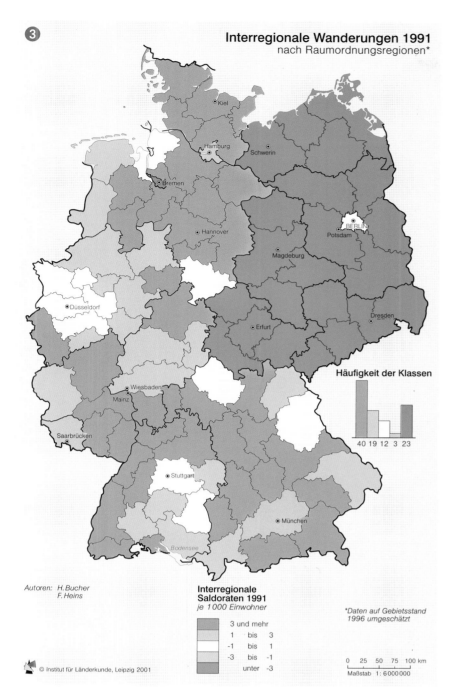

Interregionale Wanderungen 1991
nach Raumordnungsregionen*

Häufigkeit der Klassen

40 19 12 3 23

*Autoren: H.Bucher
F. Heins*

**Interregionale
Saldoraten 1991**
je 1000 Einwohner

- 3 und mehr
- 1 bis 3
- -1 bis 1
- -3 bis -1
- unter -3

*Daten auf Gebietsstand
1996 umgeschätzt

0   25   50   75   100 km
Maßstab 1 : 6 000 000

© Institut für Länderkunde, Leipzig 2001

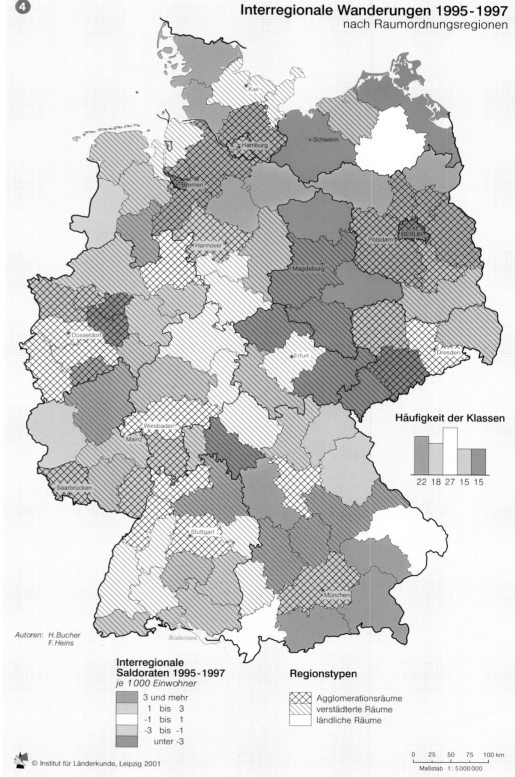

Interregionale Wanderungen 1995-1997
nach Raumordnungsregionen

Häufigkeit der Klassen

22 18 27 15 15

*Autoren: H.Bucher
F.Heins*

**Interregionale
Saldoraten 1995-1997**
je 1000 Einwohner

- 3 und mehr
- 1 bis 3
- -1 bis 1
- -3 bis -1
- unter -3

Regionstypen

- ⬛ Agglomerationsräume
- ⬛ verstädterte Räume
- ☐ ländliche Räume

0   25   50   75   100 km
Maßstab 1 : 5 000 000

© Institut für Länderkunde, Leipzig 2001

henden Arbeitsplatzgarantie lag kaum eine Notwendigkeit für Arbeitsmarktwanderungen vor. Die Mobilität betrug deshalb zum Zeitpunkt der Einigung lediglich ein Drittel des westdeutschen Niveaus. Die bisherigen Anpassungsprozesse mit einer Verdoppelung der Mobilitätsrate lassen erwarten, dass sich in Ostdeutschland ähnliche Migrationsmuster einstellen werden. Wie stark sich die Migrationsmuster bereits ausdifferenziert haben, zeigt ein Blick zurück auf das Wanderungsgeschehen im ersten Jahr nach der Wiedervereinigung ❸. Das Muster wurde vom Gegensatz der hohen Wanderungsverluste im Osten und den hohen Wanderungsgewinnen im Westen dominiert. Die tradierten Migrationsmuster innerhalb West-

deutschlands waren damit vorübergehend fast verschwunden bzw. wurden von den Gewinnen der Agglomerationsräume durch Zuziehende aus den neuen Ländern überlagert. Innerhalb des Ostens zeigten sich zu diesem Zeitpunkt noch keine autonomen Migrationsmuster. Die Suburbanisierung begann dort – entsprechend der Zeitverzögerung durch den Wohnungsneubau – erst zwei Jahre später.◆

der auch von den westdeutschen Verdichtungsgebieten erreicht wird. Ganz anders sind dagegen im Westen die hohen Zuwanderungsraten der verstädterten und der ländlichen Räume. Dadurch ergeben sich im Westen Deurbanisierungs- bzw. Entdichtungstendenzen bei zunehmender Bevölkerung und im Osten ein Urbanisierungs- bzw. Verdichtungsprozess bei abnehmender Bevölkerung. Bereits bestehende West-Ost-Unterschiede im siedlungsstrukturellen Gefälle zu Beginn der 90er Jahre wurden durch diese Wanderungen nochmals verstärkt.

Wanderungsbilanz und Wanderungsintensität

Hinter dem Saldo der interregionalen Wanderungen steht teils ein lebhaftes, teils ein reduziertes Migrationsgeschehen. Betrachtet man statt der Salden die Zu- und Fortzüge, so lassen sich grafisch einige Regelmäßigkeiten aufzeigen ❷. Weite Teile der westdeutschen Regionen haben geringe Wanderungsungleichgewichte bei mittleren Zuzugs- und Fortzugsraten (zwischen 15 und 25

Promille). Dagegen weist ein großer Teil der ostdeutschen Regionen Wanderungsverluste bei nur geringer Mobilität auf. Negative Bilanzen bei besonders niedriger Mobilität haben im Westen altindustrialisierte Regionen wie Duisburg oder die Saar, im Osten Regionen des sächsischen Südwestens.

Regionen mit Wanderungsverlusten bei besonders hoher Mobilität sind einzig die beiden Hansestädte Hamburg und Bremen. Die Konstellation Wanderungsgewinne bei niedriger Mobilität existiert nirgendwo, Wanderungsgewinne bei hoher Mobilität finden sich in einigen Regionen mittlerer Verdichtung und mit eher suburbanem Charakter.

Hinter dieser Vielfalt stecken zwei bedeutende Gefälle. Das erste ist ökonomisch bedingt und liegt im Westen vor. Regionen mit dynamischer Wirtschaftsentwicklung und lebhaftem Arbeitsmarktgeschehen haben eine hohe Mobilität, stagnierende Regionen dagegen eine geringere. Dies erklärt auch, aber nur zum Teil, das West-Ost-Gefälle mit niedrigen Werten in den neuen Ländern. In der DDR mit ihrer weitge-

Entwicklung intraregionaler Wanderungen in den 1990er Jahren

Hansjörg Bucher und Frank Heins

Häufiger Umzugsgrund ins Umland: Fehlender Platz für Kinder

Das Leben in Städten bietet Vor- und Nachteile zugleich ❶. Häufig sind ▶ intraregionale Wanderungen der Versuch, durch Wegzug an die Peripherie die Vorteile des Standortes Stadt zu nutzen, dessen Nachteile aber zu vermeiden. Der Preis dafür ist eine höhere tägliche ▶ Mobilität durch ▶ Pendeln; Voraussetzung ist ein flexibles Verkehrssystem, wie es die Massenmotorisierung geschaffen hat.

Intraregionale Wanderungen sind daher Wohnortwechsel, bei denen wesent-liche Teile des ▶ Aktionsraumes beibehalten werden. Der vorherrschende Wanderungsgrund ist eine Verbesserung der Wohnsituation, oftmals in Verbindung mit dem Erwerb von Wohneigentum. Die Entfernung zwischen altem und neuem Wohnort ist zumeist kurz. Die Bedeutung der Standortvor- und -nachteile variiert zwischen den Bevölkerungsgruppen – je nach der aktuellen Stellung im Lebens- bzw. Familienzyklus wie auch nach der Ausrichtung an einem Lebensziel (▶▶ Beitrag Bucher/Heins, S. 120). Intraregionale Wanderungen führen daher tendenziell zu einer Entmischung der Bevölkerung. Ins weniger verdichtete Umland ziehen verstärkt junge Familien, insbesondere wenn sie ein Eigenheim erwerben wollen. In den Städten bleiben vermehrt solche Personen, die eher eine Berufskarriere anstreben. Aber auch fast alle anderen Bevölkerungsgruppen beteiligen sich an dieser Stadtflucht. Einzige Ausnahme bilden die 18- bis 24-Jährigen, bei denen die Städte Wanderungsgewinne verzeichnen.

Starke Suburbanisierung auch in den neuen Ländern

Der Prozess der ▶ Suburbanisierung hat seit den 1970er Jahren zu einem stetigen Wanderungsverlust der Kernstädte und zu Gewinnen in den verdichteten Kreisen der alten Länder geführt. Bis in die 1990er Jahre hielt dieser Trend an, selbst ländliche Kreise zeigten – wenn auch nur schwache – Wanderungsgewinne. In den neuen Ländern waren intraregionale Wanderungen, die Gemeindegrenzen überschreiten, zu Beginn der 1990er Jahre – wie vor der Wende – für die Bevölkerungsumverteilung zunächst unbedeutend. Bereits 1994 übertraf jedoch die Intensität des intraregionalen Wanderungssaldos die westdeutschen Werte ❷: Kernstädte verlieren über 7 je 1000 ihrer Bevölkerung an umliegende verdichtete und ländliche Kreise, in denen der Wanderungsgewinn ca. 6 je 1000 der Bevölkerung ausmacht. Der Prozess der Suburbanisierung hat somit in kürzester Zeit auch die neuen Länder erreicht. Er wurde staatlich gefördert und hat dabei auch Bevölkerungsgruppen erfasst, die sonst nicht zum harten Kern der Suburbanisierer zählen (▶▶ Beitrag Herfert, S. 116).

Die Mobilität zwischen den Kreistypen

Abbildung ❸ vergleicht die Bedeutung der Kreistypen in den alten und neuen Ländern im Hinblick auf ihren Bevölkerungsanteil und die Mobilität, die diese Typen verbindet. Die Kombination beider Aspekte führt zu den aufge-

---

❶ **Leben in der Stadt**

Vorteile	Nachteile
Großes und diversifiziertes Angebot an	Knappes Angebot an / hohe Kosten für
› Arbeitsplätzen	› Wohnraum/Miete
› Gütern	› Boden
› Dienstleistungen	› Naturnahe Fläche
› Infrastruktureinrichtungen für	Umweltbeeinträchtigungen durch
Bildung	› Lärm
Kultur	› Schmutz
Gesundheitswesen	› Gerüche
ÖPNV	

---

❷ Alte und neue Länder

Wanderungssaldoraten der siedlungsstrukturellen Kreistypen 1991-1997

intraregionaler Wanderungssaldo je 1000 Einwohner

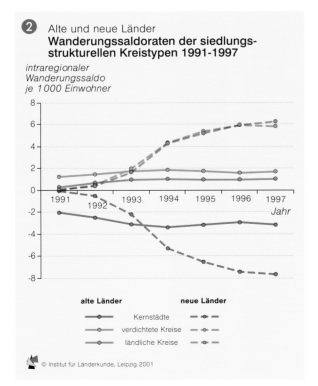

alte Länder / neue Länder

— Kernstädte — ● —

— verdichtete Kreise — ● —

— ländliche Kreise — ◆ —

---

❸ **Intraregionale Wanderungsraten zwischen den siedlungsstrukturellen Kreistypen 1995-1997**

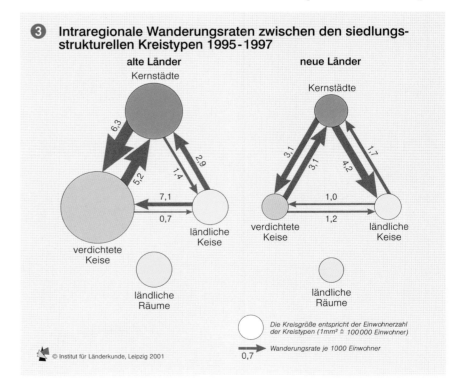

alte Länder

Kernstädte

6,3   5,2   1,4   2,9

7,1   0,7

verdichtete Keise   ländliche Keise

ländliche Räume

neue Länder

Kernstädte

3,1   3,1   4,2   1,7

1,0   1,2

verdichtete Keise   ländliche Keise

ländliche Räume

Die Kreisgröße entspricht der Einwohnerzahl der Kreistypen (1mm² ≙ 100000 Einwohner)

Wanderungsrate je 1000 Einwohner   0,7

zeigten Unterschieden in den intraregionalen Wanderungssalden. Sie sind im Osten noch beeinflusst von der aus DDR-Zeiten überkommenen Siedlungsstruktur. Den bevölkerungsreichsten Typ in Westdeutschland stellen die verdichteten Kreise dar, während es in den neuen Ländern die Kernstädte sind. Die intraregionalen Wanderungsraten zwischen den einzelnen Typen sind in den alten Ländern unausgewogen: Die Fortzugsraten der verdichteten Kreise sind geringer als die jeweiligen Fortzugsraten der Kernstädte und der ländlichen Kreise in Richtung auf die verdichteten Kreise. Die Mobilitätsraten in den neuen Ländern sind ausgeglichen mit Ausnahme der Wanderungen zwischen Kernstädten und ländlichen Kreisen.

Das Beispiel München

Die Interaktion zwischen intraregionalen und interregionalen Wanderungen wird am konkreten Beispiel der kreisfreien Stadt München aufgezeigt. München ist das Zentrum eines monozentralen Verdichtungsraumes, von denen es in Deutschland nur wenige gibt, z.B. Hamburg und Berlin. Zudem besitzt der Verdichtungsraum München eine hohe Attraktivität, ein positives Image – kulturell ebenso wie in landschaftlicher Hinsicht – und eine ausgesprochen günstige wirtschaftliche Entwicklung. Seit vielen Jahren haben die Kernstadt

und der Verdichtungsraum München Wanderungsgewinne aufgrund starker innerdeutscher wie internationaler Zuzüge. Gleichzeitig führen hohe Wohnkosten und ein stark verdichtetes Wohnumfeld im Zentrum zu Fortzügen in den suburbanen Raum oder die Randbereiche, wobei häufig der Arbeitsplatz und andere Funktionen des Aktionsraumes beibehalten werden. Durch das Zusammenspiel von ökonomischen Zwängen, Präferenzen der Haushalte in Bezug auf das Wohnumfeld und die existierende oder sich entwickelnde Verkehrsinfrastruktur dehnt sich das Migrationsfeld Münchens weiter aus.

Abbildung ❹ stellt das ▶ Wanderungsvolumen und die ▶ Wanderungseffizienz zwischen Stadt- und Landkreisen und der Kernstadt München dar. Diese verliert an alle Kreise der Raumordnungsregion München Bevölkerung durch Abwanderung, woran die Landkreise München und Fürstenfeldbruck am stärksten partizipieren. Aber diese Fortzüge machen an der Grenze der Raumordnungsregion keineswegs Halt. Sie reichen vielmehr bis in die benachbarten Regionen Ingolstadt, Landshut, Südostbayern, Oberland und Augsburg hinein – wenn auch mit sinkender Intensität.

Fazit

Die Verbesserung der individuellen Wohnsituation durch Suburbanisierung geht einher mit einer Siedlungsentwicklung, die gegen das ökologische Ziel der Nachhaltigkeit verstößt. Keine

Lebensform ist so ressourcenintensiv wie das Leben im suburbanen Raum. Das gilt für die beanspruchte Siedlungsfläche genauso wie für den Verbrauch von Primärenergie, um innerhalb des Aktionsraumes die jeweiligen Standorte von Wohnung, Arbeitsplatz, Ausbildungsplatz oder Infrastruktureinrichtungen aufzusuchen. Andererseits zeigen Umfragen nach den Wohnwünschen, dass weite Kreise der Bevölkerung dem Leben im Eigenheim – besonders im freistehenden Einfamilienhaus – die höchste Präferenz beimessen. Insofern ist die Hinwendung zu einer nachhaltigen und ressourcensparenden Siedlungsentwicklung von kontroversen politischen Diskussionen begleitet.◆

❹ Bayern
Wanderungsvolumen und Wanderungseffizienz 1995-1997 bezogen auf München
nach Kreisen

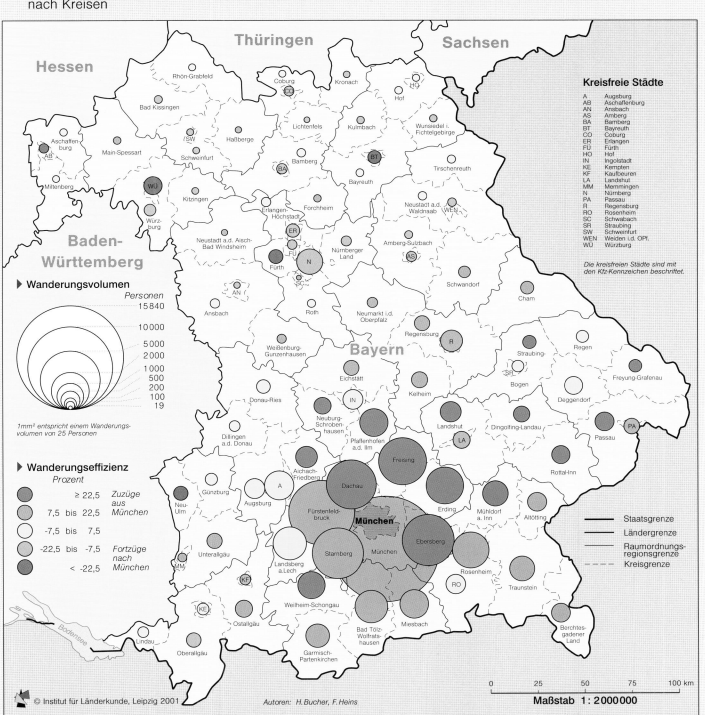

Stadt-Umland-Wanderungen nach 1990

Günter Herfert

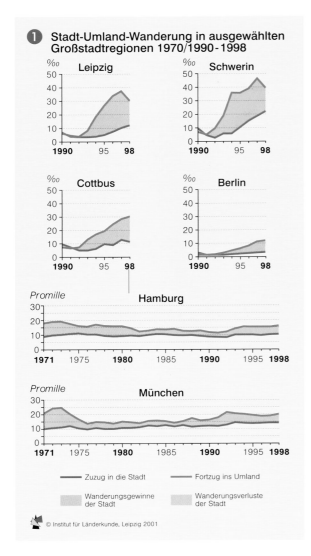

① Stadt-Umland-Wanderung in ausgewählten Großstadtregionen 1970/1990-1998

Leipzig · Schwerin · Cottbus · Berlin · Hamburg · München

— Zuzug in die Stadt — Fortzug ins Umland

Wanderungsgewinne der Stadt Wanderungsverluste der Stadt

© Institut für Länderkunde, Leipzig 2001

Die ▶ Stadt-Umland-Wanderung – oft auch als Stadtflucht bezeichnet – hat nach der politischen Wende in den neuen wie in den alten Ländern eine zunehmende Dynamik erfahren. Insgesamt verloren die Oberzentren in Deutschland von 1993-1998 rund 2,7 Mio. Einwohner an ihre Umlandgemeinden, im ▶ Saldo waren es knapp eine Million.

Stadt-Umland-Wanderungen waren in Deutschland bereits Ende des 19. Jhs. zu beobachten, als außerhalb der Großstädte Villenkolonien für Industrielle und höhere Beamte entstanden. Aber erst mit der in den 60er Jahren des 20. Jhs. in den alten Ländern beginnenden Wohlstandsentwicklung und Massenmotorisierung setzten – verbunden mit einem anhaltenden Bevölkerungswachstum – verstärkt Wanderungen aus der Kernstadt ins Umland ein. Diese zentrifugalen Prozesse führten zu einer kontinuierlichen Ausdehnung der Stadtregionen.

In den neuen Ländern trat das Phänomen der Stadt-Umland-Wanderung – nach 40 Jahren staatlich regulierter Urbanisierungspolitik der DDR – nach der Wende deutlich hervor. Fast explosionsartig, forciert durch staatliche Wohnungsbaufördermaßnahmen, entlud sich hier ein Suburbanisierungsstau, wenngleich unter demographischen Schrumpfungsbedingungen, also unter ganz anderen Vorzeichen als in Westdeutschland. Neben den demographischen (geringere Wachstumsraten und höhere Arbeitslosigkeit) und die politisch-rechtlichen Rahmenbedingungen (Fördergebietsgesetz Ost, Restitution) in den neuen Ländern dazu bei, dass sich im Vergleich zu den alten Ländern neben konvergenten auch divergente Strukturen der Stadt-Umland-Wanderung herausbildeten.

Wanderungsströme

Stadt-Umland-Wanderungen waren in den 1990er Jahren im Osten und Westen Deutschlands nicht nur hinsichtlich ihrer Dynamik, sondern auch in ihrer Dimension unterschiedlich ④ ⑤. In den alten Ländern war nach der ersten Boomphase der 1960er und 70er Jahre ein deutliches Abflachen zu beobachten. Erst als Ende der 1980er Jahre durch die Wanderungsströme aus dem Ausland und der DDR wieder ein urbanes Wachstum einsetzte, verstärkte sich – leicht phasenverschoben – auch die Umlandwanderung. In den Stadtregionen entstand eine „Bugwelle" von den innenstadtnahen und peripheren Quartieren der Städte in das engere und abgeschwächt in das weitere Umland. Dieser Prozess setzte verstärkt in wirtschaftlich prosperierenden Regionen ein und bildete zwar keine dominante, aber eine konstant negative Komponente der städtischen ▶ Wanderungsbilanzen. Gleichzeitig war eine gegenläufige Wanderungsbewegung aus dem Umland in die Städte von Jugendlichen und jungen Paaren der Baby-Boom-Generation zu beobachten ⑨, deren Ausbildungsplatz oder erster Job in der Kernstadt lag. Es handelt sich hier nicht um eine Zurück-in-die-Stadt-Bewegung im Sinne einer Reurbanisierung, sondern um ein generationenspezifisches Phänomen.

Während die Stadt-Umland-Wanderung jahrzehntelang fast ausschließlich aus der Abwanderung der deutschen Bevölkerung bestand, steigt inzwischen mit wachsender Präsenz der Ausländer in den Städten auch deren Anteil an den Umlandwanderern insgesamt deutlich an.

In den ostdeutschen Stadtregionen war die Stadt-Umland-Wanderung ein dominantes Phänomen des vergangenen Jahrzehnts. Anfang der 1990er Jahre mit einer unvergleichbar starken Dynamik einsetzend, hat sie die Wanderungsbilanz der Städte entscheidend negativ beeinflusst. In dieser Phase waren die Wanderungsverluste der Städte durchschnittlich mehr als doppelt so hoch wie in den alten Ländern. Der Suburbanisierungsschub war nicht nur eine Folge des Nachfragestaus der ostdeutschen Haushalte nach besseren Wohnbedingungen, sondern wurde zudem durch die politisch gesetzten Rahmenbedingungen künstlich forciert. Steuerliche Sonderabschreibungen, Wohnungsbauförderung von Bund und Landesregierungen, Restitution und Planungsvereinfachungen begünstigten das Bauen auf der grünen Wiese in entscheidendem Maße. Nicht nur in den Verdichtungsräumen, sondern auch in kleineren Städten im ländlichen Raum setzte eine starke Stadt-Umland-Wanderung ein – weitestgehend unabhängig von den wirtschaftlichen und demographischen Entwicklungstrends der Stadtregionen.

Neue suburbane Strukturen

Die Stadt-Umland-Wanderung ist eng mit dem Klischee vom Wegzug besserverdienender Haushalte mit Kindern aus der städtischen Mietwohnung ins

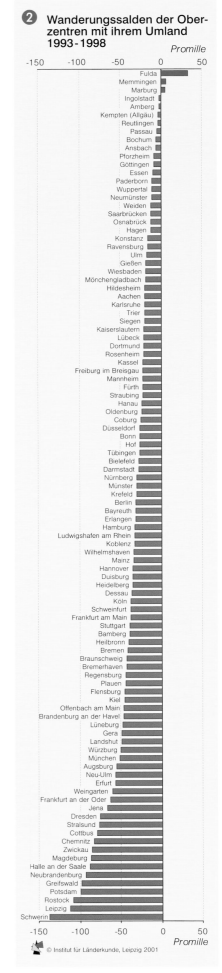

② Wanderungssalden der Oberzentren mit ihrem Umland 1993-1998

Promille

Fulda, Memmingen, Marburg, Ingolstadt, Amberg, Kempten (Allgäu), Reutlingen, Passau, Bochum, Ansbach, Pforzheim, Göttingen, Essen, Paderborn, Wuppertal, Neumünster, Weiden, Saarbrücken, Osnabrück, Hagen, Konstanz, Ravensburg, Ulm, Gießen, Wiesbaden, Mönchengladbach, Hildesheim, Aachen, Karlsruhe, Trier, Siegen, Kaiserslautern, Lübeck, Dortmund, Rosenheim, Kassel, Freiburg im Breisgau, Mannheim, Fürth, Straubing, Hanau, Oldenburg, Coburg, Düsseldorf, Bonn, Hof, Tübingen, Bielefeld, Darmstadt, Nürnberg, Münster, Krefeld, Berlin, Bayreuth, Erlangen, Hamburg, Ludwigshafen am Rhein, Koblenz, Wilhelmshaven, Mainz, Hannover, Duisburg, Heidelberg, Dessau, Köln, Schweinfurt, Frankfurt am Main, Stuttgart, Bamberg, Heilbronn, Bremen, Braunschweig, Bremerhaven, Regensburg, Plauen, Flensburg, Kiel, Offenbach am Main, Brandenburg an der Havel, Lüneburg, Gera, Landshut, Würzburg, München, Augsburg, Neu-Ulm, Erfurt, Frankfurt an der Oder, Jena, Dresden, Stralsund, Cottbus, Chemnitz, Zwickau, Magdeburg, Halle an der Saale, Neubrandenburg, Greifswald, Potsdam, Rostock, Leipzig, Schwerin

© Institut für Länderkunde, Leipzig 2001

suburbane Eigenheim verbunden. Dieses klassische Muster der 1970er Jahre – der "Häuslebauer" – war in den 1990er Jahren im suburbanen Raum eher in der Minderheit, und zwar im Westen wie im Osten Deutschlands.

In den alten Ländern sind es heute vorwiegend kinderlose Haushalte, insbesondere Zweipersonenhaushalte, die aus der Stadt ins Umland ziehen ❸ ❻. In den höher verdichteten Stadtregionen ist zudem eine ansteigende Singlewanderung in den suburbanen Raum zu beobachten, wodurch der Anteil der Haushalte ohne Kind sogar die 70%-Grenze übersteigt. Und auch unter den

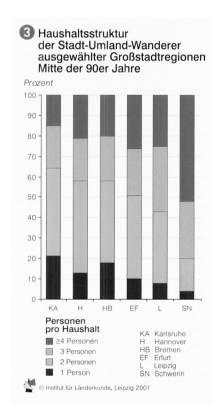

❸ Haushaltsstruktur der Stadt-Umland-Wanderer ausgewählter Großstadtregionen Mitte der 90er Jahre

Prozent

Personen pro Haushalt

≥4 Personen	KA Karlsruhe
3 Personen	H Hannover
2 Personen	HB Bremen
1 Person	EF Erfurt
	L Leipzig
	SN Schwerin

© Institut für Länderkunde, Leipzig 2001

Haushalten mit Kindern dominieren die Kleinfamilien, was auch ein Ausdruck veränderter Haushaltsstrukturen in den Städten selbst ist.

Hinsichtlich der Wohnform und des Wohnstatus hat sich ebenfalls ein deutlicher Wandel vollzogen. Stadt-Umland-Wanderung ist nicht mehr dominant mit dem klassischen Wechsel ins Eigenheim verbunden, sondern der Umzug in Mietobjekte überwiegt. Zumeist erfolgt der Wechsel nicht in eine neu gebaute, sondern in eine Gebrauchtimmobilie. Hintergrund dieser Entwicklung ist der Generationenwechsel im suburbanen Umland, die Freisetzung von Eigenheimen der ersten Suburbanisierungswelle der 1960er Jahre. Diese Chancen nutzen vor allem junge Zweipersonenhaushalte, die damit ihre Wohnsituation bei teilweiser Verdopp-

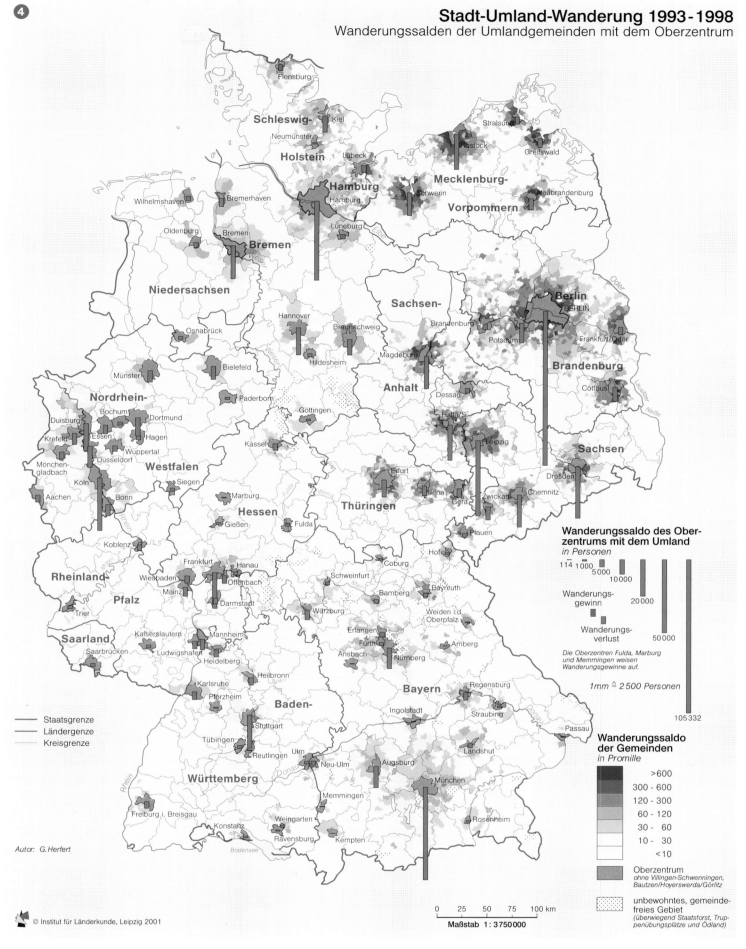

Staatsgrenze
Ländergrenze
Kreisgrenze

Autor: G. Herfert

© Institut für Länderkunde, Leipzig 2001

Wanderungssaldo des Oberzentrums mit dem Umland
in Personen

114 1000
5000
10000

Wanderungsgewinn

20000

Wanderungsverlust

50000

Die Oberzentren Fulda, Marburg und Memmingen weisen Wanderungsgewinne auf.

1mm ≙ 2500 Personen

105332

Wanderungssaldo der Gemeinden
in Promille

	>600
	300 - 600
	120 - 300
	60 - 120
	30 - 60
	10 - 30
	<10

Oberzentrum ohne Villingen-Schwenningen, Bautzen/Hoyerswerda/Görlitz

unbewohntes, gemeindefreies Gebiet (überwiegend Staatsforst, Truppenübungsplätze und Ödland)

0 25 50 75 100 km

Maßstab 1 : 3750000

lung der bisherigen Wohnfläche deutlich verbessern. Der Wechsel ins Eigenheim bleibt allerdings heute vielen neuen Stadt-Umland-Migranten aufgrund des Preisanstiegs auf dem Wohnimmobilienmarkt versagt. In den prosperierenden Verdichtungsräumen brachte es aufgrund der überproportionalen Bodenpreisentwicklung und des breiten

Bodenpreiskegels nur noch jeder Vierte zu einem Eigenheim – und dann in der Regel nur im weiteren Umland. Zunehmend ziehen viele Stadt-Umland-Wanderer deshalb als Alternative in Eigentumswohnungen.

Das zentrale Motiv für die Umlandwanderung in den alten Ländern ist die Wohnflächenvergrößerung – Ausdruck

weiter steigender Wohnansprüche. Zunehmend wird auch das alte soziale Umfeld als Wegzugsgrund genannt. Der Trend zur Haushaltsverkleinerung und die Lebensstilpluralisierung in den alten Ländern haben damit nicht nur eine Renaissance der Stadt bewirkt, sondern auch einen Wandel im suburbanen Umland eingeleitet.
→

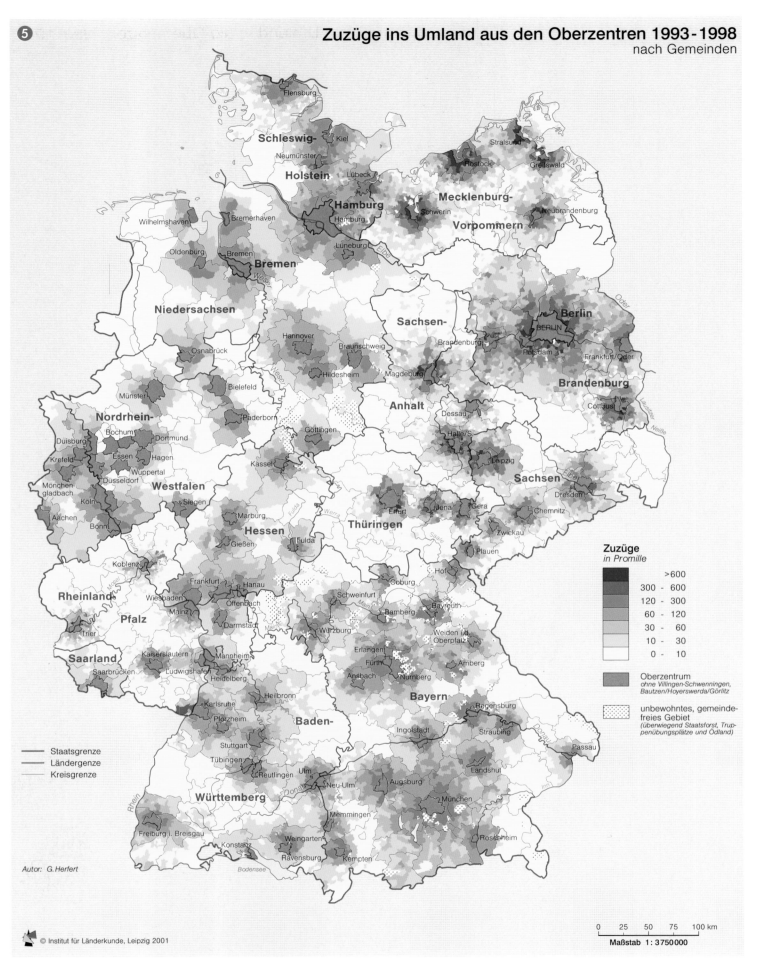

⑤ Zuzüge ins Umland aus den Oberzentren 1993-1998
nach Gemeinden

Zuzüge
in Promille

	>600
	300 - 600
	120 - 300
	60 - 120
	30 - 60
	10 - 30
	0 - 10

Oberzentrum
ohne Villingen-Schwenningen, Bautzen/Hoyerswerda/Görlitz

unbewohntes, gemeinde-
freies Gebiet
*(überwiegend Staatsforst, Trup-
penübungsplätze und Ödland)*

—— Staatsgrenze
—— Ländergrenze
—— Kreisgrenze

Autor: G. Herfert

© Institut für Länderkunde, Leipzig 2001

0   25   50   75   100 km
Maßstab 1 : 3 750 000

Im suburbanen Eigentumsmarkt – überwiegend Eigenheime sowie ein geringer Anteil an Eigentumswohnungen – waren es hingegen vorwiegend Familien in der Konsolidierungsphase, vielfach aufgrund des fortgeschrittenen Alters der Kinder bereits an der Schwelle zur Schrumpfungsphase. Generell wurde die Stadt-Umland-Wanderung in den neuen Ländern von breit gestreuten Altersgruppen getragen ⑦, so dass durch die Zuwanderung kein wesentlicher Verjüngungseffekt im Umland zu beobachten war. Hinsichtlich Einkommen und Qualifikation waren die Wanderungsströme jedoch selektiv und führten zu einer Aufwertung des suburbanen Raumes.

Der entscheidende Grund vieler ostdeutscher Haushalte, ins Umland zu ziehen, war die Verbesserung der Wohnungsausstattung. Wenngleich die Realisierung des Wunsches wesentlich – wie auch in den alten Ländern – durch die finanziellen Möglichkeiten determiniert wurde, so waren die Motive der Stadt-Umland-Wanderer jedoch nicht vordergründig Motive einer Stadtflucht. Oft führten fehlende Alternativen in den Städten bis Mitte der 1990er Jahre zu einer Abwanderung in den Geschosswohnungsbau, der die Erwartungen vieler Mieter nicht erfüllen konnte. So lag der Zufriedenheitsgrad der Stadt-Umland-Wanderer in einigen Wohnparks im Leipziger Umland sogar unter 50%.

Ausblick

Die Stadt-Umland-Wanderung hat sich weitgehend normalisiert. Die dynamisierenden Elemente – in Ostdeutschland die außergewöhnlich hohen steuerlichen Sonderabschreibungen im Wohnungsbau, in Westdeutschland der rasant wachsende Siedlungsdruck infolge der interregionalen Zuwanderungen – sind weggefallen bzw. haben sich deutlich abgeschwächt. Die Ausgangslage

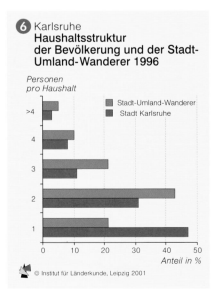

⑥ Karlsruhe
Haushaltsstruktur
der Bevölkerung und der Stadt-
Umland-Wanderer 1996

*Personen
pro Haushalt*

 Stadt-Umland-Wanderer
 Stadt Karlsruhe

Anteil in %

© Institut für Länderkunde, Leipzig 2001

In den neuen Ländern war die soziale Selektivität der Stadt-Umland-Wanderer wesentlich höher, da der Umzug ins Umland in der Regel in neu gebaute und relativ teure Wohnimmobilien erfolgte. Den suburbanen Raum gering verdichteter Regionen, wie das Schweriner Umland, prägen zumeist neue Einfamilienhaussiedlungen mit den

klassischen Stadt-Umland-Wanderern, den Familien mit vorwiegend 2 Kindern. In den höher verdichteten Regionen entstanden hingegen vorrangig mehrgeschossige Wohnsiedlungen, euphemistisch oft als Wohnparks bezeichnet. Letztere – in der Regel steuerliche Abschreibungsobjekte – erreichten im Leipziger Umland einen

Spitzenwert von ca. 70% der neu errichteten Wohnungen. In diesem suburbanen Mietwohnungsmarkt reicht das Spektrum der Stadt-Umland-Wanderer von jung bis alt, darunter jüngere und ältere Paare mit und ohne Kind sowie junge Singles und Rentner ⑧. Letztlich überwiegen hier die kinderlosen Haushalte.

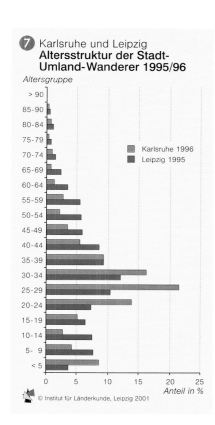

7 Karlsruhe und Leipzig
Altersstruktur der Stadt-Umland-Wanderer 1995/96

Altersgruppe

Karlsruhe 1996
Leipzig 1995

Anteil in %

© Institut für Länderkunde, Leipzig 2001

für zukünftige Stadt-Umland-Wanderungen ist im Osten und Westen Deutschlands jedoch grundverschieden:

• Aufgrund der demographischen Schrumpfung und des fehlenden Siedlungsdrucks sowie des entspannten Wohnungsmarkts mit zunehmenden Leerständen dürfte der rückläufige Trend der Stadt-Umland-Wanderung in den ostdeutschen Stadtregionen anhalten. Gegenläufig könnten sich die relativ niedrigen Immobilienpreise und die zunehmende Ausschüttung von Bausparlehnen auswirken.

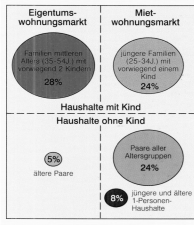

8 Leipzig
Typische Haushaltsstrukturen der Stadt-Umland-Wanderer 1994/1995

Eigentums-wohnungsmarkt	Miet-wohnungsmarkt
Familien mittleren Alters (35-54J.) mit vorwegend 2 Kindern **28%**	jüngere Familien (25-34J.) mit vorwiegend einem Kind **24%**

Haushalte mit Kind

Haushalte ohne Kind

ältere Paare **5%**

Paare aller Altersgruppen **24%**

jüngere und ältere 1-Personen-Haushalte **8%**

© Institut für Länderkunde, Leipzig 2001

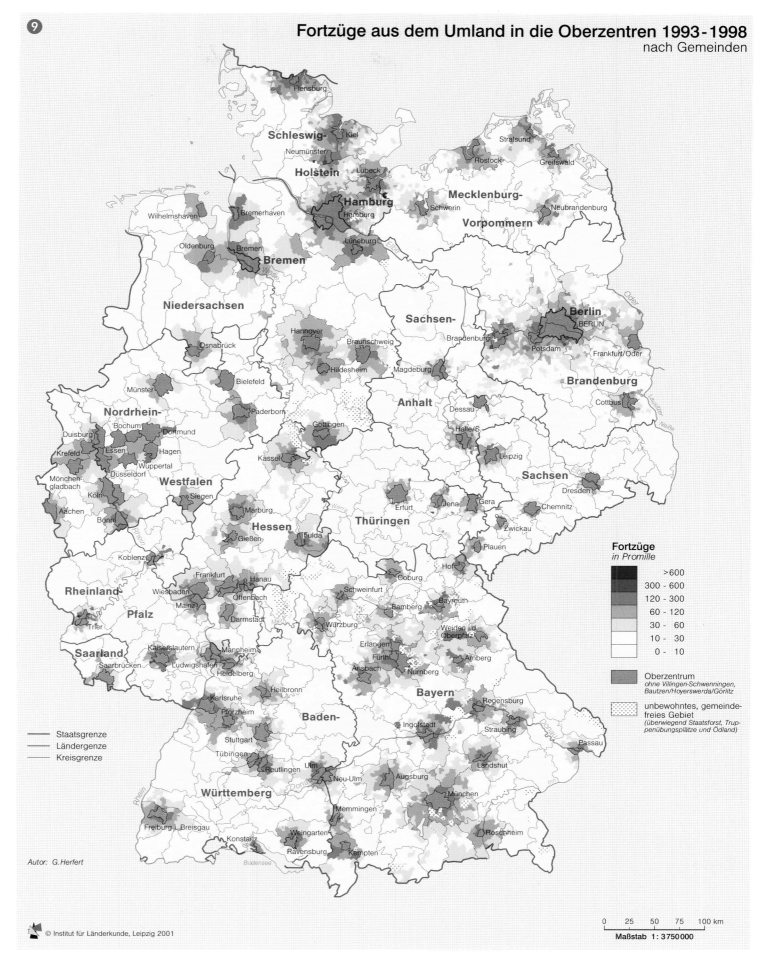

9 **Fortzüge aus dem Umland in die Oberzentren 1993-1998**
nach Gemeinden

Fortzüge
in Promille

>600
300 - 600
120 - 300
60 - 120
30 - 60
10 - 30
0 - 10

Oberzentrum
ohne Villingen-Schwenningen, Bautzen/Hoyerswerda/Görlitz

unbewohntes, gemeindefreies Gebiet
(überwiegend Staatsforst, Truppenübungsplätze und Ödland)

Staatsgrenze
Ländergrenze
Kreisgrenze

Autor: G. Herfert

© Institut für Länderkunde, Leipzig 2001

0 25 50 75 100 km

Maßstab 1 : 3750000

• In den westdeutschen Stadtregionen ist die 1990er Bugwelle aus den Kernstädten ins Umland langsam ausgelaufen. Dennoch wird aufgrund des demographisch bedingten anhaltenden Siedlungsdrucks – prognostiziert bis 2015 – und der steigenden Wohnflächenansprüche die Stadt-Umland-Wanderung ein wesentliches Element der dezentralen Siedlungsentwicklung bleiben. Demographische Schrumpfungsprozesse, mögliche Änderungen in der Förderpolitik und zunehmende Mobilitätskosten könnten diesem Trend frühzeitig entgegenwirken.◆

Altersselektivität der Wanderungen

Hansjörg Bucher und Frank Heins

Moderne Industriegesellschaften sind durch ihre hohe ▶ Mobilität gekennzeichnet. In Deutschland zieht jeder Haushalt im Durchschnitt alle 7 bis 8 Jahre um. Durch Wanderungen kann der innere Aufbau einer Bevölkerung verändert werden. Auf die Analyse des Wanderungsverhaltens sozial und ökonomisch definierter Gruppen in Deutschland wird hier nicht näher eingegangen (vgl. MAMMEY 1977), ihre Bedeutung sollte jedoch mit Hinblick auf die regionale Entwicklung nicht unterschätzt werden. Bevölkerungsgruppen mit einem höheren Bildungsstand und hohem Einkommen bevorzugen insbesondere wirtschaftlich prosperierende Verdichtungsräume oder Regionen mit einem hohen Freizeitwert als Ziel ihrer Wohnstandortwahl. Mögliche Abläufe eines ▶ Selektionsprozesses und seiner Auswirkungen auf die Regional-

entwicklung – hier stark überzeichnet – wären: Bessere Bildung, höhere Mobilität und höheres Einkommen bedingen sich gegenseitig und führen zu einer größeren Freiheit in der Wahl der Zielregionen; im Gegenzug können sich unzureichende Ausbildung, Arbeitslosigkeit, niedriges Einkommen und geringere Mobilität gegenseitig bedingen und die Wahlfreiheit in Bezug auf Zielregionen einschränken.

Soziale und wirtschaftliche Selektionsprozesse sind aufgrund der Datenlage in Deutschland sehr schwer zu messen. Es kann nur vermutet werden, dass ein grosser Teil der Wandernden zwischen Verdichtungsräumen hochqualifizierte Personen mit überdurchschnittlichen Einkommen sind. Die verfügbaren statistischen Informationen geben dagegen einen recht guten Einblick in die Altersselektivität der ▶ Migrationsprozesse.

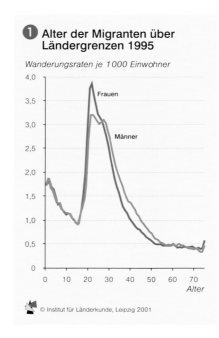

❶ Alter der Migranten über Ländergrenzen 1995

Wanderungsraten je 1000 Einwohner

Altersselektivität und Wanderungsgründe

Die Brüche in der Biographie des Einzelnen sind häufig mit Migrationsentscheidungen verknüpft: Verlassen des Elternhauses, Heirat oder Eingehen einer dauerhaften Partnerschaft, Geburt eines Kindes, Trennung oder Lösung einer Lebensgemeinschaft, Tod des Partners, Verlust der Autonomie im Alter. Während Kleinkinder eine relativ hohe Wanderungshäufigkeit haben, ist sie bei Heranwachsenden ausgesprochen gering und steigt erst nach dem Schulabschluss wieder an. Denn Eltern versuchen, einen Wechsel des Wohnstandortes in der Regel vor der Einschulung ihrer Kinder vorzunehmen und Wanderungen während des Schulbesuches zu vermeiden. Eine weiterführende Bildung – insbesondere der Besuch einer Universität – zieht oft einen Wohnortwechsel nach

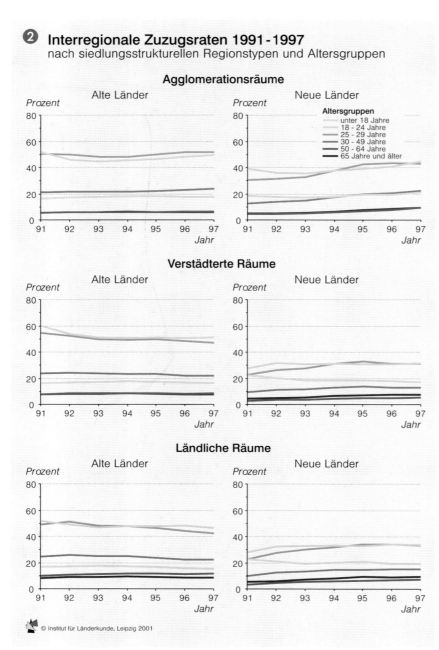

❷ Interregionale Zuzugsraten 1991-1997
nach siedlungsstrukturellen Regionstypen und Altersgruppen

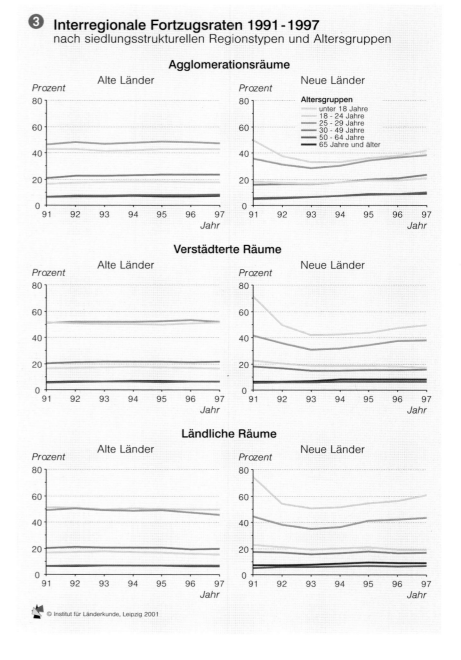

❸ Interregionale Fortzugsraten 1991-1997
nach siedlungsstrukturellen Regionstypen und Altersgruppen

sich, wie häufig auch der Eintritt in den Arbeitsmarkt. Ein Wechsel der Arbeitsstelle und seltener auch der Austritt aus dem Arbeitsmarkt können einen Wohnortwechsel zur Folge haben. Entscheidungen und Ereignisse in der persönlichen Sphäre – die Bildung einer Fami-

Außenwanderung – Umzüge über Staatsgrenzen hinweg

Binnenwanderung – Umzüge innerhalb eines Staates mit Gemeindewechsel

interregional – zwischen Regionen

intraregional – innerhalb einer Region

Mobilität – der allgemeine Begriff für räumliche Bewegungen; er umfasst sowohl die sich wiederholenden Bewegungen des Pendelns und des Reisens wie auch die einmaligen Prozesse von Umzügen. Letztere werden **Wanderungen** oder **Migrationsprozesse** genannt. Die **altersspezifischen Mobilitätsraten** geben an, wie Personen einer gegebenen Altersgruppe je 1000 Einwohner dieser Altersgruppe in einem Zeitraum umgezogen sind.

Selektivitätsprozesse – Vorgänge, die bestimmte Gruppen stärker bzw. weniger betreffen als andere. Bei Wanderungsprozessen spricht man dann von Selektivität, wenn die Zu- und Fortzüge spezifischer Bevölkerungsgruppen nicht ausgeglichen sind. Die Bevölkerungsgruppen können nach demographischen (z.B. Geschlecht und Alter), nach sozialen (z.B. Bildung) oder wirtschaftlichen Merkmalen (z.B. Einkommen) unterschieden werden.

Wanderungssaldo – Differenz zwischen Zu- und Fortzügen

lie oder ihre Auflösung – sind weitere Aspekte des Lebenslaufes, die Wanderungen bedingen.

Die ▶ altersspezifischen Mobilitätsraten zwischen den Bundesländern **1** vermitteln eine Vorstellung von den Größenordnungen, wenn auch hervorgehoben werden muss, dass dabei die Wanderungen im Nahbereich unterrepräsentiert sind. Der Unterschied zwischen Männern und Frauen ist zum Teil durch die Wehrpflicht und den Altersunterschied bei der Bildung von Lebensgemeinschaften bzw. bei der Heirat zu erklären.

Die Motive für einen Wohnungswechsel sind ursächlich mit der Selektivität der ▶ Migrationsprozesse verbunden. Sie bestimmen nicht nur die Entscheidung, ob man umzieht, sondern sie beeinflussen auch die Wahl der Zielregion und damit die Wanderungsdistanz. Die Wahl des Zielgebietes ist Ausdruck von Präferenzen, ökonomischen Möglichkeiten und Zwängen sowie sozialen Leitbildern. Bei den ▶ Binnenwanderungen überwiegen in den einzelnen Altersgruppen bestimmte Motive (GATZWEILER 1975): 18 bis 24-Jährige wandern meist bildungsorientiert, 25 bis 29-Jährige arbeitsplatzorientiert, unter 18-Jährige und ihre Eltern wohnumfeldorientiert und 50-Jährige und Ältere ruhesitzorientiert. Diese Leitmotive und die Zuordnung zu bestimmten Altersgruppen erleichtern die Systematisierung

der Binnenwanderungen zwar erheblich, sie liefern gleichwohl nur Interpretationshilfen, da die Zuordnung zwischen Altersgruppen und Motiven nicht zwingend ist.

Das Wanderungsverhalten nach dem Alter – das Altersprofil – variiert stark zwischen Regionen. Sogar auf der Ebene einzelner Wanderungsströme können charakteristische Altersprofile beobachtet werden. So konzentrieren sich z. B. bildungsorientierte Migrationen auf Hochschulstandorte. Die Altersprofile der Wanderungsströme aus diesen Regionen sind – nach Abschluss der Ausbildung – durch den Fortzug der Hochschulabgänger geprägt. Die Absolventen werden jedoch nicht alle in ihre Herkunftsregion zurückkehren. Diese gegenläufigen oder sich überschneidenden

Wanderungsströme führen in ihrer Summe zu charakteristischen Selektionsprozessen in den einzelnen Regionen.

Komponenten der Altersselektivität der Wanderungen in den 1990er Jahren

Räumliche Unterschiede der altersspezifischen Zu- und Fortzugsraten **2** **3** sind bei ▶ interregionalen Migrationen

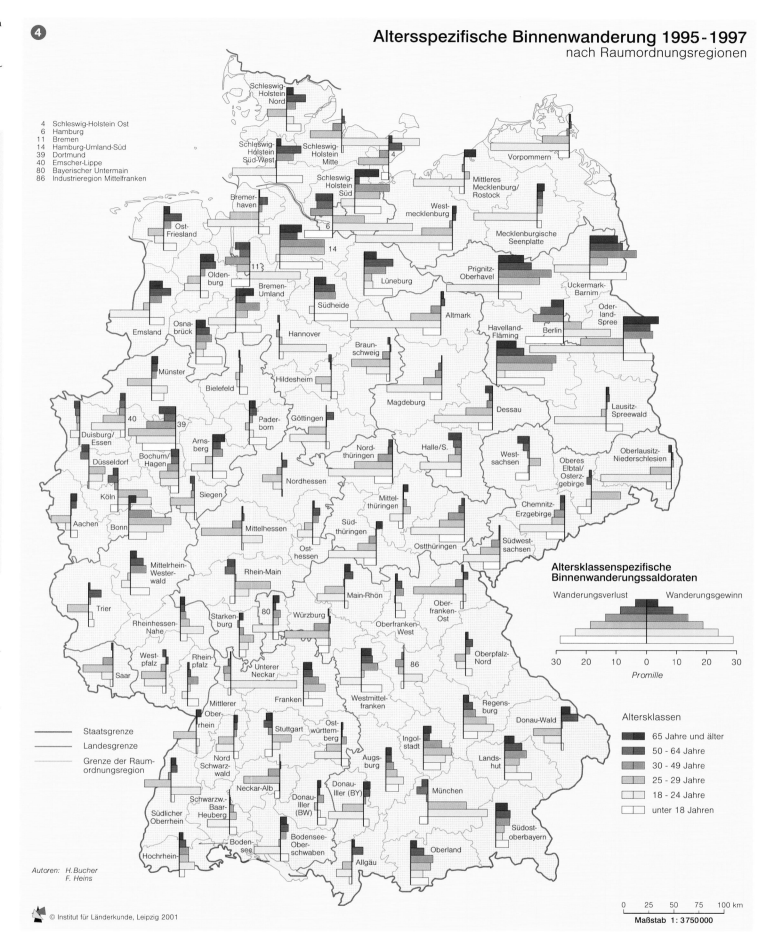

4

Altersspezifische Binnenwanderung 1995-1997
nach Raumordnungsregionen

4 Schleswig-Holstein Ost
6 Hamburg
11 Bremen
14 Hamburg-Umland-Süd
39 Dortmund
40 Emscher-Lippe
80 Bayerischer Untermain
86 Industrieregion Mittelfranken

Altersklassenspezifische Binnenwanderungssaldoraten

Wanderungsverlust   Wanderungsgewinn

30 20 10 0 10 20 30
Promille

Altersklassen

■ 65 Jahre und älter
■ 50 - 64 Jahre
▨ 30 - 49 Jahre
▨ 25 - 29 Jahre
□ 18 - 24 Jahre
□ unter 18 Jahren

Staatsgrenze
Landesgrenze
Grenze der Raumordnungsregion

Autoren: H.Bucher
F. Heins

© Institut für Länderkunde, Leipzig 2001

0   25   50   75   100 km

Maßstab 1 : 3750000

Altersselektivität der Wanderungen

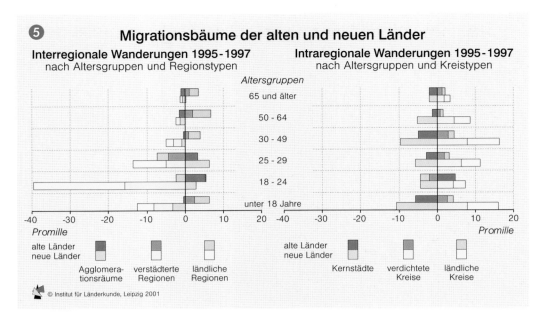

⑤

Migrationsbäume der alten und neuen Länder

Interregionale Wanderungen 1995-1997
nach Altersgruppen und Regionstypen

Intraregionale Wanderungen 1995-1997
nach Altersgruppen und Kreistypen

Altersgruppen

65 und älter
50 - 64
30 - 49
25 - 29
18 - 24
unter 18 Jahre

Promille

alte Länder
neue Länder

Agglomera-
tionsräume

verstädterte
Regionen

ländliche
Regionen

alte Länder
neue Länder

Kernstädte

verdichtete
Kreise

ländliche
Kreise

© Institut für Länderkunde, Leipzig 2001

---

geführt. Gemessen an den Fortzügen sind dort in allen Regionstypen die 18 bis 24-Jährigen die mobilste Altersklasse. Im Falle der Zuzüge liegen 18 bis 24-Jährige mit den 25 bis 29-Jährigen gleichauf.

Die Kombination der Fortzugs- und Zuzugsraten führt zur Herausbildung altersgruppenspezifischer ▶ Wanderungssalden. Der Migrationsbaum der Regionstypen – differenziert nach alten und neuen Ländern – gibt einen optischen Eindruck der Altersselektivität **⑤**. Bis unter 50 Jahre ist die Altersselektivität in den neuen Ländern stärker ausgeprägt. Die 18 bis 29-Jährigen haben in den Agglomerationsräumen der alten und der neuen Länder Wanderungsgewinne, während für die Familien- und

die altindustriellen Verdichtungsräume – Teile des Ruhrgebietes und das Saarland –, die in der Regel eine hohe Arbeitslosigkeit aufweisen. Zu den durch arbeitsmarktorientierte Zuzüge geprägten Regionen gehören in erster Linie noch immer die Verdichtungsräume mit guten Verdienstmöglichkeiten bei dynamischem Arbeitsmarkt und guter Infrastrukturausstattung in den Bereichen Bildung, Kultur und Freizeit. Hamburg, Köln, Frankfurt und München sind prägnante Beispiele für diesen Typus.

Bildungsorientierte Wanderungen

Dieser Wanderungstyp ist weitgehend an Hochschulstandorte gebunden. Ist die Universität in Relation zur Region

---

→ in den neuen Ländern deutlich stärker ausgeprägt. In den alten Ländern variieren die Fortzugsraten aller Regionstypen dagegen derzeit nur wenig. Während in den Agglomerationsräumen die 25 bis 29-Jährigen die höchste Wanderungshäufigkeit besitzen, sind es

in den ländlichen Räumen die 18 bis 24-jährigen Bildungswanderer. Auch die altersgruppenspezifischen Zuzugsraten verlaufen in den alten Ländern relativ stabil. Lediglich die Zuzüge aus den neuen Ländern haben zu einigen Modifikationen bei den 18 bis 29-Jährigen

---

⑥ **Bevölkerungsanteil und Saldoraten der 18-29jährigen 1995-1997**
nach Raumordnungsregionen

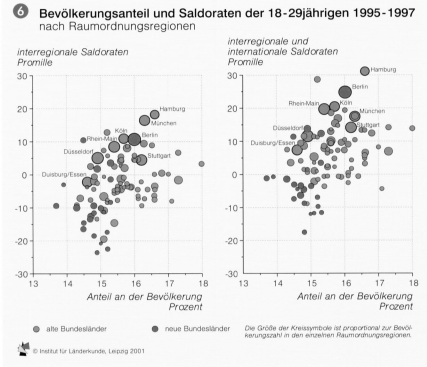

interregionale Saldoraten
Promille

interregionale und internationale Saldoraten
Promille

Anteil an der Bevölkerung
Prozent

● alte Bundesländer   ● neue Bundesländer   *Die Größe der Kreissymbole ist proportional zur Bevölkerungszahl in den einzelnen Raumordnungsregionen.*

© Institut für Länderkunde, Leipzig 2001

---

⑦

Altersspezifische Wanderung mit München 1995-1997
Bayern nach Kreisen

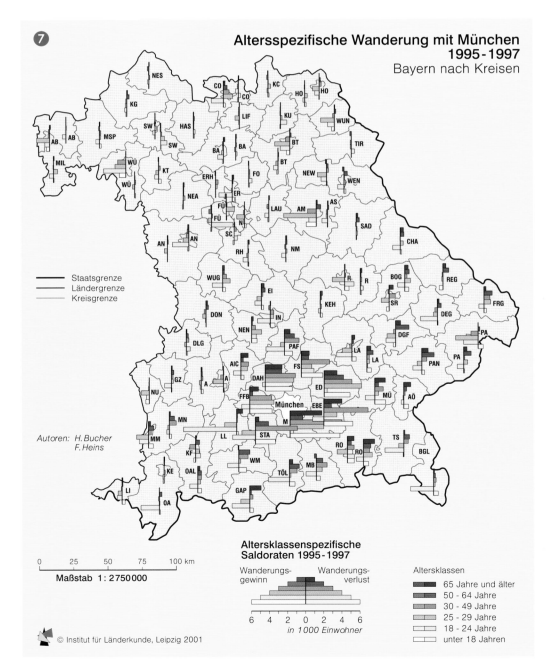

Staatsgrenze
Ländergrenze
Kreisgrenze

Autoren: H. Bucher
F. Heins

0   25   50   75   100 km

Maßstab 1 : 2750000

Altersklassenspezifische Saldoraten 1995-1997

Wanderungs-
gewinn

Wanderungs-
verlust

6   4   2   0   2   4   6
in 1000 Einwohner

Altersklassen

65 Jahre und älter
50 - 64 Jahre
30 - 49 Jahre
25 - 29 Jahre
18 - 24 Jahre
unter 18 Jahren

© Institut für Länderkunde, Leipzig 2001

Ruhestandswanderer positive Salden nur in den verdichteten und ländlichen Regionen der alten Länder beobachtet werden.

Die Migrationsbäume für die ▶ intraregionalen Wanderungen belegen die Selektivität der Suburbanisierungsprozesse bzw. der Randwanderungen – von der Kernstadt in die verdichteten oder ländlichen Kreise derselben Raumordnungsregion. Sie ist in den neuen Ländern für alle Altersgruppen stärker ausgeprägt. Im Gegensatz zu der Situation in den alten Ländern ist dieser Prozess sogar in der Altersgruppe der 18 bis 24-Jährigen zu beobachten, die sonst durch Urbanisierung auffällt. Die regionalen Unterschiede der Altersselektivität sind erheblich **⑥**.

Arbeitsmarktorientierte Wanderungen

Arbeitsplatzorientierte Wanderungen konzentrieren sich auf die Verdichtungsräume und Kernstädte als Zielregionen. Abwanderungsgebiete sind zumeist ländliche, schwach strukturierte Regionen in den neuen Ländern und

sehr groß, so wird das Wanderungsmuster durch Gewinne bei den 18 bis 24-Jährigen und Verluste bei den 25 bis 29-Jährigen beherrscht. Diese Charakteristika besitzen die Regionen Schleswig-Holstein Mitte (Kiel), Unterer Neckar (Heidelberg und Mannheim) sowie Mittelhessen (Gießen und Marburg). Andere durch Bildungswanderer gekennzeichnete Wanderungsströme sind auf die Kernstädte der Verdichtungsräume gerichtet und überlagern sich in den Migrationsbäumen mit Arbeitsplatzwanderern. Agglomerationen weisen nicht nur interregionale Wanderungsgewinne in der Altersgruppe 18 bis 24 Jahre auf, sondern sind auch durch Zuzüge aus dem Ausland charakterisiert. Die gleichzeitige Abwanderung von Familien kann zum einen als Austausch- oder Verdrängungsvorgang, zum anderen aber auch als Ausdruck spezifischer Präferenzen, ökonomischer Bedingungen und persönlicher Netzwerke gewertet werden.

Wohnumfeldorientierte Wanderungen

Die am Wohnumfeld orientierten Wanderungen führen innerhalb der Regionen und über Regionsgrenzen hinaus zu einer Abwanderung junger Familien aus den Kernstädten und verdichteten Gebieten in das Umland und in Randbereiche. Niedrigere Grundstücks- und Hauspreise ermöglichen dort eher den Kauf eines eigenen Heimes. Die Raumordnungsregionen um Hamburg, Berlin und München sind diesem Typus zuzuordnen. So sind im Falle Münchens die Kreise des Umlandes und der Randregionen durch positive Wanderungssalden der Familien (0 bis 17-Jährige und 30 bis 49-Jährige) und negative Bilanzen der 18 bis 24-Jährigen gekennzeichnet ❼. Während das direkte Umland starke Wanderungsgewinne mit der kreisfreien Stadt München im Falle der Familien- und Altenwanderungen hat, schwächt sich dieser Effekt mit zunehmender Distanz deutlich ab und beschränkt sich auf landschaftlich attraktive und verkehrsmäßig gut angeschlossene Kreise – zum Beispiel das Alpenvorland, das auch als Ziel von Ruhestandswanderungen hervortritt (▶▶ Beitrag Friedrich, S. 124). Der Wanderungssaldo der jungen Erwachsenen ist dort in der Regel negativ und weniger distanzabhängig.

Die Auswirkungen der Altersselektivität

Die Bedeutung der Selektivität interregionaler und internationaler Wanderungen für die wirtschaftliche und soziale Entwicklung ist unbestritten. Am Falle der Altersselektivität lässt sich dies belegen. Dazu wird der Anteil der 18 bis 29-Jährigen herangezogen und dem Wanderungssaldo dieser Altersklasse gegenübergestellt ❽. Eine ausgeglichene Bilanz verändert den Anteil der 18 bis 29-Jährigen an der Gesamtbevölkerung nicht. Ein Wanderungsgewinn der Altersgruppe verstärkt dagegen regionale Ungleichheiten in der Altersstruktur, wenn der Anteil bereits überdurchschnittlich ist (Hamburg und München), bzw. vermindert regionale Unterschiede im Falle unterdurchschnittlicher Anteile (Umlandregionen). In der zweiten Hälfte der 1990er Jahre erfahren die meisten ostdeutschen Regionen eine Verstärkung der unterdurchschnittlichen Besetzung der Altersklasse der 18 bis 29-Jährigen.

Dieselbe Betrachtung auf alle Migrationen ausgedehnt macht deutlich, dass die ▶ Binnen- und Außenwanderungen – einschließlich der Aussiedler – in den meisten Regionen zu einem mehr oder weniger starken Wanderungsgewinn beitragen. Die Raumordnungsregionen in Mecklenburg-Vorpommern haben weiterhin starke Verluste bei den 18 bis 29-Jährigen, die den unterdurchschnittlichen Besatz dieser Altersgruppe noch verstärken. In den 1990er Jahren sind in erster Linie die ökonomisch dynamischen Verdichtungsräume die Gewinner

der interregionalen und internationalen Wanderungsbewegungen, die den Anteil an jungen Erwachsenen in diesen Regionen noch erhöhen.

Sicherlich ist eine regional ausgeglichene Altersstruktur der Bevölkerung keine unabdingbare Voraussetzung einer

ausgeglichenen wirtschaftlichen und sozialen Entwicklung. Aber gerade der Anteil der jungen Erwachsenen an der Bevölkerung kann als Indikator für ökonomische Potenziale und Innovationsbereitschaft herangezogen werden. Die derzeitige Altersselektivität der Wande-

rungsbewegungen weist auf eine künftig hohe Dynamik ausgewählter Verdichtungsräume in wirtschaftlicher und sozialer Sicht hin.◆

4 Schleswig-Holstein Ost
5 Schleswig-Holstein Süd
6 Hamburg
11 Bremen
14 Hamburg-Umland-Süd
15 Bremen-Umland
40 Emscher-Lippe
80 Bayerischer Untermain

Staatsgrenze
Landesgrenze
Grenze der Raumordnungsregion

Autoren: H.Bucher
F. Heins

© Institut für Länderkunde, Leipzig 2001

0   25   50   75   100 km
Maßstab 1 : 3750000

Altersklassenspezifische Saldoraten der Binnen- und Außenwanderung

Altersklassen

- 65 Jahre und älter
- 50 - 64 Jahre
- 30 - 49 Jahre
- 25 - 29 Jahre
- 18 - 24 Jahre
- unter 18 Jahren

Wanderungsverlust   Wanderungsgewinn

40 30 20 10 0 10 20 30 40
Promille

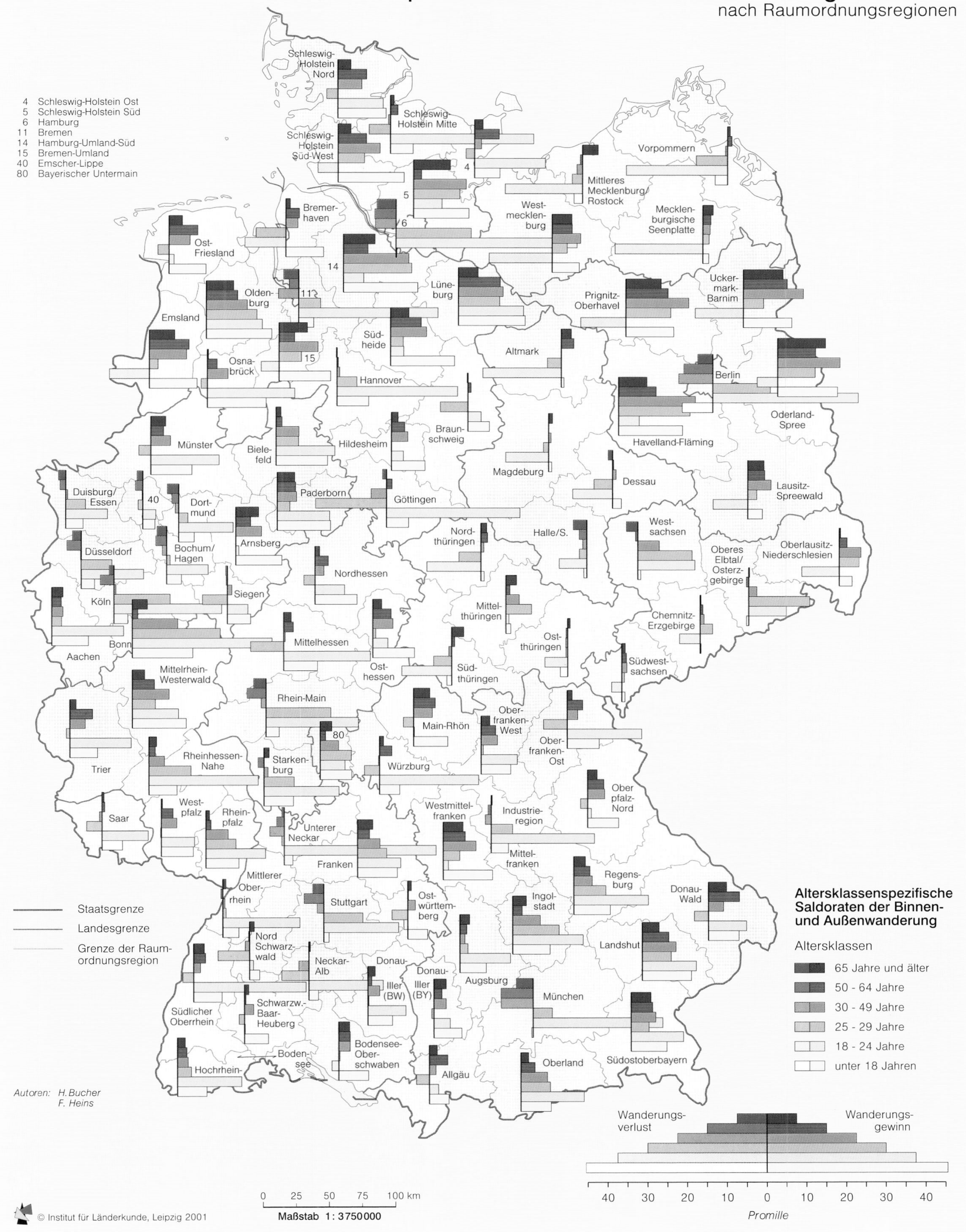

Binnenwanderungen älterer Menschen

Klaus Friedrich

Der tiefgreifende demographische Alternsprozess moderner Gesellschaften rückt zunehmend auch in Deutschland die Mobilität älterer Menschen in das öffentliche und wissenschaftliche Interesse. In diesem Zusammenhang gewinnen Wanderungen – also die Zu- und Fortzüge über Gemeindegrenzen – besondere Bedeutung für die derzeitige und künftige räumliche Verteilung der Zielgruppe. Informationen über diese Muster sind z.B. wichtig für die Planung der altenspezifischen sozialen Infrastruktur in den Gebietskörperschaften. Die Alternsforschung interessiert sich aber auch für die Frage, ob Migrationen im höheren Erwachsenenalter Ausdruck von Verdrängungsprozessen sind oder Rückschlüsse auf die Dynamik und Flexibilität der Akteure im Sinne der „jungen Alten" ermöglichen.

Wanderungsbeteiligung und Reichweite

Im Altersprofil zeigt sich mit Zunahme der gelebten Jahre eine deutlich zurückgehende Wanderungsbeteiligung ❶. Mit jährlich ca. 223.000 Wohnortwechslern im Alter von 65 und mehr Jahren liegt ihre Migrationsquote etwa um den Faktor 3 unter derjenigen der Gesamtbevölkerung. Bemerkenswert ist der relative Anstieg der Wanderungsbeteiligung unter den Hochbetagten. Dieses Altersprofil hat auch im internationalen Vergleich Bestand und gilt als typisch für moderne Gesellschaften.

In der Öffentlichkeit werden Altersmigrationen häufig mit Fernwanderungen gleichgesetzt. Analysen mit neueren Daten zeigen jedoch, dass derartige Fernwanderungen nur etwa ein Drittel aller Wohnortwechsel von Senioren repräsentieren, zwei Drittel suchen dagegen ein Ziel im gleichen Bundesland ❸. Die genauere Auswertung nach der kilometrischen Luftliniendistanz zwischen Herkunfts- und Zielgebiet ergibt ihre

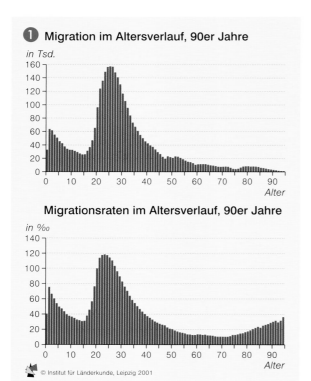

❶ Migration im Altersverlauf, 90er Jahre

in Tsd.

Migrationsraten im Altersverlauf, 90er Jahre

in ‰

© Institut für Länderkunde, Leipzig 2001

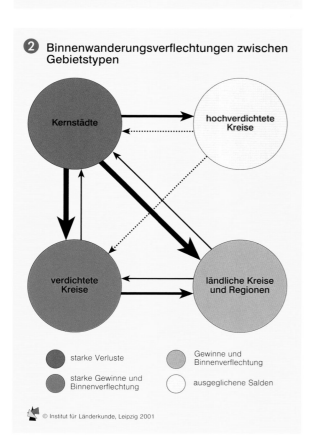

❷ Binnenwanderungsverflechtungen zwischen Gebietstypen

Kernstädte
hochverdichtete Kreise
verdichtete Kreise
ländliche Kreise und Regionen

starke Verluste
starke Gewinne und Binnenverflechtung
Gewinne und Binnenverflechtung
ausgeglichene Salden

© Institut für Länderkunde, Leipzig 2001

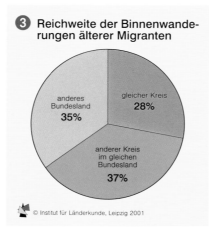

❸ Reichweite der Binnenwanderungen älterer Migranten

anderes Bundesland 35%
gleicher Kreis 28%
anderer Kreis im gleichen Bundesland 37%

© Institut für Länderkunde, Leipzig 2001

vorrangige Orientierung auf benachbarte Gebiete und Entfernungszonen: Nahezu zwei von drei durchgeführten Wohnortwechseln finden im Radius von nur 50 km statt. Im Zeitvergleich zeigt sich überdies ein deutlicher Rückgang der vor einigen Jahrzehnten noch bedeutenderen Fernwanderungen.

Die Herkunfts- und Zielgebiete

Die räumliche Aufschlüsselung der überregionalen Migrationen zwischen den Bundesländern ❹ zeigt eine ausgesprochene Selektivität: Hinsichtlich der Wanderungsbilanzen haben sich unter den Flächenstaaten zwischenzeitlich eine Nord- und eine Südschiene als Zielregionen herausgebildet, während in der Mitte Nordrhein-Westfalen, Niedersachsen, Sachsen-Anhalt sowie die drei Stadtstaaten eine negative, Sachsen, Hessen und das Saarland hingegen eine ausgeglichene Bilanz verzeichnen. Betrachten wir die Austauschprozesse durch Verknüpfung von Herkunfts- und Zielgebieten, festigt sich im Stromdiagramm im Vergleich zu den beginnenden 1990er Jahren die dominierende Südorientierung – bei Verlusten für Baden-Württemberg – und der Wegfall des

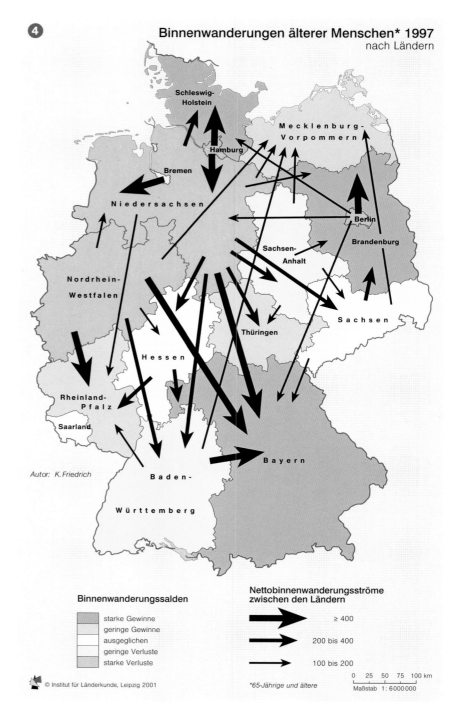

❹ Binnenwanderungen älterer Menschen* 1997
nach Ländern

Schleswig-Holstein
Mecklenburg-Vorpommern
Hamburg
Bremen
Niedersachsen
Berlin
Brandenburg
Sachsen-Anhalt
Nordrhein-Westfalen
Sachsen
Thüringen
Hessen
Rheinland-Pfalz
Saarland
Bayern
Baden-Württemberg

Autor: K.Friedrich

Binnenwanderungssalden

starke Gewinne
geringe Gewinne
ausgeglichen
geringe Verluste
starke Verluste

Nettobinnenwanderungsströme zwischen den Ländern

≥ 400
200 bis 400
100 bis 200

© Institut für Länderkunde, Leipzig 2001

*65-Jährige und ältere

0 25 50 75 100 km
Maßstab 1 : 6000000

ehemals deutlichen Ost-West-Transfers. In der kleinräumigen Betrachtung nach Kreisen und kreisfreien Städten ❺ folgen inzwischen auch die ostdeutschen Gebietskörperschaften mehrheitlich dem westdeutschen Muster: Negative Wanderungsraten verzeichnen vor allem die größeren Kernstädte, während die angrenzenden Gebietseinheiten in den Verdichtungsräumen Gewinne verbuchen. Dieser intraregionale Dekonzentrationsprozess ist im Großraum Berlin fast idealtypisch ausgeprägt und auch um Hamburg, München und Leipzig zu erkennen (▶▶ Beiträge Bucher/Heins, S. 114; Herfert, S. 116). Abgeschwächter gilt dies auch für die mittleren Kernstädte und deren Umlandbereiche. Wanderungsgewinne entfallen ebenfalls auf landschaftlich attraktive Regionen z.B. im norddeutschen Küstenbereich und im Alpenvorland. Sonderentwicklungen ergeben sich einerseits im Süden Sachsen-Anhalts und Sachsens, wo die Abwanderung auffallend überwiegt, sowie andererseits für solche Kreise wie z.B. Göttingen, Osnabrück, Freudenstadt, Rastatt und Ostprignitz-Ruppin, deren hohe Zu- und Abwanderungswerte auf die Erstaufnahme von Aussiedlern zurückzuführen sind (▶▶ Beitrag Mammey/Swiaczny, S. 132). Da sich jedoch deren Zustrom innerhalb der letzten Jahre drastisch verringert hat, fehlen die ehemals extrem ausgeprägten Schwankungen.

Regionale Konsequenzen

Die nähere Betrachtung der Richtung der regionalen Austauschprozesse zwischen Strukturregionen ❷ unterstreicht die bereits erwähnte Tendenz zur Dekonzentration entgegen der metropolitanen Hierarchie: Von den Fortzügen der Senioren aus den Kernstädten wie z.B. aus Berlin, München, Stuttgart oder Frankfurt profitieren nicht nur die unmittelbar angrenzenden hochverdichteten Kreise, sondern vor allem die etwas entfernteren Umlandregionen (verdichtete Kreise) sowie die ländlichen Kreise und Regionen. Während die urbanen Zentren bald eine zu geringe Auslastung ihrer guten Ausstattung mit altengerechter sozialer Infrastruktur befürchten, wird diese künftig im derzeit noch „jungen" suburbanen Umland am nachhaltigsten erforderlich sein.

Wanderungsursachen

Die Vielfalt und Uneinheitlichkeit der in der Literatur angeführten Umzugsgründe erschweren die Formulierung plausibler Erklärungen, weshalb Senioren eine einschneidende Veränderung ihrer Umwelt durch Wohnsitzverlagerungen auf sich nehmen, obwohl sie ganz überwiegend dazu neigen, ihr vertrautes Umfeld möglichst beizubehalten. In der südhessischen Region Starkenburg konnten die Ziele der älteren Migranten auf der Basis von Individualdaten bestimmt werden: 21% zogen in Heime, die übrigen in Privathaushalte. Während unter den Heimeinzüglern Hochaltrige signifikant überwiegen, ergab die Befragungen derjenigen, die in Privathaushalte ziehen, dass endogene und exogene Umzugsmotive nahezu gleichgewichtig die Entscheidung bestimmen: Die am häufigsten vertretenen – und auf die privaten Netzwerke von Angehörigen hin ausgerichteten – Migrationen (43%) sind in gesundheitlichen Einschränkungen oder dem Verlust einer Bezugsperson begründet. Etwa ein Drittel (30%) der Wohnortwechsel lassen sich auf äußere Ursachen wie unzulängliche Wohn- und Lebensbedingungen zurückführen, 10% der älteren Zuzügler sind Aus- oder Übersiedler. Demgegenüber entspricht nicht einmal jeder fünfte Fortzug (17%) einer klassischen Ruhesitzwanderung durch Wahl

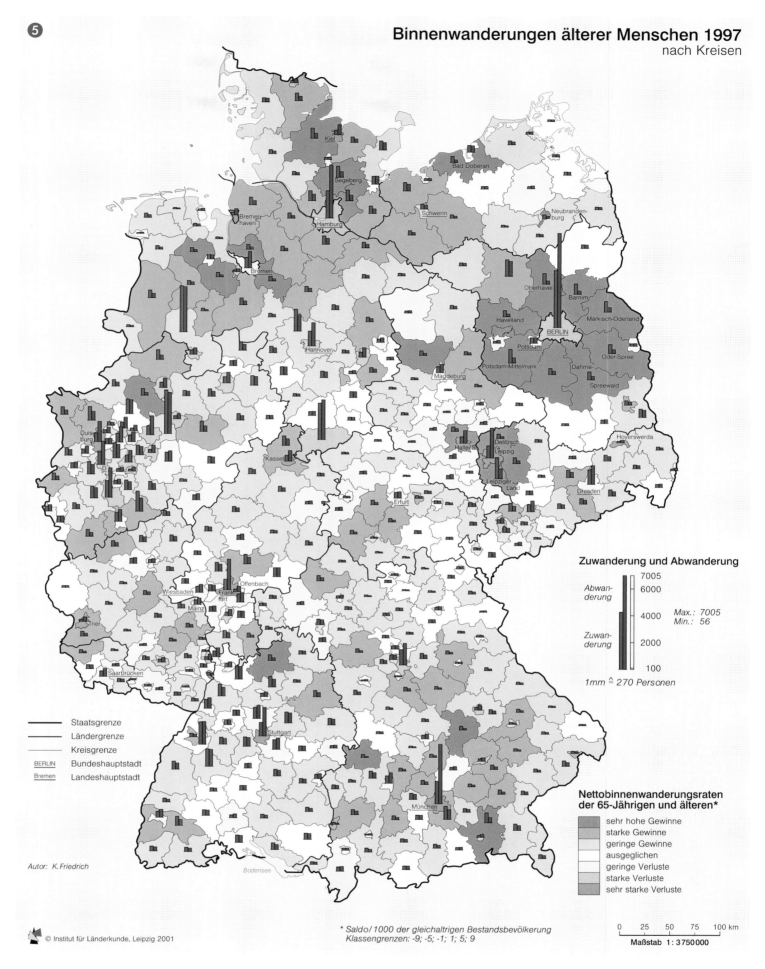

❺ Binnenwanderungen älterer Menschen 1997
nach Kreisen

Zuwanderung und Abwanderung

Abwanderung — 7005 / 6000 / 4000 / 2000

Zuwanderung — 100

Max.: 7005
Min.: 56

1mm ≙ 270 Personen

Staatsgrenze
Ländergrenze
Kreisgrenze
BERLIN — Bundeshauptstadt
Bremen — Landeshauptstadt

Autor: K. Friedrich

© Institut für Länderkunde, Leipzig 2001

Nettobinnenwanderungsraten der 65-Jährigen und älteren*

- sehr hohe Gewinne
- starke Gewinne
- geringe Gewinne
- ausgeglichen
- geringe Verluste
- starke Verluste
- sehr starke Verluste

* Saldo / 1000 der gleichaltrigen Bestandsbevölkerung
Klassengrenzen: -9; -5; -1; 1; 5; 9

0 25 50 75 100 km
Maßstab 1 : 3 750 000

---

eines attraktiven Wohnortes in der Wunschwohngegend.

Fazit

Die Ergebnisse dieser Untersuchungen rücken die verbreitete Sichtweise zurecht, wonach Senioren unzulängliche Lebensbedingungen am bisherigen Wohnort primär durch Fernwanderungen zu landschaftlich attraktiven Zielgebieten kompensieren würden. Stattdessen prägen Standortverbundenheit und Entfernungsempfindlichkeit das Wanderungsverhalten während dieser Phase des Lebenszyklus: Ältere Menschen verlassen in der Regel ihre vertrauten Wohnorte, um im Falle gesundheitlicher Beeinträchtigungen Hilfe in der Nähe von bzw. bei Angehörigen oder in Heimen zu finden.◆

Vom Auswanderungs- zum Einwanderungsland

Frank Swiaczny

Im Zusammenhang mit der öffentlichen Diskussion um Chancen und Risiken der zunehmenden internationalen Wanderung erscheinen die 1990er Jahre des 20. Jhs. als eine Zeit der Migration (CHAMPION 1994). Dabei handelt es sich jedoch keineswegs um ein neues Phänomen. Bereits in der frühen Neuzeit wurden große Wanderungsströme beobachtet. So zogen Europäer in die neu erschlossenen Kolonien, Flüchtlinge wie beispielsweise die Hugenotten in sichere Zielländer oder Deutsche auf der Suche nach besseren Lebensbedingungen nach Russland.

Im 19. Jh. haben sich mit der Industrialisierung die Lebensumstände in allen europäischen Ländern grundlegend gewandelt. Mit einem beschleunigten Bevölkerungswachstum war auch eine Zunahme der räumlichen Mobilität verbunden (▶▶ Beitrag Gans/Kemper, S. 22). Bei der internationalen Wanderung zwischen Staaten ergaben sich daraus sowohl für die Herkunfts- als auch für die Zielländer Konsequenzen für Zahl, Struktur und räumliche Verteilung der Bevölkerung sowie für das

Verhältnis zwischen Staatsvolk und Wohnbevölkerung. Die Nationalstaaten waren und sind daher bestrebt, die Migration durch eine Aus- bzw. Einwanderungsgesetzgebung sowie durch aufenthalts- und staatsbürgerschaftsrechtliche Vorschriften zu regeln. Heute gehört die Freizügigkeit der Auswanderung zwar zu den Menschenrechten (vgl. Anmerkung im Anhang), die Einwanderung wird jedoch zunehmend schärfer reguliert.

Internationale Wanderung im 19. Jh.

Der Verlauf der großen europäischen Wanderungsströme im 19. und 20. Jh. steht im Kontext des Bevölkerungswachstums während des demographischen Übergangs (▶▶ Beitrag Gans/Kemper, S.18 ff), der Erschließung der Kontinente durch die europäische Siedlungstätigkeit als Folge des Kolonialismus sowie einer zunehmenden Verstädterung im Zuge der Industrialisierung ❶ (ZELINSKY 1971).

Steigender Bevölkerungsdruck, wirtschaftliche Krisen und Missernten haben im 19. Jh. nach der Gewährung der

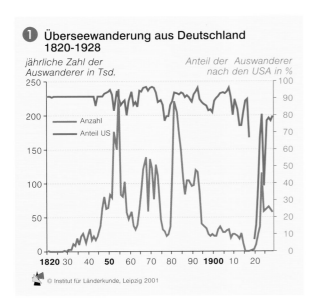

❶ Überseewanderung aus Deutschland 1820-1928

jährliche Zahl der Auswanderer in Tsd. — *Anteil der Auswanderer nach den USA in %*

Anzahl
Anteil US

© Institut für Länderkunde, Leipzig 2001

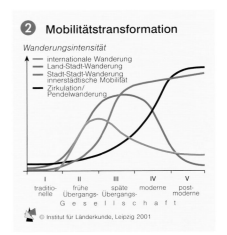

❷ Mobilitätstransformation

Wanderungsintensität

— internationale Wanderung
— Land-Stadt-Wanderung
— Stadt-Stadt-Wanderung innerstädtische Mobilität
— Zirkulation/ Pendelwanderung

I traditionelle — II frühe Übergangs- — III späte Übergangs- — IV moderne — V postmoderne
G e s e l l s c h a f t

© Institut für Länderkunde, Leipzig 2001

Auswanderungsfreiheit zu einer forcierten Emigration aus Deutschland geführt. Zum Teil von den Gemeinden gefördert zogen bis etwa 1865 hauptsächlich arme Kleinbauern und Handwerker mit ihren Familien überwiegend in die USA ❸. Bis 1830 konzentrierte sich die Abwanderung auf die Realerbteilungsgebiete Südwestdeutschlands, zwischen 1830 und 1850 erfasste die Abwanderungswelle weitere durch Handwerk und Heimarbeit charakterisierte landwirtschaftliche Gebiete, bis nach 1850 schließlich alle ländlichen Räume westlich der Elbe betroffen waren ❻. Zwischen 1865 und 1895 überwog die Migration einzelner Personen, häufig Männer aus unterbäuerlichen und unterbürgerlichen Schichten Norddeutschlands (MARSCHALCK 1973) ❹. Begünstigt und ermöglicht wurde diese Entwicklung durch billige, schnelle und sichere Schiffspassagen, die teilweise von Auswanderungsagenten vorfinanziert wurden. Bei der Wanderungsentscheidung spielten auch persönliche Informationen eine Rolle, die in Form von „Amerikabriefen" durch die Anwerbekampagnen der Einwanderungsländer verbreitet wurden.

Am Ende des Jahrhunderts wurde die Emigration im Zuge der Industrialisierung durch eine Binnenwanderung in die wachsenden Städte mit ihrem steigenden Arbeitskräftebedarf ersetzt. Der natürliche Bevölkerungszuwachs ging langsam zurück. Nachdem die Agrarkolonisation in den USA zu Ende ging (Siedlungsstopp 1890), sank die Zahl der Siedler, und die Migration von Industriearbeitern gewann an Bedeutung. Mit der Beschränkung der Einwanderung in die USA seit 1917 nahm die Bedeutung von südamerikanischen Ländern und von Kanada als Einwanderungsziele zu. Nach dem Ersten Welt-

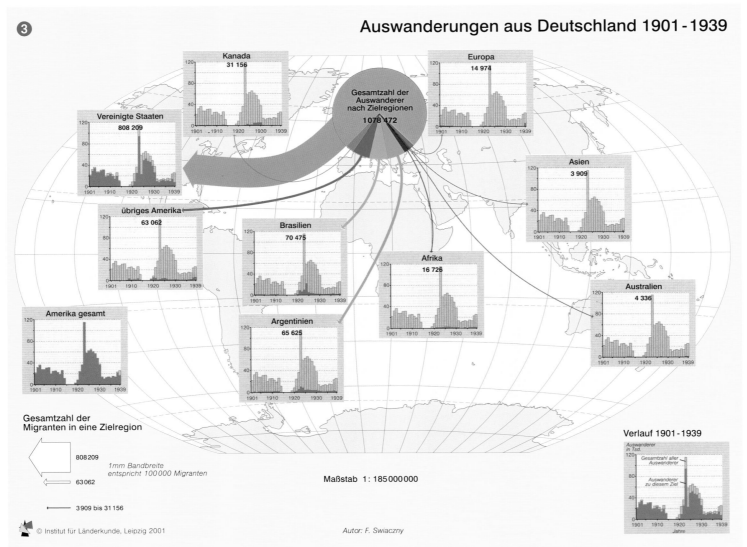

❸ Auswanderungen aus Deutschland 1901-1939

Kanada 31 156
Europa 14 974
Vereinigte Staaten 808 209
übriges Amerika 63 062
Brasilien 70 475
Asien 3 909
Afrika 16 726
Amerika gesamt
Argentinien 65 625
Australien 4 336

Gesamtzahl der Auswanderer nach Zielregionen 1 078 472

Gesamtzahl der Migranten in eine Zielregion

808209
63062
1mm Bandbreite entspricht 100 000 Migranten
3 909 bis 31 156

Maßstab 1 : 185 000 000

Verlauf 1901-1939
Auswanderer in Tsd.
Gesamtzahl aller Auswanderer
Auswanderer zu diesem Ziel
Jahre

© Institut für Länderkunde, Leipzig 2001   Autor: F. Swiaczny

krieg führte die desolate ökonomische und gesellschaftliche Lage in Deutschland noch einmal zu einer Zunahme der Auswanderung ❶ ❸. Während die Weltwirtschaftskrise ging die Migration jedoch zurück, da sich die Aufnahmebedingungen in den Zielländern verschlechterten und Zuzugsbeschränkungen erlassen bzw. verschärft wurden. Insgesamt wanderten zwischen 1820 und 1928 knapp 6 Mio. Menschen aus Deutschland aus.

Ein- und Auswanderung im 20. Jh.

Zu Beginn des 20. Jhs. wandelte sich Deutschland von einem Auswanderungs- zu einem Einwanderungsland. Die wachsende Bedeutung ausländischer Arbeitskräfte für Deutschland zeigt sich an der Zahl der polnischen Wanderar-

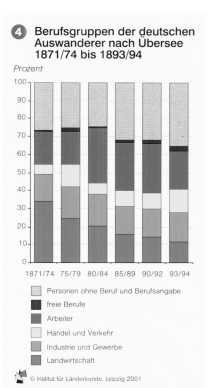

❹ Berufsgruppen der deutschen Auswanderer nach Übersee 1871/74 bis 1893/94

Prozent

1871/74 75/79 80/84 85/89 90/92 93/94

Personen ohne Beruf und Berufsangabe
freie Berufe
Arbeiter
Handel und Verkehr
Industrie und Gewerbe
Landwirtschaft

© Institut für Länderkunde, Leipzig 2001

beiter. Der Ausländeranteil stieg von 5‰ 1871 auf 19‰ 1910 an ❺. Nach der Machtergreifung durch die Nationalsozialisten setzte eine politisch motivierte Auswanderungswelle ein, deren Umfang auf mehr als 300.000 überwiegend jüdische Personen geschätzt wird (RÖDER 1993).

Nach dem Zweiten Weltkrieg dominierte in Deutschland zunächst die Zuwanderung von Vertriebenen, Übersiedlern (▶▶ Beitrag Swiaczny, S. 128) und Aussiedlern (▶▶ Beitrag Mammey/Swiaczny, S. 132). Gleichzeitig wanderten neben Ausländern auch viele Deutsche aus dem kriegszerstörten Land ab. Bis heute verlassen durchschnittlich 35.000 Auswanderer pro Jahr das Land.

Mit Erreichen der Vollbeschäftigung Ende der 1950er Jahre entstand ein Bedarf an ausländischen Arbeitskräften. Durch den Zuzug von Gastarbeitern und neuerdings von qualifizierten Arbeitskräften aus den Industrieländern

(▶▶ Beitrag Glebe/Thieme, S. 72) sowie von Flüchtlingen und Asylbewerbern (▶▶ Beitrag Wendt, S. 136) wird das Wanderungsgeschehen heute zunehmend heterogener.

Fazit

Bereits um die Wende zum 20. Jh. begannen sich die Wanderungsströme in Deutschland zu ändern. Die Auswanderungswelle ebbte ab und wurde langsam durch eine Zuwanderung abgelöst. Seit den 1950er Jahren erhielt Deutschland hauptsächlich von Süden nach Norden gerichtete Migrationsströme aus Ländern, in denen ein Bevölkerungsdruck und ein Wohlstandsgefälle gegenüber den Industrieländern herrschten. In jüngster Zeit dominieren in Deutschland die Migranten aus den Entwicklungs- und Schwellenländern bzw. den Transformationsstaaten. Die Bestrebungen, diese Entwicklung zu steuern und auf die qualitativen und quantitativen

❺ Deutsches Reich
Ausländer und ihr Anteil an der Gesamtbevölkerung 1871-1933

Tausend   Prozent

Anzahl
Anteil

1871 80 90 1900 10 20 30 33

© Institut für Länderkunde, Leipzig 2001

Erfordernisse Deutschlands auszurichten, finden Parallelen im historischen Wanderungsverlauf. Bei wachsenden Restriktionen der Industrienationen gegenüber der Zuwanderung von Asylsuchenden und Flüchtlingsströmen sowie von unqualifizierten Arbeitsmigranten steigt gleichzeitig die internationale Konkurrenz um hochqualifizierte Arbeitskräfte.◆

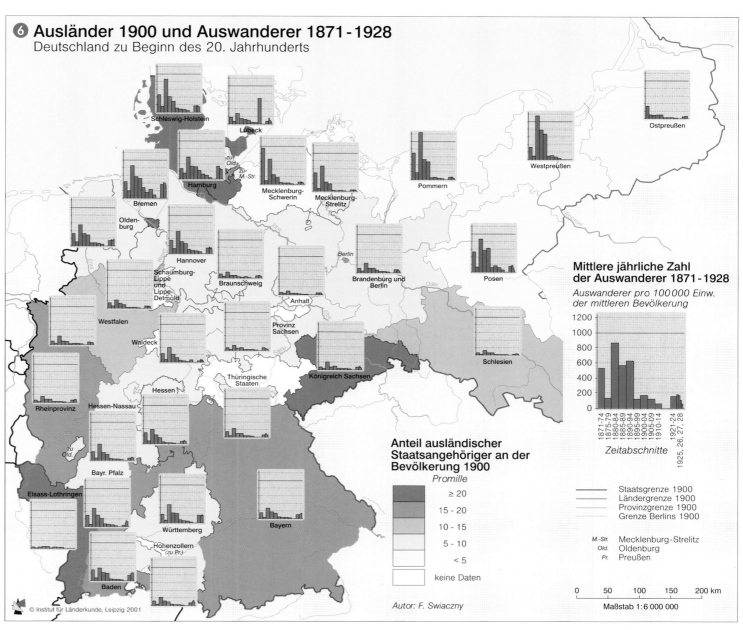

❻ **Ausländer 1900 und Auswanderer 1871-1928**
Deutschland zu Beginn des 20. Jahrhunderts

Schleswig-Holstein
Lübeck
Ostpreußen
Hamburg
Mecklenburg-Schwerin
Mecklenburg-Strelitz
Westpreußen
Pommern
Bremen
Oldenburg
Hannover
Schaumburg-Lippe und Lippe-Detmold
Braunschweig
Brandenburg und Berlin
Posen
Berlin
Anhalt
Westfalen
Waldeck
Provinz Sachsen
Hessen
Thüringische Staaten
Königreich Sachsen
Schlesien
Rheinprovinz
Hessen-Nassau
Bayr. Pfalz
Elsass-Lothringen
Württemberg
Bayern
Hohenzollern (zu Pr.)
Baden

Mittlere jährliche Zahl der Auswanderer 1871-1928
Auswanderer pro 100 000 Einw. der mittleren Bevölkerung

1871-74
1875-79
1880-84
1885-89
1890-94
1895-99
1900-04
1905-09
1910-14
1921-24
1925, 26, 27, 28

Zeitabschnitte

Anteil ausländischer Staatsangehöriger an der Bevölkerung 1900
Promille

≥ 20
15 - 20
10 - 15
5 - 10
< 5
keine Daten

Staatsgrenze 1900
Ländergrenze 1900
Provinzgrenze 1900
Grenze Berlins 1900

M.-Str. Mecklenburg-Strelitz
Old. Oldenburg
Pr. Preußen

0   50   100   150   200 km

© Institut für Länderkunde, Leipzig 2001

Autor: F. Swiaczny

Maßstab 1:6 000 000

Außenwanderungen

Frank Swiaczny

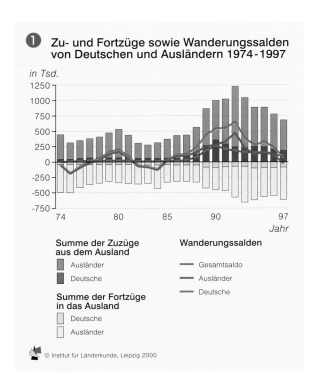

❶ Zu- und Fortzüge sowie Wanderungssalden von Deutschen und Ausländern 1974-1997

in Tsd.

Summe der Zuzüge aus dem Ausland
- Ausländer
- Deutsche

Summe der Fortzüge in das Ausland
- Deutsche
- Ausländer

Wanderungssalden
- Gesamtsaldo
- Ausländer
- Deutsche

© Institut für Länderkunde, Leipzig 2000

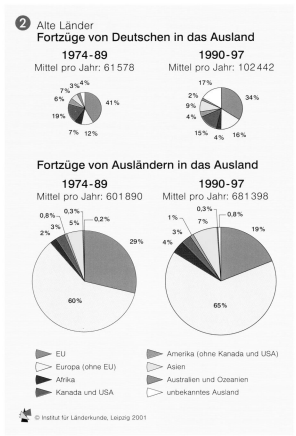

❷ Alte Länder

Fortzüge von Deutschen in das Ausland

1974-89 — Mittel pro Jahr: 61 578
41%, 19%, 7%, 12%, 7%, 6%, 3%, 4%

1990-97 — Mittel pro Jahr: 102 442
34%, 16%, 4%, 15%, 4%, 9%, 2%, 17%

Fortzüge von Ausländern in das Ausland

1974-89 — Mittel pro Jahr: 601 890
60%, 29%, 0,2%, 5%, 3%, 2%, 0,8%, 0,3%

1990-97 — Mittel pro Jahr: 681 398
65%, 19%, 0,8%, 7%, 3%, 4%, 1%, 0,3%

- ▷ EU
- ▷ Europa (ohne EU)
- ◢ Afrika
- ◢ Kanada und USA
- ◢ Amerika (ohne Kanada und USA)
- ◢ Asien
- ◢ Australien und Ozeanien
- ▷ unbekanntes Ausland

© Institut für Länderkunde, Leipzig 2001

Die Außenwanderungsbilanz Deutschlands, d.h. der Saldo aus Zu- und Fortzügen über die Staatsgrenze, ist seit Gründung der Bundesrepublik positiv. Insgesamt sind mehr Deutsche und Ausländer zu- als fortgezogen, nur in wenigen Jahren war der Saldo negativ. Obwohl sich Deutschland nicht als ein klassisches Einwanderungsland versteht, spielt die Außenwanderung für die Be-völkerungsgeschichte der Bundesrepublik eine große Rolle und knüpft damit an Traditionen aus der Zeit vor dem Zweiten Weltkrieg an (▶▶ Beitrag Swiaczny, S. 126). Nicht nur ein großer Teil der in Deutschland lebenden Ausländer ist zugewandert, auch viele Deutsche sind aus dem Ausland oder der ehemaligen DDR zugezogen. Bis zum Mauerbau 1961 hatte die Bundesrepublik gegenüber der DDR Wanderungs-überschüsse von rund 200.000 bis 500.000 Personen jährlich. Ein weiterer Zuzug von Deutschen resultierte aus der Vertreibung und anschließenden Aus-siedlung von Personen aus den ehemaligen deutschen Ostgebieten und den Siedlungsgebieten in Osteuropa (▶▶ Beitrag Mammey/Swiaczny, S. 132).

Bereits Mitte der 1950er Jahre stieg der Wanderungsüberschuss bei den Ausländern durch die Anwerbung von Gastarbeitern an. Nach dem Anwerbe-stopp 1973 folgte Mitte der 1970er Jahre eine kurze Periode mit negativem Migrationssaldo, der durch die anschließenden Familienzusammenführungen und indirekte Netzwerkeffekte rasch wieder positive Werte annahm (▶▶ Beitrag Glebe/Thieme, S. 72) und Anfang der 1990er Jahre Werte von über 500.000 Personen pro Jahr erreich-te ❶.

Die Außenwanderung seit 1980

Mit dem Beginn der 1980er Jahre lösten Entspannungspolitik und zunehmende Wirtschaftsprobleme in Osteuropa einen ersten Anstieg der Zuwanderung von Aussiedlern aus, der sich mit dem Zusammenbruch der kommunistischen Regime zwischen 1988 und 1992 beschleunigte (▶▶ Beitrag Mammey/Swiaczny, S. 132). Seither vollzieht sich ein gesetzlich stark reglementierter Zuzug fast ausschließlich aus der ehemaligen UdSSR. Die Lage der zentralen Aufnahmeeinrichtungen für Aussiedler wie Bramsche und Friedland in Niedersachsen spiegelt sich deutlich in der Karte ❹. Im Gegensatz dazu veränderte sich die geringe Zahl deutscher Emigranten kaum, so dass die Wanderungsbilanz der Deutschen stets positiv und direkt vom Umfang der Zuwanderung abhängig blieb.

Die Folgen der Rückkehrförderung von Arbeitsmigranten Anfang der 1980er Jahre führten bundesweit, erstmals seit dem Anwerbestopp 1973, zu einem negativen Migrationssaldo der Ausländer. Mit der wirtschaftlichen Erholung in Deutschland stieg die Anzahl ausländischer Zuwanderer jedoch seit 1985 wieder an, und die Wanderungsbilanz wurde erneut positiv ❶. Durch günstige ökonomische Entwicklungen in den Herkunftsländern vieler ehema-liger Gastarbeiter und die Freizügigkeit innerhalb der EU seit 1992 haben sich die Rahmenbedingungen heute grundlegend verändert, denn eine erneute Zu-wanderung nach Deutschland im Anschluss an eine zeitweilige Rückkehr ins Heimatland ist inzwischen leicht möglich. Familiäre Bindungen in Deutschland und im Heimatland führen oft auch zu einer periodischen Zirkulation. Im Gegensatz zur Wanderungsbilanz der Deutschen, bei denen die Zuzüge meist dauerhaften Charakter haben, erreicht die Wanderung der Ausländer daher bei hohem Volumen nur geringe Salden ❸.

Durch die Globalisierung hat sich die Migration weltweit intensiviert. Immer mehr Personen aus Entwicklungsländern und den Transformationsstaaten Osteuropas suchten in den 1990er Jahren in den westlichen Industrieländern Zuflucht und eine bessere Zukunft. Damit ist auch der Anteil von Afrika und Asien an den Herkunftsregionen weiter gestiegen ❹, überwiegend auf der Basis des individuellen Grundrechts auf Asyl (▶▶ Beitrag Wendt, S. 136). Als Folge der gleichmäßigen Zuweisung von Asyl-bewerbern und Flüchtlingen nach einem Verteilschlüssel zeigen die Bundesländer Zuwanderungsmaxima, die durch hohe Asylbewerberzahlen Anfang der 1990er Jahre geprägt waren. Die Zuwanderung von Ausländern in die neuen Länder, eigentlich durch hohe Arbeitslosigkeit als Wanderungsziele wenig at-traktiv, resultiert weitgehend aus der Zuweisung (MÜNZ u. ULRICH 1998). Das enorme Anwachsen des Migrations-drucks wurde 1993 mit einer Verschärfung des Asylrechts beantwortet, was zu einem Rückgang der Zuwanderung bei etwa gleichbleibender Abwanderung führte. 1997 war der Saldo der Ausländer, bedingt durch die Rückführung von Bürgerkriegsflüchtlingen, erstmals seit den frühen 1980er Jahren wieder negativ. Die Vielzahl der abgelehnten Asyl-anträge und der Mangel an einer legalen Möglichkeit zur Zuwanderung haben in den letzten Jahren zugleich die Zahl der Personen ohne legalen Aufenthaltsstatus ansteigen lassen, über deren Umfang kaum seriöse Schätzungen gemacht werden können.

Internationale wirtschaftliche Verflechtungen haben in den letzten Jahren auch zu einer wachsenden Zahl an statushohen Ausländern geführt, die häufig aus EU-Ländern stammen und zeitlich begrenzt in der Bundesrepublik arbeiten, ohne sich dauerhaft niederzulassen (▶▶ Beitrag Glebe/Thieme, S. 72). Obwohl der Migrationssaldo für diese Personen 1990-1997 nur etwa 100.000 Personen betrug, sind sie für die deutsche Wirtschaft von steigender Bedeutung. Entsprechend dominieren bei den Wanderungsvorgängen innerhalb der EU auch keineswegs die ehemaligen Anwerbenationen, sondern die wichtigen Handelspartner.◆

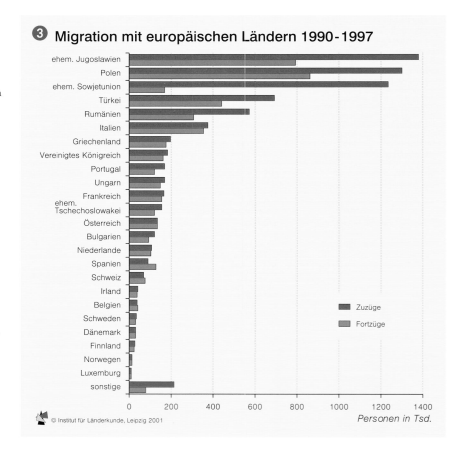

❸ Migration mit europäischen Ländern 1990-1997

- ehem. Jugoslawien
- Polen
- ehem. Sowjetunion
- Türkei
- Rumänien
- Italien
- Griechenland
- Vereinigtes Königreich
- Portugal
- Ungarn
- Frankreich
- ehem. Tschechoslowakei
- Österreich
- Bulgarien
- Niederlande
- Spanien
- Schweiz
- Irland
- Belgien
- Schweden
- Dänemark
- Finnland
- Norwegen
- Luxemburg
- sonstige

- ▣ Zuzüge
- ▣ Fortzüge

© Institut für Länderkunde, Leipzig 2001

Personen in Tsd.

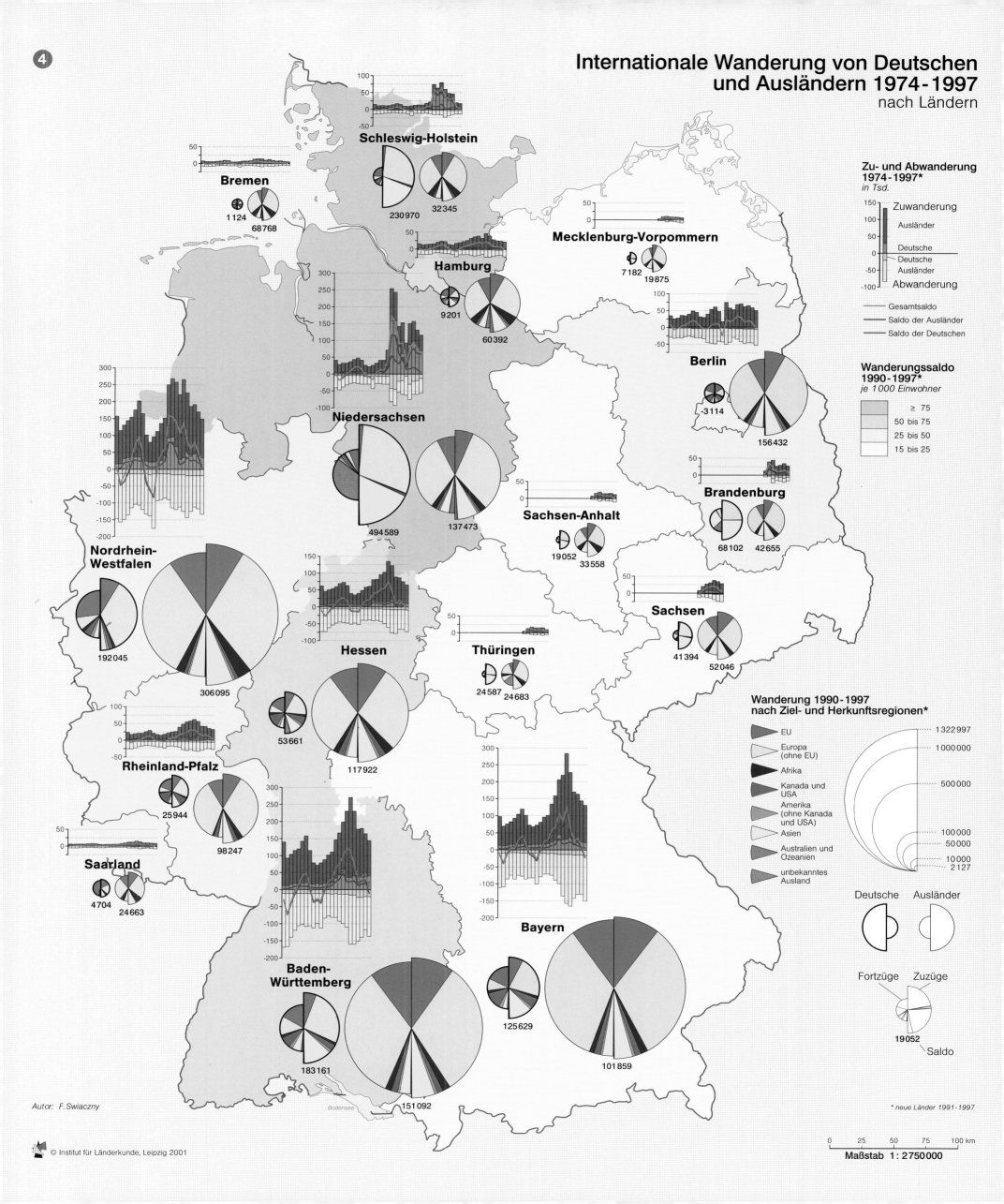

Internationale Wanderung von Deutschen und Ausländern 1974-1997
nach Ländern

Zu- und Abwanderung 1974-1997* *in Tsd.*

Zuwanderung
Ausländer
Deutsche
Deutsche
Ausländer
Abwanderung

Gesamtsaldo
Saldo der Ausländer
Saldo der Deutschen

Wanderungssaldo 1990-1997* *je 1000 Einwohner*

≥ 75
50 bis 75
25 bis 50
15 bis 25

Wanderung 1990-1997 nach Ziel- und Herkunftsregionen*

EU
Europa (ohne EU)
Afrika
Kanada und USA
Amerika (ohne Kanada und USA)
Asien
Australien und Ozeanien
unbekanntes Ausland

1322997
1000000
500000
100000
50000
10000
2127

Deutsche   Ausländer

Fortzüge   Zuzüge

19052

Saldo

Schleswig-Holstein 230970 · 32345

Bremen 1124 · 68768

Hamburg 9201 · 60392

Mecklenburg-Vorpommern 7182 · 19875

Niedersachsen 494589 · 137473

Berlin -3114 · 156432

Nordrhein-Westfalen 192045 · 306095

Sachsen-Anhalt 19052 · 33558

Brandenburg 68102 · 42655

Hessen 53661 · 117922

Thüringen 24587 · 24683

Sachsen 41394 · 52046

Rheinland-Pfalz 25944 · 98247

Saarland 4704 · 24663

Baden-Württemberg 183161 · 151092

Bayern 125629 · 101859

Autor: F. Swiaczny

© Institut für Länderkunde, Leipzig 2001

Bodensee

* neue Länder 1991-1997

0   25   50   75   100 km

Maßstab 1 : 2750000

4

Regionale Differenzierung der Außenwanderung

Frank Swiaczny

① Außenwanderungsbilanz 1996 und 1998
nach siedlungsstrukturellen Kreistypen

K Kernstadt
hvK hochverdichteter Kreis
vK verdichteter Kreis
IK ländlicher Kreis
IKhD ländlicher Kreis höherer Dichte
IKgD ländlicher Kreis geringerer Dichte

Saldo der Ausländer
Saldo der Deutschen
Saldo der Erwerbstätigen 1996
Saldo der Erwerbstätigen 1998

© Institut für Länderkunde, Leipzig 2001

② Außenwanderungsbilanz 1996 und 1998
nach Ländern*

Saldo der 1996 1998
Ausländer
Deutschen
Erwerbstätigen 1996
Erwerbstätigen 1998

© Institut für Länderkunde, Leipzig 2001

* siehe Abkürzungsverzeichnis im Anhang

Die Wanderungsbilanz gegenüber dem Ausland hat auf die Bevölkerungsentwicklung der Bundesrepublik einen entscheidenden Einfluss. Bei zurückgehenden Geburtenzahlen sowie einer alternden Bevölkerung sind die 1990er Jahre durch z.T. erhebliche Zuzüge von Deutschen und Ausländern gekennzeichnet (▶▶ Beitrag Swiaczny, S. 128). Die Außenwanderung ist allerdings nicht gleichmäßig verteilt, obwohl mit Ausnahme der Kernstädte in Agglomerationsräumen alle siedlungsstrukturellen Kreistypen ① im Durchschnitt flächendeckend Gewinne aufweisen. Die Unterschiede zwischen den Kreistypen sowie zwischen den alten und neuen Ländern haben sich jedoch tendenziell verringert und fallen im Vergleich zur Binnenwanderung (▶▶ Beiträge Bucher/Heins, S. 108 f.; Herfert, S. 116) geringer aus (MARETZKE 1998).

Regionale Außenwanderungsbilanzen

Während die Abwanderung von Deutschen ins Ausland sowie die Rückkehr von Ausländern in ihre Heimatländer keinen regional spezifischen Mustern folgen, spielen bei der Zuwanderung eine positive regionale Wirtschaftsentwicklung sowie die lokale Verfügbarkeit von günstigem Wohnraum eine Rolle. Auch die Netzwerkmigration im Rahmen des Familiennachzugs kann zu einer weiteren räumlichen Konzentration in Gebieten mit bereits hohem Anteil der entsprechenden Bevölkerungsgruppe führen. Insgesamt ist der Wanderungsgewinn daher in den hochverdichteten Kreisen in Agglomerationsräumen sowie den Kernstädten und verdichteten Kreisen im verstädterten Raum am höchsten ③.

Bei der Zuwanderung aus dem Ausland werden zwei zahlenmäßig bedeutende Gruppen, die Aussiedler (▶▶ Beitrag Mammey/Swiaczny, S. 132) und die Asylbewerber und Bürgerkriegsflüchtlinge (▶▶ Beitrag Wendt, S. 136), in Deutschland in zentralen Erstaufnahmeeinrichtungen untergebracht bzw. zentral verteilt, was zu extrem hohen positiven Wanderungssalden in den betroffenen Kreisen führt. Die nach einem Verteilschlüssel geregelte Zuweisung schlägt sich anschließend nicht mehr in der Außen- sondern in der Binnenwanderungsbilanz nieder, die große negative Salden an den Standorten der zentralen Aufnahmeeinrichtungen aufweist. In Ostdeutschland, wo sowohl hohe Arbeitslosigkeit herrscht als auch traditionell geringe Ausländeranteile zu verzeichnen sind (▶▶ Beiträge Glebe/Thieme, S. 72 ff.), ist der Zuzug von Ausländern überwiegend Folge der beschriebenen Verteilpraxis (MÜNZ U. ULRICH 1998).

In den alten Ländern dominieren insgesamt Binnenwanderungsvorgänge, die zur Suburbanisierung beitragen. Die Außenwanderung dagegen weist immer noch Überschüsse in den verstädterten Räumen auf, während das Binnenwanderungsdefizit gerade dort am größten ist ④. Neben der Attraktivität für Zuwanderer z.B. durch ein differenziertes Arbeitsplatzangebot und Netzwerkeffekte ist hierfür z.T. auch die Konzentration der Erstaufnahmeeinrichtungen in den verstädterten Regionen verantwortlich. In den neuen Ländern wirken die überwiegend von außen gesteuerten Wanderungsgewinne aus dem Ausland den negativen Binnenwanderungssalden besonders des ländlichen Raumes z.T. entgegen und dämpfen die divergierende regionale Entwicklung der Bevölkerung.

In den 1980er Jahren erfolgte die Migration von Aussiedlern überwiegend in die Kernstädte und nach Südwestdeutschland (▶▶ Beitrag Mammey/Swiaczny, S. 132). Nach dem Fall der Mauer verlagerte sich der Zuzug durch Übersiedler in das ehemalige Zonenrandgebiet und hielt in wirtschaftlich prosperierenden Regionen weiter an (KEMPER 2000). In den 1990er Jahren gewannen die ländlichen Räume und Norddeutschland, auch als Resultat des Verteilverfahrens, für den Zuzug von Aussiedlern an Bedeutung, womit die traditionelle Präferenz für den Süden zurückging ④. Die Wanderungssalden der Ausländer sind stärker als bei den Deutschen von konjunkturellen Zyklen und singulären Ereignissen (Bürgerkriege) geprägt. So macht sich beispielsweise bemerkbar, dass 1998 eine große Zahl von Bürgerkriegsflüchtlingen nach Bosnien zurückkehrte. Auch räumlich lassen sich nur wenige eindeutige Trends identifizieren.◆

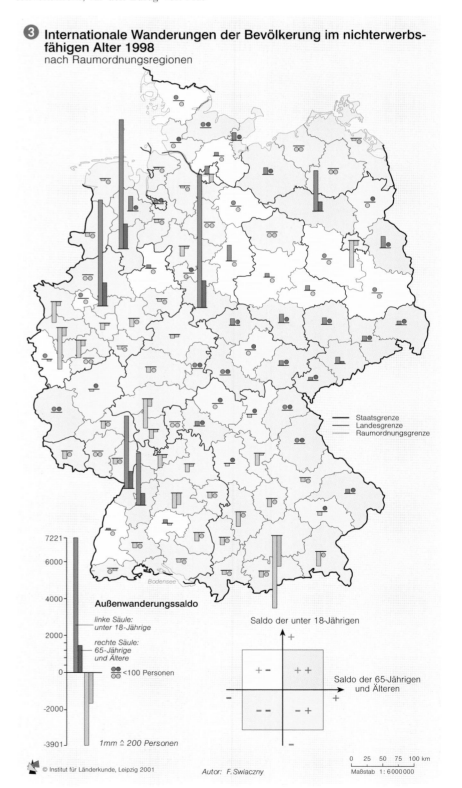

③ Internationale Wanderungen der Bevölkerung im nichterwerbsfähigen Alter 1998
nach Raumordnungsregionen

Staatsgrenze
Landesgrenze
Raumordnungsgrenze

Außenwanderungssaldo

linke Säule: unter 18-Jährige
rechte Säule: 65-Jährige und Ältere
<100 Personen
1mm ≙ 200 Personen

Saldo der unter 18-Jährigen
Saldo der 65-Jährigen und Älteren

© Institut für Länderkunde, Leipzig 2001

Autor: F. Swiaczny

0 25 50 75 100 km
Maßstab 1 : 6 000 000

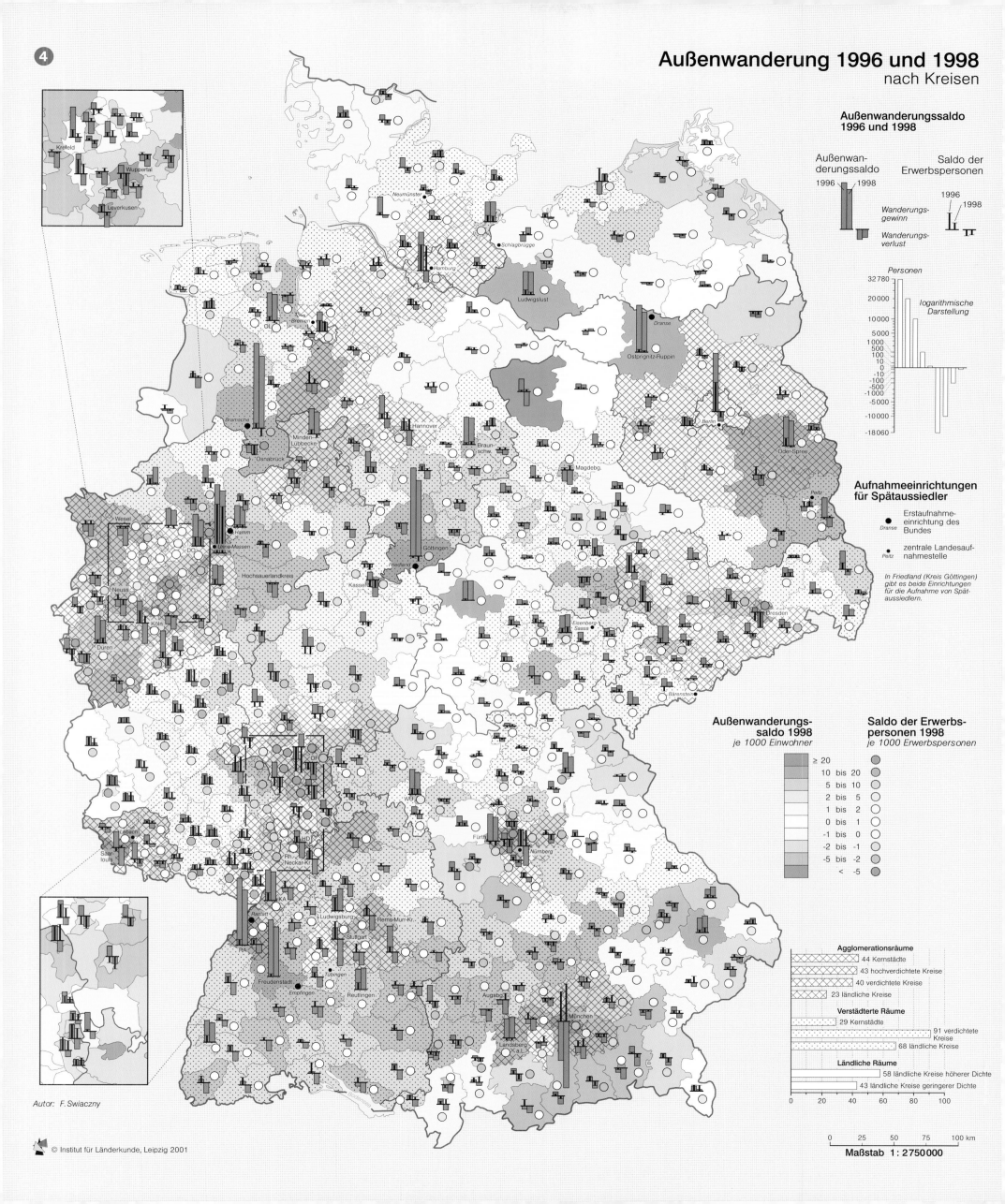

4

Außenwanderung 1996 und 1998
nach Kreisen

Außenwanderungssaldo 1996 und 1998

Außenwanderungssaldo
1996 — 1998

Saldo der
Erwerbspersonen

1996   1998

Wanderungsgewinn

Wanderungsverlust

Personen

32780
20000
10000
5000
1000
500
100
10
0
-10
-100
-500
-1000
-5000
-10000
-18060

*logarithmische
Darstellung*

Aufnahmeeinrichtungen für Spätaussiedler

● *Dranse* Erstaufnahmeeinrichtung des
Bundes

● *Peitz* zentrale Landesaufnahmestelle

*In Friedland (Kreis Göttingen)
gibt es beide Einrichtungen
für die Aufnahme von Spätaussiedlern.*

Außenwanderungssaldo 1998
je 1000 Einwohner

≥ 20
10 bis 20
5 bis 10
2 bis 5
1 bis 2
0 bis 1
-1 bis 0
-2 bis -1
-5 bis -2
< -5

Saldo der Erwerbspersonen 1998
je 1000 Erwerbspersonen

Agglomerationsräume
44 Kernstädte
43 hochverdichtete Kreise
40 verdichtete Kreise
23 ländliche Kreise

Verstädterte Räume
29 Kernstädte
91 verdichtete Kreise
68 ländliche Kreise

Ländliche Räume
58 ländliche Kreise höherer Dichte
43 ländliche Kreise geringerer Dichte

0   20   40   60   80   100

Autor: F. Swiaczny

© Institut für Länderkunde, Leipzig 2001

0   25   50   75   100 km

Maßstab 1 : 2750000

Aussiedler

Ulrich Mammey und Frank Swiaczny

Seit dem Ende des Zweiten Weltkriegs sind mehrere Millionen Menschen mit deutscher Staatsangehörigkeit oder Volkszugehörigkeit aus den ehemaligen deutschen Ostgebieten und den traditionellen Siedlungsgebieten in Osteuropa nach Deutschland zugewandert 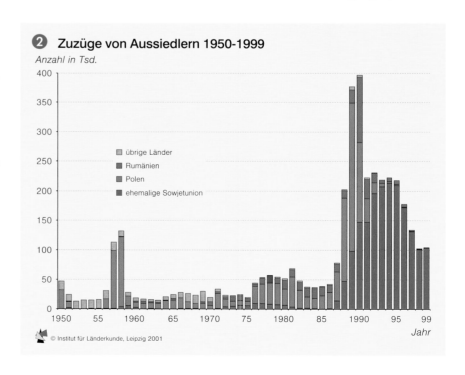. Deutsche im Sinne des Grundgesetzes – und damit gegenüber anderen Migrantengruppen mit einem besonderen Rechtsstatus ausgestattet – sind nach Artikel 116 GG Personen mit deutscher Staatsangehörigkeit oder Volkszugehörigkeit sowie deren Ehegatten und Kinder. Im Bundesvertriebenengesetz (BVFG) vom 19. Mai 1953 (s. Anhang) wird dieser Personenkreis genauer definiert. Aussiedler sind demnach Personen, die nach dem Abschluss der allgemeinen Vertreibungsmaßnahmen zugewandert sind. Die Volkszugehörigkeit ist über das Bekenntnis zum „deutschen Volkstum" definiert (s. Anmerkung im Anhang).

Der Zuzug von Flüchtlingen begann bereits während der Endphase des Zweiten Weltkrieges und setzte sich nach 1945 durch Vertreibung und Umsiedlung fort (MÜNZ U. OHLIGER 1998). Zwischen 1945 und dem Ende der Vertreibung 1949/50 wurden etwa 12,75 Mio. Flüchtlinge nach dem BVFG registriert. Von ihnen wurden 8,1 Mio. in West- und 4,1 Mio. in Ostdeutschland aufgenommen (Stand Ende 1950, REICHLING 1986). Nach Abschluss der Vertreibung befanden sich noch ca. 1,7 Mio. Personen mit deutscher Volkszugehörigkeit in Polen, 1,42 Mio. in der UdSSR, 752.000 in den südosteuropäischen Län-

dern und 300.000 in der CSSR (REICHLING 1986).

Zuwanderungsphasen

Die Zuwanderung von Aussiedlern und Spätaussiedlern lässt sich grob in drei Abschnitte gliedern. Zwischen 1950 und 1987 erfolgte eine moderate Zuwanderung weitgehend in Abhängigkeit vom Stand der jeweiligen zwischenstaatlichen Beziehungen, die für die Möglichkeiten zur Aussiedlung von Bedeutung waren . Mit dem Zusammenbruch der kommunistischen Regime und der wirtschaftlichen Destabilisierung der Länder des ehemaligen Ostblocks stiegen die Aussiedlerzahlen seit 1988 stark an . Die Phase anhaltend hohen Migrationsdrucks dauerte bis 1993. Seit dem 1. Juli 1990 konnten jedoch nur noch Personen zuwandern, die zuvor in ihrem Herkunftsland einen Antrag gestellt hatten. Zwischen 1950 und 1992 sind insgesamt etwa 2,8 Mio. Aussiedler in die Bundesrepublik gelangt, davon die Hälfte allein zwischen 1988 und 1992. Zwischen 1950 und 1988 waren es jährlich durchschnittlich rund 30.000, zwischen 1989 und 1992 dagegen jährlich mehr als 250.000 Personen.

Seit dem 1. Januar 1993 werden Personen aus der ehemaligen Sowjetunion als Spätaussiedler bezeichnet. Personen, die aus anderen Herkunftsländern stammen, werden seither nur noch dann anerkannt, wenn sie gegenwärtig aufgrund ihrer deutschen Volkszugehörigkeit andauernden Benachteiligungen ausgesetzt sind (s. Anmerkung im Anhang). Langfristig wird das Zuwanderungspotenzial dadurch begrenzt, dass nur noch vor dem 1. Januar 1993 geborene Personen den Spätaussiedlerstatus erhalten können. Die Höchstgrenze für Aufnahmebescheide wurde zugleich auf jährlich 225.000 plus/minus 10% festgesetzt, ab 2000 beträgt diese Quote nur noch 100.000. Mit diesen gesetzlichen Änderungen begann eine Phase der begrenzten Zuwanderung, die fast ausschließlich auf die ehemalige Sowjetunion beschränkt ist. Zwischen 1993 und 1999 sind etwa 1,2 Mio. Spätaussiedler zugewandert, durchschnittlich rund 180.000 pro Jahr, davon mehr als 96% aus den Nachfolgestaaten der UdSSR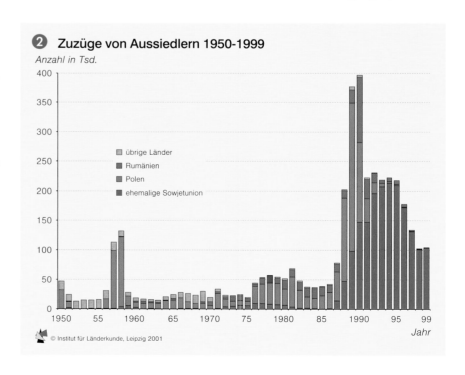

Die Zuwanderung aus Polen während der ersten Wanderungsphase versiegte nach 1951 zunächst gänzlich. Ende der 1950er Jahre erreichte sie einen ersten Höhepunkt, als mit Hilfe des Roten Kreuzes rund 300.000 „anerkannten Deutschen" die Ausreise aus Polen ermöglicht wurde. Die Periode zwischen 1964 und 1970 ist durch eine verhältnismäßig hohe Zuwanderung aus der Tschechoslowakei gekennzeichnet. Der

seit 1975 länger andauernde Anstieg der Zuzüge aus Polen ist eine Folge der Entspannungspolitik. Der politische Wandel und die wirtschaftlichen Probleme des Landes haben Ende der 1980er Jahre zu einem starken Anstiegen der Auswanderung geführt. Zwischen 1950 und 1987 war Polen das Hauptherkunftsland der deutschstämmigen Migranten, deren Zahl nach 1989 deutlich zurückging.

Die Zuwanderung aus der ehemaligen Sowjetunion blieb bis in die späten 1980er Jahre nahezu unbedeutend. Erst durch eine 1987 eingeführte Ausreiseregelung konnte 1988 die Zahl von 10.000 Aussiedlern überschritten werden. Vor dem Hintergrund von ▶ Glasnost und ▶ Perestroika stiegen die Zahlen an, um schließlich jährliche Werte von über 200.000 Aussiedlern zu erreichen. Die gesetzlichen Maßnahmen haben eine Reduzierung auf nur noch jeweils gut 100.000 Zuzüge in den Jahren 1998 und 1999 eingeleitet.

In Rumänien wurden nach den Vertreibungen und Deportationen 1945 noch 345.000 Deutsche gezählt. Auch aus diesem Land blieb die Zahl der Aussiedler zunächst gering. Erst mit der Aufnahme diplomatischer Beziehungen 1967 begann ein leichter Anstieg. 1978 folgten bilaterale Vereinbarungen über die jährliche Aussiedlung von 12.000 - 16.000 Personen. Mit dem Zusammenbruch des Regimes verdoppelte sich die Zahl der Aussiedler 1989; 1990 reisten mehr als 110.000 Personen aus. Der anschließende deutliche Rückgang ist darauf zurückzuführen, dass bereits ein Großteil der deutschen Minderheit abgewandert war (HOFMANN u. a. 1992).

Aussiedler in der Bundesrepublik der 90er Jahre

Seit 1952 erfolgt die Aufnahme der Aussiedler in den einzelnen Bundesländern nach einem vom Bundesrat festgelegten Verteilungsschlüssel (s. Anmerkung im Anhang). Seit 1993 werden die neuen Länder in das Verteilverfahren einbezogen.

Die Erstaufnahme in Deutschland erfolgt in sechs Erstaufnahmeeinrichtungen des Bundes, die weitere Verteilung der Spätaussiedler durch die Länder, i.d.R. über deren zentrale Aufnahmeeinrichtungen (▶▶ Beitrag Wendt, S. 136). Durch das Verteilverfahren nehmen diese Standorte bei der Binnenmigration eine Sonderstellung ein, da von ihnen extrem hohe Zahlen von Fortzügen registriert werden (▶▶ Beitrag Bucher/Heins, S. 112). Von den Aufnahmeeinrichtungen werden die Spätaussiedler seit 1989, in jedem Bundesland unterschiedlich geregelt, verbind-

---

1 Altersstruktur der Aussiedler 1990 und 1998 sowie der einheimischen deutschen Bevölkerung 1998

Prozent

Legend: 60 und älter; 45 bis 59; 25 bis 44; 18 bis 24; 0 bis 17; m männlich; w weiblich

m w 1990 / m w 1998 — Aussiedler
m w 1998 — Einheimische

© Institut für Länderkunde, Leipzig 2001

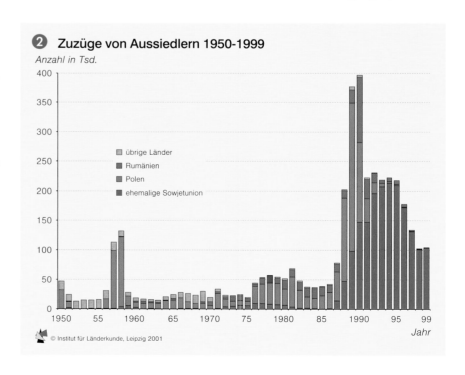

2 Zuzüge von Aussiedlern 1950-1999

Anzahl in Tsd.

Legend: übrige Länder; Rumänien; Polen; ehemalige Sowjetunion

Jahr

© Institut für Länderkunde, Leipzig 2001

lich an die Stadt- und Landkreise zugewiesen, wo sie in Übergangswohnheimen und Ausweichunterkünften Aufnahme finden. Bei der Zuweisung des Wohnortes werden die Wünsche der Betroffenen nach Möglichkeit berücksichtigt. Seit 1989 ist der Bezug von Sozialleistungen durch Spätaussiedler an den zugewiesenen Wohnort gebunden.

Vor Einführung der Wohnortzuweisung waren vor allem die Ballungsräume Ziele der Zuwanderungen. Um einer Überlastung der betroffenen Städte zu begegnen, wird bei der Zuweisung in den verschiedenen Bundesländern heute fast überall ein Verteilschlüssel verwendet, der auch die Bevölkerungszahl der Städte berücksichtigt.

Die Auswirkungen des Verteilverfahrens zeigt die Karte ❸. Die bevölkerungsreichen Länder nehmen über ihre Quoten den größten Anteil der Aussiedler auf. Die Diagramme für die Zuwanderung nach Ländern zeigen, dass sich sogar im Rahmen des Verteilverfahrens nach Herkunftsland differenzierte Wohnstandortpräferenzen herausgebildet haben. Die räumliche Konzentration der Aussiedler aus Rumänien in Baden-Württemberg und Nordrhein-Westfalen lässt sich beispielsweise auf eine Kettenwanderung zurückführen, bei der Migranten bevorzugt in Orte nachziehen, in denen bereits familiäre und nachbarschaftliche Bindungen (Netzwerke) bestehen.

Die jährlichen ▶ Zuzugskohorten sind zwischen 1990 und 1998 im Durchschnitt jünger geworden ❶. Der Anteil der 18-Jährigen stieg auf über 30%, während die über 44-Jährigen an Gewicht verloren. Insbesondere im Vergleich mit der autochthonen Bevölkerung des Jahres 1998 zeigt sich die „junge" Struktur der Aussiedler, die tendenziell eine Verjüngung der demographisch „alten" deutschen Bevölkerung bewirkt.

Informationen zum Beruf stellen wichtige Indikatoren für die Integrationschancen der Aussiedler auf dem Arbeitsmarkt dar. Abbildung ❻ zeigt die Berufsstruktur, wie sie sich zum Zeitpunkt der Einreise darstellt. Vor allem bei den Männern ist der Anteil der Berufe des primären Wirtschaftssektors auf nahezu 13% deutlich angestiegen. Für diese gibt es jedoch auf dem deutschen Arbeitsmarkt kaum Nachfrage. Rückläufig ist dagegen die Bedeutung der industriellen und handwerklichen Berufe.

Der Vergleich zwischen der Berufsstruktur im Herkunftsland und in Deutschland für die Zuzugskohorte 1989/1990 zeigt eine deutliche Tendenz zur Einstellung unter dem Qualifikationsniveau. Generell hat der Anteil an Beschäftigten in unqualifizierten Arbeiterberufen zugenommen. Selbst höhere Qualifikationen ließen sich auf dem deutschen Arbeitsmarkt nicht deckungsgleich verwerten (MAMMEY U. SCHIENER 1998).

Integration

Mit dem Anwachsen der Zuzugszahlen auf weit über 350.000 Personen in →

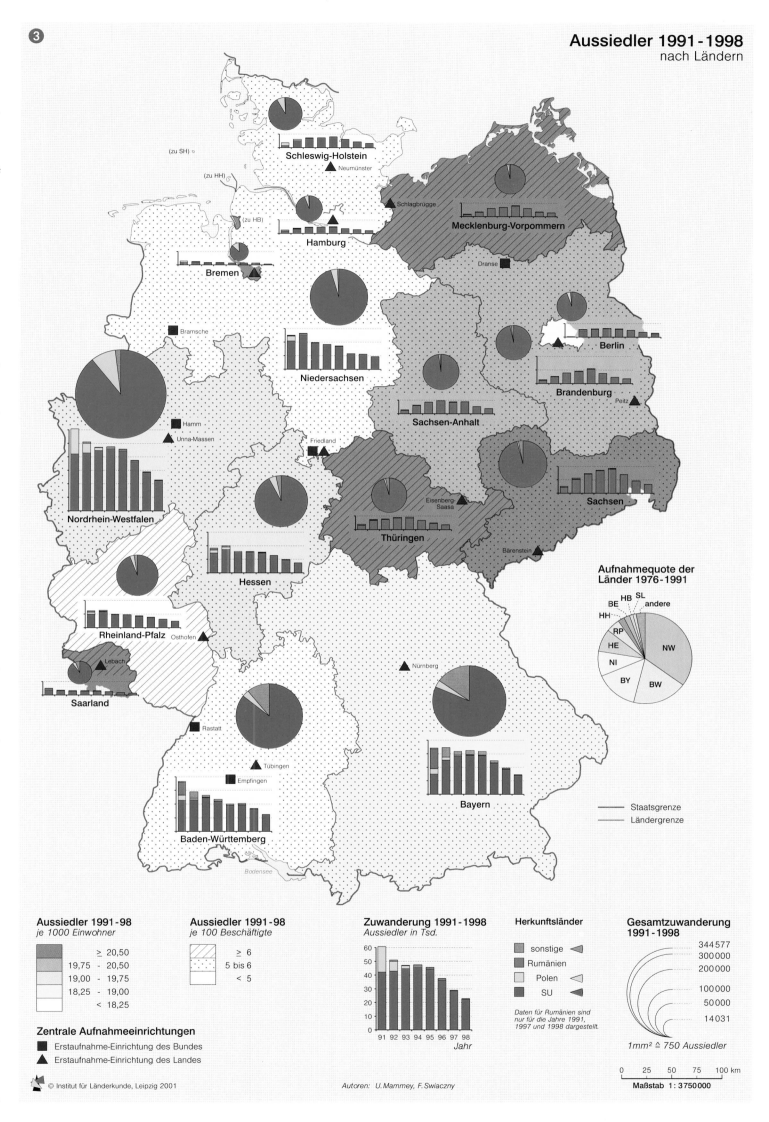

Aussiedler 1991 - 1998
nach Ländern

Aufnahmequote der Länder 1976-1991

Staatsgrenze
Ländergrenze

Aussiedler 1991 - 98
je 1000 Einwohner

	≥ 20,50
	19,75 - 20,50
	19,00 - 19,75
	18,25 - 19,00
	< 18,25

Zentrale Aufnahmeeinrichtungen
■ Erstaufnahme-Einrichtung des Bundes
▲ Erstaufnahme-Einrichtung des Landes

Aussiedler 1991 - 98
je 100 Beschäftigte

	≥ 6
	5 bis 6
	< 5

Zuwanderung 1991 - 1998
Aussiedler in Tsd.

Jahr

Herkunftsländer

◁ sonstige
◁ Rumänien
◁ Polen
◁ SU

Daten für Rumänien sind nur für die Jahre 1991, 1997 und 1998 dargestellt.

Gesamtzuwanderung 1991-1998

344 577
300 000
200 000
100 000
50 000
14 031

1mm² ≙ 750 Aussiedler

0 25 50 75 100 km
Maßstab 1 : 3 750 000

© Institut für Länderkunde, Leipzig 2001

Autoren: U. Mammey, F. Swiaczny

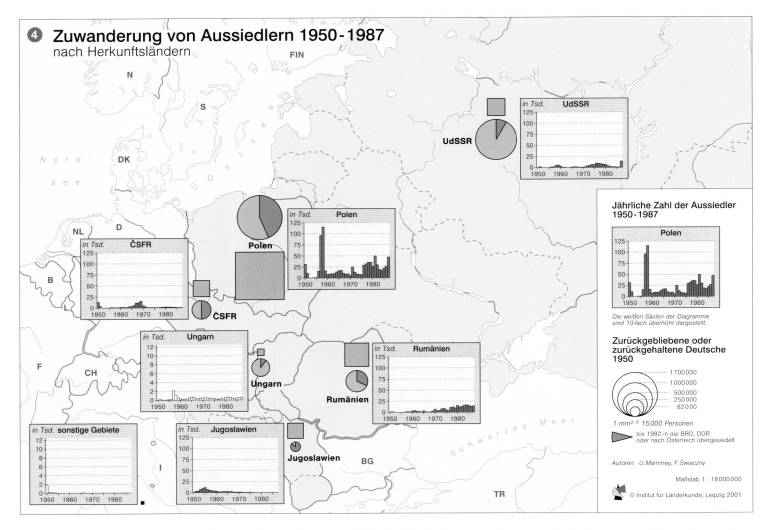

④ Zuwanderung von Aussiedlern 1950-1987
nach Herkunftsländern

Jährliche Zahl der Aussiedler 1950-1987

Die weißen Säulen der Diagramme sind 10fach überhöht dargestellt.

Zurückgebliebene oder zurückgehaltene Deutsche 1950

- 1700000
- 1000000
- 500000
- 250000
- 82000

1 mm² ≙ 15000 Personen

bis 1982 in die BRD, DDR oder nach Österreich übergesiedelt

Autoren: U. Mammey, F. Swiaczny

Maßstab 1 : 18000000

© Institut für Länderkunde, Leipzig 2001

---

re war der Zuzug besonders in abwanderungsgefährdeten ländlichen Regionen als Chance begriffen worden, Einwohnerzahl und Alterstruktur verbessern zu können. Infolge der seit 1989 gekürzten Integrationshilfen wurden Aussiedler nun aber zunehmend als Belastung empfunden (THRÄNHARDT 1999). Zudem hatte sich die Zusammensetzung der Aussiedler verändert, und ihre Chancen auf dem Arbeitsmarkt hatten sich verschlechtert, was die Kommunen mit erhöhten Sozialleistungen belastete. Geringere Deutschkenntnisse haben hauptsächlich bei Jugendlichen zu einer verminderten Integrationsbereitschaft sowie einem verzögerten Integrationsverlauf geführt.

Nach objektiven Kriterien gemessen können Immigranten als integriert betrachtet werden, wenn sie eine der angestammten Bevölkerung vergleichbare Entwicklung in ihrer sozialstrukturellen Differenzierung und gleiche Chancenmuster in wichtigen Lebensbereichen aufweisen. Darüber hinaus ist die subjektive Erfahrungsperspektive in die Beurteilung des Integrationserfolges einzubeziehen. Aus einer repräsentativen ▶ Panelstudie der ▶ Zuwanderungskohorte 1990/91 ergibt sich die folgende Typisierung (MAMMEY U. SCHIENER 1998) ⑦:

- Nahezu die Hälfte (48%) der Aussiedler konnte nach ca. vierjährigem Aufenthalt in Deutschland als gut integriert bezeichnet werden – ihre objektiv guten Bedingungen wurden auch subjektiv als gut empfunden; 64% der befragten Aussiedler aus Rumänien befanden sich in dieser Gruppe, aber nur 38% der befragten Polen.
- 27% konnten als adaptiert gelten, da sie ihre Situation trotz schlechter objektiver Bedingungen als gut bezeichneten. Fast die Hälfte dieser Gruppe waren Aussiedler aus der ehemaligen UdSSR, nur 11% kamen aus Rumänien. Dieses Paradoxon spricht für einen konfliktfreien Integrationsverlauf.
- Subjektiv als schlecht empfanden 11% ihre Lebenslage, obwohl sie nach objektiven Kriterien strukturell gut integriert waren. Zwei Drittel dieser am schwächsten besetzten Gruppe stammten aus Rumänien.
- Der Rest von 14% bildete die Gruppe der ▶ Deprivierten, deren objektive wie subjektiv empfundene Lage eher negativ bezeichnet werden musste. Hier waren Aussiedler aus Rumänien gegenüber Personen aus den übrigen Herkunftsländern unterrepräsentiert.

Ausblick

Zusammenfassend lässt sich die Integration der Aussiedler aus der zahlenmäßig starken Zuzugskohorte von 1990/91 insgesamt positiv beurteilen. Dieser Befund steht damit in der Tradition einer weitgehend erfolgreichen Zuwanderung von Aussiedlern nach Deutschland, auch wenn deren völlige Integration in der ersten Generation meist noch nicht erreicht werden konnte (LÜTTINGER 1986). In den 1990er Jahren hat sich

---

den Jahren 1989 und 1990 änderte sich die Einstellung der Bevölkerung gegenüber den Aussiedlern. Unter sich verschlechternden Integrationsbedingungen drohte die Eingliederung in den Städten und Gemeinden vor allem dort zu scheitern, wo eine größere Anzahl Aussiedler massiert untergebracht wurde. Tendenzen zur Abkapselung und gesellschaftlichen Selbstorganisation mit allen Formen der Desintegration stellten sich ein. Bis Anfang der 1990er Jah-

---

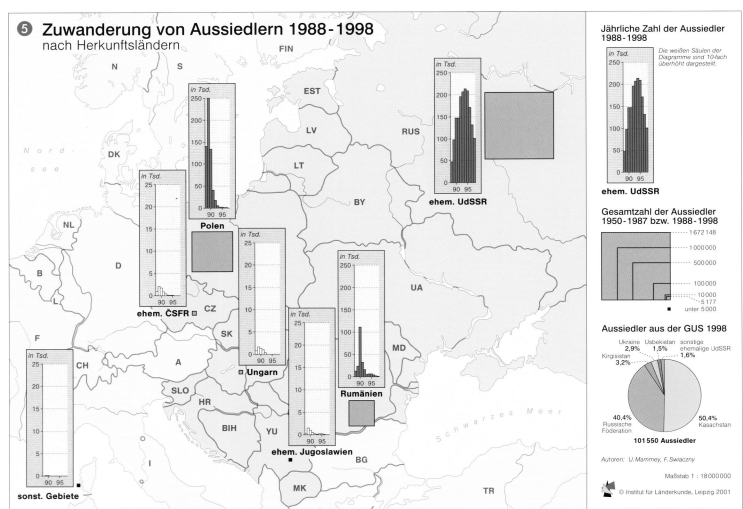

⑤ Zuwanderung von Aussiedlern 1988-1998
nach Herkunftsländern

Jährliche Zahl der Aussiedler 1988-1998

Die weißen Säulen der Diagramme sind 10fach überhöht dargestellt.

Gesamtzahl der Aussiedler 1950-1987 bzw. 1988-1998

- 1672148
- 1000000
- 500000
- 100000
- 10000
- 5177
- unter 5000

Aussiedler aus der GUS 1998

- Ukraine 2,9%
- Usbekistan 1,5%
- sonstige ehemalige UdSSR 1,6%
- Kirgisistan 3,2%
- Russische Föderation 40,4%
- Kasachstan 50,4%

101 550 Aussiedler

Autoren: U. Mammey, F. Swiaczny

Maßstab 1 : 18000000

© Institut für Länderkunde, Leipzig 2001

6 Berufsstruktur der Aussiedler 1990-1998

Prozent

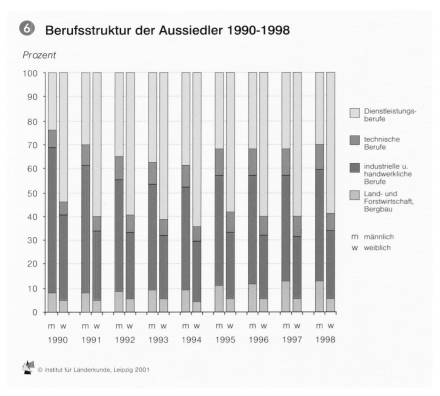

Legend:
- Dienstleistungsberufe
- technische Berufe
- industrielle u. handwerkliche Berufe
- Land- und Forstwirtschaft, Bergbau

m männlich
w weiblich

© Institut für Länderkunde, Leipzig 2001

die Lage auf dem Arbeitsmarkt und die Situation hinsichtlich der Aufnahmebereitschaft der ansässigen Bevölkerung verschlechtert. Die Chancen der Spätaussiedler werden daher künftig vor allem von ihrem Alter, ihrer beruflichen Qualifikation und nicht zuletzt von ihren Sprachkenntnissen und ihrem Integrationswillen abhängen. Letztlich verbleibt jedoch immer eine Anzahl deprivierter Personen, deren Integration weitere Anstrengungen erfordert. Insbesondere die konzentrierte Unterbringungen solcher Personen in bestimmten Wohngebieten könnte andererseits zur Verfestigung von Problemen beitragen und im Wohnumfeld zu Konflikten mit anderen ebenfalls benachteiligten Gruppen führen.♦

7 Typologie von Lagen sozialer Integration
subjektives Wohlbefinden

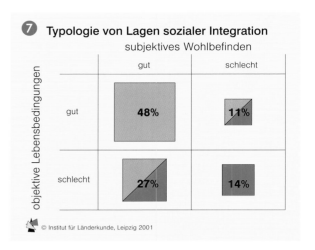

© Institut für Länderkunde, Leipzig 2001

Zur Methodik der Typologie von Lagen sozialer Integration von Aussiedlern, s. Anhang.

8 Deutsche Auswanderung nach Russland im 18. und 19. Jahrhundert

Deutsche Auswanderung aus
- Hessen und dem Rheinland
- Danzig, Westpreußen
- süddeutschen Ländern
- anderen Gebieten

950 absolute Auswanderungszahlen
Kreise ohne Zahl = < 200

1804-24 Zeitraum der Auswanderung

Ansiedlungsgebiet (Mutterkolonie)

Josefstal 1789 Name des Koloniegebietes mit Gründungsjahr

Grenze des Deutschen Bundes

Staats- und Ländergrenzen von 1815

0 100 200 300 km

© Ingenieurbüro für Kartographie J. Zwick, Gießen

Asylbewerber – Herkunft und rechtliche Grundlagen

Hartmut Wendt

① Flüchtlingskategorien in Deutschland

Asylbewerber

Flüchtlinge, die Schutz vor politischer Verfolgung suchen. Sie erhalten für die Dauer des Asylverfahrens eine befristete und räumlich begrenzte Aufenthaltsgestattung.

Asylberechtigte

Flüchtlinge, die in einem Anerkennungsverfahren durch das Bundesamt für die Anerkennung ausländischer Flüchtlinge oder auf Grund eines Urteils durch die Verwaltungsgerichte als politisch Verfolgte nach dem Grundgesetz Artikel 16a anerkannt wurden. Sie erhalten eine unbefristete Aufenthaltserlaubnis. Es besteht Anspruch auf verschiedene Leistungen zur sozialen Integration und Existenzsicherung.

Konventionsflüchtlinge

Flüchtlinge, denen gemäß § 51, Abs. 1 u. 2 AuslG Abschiebungsschutz im Bundesgebiet gewährt wird.

De facto-Flüchtlinge

Flüchtlinge, die keinen Asylantrag gestellt haben oder deren Antrag abgelehnt wurde, deren Abschiebung jedoch wegen konkreter Gefahr für Leib, Leben oder Freiheit sowie aus humanitären Gründen vorübergehend ausgesetzt wurde.

Kontingentflüchtlinge

Flüchtlinge, die im Rahmen einer humanitären Hilfsaktion diesen spezifischen Flüchtlingsstatus erhalten, ohne dass ein individuelles Antragsverfahren durchlaufen werden muss. Ihnen wird ein dauerhaftes Bleiberecht gewährt (z.B. vietnamesische "Boatpeople").

Kriegs- u. Bürgerkriegsflüchtlinge

Im Rahmen des neuen Asylrechts erhalten Flüchtlinge aus Kriegs- und Bürgerkriegsregionen eine eigenständige Aufenthaltserlaubnis, wenn sie keinen Asylantrag stellen (§ 32a Ausländergesetz). Es besteht kein Anspruch auf Aufenthalt an einem bestimmten Ort oder in einem bestimmten Bundesland.

Staatenlose bzw. Heimatlose

Hierbei handelt es sich vor allem um während des Zweiten Weltkrieges verschleppte heimatlose Personen und deren Nachkommen.

© Institut für Länderkunde, Leipzig 2001

Nur wenige Jahrzehnte nach den großen Flüchtlingsströmen, die der Zweite Weltkrieg auslöste, hat Europa wieder Flüchtlings- und Asylwanderungsstöme zu verzeichnen; ganze Volksgruppen müssen Heimat und Besitz verlassen und einen Neuanfang in einem fremden Land suchen.

Asylwanderungen bilden eine Form der Flüchtlingswanderungen, die sehr unterschiedliche Ausprägungen und Ursachen haben können. In der ▶ Genfer Flüchtlingskonvention von 1951 wird ein Flüchtling als eine Person definiert, die „aus der begründeten Furcht vor Verfolgung wegen ihrer Rasse, Religion, Nationalität, Zugehörigkeit zu einer bestimmten sozialen Gruppe oder wegen ihrer politischen Überzeugung sich außerhalb des Landes befindet, dessen Staatsangehörigkeit sie besitzt, und den Schutz dieses Landes nicht in Anspruch nehmen kann oder wegen dieser Befürchtung nicht in Anspruch nehmen will". Nur die Flüchtlinge, die Schutz vor politischer Verfolgung suchen, können in Deutschland als Asylberechtigte anerkannt werden.

Ungeachtet der unterschiedlichen Flucht auslösenden Ursachen und der Schwierigkeiten einer eindeutigen Kategorisierung der Flüchtlinge ist es notwendig zu differenzieren, unterliegen doch die Motive der Flucht politischen Wertungen, aus denen wiederum ein Rechtsstatus abgeleitet wird, der erhebliche Folgen für die Flüchtlinge hat. Auf Grund des jeweiligen Flüchtlingsstatus wird nicht nur über die Ablehnung oder Gewährung eines zeitweiligen Aufenthaltes (z.B. Asylbewerber, Bürgerkriegsflüchtlinge) oder eines dauerhaften Aufenthaltes (z.B. Asylberechtigte) entschieden, sondern zugleich auch über die Gewährung von materiellen Leistungen und sozialen Integrationshilfen ①

Asylrechtliche Grundlagen

Die leidvollen historischen Erfahrungen, die Deutsche während des Nationalsozialismus mit politischer Verfolgung gemacht haben, führten zur Gestaltung eines großzügigen Asylrechts in der Bundesrepublik Deutschland. Die Bundesrepublik gewährt mit der Aufnahme des Satzes „Politisch Verfolgte genießen Asylrecht" in das Grundgesetz (Artikel 16 GG bzw. GG 16a neue Fassung) allen politisch verfolgten Ausländern ein subjektives Recht auf Asyl. Das Asylrecht ist somit ein einklagbarer Rechtsanspruch mit Verfassungsrang und das einzige Grundrecht, das nur Ausländern zusteht. Der Anspruch auf Asyl gilt jedoch ausschließlich für politisch Verfolgte. In Übereinstimmung mit der Genfer Flüchtlingskonvention (GFK) haben nur jene Antragsteller Anspruch auf Asyl, die auf Grund ihrer politischen Überzeugung, Religion, Rasse, Nationalität oder Zugehörigkeit zu einer bestimmten sozialen Gruppe gezielt staatliche oder quasistaatliche Verfolgung erlitten haben bzw. denen diese

AuslG – Ausländergesetz, Gesetz über die Einreise und den Aufenthalt von Ausländern im Bundesgebiet, vom 9. Juli 1990, zuletzt geändert durch Gesetz vom 15.07.1999

Genfer Konvention – Abkommen über die Rechtsstellung der Flüchtlinge vom 28. Juli 1951; in der Bundesrepublik Deutschland am 1. September 1953 als Gesetz verabschiedet (BGBl. II S. 559)

unmittelbar droht. Damit ist der Schutzbereich des Asylrechts von vornherein begrenzt. So kann Personen, die nicht politisch verfolgt werden, auch kein Asylrecht gewährt werden. Folglich sind alle anderen Notsituationen wie Armut, Bürgerkrieg, Arbeitslosigkeit, Naturkatastrophen, nichtstaatliche Verfolgung etc. als Gründe für eine Asylgewährung ausgeschlossen.

Anfang der 1990er Jahre entbrannte infolge der steigenden Asylbewerberzahlen ⑤ und der dadurch verursachten Probleme im Asylverfahren bei der Unterbringung sowie hinsichtlich der gestiegenen finanziellen Belastungen und der hohen Arbeitslosigkeit eine heftige und kontrovers geführte Diskussion um das Thema Asyl, die schließlich zur Gesetzesänderung führte. Das neue Asylrecht trat am 1. Juli 1993 in Kraft. Es gewährt weiterhin das Grundrecht auf Asyl, schränkt aber dessen Schutzbereich ein, um so die Zuwanderung von Asylsuchenden nach Deutschland zu senken. Tragende Säulen der Asylrechtsreform sind die Regelungen über

② Asylbewerber in Europa 1999

Sichere Dritt- und Herkunftsstaaten nach dem Asylrecht vom 1. Juli 1993

☐ sichere Drittstaaten
☐ sichere Herkunftsstaaten*
☐ gleichzeitig sicherer Dritt- und Herkunftsstaat

* außerhalb Europas: Ghana und Senegal

Anzahl der Asylbewerber nach Hauptherkunftsländern **

Jahresantragszahlen Herkunftsländer der Asylbewerber in Tsd.

⬚ sonstige Herkunftsländer

- 95,1
- 90,0
- 80,0
- 70,0
- 60,0
- 50,0
- 40,0
- 30,0
- 20,0
- 10,0
- < 1000 weniger als 1000

Somalia
Nigeria
Dem. Rep. Kongo
Algerien
Sri Lanka
Indien
Bangladesch
China
Afghanistan
Iran
Irak
Türkei
Armenien
Slowakei
Russische Föderation
Polen
Rumänien
Jugoslawien
Bosnien und Herzegowina

** Auswahl der Hauptherkunftsländer: für Deutschland und das Vereinigte Königreich die fünf quantitativ bedeutendsten Herkunftsländer; ansonsten Herkunftsländer mit mehr als 500 Asylbewerbern

ⓃⓁ EU-Mitgliedsstaat
CZ EU-Beitrittskandidat
UA sonst. Staat

Kurzformen für die Staatsnamen sind im Abkürzungsverzeichnis erklärt.

© Institut für Länderkunde, Leipzig 2001

Maßstab 1 : 30000000

Autor: H.Wendt

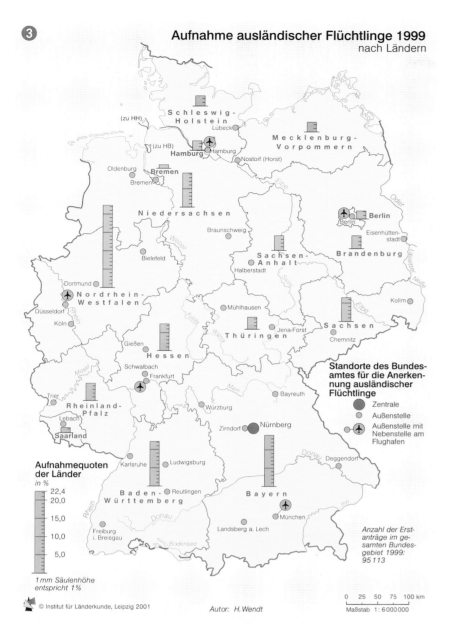

③ Aufnahme ausländischer Flüchtlinge 1999
nach Ländern

Standorte des Bundes-
amtes für die Anerken-
nung ausländischer
Flüchtlinge

- Zentrale
- Außenstelle
- Außenstelle mit
  Nebenstelle am
  Flughafen

**Aufnahmequoten
der Länder**
in %

22,4
20,0

15,0

10,0

5,0

1 mm Säulenhöhe
entspricht 1%

Anzahl der Erst-
anträge im ge-
samten Bundes-
gebiet 1999:
95 113

© Institut für Länderkunde, Leipzig 2001

Autor: H. Wendt

0   25   50   75 100 km
Maßstab 1 : 6 000 000

Verlauf der Asylwanderung

Die Asylbewerberstatistik spiegelt die weltweiten Veränderungen durch politische und wirtschaftliche Umwälzungen wider. Eine Zunahme der Asylbewerberzahl ist auf Kriege und Bürgerkriege, Menschenrechtsverletzungen, „ethnische Säuberungen" oder politische Verfolgung, die Zunahme politischer Instabilität und staatlicher Gewalt zurückzuführen. In den 1950er und 60er Jahren sind dafür die Asylbewerber aus Ungarn nach der Niederschlagung des Aufstandes von 1956 und aus der damaligen Tschechoslowakei nach dem Ende des „Prager Frühlings" 1968/69 beispielhaft. Aber auch wachsende Armut und soziale Verelendung in den Ländern der Dritten Welt sowie der politische und wirtschaftliche Zusammenbruch der Länder des Ostblocks hatten eine steigende Asylzuwanderung zur Folge. Aufgrund ihrer zentralen geographischen Lage, ihrer hohen ökonomischen Anziehungskraft und politischen Stabilität sowie einer verfassungsrechtlich verankerten Asylgarantie ist die Bundesrepublik nach wie vor ein bevorzugtes Asylland innerhalb Europas ⑥.

Der Zuzug von Asylbewerbern trat in das Bewusstsein von Politik und Öffentlichkeit, als im Jahre 1980 – vor allem als Ergebnis des Militärputsches in der Türkei (1980) und der Verkündigung des Kriegsrechtes in Polen (1979-1981) – erstmals über 100.000 Asylbewerber registriert wurden. Bürgerkriege z.B. in Sri Lanka, Jugoslawien und Afghanistan sowie die Unterdrückung ethnischer Minderheiten wie z.B. in Bosnien, im Iran und Irak oder der Kurden in der Türkei schlagen sich in einem Anstieg der Asylbewerberzahlen nieder, Ände-

Zentrale Landesaufnahmestelle von Nordrhein-Westfalen in
Unna-Massen

rungen im Asyl- und Asylverfahrensrecht im Rückgang der Zugangszahlen. So erhöhte sich bereits in den 1980er Jahren die Zahl der Asylbewerber gegenüber den 70er Jahren fast auf das Fünffache (705.000 Asylbewerber). Anfang der 1990er Jahre beschleunigte sich die Zunahme der Asylbewerber nach Deutschland nochmals. 1992 wurde mit 438.000 Asylbewerbern der bisherige Höchststand erreicht ⑤.

Seitdem am 1. Juli 1993 das neue Asylrecht in Kraft trat, verringerten sich die Asylbewerberzahlen bereits im Verlauf des Jahres. 1994 setzte sich die Abnahme verstärkt fort. 1995 meldeten sich nur noch 127.000 Personen, 60% weniger als im Vorjahr. Der leichte Abwärtstrend ist auch 1996 und 1997 zu beobachten, so dass 1998 die Zahl der Asylbewerber erstmals wieder unter 100.000 lag. 1999 verminderte sie sich auf 95.000. Der Rückgang 1999 bei →

die sicheren Drittstaaten, die sicheren Herkunftsländer sowie die Flughafenregelung. Nach Absicht des Gesetzgebers sollte die konsequente Anwendung des geänderten Asylrechts helfen, wirklich politisch Verfolgte schnell anzuerkennen, nicht politisch Verfolgten keinen Anreiz zur Antragstellung zu geben und Personen, die zu Unrecht Asyl beantragt haben, schnell abzuschieben. Diese neuen Regelungen haben zu einem beträchtlichen Rückgang der Asylbewerberzahlen seit 1993 beigetragen.

Nach dem neuen Asylrecht besteht i.d.R. nur dann noch ein Anspruch auf ein Asylverfahren, wenn der Asylsuchende nicht aus einem „sicheren Drittstaat" kommt. Als sichere Drittstaaten gelten Länder, in denen Flüchtlinge bereits Schutz vor politischer Verfolgung hätten finden können ②. Dazu gehören alle EU-Staaten sowie Norwegen, Polen, die Schweiz und Tschechien. Falls der Antragsteller aus einem „sicheren Herkunftsstaat" kommt, wird ein beschleunigtes Verfahren durchgeführt, das in der Praxis fast ausnahmslos zu einer Ablehnung führt. Es wird davon ausgegangen, dass in den „sicheren Herkunftsstaaten" weder politische Verfolgung noch unmenschliche oder erniedrigende Bestrafung oder Behand-

lung stattfindet. Zu den sicheren Herkunftsstaaten zählen Bulgarien, Ghana, Polen, Rumänien, Senegal, die Slowakei sowie Ungarn (Stand 1999). Darüber hinaus trägt die Flughafenregelung bei Antragstellern aus einem sicheren Herkunftsland und bei Asylbewerbern, die sich nicht ausweisen können, zu einem beschleunigten Asylverfahren für auf dem Luftweg einreisende Asylbewerber bei. Das Verfahren wird bereits im Transitbereich durchgeführt, um im Falle einer Ablehnung eine problemlose Rückführung zu ermöglichen.

Die Durchführung der Asylverfahren obliegt dem Bundesamt für die Anerkennung ausländischer Flüchtlinge (BAFl) mit der Zentrale in Nürnberg und zurzeit 32 Außenstellen in den Ländern ③. Weisungsunabhängige Einzelentscheider prüfen das Vorliegen politischer Verfolgung nach Art. 16a GG. Des Weiteren entscheiden sie über die Gewährung von Abschiebungsschutz auf Grund der politischen Situation im Herkunftsland (§ 51 Abs. 1 Ausländergesetz) und über die Feststellung von individuellen Abschiebungshindernissen (§ 53 Ausländergesetz). Darüber hinaus wird geprüft, ob die Rückführung in einen sicheren Drittstaat, aus dem der Antragsteller eingereist ist, möglich ist.

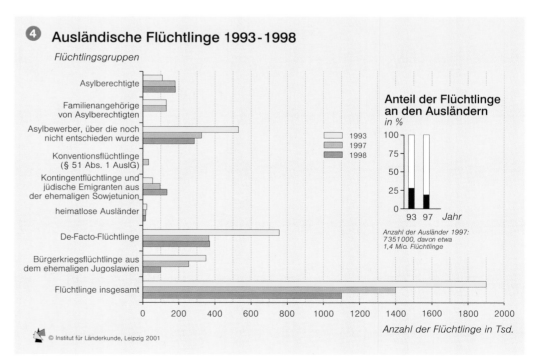

④ Ausländische Flüchtlinge 1993-1998

Flüchtlingsgruppen

- Asylberechtigte
- Familienangehörige von Asylberechtigten
- Asylbewerber, über die noch nicht entschieden wurde
- Konventionsflüchtlinge (§ 51 Abs. 1 AuslG)
- Kontingentflüchtlinge und jüdische Emigranten aus der ehemaligen Sowjetunion
- heimatlose Ausländer
- De-Facto-Flüchtlinge
- Bürgerkriegsflüchtlinge aus dem ehemaligen Jugoslawien
- Flüchtlinge insgesamt

☐ 1993
☐ 1997
☐ 1998

**Anteil der Flüchtlinge
an den Ausländern**
in %

100
75
50
25
0
93   97   Jahr

Anzahl der Ausländer 1997:
7 351 000, davon etwa
1,4 Mio. Flüchtlinge

0   200 400 600 800 1000 1200 1400 1600 1800 2000

© Institut für Länderkunde, Leipzig 2001

Anzahl der Flüchtlinge in Tsd.

Ankunft von Kosovo-Flüchtlingen am
Hamburger Flughafen am 3. Juni 1999

⑤ Asylbewerber in Deutschland 1960-1999

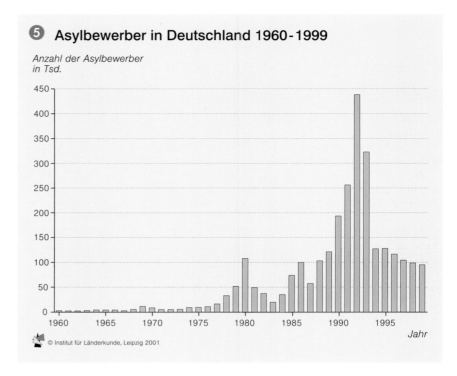

Hauptherkunftsländer

Nach wie vor kommt ein größerer Anteil der Asylbewerber – wenn auch mit fallender Tendenz – aus europäischen Ländern (1992: 71%; 1997: 40%, 1998 54%; 1999: 50%). Der Hauptanteil (zwischen 65 und 86%) an Asylbewerbern des jeweiligen Jahres stammt aus den jeweils zehn zugangsstärksten Herkunftsländern ❼ ❽. Von 1985 bis 1995 dominierten die osteuropäischen Staaten (Polen 1986 bis 1990, Ungarn 1987 und 1988, Rumänien 1987 bis 1995, Bulgarien 1990 bis 1994). Die Bundesrepublik Jugoslawien (vor 1992 Jugoslawien) lag bereits seit 1987 mit an vorderster Stelle, ebenso wie die Türkei seit 1986. Unter den afrikanischen Staaten sind es im Zeitraum 1986 bis 1996 Algerien, Ghana, Nigeria, Togo und die Demokratische Republik Kongo (ehemals Zaire), die mindestens einmal im Berichtszeitraum unter den zehn stärksten Herkunftsländern zu finden sind. Fast immer zählten dazu auch die asiatischen Staaten Afghanistan, Iran und Sri Lanka.

In den vier Jahren 1996 bis 1999 waren die Bundesrepublik Jugoslawien, die Türkei und der Irak die mit Abstand drei stärksten Herkunftsländer. Gerade bei diesen Staaten spiegeln auffallend hohe Anteile an einer bestimmten Volksgruppe die besonderen politischen Verhältnisse wider. Während von den Asylbewerbern aus Jugoslawien im ersten Halbjahr 1999 albanische Volkszugehörige dominierten, stieg im zweiten Halbjahr der Anteil der Roma so stark an, dass diese zur größten Volksgruppe

den Erstanträgen ist vor allem auf die deutlich niedrigere Zahl von Anträgen aus der Bundesrepublik Jugoslawien, die in den Vorjahren überwiegend aus dem Kosovo kamen, und der Türkei zurückzuführen. Gleichzeitig ist jedoch ein verstärkter Anstieg der Folgeanträge von abgelehnten Asylbewerbern festzustellen. Wurden 1996 im Bundesamt 33.000 Folgeanträge verzeichnet, so waren es 1997 schon 47.300 und 43.200 im Jahr 1999. Im Zeitraum 1990 bis Ende 1999 haben insgesamt 1,9 Millionen Menschen in Deutschland Asyl beantragt, von denen 120.000 (6,3%) Asyl gewährt wurde.

wurden. Unter den Asylbewerbern aus der Türkei wie auch aus dem Irak waren die Kurden am häufigsten vertreten.

Anerkennungen

Seit 1987 liegt die Anerkennungsquote, bezogen auf die Gesamtzahl aller Entscheidungen durch das Bundesamt im Jahr bei unter 10%. 1995 war sie mit 9% vergleichsweise hoch. 1999 wurden von den 135.504 Entscheidungen 3% (4114) der Asylbewerber als Asylberechtigte anerkannt. Hinzukommen 6147 Ausländer, die zwar nach Artikel 16a GG nicht anerkannt wurden, denen aber Abschiebeschutz gewährt wurde, d.h. das so genannte kleine Asyl gemäß § 51 Abs. 1 Ausländergesetz (AuslG). Außerdem erhielten 2100 abgelehnte Asylbewerber auf Grund von Abschiebungshindernissen (§ 53 Ausländergesetz) eine Aufenthaltsgenehmigung

oder Duldung. Weiterhin bekommt ein nicht unbeträchtlicher Teil der abgelehnten Asylbewerber ein befristetes Bleiberecht (Aussetzung der Abschiebung, Duldung), da diese Personen aus rechtlichen oder tatsächlichen Gründen nicht abgeschoben werden dürfen oder nicht abgeschoben werden können (§ 54 bis 56 Ausländergesetz). Bei der Höhe der Anerkennungsquote durch das Bundesamt bleiben auch diejenigen Anerkennungen unberücksichtigt, zu denen das Bundesamt erst auf Grund rechtskräftiger Urteile der Verwaltungsgerichte verpflichtet wird. Dadurch würde sich die Anerkennungsquote erhöhen. Der Bundesbeauftragte für Asylangelegenheiten hat das Recht, gegen alle Entscheidungen des Bundesamtes zu klagen.

Bei einigen Herkunftsländern ist eine überdurchschnittlich hohe Anerkennungsquote von Asylbewerbern durch das Bundesamt festzustellen. So wurden 1999 zwar nur 4,7% der Asylbewerber aus dem Irak anerkannt, 36% erhielten aber Abschiebeschutz (§ 51 AuslG), für den Iran lauten die entsprechenden Zahlen 10% Anerkennung und 7% Abschiebeschutz. Aus Ruanda wurden 20%, aus Burundi 27% und aus Tunesien 15% der Asylsuchenden anerkannt. Darüber hinaus erhielten 33% der Asylbewerber aus Burundi Abschiebeschutz (§ 51 AuslG). Auch für Asylbewerber aus der Türkei liegt die Anerkennungsquote mit 10% über dem Durchschnitt.

Asylwanderung im europäischen Vergleich

Bei insgesamt rückläufigen Asylbewerberzahlen beantragen nach wie vor immer noch die meisten Asylbewerber, die nach Europa kommen, in Deutschland Asyl ❹, wenn auch – bezogen auf die Einwohnerzahl – Deutschland bei Weitem nicht an erster Stelle steht. Im Zeitraum 1992 bis 1999 wurden in den EU-Staaten einschließlich der Schweiz und Norwegen 3,1 Mio. Asylbewerber

⑥ Asylbewerber im europäischen Vergleich 1995-1999

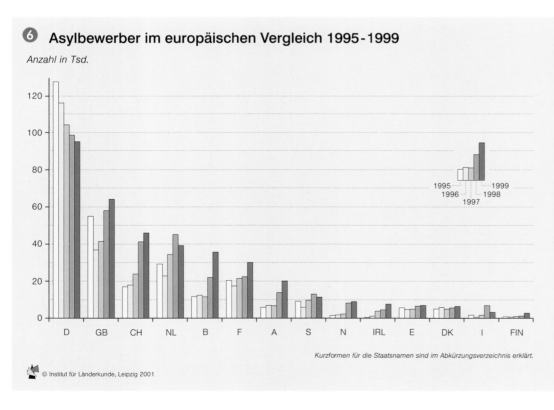

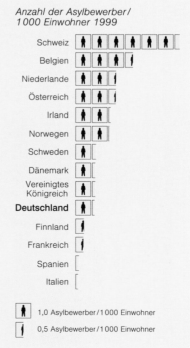

registriert, von denen 1,4 Mio. (46%) in Deutschland Schutz suchten. Von den 378.000 Asylsuchenden des Jahres 1999 stellten 25% einen Asylantrag in Deutschland. Die Asylbewerberzahlen des Jahres 1992 waren in Deutschland fast 14-mal höher als in Großbritannien und sogar 15-mal höher als in Frankreich. Darüber hinaus hat Deutschland mit insgesamt rund 400.000 Bürgerkriegsflüchtlingen die meisten Flüchtlinge aus dem ehemaligen Jugoslawien aufgenommen. Während die Asylbewerberzahlen in Deutschland fallen, weisen die Zahlen in Großbritannien, Belgien, Frankreich, der Schweiz und den Niederlanden eine nahezu stetige Zunahme auf. Der UNHCR geht Anfang 1999 weltweit von 11,5 Mio. Flüchtlingen und 1,3 Mio. Asylsuchenden aus.

Resümee

Auf Grund seiner Lage, seiner ökonomischen Bedingungen und politischen Stabilität sowie der Rechtssicherheit kommt nach wie vor ein hoher Anteil an Flüchtlingen, Asylbewerbern und Arbeitsmigranten nach Deutschland. Es kann davon ausgegangen werden, dass die internationalen Wanderungsbewegungen auch in Zukunft nicht abnehmen werden. Gründe hierfür sind die fortschreitende Globalisierung, eine anhaltende wirtschaftliche und soziale Ungleichheit zwischen den Staaten, politische Umbrüche sowie ethnische und religiöse Konflikte. Gerade deshalb wird es notwendig sein, Zuwanderung nach Deutschland zu regulieren. Dabei ist deutlich zu unterscheiden zwischen Asyl und Einwanderung. Während es bei Asyl um den Schutz von politisch Verfolgten geht, um uneigennützige Unterstützung für Hilfe suchende politische Flüchtlinge zu gewähren, hat Einwanderung vorrangig die Interessen und den Bedarf Deutschlands zu berücksichtigen. Beides, Asyl und Einwanderung, lässt sich aber nur im europäischen Kontext sinnvoll, d.h. sozialverträglich und mit Rücksicht auf die Realisierbarkeit, regeln. Nicht Abschottung oder schrankenloser Zuzug sind die Alternative, sondern geregelte Zuwanderung und Weiterentwicklung der rechtlichen Grundlagen in Verbindung mit der Gewährung von Asyl.◆

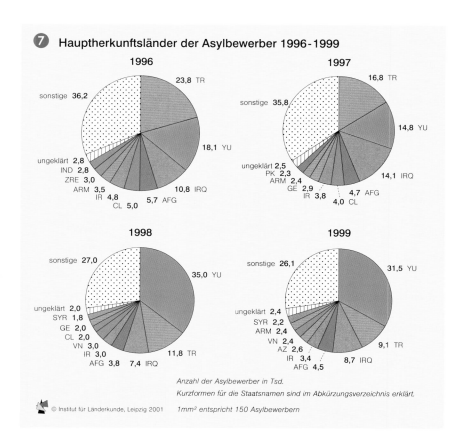

❼ Hauptherkunftsländer der Asylbewerber 1996-1999

Anzahl der Asylbewerber in Tsd.
Kurzformen für die Staatsnamen sind im Abkürzungsverzeichnis erklärt.

© Institut für Länderkunde, Leipzig 2001

1mm² entspricht 150 Asylbewerbern

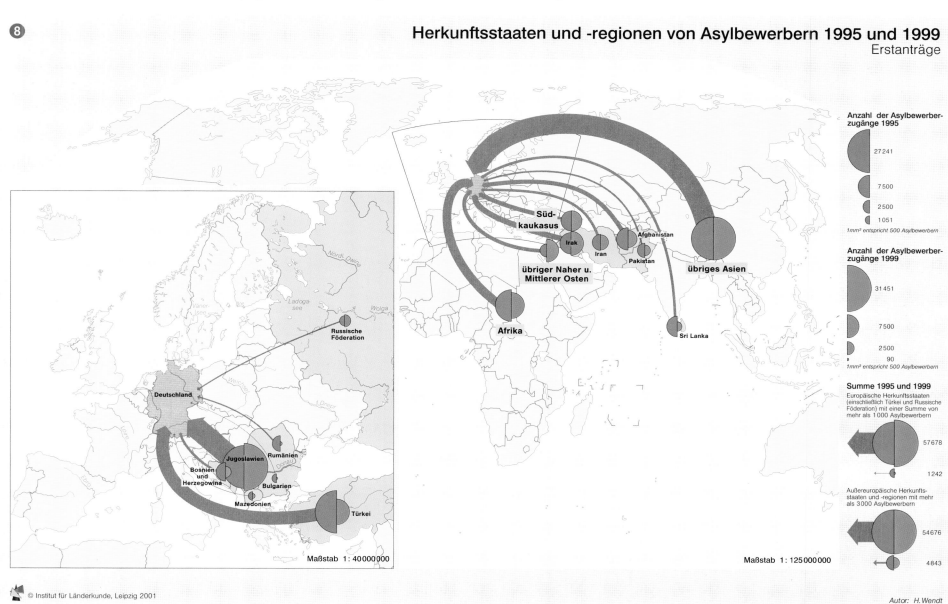

❽ Herkunftsstaaten und -regionen von Asylbewerbern 1995 und 1999
Erstanträge

© Institut für Länderkunde, Leipzig 2001

Autor: H. Wendt

Struktur und Dynamik der Bevölkerung

Franz-Josef Kemper

In den vorangegangenen Beiträgen des Atlasses sind einzelne Komponenten der Bevölkerungsentwicklung und unterschiedliche Merkmale der Bevölkerungsstruktur in ihren räumlichen Variationsmustern dargestellt worden. Bei aller Vielfalt dieser Muster können zahlreiche Ähnlichkeiten in den Verteilungen aufgedeckt werden, die nicht nur auf bestimmte räumliche Kontexte wie Stadt-Land-Differenzierungen oder Ost-West-Unterschiede, sondern auch auf Zusammenhänge zwischen den einzelnen Merkmalen zurückzuführen sind. So beeinflusst die Altersstruktur einer Region offensichtlich die natürliche Bevölkerungsbewegung, d.h. das Ausmaß von Geburten und Sterbefällen, während Wanderungen und Geburtenbilanz den Altersaufbau verändern können. An dieser Stelle sollen einige Verknüpfungen kartographisch dargestellt werden, wobei für nähere Hinweise zu den beteiligten Indikatoren auf die entsprechenden Beiträge verwiesen sei. Die Dynamik ergibt sich aus dem Zusammenwirken der beiden Komponenten

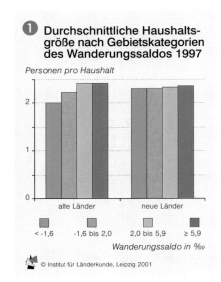

① Durchschnittliche Haushaltsgröße nach Gebietskategorien des Wanderungssaldos 1997

natürliche Bevölkerungsbewegung und Wanderungen. Aus der großen Menge von Strukturmerkmalen wurden drei Indikatoren ausgewählt, welche die Zusammensetzung der Bevölkerung nach Alter, Haushaltsgröße und Staatsangehörigkeit beleuchten, von denen die Haushaltsgröße nicht kleinräumig differenziert wurde ①.

Komponenten der Bevölkerungsdynamik

Zwischen Ende 1990 und Ende 1997 ist die Bevölkerung der alten Länder um 4,8% angestiegen, während sie in den neuen Ländern einschließlich Berlin um 3,7% zurückging. Das Wachstum im Westen ist zum größten Teil auf Wanderungen zurückzuführen, in geringerem Ausmaß auch auf leichte Geburtenüberschüsse. Dagegen sind die Bevölkerungsverluste im Osten durch den Geburteneinbruch nach der Wende bedingt, während das Wanderungssaldo, dank der Zuwanderungen aus dem Ausland, die die hohen Abwanderungen nach Westdeutschland kompensieren konnten, sogar leicht positiv ist. In der zweiten Hälfte der 1990er Jahre, für die das Beobachtungsjahr 1997 charakteristisch ist, haben sich die Migrationsüberschüsse mit dem Ausland deutlich reduziert. Daher können in Ostdeutschland die Außenzuwanderungen nicht mehr die Binnenabwanderungen nach Westen ausgleichen, und der Bevölkerungsverlust von -4,7‰ übersteigt den weiterhin negativen natürlichen Saldo von -4,1‰. Allein in den Agglomerationsräumen ist der Migrationssaldo positiv ②. Bei einer räumlichen Differenzierung auf Kreisbasis ④ ergeben sich aber gerade in Ostdeutschland außergewöhnlich große Unterschiede der Bevölkerungsveränderung, die durch die Binnenwanderung, und hier vor allem durch die Umverteilung aus Kernstädten und peripheren ländlichen Räumen

in Umlandkreise der größeren Städte, verursacht werden. Betrachtet man die auf Einwohner bezogenen Migrationssalden, so liegen die Extremwerte alle in den neuen Ländern: auf der einen Seite suburbane Gebiete vor allem um Berlin mit hohen Wanderungsgewinnen, auf der anderen Seite Kernstädte mit starken Verlusten an Einwohnern.

Gegenüber dieser hohen Dynamik im Osten sind die Bevölkerungsveränderungen in Westdeutschland moderater. Neben einer Mehrzahl von Zuwanderungsregionen gibt es auch in den alten Ländern Kreise mit Abwanderungen. Hierzu zählen die meisten Kernstädte sowie Landkreise in Teilen Süddeutschlands, besonders im Südwesten, in denen die Verluste durch Abwanderung ins Ausland z.B. von Bürgerkriegsflüchtlingen zustande kommen. Zuwanderungen weisen nicht nur Umlandkreise auf, sondern auch angrenzende Teile des ländlichen Raumes, weit jenseits der Grenzen der Verdichtungsräume. Trotz einer Fruchtbarkeit, die in allen Regionen die Schwelle der Bestandserhaltung deutlich unterschritten hat, gibt es in Westdeutschland zahlreiche Gebiete mit Geburtenüberschüssen, so in großen Teilen Süddeutschlands, im Nordwesten und in Umlandkreisen. Dies lässt sich auf eine günstige Altersstruktur in diesen Räumen zurückführen, die sich durch den Zuzug junger Familien oder durch höhere Geburtenzahlen in früheren Perioden ergeben hat.

Zusammenhänge zwischen Dynamik und Struktur

Überprüft man die drei ausgewählten Strukturindizes auf Ähnlichkeiten zu den räumlichen Mustern der beiden Komponenten der Dynamik, so sind generell deutlichere Kovariationen mit der natürlichen Bevölkerungsveränderung festzustellen ②. Diese beruhen jedoch weniger auf kausalen Zusammenhängen, sondern eher auf Entwicklungsunterschieden vor und nach der Wende. So ist Ostdeutschland durch hohe Geburtendefizite und geringe Ausländeranteile gekennzeichnet. Beides hat offenbar verschiedene Ursachen. Der heutige Anteil ausländischer Bevölkerung spiegelt die Ausbreitung der Gastarbeiter und ihrer Familien in Westdeutschland noch deutlich wider. Der Indikator der Haushaltsgröße ist sowohl mit früheren Unterschieden in der Fruchtbarkeit und der Urbanisierungsgrad als auch mit heutigen Prozessen der Suburbanisierung verknüpft. In den alten Ländern weisen die Zuwanderungsgebiete, die vor allem im Umland oder im ländlichen Raum liegen, überdurchschnittlich große Haushalte auf, in Ostdeutschland sind dagegen die regiona-

len Variationen der Haushaltsgröße recht gering ①. Auch beim Altersindex, der die älteren Generationen auf die Zahl der Erwerbsfähigen zwischen 15 und 65 Jahren bezieht, sind in der Karte Gebiete, die in der Nachkriegszeit relativ hohe Geburtenzahlen hatten, durch niedrige Anteile älterer Menschen gekennzeichnet, so der Nordwesten, Teile von Baden und vor allem Mecklenburg und Brandenburg. Sehr deutlich ist der Zusammenhang zwischen natürlichem Saldo und Alterung: Je höher der Altenanteil in einem Kreis ist, um so ausgeprägter sind die Sterbeüberschüsse. Da an den Wande-

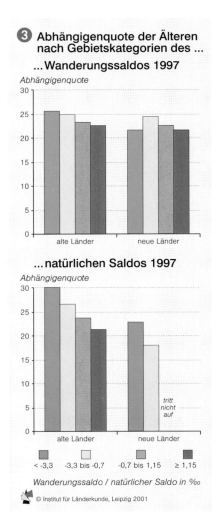

③ Abhängigenquote der Älteren nach Gebietskategorien des ...

...Wanderungssaldos 1997

...natürlichen Saldos 1997

rungen in der Regel vorwiegend jüngere Erwachsene beteiligt sind, führt andauernde Abwanderung zur Alterung in den Herkunftsgebieten, während in den Zuzugsräumen Alterungsprozesse gedämpft werden ③. Jedoch weisen die peripheren ländlichen Abwanderungsgebiete der neuen Länder noch geringe Anteile älterer Leute auf. Die langfristigen Auswirkungen auf den Altersaufbau hängen von Ausmaß und Schwankungen der Migrationen ab. Darüber können Prognosen und Modellrechnungen Auskunft geben.◆

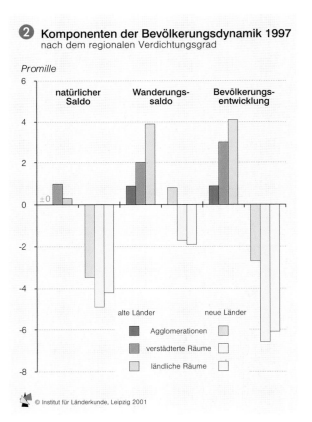

② Komponenten der Bevölkerungsdynamik 1997
nach dem regionalen Verdichtungsgrad

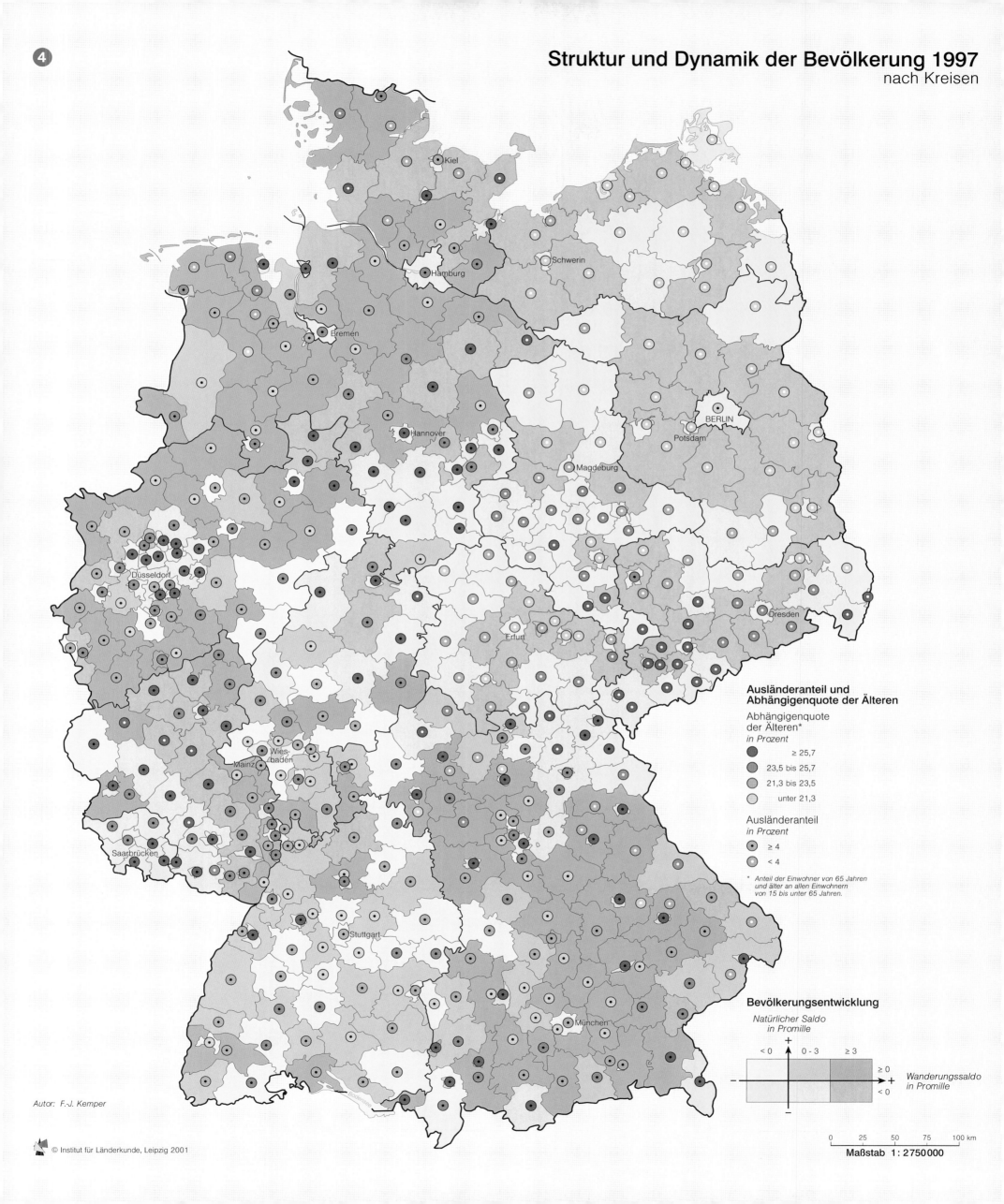

Die Bevölkerung der Zukunft

Hansjörg Bucher

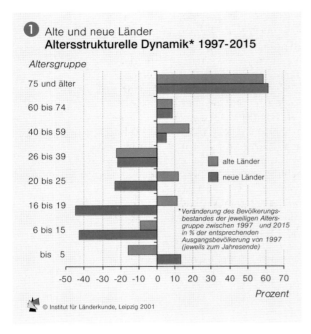

❶ Alte und neue Länder
Altersstrukturelle Dynamik* 1997-2015

Altersgruppe

75 und älter

60 bis 74

40 bis 59

26 bis 39

20 bis 25

16 bis 19

6 bis 15

bis 5

■ alte Länder
■ neue Länder

*Veränderung des Bevölkerungs-bestandes der jeweiligen Alters-gruppe zwischen 1997 und 2015 in % der entsprechenden Ausgangsbevölkerung von 1997 (jeweils zum Jahresende)

-50 -40 -30 -20 -10 0 10 20 30 40 50 60 70

Prozent

© Institut für Länderkunde, Leipzig 2001

Methodische Anmerkungen

Die Aussagen zur regionalen Bevölkerungsdynamik stützen sich auf eine Bevölkerungsprognose des Bundesamtes für Bauwesen und Raumordnung bis zum Jahr 2015. Der Bevölkerungsbestand des Jahresendes 1996 wurde jährlich fortgeschrieben durch die Prognose der Bevölkerungsbewegungen (Geburten, Sterbefälle, Zuzüge in die und Fortzüge aus den Regionen). Das Ausmaß dieser demographischen Ereignisse hängt ab von der Anzahl der Personen, denen ein solches Ereignis widerfahren kann, und von der Eintrittswahrscheinlichkeit des Ereignisses. Beispiel: Die Zahl der Geburten hängt ab von der Zahl der Frauen im gebärfähigen Alter und deren altersspezifischer Fruchtbarkeit.

Die Prognoseergebnisse werden bestimmt durch die Ausgangssituation und durch das künftige gewollte oder ungewollte Verhalten der Menschen bezüglich der Fortpflanzung, des Weiterlebens und der Wohnstandortwahl. Die regionale Vielfalt demographischer Entwicklungsmuster ist somit zurückzuführen auf räumliche Unterschiede in der Fruchtbarkeit, in der Mortalität (Lebenserwartung) und der Mobilität sowohl zwischen den Regionen als auch zwischen den Regionen und dem Rest der Welt. Derzeit und in der nächsten Zukunft wird eine Konsolidierung dieser Faktoren erwartet. Diese besteht aus Angleichungsprozessen zwischen Ost- und Westdeutschland, aus Stabilisierungstendenzen bei neu herausgebildeten Mustern und schließlich aus dem Verschwinden einigungsbedingter Besonderheiten im demographischen Verhalten.

Die Gestaltung der Zukunft durch die Politik erfordert zukunftsbezogene Informationen. Planung wird durch Menschen und für Menschen betrieben. Planerisches Handeln ist daher anthropozentriert. Insofern stellt die künftige Bevölkerungsentwicklung einen wichtigen Eckwert politischen Handelns dar. Hat die Einflussnahme auf die künftige Entwicklung auch eine räumliche Dimension, dann kommt zur Bevölkerungszahl und deren innerer Struktur (Alter, Geschlecht, Nationalität, Familienstand u.ä.) noch deren räumliche Verteilung als wesentlicher Bestandteil hinzu. Regionalisierte Bevölkerungsprognosen haben gegenüber gesamträumlichen Prognosen als zusätzliches Element die Binnenwanderungen zu berücksichtigen. Prognosen werden dadurch komplexer und auch riskanter.

Bevölkerungen besitzen allerdings als Aggregat Eigenschaften, die Vorhersagen erleichtern. Dazu zählen die Langlebigkeit der Menschen und die zeitliche Stabilität von demographischen Verhaltensmustern aufgrund ihrer Einbindung in soziale, kulturelle und ökonomische Systeme. Prognosen zur Bevölkerungsentwicklung haben deshalb schon eine relativ lange Tradition (seit ca. 1895); sie können sich zudem über einen längeren Zeitraum erstrecken als beispielsweise Wirtschaftsprognosen. Zumeist werden sie von Statistischen Ämtern oder planenden Verwaltungen, seltener von privaten Forschungsinstituten oder anderen wissenschaftlichen Einrichtungen durchgeführt. Regionalisierte Prognosen für das gesamte Staatsgebiet der Bundesrepublik sind rar, kleinräumig unterhalb der Länderebene werden sie seit der deutschen Einigung nur noch vom Bundesamt für Bauwesen und Raumordnung (BBR) berechnet.

Charakteristika der Bevölkerungsprognosen

Prognosen folgen dem Wenn-dann-Prinzip. Sie werden in Form eines mathematischen Gleichungssystems dargestellt. Einige Elemente der Gleichungen müssen mit künftigen Werten gefüllt werden. Diese strategischen Parameter sind die Prognoseannahmen. *Wenn* diese Annahmen eintreffen, *dann* wird sich die Bevölkerungsentwicklung auch so einstellen, wie das Gleichungssystem dies beschreibt. Die Annahmenfestlegung basiert zumeist auf Zeitreihenanalysen der regionalen Bevölkerungsentwicklung mit anschließenden raum-zeitlichen Analogieschlüssen: Aus Ereignissen in der Vergangenheit wird auf künftige Ereignisse geschlossen, in derselben Region oder in einer anderen. Zeitliche Analogieschlüsse meinen Trendfortschreibungen, eine durchaus vertretbare

Methode, wenn Kontinuität und Stabilität in der Entwicklung erkennbar sind. Treten jedoch Strukturbrüche wie die deutsche Einigung oder starke zeitliche Schwankungen z.B. bei den Außenwanderungen auf, erhöht sich das Prognoserisiko, und andere inhaltlich argumentierende Ansätze sind gefragt.

Charakteristika der Bevölkerungsdynamik

Die aktuellen Trends der Bevölkerungsentwicklung sind stabil und werden sich – folgt man der aktuellen Prognose des BBR – in der näheren Zukunft nicht wesentlich ändern. Hervorzuheben sind:

• die Bevölkerungsabnahme durch Sterbeüberschüsse
• deren partielle Kompensation durch internationale Wanderungsgewinne
• die Alterung der Bevölkerung
• die räumliche Umverteilung von Ost nach West

• die siedlungsstrukturellen Veränderungen mit groß- wie kleinräumigen Dekonzentrationsprozessen im Westen, mit großräumigen Konzentrations- und kleinräumigen Dekonzentrationsprozessen im Osten

Räumliche Unterschiede in der Dynamik

Die größten Disparitäten der Bevölkerungsdynamik bestehen zwischen West- und Ostdeutschland ❷. Nur wenige Regionen des Westens haben bis zum Jahr 2015 Bevölkerungsabnahmen zu erwarten, nur wenige Regionen des Ostens halten oder vergrößern ihre Bevölkerung – durchweg Regionen mit Suburbanisierung (▶▶ Beitrag Herfert, S. 116), in denen die Sterbeüberschüsse durch Wanderungsgewinne überkompensiert werden können. Auch im Westen haben suburbane Räume die größte Dynamik zu erwarten, während viele Kernstädte vor einer Stagnation oder

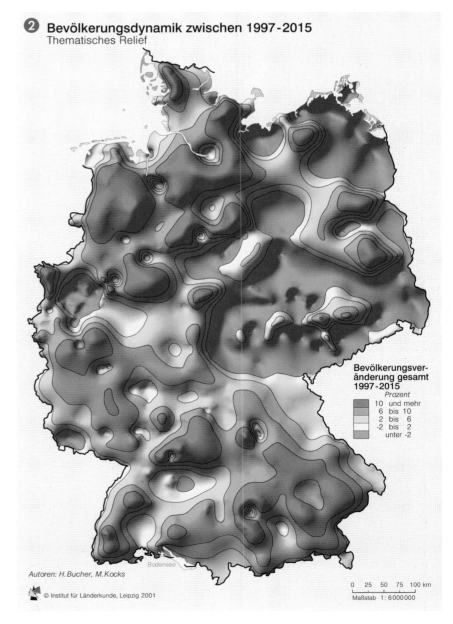

❷ Bevölkerungsdynamik zwischen 1997-2015
Thematisches Relief

Bevölkerungsver-änderung gesamt 1997-2015
Prozent
■ 10 und mehr
■ 6 bis 10
■ 2 bis 6
□ -2 bis 2
■ unter -2

Autoren: H. Bucher, M. Kocks

© Institut für Länderkunde, Leipzig 2001

0 25 50 75 100 km

Maßstab 1 : 6 000 000

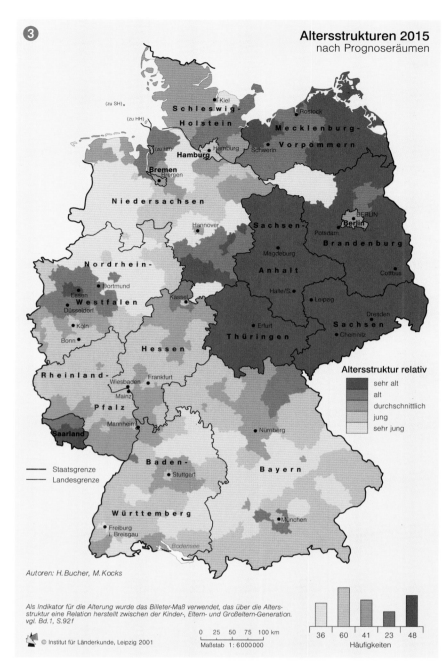

Altersstrukturen 2015
nach Prognoseräumen

Altersstruktur relativ
- sehr alt
- alt
- durchschnittlich
- jung
- sehr jung

— Staatsgrenze
— Landesgrenze

Autoren: H. Bucher, M. Kocks

Als Indikator für die Alterung wurde das Billeter-Maß verwendet, das über die Altersstruktur eine Relation herstellt zwischen der Kinder-, Eltern- und Großeltern-Generation. vgl. Bd.1, S.92f

© Institut für Länderkunde, Leipzig 2001

0 25 50 75 100 km
Maßstab 1: 6000000

| 36 | 60 | 41 | 23 | 48 |

Häufigkeiten

ren: Die Städte werden jünger als das Umland sein.

Hinter dem globalen Indikator der Alterung stehen viele Einzeltrends, da die unterschiedlichen Jahrgangsbesetzungen als Wellenberge oder -täler die Altersgruppen durchlaufen ❶. Die stärksten Spuren hinterlässt der Geburteneinbruch nach der Wende in der Bildungsbevölkerung der neuen Länder (▸▸ Beitrag Gans, S. 96). Das Potenzial der Primarstufe und der beiden Sekundarstufen halbiert sich nahezu. Die langfristige Stabilität des generativen Verhaltens in Westdeutschland lässt dort die Echoeffekte zwischen den Generationen besonders deutlich hervortreten. Auffallende, aber keinesfalls überraschende Gemeinsamkeiten ergeben sich in der Dynamik der ab 60-Jährigen, die ja zu einer Zeit geboren wurden, als die deutsche Teilung noch nicht bestanden hatte.

Die skizzierten Entwicklungen sind typisch für hochentwickelte Industriestaaten des Westens, man fasst sie im Beschreibungsmodell des zweiten demographischen Übergangs zusammen (▸▸ Beitrag Gans/Ott, S. 92). Einige Trends sind einigungsbedingt und vermutlich nur vorübergehend. Schrumpfende und alternde Bevölkerungen stehen in starkem Gegensatz zur Dynamik in vielen Dritte-Welt-Staaten mit hohen Wachstumsraten. Im Weltmaßstab wird sich die Bevölkerungsverteilung erheblich verändern, der Wanderungsdruck auf die Industriestaaten steigt zwangsläufig. In Verbindung mit einer Globalisierung der Wirtschaft wird die Bevölkerungsentwicklung innerhalb Deutschlands zunehmend durch internationale Trends beeinflusst werden. ♦

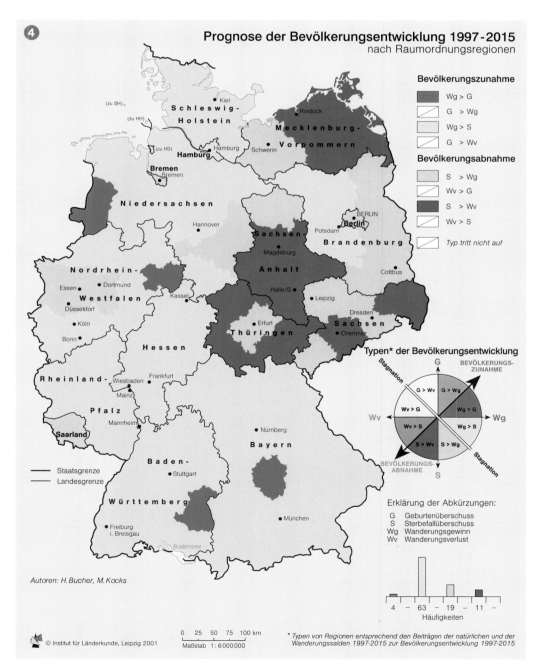

Prognose der Bevölkerungsentwicklung 1997-2015
nach Raumordnungsregionen

Bevölkerungszunahme
- Wg > G
- G > Wg
- Wg > S
- G > Wv

Bevölkerungsabnahme
- S > Wg
- Wv > G
- S > Wv
- Wv > S

Typ tritt nicht auf

Typen* der Bevölkerungsentwicklung

BEVÖLKERUNGS-ZUNAHME
Stagnation
G
G > Wv | G > Wg
Wv > G | Wg > G
Wv | Wg
Wv > S | Wg > S
S > Wv | S > Wg
BEVÖLKERUNGS-ABNAHME
S
Stagnation

Erklärung der Abkürzungen:
G Geburtenüberschuss
S Sterbefallüberschuss
Wg Wanderungsgewinn
Wv Wanderungsverlust

— Staatsgrenze
— Landesgrenze

Autoren: H. Bucher, M. Kocks

© Institut für Länderkunde, Leipzig 2001

0 25 50 75 100 km
Maßstab 1: 6000000

| 4 | 63 | 19 | 11 |

Häufigkeiten

* Typen von Regionen entsprechend den Beiträgen der natürlichen und der Wanderungssalden 1997-2015 zur Bevölkerungsentwicklung 1997-2015

Bevölkerungsabnahme stehen. Die geringer verdichteten Räume des Nordwestens profitieren nicht nur von kleinräumiger, sondern auch von internationaler Zuwanderung, die überwiegend durch Migranten, die über Aufnahmeeinrichtungen für Aussiedler und Asylsuchende ins Land kommen.

Die räumlichen Umverteilungen haben mehrere dynamische Komponenten, die sich gegenseitig verstärken oder abschwächen können ❹. Die häufigste westdeutsche Konstellation sind regionale Bevölkerungszunahmen, bei denen die Sterbeüberschüsse durch Wanderungsgewinne überkompensiert werden. Nur noch wenige Regionen (Emsland, Paderborn, Donau-Iller und Ingolstadt) haben – über den gesamten Zeitraum gesehen und lediglich aufgrund günstiger Altersstrukturen – Geburtenüberschüsse. Im Osten überwiegen solche Regionen, bei denen die Wanderungsgewinne (häufig aus dem Ausland) die Sterbeüberschüsse nicht ausgleichen können. Aber auch Regionen mit zweifacher Ursache der Bevölkerungsabnahme (Sterbeüberschüsse und Wanderungsverluste) sind – zumeist in ländlichen Räumen – vertreten. Diese Kon-

stellation wirkt besonders stark auf den inneren Aufbau der Bevölkerung (▸▸ Beitrag Maretzke, S. 46).

Räumliche Unterschiede in der Alterung

Altersstrukturen verändern sich nur langfristig, fast schleichend. Um so bemerkenswerter ist es, dass die räumlichen Muster der Altersstruktur innerhalb von weniger als zwei Jahrzehnten erhebliche Veränderungen erfahren werden ❷ (▸▸ Beitrag Maretzke, S. 46). Beschleunigte Alterungsprozesse laufen in den neuen Ländern und in bestimmten siedlungsstrukturellen Kategorien des Westens ab. Ergebnis ist zunächst eine Angleichung von Altersstrukturen, weil jene schnell alternden Regionen zuvor jüngere Bevölkerungen hatten. Danach geht dieser Prozess jedoch weiter, so dass im Jahr 2015 diese vormals jungen Regionen zu denen mit überdurchschnittlich alter Bevölkerung zählen werden. Der Norden der neuen Länder, bisher eher jung, wird dann zu den alten Regionen zählen, und zwischen einigen westdeutschen Großstädten und deren Umland wird sich das Gefälle der Altersstruktur umkeh-

Anhang

Ein Nationalatlas für Deutschland

Konzeptkommission

Was ist ein Nationalatlas und für wen wird er gemacht?

Die Alltagserfahrung konfrontiert die meisten Menschen mit Schulatlanten und Straßenatlanten, die jeweils ihrem spezifischen Zweck entsprechend über die Länder der Welt oder über Straßen und Orte einer Region informieren. Ein Nationalatlas dagegen macht es sich zur Aufgabe, ein Land in allen seinen Dimensionen darzustellen. Dazu zählen die natürlichen Grundlagen, die Gesellschafts- und die Bevölkerungsstruktur, die Verteilung von Ressourcen, Siedlungen, Verkehrsnetzen und Wirtschaftskraft sowie weitere Elemente der Landesausstattung und Landesentwicklung. Ein Nationalatlas dient der räumlich differenzierten Information über das gesamte Land für seine Bewohner und Gäste, aber auch der Repräsentation eines Landes nach außen. Für diesen ersten deutschen Nationalatlas ist es darüber hinaus ein wichtiges Ziel zu dokumentieren, wie die über 40 Jahre getrennten zwei ehemaligen deutschen Teilstaaten zusammenwachsen.

Das Besondere eines Atlas ist es, die vielfältigen Inhalte in thematischen Karten darzustellen. Karten sind die ideale Form, von pauschalen zu räumlich differenzierten Aussagen zu gelangen. Eine Karte zeigt anschaulich regionale Unterschiede und vermag auch Zusammenhänge und Hintergründe aufzuzeigen. Durch die notwendige Zeichenerklärung, durch ergänzende Grafiken und erläuternde Texte wird das Lesen und Verstehen der Karten als Abbildung der räumlichen Strukturen und Prozesse erleichtert.

Der Atlas will an Deutschland Interessierte im In- und Ausland ansprechen. Er möchte Diskussionsstoff für Schulen und Universitäten bieten und als Nachschlagewerk in Familien und Bibliotheken dienen. Die räumliche Perspektive soll Staunen erwecken und neue Fragen aufwerfen. Als Schnittstelle zwischen Wissenschaft und Öffentlichkeit will er das Verständnis für die räumliche Differenzierung sozialer, wirtschaftlicher und naturräumlicher Strukturen und Prozesse schärfen, ein Interesse für Kartographie und Geographie wecken und als fundierte Informationsquelle für breite Bevölkerungskreise dienen. Deshalb ist es ein Anliegen, die wissenschaftlichen Inhalte für Laien zu erläutern, Begriffe zu definieren und die Themen anschaulich in Bild, Grafik und Karte darzustellen. Weiterführende Literaturangaben im Anhang ermöglichen interessierten Laien und Fachleuten eine Vertiefung der Themen.

Wie kam es zum Projekt Nationalatlas?

Fast alle europäischen und auch viele außereuropäische Länder besitzen einen Nationalatlas. Seit im Jahr 1899 Finnland den ersten Nationalatlas herausgegeben hat, um damit sein Streben nach Unabhängigkeit von Russland zu dokumentieren, gehören Nationalatlanten zu den Insignien souveräner Staaten. Aufgrund der ständig wechselnden Grenzen Deutschlands und der territorialen Ansprüche der verschiedenen deutschen Staatsführungen hat es nie einen Nationalatlas für Deutschland gegeben. In der DDR erschien in den Jahren 1976-81 der anspruchsvolle „Atlas Deutsche Demokratische Republik". In der Bundesrepublik Deutschland gab es zwei thematische Atlaswerke: „Die Bundesrepublik Deutschland in Karten" (Statistisches Bundesamt, Institut für Landeskunde und Institut für Raumforschung 1965-70) sowie den „Atlas zur Raumentwicklung" (Bundesforschungsanstalt für Landeskunde und Raumordnung 1976-87). Beide beanspruchen jedoch nicht den Status eines Nationalatlas.

Die Wiedervereinigung der beiden deutschen Teilstaaten im Jahr 1990 erschien deshalb als geeigneter Zeitpunkt, die Erstellung eines gesamtdeutschen Atlaswerkes zu konzipieren. Der Versuch, nach ersten Planungen eine staatliche Finanzierung des Projektes zu erzielen, schlug fehl. Im Jahr 1995 beschlossen die Dachverbände der deutschen Geographen und Kartographen[1] sowie die Deutsche Akademie für Landeskunde, das Projekt zusammen mit dem Institut für Länderkunde in Leipzig (IfL) auch ohne staatlichen Auftrag zu verwirklichen.

Nach dem Erscheinen des Pilotbandes (1997) begann das IfL mit der Realisierung des Projektes aus institutionellen Mitteln, die das Institut von seinen Zuwendungsgebern erhält, dem Bundesministerium für Verkehr, Bau- und Wohnungswesen sowie dem Sächsischen Staatsministerium für Wissenschaft und Kunst. Darüber hinaus konnten für einzelne Bände Projektmittel und Fördersummen eingeworben werden.

Wer wirkt am Nationalatlas mit?

Das Institut für Länderkunde als Forschungsinstitut der Wissenschaftsgemeinschaft Gottfried Wilhelm Leibniz ist Herausgeber des Nationalatlas Bundesrepublik Deutschland. Es konzipiert das Gesamtwerk und koordiniert die Mitarbeit einer Vielzahl von Wissenschaftlern, die als Koordinatoren für einzelne Bände wirken oder als Autoren die Inhalte und Entwürfe der Karten sowie die Textbeiträge erarbeiten.

Das Projekt steht unter Schirmherrschaft des derzeitigen Präsidenten des Deutschen Bundestages Wolfgang Thierse.

Die Deutsche Gesellschaft für Geographie, die Deutsche Gesellschaft für Kartographie und die Deutsche Akademie für Landeskunde unterstützen das Projekt als **Trägerverbände**.

Vertreter dieser Verbände und des IfL bilden eine **Konzeptkommission**, die das Vorhaben konzeptionell unterstützt und bei der Ausarbeitung von Inhalt und Aufbau der einzelnen Bände zu Rate gezogen wird.

Zahlreiche Bundesbehörden und deutschlandweit tätige gesellschaftlich relevante Institutionen begleiten das Projekt darüber hinaus in einem **Beirat**, der beratende und unterstützende Funktion hat. In diesem Gremium sind besonders diejenigen Einrichtungen vertreten, deren Aufgaben das Gesamtwerk betreffen, während andere Bundesämter und Institutionen themenspezifisch für Einzelbände eingebunden sind.

Auf Anraten der Deutschen Gesellschaft für Kartographie wurde eine **kartographische Beratergruppe** gebildet, die dem Institut für Länderkunde in Fragen der grafischen Darstellung zur Seite steht.

Schließlich ist die **Atlasredaktion** im Institut für Länderkunde zu nennen, das sich für einige Jahre überwiegend auf dieses Vorhaben konzentriert. Lektorat, Gestaltung, Redaktion und computergrafische Bearbeitung der Karten, Abbildungen und Texte bis hin zum Layout und zu den Druckvorlagen erfolgen im Institut für Länderkunde.

Wie ist das Gesamtwerk aufgebaut?

Nationalatlanten anderer Länder aus den letzten Jahrzehnten zeigen, dass Atlanten nicht mehr ausschließlich aus analytischen und komplexen Karten bestehen, sondern multimedial mit Fotos, Grafiken und erläuterndem Text versehen sind. Außerdem sind bereits die ersten elektronischen Nationalatlanten erschienen. Der deutsche Nationalatlas erscheint in einer gedruckten wie auch in einer elektronischen Ausgabe. Das Konzept für die elektronische Ausgabe beruht darauf, die Inhalte der Druckausgabe in elektronischer Form vollständig wiederzugeben. Darüber hinaus ermöglicht das elektronische Medium, mit den im Atlas verarbeiteten Daten interaktiv Karten zu generieren und zu gestalten.

Die Konzeptkommission hat die Vielfalt der Themen, die zusammen das komplexe Deutschlandbild ergeben, in zwölf Bereiche eingeteilt. Dabei wurde auf innere Zusammenhänge von Themenkomplexen geachtet, doch mussten auch pragmatische Gesichtspunkte berücksichtigt werden. Die Einzelbände dürfen nicht als unabhängige Einheiten gesehen werden, da das Gesamtwerk die Vernetzung der verschiedenen

Natur- und Lebensbereiche berücksichtigt. Dabei kommt es bei Einzelthemen notwendigerweise auch zu Doppelungen. Das Zusammenspiel von Natur und Gesellschaft, von Siedlungsentwicklung und Bevölkerung, von Landwirtschaft und Ökologie kann immer von mehreren Seiten aus betrachtet werden, so dass viele Themen mit unterschiedlicher Schwerpunktsetzung und Blickrichtung in mehreren Bänden aufgegriffen werden. Durch die Vielzahl der Einzelthemen komplettiert sich das Gesamtbild Deutschlands in zwölf thematischen Bänden, die in etwa halbjährigem Turnus innerhalb von sechs Jahren (1999 - 2005) erscheinen werden.

- **Gesellschaft und Staat**
Der erste Band stellt die historischen und organisatorischen Hintergründe des Staatswesens der Bundesrepublik dar, geht auf die wichtigsten Elemente der Gesellschaft ein, thematisiert die verschiedenen Ebenen der administrativen Einteilung, die Deutschland in Länder, Kreise und Gemeinden untergliedert, sowie von anderen Instanzen definierte Regionen, wie z.B. Wahlbezirke, Bistümer und Landeskirchen oder Kammern.

- **Relief, Boden und Wasser**
Die naturräumlichen Grundlagen des Landes werden in zwei Bänden dargestellt, deren Leitthema das Zusammenwirken von Mensch und Natur ist. In dem ersten Band wird auf die naturräumliche Gliederung und Landschaftsnamen eingegangen, auf Veränderungen in Relief und Bodenbeschaffenheit und auf Qualität und Verteilung von Wasser und Gewässern.

- **Klima, Pflanzen- und Tierwelt**
Der zweite Band beschäftigt sich mit klimatischen Unterschieden in den verschiedenen Landesteilen und über längere Beobachtungszeiträume sowie mit der Verbreitung von Tier- und Pflanzenarten und mit Aspekten des Naturschutzes und der Landschaftspflege.

- **Bevölkerung**
Der Band befasst sich mit der in Deutschland lebenden Bevölkerung in ihrer vielfältigen Zusammensetzung und räumlichen Verteilung, mit ihren Veränderungen und den Faktoren, die dazu führen, wie Geburten und Sterbefälle, Zu- und Wegzüge, Einwanderungen aus dem Ausland und Auswanderungen in andere Länder.

- **Dörfer und Städte**
Das Siedlungssystem Deutschlands ist ein Kontinuum zwischen Stadt und Land, in dem städtische Lebensformen dominieren und ländliche Lebensformen auch in Städten in angepasster Form aufgegriffen werden. Der Band dokumentiert die für die deutsche Kulturlandschaft typische Vielfalt von Groß-, Mittel- und Kleinstädten mit ihren historischen Ortskernen und ihren Veränderungsprozessen.

• **Bildung und Kultur**
Der Band befasst sich mit Schule und Hochschule, Wissenschaft und Forschung, Berufsausbildung und Fortbildung sowie Kulturangeboten und -förderung von der Hochkultur bis zur Sozio- und Jugendkultur. Die regionale Differenzierung von Ausstattung und Nutzung von Kultur und Bildung stellt zugleich Komponenten des weltweiten Wettbewerbs um Wirtschaftsstandorte sowie eine Dimension von Lebensqualität in den Teilräumen Deutschlands dar, die nicht zuletzt auch zur Identifikation der Bevölkerung mit ihrer Region beiträgt.

• **Arbeit und Lebensstandard**
Die Welt der Arbeit, besonders der differenzierte Arbeitsmarkt, zu dem heutzutage auch die Arbeitslosigkeit mit dem speziellen Problem der Langzeitarbeitslosigkeit gehört, bilden einen wichtigen Aspekt des Lebensstandards der Menschen in Deutschland. Arbeit integriert oder schließt aus; sie ist der Schlüssel zur Teilhabe am Konsum, an Wohn- und Freizeitangeboten sowie zur Ausstattung mit Statussymbolen, die immer größere Bedeutung zu erlangen scheinen.

• **Unternehmen und Märkte**
Die Volkswirtschaft eines Landes bildet das Rückgrat seines Wohlstands. Zu ihr gehören die großen und die multinationalen Unternehmen sowie die unzähligen Klein- und Mittelbetriebe, die im ganzen Land Investitionen tätigen und Arbeitsplätze bieten, aber auch die Landwirtschaft, die sich längst vom traditionellen Bild des familiären Subsistenzbetriebes gelöst und in das Spektrum von Unternehmen eingereiht hat.

• **Verkehr und Kommunikation**
Der reibungslose Ablauf von Verkehr, Arbeits- oder Schulweg, Warentransport, Nachrichtenübermittlung und Energieübertragung ist Grundlage für das Funktionieren von Wirtschaft und Alltagsleben. Die moderne Gesellschaft ist undenkbar ohne Internet und Online-Banking, ohne den Flugverkehr für Fernreisen und die Geschäftsverbindungen zwischen den großen deutschen und europäischen Städten durch Flüge und Hochgeschwindigkeitszüge. Das, was als reiner Servicebereich im Hintergrund zu stehen scheint, ist ein umfangreicher Wirtschaftssektor, der mit allen Lebensbereichen und allen Teilräumen des Landes verbunden ist.

• **Freizeit und Tourismus**
Kaum ein anderes Volk reist so viel wie die Deutschen. Deutschland ist aber auch in jedem Jahr ein Reiseziel für Millionen von Touristen aus aller Welt. Zu Ferien, Kurzurlauben, Geschäftsreisen und Wochenendaufenthalten erhalten Landschaften und Städte Besucher aus allen Landesteilen. Die Gestaltung der Tages- und Wochenend-Freizeit wirkt sich auch kleinräumig auf Städte und Naherholungsgebiete aus.

• **Deutschland in der Welt**
Deutschland muss auch unter dem Blickwinkel der Globalisierung gesehen werden: die internationale Vernetzung und die Vereinheitlichung von Märkten, Werten und Lebensformen sowie die Verkürzung von Distanzen durch den Fortschritt der Verkehrstechnik und der Kommunikationsme-

dien machen sich im Leben jedes Einzelnen bemerkbar. Das Resultat ist eine enge internationale Verknüpfung fast aller Lebensbereiche. Ein Aspekt davon ist das Zusammenwachsen Europas, das für Deutschland mit neun Nachbarländern eine besondere Bedeutung hat.

• **Deutschland im Überblick**
Der Abschlussband will die wichtigsten Themen aller vorangegangenen Bände zu einem Überblick zusammenfassen und in aktualisierter Form darstellen.

Wie sind die Bände konzipiert?

Die wichtigsten Grundsätze für das Atlaswerk betreffen eine breite fachliche Einbindung durch Bandkoordinatoren und Autoren sowie inhaltliche Aktualität und Selektivität.

• **Bandkoordination**
Die Koordination der einzelnen Bände wurde an Fachleute übertragen, die über Erfahrung und Vernetzung in der Wissenschaft verfügen. Damit wird gewährleistet, dass das jeweilige Bandthema in einer dem neuesten wissenschaftlichen Stand entsprechenden Form aufgearbeitet wird und die Spezialisten für einzelne Teilthemen zu Wort kommen. Die Verankerung in Arbeitskreisen der Geographie ist dafür ein weiterer Garant.

• **Autoren**
Alle Bände bestehen aus zahlreichen Beiträgen von einer oder zwei Doppelseiten, deren Autoren jeweils benannt sind. Auf diese Weise ist die Verantwortlichkeit für wissenschaftliche Arbeiten eindeutig gekennzeichnet. Es ist erklärtes Ziel des Herausgebers, junge Wissenschaftler und Fachleute auch von außerhalb der wissenschaftlichen Institutionen zur Mitarbeit zu ermutigen sowie neben Geographen und Kartographen auch Repräsentanten anderer Raumwissenschaften und Disziplinen zu Wort kommen zu lassen.

• **Inhalte**
Das ausschlaggebende Kriterium für die Auswahl von einzelnen Themen der Atlasbände besteht in der Ausgewogenheit zwischen Aktualität und Zeitlosigkeit, zwischen der oft von kurzlebigen Einzelereignissen geweckten Aufmerksamkeit der Öffentlichkeit und langlebigen wissenschaftlichen Forschungsinteressen, zwischen Alltagsfragen und Grundlagenforschung. Für das Gesamtwerk ist eine gewisse konzeptionelle Vollständigkeit der Themen im Sinn einer umfassenden Landeskunde angestrebt, wobei Themenkomplexe oft nur durch Beispiele repräsentiert werden. Für deren Auswahl sind die bewusste Entscheidung der Herausgeber und Koordinatoren, aber auch die Verfügbarkeit von Daten und Autoren entscheidend.

• **Darstellungsformen**
Das Wesen eines Atlas ist die Darstellung durch Karten auf der Grundlage einer fachwissenschaftlich fundierten Kartographie. Die abstrakte Darstellungsform von Karten soll in ihrer Aussage jedoch anschaulich durch Bild und Grafik unterstützt werden. Hintergrundinformationen und Interpretationshinweise können zusätzlich durch Text vermittelt werden. Der Nationalatlas will diese Ausdrucksformen in dem Maß einsetzen, wie sie zur Verdeutlichung von

Inhalten notwendig sind und helfen, dem Leser ein Thema interessant und verständlich vorzustellen. Das Konzept sieht dabei Anteile von ca. 50% Karten, 25% Abbildungen und 25% Text vor.

Was ist von der elektronischen Ausgabe zu erwarten?

Die elektronische Ausgabe ist für einen großen Nutzer- und Interessentenkreis konzipiert und besteht aus der Kombination einer illustrativen und einer interaktiven Komponente. Die Atlasthemen sind für das Medium entsprechend aufbereitet und mit einem breiten Spektrum an multimedialen Karten und Abbildungen illustriert. Zusätzlich hat der Nutzer die Möglichkeit, die Informationen der Atlasthemen auch in interaktiv veränderbaren Karten aufzurufen, selbst zu gestalten und auszudrucken. Hier wird eine Möglichkeit zur regelmäßigen Aktualisierung von Daten gegeben sein.

Wie sieht die Zukunft des Nationalatlas aus?

Viele Daten und Informationen, die in Karten, Texten und Grafiken dargestellt und interpretiert werden, sind schon in kurzer Zeit veraltet. Die Schnelllebigkeit unserer Zeit verändert nicht nur soziale Verhältnisse, Einwohnerzahlen oder den Grad der Luftverschmutzung innerhalb kürzester Fristen. Selbst die für zeitlos gehaltenen naturräumlichen Bedingungen ändern sich schneller, als man glaubt. Innerhalb von wenigen Jahren entstehen Seenplatten, wo früher riesige Braunkohlegruben waren,

Landstriche werden aufgeforstet oder Moore trocknen aus. Ein Nationalatlas erfasst einen Status quo, der in der Zukunft als Messlatte dienen kann, an dem Veränderungen erkannt und ihr Ausmaß erfasst werden können. Es wird sich zeigen, ob weitere Auflagen mit aktualisierten Karten und Beiträgen auf Interesse stoßen. In der elektronischen Ausgabe wird dagegen eine Aktualisierung eines Teils der Datensätze regelmäßig erfolgen können.

Es ist schwer abzuschätzen, wie sich gesellschaftliche Anforderungen und die Technik innerhalb der nächsten Jahre verändern werden. Über die weitere Zukunft des Atlas über das Erscheinungsjahr des letzten Bandes hinaus soll hier nicht spekuliert werden. Vielleicht wird dann schon ein virtueller Nationalatlas im Internet präsentiert werden.

Leipzig, im Mai 2001

U. Freitag (Berlin)
K. Großer (Leipzig)
C. Lambrecht (Leipzig)
G. Löffler (Würzburg)
A. Mayr (Leipzig)
G. Menz (Bonn)
N. Protze (Halle)
S. Tzschaschel (Leipzig)
H.-W. Wehling (Essen)

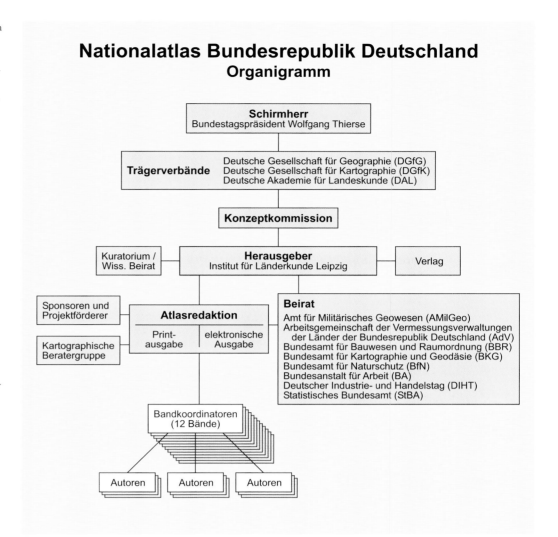

Nationalatlas Bundesrepublik Deutschland
Organigramm

Farbgestaltung der Karten und Grafiken

Konrad Großer

Fondfarben

Die Gestaltung der Beiträge im Nationalatlas Bundesrepublik Deutschland wird geprägt durch die Hauptkarten auf den rechten Seiten und die kleiner formatigen Karten und Grafiken, die sich neben Fotos, Tabellen und Glossaren in das Layout der linken Seiten einfügen. Die meisten Karten sind Inselkarten (vgl. Bd. 1, 9, 10; Anhang zur Kartographie) und stehen auf einem farbigen Hintergrund, dem sogenannten Fond ➊ Die Fondfarben sollen

- leicht wirken, aber deutlich abgrenzen;
- die Wahrnehmung der Farben im Kartenbild, in den Grafiken und den Legenden nicht beeinträchtigen;
- mit den Farben der Karte bzw. des Diagramms harmonieren;
- zum ästhetischen Gesamtbild jeder Doppelseite beitragen, und
- auf eine überschaubare Anzahl begrenzt sein.

Alle rötlichen Farben genügen den genannten Voraussetzungen nicht. Sie ergeben in starker Aufhellung unästhetische Rosatöne. Ähnliches gilt für Violett. Hingegen eignen sich *Gelb, Grün* und *Blau* sowie das unbunte *Grau* gut als Hintergrund. *Ocker* ergänzt die Palette der Fondfarben.

Der Benutzer des Nationalatlas sollte beachten, dass die Fondfarben *nicht* zur Gliederung der Beiträge oder der Kapi-

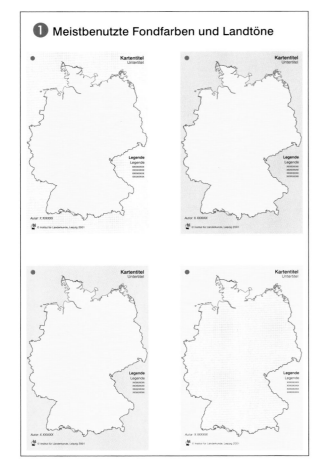

➊ **Meistbenutzte Fondfarben und Landtöne**

tel benutzt werden. Nur die *Glossare* sind stets *blau*, und die *Tabellen* meist mit *Ockertönen* hinterlegt, was einer Leitfunktion gleichkommt. Diese beiden Farben werden deshalb zurückhaltend als Fondfarben der Karten und Grafiken eingesetzt; Blau zum Beispiel in der Karte der Freizeit- und Erlebnisbäder (Bd. 10, S. 77). In einigen Weltkarten mit schematischem Charakter (Kartogramme) geht der blaue Fond in die Flächen der Weltmeere über (z.B. Bd. 4, S. 52, Bd. 10, S. 143).

Meist erhalten die Fonds eine *zum Kartenbild komplementäre Farbe*; z.B. Grün bei Gelb-Orange-Rot-Skalen im Kartenbild, wie in der Karte der Bevölkerungsdichte im Einleitungsteil eines jeden Bandes (s. S. 10). Bei den bunten (vielfarbigen) Kartenbildern findet ein *neutraler Hintergrund* (grau) Verwendung (s. S. 11; Bd. 1, S. 49, 53, 78). In anderen Karten unterstützt ein grauer Fond die nüchterne Sachlichkeit eines Themas, z.B. das der Verwaltungsgliederung (Bd. 1, S. 19) oder der Bevölkerungsverteilung (Bd. 4, S. 33). Die Fondfarben einer Doppelseite werden weitgehend *aufeinander abgestimmt*.

Landtöne

Der anstelle des Papierweiß benutzte Flächenton von Festland und von Inseln wird als *Landton* bezeichnet. Er erübrigt sich, sobald ein Thema flächenhaft dargestellt wird. In wenigen Karten wird der *thematische* Inhalt nur für Deutschland dargestellt, das Ausland aber bis zum Kartenrahmen durch aufgelichtete topographische Elemente auf einem Landton wiedergegeben. In diesen Fällen werden die Farben des Auslandes nach gleichen Grundsätzen gewählt wie die Fondfarben der Inselkarten.

In den echten *Rahmenkarten* – meist Europakarten – kontrastiert häufig ein gelber Landton mit den blauen Flächen der Meere und Seen; ggf. ist dieser Landton auch grau oder ocker. Für die Landtöne wird die gleiche Farbpalette wie für die Fonds benutzt.

Farben als Mittel grafischen Ausdrucks

Farben dienen in der Kartographie vor allem als grafisches Ausdrucksmittel, d.h. sie *übertragen Bedeutung* (vgl. Anhang zu Bd. 1, 9, 10). Eine Ausnahme bilden die oben erläuterten Fondfarben. Die Farbe im Sinne von Farbton und ihre Helligkeit werden zur Übertragung von Begriffen und Begriffssystemen in das grafische System genutzt.

Die *Farbhelligkeit* und damit stets verbunden die *Sättigung* der Farbe wirken *ordnend* und werden zur Wiedergabe variierender *Quantitäten* (ordinalskalierter

Daten) verwendet. Als allgemeines Prinzip gilt: Je stärker ein Merkmal ausgeprägt ist, um so dunklere Farben werden verwendet, und umgekehrt.

Mehrere aneinander gereihte Farben, deren Helligkeit (zugleich Sättigung) und/oder Farbton sich schrittweise ändern, nennt man in der Kartographie *Farbskala*. Zur Gewährleistung der sicheren Wahrnehmung von Farbskalen mit mehr als 6 oder 7 Stufen wird zumeist außer der Helligkeit (Sättigung) der Farbton abgewandelt. In den bisher erschienenen Nationalatlasbänden (Bd. 1, 4, 9, 10) werden insgesamt ca. 40 Farbskalen verwendet.

Der *Farbton* wirkt – vor allem bei Verwendung in höchster Sättigung – *selektiv* (unterscheidend) und wird daher zur Darstellung von *Qualitäten* (nominalskalierter Daten) eingesetzt.

Farbassoziationen – Farbkonventionen – Leitfarben

Die farbliche Gestaltung der Karten und Grafiken berücksichtigt weitgehend *Farbassoziationen* und *Farbkonventionen*. Darüber hinaus wurden für bestimmte Themen und Merkmale *Leitfarben* festgelegt.

Als *Farbassoziation* wird die gedankliche Verknüpfung einer Farbe, eines Farbenpaars oder einer Farbskala mit ihrer Bedeutung im Alltag oder Beruf bezeichnet. Die Farbassoziation wird stark von den Erfahrungen des Betrachters beeinflusst. Als relativ beständig gelten innere (psychische) Farbassoziationen. Sie beruhen auf den grundlegenden Farbwirkungen *hell – dunkel* und *warm – kalt*. Darüber hinausgehende Farbassoziationen hängen vom kulturellen und beruflichen Umfeld ab, in dem Farbe benutzt wird ➋.

Die *Farbkonvention* ist eine Übereinkunft über die einheitliche Verwendung bestimmter Farben und Farbskalen in Karten gleicher Thematik bzw. in Kar-

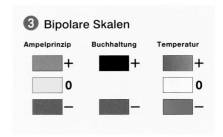

➋ **Farbassoziationen**

Hell-Dunkel-Wirkung

hell	*dunkel*
leicht	schwer
wenig	viel
schwach	stark

Warm-Kalt-Wirkung

Rot, Orange	*Blau, Blaugrün*
warm, heiß	kühl, kalt
positiv	negativ
trocken	feucht
gefährlich	ungefährlich
unruhig	ruhig
nah*	fern*

* in Verbindung mit der Trübung

Assoziation der Trübung

klar	*getrübt*
nah	fern

tenwerken. Farbkonventionen bestehen u.a. für topographische und für geologische Karten.

Als *Leitfarbe* wird eine Farbe bezeichnet, die die Zugehörigkeit von Kartenzeichen zu einer Klasse oder Unterklasse des Karteninhalts ausdrückt. Leitfarben können auch für mehrere Karten verwendet werden.

Bipolare Farbskalen

Wertefelder, die sowohl positive als auch negative Bereiche umfassen, erzwingen die Verwendung bipolarer, d.h. zweipoliger Skalen. Die Farben können nach folgenden drei Prinzipien (Assoziationen) zugeordnet werden; nach dem

a) *Ampelprinzip*, wobei *Grün* – „*freie Fahrt*" (d.h. problemlos), *Gelb* – „*Übergangsphase*" (auch neutral) und *Rot* – „*Stopp*" (Warnfarbe) bedeuten;

b) *Prinzip der Buchhaltung*, nach dem *Schwarz* den *Gewinn* (positiv) und *Rot* den *Verlust* (negativ, „rote Zahlen", Warnfarbe) kennzeichnen;

c) *Temperaturprinzip*, das *Rot* (oder allgemein warme Farben) für *Plus*-Temperaturen und *Blau* (bzw. allgemein kalte Farben) für *Minus*-Temperaturen verwendet, wie es in Klimakarten seit langem üblich ist ➌.

Nach dem Prinzip a) gestaltete Karten drücken die *Bewertung* einer Er-

➌ **Bipolare Skalen**

Ampelprinzip	Buchhaltung	Temperatur
+	+	+
0		0
–	–	–

scheinung aus. Besonders im Falle der Bevölkerungsentwicklung hängt diese Bewertung jedoch vom kulturellen Umfeld ab. Rote Kartenzeichen könnten bedeuten: *Achtung, Bevölkerungsabnahme!* (in Industrieländern); aber auch: *Achtung, Bevölkerungszunahme!* (in Entwicklungsländern), während Grün für die je nach Sichtweise günstigere Tendenz stünde. Das Prinzip b) in bewertendem Sinne wäre nur für ökonomische Zusammenhänge sinnvoll. Hingegen erweist sich das Temperaturprinzip c) als weitgehend wertfrei und wird daher im Nationalatlas im Einklang mit der einer Konvention (s.u.) gleichkommenden Farbgebung von Klimakarten generell angewendet.

Zweidimensionale Skalen – Farbmatrizen

Für die kartographische Umsetzung *zweier* Werteskalen in *einem* Flächenkartogramm werden zwei Möglichkeiten genutzt:

a) Die Wiedergabe auf *zwei Darstellungsebenen* durch eine *Farbskala* der Flächenfarben für das *erste* Merkmal, kombiniert mit darüber liegenden *Flächenmustern*, die das *zweite* Merkmal wiedergeben.

b) Alternativ dazu die *systematische Mischung zweier Farbskalen* in einer Farbmatrix, z.B. der Skalen von Gelb nach Grün und von Gelb nach Orange (vgl. Bd. 1, S. 99).

Die inhaltliche Synthese durch eine Farbsynthese auszudrücken, ist insofern problematisch, als dies bei den Kartennutzern farbtheoretisches Wissen voraussetzt.

Starke Farbassoziationen – Farbkonventionen

Als weitgehend verständliche Farbkonvention sind die stark assoziativen „topographischen Farben" anzusehen: *Blau – Gewässer, Grün – Wald* und ggf. *Rot – Siedlungsflächen*. Das gilt in ähnlicher Weise für die aus Schulatlanten bekannten Farben von *Höhenschichten* in der traditionellen *Grün-Gelb-Braun-Skala* (vgl. die geographische Übersichtskarte, S. 11).

Eine nirgends festgeschriebene, aber verbreitete Konvention dürfte auch die Unterscheidung des *männlichen* und des *weiblichen* Bevölkerungsteils durch *Blau* und *Rot* sein (Bd. 1, S. 87; Bd. 4, S. 15, 60).

Erfahrungsbedingte Farbassoziationen als Leitfarben

Alter und Entwicklung, Prognose und Planung ❹
Zur Kennzeichnung des *Alters* und der *Entwicklung* von Objekten, Räumen oder Erscheinungen wird das in der Kartographie übliche Prinzip *alt – dunkel, jung – hell* angewendet (Bd. 1, S. 92 f., 130 f.). Es kehrt sich jedoch um, sobald als *Zeitreihen* vorliegende Daten wiederzugeben sind: *alte Daten – hell, aktuelle Daten – dunkel*. Damit werden die aktuellen Daten hervorgehoben (Bd. 4, S. 37).

Ähnlich wird bei der Darstellung von *Prognosen* verfahren; je weiter die Aussage in die Zukunft vorausgreift, um so

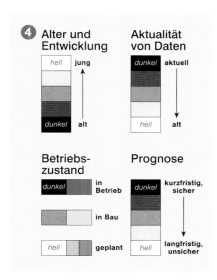

❹ Alter und Entwicklung

| hell | jung |
| dunkel | alt |

Aktualität von Daten

| dunkel | aktuell |
| hell | alt |

Betriebszustand

dunkel	in Betrieb
	in Bau
hell	geplant

Prognose

| dunkel | kurzfristig, sicher |
| hell | langfristig, unsicher |

heller die Farben (Bd. 9, S. 28). Dasselbe Prinzip liegt der Differenzierung von *Planungs- und Betriebszustand* zugrunde (Bd. 9, S. 47, Bd. 10, S. 83). In der Darstellung durch Farbtöne kennzeichnen *Rot – in Betrieb* und *Grün (Blau) – in Planung* (Bd. 9, S. 110, Bd. 10, S. 37, 79).

Siedlungsstrukturelle Typen
Ein in mehreren Bänden des Atlas wiederkehrendes Gliederungsprinzip ist die Unterscheidung von Raumeinheiten nach der Siedlungsstruktur. Diese siedlungsstrukturellen Raumtypen (Bd. 1, S. 67; Bd. 4, S. 48, 80) werden durchweg in folgenden Farben dargestellt: *Agglomerationsräume – Rot*, verstädterte Räume – *Orange*, ländliche Räume – *Grün* ❺.

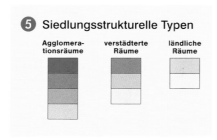

❺ Siedlungsstrukturelle Typen

| Agglomerationsräume | verstädterte Räume | ländliche Räume |

Erdteile und Erdräume
Für Erscheinungen, die nach Erdteilen oder Erdräumen zu differenzieren sind, z.B. die Zuwanderung, bietet die Farbgebung in Anlehnung an die olympische Flagge eine gewisse Assoziation: *Blau – Europa, Gelb – Asien, Grün – Australien, Rot – Nordamerika, Orange – Lateinamerika, Braun – Afrika* (Bd. 10, S. 105; Bd. 4, S. 129) ❻.

❻ Erdteile, Erdräume / **Entfernungen**

Europa	nah
Asien	
Australien	fern
Afrika	
Nordamerika	
Südamerika	

Entfernungen
Die Darstellung von Entfernungen nimmt Anleihe bei der Farbenplastik: *nah – Gelb, Orange*; mittlere Distanz – *Grün*; *fern – Blau* (Bd. 10, S. 101).

Verkehrsträger
Die im Band 9 häufig zu unterscheidenden Verkehrsträger sind weitgehend in den für die topographische Darstellung üblichen Farben gehalten: *Bahn – Schwarz (Grau)*, Straße – *Rot*, Schifffahrt – *Blau*, Luftfahrt – *Hellblau (Gelb)* (Bd. 9, S. 15, 20 f.) ❼.

Luftverschmutzung
Zur Darstellung von Luftschadstoffen (Bd. 10, S. 136 ff.) wurde ein technischer Standard auf die Farbgebung im

❼ Verkehrsträger / **Luftverschmutzung**

Bahn	Ozon
Straße	Stickoxid
Schifffahrt	Schwefeldioxid
Luftfahrt	Staub

Atlas übertragen: *Blau (Sauerstoff) – Ozon*; *Grün (Stickstoff) – Stickoxide*. *Violett* für *Schwefeldioxid* und *Grau* für *Staub* wurden hingegen eher assoziativ festgelegt.

Frei gewählte Farben

Die freie Wahl von Farben ist notwendig, wenn keine Farbkonventionen existieren bzw. keine Farbassoziationen vorausgesetzt werden können. Frei gewählte Farben können ebenfalls als Leitfarben in einer Karte, in einem Band oder im gesamten Atlas dienen.

Alte und neue Länder
In Diagrammen werden die *alten Länder* (West) blau bzw. dunkel, die *neuen Länder* (Ost) rot bzw. hell wiedergegeben (z.B. Bd. 1, S. 25; Bd. 9, S. 17; Bd. 10, S. 18; Bd. 4, S. 54, 94). Nach Möglichkeit sind sie der geographischen Lage entsprechend links (West) und rechts (Ost) angeordnet. Stehen der genannten Farbgebung andere Farbkonventionen entgegen, z.B. die Verwendung von Blau und Rot für Männer und Frauen, wird als eine weitere grafische Variable das Muster benutzt ❽.

❽ Alte und neue Länder

| alte Länder | neue Länder |
| dunkel | hell |

Verkehrsmittel
Für die *Verkehrsmittel* stehen (Bd. 9, S. 17, 60 f.): *zu Fuß – Gelb, Fahrrad – Grün, ÖPNV – Blau, Pkw – Rot* ❾.

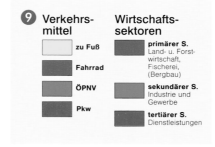

❾ Verkehrsmittel / **Wirtschaftssektoren**

zu Fuß	**primärer S.** Land- u. Forstwirtschaft, Fischerei, (Bergbau)
Fahrrad	
ÖPNV	**sekundärer S.** Industrie und Gewerbe
Pkw	**tertiärer S.** Dienstleistungen

Wirtschaftssektoren
Die Anteile der drei Wirtschaftssektoren werden häufig als Dreiecksdiagramm veranschaulicht (Bd. 4, S. 86). Dem primären Sektor werden i.d.R. die Land- und Forstwirtschaft, die Fischerei und ggf. der Bergbau zugerechnet, zum sekundären Sektor zählen die Industrie und das verarbeitende Gewerbe (ggf. auch Bergbau und Bauwesen). Der terti-

äre Sektor umfasst den gesamten Dienstleistungsbereich.

Die einzige mit hoher Wahrscheinlichkeit auftretende Assoziation ist die von *Grün* mit der *Land- und Forstwirtschaft*. Dem *sekundären* Sektor ist *Blau* und dem *tertiären Sektor Rot* zugewiesen.

Nationalitäten
Die Verwendung von *Nationalfarben* z.B. zur Kennzeichnung der Nationalität von Migranten oder von ausländischen Touristen ist nur äußerst begrenzt möglich. Die Farben in den betreffenden Karten und Grafiken sind daher größtenteils willkürlich, aber unter dem Gesichtspunkt guter Unterscheidbarkeit gewählt. Als Leitfarben werden lediglich *Grüntöne* für *Ausländer* (Bd. 1, S. 95) und in mehreren Diagrammen *Blau* für *Deutsche* benutzt (Bd. 1, S. 96; Bd. 4, S. 128 ff.).

Religionsgemeinschaften
Für Religionsgemeinschaften werden nur die beiden großen christlichen Konfessionen mit Leitfarben besetzt: *katholisch – Grün*; *evangelisch – Rot*, *konfessionslos – Gelb* (Bd. 1, S. 103). Weder für die Konfessionen noch für andere Religionsgemeinschaften wurde eine assoziative Farbgebung angestrebt.

Verwaltungsgliederung
Die unterschiedliche Farbfüllung der Länder in den Karten der Verwaltungsgliederung geht auf die vier bunten Fondfarben (Gelb, Ocker, Grün, Blau) zurück (Bd. 1, S. 19, 45). Diese Füllungen werden willkürlich vergeben.

Schlussbemerkung

Da bei der Gestaltung jeder Karte und jeder Grafik zugleich Farbassoziationen, ggf. Farbkonventionen, das bandübergreifende System von Leitfarben und nicht zuletzt ästhetische Gesichtspunkte zu berücksichtigen sind, ergeben sich hinsichtlich der Farbfestlegung mitunter Konflikte. In Einzelfällen muss von festgelegten Leitfarben abgewichen werden. Dem Benutzer des Atlas entstehen daraus keine Probleme, da die Farben prinzipiell in der Legende erklärt werden. Die an der Farbgestaltung Beteiligten hoffen, dass die aufgezeigten Regeln das Verständnis der Karten und Grafiken erleichtern und dass es immer gelungen ist, die Widersprüche zwischen den erläuterten allgemeinen Grundsätzen im Sinne der guten Lesbarkeit zu lösen.◆

Abkürzungen für Kreise, kreisfreie Städte und Länder

Länder der Bundesrepublik Deutschland

BB	Brandenburg	BY	Bayern	MV	Mecklenburg-Vorpommern	SN	Sachsen
BE	Berlin	HB	Bremen	NI	Niedersachsen	ST	Sachsen-Anhalt
BW	Baden-Württemberg	HE	Hessen	NW	Nordrhein-Westfalen	TH	Thüringen
		HH	Hamburg	RP	Rheinland-Pfalz		
				SH	Schleswig-Holstein		
				SL	Saarland		

Kreis / kreisfreie Stadt / Landkreis

A Augsburg (Stadt und Land)
AA Ostalbkreis (Aalen)
AB Aschaffenburg (Stadt und Land)
ABG Altenburger Land (Altenburg)
AC Aachen (Stadt und Land)
AIC Aichach-Friedberg
AK Altenkirchen/ Westerwald
AM Amberg
AN Ansbach (Stadt und Land)
ANA Annaberg (Annaberg-Buchholz)
AÖ Altötting
AP Weimarer Land (Apolda)
AS Amberg-Sulzbach
ASL Aschersleben-Staßfurt
ASZ Aue – Schwarzenberg
AUR Aurich
AW Ahrweiler (Bad Neuenahr-Ahrweiler)
AZ Alzey – Worms
AZE Anhalt – Zerbst
B Berlin
BA Bamberg (Stadt und Land)
BAD Baden-Baden
BAR Barnim (Eberswalde)
BB Böblingen
BBG Bernburg
BC Biberach an der Riss
BGL Berchtesgadener Land (Bad Reichenhall)
BI Bielefeld
BIR Birkenfeld, Idar-Oberstein
BIT Bitburg – Prüm
BL Zollernalbkreis (Balingen)
BLK Burgenlandkreis (Naumburg)
BM Erftkreis (Bergheim)
BN Bonn
BO Bochum
BÖ Bördekreis
BOR Borken
BOT Bottrop
BRA Wesermarsch (Brake/Unterweser)
BRB Brandenburg
BS Braunschweig
BT Bayreuth (Stadt und Land)
BTF Bitterfeld
BÜS Kreis Konstanz (Büsingen am Hochrhein)

BZ Bautzen
C Chemnitz
CB Cottbus
CE Celle
CHA Cham
CLP Cloppenburg
CO Coburg (Stadt und Land)
COC Cochem – Zell
COE Coesfeld
CUX Cuxhaven
CW Calw
D Düsseldorf
DA Darmstadt, Darmstadt-Dieburg
DAH Dachau
DAN Lüchow – Dannenberg
DAU Daun
DBR Bad Doberan
DD Dresden, Dresden-Land
DE Dessau
DEG Deggendorf
DEL Delmenhorst
DGF Dingolfing – Landau
DH Diepholz
DL Döbeln
DLG Dillingen an der Donau
DM Demmin
DN Düren
DO Dortmund
DON Donau – Ries (Donauwörth)
DU Duisburg
DÜW Bad Dürkheim, Weinstraße
DW Weißeritzkreis (Dippoldiswalde)
DZ Delitzsch
E Essen
EA Eisenach
EBE Ebersberg
ED Erding
EE Elbe – Elster (Herzberg)
EF Erfurt
EI Eichstätt
EIC Eichsfeld (Heiligenstadt)
EL Emsland (Meppen)
EM Emmendingen
EMD Emden
EMS Rhein – Lahn –Kreis (Bad Ems)
EN Ennepe-Ruhr-Kreis (Schwelm)
ER Erlangen
ERB Odenwaldkreis (Erbach)
ERH Erlangen-Höchstadt
ES Esslingen am Neckar

ESW Werra – Meißner – Kreis (Eschwege)
EU Euskirchen
F Frankfurt/M.
FB Wetteraukreis (Friedberg/ Hessen)
FD Fulda
FDS Freudenstadt
FF Frankfurt/O.
FFB Fürstenfeldbruck
FG Freiberg
FL Flensburg
FN Bodenseekreis (Friedrichshafen)
FO Forchheim
FR Freiburg im Breisgau, Breisgau-Hochschwarzwald
FRG Freyung – Grafenau
FRI Friesland (Jever)
FS Freising
FT Frankenthal/ Pfalz
FÜ Fürth (Stadt und Land)
G Gera
GAP Garmisch – Partenkirchen
GC Chemnitzer Land (Glauchau)
GE Gelsenkirchen
GER Germersheim
GF Gifhorn
GG Groß-Gerau
GI Gießen
GL Rheinisch-Bergischer Kreis (Bergisch Gladbach)
GM Oberbergischer Kreis (Gummersbach)
GÖ Göttingen
GP Göppingen
GR Görlitz
GRZ Greiz
GS Goslar
GT Gütersloh
GTH Gotha
GÜ Güstrow
GZ Günzburg
H Hannover (Stadt und Land)
HA Hagen
HAL Halle/ Saale
HAM Hamm
HAS Haßberge (Haßfurt)
HB Bremen/Bremerhaven
HBN Hildburghausen
HBS Halberstadt
HD Heidelberg
HDH Heidenheim an der Brenz
HE Helmstedt
HEF Hersfeld – Roten-

burg (Bad Hersfeld)
HEI Dithmarschen (Heide)
HER Herne
HF Herford
HG Hochtaunuskreis (Bad Homburg v.d. Höhe)
HGW Hansestadt Greifswald
HH Hansestadt Hamburg
HI Hildesheim
HL Hansestadt Lübeck
HM Hameln – Pyrmont
HN Heilbronn (Stadt und Land)
HO Hof (Stadt und Land)
HOL Holzminden
HOM Saar-Pfalz-Kreis (Homburg/Saar)
HP Bergstraße (Heppenheim an der Bergstraße)
HR Schwalm-Eder-Kreis (Homberg/Efze)
HRO Hansestadt Rostock
HS Heinsberg
HSK Hochsauerlandkreis (Meschede)
HST Hansestadt Stralsund
HU Main-Kinzig-Kreis (Hanau)
HVL Havelland (Rathenow)
HWI Hansestadt Wismar
HX Höxter
HY Hoyerswerda
IGB Sankt Ingbert
IK Ilm-Kreis (Arnstadt)
IN Ingolstadt
IZ Steinburg (Itzehoe)
J Jena
JL Jerichower Land (Burg bei Magdeburg)
K Köln
KA Karlsruhe (Stadt und Land)
KB Waldeck-Frankenberg (Korbach)
KC Kronach
KE Kempten/ Allgäu
KEH Kelheim
KF Kaufbeuren
KG Bad Kissingen
KH Bad Kreuznach
KI Kiel
KIB Donnersbergkreis (Kirchheimbolanden)
KL Kaiserslautern (Stadt und Land)

KLE Kleve
KM Kamenz
KN Konstanz
KO Koblenz
KÖT Köthen
KR Krefeld
KS Kassel (Stadt und Land)
KT Kitzingen
KU Kulmbach
KÜN Hohenlohekreis (Künzelsau)
KUS Kusel
KYF Kyffhäuserkreis (Sondershausen)
L Leipzig, Leipziger Land
LA Landshut (Stadt und Land)
LAU Nürnberger Land (Lauf an der Pegnitz)
LB Ludwigsburg
LD Landau in der Pfalz.
LDK Lahn-Dill-Kreis (Wetzlar)
LDS Dahme-Spreewald (Lübben)
LER Leer/ Ostfriesland
LEV Leverkusen
LG Lüneburg
LI Lindau/ Bodensee
LIF Lichtenfels
LIP Lippe (Detmold)
LL Landsberg am Lech
LM Limburg – Weilburg
LÖ Lörrach
LOS Oder –Spree (Beeskow)
LU Ludwigshafen am Rhein (Stadt und Land)
LWL Ludwigslust
M München (Stadt und Land)
MA Mannheim
MB Miesbach
MD Magdeburg
ME Mettmann
MEI Meißen
MEK Mittlerer Erzgebirgskreis (Marienberg)
MG Mönchengladbach
MH Mülheim (Ruhr)
MI Minden – Lübbecke
MIL Miltenberg
MK Märkischer Kreis (Lüdenscheid)
ML Mansfelder Land (Eisleben)
MM Memmingen
MN Unterallgäu (Mindelheim)
MOL Märkisch – Oderland (Seelow)

MOS Neckar – Odenwald – Kreis (Mosbach)
MQ Merseburg – Querfurt
MR Marburg – Biedenkopf
MS Münster
MSP Main – Spessart – Kreis (Karlstadt)
MST Mecklenburg – Strelitz (Neustrelitz)
MTK Main –Taunus – Kreis (Hofheim am Taunus)
MTL Muldentalkreis (Grimma)
MÜ Mühldorf am Inn
MÜR Müritz (Waren)
MW Mittweida
MYK Mayen – Koblenz
MZ Mainz – Bingen
MZG Merzig – Wadern
N Nürnberg
NB Neubrandenburg
ND Neuburg-Schrobenhausen
NDH Nordhausen
NE Neuss
NEA Neustadt an der Aisch – Bad Windsheim
NES Rhön – Grabfeld (Bad Neustadt an der Saale)
NEW Neustadt an der Waldnaab
NF Nordfriesland (Husum)
NI Nienburg/ Weser
NK Neunkirchen/ Saar
NM Neumarkt in der Oberpfalz
NMS Neumünster
NOH Grafschaft Bentheim (Nordhorn)
NOL Niederschlesischer Oberlausitzkreis (Niesky)
NOM Northeim
NR Neuwied/ Rhein
NU Neu – Ulm
NVP Nordvorpommern (Grimmen)
NW Neustadt an der Weinstraße
NWM Nordwestmecklenburg (Grevesmühlen)
OA Oberallgäu (Sonthofen)
OAL Ostallgäu (Marktoberdorf)
OB Oberhausen
OD Stormann (Bad

	Odersloe)	PE	Peine		(Ratzeburg)		Meiningen	TUT	Tuttlingen
OE	Olpe	PF	Pforzheim, Enzkreis			SN	Schwerin		
OF	Offenbach am Main	PI	Pinneberg	S	Stuttgart	SO	Soest	UE	Uelzen
	(Stadt und Land)	PIR	Sächsische Schweiz	SAD	Schwandorf	SÖM	Sömmerda	UER	Uecker – Randow
OG	Ortenaukreis		(Pirna)	SAW	Altmarkkreis	SOK	Saale – Orla –Kreis		(Pasewalk)
	(Offenburg)	PL	Plauen		Salzwedel		(Schleiz)	UH	Unstrut – Hainich –
OH	Ostholstein (Eutin)	PLÖ	Plön/ Holstein	SB	Saarbrücken	SON	Sonneberg		Kreis (Mühlhausen/
OHA	Osterode am Harz	PM	Potsdam –	SBK	Schönebeck	SP	Speyer		Thüriingen)
OHV	Oberhavel (Oranien-		Mittelmark (Belzig)	SC	Schwabach	SPN	Spree – Neiße	UL	Ulm, Alb – Donau –
	burg)	PR	Prignitz (Perleberg)	SDL	Stendal		(Forst)		Kreis
OHZ	Osterholz (Osterholz	PS	Pirmasens	SE	Segeberg (Bad	SR	Straubing,	UM	Uckermark
	– Schwarmbeck)				Segeberg)		Straubing-Boden		(Prenzlau)
OK	Ohrekreis (Haldens-	QLB	Quedlinburg	SFA	Soltau –	ST	Steinfurt	UN	Unna
	leben)				Fallingbostel	STA	Stamberg		
OL	Oldenburg (Stadt	R	Regensburg (Stadt	SG	Solingen	STD	Stade	V	Vogtlandkreis
	und Land)		und Land)	SGH	Sangerhausen	STL	Stollberg		(Plauen)
OPR	Ostprignitz – Ruppin	RA	Rastatt	SHA	Schwäbisch Hall	SU	Rhein – Sieg Kreis	VB	Vogelsbergkreis
	(Neuruppin)	RD	Rendsburg –	SHG	Schaumburg		(Siegburg)		(Lauterbach/Hessen)
OS	Osnabrück (Stadt		Eckernförde		(Stadthagen)	SÜW	Südliche Weinstraße	VEC	Vechta
	und Land)	RE	Recklinghausen	SHK	Saale-Holzland-Kreis	SW	Schweinfurt (Stadt	VER	Verden (Verden/
OSL	Oberspreewald –	REG	Regen		(Eisenberg)		und Land)		Aller)
	Lausitz	RG	Riesa – Großenhain	SHL	Suhl	SZ	Salzgitter	VIE	Viersen
	(Senftenberg)	RH	Roth	SI	Siegen – Wittgen-			VK	Völklingen
OVP	Ostvorpommern	RO	Rosenheim		stein	TBB	Main – Tauber –	VS	Schwarzwald – Baar
	(Anklam)	ROW	Rotenburg/ Wümme	SIG	Sigmaringen		Kreis (Tauber-		– Kreis (Villingen –
		RS	Remscheid	SIM	Rhein – Hunsrück –		bischofsheim)		Schwenningen)
P	Potsdam	RT	Reutlingen		Kreis (Simmern)	TF	Teltow – Fläming	W	Wuppertal
PA	Passau (Stadt und	RÜD	Rheingau – Taunus	SK	Saalkreis (Halle/		(Luckenwalde)	WAF	Warendorf
	Land)		– Kreis (Bad		Saale)	TIR	Tirschenreuth	WAK	Wartburgkreis (Bad
PAF	Pfaffenhofen an der		Schwalbach)	SL	Schleswig –	TO	Torgau – Oschatz		Salzungen)
	Ilm	RÜG	Rügen (Bergen)		Flensburg	TÖL	Bad Tölz – Wolfrats-	WB	Wittenberg
PAN	Rottal – Inn	RV	Ravensburg	SLF	Saalfeld –		hausen	WE	Weimar
	(Pfarrkirchen)	RW	Rottweil		Rudolstadt	TR	Trier	WEN	Weiden i.d. Opf.
PB	Paderborn	RZ	Herzogtum	SLS	Saarlouis	TS	Traunstein	WES	Wesel
PCH	Parchim		Lauenburg	SM	Schmalkalden –	TÜ	Tübingen		

WF	Wolfenbüttel	
WHV	Wilhelmshaven	
WI	Wiesbaden	
WIL	Bernkastel – Wittlich	
WL	Harburg (Winsen/ Luhe)	
WM	Weilheim – Schongau	
WN	Rems – Murr – Kreis (Waiblingen)	
WND	Sankt Wendel	
WO	Worms	
WOB	Wolfsburg	
WR	Wernigerode	
WSF	Weißenfels	
WST	Ammerland (Westerstede)	
WT	Waldshut (Waldshut – Tiengen)	
WTM	Wittmund	
WÜ	Würzburg (Stadt und Land)	
WUG	Weißenburg – Gunzenhausen	
WUN	Wunsiedel i. Fichtelgebirge	
WW	Westerwaldkreis (Montabaur)	
Z	Zwickau, Zwickauer Land	
ZI	Löbau – Zittau	
ZW	Zweibrücken	

Länder

A	Österreich	CY	Zypern	GE	Georgien	KS	Kirgisistan	Q	Katar	UA	Ukraine
AFG	Afghanistan	CZ	Tschechische	GH	Ghana	KWT	Kuwait	RG	Guinea	UAE	Vereinigte Arabi-
AL	Albanien		Republik	GR	Griechenland	L	Luxemburg	RH	Haiti		sche Emirate
AND	Andorra	D	Deutschland	GUY	Guyana	LS	Lesotho	RL	Libanon	USA	Vereinigte Staaten
ARM	Armenien	DK	Dänemark	H	Ungarn	LT	Litauen	RO	Rumänien		von Amerika
AZ	Aserbaidschan	DOM	Dominikanische	HN	Honduras	LV	Lettland	RSM	San Marino	UZB	Usbekistan
B	Belgien		Republik	HR	Kroatien	M	Malta	RT	Togo	VN	Vietnam
BF	Burkina Faso	DY	Benin	I	Italien	MC	Monaco	RUS	Russische Födera-	WL	St. Lucia
BG	Bulgarien	E	Spanien	IL	Israel	MD	Rep. Moldau		tion	VV	St. Vincent und die
BH	Belize	ES	El Salvador	IND	Indien	MK	Mazedonien	RWA	Ruanda		Grenadinen
BIH	Bosnien und	EST	Estland	IR	Iran	MW	Malawi	S	Schweden	YU	Jugoslawien
	Herzegowina	F	Frankreich	IRL	Irland	N	Norwegen	SK	Slowakei	ZRE	Kongo, ehemaliges
BRN	Bahrein	FIN	Finnland	IRQ	Irak	NIC	Nicaragua	SLO	Slowenien		Zaire
BU	Burundi	FL	Liechtenstein	IS	Island	NL	Niederlande	SME	Suriname		
BY	Weißrussland	GB	Großbritannien,	J	Japan	P	Portugal	SYR	Syrien		
CH	Schweiz		Vereinigtes	JA	Jamaika	PA	Panama	TJ	Tadschikistan		
CI	Côte d'Ivoire		Königreich	JOR	Jordanien	PK	Pakistan	TM	Turkmenistan		
CR	Costa Rica	GCA	Guatemala	KN	St. Kitts und Nevis	PL	Polen	TR	Türkei		

Klassenangaben in den Legenden

Während die Darstellung *absoluter Werte* im Nationalatlas stets durch Figuren oder Diagramme von *kontinuierlich variierender Größe* oder durch abzählbare Bildstatistik erfolgt, ist für die Wiedergabe *relativer Werte* in den zahlreichen Flächenkartogrammen (Choroplethen-Darstellungen) eine *Klassifizierung* der Daten unerlässlich. Die Art und Weise der Klassenbildung wird von der Absicht eines jeden Autors beeinflusst, bestimmte räumliche Muster zu zeigen. So finden sich neben gleichgroßen und zunehmenden Klassenbreiten auch solche, die die Häufigkeitsverteilung der Werte berücksichtigen oder andere, die eine für jede Klasse gleiche Anzahl von Raumeinheiten anstreben. Am verständlichsten sind

❶ Klassenangaben
Beispiel (Bd. 4, S.71)

genaue Wiedergabe	vereinfachte Form
≥ 1,0	≥ 1,0
0,6 bis < 1,0	0,6 - 1,0
0,4 bis < 0,6	0,4 - 0,6
0,2 bis < 0,4	0,2 - 0,4
< 0,2	< 0,2

Klassifizierungen, die runde Klassengrenzen verwenden, auch wenn diese aus Sicht der mathematischen Statistik u.U. willkürlich festgelegt sind.

Unabhängig von der Art der Klassenbildung werden die Klassengrenzen in den Legenden des vorliegenden Bandes

in *vereinfachter Form* ausgewiesen ❶. Die obere Grenze einer Klasse wird als untere Grenze der nächsthöheren Klasse wiederholt. Strenggenommen müsste der Wert jeder oberen Klassengrenze mit einem Zeichen < (größer als) versehen werden, da gemäß den Regeln der Statistik ein genau auf die Klassengrenze fallender Wert der höheren Klasse zugeordnet wird. Dieses Zeichen entfällt generell, wenn für die höchste Klasse die obere Grenze (Maximum) und für die niedrigste Klasse die untere Grenze (Minimum) ausgewiesen sind.

Die beschriebene Vereinfachung macht die Legenden leichter lesbar und ist auch deshalb gerechtfertig, weil statistische Daten stets mit geringen Unge-

nauigkeiten behaftet sind. Zum Beispiel wird bei Einwohnerzahlen überwiegend nur das Bezugsjahr angegeben, obgleich die Bevölkerungsstatistik mehrere Werte verwendet, darunter die Einwohnerzahl am 31.Dezember, die mittlere Einwohnerzahl eines Jahres oder eine aktuelle, aber vorläufige Einwohnerzahl. Hinzu kommt, dass die in den Karten verwendeten Daten selten auf direkten Erhebungen, sondern auf Fortschreibungen oder auf Hochrechnungen von Stichproben beruhen, so dass Klassengrenzen wie 499.999 oder 500.001 lediglich eine nicht vorhandene Genauigkeit vortäuschen.

Abkürzungen für Kreise, kreisfreie Städte und Länder

Quellenverzeichnis

Verwendete Abkürzungen

ARL	Akademie für Raumforschung und Landesplanung
Aufl.	Auflage
BAFl	Bundesamt für die Anerkennung ausländischer Flüchtlinge
BBR	Bundesamt für Bauwesen und Raumordnung
Bearb.	Bearbeitung
BfLR	Publikationen des BBR vor 1998, Bundesforschungsanstalt für Landeskunde und Raumordnung
BGA	Bundesgesundheitsamt
BKG	Bundesamt für Kartographie und Geodäsie (ehem. IfAG)
BMVBW	Bundesministerium für Verkehr, Bau- und Wohnungswesen
durchges.	durchgesehene (Auflage)
erg.	ergänzte (Auflage)
erweit.	erweiterte (Auflage)
Eurostat	Statistisches Amt der Europäischen Union
IBS	Institut für Bevölkerungsforschung und Sozialpolitik
IfL	Institut für Länderkunde
Konstr.	Konstruktion, Kartenentwurf, Kartographische Datenaufbereitung bzw. -verarbeitung
KSPW	Kommission für die Erforschung des Sozialen und Politischen Wandels in den Neuen Ländern e.V.
mithrsg.	mitherausgegeben
neubearb.	neubearbeitete (Auflage)
Red.	redaktionell, Redaktion
RKI	Robert Koch-Institut
StÄdBL	Statistische Ämter des Bundes und der Länder
StÄdL	Statistische Ämter der Länder
StBA	Statistisches Bundesamt
StLA	Statistisches Landesamt
überarb.	überarbeitete (Auflage)
unveröff.	unveröffentlicht(e)
versch.	verschiedene
WHO	World Health Organisation (Weltgesundheitsorganisation)
zgl.	zugleich

Nationalatlas Bundesrepublik Deutschland

Herausgeber: Institut für Länderkunde, Schongauerstr. 9, 04329 Leipzig
Projektleitung: Prof. Dr. A. Mayr, Dr. S. Tzschaschel

Verantwortliche
für Redaktion: Dr. S. Tzschaschel
für Kartenredaktion: Dr. K. Großer

Mitarbeiter
Redaktion: Dipl.-Geogr. V. Bode, D. Hänsgen (M. A.), Dr. S. Tzschaschel unter Mitarbeit von: Dipl.-Geogr. C. Beckord, C. Fölber, F. Gränitz (M. A.), G. Mayr
Kartenredaktion: Dr. K. Großer, Dipl.-Ing. f. Kart. B. Hantzsch, Dipl.-Ing. (FH) W. Kraus
Kartographie: Dipl.-Ing. (FH) K. Baum, Kart. R. Bräuer, Dipl.-Ing. (FH) S. Dutzmann, Stud.-Ing. N. Frank, Dipl.-Ing. f. Kart. B. Hantzsch, Dipl.-Geogr. U. Hein, Dipl.-Ing. (FH) W. Kraus, Kart. R. Richter, K. Ronniger, M. Schmiedel, Dipl.-Ing. (FH) S. Specht, Kart. M. Zimmermann
Elektr. Ausgabe: Dipl.-Geogr. C. Lambrecht, Dipl.-Geogr. E. Losang
Satz, Gesamtgestaltung und Technik: Dipl.-Ing. J. Rohland
Bildauswahl: Dipl.-Geogr. V. Bode
Repro.-Fotographie: K. Ronniger

S. 10-11: Deutschland auf einen Blick
Autoren: Dirk Hänsgen, M. A. (Text), Dipl.-Ing. f. Kart. Birgit Hantzsch (Karte) und Dipl.-Geogr. Uwe Hein (Karte), Institut für Länderkunde, Schongauerstr. 9, 04329 Leipzig
Kartographische Bearbeiter
Abb. 1: Konstr.: U. Hein; Red.: U. Hein; Bearb.: U. Hein
Abb. 2: Red.: B. Hantzsch; Bearb.: B. Hantzsch, R. Bräuer
Literatur
BREITFELD, K. u.a. (1992): Das vereinte Deutschland. Eine kleine Geographie. Leipzig.
FRIEDLEIN, G. u. F.-D. GRIMM (1995): Deutschland und seine Nachbarn. Spuren räumlicher Beziehungen. Leipzig.
SPERLING, W. (1997): Germany in the Nineties. In: HECHT, A. u. A. PLETSCH (Hrsg.): Geographies of Germany and Canada. Paradigms, Concepts, Stereotypes, Images. Hannover (= Studien zur internationalen Schulbuchforschung. Band 92), S. 35-49.
StBA (jährlich): Statistisches Jahrbuch für die Bundesrepublik Deutschland. Wiesbaden.
StBA: Basisdaten Geographie online im Internet unter: http://www.statistik-bund.de
Quellen von Karten und Abbildungen
Abb. 1: Bevölkerungsdichte: GV 100 des StBA.
Abb. 2: Geographische Übersicht: DLM 1000 des BKG.

S. 12-25: Bevölkerung in Deutschland – eine Einführung
Autoren: Prof. Dr. Paul Gans, Geographisches Institut der Universität Mannheim, Schloss, 68131 Mannheim
Prof. Dr. Franz-Josef Kemper, Geographisches

Institut der Humboldt-Universität zu Berlin, Chausseestr. 68, 10115 Berlin
Kartographische Bearbeiter
Abb. 1: Konstr.: U. Hein, S. Specht; Red.: U. Hein, S. Specht; Bearb.: U. Hein, S. Specht
Abb. 2, 3, 4, 5, 6, 8, 9, 12, 13, 17, 21, 22, 23, 25: Red.: B. Hantzsch; Bearb.: R. Richter
Abb. 7, 10, 11, 14, 15, 18: Red.: B. Hantzsch; Bearb.: M. Zimmermann
Abb. 16: Red.: B. Hantzsch; Bearb.: R. Bräuer, M. Zimmermann
Abb. 19, 20, 24, 26: Red.: B. Hantzsch; Bearb.: B. Hantzsch
Abb. 27: Red.: K. Großer; Bearb.: B. Hantzsch
Abb. 28: Konstr.: P. Gans, F.-K. Kemper; Red.: B. Hantzsch; Bearb.: R. Richter
Literatur
BÄHR, J. (1997): Bevölkerungsgeographie. Verteilung und Dynamik der Bevölkerung in globaler, nationaler und regionaler Sicht. 3., aktualisierte und überarb. Aufl. Stuttgart (= UTB für Wissenschaft 1249).
CHESNAIS, J.-C. (1992): The demographic transition: stages, patterns and economic implications; a longitudinal study of sixty-seven countries covering the period 1720-1984. Oxford.
CROMM, J. (1988): II. Bevölkerungsentwicklung in Deutschland. In: BUNDESZENTRALE FÜR POLITISCHE BILDUNG (Hrsg.): Bevölkerungsentwicklung. München (= Informationen zur politischen Bildung. Heft 220), S. 14-22.
GÄRTNER, K. (1996): Die Entwicklung der Säuglingssterblichkeit in Deutschland und im internationalen Vergleich. In: Zeitschrift für Bevölkerungswissenschaft. H. 4, S. 441-458.
GANS, P. (1996): Demographische Entwicklung seit 1980. In: STRUBELT, W. u.a.: Städte und Regionen. Räumliche Folgen des Trans-

formationsprozesses. Opladen (= Berichte zum politischen und sozialen Wandel in Ostdeutschland. Band 5), S. 143-181.
GATZWEILER, H.-P. u. G. STIENS (1982): Regionale Mortalitätsunterschiede in der Bundesrepublik Deutschland. Daten und Hypothesen. In: Jahrbuch für Regionalwissenschaft, S. 36-63.
HAJNAL, J. (1982): Two kinds of preindustrial household formation system. In: Population and Development Review. Nr. 3, S. 449-494.
HOHORST, G., J. KOCKA u. G. A. RITTER (1978): Sozialgeschichtliches Arbeitsbuch. Band 2: Materialien zur Statistik des Kaiserreichs 1870-1914. 2., durchges. Aufl. München (= Statistische Arbeitsbücher zur neueren deutschen Geschichte).
IMHOF, A. E. (1981a): Die gewonnenen Jahre. Von der Zunahme unserer Lebensspanne seit dreihundert Jahren oder von der Notwendigkeit einer neuen Einstellung zu Leben und Sterben. Ein historischer Essay. München.
IMHOF, A. E. (1981b): Unterschiedliche Säuglingssterblichkeit in Deutschland, 18. bis 20. Jahrhundert – Warum? In: Zeitschrift für Bevölkerungswissenschaft. H. 3, S. 343-382.
IMHOF, A. E. (Hrsg.) (1994): Lebenserwartungen in Deutschland, Norwegen und Schweden im 19. und 20. Jahrhundert. Berlin.
KEMPER, F.-J. (1997): Wandel und Beharrung von regionalen Haushalts- und Familienstrukturen. Entwicklungsmuster in Deutschland im Zeitraum 1871-1978. Bonn (= Bonner Geographische Abhandlungen. Heft 96).
KEMPER, F.-J. u. G. THIEME (1992): Zur

Entwicklung der Sterblichkeit in den alten Bundesländern. In: Informationen zur Raumentwicklung. Heft 9/10, S. 701-708.
KNODEL, J. E. (1974): The decline of fertility in Germany, 1871-1939. Princeton, New Jersey (= Series on the decline of European fertility 2).
KÖLLMANN, W. (1976): Bevölkerungsgeschichte 1800-1970. In: AUBIN, H. u. W. ZORN (Hrsg.): Handbuch der Deutschen Wirtschafts- und Sozialgeschichte. Band 2: Das 19. und 20. Jahrhundert. Stuttgart, S. 9-50.
KULS, W. (1979): Regionale Unterschiede im generativen Verhalten. In: HAIMAYER, P., P. MEUSBURGER u. H. PENZ (Hrsg.): Fragen geographischer Forschung. Festschrift des Instituts für Geographie zum 60. Geburtstag von Adolf Leidlmair. Innsbruck (= Innsbrucker Geographische Studien. Band 5), S. 215-228.
KULS, W. u. F.-J. KEMPER (2000): Bevölkerungsgeographie. Eine Einführung. 3., neubearb. Aufl. Stuttgart (= Teubner Studienbücher der Geographie).
LIVI-BACCI, M. (2000): The population of Europe. A history. Oxford (= The making of Europe).
MARSCHALCK, P. (1973): Deutsche Überseewanderung im 19. Jahrhundert. Ein Beitrag zur soziologischen Theorie der Bevölkerung. Stuttgart (= Industrielle Welt 14).
MARSCHALCK, P. (1984): Bevölkerungsgeschichte Deutschlands im 19. und 20. Jahrhundert. Frankfurt/Main (= Edition Suhrkamp 1244=N.F. 244, Neue historische Bibliothek).
MASt (MANNHEIM, STATISTIKSTELLE DES STADTPLANUNGSAMTES, Hrsg.) (1998): Mannheimer Statistik. Mannheim.
NIPPERDEY, TH. (1998): Deutsche Geschichte

1800-1918. Band 1: Arbeitswelt und Bürgergeist 1866-1918. Sonderausgabe. München.
Petzina, D., W. Abelshauser u. A. Faust (1978): Sozialgeschichtliches Arbeitsbuch. Band 3: Materialien zur Statistik des Deutschen Reiches 1914-1945. München (= Statistische Arbeitsbücher zur neueren deutschen Geschichte).
Schmalz-Jacobsen, C. u. G. Hansen (Hrsg.) (1997): Kleines Lexikon der ethnischen Minderheiten in Deutschland. München (= Beck'sche Reihe 1192).
Schwarz, K. (1983): Untersuchungen zu den regionalen Unterschieden der Geburtenhäufigkeit. In: ARL (Hrsg.): Regionale Aspekte der Bevölkerungsentwicklung unter den Bedingungen des Geburtenrückganges. Hannover (= ARL Forschungs- und Sitzungsberichte. Band 144), S. 7-30.
Schwarz, K. (1997): 100 Jahre Geburtenentwicklung. In: Zeitschrift für Bevölkerungswissenschaft. Heft 4, S. 481-491.
Schwarz, K. (1999): Rückblick auf eine demographische Revolution. Überleben und Sterben, Kinderzahl, Verheiratung, Haushalte und Familien, Bildungsstand und Erwerbstätigkeit im Spiegel der Bevölkerungsstatistik. In: Zeitschrift für Bevölkerungswissenschaft. Heft 3, S. 229-279.
StBA (Hrsg.) (1988): Statistisches Jahrbuch 1988 für die Bundesrepublik Deutschland. Stuttgart/Mainz.
StBA (Hrsg.) (1989): Statistisches Jahrbuch 1989 für die Bundesrepublik Deutschland. Wiesbaden.
StLABW (Statistisches Landesamt Baden-Württemberg, Hrsg.) (1999): Die Bevölkerung 1998. Stuttgart (= Statistik von Baden-Württemberg. Band 540).
Zapf, W. u. S. Mau (1993): Eine demographische Revolution in Ostdeutschland? Dramatischer Rückgang von Geburten, Eheschließungen und Scheidungen. In: Informationsdienst Soziale Indikatoren. Heft 10, S. 1-5.
Zelinsky, W. (1971): The hypothesis of the mobility transition. In: The Geographical Review. Nr. 2, S. 219-249.

Quellen von Karten und Abbildungen

Abb. 1: Deutschland bei Nacht: National Geopysical Data Center (NGDC) als Gemeinschaftsunternehmung von US Department of Commerce, National Oceanic & Atmospheric Administration, National Environmental Satellite, Data & Information Service: online im Internet unter: http://www.ngdc.noaa.gov/
Abb. 2: Bevölkerungsentwicklung 1820-1940: Marschalck, P. (1984).
Abb. 3: Bevölkerungsdichte 1992 und 1997: BfLR (Hrsg.) (1995): Laufende Raumbeobachtung. Aktuelle Daten zur Entwicklung der Städte, Kreise und Gemeinden 1992/93. Bonn (= Materialien zur Raumentwicklung. Heft 67). BBR (Hrsg.) (1998): Aktuelle Daten zur Entwicklung der Städte, Kreise und Gemeinden. Ausgabe 1998: Indikatoren und Karten zur Raumentwicklung. Bonn (= Berichte des BBR 1).
Abb. 4: Mittleres Erstheiratsalter 1900-1999: Knodel, J. E. (1974), S. 70. Grünheid, E. u. U. Mammey (1997): Bericht 1997 über die demographische Lage in Deutschland. In: Zeitschrift für Bevölkerungswissenschaft. Heft 4, S. 386. StBA (Hrsg.) (2000): Statistisches Jahrbuch 2000 für die Bundesrepublik Deutschland. Wiesbaden, S. 69. StBA.
Abb. 5: Mittlere Haushaltsgröße 1871-1999: Marschalck, P. (1984), S. 175. StBA (Mikrozensus).
Abb. 6: Mittlere Haushaltsgröße 1890: Kaiserliches Statistisches Amt (Hrsg.) (1894): Die Volkszählung am 1. Dezember 1890 im Deutschen Reich. Berlin (= Statistik des Deutschen Reichs, Neue Folge. Band 68).
Abb. 7: Anteil der Kinder und der Älteren 1871-1999: Marschalck, P. (1984), S. 173. StBA.
Abb. 8: Modell von Fourastié: Kuls, W. u. F.-J. Kemper (2000), S. 120.
Abb. 9: Bevölkerungspyramiden 1910, 1950,1998: Kaiserliches Statistisches Amt (Hrsg.) (1913): Statistisches Jahrbuch für das Deutsches Reich. Berlin. StBA (Hrsg.) (Jahrgänge 1952 u. 2000): Statistisches Jahrbuch für die Bundesrepublik Deutschland. Wiesbaden.
Abb. 10: Lebenserwartung von Neugeborenen 1740-1995, Veränderung der Lebenserwartung beider Geschlechter im Alter von 0 Jahren: Imhof, A. E. (Hrsg.) (1994), S. 409 u. 410. BBR (Hrsg.) (1998): Aktuelle Daten zur Entwicklung der Städte, Kreise und Gemeinden. Ausgabe 1998. Bonn (= Berichte des BBR. Band 1).
Abb. 11: Bevölkerung nach ausgewählten Gemeindegrößenklassen 1871-1997: StBA (Hrsg.) (1972): Bevölkerung und Wirtschaft 1872-1972. Herausgegeben anläßlich des 100jährigen Bestehens der zentralen amtlichen Statistik. Stuttgart, Mainz. StBA (Hrsg.) (versch. Jahrgänge): Statistisches Jahrbuch für die Bundesrepublik Deutschland. Wiesbaden.
Abb. 12: Modell des demographischen Übergangs: Bähr, J. (1997), S. 249.
Abb. 13: Geburten-, Sterbeziffern und natürliche Zuwachsraten 1817-1998: Chesnais J.-C. (1992). StBA (Hrsg.) (versch. Jahrgänge): Statistisches Jahrbuch für die Bundesrepublik Deutschland. Wiesbaden. StBA (Hrsg.) (1993): Bevölkerungsstatistische Übersichten 1946 bis 1989. Arbeitsunterlage. Wiesbaden (= Sonderreihe mit Beiträgen für das Gebiet der ehemaligen DDR. Heft 3).
Abb. 14: Stadt-Land-Unterschiede in der Säuglingssterblichkeit 1862-1937: Knodel, J. E. (1974), S. 169.
Abb. 15: Eheliche Fruchtbarkeit 1866/68 und Säuglingssterblichkeit 1862/66: Knodel, J. E. (1974), S. 272 u. 288.
Abb. 16: Säuglingssterblichkeit 1875/80 bis 1932/34: Knodel, J. E. (1974), S. 272 u. 288.
Abb. 17: Totale Fertilitätsrate TFR 1871/80 bis 1998, Absolute Kinderzahl 1865 bis 1959/60: Schwarz, K. (1997), S. 485 u. 488. StBA.
Abb. 18: Eheliche Fruchtbarkeit 1869/73 bis 1931/35: Knodel, J. E. (1974), S. 272 u. 288.
Abb. 19: Eheliche Fruchtbarkeitsziffer 1867-1911: Knodel, J. E. (1974), S. 96.
Abb. 20: Todesursachenstruktur der Sterbefälle 1906, 1934 und 1985: Imhof, A. E. (Hrsg.) (1994).
Abb. 21: Modell des Mobilitätsübergangs nach Zelinsky: Kuls, W. u. F.-J. Kemper (2000), S. 207.
Abb. 22: Auswanderungsziffern 1821-1913: Marschalck, P. (1973).
Abb. 23: Wanderung 1905-1910: Kaiserliches Statistisches Amt (Hrsg.) (1915): Die Volkszählung im Deutschen Reich am 1. Dezember 1910. Berlin (= Statistik des Deutschen Reichs, Neue Folge. Band 240).
Abb. 24: Binnenwanderungsvolumen 1952-1989: Laufende Raumbeobachtung des BBR.
Abb. 25: Vertriebene 1950: Lemberg, E. u. F. Edding (Hrsg.) (1959): Die Vertriebenen in Westdeutschland. Ihre Eingliederung und ihr Einfluß auf Gesellschaft, Wirtschaft, Politik und Geistesleben. Band 1. Kiel. Staatliche Zentralverwaltung für Statistik (Hrsg.) (1958): Statistisches Jahrbuch der Deutschen Demokratischen Republik 1957. Berlin, S. 36.
Abb. 26: Binnenwanderungssaldo 1980 und 1989: Kuls, W. u. F.-J. Kemper (1993): Bevölkerungsgeographie. Eine Einführung. 2., überarb. Aufl. Stuttgart (= Teubner Studienbücher der Geographie), S. 204.
Abb. 27: Binnenwanderungssaldo in den 1980er Jahren: BfLR (Hrsg.) (1987): Aktuelle Daten zur Entwicklung der Städte, Kreise und Gemeinden 1986. Bonn (= Seminare, Symposien Arbeitspapiere. Heft 28). BfLR (Hrsg.) (1992): Laufende Raumbeobachtung. Aktuelle Daten zur Entwicklung der Städte, Kreise und Gemeinden 1989/90. Bonn (= Materialien zur Raumentwicklung. Heft 47).
Abb. 28: Außen- und Binnenwanderung 1997: BBR (Hrsg.) (1999): Aktuelle Daten zur Entwicklung der Städte, Kreise und Gemeinden. Bonn (= Berichte. Band 3). Auskünfte des Bundesverwaltungsamtes.

Bildnachweis

S. 13: Briefmarke 100 Jahre gesetzliche Rentenversicherung: copyright Deutsche Bundespost
S. 14: Familie um 1914: Postkarte, M. Rudolph, Kgl. Bayr. Hofphotograph
S. 18: Familie Anfang 20. Jh.: Postkarte
S. 20: copyright argus Fotoarchiv/Peter Frischmuth
S. 21: copyright argus Fotoarchiv/Mike Schröder
S. 22: Briefmarke 300. Jahrestag der Einwanderung der ersten Deutschen in Amerika – Einwanderer-Segelschiff „Concord 1683: copyright Deutsche Bundespost
S. 22: Auswanderung - Hamburger Hafen: copyright Staatsarchiv Hamburg
S. 23: Asylbewerber in Bonn: copyright vario-press
S. 24: copyright vario-press
S. 24: copyright vario-press

S. 26-27: Zukunftsträchtige Alterssicherung

Autor: Prof. Axel Börsch-Supan Ph.D., Fakultät für Volkswirtschaftslehre der Universität Mannheim, 68131 Mannheim

Kartographische Bearbeiter

Abb. 1, 2, 3: Konstr.: A. Börsch-Supan; Red.: K. Großer; Bearb.: S. Dutzmann

Literatur

Birg, H. u. A. Börsch-Supan (1999): Für eine neue Aufgabenteilung zwischen gesetzlicher und privater Altersversorgung – eine demographische und ökonomische Analyse. Im Auftrag des Gesamtverbandes der Deutschen Versicherungswirtschaft e.V. Berlin. Kurzfassung online im Internet unter: http://www.gdv.de/presseservice
Börsch-Supan, A. u. M. Miegel (Hrsg.) (2001): Pension reform in 6 countries. What can we learn from each other? Berlin u.a.

Quellen von Karten und Abbildungen

Abb. 1: Altersstruktur 1997, 2025, 2050, 2100: Birg H. u. A. Börsch-Supan (1999).
Abb. 2: Prognose der Rentenversicherungsbeiträge bis 2050: Birg H. u. A. Börsch-Supan (1999).
Abb. 3: Zusammensetzung des Ruhestandseinkommens in ausgewählten Ländern: Börsch-Supan, A. u. M. Miegel (2001).

Bildnachweis

S. 26: copyright K. Wiest

S. 28-29: Bevölkerungsverteilung und Raumordnung

Autor: Prof. Dr. Axel Priebs, FB Planung und Naherholung beim Kommunalverband Großraum Hannover, Arnswaldtstr. 19, 30159 Hannover und Geographisches Institut der Christian-Albrechts-Universität zu Kiel, Ludewig-Meyn-Str. 14, 24098 Kiel

Kartographische Bearbeiter

Abb. 1: Red.: K. Großer; S. Specht; Bearb.: S. Specht
Abb. 2: Red.: K. Großer; Bearb.: M. Schmiedel
Abb. 3: Red.: K. Großer; Bearb.: R. Bräuer
Abb. 4: Red.: K. Großer; Bearb.: R. Richter

Quellen von Karten und Abbildungen

Abb. 1: Bevölkerungsentwicklung 1990-1999: Landesumweltamt Brandenburg, Referat Z9.
Abb. 2: Raumordnerisches Leitbild der dezentralen Konzentration: Gemeinsame Landesplanungsabteilung der Länder Berlin und Brandenburg (Bearb. u. Red.) (1998): Gemeinsam planen für Berlin und Brandenburg. Gemeinsames Landesentwicklungsprogramm der Länder Berlin und Brandenburg. Gemeinsamer Landesentwicklungsplan für den engeren Verflechtungsraum Brandenburg-Berlin. 2. red. überarb. Aufl. Potsdam
Abb. 3: Zentralität und Bevölkerungsentwicklung 1987-1999: StLA NI. Einwohnermelderegister. Angaben des Landkreises. Eigene Auswertungen.
Abb. 4: Demographische Entwicklung bis 2015: BBR (Hrsg.) (2000): Raumordnungsbericht 2000. Bonn (= Berichte. Band 7), S. 173.

Bildnachweis

S. 28: Im ländlichen Raum in Mecklenburg-Vorpommern: copyright argus Fotoarchiv/Thomas Raupach

S. 30-31: Migration und Bevölkerungsentwicklung: Rückblick und Prognose

Autor: Prof. Dr. Rainer Münz, Bevölkerungswissenschaft, Institut für Sozialwissenschaften der Humboldt-Universität zu Berlin, Ziegelstr. 13c, 10117 Berlin

Kartographische Bearbeiter

Abb. 1, 3, 5: Konstr.: K. Großer; Red.: K. Großer; Bearb.: M. Zimmermann
Abb. 2, 4: Konstr.: R. Münz; Red.: K. Großer; Bearb.: M. Zimmermann
Abb. 6: Konstr.: R. Münz; Red.: K. Großer; Bearb.: R. Richter

Literatur

Bundesministerium des Innern (2000): Modellrechnungen zur Bevölkerungsentwicklung in der Bundesrepublik Deutschland bis zum Jahr 2050. Berlin. Auch online im Internet unter: http://www.bmi.bund.de/download/1445/Download.pdf
Münz, R., W. Seifert u. R. E. Ulrich (1999): Zuwanderung nach Deutschland. Strukturen, Wirkungen, Perspektiven. 2., aktualisierte u. erweit. Aufl. Frankfurt, New York.
Münz, R. u. R. E. Ulrich (2000): Migration und zukünftige Bevölkerungsentwicklung in Deutschland. In: Bade, K. J. u. R. Münz (Hrsg.): Migrationsreport 2000. Fakten – Analysen – Perspektiven. Frankfurt, New York, S. 23-57.
StBA (Hrsg.) (2000): Bevölkerungsentwicklung Deutschlands bis zum Jahr 2050. Ergebnisse der 9. koordinierten Bevölkerungsvorausberechnung. Wiesbaden. Kurzfassung online im Internet unter: http://www.statistik-bund.de/download/veroe/bevoe.pdf

Quellen von Karten und Abbildungen

Abb. 1: Ein- und Auswanderung 1954-1999: StBA.
Abb. 2: Jährliche Zu- und Fortzüge von Ausländern 1954-1999: StBA.
Abb. 3: Bevölkerungsentwicklung 1949-99: StBA (Hrsg.) (versch. Jahrgänge): Statistisches Jahrbuch für die Bundesrepublik Deutschland. Wiesbaden. Staatliche Zentralverwaltung für Statistik (Hrsg.) (bis 1990): Statistisches Jahrbuch der Deutschen Demokratischen Republik.
Abb. 4: Zuwanderung von Aussiedlern 1950-1999: StBA. Bundesverwaltungsamt.
Abb. 5: Einwohnerzahl und Altersstruktur 1960, 1999, 2050 (Prognose): StBA (Hrsg.) (2000). Bundesministerium des Inneren (2000).
Abb. 6: Bevölkerungspyramiden 1999 und 2040: StBA (Hrsg.) (2000).

Bildnachweis

S. 30: Deutschstämmige Aussiedler im Lager Unna-Massen: copyright vario-press

S. 32-35: Bevölkerungsverteilung

Autor: Prof. Dr. Hans Dieter Laux, Geographisches Institut der Rheinischen Friedrich-Wilhelms-Universität Bonn, Meckenheimer Allee 166, 53115 Bonn

Kartographische Bearbeiter

Abb. 1: Bearb.: S. Dutzmann
Abb. 2: Bearb.: S. Dutzmann
Abb. 3: Konstr.: W.-D. Rase; Red.: K. Großer; Bearb.: R. Richter
Abb. 4: Konstr.: W.-D. Rase; Red.: K. Großer; Bearb.: R. Richter
Abb. 5: Red.: K. Großer; Bearb.: M. Schmiedel, G. Storbeck
Abb. 6: Red.: K. Großer; Bearb.: R. Richter
Abb. 7, 8: Red.: K. Großer; Bearb.: G. Storbeck, M. Zimmermann

Literatur

BÄHR, J. (1997): Bevölkerungsgeographie. Verteilung und Dynamik der Bevölkerung in globaler, nationaler und regionaler Sicht. 3., aktualisierte und überarb. Aufl. Stuttgart (= UTB für Wissenschaft 1249).

GANS, P. u. F.-J. KEMPER (1999): Bevölkerung. In: IfL (Hrsg.): Nationalatlas Bundesrepublik Deutschland. Band 1: Gesellschaft und Staat. Mithrsg. von HEINRITZ, G., S. TZSCHASCHEL u. K. WOLF. Heidelberg, Berlin, S. 78-81.

KEMPER, F.-J. (1997): Regionaler Wandel und bevölkerungsgeographische Disparitäten in Deutschland – Binnenwanderungen und interregionale Dekonzentration der Bevölkerung in den alten Bundesländern. In: ARL (Hrsg.): Räumliche Disparitäten und Bevölkerungsveränderungen in Europa. Regionale Antworten auf Herausforderungen der europäischen Raumentwicklung. Hannover (= ARL Forschungs- und Sitzungsberichte. Band 202), S. 91-101.

KONTULY, T. u. B. DEARDEN (1998): Regionale Umverteilungsprozesse der Bevölkerung in Europa seit 1970. In: Informationen zur Raumentwicklung. Heft 11/12, S. 713-722.

LAUX, H.-D. u. U. BUSCH (1989): Entwicklung und Struktur der Bevölkerung 1815 bis 1980. Köln (= Geschichtlicher Atlas der Rheinlande. Beiheft VIII/2-VIII/4. Zgl. Publikationen der Gesellschaft für Rheinische Geschichtskunde. XII Abteilung 1b Neue Folge).

MÜNZER, E. (1995): Gebietsreform. In: ARL (Hrsg.): Handwörterbuch der Raumordnung. Hannover, S. 365-370.

PRIEBS, A. (1999): Bundesraumordnung. In: IfL (Hrsg.): Nationalatlas Bundesrepublik Deutschland. Band 1: Gesellschaft und Staat. Mithrsg. von HEINRITZ, G., S. TZSCHASCHEL u. K. WOLF. Heidelberg, S. 66-67.

SCHÖN, K.-P., D. HILLESHEIM u. P. KUHLMANN (1993): Die Entwicklungsphasen der Städte und Regionen im Spiegel der Volkszählungen. Bonn (= Materialien zur Raumentwicklung. Heft 56).

Quellen von Karten und Abbildungen

Abb. 1: Gemeinden in den Ländern 31.12.1998: StBA. Eigene Berechnung.

Abb. 2: Gemeindegrößenklassen 31.12.1998 – Einwohner und Flächen: StBA. Eigene Berechnung.

Abb. 3: Bevölkerung der Gemeinden 1998: BBR. StBA.

Abb. 4: Einwohner 1998, Einwohnerentwicklung 1939-1998: BBR. StBA.

Abb. 5: Bevölkerung 1939 und 1998 nach siedlungsstrukturellen Kreistypen: BBR. StBA. Eigene Berechnung.

Abb. 6: Bevölkerungsdichte 1939 und 1998: BBR. StBA. Eigene Berechnung.

Abb. 7: Bevölkerungsdichte 1939: BBR.

Abb. 8: Bevölkerungsdichte 1998: BBR.

Bildnachweis

S. 32: copyright vario-press

Anmerkung

Zur Darstellung der Bevölkerungsdichte 1939 (Abb. 6, 7) und der Bevölkerungsentwicklung 1939-1998 in Abb. 4 wurden vom BBR die Einwohnerzahlen von 1939 auf den aktuellen Gebietsstand des Jahres 1998 umgerechnet. Dabei können leichte Schätzfehler auftreten.

S. 36-39: Bevölkerungsentwicklung

Autor: Prof. Dr. Hans Dieter Laux, Geographisches Institut der Rheinischen Friedrich-Wilhelms-Universität Bonn, Meckenheimer Allee 166, 53115 Bonn

Kartographische Bearbeiter

Abb. 1, 3: Konstr.: G. Storbeck; Red.: K. Großer; Bearb.: R. Bräuer, G. Storbeck

Abb. 2: Konstr.: G. Storbeck; Red.: K. Großer; Bearb.: S. Dutzmann, G. Storbeck

Abb. 4: Konstr.: W.-D. Rase; Red.: K. Großer; Bearb.: M. Zimmermann

Abb. 5: Konstr.: N. von Oy, G. Storbeck, W.-D-Rase; Red.: K. Großer; Bearb.: R. Richter

Abb. 6: Konstr.: N. von Oy, G. Storbeck; Red.: K. Großer; Bearb.: R. Richter

Abb. 7: Red.: K. Großer; Bearb.: R. Bräuer, G. Storbeck

Literatur

BÄHR, J. (1997): Bevölkerungsgeographie. Verteilung und Dynamik der Bevölkerung in globaler, nationaler und regionaler Sicht. 3., aktualisierte und überarb. Aufl. Stuttgart (= UTB für Wissenschaft 1249).

BUCHER, H. u. M. KOCKS (1999): Die Bevölkerung in den Regionen der Bundesrepublik Deutschland. Eine Prognose des BBR bis zum Jahre 2015. In: Informationen zur Raumentwicklung. Heft 11/12, S. 755-772.

GANS, P. (1996): Demographische Entwicklung seit 1980. In: STRUBELT, W. u.a.: Städte und Regionen. Räumliche Folgen des Transformationsprozesses. Opladen (= Berichte zum politischen und sozialen Wandel in Ostdeutschland. Band 5), S. 143-181.

GANS, P. u. F.-J. KEMPER (1999): Bevölkerung. In: IfL (Hrsg.): Nationalatlas Bundesrepublik Deutschland. Band 1: Gesellschaft und Staat. Mithrsg. von HEINRITZ, G., S. TZSCHASCHEL u. K. WOLF. Heidelberg, Berlin, S. 78-81.

GATZWEILER, H.-P. u. K. SCHLIEBE (1982): Suburbanisierung von Bevölkerung und Arbeitsplätzen – Stillstand? In: Informationen zur Raumentwicklung. Heft 11/12, S. 883-913.

HERFERT, G. (1998): Stadt-Umland-Wanderung in den 90er Jahren. Quantitative und qualitative Strukturen in den alten und neuen Ländern. In: Informationen zur Raumentwicklung. Heft 11/12, S. 763-776.

KEMPER, F.-J. (1997): Regionaler Wandel und bevölkerungsgeographische Disparitäten in Deutschland – Binnenwanderungen und interregionale Dekonzentration der Bevölkerung in den alten Bundesländern. In: ARL (Hrsg.): Räumliche Disparitäten und Bevölkerungsveränderungen in Europa. Regionale Antworten auf Herausforderungen der europäischen Raumentwicklung. Hannover (= ARL Forschungs- und Sitzungsberichte. Band 202), S. 91-101.

KEMPER, F.-J. (2000): Außenwanderungen in Deutschland – Wandel der regionalen Muster in den 80er und 90er Jahren. In: Petermanns Geographische Mitteilungen. Heft 1, S. 38-49.

LAUX, H.-D. u. U. BUSCH (1989): Entwicklung und Struktur der Bevölkerung 1815 bis 1980. Köln (= Geschichtlicher Atlas der Rheinlande. Beiheft VIII/2-VIII/4. Zgl. Publikationen der Gesellschaft für Rheinische Geschichtskunde. XII Abteilung 1b Neue Folge).

MÜNZ, R., W. SEIFERT u. R. ULRICH (1997): Zuwanderung nach Deutschland. Strukturen, Wirkungen, Perspektiven. Frankfurt a. M., New York.

SCHÖN, K.-P., D. HILLESHEIM u. P. KUHLMANN (1993): Die Entwicklungsphasen der Städte und Regionen im Spiegel der Volkszählungen. Bonn (= Materialien zur Raumentwicklung. Heft 56).

WENDT, H. (1993/94): Wanderungen nach und innerhalb von Deutschland unter besonderer Berücksichtigung der Ost-West-Wanderungen. In: Zeitschrift für Bevölkerungswissenschaft. Heft 4, S. 517-540.

Quellen von Karten und Abbildungen

Abb. 1: Bevölkerungsentwicklung 1939-1998: BBR. StBA.

Abb. 2: Komponenten der Bevölkerungsentwicklung 1950-1999: StBA. Eigene Berechnung.

Abb. 3: Bevölkerungsentwicklung der Länder 1939-1998: BBR. StBA.

Abb. 4: Bevölkerungsentwicklung 1990-1998: BBR. StBA.

Abb. 5: Typen der Bevölkerungsentwicklung 1939-1998: BBR. StBA. Eigene Berechnung.

Abb. 6: Typen der Bevölkerungsentwicklung 1815-1998: LAUX, H.-D. u. U. BUSCH (1989). StBA. Eigene Berechnung.

Abb. 7: Bevölkerungsverteilung 1815-1998: BÄHR, J. (1997), S. 45. LAUX, H.-D. u. U. Busch (1989). StBA. Eigene Berechnung.

Bildnachweis

S. 36: copyright vario-press

S. 37: Internet-Surfen im Altenheim: copyright argus Fotoarchiv/P. Frischmuth

Anmerkungen

Während in der Regel Berlin als Ganzes zu den neuen Bundesländern gezählt wird, erfolgt in Abb. 2 eine Trennung zwischen Ost- und Westberlin.

Zur Darstellung der Bevölkerungsentwicklung auf der Basis der Stadt- und Landkreise (Abb.5) wurden die Einwohnerzahlen vom BBR für die Stichjahre der Volkszählungen 1939 bis 1987 auf den aktuellen Gebietsstand von 1998 umgerechnet. Dabei können leichte Schätzfehler auftreten. Ebenso wurden für Abb. 6 die älteren Bevölkerungszahlen für die heutigen Gemeinden und Verbandsgemeinden in Nordrhein-Westfalen und Rheinland-Pfalz zusammengefasst.

Bei der Clusteranalyse in Abb. 5 wurden als Ähnlichkeitskriterium das Cosinus-Maß und als Gruppierungsmethode das Average-Linkage-Verfahren verwendet. Die Gruppierung in Abb. 6 beruht auf der euklidischen Distanz als Ähnlichkeitskriterium und der Gruppierungsmethode nach Ward.

In Abb. 7 wird der Grad der räumlichen Bevölkerungskonzentration mit Hilfe des Verfahrens der Lorenzkurve gemessen (BÄHR 1997, S. 45). Dabei ist die Konzentration um so stärker, je weiter die jeweilige Kurve von der Diagonale (Gleichverteilungsgerade) abweicht.

S. 40-43: Das Bevölkerungspotenzial – Messgröße für Interaktionschancen

Autor: Dipl.-Geogr. Christian Breßler, Präsidialamt der Freien Universität Berlin, Kaiserswerther Str. 16-18, 14195 Berlin

Kartographische Bearbeiter

Abb. 1, 2, 3: Konstr.: C. Breßler; Red.: B. Hantzsch; Bearb.: R. Richter

Literatur

BUCHER, H. u. F. HEINS (2001): Entwicklung interregionaler Wanderungen in den 1990er Jahren. In: IfL (Hrsg.): Nationalatlas Bundesrepublik Deutschland. Band 4: Bevölkerung. Mithrsg. von GANS, P. u. F.-J. KEMPER. Heidelberg, Berlin. S. 112-113.

GANS, P. u. F.-J. KEMPER (1999): Bevölkerung. In: IfL (Hrsg.): Nationalatlas Bundesrepublik Deutschland. Band 1: Gesellschaft und Staat. Mithrsg. von HEINRITZ, G., S. TZSCHASCHEL u. K. WOLF. Heidelberg, Berlin, S. 78-81.

KANT, E. (1946): Den inre omflyttningen i Estland i samband med de Estniska Stådernas Omland. In: Svensk Geografisk Årsbok, S. 83-124.

KEMPER, F.-J. u.a. (1979): Das Bevölkerungspotential der Bundesrepublik Deutschland. In: Raumforschung und Raumordnung. Heft 3-4, S. 175-183.

Quellen von Karten und Abbildungen

Abb. 1: Veränderung von Potenzialwerten bei unterschiedlichen Exponenten 1997: StÄdBL. Eigene Berechnungen.

Abb. 2: Bevölkerungspotenzial: StÄdBL. Eigene Berechnungen.

Abb. 3: Mittlere jährliche Veränderung des Bevölkerungspotenzials 1970-1998: StÄdBL. Eigene Berechnungen.

Bildnachweis

S. 40: Vor dem von Christo und Jeanne-Claude verhüllten Reichstagsgebäude in Berlin im Juni 1995: copyright C. Lambrecht

S. 42: Ehemalige Grenzübergangsstelle an der innerdeutschen Staatsgrenze: copyright C. Breßler

S. 44-45: Bevölkerungsentwicklung in Europa

Autor: Dr. Thomas Ott, Geographisches Institut der Universität Mannheim, Schloss, 68131 Mannheim

Kartographische Bearbeiter

Abb. 1, 4: Konstr.: T. Ott; Red.: W. Kraus; Bearb.: R. Bräuer

Abb. 2, 3: Konstr.: T. Ott; Red.: W. Kraus; Bearb.: K. Baum

Literatur

KRINGS, T. (1995): Internationale Migration nach Deutschland und Italien im Vergleich. In: Geographische Rundschau. Heft7/8, S. 437-442.

Quellen von Karten und Abbildungen

Abb. 1: Bevölkerungsentwicklung 1960-1997: Eurostat.

Abb. 2: Bevölkerung der EU und von Beitrittskandidaten 1997: Eurostat.

Abb. 3: Bevölkerungsveränderung in den EU-Regionen 1987-97: Eurostat.

Abb. 4: Natürliche Bevölkerungsentwicklung und Migration 1988-1997: Eurostat.

Bildnachweis

S. 45: Europa bei Nacht: copyright W. T. Sullivan III 6 Hansen Planetarium/Science Photo Library

S. 46-49: Altersstruktur und Überalterung

Autor: Dr. Steffen Maretzke, Referat I 6 Räumliches Informationssystem, Bundesamt für Bauwesen und Raumordnung, Am Michaelshof 8, 53117 Bonn

Kartographische Bearbeiter

Abb. 1, 3: Red.: B. Hantzsch; Bearb.: R. Richter

Abb. 2: Red.: K. Großer, Bearb.: R. Richter, M. Schmiedel

Abb. 4: Red.: K. Großer; Bearb.: M. Schmiedel

Abb. 5: Red.: B. Hantzsch; Bearb.: M. Zimmermann

Literatur

GANS, P. u. F.-J. KEMPER (1999): Bevölkerung. In: IfL (Hrsg.): Nationalatlas Bundesrepublik Deutschland. Band 1: Gesellschaft und Staat. Mithrsg. von HEINRITZ, G., S. TZSCHASCHEL u. K. WOLF. Heidelberg, Berlin, S. 78-81.

IRMEN, E. u. A. BLACH (1994): Räumlicher Strukturwandel. Konzentration, Dekonzentration und Dispersion. In: Informationen zur Raumentwicklung. Heft 7/8, S. 445-464.

MARETZKE, S. (1995): 2.1 Bevölkerungsentwicklung. In: BfLR (Hrsg.): Regionalbarometer neue Länder. Zweiter zusammenfassender Bericht. Bonn (= Materialien zur Raumentwicklung. Heft 69), S. 15-32.

MARETZKE, S. (1998): Regionale Wanderungsprozesse in Deutschland sechs Jahre nach der Vereinigung. In: Informationen zur Raumentwicklung. Heft 11/12, S. 743-762.

Quellen von Karten und Abbildungen

Abb. 1: Komponenten des altersstrukturellen Wandels: Eigener Entwurf.

Abb. 2: Altersstruktur der Bevölkerung, Strukturen und Trends: Laufende Raumbeobachtung des BBR. Eigene Berechnungen.

Abb. 3: Altersstruktur der Bevölkerung 1985 und 1997: Laufende Raumbeobachtung des BBR.

Abb. 4: Altersstruktur der Bevölkerung 1997: Laufende Raumbeobachtung des BBR.

Abb. 5: Billeter-Maß und Lastindex 1985 und 1997: Laufende Raumbeobachtung des BBR.

Bildnachweis

S. 46: copyright vario-press

S. 50-51: Regionale Unterschiede in der Altersstruktur

Autor: Dr. Steffen Maretzke, Referat I 6 Räumliches Informationssystem, Bundesamt für Bauwesen und Raumordnung, Am Michaelshof 8, 53117 Bonn

Kartographische Bearbeiter

Abb. 1, 3: Red.: B. Hantzsch; Bearb.: R. Richter

Abb. 2. Red.: B. Hantzsch; Bearb.: M. Zimmermann, R. Richter

Literatur

s. Anhang zum Beitrag Maretzke, Alterstruktur

Quellen von Karten und Abbildungen

Abb. 1: Bevölkerungspyramide 1999: Laufende Raumbeobachtung des BBR.

Abb. 2: Muster der Altersstruktur der 90er Jahre: Laufende Raumbeobachtung des BBR.

Abb. 3: Bevölkerungsentwicklung 1985-1997: Laufende Raumbeobachtung des BBR.

Bildnachweis

S. 50: copyright vario-press

S. 52-53: Unterschiede der Altersstruktur in Europa
Autor: Dr. Thomas Ott, Geographisches Institut der Universität Mannheim, Schloss, 68131 Mannheim
Kartographische Bearbeiter
Abb. 1, 3: Red.: K. Großer; Bearb.: S. Dutzmann
Abb. 2: Red.: K. Großer; Bearb.: M. Schmiedel
Abb. 4: Konstr.: T. Ott; Red.: K. Großer; Bearb.: S. Dutzmann
Literatur
EDING, H. (1999): Das unterschiedliche Tempo des Alterungsprozesses der Bevölkerung in einzelnen EU-Regionen bis 2025. Luxemburg (= Statistik kurzgefaßt, Allgemeine Statistik 4/1999). Auch online im Internet unter: http://europa.eu.int/comm/eurostat
HÖHN, CH. u. B. STÖRTZBACH (1994): Die demographische Alterung in den Ländern der Europäischen Union. In: Geographische Zeitschrift. Heft 4, S. 198-213.
MERTINS, G. (1997): Demographischer Wandel in der Europäischen Union und Perspektiven. In: ECKART, K. u. S. GRUNDMANN (Hrsg.): Demographischer Wandel in der europäischen Dimension und Perspektive. Berlin (= Schriftenreihe der Gesellschaft für Deutschlandforschung. Band 52), S. 9-31.
WARNES, A. M. (1996): Demographic ageing: trends and policy responses. In: NOIN, D. u. R. WOODS (Hrsg.): The changing population of Europe. Oxford, S. 82-99.
Quellen von Karten und Abbildungen
Abb. 1: Anteil der über 60-Jährigen an der Gesamtbevölkerung 1999 und 2050,
Abb. 2: Anteil der Alten an der Gesamtbevölkerung 1999: United Nations. Populations Division.
Abb. 3: Anteil der über 65-Jährigen 1950-2010: WARNES, A. M. (1996), S. 84.
Abb. 4: Altersstruktur und Lastindex europäischer Staaten 1997: Eurostat.
Bildnachweis
S. 52: Kinder in Hamburg: copyright argus Fotoarchiv/Peter Frischmuth

S. 54-57: Haushaltsgrößen im Wandel
Autoren: Dr. Hansjörg Bucher, Referat I 4 Wirtschaft und Gesellschaft, Bundesamt für Bauwesen und Raumordnung, Am Michaelshof 8, 53177 Bonn
Prof. Dr. Franz-Josef Kemper, Geographisches Institut der Humboldt-Universität zu Berlin, Chausseestr. 68, 10115 Berlin
Kartographische Bearbeiter
Abb. 1: Konstr.: H. Bucher; Red.: K. Großer, F.-J. Kemper; Bearb.: M. Zimmermann
Abb. 2, 3, 4, 5: Konstr.: BBR; Red.: K. Großer, F.-J. Kemper; Bearb.: M. Zimmermann
Abb. 6, 7: Konstr.: BBR; Red.: K. Großer; Bearb.: R. Richter
Literatur
BERTRAM, H. (Hrsg.) (1992): Die Familie in den neuen Bundesländern. Stabilität und Wandel in der gesellschaftlichen Umbruchsituation. Opladen (= Familien-Survey 2).
BUCHER, H. u. C. SCHLÖMER (1999): Die privaten Haushalte in den Regionen der Bundesrepublik Deutschland. Eine Prognose des BBR bis zum Jahr 2015. In: Informationen zur Raumentwicklung. Heft 11/12, S. 773-792.
HUININK, J. u. M. WAGNER (1998): Individualisierung und die Pluralisierung von Lebensformen. In: FRIEDRICHS, J. (Hrsg.): Die Individualisierungsthese. Opladen, S. 85-106.
MAYER, K. U. u. W. MÜLLER (1994): Individualisierung und Standardisierung im Strukturwandel der Moderne. Lebensverläufe im Wohlfahrtsstaat. In: BECK, U. u. E. BECK-GERNSHEIM (Hrsg.): Riskante Freiheiten. Individualisierung in modernen Gesellschaften. Frankfurt a. M. (= Edition Suhrkamp 1816=N.F. 816), S. 265-295.
MEYER, S. u. E. SCHULZE (1992): Familie im Umbruch. Zur Lage der Familien in der ehemaligen DDR. Stuttgart u.a. (= Schriftenreihe des Bundesministeriums für Familie und Senioren 7).
Quellen von Karten und Abbildungen
Abb. 1: Haushaltsgrößen nach der Personenzahl: STBA (Hrsg.) (versch. Jahrgänge): Statistisches Jahrbuch für die Bundesrepublik Deutschland. Wiesbaden.
Abb. 2: Durchschnittliche Haushaltsgröße 1996: Laufende Raumbeobachtung des BBR.
Abb. 3: Altersstruktur der Haushaltsvorstände 1998: Laufende Raumbeobachtung des BBR.
Abb. 4: Haushaltsgröße und Kinderanteil 1996: Laufende Raumbeobachtung des BBR (Gesellschaft für Konsumforschung, Fortschreibung der Bevölkerung).
Abb. 5: Haushaltsgrößenstruktur in Köln 1998: Statistischen Amt der Stadt Köln. Eigene Berechnungen.
Abb. 6: Haushalte mit vier und mehr Personen 1998: StBA (Mikrozensus, 1998, Regionalaufbereitung für das BBR).
Abb. 7: Private Haushalte und ihre Größenstruktur 1998: Eigene Berechnungen nach StBA (Mikrozensus, 1998, Regionalaufbereitung für das BBR).
Bildnachweis
S. 54: copyright K. Großer
S. 56: copyright vario-press

S. 58-59: Die Einpersonenhaushalte
Autor: Prof. Dr. Franz-Josef Kemper, Geographisches Institut der Humboldt-Universität zu Berlin, Chausseestr. 68, 10115 Berlin
Kartographische Bearbeiter
Abb. 1, 2, 3, 4: Red.: K. Großer; Bearb.: M. Zimmermann
Abb. 5: Red.: K. Großer, F.-J. Kemper; Bearb.: R. Richter
Abb. 6: Red.: K. Großer; Bearb.: R. Richter
Literatur
BERTRAM, H. (1995): Regionale Vielfalt und Lebensformen. In: H. BERTRAM (Hrsg): Das Individuum und seine Familie. Lebensformen, Familienbeziehungen und Lebensereignisse im Erwachsenenalter. Opladen (= Familien-Survey 4), S. 157-195.
BUCHER, H. u. C. SCHLÖMER (1999): Die privaten Haushalte in den Regionen der Bundesrepublik Deutschland. Eine Prognose des BBR bis zum Jahr 2015. In: Informationen zur Raumentwicklung. Heft 11/12, S. 773-792.
GLATZER, W. (1999): Die Sozialstruktur Deutschlands – Entstrukturierung und Pluralisierung. In: IfL (Hrsg.): Nationalatlas Bundesrepublik Deutschland. Band 1: Gesellschaft und Staat. Mithrsg. von HEINRITZ, G., S. TZSCHASCHEL u. K. WOLF. Heidelberg, Berlin, S. 82-85.
Quellen von Karten und Abbildungen
Abb. 1: Anteil der allein lebenden Frauen und Männer 1998: StBA (Mikrozensus, 1998).
Abb. 2: Anteil der allein Lebenden 1998: StBA (Mikrozensus, 1998).
Abb. 3: Einpersonenhaushalte 1996: Gesellschaft für Konsumforschung. Laufende Raumbeobachtung des BBR.
Abb. 4: Anteil der Einpersonenhaushalte 1945-2000: STAATLICHE ZENTRALVERWALTUNG FÜR STATISTIK (Hrsg.) (versch. Jahrgänge): Statistisches Jahrbuch der DDR. Berlin. STLA BERLIN (Hrsg.) (versch. Jahrgänge): Statistisches Jahrbuch. Berlin.
Abb. 5: Anteil der Einpersonenhaushalte an den Privathaushalten 1970 und 1998: Statistisches Amt der Stadt Köln (Volkszählung 1970. Fortschreibung 1998).
Abb. 6: Anteil der Einpersonenhaushalte an den Privathaushalten 1998: STAATLICHE ZENTRALVERWALTUNG FÜR STATISTIK (Hrsg.) (versch. Jahrgänge): Statistisches Jahrbuch der DDR. Berlin. STLA BERLIN (Hrsg.) (versch. Jahrgänge): Statistisches Jahrbuch. Berlin. StLA Berlin (Mikrozensus, 1991 u. 1998).
Bildnachweis
S. 58: Wohnungen in Leipzig für Singles: copyright B. Tischer

S. 60-61: Frauen und Männer
Autorin: Dr. Daniele Stegmann, Ginsterweg 4, 25813 Husum
Kartographische Bearbeiter
Abb. 1, 2, 3, 4, 5: Konstr.: M. Horn; Red.: K. Großer; Bearb.: S. Dutzmann
Literatur
BÄHR, J. (1997): Bevölkerungsgeographie. Verteilung und Dynamik der Bevölkerung in globaler, nationaler und regionaler Sicht. 3., aktualisierte und überarb. Aufl. Stuttgart (= UTB für Wissenschaft 1249).
DORBRITZ, J. u. K. GÄRTNER (1995): Bericht 1995 über die demographische Lage in Deutschland. In: Zeitschrift für Bevölkerungswissenschaft. Heft 4, S. 339-448.
SCHERF, K. u. H. VIEHRIG (Hrsg.) (1995): Berlin und Brandenburg auf dem Weg in eine gemeinsame Zukunft. Mit einem Anhang: Fakten – Zahlen – Übersichten. Gotha (= Perthes Länderprofile).
Quellen von Karten und Abbildungen
Abb. 1: Sexualproportion und Binnenwanderungssaldo der 18- bis 24-Jährigen: BBR. Eigene Berechnung.
Abb. 2: Sexualproportion, Alter und Nationalität 1998: StLA Berlin. Eigene Berechnung. Eigener Entwurf.
Abb. 3: Sexualproportion nach dem Lebensalter 1998: STBA (Hrsg.) (1999): Statistisches Jahrbuch 1999 für die Bundesrepublik Deutschland. Wiesbaden. Eigene Berechnung.
Abb. 4: Sexualproportion und Binnenwanderungssaldo der 18- bis 24-Jährigen nach siedlungsstrukturellen Kreistypen 1998: BBR. Eigener Entwurf.
Abb. 5: Sexualproportion der Gesamtbevölkerung 1998 und Altersstruktur 1997: BBR. Eigener Entwurf.

S. 62-63: Erwerbsbeteiligung von Frauen
Autorin: Dr. Daniele Stegmann, Ginsterweg 4, 25813 Husum
Kartographische Bearbeiter
Abb. 1, 2, 3: Konstr.: M. Horn; Red.: K. Großer; Bearb.: S. Dutzmann, R. Richter
Literatur
GRÜNHEID, E. (1999): Zur Entwicklung der Erwerbstätigkeit in Deutschland aus demographischer Sicht – historische Betrachtung der letzten Jahrzehnte. In: Zeitschrift für Bevölkerungswissenschaft. Heft 2, S. 133-163.
IRMEN, E. u. S. MARETZKE (1995): Frauen und ihre Erwerbsmöglichkeiten. In: Informationen zur Raumentwicklung. Heft 1, S. 15-36.
MARUANI, M. (1995): Erwerbstätigkeit von Frauen in Europa. In: Informationen zur Raumentwicklung. Heft 1, S. 37-47.
STEGMANN, D. (1997): Lebensverläufe Alleinerziehender in West- und Ostdeutschland. Wiesbaden (= Materialien zur Bevölkerungswissenschaft. Heft 82e: Familienbildung und Kinderwunsch in Deutschland).
Quellen von Karten und Abbildungen
Abb. 1: Frauenerwerbsquote 1969, 1991 und 1998: GRÜNHEID, E. (1999). Eigene Zusammenstellung nach StBA (Mikrozensus).
Abb. 2: Erwerbsquoten und Teilzeitquoten nach Alter und Familiensituation 1998: BBR. StBA. Eigene Zusammenstellung und Berechnung.
Abb. 3: Frauenerwerbsquote 1998: BBR. Eigener Entwurf.
Bildnachweis
S. 62: Bierproduktion in Deutschlands östlichster Privatbrauerei, der Landskronbrauerei in Görlitz: copyright vario-press

S. 64-65: Erwerbstätigkeit von Frauen in Europa
Autor: Dr. Thomas Ott, Geographisches Institut der Universität Mannheim, Schloss, 68131 Mannheim
Kartographische Bearbeiter
Abb. 1, 2, 4: Konstr.: T. Ott; Red.: K. Großer; Bearb.: R. Richter
Abb. 3: Konstr.: T. Ott; Red.: K. Großer; Bearb.: K. Baum
Abb. 5: Konstr.: T. Ott; Red.: K. Großer; F. v. Meyer z. Schwabedissen; Bearb.: R. Richter
Literatur
BENASSI, M.-P. (1999): Frauen in der EU verdienen 28% weniger als die Männer. Luxemburg (= Statistik kurzgefaßt, Bevölkerung und soziale Bedingungen 6/1999). Auch online im Internet unter: http://europa.eu.int/comm/eurostat/
BODRUŽIC, M., K. Hoth u. E. SCHÖBERL (1999): Frauen in Europa. 4., überarb. Aufl. Berlin. Auch online im Internet unter: http://www.eu-kommission.de/html/04_doku/doku_01.asp
Quellen von Karten und Abbildungen
Abb. 1: Gehalts- und Erwerbsstruktur von Frauen 1995: Eurostat.
Abb. 2: Frauenarbeitslosigkeit 1997: Eurostat.
Abb. 3: Erwerbsanteil von Frauen im Alter von 30-45 Jahren 1960-95: Eurostat.
Abb. 4: Frauenbeschäftigungs- und Teilzeitquoten 1985-96: Eurostat.
Abb. 5: Erwerbstätigkeit von Frauen 1998: STBA (Hrsg.) (2000): Statistisches Jahrbuch für das Ausland. Wiesbaden. Eigene Erhebungen IfL nach Länderberichten und Statistiken verschiedener Länder.
Bildnachweis
S. 64: Ärztin in der Notaufnahme: copyright argus Fotoarchiv/T. Raupach

S. 66-67: Soziale Problemlagen von Frauen
Autorin: Dr. Daniele Stegmann, Ginsterweg 4, 25813 Husum
Kartographische Bearbeiter
Abb. 1, 2, 3, 4, 5: Konstr.: M. Horn; Red.: K. Großer, D. Stegmann; Bearb.: R. Richter
Literatur
ENGELBRECH, G. (1994): Frauenerwerbslosigkeit in den neuen Bundesländern. Folgen und Auswege. In: Aus Politik und Zeitgeschichte. Beilage zur Wochenzeitung „Das Parlament". B 6/94, S. 22-32.
HAUSER, R. u. W. HÜBINGER (1993): Ergebnisse und Konsequenzen der Caritas-Armutsuntersuchung. Freiburg i. Br. (= Arme unter uns 1).
HÜBINGER, W. (1997): Die Lebenslagenuntersuchung Ostdeutschland: Wichtige Ergebnisse und erste Resümees. In: Caritas. Heft 6, S. 243-250.
IRMEN, E. u. S. MARETZKE (1995): Frauen und ihre Erwerbsmöglichkeiten. In: Informationen zur Raumentwicklung. Heft 1, S. 15-36.
KLAGGE, B. (1998): Armut in westdeutschen Städten. Ursachen und Hintergründe für die Disparitäten städtischer Armutsraten. In: Geographische Rundschau. Heft 3, S. 139-145.
KNOKE, W. (1999): Armut macht gleich. Lebenslagen in Ost und West. Eine vergleichende Betrachtung der Klientenbefragung von Caritas und Diakonie. In: Neue Caritas. Heft 5, S. 8-14.
Quellen von Karten und Abbildungen
Abb. 1: Arbeitslosigkeit 1998 und Sozialhilfequoten 1997 von Frauen: BBR. Eigene Berechnung.
Abb. 2: Anteile der Einkommensgruppen in den Familienformen 1997: Eigene Zusammenstellung nach StBA (Mikrozensus).
Abb. 3: Sozialhilfe 1997/98 und Frauenarbeitslosigkeit 1993-98: BBR. Eigener Entwurf.
Abb. 4: Empfängerinnen und Empfänger von laufender Hilfe zum Lebensunterhalt in Deutschland 1997: StBA. Eigene Zusammenstellung.
Abb. 5: Arbeitslosigkeit 1998 und Sozialhilfebezug von Frauen 1997: BBR. Eigener Entwurf.

S. 68-71: Religiöse Minderheiten
Autor: Prof. Dr. Reinhard Henkel, Geographisches Institut der Ruprecht-Karls-Universität Heidelberg, Im Neuenheimer Feld 348, 69120 Heidelberg

Kartographische Bearbeiter

Abb. 1, 2, 3, 5, 6, 7: Konstr.: M. Horn; Red.: R. Henkel, W. Kraus; Bearb.: M. Zimmermann

Abb. 4: Konstr.: M. Horn; Red.: R. Henkel, W. Kraus; Bearb.: R. Bräuer

Literatur

Balders, G. (Hrsg.) (1984): Ein Herr, ein Glaube, eine Taufe. 150 Jahre Baptistengemeinden in Deutschland 1834-1984. Wuppertal, Kassel.

Baumann, M. (1995): Deutsche Buddhisten. Geschichte und Gemeinschaften. 2., durchges. u. aktualisierte Aufl. Marburg (= Religionswissenschaftliche Reihe 5).

Eggenberger, O. (1994): Die Kirchen, Sondergruppen und religiöse Vereinigungen. Ein Handbuch. 6., überarb. u. erg. Aufl. Zürich.

Gasper, H., J. Müller u. F. Valentin (Hrsg.) (1994): Lexikon der Sekten, Sondergruppen und Weltanschauungen. Fakten, Hintergründe, Klärungen. Durchges. u. verbesserte Neuausg. [5. Aufl.]. Freiburg u.a. (= Herder-Spektrum 4271).

Hauschild, H. u. W. Küttner (Hrsg.) (1984): Auf festem Glaubensgrund. Fast alles über die Selbständige Evangelisch-Lutherische Kirche. Groß Oesingen.

Henkel, R. (1999): Kirche und Glaubensgemeinschaften. In: IfL (Hrsg.): Nationalatlas Bundesrepublik Deutschland. Band 1: Gesellschaft und Staat. Mithrsg. von Heinritz, G., S. Tzschaschel u. K. Wolf. Heidelberg, Berlin, S. 102-105

Henkel, R. (2001): Atlas der Kirchen und der anderen Religionsgemeinschaften in Deutschland. Eine Religionsgeographie. Stuttgart u.a.

Klöckner, M. u. U. Tworuschka (Hrsg.) (1997 ff.): Handbuch der Religionen: Kirchen und andere Glaubensgemeinschaften in Deutschland. Landsberg am Lech.

Merten, K. (1997): Die syrisch-orthodoxen Christen in der Türkei und in Deutschland. Untersuchungen zu einer Wanderungsbewegung. Hamburg (= Studien zur Orientalischen Kirchengeschichte 3).

Obst, H. (2000): Apostel und Propheten der Neuzeit. Gründer christlicher Religionsgemeinschaften des 19. und 20. Jahrhunderts. 4., stark erweit. u. aktualisierte Aufl. Göttingen.

Reller, H. u. M. Kiessig (Hrsg.) (1993): Handbuch religiöse Gemeinschaften. Freikirchen, Sondergemeinschaften, Sekten, Weltanschauungen, missionierende Religionen des Ostens, Neureligionen, Psycho-Organisationen. 4., völlig überarb. u. erg. Aufl. Gütersloh.

Reller, H., H. Krech u. M. Kleiminger (Hrsg.): Handbuch religiöse Gemeinschaften und Weltanschauungen. Freikirchen, Sondergemeinschaften, Sekten, synkretistische Neureligionen und Bewegungen, esoterische und neugnostische Weltanschauungen und Bewegungen, missionierende Religionen des Ostens, Neureligionen, kommerzielle Anbieter von Lebensbewältigungshilfen und Psycho-Organisationen. 5., neubearb. u. erweit. Aufl. Gütersloh.

Rinschede, G. (1999): Religionsgeographie. Braunschweig (= Das geographische Seminar).

Tibusek, J. (1991): Auf der Suche nach dem Heil. Religiöse Sondergemeinschaften – wer sie sind und was sie wollen. 2., überarb. Aufl. Gießen, Basel (= ABC-team 3388).

Tibusek, J. (1996): Ein Glaube, viele Kirchen. Die christlichen Religionsgemeinschaften – wer sie sind und was sie glauben. 2., aktualisierte u. erweit. Aufl. Gießen, Basel.

Quellen von Karten und Abbildungen

Abb. 1: Entwicklung des Bundes der Baptistengemeinden bis 1935 und des BEFG 1955-1995: BEFG. Eigene Auswertungen.

Abb. 2: Mitgliederzahlen von religiösen Minderheiten 1995: Angaben der Leitungen der Religionsgemeinschaften, bei Orthodoxen und Muslimen. Schätzungen der Religionsgemeinschaften bzw. nach Literatur.

Abb. 3: Syrisch-Orthodoxe und buddhistische Gruppen 1995: DBU. Eigene Auswertungen.

Abb. 4: Baptisten im Deutschen Reich 1925: BEFG. Eigene Auswertungen.

Abb. 5: Mitglieder in Gemeinden des Bundes Evangelisch-Freikirchlicher Gemeinden (BEFG) 1995: BEFG. Eigene Auswertungen.

Abb. 6: Mitglieder in Gemeinden der Selbständigen Evangelisch-Lutherischen Kirche (SELK) 1995: SELK. Eigene Auswertungen.

Abb. 7: Mitglieder der Neuapostolischen Kirche 1995: Neuapostolische Kirche. Eigene Auswertungen.

Bildnachweis

S. 68: copyright R. Henkel

Zur Datenlage

Die Datenlage für die Mitglieder der muslimischen Glaubensgemeinschaft in Deutschland ist sehr ungünstig (Henkel 2001). Die Volkszählung 1987 hat die Muslime (nach Selbstauskunft) zwar erfasst; jedoch liegt sie schon lange zurück, und sie wurde nur in der alten Bundesrepublik durchgeführt. Von den drei großen Verbänden islamischer Gemeinden, in denen ohnehin nur weniger als 10 % der in Deutschland lebenden Muslime Mitglied sind, betreibt nur der dem Zentralrat der Muslime in Deutschland angehörende Verband Islamischer Kulturzentren (VIKZ) eine offenere Informationspolitik. Der IGMG („Milli Görüs"), der führende Verband des „Islamrats für die Bundesrepublik Deutschland" und die „Türkisch-Islamische Union der Anstalt für Religion" (DITIB) dagegen sind eher restriktiv in der Herausgabe von Informationen. Daher ist auch eine nur annähernd vollständige regionalisierte Darstellung der Muslime in Deutschland derzeit nicht möglich.

S. 72-75: Ausländer in Deutschland seit dem Zweiten Weltkrieg

Autoren: Prof. Dr. Günther Glebe, Geographisches Institut der Heinrich-Heine-Universität Düsseldorf, Universitätsstr. 1, 40225 Düsseldorf

Prof. Dr. Günter Thieme, Seminar für Geographie und ihre Didaktik der Universität zu Köln, Gronewaldstr. 2, 50931 Köln

Kartographische Bearbeiter

Abb. 1, 2, 3: Konstr.: G. Glebe, G. Thieme; Red.: B. Hantzsch; Bearb.: B. Hantzsch

Abb. 4: Konstr.: G. Glebe, M. Gref, G. Thieme; Red.: B. Hantzsch; Bearb.: R. Richter

Abb. 5: Konstr.: C. Dehling, G. Glebe; Red.: B. Hantzsch; Bearb.: R. Richter

Abb. 6: Konstr.: C. Dehling, G. Glebe; Red.: B. Hantzsch; Bearb.: R. Bräuer

Abb. 7: Konstr.: C. Dehling; Red.: B. Hantzsch; Bearb.: R. Richter

Literatur

Bade, K. J. (Hrsg.) (1992): Deutsche im Ausland – Fremde in Deutschland. Migration in Geschichte und Gegenwart. München.

Bade, K. J. (Hrsg.) (1996): Migration, Ethnizität, Konflikte. Systemfragen und Fallstudien. Osnabrück (= Schriften des Instituts für Migrationsforschung und Interkulturelle Studien (IMIS) der Universität Osnabrück. Band 1).

Beger, K.-U. (2000): Migration und Integration. Eine Einführung in das Wanderungsgeschehen und die Integration der Zugewanderten in Deutschland. Opladen.

Bundesanstalt für Arbeit (Hrsg.) (1999): Ausländer in Deutschland. Jahresbericht 1998 über die Situation ausländischer Arbeitnehmer. Nürnberg (= Informationen für die Beratungs- und Vermittlungsdienste der Bundesanstalt für Arbeit 1999/4).

Glebe, G. (1997): Housing and segregation of Turks in Germany. In: Özüekren, S. u. R. van Kempen (Hrsg.): Turks in European cities: housing and urban segregation. Utrecht (= Comparative studies in migration and ethnic relations 4), S. 122-157.

Heckmann, F.(1992): Ethnische Minderheiten, Volk und Nation. Soziologie interethnischer Beziehungen. Stuttgart.

Kemper, F.-J. (Moderator) (1997): [Themenheft] Ausländer in Deutschland. In: Geographische Rundschau. Heft 7/8.

Kemper, F.-J.(1998): Restructuring of housing and ethnic segregation: recent developments in Berlin. In: Urban Studies. Nr. 10, S. 1765-1789.

Lederer, H. W. (1997): Migration und Integration in Zahlen. Ein Handbuch. Bonn (= Forum Migration 4).

Münz, R., W. Seifert u. R. Ulrich (1997): Zuwanderung nach Deutschland. Strukturen, Wirkungen, Perspektiven. Frankfurt a. M., New York.

Rürup, B. u. W. Sesselmeier (1994): Zu den wichtigsten Auswirkungen von Einwanderung auf Arbeitsmarkt und Sozialversicherung. In: Forum Demographie und Politik. Heft 5, S. 64-89.

Thieme, G. u. H. D. Laux (1996): Between integration and marginalization: foreign population in the Ruhr conurbation. In: Roseman, C. C., H. D. Laux u. G. Thieme (Hrsg.): EthniCity. Geographic perspectives on ethnic change in modern cities. Lanham, S. 141-164.

Thränhardt, D. (1999): Integrationsprozesse in der Bundesrepublik Deutschland – Institutionelle und soziale Rahmenbedingungen. In: Forschungsinstitut der Friedrich-Ebert-Stiftung, Abt. Arbeit und Sozialpolitik (Hrsg.): Integration und Integrationsförderung in der Einwanderungsgesellschaft. Bonn (= Gesprächskreis Arbeit und Soziales. Nr. 91), S. 13-46. Auch online im Internet unter: http:fes.de

Treibel, A. (1999): Migration in modernen Gesellschaften. Soziale Folgen von Einwanderung, Gastarbeit und Flucht. 2., völlig neubearb. u. erweit. Aufl. Weinheim, München (= Grundlagentexte Soziologie).

Wenning, N. (1996): Migration in Deutschland. Ein Überblick. Münster, New York (= Lernen für Europa.).

Quellen von Karten und Abbildungen

Abb. 1: Zu- und Fortzüge von Ausländern und Wachstumsrate des BSP 1954-1998: Lederer, H. (1997), S. 180f. StBA (Hrsg.) (versch. Jahrgänge): Statistisches Jahrbuch für die Bundesrepublik Deutschland. Wiesbaden.

Abb. 2: Bevölkerungsanteil der Ausländer und die 15 wichtigsten Herkunftsländer 1967-1999: StBA (Hrsg.) (versch. Jahrgänge): Statistisches Jahrbuch für die Bundesrepublik Deutschland. Wiesbaden.

Abb. 3: Ausländer aus hoch entwickelten Ländern und ihr Anteil an allen Ausländern 1967-1999: StBA (Hrsg.) (versch. Jahrgänge): Statistisches Jahrbuch für die Bundesrepublik Deutschland. Wiesbaden. Unveröff. Material des StBA.

Abb. 4: Anzahl, Anteil und Herkunftsländer der Ausländer 1998: StLA BE.

Abb. 5: Ausländische Bevölkerung nach Herkunftsregionen 1997: StÄdBL.

Abb. 6: Ausländer in Deutschland 1997: StBA. Unveröff. Material des StBA.

Abb. 7: Ausländer aus ausgewählten westlichen Industrieländern 1997: StBA.

S. 76-79: Ausländer – demographische und sozioökonomische Merkmale

Autoren: Prof. Dr. Günther Glebe, Geographisches Institut der Heinrich-Heine-Universität Düsseldorf, Universitätsstr. 1, 40225 Düsseldorf

Prof. Dr. Günter Thieme, Seminar für Geographie und ihre Didaktik der Universität zu Köln, Gronewaldstr. 2, 50931 Köln

Kartographische Bearbeiter

Abb. 1, 4, 5, 9: Konstr.: G. Glebe, G. Thieme; Red.: B. Hantzsch; Bearb.: R. Richter

Abb. 2: Konstr.: G. Glebe, G. Thieme; Red.: B. Hantzsch; Bearb.: B. Hantzsch

Abb. 3, 7: Konstr.: G. Glebe, G. Thieme; Red.: B. Hantzsch; Bearb.: R. Richter, M. Zimmermann

Abb. 6, 11, 12: Konstr.: G. Glebe, G. Thieme; Red.: B. Hantzsch; Bearb.: S. Dutzmann

Abb. 8: Konstr.: G. Glebe, G. Thieme; Red.: K. Großer; Bearb.: R. Richter

Abb. 10: Konstr.: G. Glebe, M. Gref; Red.: B. Hantzsch; Bearb.: R. Richter

Literatur

s. Anhang zum Beitrag Glebe/Thieme, Ausländer nach 1945

Quellen von Karten und Abbildungen

Abb. 1: Ausländische Bevölkerung 1993-1999: StBA.

Abb. 2: Ausgewählte Ausländergruppen nach Alter und Geschlecht 1997: StBA.

Abb. 3: Aufenthaltsdauer ausgewählter Nationalitäten in Deutschland 1999: StBA.

Abb. 4: Sozialversicherungspflichtig beschäftigte Ausländer 1997: Unveröff. Material des Landesarbeitsamtes Nordrhein-Westfalen.

Abb. 5: Sozialversicherungspflichtig beschäftigte Ausländer nach Wirtschaftssektoren und -bereichen 1980 und 1997: Unveröff. Material des Landesarbeitsamtes Nordrhein-Westfalen.

Abb. 6: Schüler nach Schulform, Nationalität und Geschlecht 1997: Ministerium für Arbeit, Soziales und Stadtentwicklung, Kultur und Sport Nordrhein-Westfalen (Hrsg.) (1998): Zuwanderungsstatistik NRW 1998, S. 218ff.

Abb. 7: Sozialversicherungspflichtig beschäftigte Ausländer in wirtschaftsbezogenen Dienstleistungen in Deutschland 1997: Unveröff. Material des Landesarbeitsamtes Nordrhein-Westfalen.

Abb. 8: Arbeitslosenquote von Ausländern und Deutschen 1972-1999: Lederer, H. W. (1997), S. 138. StBA (Hrsg.) (versch. Jahrgänge): Statistisches Jahrbuch für die Bundesrepublik Deutschland. Wiesbaden. Unveröff. Material der Bundesanstalt für Arbeit. Eigene Berechnungen.

Abb. 9: Monatliches Haushalts- und Individualeinkommen 1998: Marplan Forschungsgesellschaft mbH [1998]: Ausländer in Deutschland 1998. Tabellenband: Die soziale Situation. Offenbach a.M., S. 16ff.

Abb. 10: Sozialversicherungspflichtig beschäftigte Ausländer 1997: Unveröff. Material des Landesarbeitsamtes Nordrhein-Westfalen.

Abb. 11: Anteil der Kinder aus deutsch-ausländischen Ehen 1980-1997: Thränhardt, D. (1999), S. 26. StBA (Hrsg.) (versch. Jahrgänge): Statistisches Jahrbuch für die Bundesrepublik Deutschland. Wiesbaden. Eigene Berechnungen.

Abb. 12: Ausländische Schüler nach Bildungsabschlüssen: Ministerium für Arbeit, Soziales und Stadtentwicklung, Kultur und Sport Nordrhein-Westfalen (Hrsg.) (1998): Zuwanderungsstatistik NRW 1998, S. 212ff

Bildnachweis

S. 76: Türkische Familie mit vier Kindern: copyright vario-press

S. 80-81: Beschäftigungsentwicklung und -struktur

Autoren: Prof. Dr. Paul Gans, Geographisches Institut der Universität Mannheim, Schloss, 68131 Mannheim

Prof. Dr. Günter Thieme, Seminar für Geographie und ihre Didaktik der Universität zu Köln, Gronewaldstr. 2, 50931 Köln

Kartographische Bearbeiter

Abb. 1: Red.: K. Großer; Bearb.: S. Dutzmann

Abb. 2: Red.: K. Großer; Bearb.: R. Richter

Abb. 3: Konstr.: S. Specht; Red.: K. Großer; Bearb.: S. Specht

Literatur

Bartelheimer, P. (1997): Risiken für die soziale Stadt. Erster Frankfurter Sozialbericht. Frankfurt a. M. (= Dissertationen, Diplomarbeiten, Dokumentationen 40).

BBR (Hrsg.) (1999): Aktuelle Daten zur Entwicklung der Städte, Kreise und Gemeinden. Ausgabe 1999. Bonn (= Berichte. Band 3).

Gans, P. (1997): Bevölkerungsentwicklung der deutschen Großstädte (1980-1993). In: Friedrichs, J. (Hrsg.): Die Städte in den 90er Jahren. Demographische, ökonomische und soziale Entwicklungen. Opladen, Wiesbaden, S. 12-36.

Zarth, M. (1994): Die beschäftigungspolitische Bedeutung ausländischer Arbeitnehmer unter sektoralen und regionalen Aspekten. In: Informationen zur Raumentwicklung. Heft 5/6, S. 399-410.

Quellen von Karten und Abbildungen

Abb. 1: Sozialversicherungspflichtige Beschäftigte in den Wirtschaftssektoren 1990 und 1998: BBR (Hrsg.) (1999). Eigene Berechnungen.

Abb. 2: Arbeitslosigkeit 1998 und Beschäftigungsentwicklung 1990-1998: BBR (Hrsg.) (1999).

Abb. 3: Beschäftigungsstruktur 1998 und -entwicklung 1990 (92)-1998: BBR (Hrsg.) (1999). Eigene Berechnungen.

S. 82-83: Arbeitslosigkeit

Autoren: Prof. Dr. Paul Gans, Geographisches Institut der Universität Mannheim, Schloss, 68131 Mannheim

Prof. Dr. Günter Thieme, Seminar für Geographie und ihre Didaktik der Universität zu Köln, Gronewaldstr. 2, 50931 Köln

Kartographische Bearbeiter

Abb. 1: Konstr.: G. Thieme; Red.: K. Großer; Bearb.: M. Zimmermann

Abb. 2, 3, 4: Konstr.: U. Hein, G. Thieme; Red.: K. Großer; Bearb.: M. Gref, R. Richter

Literatur

BBR (Hrsg.) (1999): Aktuelle Daten zur Entwicklung der Städte, Kreise und Gemeinden. Ausgabe 1999. Bonn (= Berichte. Band 3).

Fassmann, H. u. W. Seiffert (2000): Von der Arbeitskräfteknappheit zur Massenarbeitslosigkeit und retour – die Entwicklung des Arbeitskräfteangebots in Deutschland. In: Petermanns Geographische Mitteilungen. Heft 1, S. 54-65.

Friedrich, H. u. M. Wiedemeyer (1998): Arbeitslosigkeit – ein Dauerproblem. Dimensionen, Ursachen, Strategien. Ein problemorientierter Lehrtext. 3., aktualisierte u. völlig überarb. Aufl. Opladen (= Analysen 36).

Hirschenauer, F. (1997): Erwerbsbeteiligung und Arbeitslosigkeit in den west- und ostdeutschen Arbeitsmarktregionen. In: Informationen zur Raumentwicklung. Heft 1/2, S. 63-75.

Huege, P. u. S. Maretzke (1997): Ungleichgewichte am Arbeitsmarkt im Spiegel der Entwicklung von Arbeitskräfteangebot und -nachfrage. In: Informationen zur Raumentwicklung. Heft 1/2, S. 77-95.

StBA (Hrsg.) (1972): Bevölkerung und Wirtschaft 1872-1972. Herausgegeben anläßlich des 100jährigen Bestehens der zentralen amtlichen Statistik. Stuttgart, Mainz.

StBA (Hrsg.) in Zusammenarbeit mit Wissenschaftszentrum Berlin für Sozialforschung u. Zentrum für Umfragen, Methoden und Analysen (2000): Datenreport 1999. Zahlen und Fakten über die Bundesrepublik Deutschland. Bonn (= Bundeszentrale für politische Bildung: Schriftenreihe. Band 365). Aktualisierte Version im Internet unter: http://www.statistik-bund.de/allg/d/veroe/d_daten.htm

Zarth, M. (1994): Die beschäftigungspolitische Bedeutung ausländischer Arbeitnehmer unter sektoralen und regionalen Aspekten. In: Informationen zur Raumentwicklung. Heft 5/6, S. 399-410.

Quellen von Karten und Abbildungen

Abb. 1: Arbeitslosigkeit 1950-2000: StBA (Hrsg.) (1972). StBA (Hrsg.) (versch. Jahrgänge): Statistisches Jahrbuch für die Bundesrepublik Deutschland. Wiesbaden.

Abb. 2: Arbeitslosigkeit der weiblichen Bevölkerung 1998: BBR (Hrsg.) (1999).

Abb. 3: Arbeitslosigkeit der ausländischen Bevölkerung 1998: BBR (Hrsg.) (1999).

Abb. 4: Arbeitslosigkeit 1998 und ihre Entwicklung seit 1993: BBR (Hrsg.) (1999).

S. 84-85: Jugendarbeitslosigkeit – ein sozialer Sprengstoff

Autoren: Dipl.-Geogr. Volker Bode und PD Dr. Joachim Burdack, Institut für Länderkunde, Schongauerstr. 9, 04329 Leipzig

Kartographische Bearbeiter

Abb. 1: Red.: B. Hantzsch; Bearb.: N. Frank, R. Richter

Abb. 2, 4: Red.: K. Großer; Bearb.: S. Dutzmann

Abb. 3, 5: Red.: S. Dutzmann; Bearb.: S. Dutzmann

Abb. 6: Konstr.: U. Hein; Red.: N. Frank, K. Großer; Bearb.: N. Frank, R. Richter

Literatur

Bötel, C. (1994): Regionale Ansätze und ihre Umsetzung: Reichweite und Grenze regionaler Kooperationen. In: Forschungsinstitut der Friedrich-Ebert-Stiftung, Abt. Arbeit und Sozialpolitik, S. 117-136.

Bollmann, J. (Hrsg.) (1984): Arbeitsmarkt-Atlas Bundesrepublik Deutschland. Arbeitslosigkeit, Ausbildung und Wirtschaft im regionalen Vergleich. Bonn-Bad Godesberg.

Braun, F. u.a. (1990): Jugendarbeitslosigkeit, Jugendkriminalität und städtische Lebensräume. Literaturbericht zum Forschungsstand in Belgien, Frankreich, Großbritannien und der Bundesrepublik Deutschland. Weinheim, München (= DJI-Dokumentation).

Bundesministerium für Bildung und Forschung (Hrsg.) (2000): Berufsbildungsbericht 2000. Bonn. Aktuelle Version online im Internet unter: http://www.bmbf.de/digipubl.htm

Burdack, J. u. V. Bode (1996): Lehrstellensituation und Jugendarbeitslosigkeit in Deutschland (mit Kartenbeilage). In: Europa Regional. Heft 2, S. 1-10.

Forschungsinstitut der Friedrich-Ebert-Stiftung, Abt. Arbeit und Sozialpolitik (Hrsg.) (1994): Ausbildung und Beschäftigung. Übergänge an der zweiten Schwelle. Eine Tagung der Friedrich-Ebert-Stiftung am 15. und 16. September 1993 in Schwerin. Bonn (= Gesprächskreis Arbeit und Soziales. Nr. 28).

Groth, C. u. W. Maennig (Hrsg.). (2001): Strategien gegen Jugendarbeitslosigkeit im internationalen Vergleich. Auf der Suche nach den besten Lösungen = Strategies against youth unemployment. Frankfurt a. M. u.a.

Isengard, B. (Bearb.) (2001): Jugendarbeitslosigkeit in der europäischen Union. Entwicklung und individuelle Risikofaktoren. In: Wochenbericht [Deutsches Institut für Wirtschaftsforschung]. Nr. 4, S. 57-64.

Richter, I. u. S. Sardei-Biermann (Hrsg.) (2000). Jugendarbeitslosigkeit. Ausbildungs- und Beschäftigungsprogramme in Europa. Opladen.

Sekretariat der Deutschen Bischofskonferenz (Hrsg.) (1998): Jugendarbeitslosigkeit und Lehrstellen-Situation. August 1998. Bonn (= Arbeitshilfen 143).

Quellen von Karten und Abbildungen

Abb. 1: Lehrstellensituation: Bundesministerium für Bildung und Forschung (Hrsg.) (2000), S. 235-237.

Abb. 2: Mögliche Folgen von Jugendarbeitslosigkeit: leicht verändert nach Bötel, C. (1994).

Abb. 3: Jugendarbeitslosigkeit 1999,

Abb. 4: Arbeitslose unter 25 Jahren 1999,

Abb. 5: Arbeitslosenquote der Jugendlichen unter 25 Jahren 1993-2000,

Abb. 6: Jugendarbeitslosigkeit 1999: Bundesanstalt für Arbeit (2000): Unveröff. Zahlenmaterial zum Arbeitsmarkt. Nürnberg.

S. 86-87: Arbeitslosigkeit und Beschäftigung in Europa

Autor: Dr. Thomas Ott, Geographisches Institut der Universität Mannheim, Schloss, 68131 Mannheim

Kartographische Bearbeiter

Abb. 1: Red.: K. Großer; Bearb.: M. Zimmermann

Abb. 2: Red.: K. Großer; Bearb.: M. Schmiedel

Abb. 3, 4, 5, 6, 7, 8, 9: Red.: K. Großer; Bearb.: R. Bräuer

Literatur

Europäische Kommission (Hrsg.) (1999): Beschäftigung und Arbeitsmarkt in den Ländern Mitteleuropas. Nr. 1, Juli 1999. Luxemburg (= Eurostat: Bevölkerung und soziale Bedingungen: Studien und Forschung). Aktuelle Version online im Internet unter: http://europa.euint/comm/eurostat/

Fourastié, J. (1954): Die große Hoffnung des zwanzigsten Jahrhunderts. Köln.

Quellen von Karten und Abbildungen

Abb. 1: Wirtschaftlicher Strukturwandel: Fourastié, J. (1954).

Abb. 2: Erwerbsbeteiligung von Männern und Frauen 1987-97: Eurostat.

Abb. 3: Beschäftigte nach Wirtschaftssektoren 1997,

Abb. 4: Arbeitslosigkeit und Wirtschaftssektoren 1998 – Arbeitslose 4/1998,

Abb. 5: Arbeitslosigkeit und Wirtschaftssektoren 1998 – Beschäftigte im primären Sektor 1998,

Abb. 6: Arbeitslosigkeit und Wirtschaftssektoren 1998 – Arbeitslose Frauen 4/1998,

Abb. 7: Arbeitslosigkeit und Wirtschaftssektoren 1998 – Beschäftigte im sekundären Sektor,

Abb. 8: Arbeitslosigkeit und Wirtschaftssektoren 1998 – Arbeitslose Jugendliche unter 25 Jahren 4/1998,

Abb. 9: Arbeitslosigkeit und Wirtschaftssektoren 1998 – Beschäftigte im tertiären Sektor 1996: Europäische Kommission (Hrsg.) (1999).

Bildnachweis

S. 86: Die Erwerbsbeteiligung von Frauen liegt überall in der EU weit unter der der Männer: copyright argus Fotoarchiv/T. Raupach

S. 88-91: Armut in Deutschland

Autoren: Dipl.-Geogr. Michael Horn und PD Dr. Sebastian Lentz, Geographisches Institut der Universität Mannheim, Schloss, 68131 Mannheim

Kartographische Bearbeiter

Abb. 1, 4, 5, 6, 7: Konstr.: M. Horn; Red.: K. Großer, M. Horn, S. Lentz; Bearb.: R. Bräuer, M. Horn

Abb. 2: Konstr.: M. Horn; Red.: K. Großer, M. Horn, S. Lentz; Bearb.: R. Bräuer, M. Horn

Abb. 3: Konstr.: M. Horn; Red.: K. Großer, M. Horn, S. Lentz; Bearb.: S. Dutzmann, M. Horn

Literatur

BSLU (Bayerisches Staatsministerium für Landesentwicklung und Umweltfragen) (1994): Landesentwicklungsprogramm Bayern. München.

Buhmann, B. I. (1988): Wohlstand und Armut in der Schweiz. Eine empirische Analyse für 1982. Grüsch (= Basler sozialökonomische Studien. Band 32).

Bundesministerium für Arbeit und Sozialordnung (Hrsg.) (2001): [Grundinformationen und Daten zur Sozialhilfe]. In: Soziale Sicherung im Überblick. Bonn, S. 65-67. Auch online im Internet unter: http://www.bma.de

Dangschat, J. S. (1996): Zur Armutsentwicklung in deutschen Städten. In: ARL (Hrsg.): Agglomerationsräume in Deutschland. Ansichten, Einsichten, Aussichten. Hannover (= ARL Forschungs- und Sitzungsberichte. Band 199), S. 51-76.

Farwick, A. (1998): Soziale Ausgrenzung in der Stadt. Struktur und Verlauf der Sozialhilfebedürftigkeit in städtischen Armutsgebieten. In: Geographische Rundschau. Heft 3, S. 146-153.

Hanesch, W. (1996): Krise und Perspektiven der sozialen Stadt. In: Aus Politik und Zeitgeschichte. Beilage zur Wochenzeitung „Das Parlament". B 50/96, S. 21-31.

Hauser, R. (1997): Poverty, poverty risk and anti-poverty policy in Germany. In: Jahrbücher für Nationalökonomie und Statistik. Ausgabe 4/5, S. 524-548.

Hauser, R. u. U. Neumann (1992): Armut in der Bundesrepublik Deutschland. Die sozialwissenschaftliche Thematisierung nach dem Zweiten Weltkrieg. In: Leibfried, S. u. W. Voges (Hrsg.): Armut im modernen Wohlfahrtsstaat. Opladen (= Kölner Zeitschrift für Soziologie und Sozialpsychologie. Sonderheft 32), S. 237-271.

Haustein, T. (2000): Ergebnisse der Sozialhilfe- und Asylbewerberleistungsstatistik 1998. In: Wirtschaft und Statistik. Heft 6, S. 443-455.

Herlyn, U., U. Lakemann u. B. Lettko (1991): Armut und Milieu. Benachteiligte Bewohner in großstädtischen Quartieren. Basel, Boston, Berlin (= Stadtforschung aktuell. Band 33).

Horn, M. (1999): Armut in Ludwigshafen. Gefährdung der sozialen Stadt Ludwigshafen am Rhein. Unveröff. Diplomarbeit. Universität Mannheim. Mannheim.

Klagge, B. (1998): Armut in westdeutschen Städten. Ursachen und Hintergründe für die Disparitäten städtischer Armutsraten. In: Geographische Rundschau. Heft 3, S. 139-145.

Klagge, B. (1999): Armut in den Städten der Bundesrepublik Deutschland. Endbericht des DFG-Forschungsprojektes Ta 49/11-1 Ausmaß, Strukturen und räumliche Ausprägungen. Zentrale Wissenschaftliche Einrichtung „arbeit und region" Universität Bremen. Bremen.

Leu, R. E., S. Burri u. T. Priester (1997): Lebensqualität und Armut in der Schweiz. 2., überarb. Aufl. Bern, Stuttgart, Wien.

Miggelbrink, J. (1999): Armut und soziale Sicherung. In: IfL (Hrsg.): Nationalatlas Bundesrepublik Deutschland. Band 1: Gesellschaft und Staat. Mithrsg. von Heinritz, G., S. Tzschaschel u. K. Wolf. Heidelberg, Berlin, S. 98-101.

Seewald, H. (1999): Ergebnisse der Sozialhilfe- und Asylbewerberleistungsstatistik 1997. In: Wirtschaft und Statistik. Heft 2, S. 96-110.

StBA (Hrsg.) in Zusammenarbeit mit Wissenschaftszentrum Berlin für Sozialforschung u. Zentrum für Umfragen, Methoden und Analysen (2000): Datenreport 1999. Zahlen und Fakten über die Bundesrepublik Deutschland. Bonn (= Bundeszentrale für politische Bildung: Schriftenreihe. Band 365). Aktualisierte Version im Internet unter: http://www.statistik-bund.de/allg/d/veroe/d_daten.htm

Quellen von Karten und Abbildungen

Abb. 1: Entwicklung der HLU-Empfänger 1980-1998: Haustein, T. (2000). StBA (Hrsg.) (Jahrgänge 1980-1998): Statistisches Jahrbuch für die Bundesrepublik Deutschland. Wiesbaden.

Abb. 2: Armutskonzepte: Eigener Entwurf.

Abb. 3: Sozialhilfeempfänger 1998 und Sozialausgaben 1992-1997: Deutscher Städtetag (Hrsg.) (1993 u. 1998): Statistisches Jahrbuch Deutscher Gemeinden. Köln, Berlin. Laufende Raumbeobachtung der BBR.

Abb. 4: Sozialhilfequoten 1998: Haustein, T. (2000).

Abb. 5: Sozialausgaben der Gemeinden 1997: Deutscher Städtetag (Hrsg.) (1998): Statistisches Jahrbuch Deutscher Gemeinden. Köln, Berlin.

Abb. 6: Sozialhilfeempfänger 1999 in der Planungsregion München: StLA BY.

Abb. 7: Sozialhilfeempfänger 1997 im Raumordnungsverband Rhein-Neckar: StÄdL BW, RP, HE.

Bildnachweis

S. 88: Hamburger Tafel e.V.: Verteilung von Lebensmitteln an Obdachlose: copyright argus Fotoarchiv/M. Schröder

S. 90: Armut im Sozialstaat: copyright vario-press

S. 91: Mutter mit Kindern im Sozialamt: copyright argus Fotoarchiv/H. Schwarzbach

S. 92-93: Die natürliche Bevölkerungsentwicklung in Europa

Autoren: Prof. Dr. Paul Gans und Dr. Thomas Ott, Geographisches Institut der Universität Mannheim, Schloss, 68131 Mannheim

Kartographische Bearbeiter

Abb. 1, 3: Red.: K. Großer; Bearb.: S. Dutzmann

Abb. 2: Konstr.: T. Ott; Red.: K. Großer; Bearb.: K. Baum, S. Dutzmann

Abb. 4, 5: Konstr.: T. Ott; Red.: K. Großer; Bearb.: R. Bräuer

Literatur

Castiglioni, M. u. G. D. Zuanna (1994): Innovation and tradition: reproductive and marital behaviour in Italy in the 1970s and 1980s. In: European Journal of Population. Nr. 2, S. 107-141.

Chesnais, J.-C. (1992): The demographic transition: stages, patterns and economic implications; a longitudinal study of sixty-seven countries covering the period 1720-1984. Oxford.

Council of Europe (1997): Recent demographic developments in Europe. Straßburg.

Dorbritz, J. (1998): Trends der Geburtenhäufigkeit in Niedrig-Fertilitäts-Ländern und Szenarien der Familienbildung in Deutschland. In: Zeitschrift für Bevölkerungswissenschaft. Heft 2, S. 179-210.

Monnier, A. (1998): Europe de l'Est: une conjoncture démographique exceptionelle. In: Espace, Populations, Sociétés. Nr. 3, S. 323-338.

Thieme, G. (1992): Bevölkerungsentwicklung im Europa der Zwölf. In: Geographische Rundschau. Heft 12, S. 700-707.

Van de Kaa, D. J. (1987): Europe's second demographic transition. In: Population Bulletin. Nr. 1, S. 1-57.

Quellen von Karten und Abbildungen

Abb. 1: Entwicklung der totalen Fruchtbarkeitsrate 1950-2000: Chesnais, J.-C. (1992), S. 543ff. Council of Europe (1996): Recent demographic developments in Europe. Straßburg, S. 43. World Population Data Sheet (versch. Jahrgänge).

Abb. 2: Veränderung des Alters der Gebärenden und des Heiratsalters 1975-1995: Council of Europe (1997), S. 37.

Abb. 3: Altersspezifische Geburtenraten: United Nations (Hrsg.) (1983 u. 1999): Demographic Yearbook. New York.

Abb. 4: Natürliche Bevölkerungsentwicklung 1966-70 und 1996-2000: Chesnais, J.-C. (1992), S. 518ff. Council of Europe (1996). World Population Data Sheet (versch. Jahrgänge).

Abb. 5: Totale Fertilitätsraten (TFR) 1966-70 und 1996-2000: Chesnais, J.-C. (1992), S. 543ff. Council of Europe (1996), S. 43. World Population Data Sheet (versch. Jahrgänge).

S. 94-95: Regionale Unterschiede der Geburtenhäufigkeit

Autor: Prof. Dr. Paul Gans, Geographisches Institut der Universität Mannheim, Schloss, 68131 Mannheim

Kartographische Bearbeiter

Abb. 1, 2, 3, 4: Red.: P. Gans, B. Hantzsch; Bearb.: M. Zimmermann

Abb. 5: Konstr.: P. Gans; Red.: P. Gans, B. Hantzsch; Bearb.: R. Richter

Literatur

Dorbritz, J. (1993/94): Bericht 1994 über die demographische Lage in Deutschland. In: Zeitschrift für Bevölkerungswissenschaft. Heft 4, S. 393-473.

Dorbritz, J. (1998): Trends der Geburtenhäufigkeit in Niedrig-Fertilitäts-Ländern und Szenarien der Familienbildung in Deutschland. In: Zeitschrift für Bevölkerungswissenschaft. Heft 2, S. 179-210.

Dorbritz, J. u. K. Schwarz (1996): Kinderlosigkeit in Deutschland – ein Massenphänomen? Analysen zu Erscheinungsformen und Ursachen. In: Zeitschrift für Bevölkerungswissenschaft. Heft 3, S. 231-261.

Grünheid, E. u. J. Roloff (2000): Die demographische Lage in Deutschland mit dem Teil B "Die demographische Entwicklung in den Bundesländern – ein Vergleich". In: Zeitschrift für Bevölkerungswissenschaft. Heft 1, S. 3-150.

Meyer, S. u. E. Schulze (1992): Familie im Umbruch. Zur Lage der Familien in der ehemaligen DDR. Stuttgart u.a. (= Schriftenreihe des Bundesministeriums für Familie und Senioren 7).

Nauck, B. (1995): Regionale Milieus von Familien in Deutschland nach der politischen Vereinigung. In: Nauck, B. u. C. Onnen-Isemann (Hrsg.): Familie im Brennpunkt von Wissenschaft und Forschung. Rosemarie Nave-Herz zum 60. Geburtstag gewidmet. Neuwied, Kriftel, Berlin, S. 91-122.

Schwarz, K. (1997): 100 Jahre Geburtenentwicklung. In: Zeitschrift für Bevölkerungswissenschaft. Heft 4, S. 481-491.

Zapf, W. u. S. Mau (1993): Eine demographische Revolution in Ostdeutschland? Dramatischer Rückgang von Geburten, Eheschließungen und Scheidungen. In: Informationsdienst Soziale Indikatoren. Heft 10, S. 1-5.

Quellen von Karten und Abbildungen

Abb. 1: Anteile der Frauen mit einer Kinderzahl von 0, 1, 2 und mehr als 2: Dorbritz, J. (1998), S. 200. Schwarz, K. (1997), S. 485.

Abb. 2: Totale Fruchtbarkeitsrate (TFR) 1997 und Anteil der Einpersonenhaushalte 1996: BBR (Hrsg.) (1999): Aktuelle Daten zur Entwicklung der Städte, Kreise und Gemeinden. Ausgabe 1999. Bonn (= Berichte. Band 3).

Abb. 3: Zusammengefasste Geburtenziffer 1989-1997: Laufende Raumbeobachtung der BBR.

Abb. 4: Durchschnittsalter der Frauen bei Ersteheschließung und Geburt des ersten Kindes 1950-1998: Dorbritz, J. (1998), S. 203.

Abb. 5: Geburtenhäufigkeit 1997: BBR (Hrsg.) (1999).

S. 96-97: Der Geburtenrückgang in den neuen Ländern

Autor: Prof. Dr. Paul Gans, Geographisches Institut der Universität Mannheim, Schloss, 68131 Mannheim

Kartographische Bearbeiter

Abb. 1: Konstr.: M. Horn; Red.: K. Großer; Bearb.: M. Zimmermann

Abb. 2: Konstr.: M. Horn; Red.: K. Großer; Bearb.: M. Zimmermann

Abb. 4, 5: Konstr.: M. Horn; Red.: K. Großer; Bearb.: R. Richter

Literatur

Bertram, H. (1996): Familienentwicklung und Haushaltsstrukturen. In: Strubelt, W. u.a.: Städte und Regionen. Räumliche Folgen des Transformationsprozesses. Opladen (= Berichte zum politischen und sozialen Wandel in Ostdeutschland. Band 5), S. 183-215.

Dorbritz, J. (1997): Der demographische Wandel in Ostdeutschland – Verlauf und Erklärungsansätze. In: Zeitschrift für Bevölkerungswissenschaft. Heft 2/3, S. 239-268.

Gans, P. (1996): Demographische Entwicklung seit 1980. In: Strubelt, W. u.a.: Städte und Regionen. Räumliche Folgen des Transformationsprozesses. Opladen (= Berichte zum politischen und sozialen Wandel in Ostdeutschland. Band 5), S. 143-181.

Grünheid, E. u. J. Roloff (2000): Die demographische Lage in Deutschland mit dem Teil B "Die demographische Entwicklung in den Bundesländern – ein Vergleich". In: Zeitschrift für Bevölkerungswissenschaft. Heft 1, S. 3-150.

Münz, R. u. R. Ulrich (1993/94): Demographische Entwicklung in Ostdeutschland und in ausgewählten Regionen. Analyse und Prognose bis 2010. In: Zeitschrift für Bevölkerungswissenschaft. Heft 4, S. 475-515.

Nauck, B. (1995): Regionale Milieus von Familien in Deutschland nach der politischen Vereinigung. In: Nauck, B. u. C. Onnen-Isemann (Hrsg.): Familie im Brennpunkt von Wissenschaft und Forschung. Rosemarie Nave-Herz zum 60. Geburtstag gewidmet. Neuwied, Kriftel, Berlin, S. 91-122.

Sackmann, R. (1999): Ist ein Ende der Fertilitätskrise in Ostdeutschland absehbar? In: Zeitschrift für Bevölkerungswissenschaft. Heft 2, S. 187-211.

Zapf, W. u. S. Mau (1993): Eine demographische Revolution in Ostdeutschland? Dramatischer Rückgang von Geburten, Eheschließungen und Scheidungen. In: Informationsdienst Soziale Indikatoren. Heft 10, S. 1-5.

Quellen von Karten und Abbildungen

Abb. 1: Zusammengefasste Erstheiratsziffer, Ehescheidungsziffer, Quote der nichtehelichen Lebendgeborenen und Nettoreproduktionsrate 1950-1998: Grünheid, E. u. J. Roloff (2000), S. 11, 25, 31. Eigener Entwurf.

Abb. 2: Altersspezifische Geburtenziffern ausgewählter Geburtsjahrgänge: StBA (Hrsg.) (1993): Bevölkerungsstatistische Übersichten 1946 bis 1989. Arbeitsunterlage. Wiesbaden (= Sonderreihe mit Beiträgen für das Gebiet der ehemaligen DDR. Heft 3), S. 77. StBA (Hrsg.) (versch. Jahrgänge): Statistisches Jahrbuch für die Bundesrepublik Deutschland. Wiesbaden. Eigener Entwurf.

Abb. 3: Rangkorrelationen der Geburtenhäufigkeit (TFR) und ihrer Veränderung mit ausgewählten Merkmalen der Regionalstruktur 1989/1993: Laufende Raumbeobachtung der BBR. Eigene Berechnungen.

Abb. 4: Geburtenhäufigkeit 1989 und 1993, ihre Veränderung und Beschäftigte im primären Sektor 1989: Laufende Raumbeobachtung der BBR. Eigener Entwurf.

Abb. 5: Geburtenhäufigkeit 1995 und 1997 sowie ihre Veränderung: Laufende Raumbeobachtung der BBR. Eigene Auswertung.

Bildnachweis

S. 96: Briefmarke: copyright Deutsche Bundespost

S. 98-99: Regionale Unterschiede der Lebenserwartung

Autoren: Prof. Dr. Paul Gans, Geographisches Institut der Universität Mannheim, Schloss, 68131 Mannheim

Dr. Thomas Kistemann, Hygiene-Institut der Rheinischen Friedrich-Wilhelms-Universität Bonn, Sigmund-Freud-Str. 25, 53105 Bonn

Prof. Dr. Jürgen Schweikart, Fachbereich III: Bauingenieur- und Geoinformationswesen der Technischen Fachhochschule Berlin, Luxemburger Str. 10, 13353 Berlin

Kartographische Bearbeiter

Abb. 1, 2, 4: Konstr.: M. Horn, S. Zimmer; Red.: K. Großer; Bearb.: R. Richter

Abb. 3: Konstr.: M. Horn, S. Zimmer; Red.: K. Großer; Bearb.: M. Zimmermann

Abb. 5, 6: Konstr.: M. Horn, S. Zimmer; Red.: K. Großer; Bearb.: R. Bräuer

Literatur

Brückner, G. (1998): Health expectancy in Germany: what do we learn from the reunification process? Paper presented at the REVES 10 meeting of the network on health expectancy. Tokyo.

Casper, W., G. Wiesner u. K. E. Bergmann (Hrsg.) (1995): Mortalität und Todesursachen in Deutschland. Unter besonderer Berücksichtigung der Entwicklung in den alten und neuen Bundesländern. Berlin (= RKI-Hefte 10).

Chruscz, D. (1992): Zur Entwicklung der Sterblichkeit im geeinten Deutschland. Die kurze Dauer des Ost-West-Gefälles. In: Informationen zur Raumentwicklung. Heft 9/10, S. 691-699.

Eis, D. (1998): Welchen Einfluß hat die Umwelt? In: Schwartz, F. u.a. (Hrsg.): Das Public Health Buch. Gesundheit und Gesundheitswesen. München, S. 51-80.

Grab, C. (1994): Sterbefälle 1993 nach Todesursachen. In: Wirtschaft und Statistik. Heft 12, S. 1033-1041.

Grünheid, E. u. J. Roloff (2000): Die demographische Lage in Deutschland mit dem Teil B "Die demographische Entwicklung in den Bundesländern – ein Vergleich". In: Zeitschrift für Bevölkerungswissenschaft. Heft 1, S. 3-150.

Grundmann, S. (1994): Wanderungen. In: Freitag, K.: Regionale Bevölkerungsentwicklung in den neuen Bundesländern. Analysen, Prognosen und Szenarien. Berlin (= KSPW: Graue Reihe 94/5), S. 81-122.

Howe, G. M. (1986): Does it matter where I live? In: Institute of British Geographers: Transactions. Nr. 4, S. 387-414.

Kemper, F.-J. u. G. Thieme (1992): Zur Entwicklung der Sterblichkeit in den alten Bundesländern. In: Informationen zur Raumentwicklung. Heft 9/10, S. 701-708.

Neubauer, G. u. A. Sonnenholzner-Roche (1986): Kleinräumige Unterschiede der Sterblichkeit in Bayern und deren mögliche Ursachen. In: Zeitschrift für Bevölkerungswissenschaft. Heft 3, S. 389-403.

Nowossadeck, E. (1994): Sterblichkeitsentwicklung. In: Freitag, K.: Regionale Bevölkerungsentwicklung in den neuen Bundesländern. Analysen, Prognosen und Szenarien. Berlin (= KSPW: Graue Reihe 94/5), S. 63-79.

Omran, A. R. (1971): The epidemiologic transition: a theory of the epidemiology of population change. In: Millbank Memorial Fund Quarterly. Nr. 4, S. 509-538.

Siegrist, J. (1998): Machen wir uns selbst krank? In: Schwartz, F. u.a. (Hrsg.): Das Public Health Buch. Gesundheit und Gesundheitswesen. München, S. 110-123.

Siegrist, J. u. A. M. Möller-Leimkühler (1998): Gesellschaftliche Einflüsse auf Gesundheit und Krankheit. In: Schwartz, F. u.a. (Hrsg.): Das Public Health Buch. Gesundheit und Gesundheitswesen. München, S. 94-109.

Sommer, B. (1998): Die Sterblichkeit in Deutschland im regionalen und europäischen Vergleich. In: Wirtschaft und Statistik. Heft 12, S. 960-970.

StBA (Hrsg.) (1998): Gesundheitsbericht für Deutschland. Gesundheitsberichterstattung des Bundes. Stuttgart.

Willich, S. N. u.a. (1999): Regionale Unterschiede der Herz-Kreislauf-Mortalität in Deutschland. In: Deutsches Ärzteblatt. Heft 8, S. A-483-488. Auch online im Internet unter: http://www.aerzteblatt.de

Quellen von Karten und Abbildungen

Abb. 1: Mittlere Lebenserwartung eines Neugeborenen 1952-1997: Bucher, H., Siedhoff, M. u. G. Stiens (1992): Regionale Bevölkerungsentwicklung in Deutschland bis 2000. In: Informationen zur Raumentwicklung Heft 11/12, S. 833. StBA.

Abb. 2: Lebenserwartung von Frauen und Männern 1997: Laufende Raumbeobachtung des BBR.

Abb. 3: Herz-Kreislauf-Mortalität 1996: StÄdL Eigene Auswertung.

Abb. 4: Haupttodesursachen 1970-1997: StBA (Hrsg.): Todesursachenstatistik.

Abb. 5: Lebenserwartung lebendgeborener Jungen 1997 und siedlungsstrukturelle Regionstypen: Laufende Raumbeobachtung des BBR. Eigene Auswertung.

Abb. 6: Lebenserwartung lebendgeborener Mädchen und geschlechtsspezifische Mortalitätsunterschiede 1997: Laufende Raumbeobachtung des BBR. Eigene Auswertung.

S. 100-101: Unterschiede der Lebenserwartung in Europa

Autor: Dr. Thomas Ott, Geographisches Institut der Universität Mannheim, Schloss, 68131 Mannheim

Kartographische Bearbeiter
Abb. 1: Konstr.: T. Ott; Red.: K. Großer; Bearb.: M. Schmiedel
Abb. 2: Red.: K. Großer; Bearb.: M. Schmiedel, R. Richter
Abb. 3: Konstr.: T. Ott; Red.: K. Großer; Bearb.: R. Bräuer, M. Zimmermann

Literatur

Andreev, E. M., V. A. Biryukov u. K. J. Shaburov (1994): Life expectancy in the former USSR and mortality dynamics by cause of death: regional aspects. In: European Journal of Population. Nr. 3, 275-285.
Becker, C. M. u. D. D. Hemley (1998): Demographic change in the former Soviet Union during the transition period. In: World Development. Nr. 11, S. 1957-1975.
Riphahn, R. T. (1999): Die Mortalitätskrise in Ostdeutschland und ihre Reflektion in der Todesursachenstatistik. Zeitschrift für Bevölkerungswissenschaft. Heft 3, S. 329-363.
Valkonen, T. (1998): Die Vergrößerung der sozioökonomischen Unterschiede in der Erwachsenenmortalität durch Status und deren Ursachen. In: Zeitschrift für Bevölkerungswissenschaft. Heft 3, S. 263-292.
WHO (Hrsg.) (1998): Health in Europe 1997. Report on the third evaluation of progress towards health for all in the European region of WHO (1996-1997). Kopenhagen (= WHO regional publications, European series 83). Auch online im Internet unter: http://www.who.dk/policy/HiE97/HiE97.htm

Quellen von Karten und Abbildungen
Abb. 1: Lebenserwartung für Männer und Frauen in den Staaten Europas 1997: U.S. Bureau of the Census: International Data Base.
Abb. 2: Relative Lebenserwartung lebendgeborener Jungen 1997: Eurostat. U.S. Bureau of the Census: International Data Base. WHO (Hrsg.) (1998).
Abb. 3: Mittlere Lebenserwartung 1997: StBA (Hrsg.) (1999): Das Statistische Jahrbuch 1999 für das Ausland. Wiesbaden. StBA (Hrsg.) (2000): Das Statistische Jahrbuch 2000 für das Ausland. Wiesbaden.

Bildnachweis
S. 100: copyright vario-press

S. 102-103: Bedeutungswandel der Infektionskrankheiten

Autoren: Dipl.-Geogr. Friederike Dangendorf und Dr. Thomas Kistemann, Hygiene-Institut der Rheinischen Friedrich-Wilhelms-Universität Bonn, Sigmund-Freud-Str. 25, 53105 Bonn
Dipl.-Geogr. Claudia Fuchs MPH, MediNet Public Health Consultant, Gieselerstr. 30, 10713 Berlin

Kartographische Bearbeiter
Abb. 1, 2, 3, 4, 5: Konstr.: M. Horn, S. Zimmer; Red.: K. Großer; Bearb.: R. Richter

Literatur

Fuchs, C. (1997): AIDS und HIV in der Bundesrepublik Deutschland. Räumliche Analyse der Diffusionsdynamik von 1982 bis 1996. In: Geographische Rundschau. Heft 4, S. 204-208.
Kistemann, Th. u. M. Exner (2000): Bedrohung durch Infektionskrankheiten? Risikoeinschätzung und Kontrollstrategien. In: Deutsches Ärzteblatt. Heft 5, S. A-251-255. Auch online im Internet unter: http://www.aerzteblatt.de
Kistemann, Th. u.a. (in Vorbereitung): Spatial patterns of tuberculosis incidence in Cologne, 1986-1997.
Lederberg J., R. E. Shope u. S. C. Oaks (Hrsg.) (1992): Emerging infections: microbial threats to health in the United States. Washington D.C.
Loddenkemper, R. u.a. (1999): Tuberkulose-epidemiologie in Deutschland und der Welt mit Schwerpunkt Osteuropa. In: Bundesgesundheitsblatt – Gesundheitsforschung – Gesundheitsschutz. Heft 9, S. 683-693.
Luthardt, Th. u.a. (1976): Poliomyelitisausbruch in einem Stadtteil von Freiburg i. Br. im Herbst 1975. In: Deutsche Medizinische Wochenschrift. Heft 37, S. 1345-1348.
Meyer, R. (2000): Post-Polio-Syndrom – Eine häufig übersehene Entität. In: Deutsches Ärzteblatt. Heft 7, S. A-357-358. Auch online im Internet unter: http://www.aerzteblatt.de
Modlin, J. F. (1995): Poliovirus. In: Mandell, G. F., J. E. Bennett u. R. Dolin (Hrsg.): Principles and practice of infectious diseases. 4. Aufl. New York, S. 1613-1620.
Nathanson, N. u. J. R. Martin (1979): The epidemiology of poliomyelitis: Enigmas surrounding its appearance, epidemicity, and disappearance. In: American Journal of Epidemiology. Ausgabe 110/6, S. 672-692.
Pöhn, H. P. u. G. Rasch (1994): Statistik meldepflichtiger übertragbarer Krankheiten. Vom Beginn der Aufzeichnungen bis heute (Stand 31. Dezember 1989). München (= BGA-Schriften 93/5).
RKI (1996): Tuberkulose. In: Epidemiologisches Bulletin. Ausgabe 12/96, S. 79-83.
RKI (1997a): 35 Jahre Schluckimpfung gegen Poliomyelitis in Deutschland. Weltweite Eradikation absehbar. In: Epidemiologisches Bulletin. Ausgabe 13/97, S. 86.
RKI (1997b): Bald auch Europa frei von Poliomyelitis? In: Epidemiologisches Bulletin. Ausgabe 43/97, S. 299.
RKI (1999a): Poliomyelitis – Erreichtes auf dem Wege zur Eradikation. In: Epidemiologisches Bulletin. Ausgabe 40/99, S. 297-298.
RKI (1999b): Zur Situation bei ausgewählten Infektionskrankheiten im Jahr 1998. Teil 9: Tuberkulose in Deutschland 1998. In: Epidemiologisches Bulletin. Ausgabe 48/99, S. 361-362.

Quellen von Karten und Abbildungen
Abb. 1: Gemeldete Fälle der Poliomyelitis (Kinderlähmung) 1950-1980: Pöhn, H. P. u. G. Rasch (1994).
Abb. 2: Kumulierte AIDS-Mortalitätsrate, Stand 1998: RKI, AIDS-Zentrum.
Abb. 3: Jährliche AIDS-Mortalitätsrate 1992-1998: RKI, AIDS-Zentrum.
Abb. 4: Tuberkulose in Köln 1987-1997: Gesundheitsamt der Stadt Köln. Statistisches Amt der Stadt Köln. Eigene Berechnungen.
Abb. 5: Tuberkulose und Sozialhilfeempfänger 1996: StÄdL.

S. 104-105: Krebssterblichkeit

Autoren: Dr. Thomas Kistemann, Hygiene-Institut der Rheinischen Friedrich-Wilhelms-Universität Bonn, Sigmund-Freud-Str. 25, 53105 Bonn
Dipl.-Geogr. Tim Uhlenkamp, Institut für Krebsepidemiologie der Medizinischen Universität zu Lübeck, Beckergrube 43-47, 23552 Lübeck

Kartographische Bearbeiter
Abb. 1, 2, 3: Konstr.: M. Horn; Red.: K. Großer; Bearb.: R. Bräuer
Abb. 4, 5: Konstr.: M. Horn; Red.: K. Großer, Bearb.: R. Richter

Literatur

Becker, N. u. J. Wahrendorf (1998): Krebsatlas der Bundesrepublik Deutschland. 1981-1990. 3., völlig neubearb. Aufl. Berlin, Heidelberg.
Deutsches Institut für Medizinische Dokumentation und Information: DIMDI-Klassifikationsseiten: online im Internet unter: http://www.dimdi.de/germ/klassi/fr-klassi.htm
IARC (International Agency for Research on Cancer) (1986): Tobacco smoking. Lyon (= IARC-Monographs on the evaluation of carcinogenic risks of chemicals to humans. Volume 38).
Jöckel, K.-H. u.a. (1995): Untersuchungen zu Lungenkrebs und Risiken am Arbeitsplatz. (Schlußbericht). Bremerhaven (= Schriftenreihe der Bundesanstalt für Arbeitsmedizin. Forschung Fb 01 HK 546).
Kreienbrock, L. u. S. Schach (1997): Epidemiologische Methoden. 2., durchges. u. aktualisierte Aufl. Stuttgart u.a.
StBA (1996): Fragen zur Gesundheit. Kranke und Unfallverletzte, Jodsalzverwendung, Rauchgewohnheiten 1995. Wiesbaden (= Fachserie 12: Gesundheitswesen. Reihe S.3).

Quellen von Karten und Abbildungen
Abb. 1: Alters- und geschlechtsspezifische Mortalitätsraten MR (1997),
Abb. 2: Die zehn häufigsten Krebstodesursachen 1996,
Abb. 3: Krebs-, Lungenkrebs- und Brustkrebsmortalität 1956-1997,
Abb. 4: Gesamtkrebssterblichkeit 1993-1997,
Abb. 5: Lungenkrebssterblichkeit 1993-1997: Deutsches Krebsforschungszentrum Heidelberg. StÄdBL.

Bildnachweis
S. 104: Deutsches Krebsforschungszentrum in Heidelberg: copyright Deutsches Krebsforschungszentrum (dkfz)
S. 105: Briefmarke: copyright Deutsche Bundespost

S. 106-107: Unfälle und Gewalteinwirkung mit Todesfolge

Autor: Prof. Dr. Jürgen Schweikart, Fachbereich III: Bauingenieur- und Geoinformationswesen, Technische Fachhochschule Berlin, Luxemburger Str. 10, 13353 Berlin

Kartographische Bearbeiter
Abb. 1, 3, 4, 5: Konstr.: M. Rösler; Red.: K. Großer, B. Hantzsch; Bearb.: S. Dutzmann
Abb. 2, 6: Konstr.: M. Horn, J. Schweikart; Red.: K. Großer; Bearb.: S. Dutzmann

Literatur

BBR (Hrsg.) (1999): Aktuelle Daten zur Entwicklung der Städte, Kreise und Gemeinden. Ausgabe 1999. Bonn (= Berichte. Band 3).
BWMAGS (Ministerium für Arbeit, Gesundheit und Sozialordnung Baden-Württemberg, Hrsg.) (1996): Gesundheit in Baden-Württemberg. 1. Gesundheitsrahmenbericht. Stuttgart (= Gesundheitspolitik 36).
Felber, W. u. P. Winiecki (1998): Suizide in der ehemaligen DDR zwischen 1961 und 1989 – bisher unveröffentlichtes Material zur altersbezogenen Suizidalität. In: Suizidprophylaxe. Heft 2, S. 42-49.
Härtel, U., F. Dahlmann u. W. Eisenmenger (1999): Tod durch Suizid im Alter. In: Forum Public Health. Nr. 25, S. 21.
Lengwinat, A. (1961): Vergleichende Untersuchungen über die Selbstmordhäufigkeit in beiden deutschen Staaten. In: Das deutsche Gesundheitswesen, S. 873-878.
Müller, E. u. O. Bach (1994): Suizidfrequenz und Suizidarten in Sachsen in der Zeit von 1830-1990. In: Psychiatrische Praxis, S. 184-186.
Nicodemus, S. (1998): Straßenverkehrsunfälle 1997. In: Wirtschaft und Statistik. Heft 5, S. 414-420.
Reim, U. (1998): Straßenverkehrsunfälle 1997 im Ost-West-Vergleich. In: Wirtschaft und Statistik. Heft 4, S. 310-314.
Schmidtke, A. u. B. Weinacker (1994): Suizidalität in der Bundesrepublik und den einzelnen Bundesländern: Situation und Trends. In: Suizidprophylaxe. Heft 1, S. 4-16.
StBA (Hrsg.) (1998): Gesundheitsbericht für Deutschland. Gesundheitsberichterstattung des Bundes. Stuttgart.
StBA (2000): Straßenverkehrsunfallbilanz 1999. 0,6% weniger Getötete, 4,8% mehr Verletzte. Wiesbaden (= Pressemitteilung 22. Februar 2000). Auch online im Internet unter: http://www.statistik-bund.de/presse/deutsch/pm2000/p0630191.htm

Quellen von Karten und Abbildungen
Abb. 1: Sterbefälle nach Todesursachen und Geschlecht 1997: StBA (Hrsg.) (1998).
Abb. 2: Todesfälle im Straßenverkehr: BBR (Hrsg.) (1999).
Abb. 3: Sterbefälle durch Verletzungen und Vergiftungen nach Ursache und Geschlecht 1997: StBA (Hrsg.) (1998).
Abb. 4: Sterbefälle durch Verletzungen und Vergiftungen 1997: StBA (Hrsg.) (1998).
Abb. 5: Sterbefälle 1980 – 1997: StBA (Hrsg.) (1998).
Abb. 6: Fälle von Suizid 1997: StBA. StÄdL. Eigene Berechnungen.

S. 108-111: Binnenwanderungen zwischen den Ländern

Autoren: Dr. Hansjörg Bucher, Referat I 4 Wirtschaft und Gesellschaft, Bundesamt für Bauwesen und Raumordnung, Am Michaelshof 8, 53177 Bonn
Dr. Frank Heins, Istituto di Ricerche sulla Popolazione, Viale Beethoven 56, 00198 Roma, I

Kartographische Bearbeiter
Abb. 1: Konstr.: H. Bucher, M. Kocks; Red.: H. Bucher, W. Kraus; Bearb.: R. Bräuer
Abb. 2, 4: Konstr.: H. Bucher, M. Kocks; Red.: H. Bucher, W. Kraus; Bearb.: R. Bräuer
Abb. 3, 5: Konstr.: H. Bucher, F. Heins; Red.: H. Bucher, F. Heins, W. Kraus; Bearb.: R. Bräuer
Abb. 6: Red.: K. Großer, W. Kraus; Bearb.: R. Richter

Literatur

Birg, H. (1983): Verflechtungsanalyse der Bevölkerungsmobilität zwischen den Bundesländern von 1950 bis 1980. Forschungsbericht im Auftrag der Akademie für Raumforschung und Landesplanung, Hannover. Unter Mitarbeit von D. Filip u. K. Hilge. Bielefeld (= IBS-Materialien. Band 8).
Birg, H. u.a. (1997): Zur Eigendynamik der Bevölkerungsentwicklung der 16 Bundesländer Deutschlands im 21. Jahrhundert. Ein multiregionales Bevölkerungsmodell mit endogenen Wanderungen. Bielefeld (= IBS-Materialien. Band 42).
Kemper, F.-J. (1999): Binnenwanderungen und Dekonzentration der Bevölkerung. Jüngere Entwicklungen in Deutschland. In: Schultz, H.-D. (Hrsg.): Quodlibet Geographicum. Einblicke in unsere Arbeit. Berlin (= Berliner Geographische Arbeiten. Heft 90), S. 105-122.
Kontuly, T. u.a. (1997): Political unification and regional consequences of German east-west migration. In: International Journal of Population Geography. Nr. 1, S. 31-47.

Quellen von Karten und Abbildungen
Abb. 1: Mobilitätsrate 1950-1998: StBA (Hrsg.) (versch. Jahrgänge): Statistisches Jahrbuch für die Bundesrepublik Deutschland. Wiesbaden. Eigene Berechnungen.
Abb. 2: Nettowanderungen zwischen Ländergruppen 1950-1998: StBA (Hrsg.) (versch. Jahrgänge): Statistisches Jahrbuch für die Bundesrepublik Deutschland. Wiesbaden. Eigene Berechnungen.
Abb. 3: Wanderungsbewegungen und Wanderungssaldoraten 1995-1998: StBA (Hrsg.) (versch. Jahrgänge): Gebiet und Bevölkerung (= Fachserie 1: Bevölkerung und Erwerbstätigkeit, Reihe 1). Wiesbaden. Eigene Berechnungen. Eigener Entwurf.
Abb. 4: Ostdeutsche Nettoabwanderungen und ihre Ziele in Westdeutschland 1991-1998: StBA (Hrsg.) (versch. Jahrgänge): Statistisches Jahrbuch der Bundesrepublik Deutschland. Wiesbaden. Eigene Berechnungen.
Abb. 5: Wanderungsverflechtungen 1995-1998: StBA (Hrsg.) (versch. Jahrgänge): Gebiet und Bevölkerung (= Fachserie 1: Bevölkerung und Erwerbstätigkeit, Reihe 1). Wiesbaden. Eigene Berechnungen. Eigener Entwurf.
Abb. 6: Wanderungen zwischen den Ländern: StBA (Hrsg.) (versch. Jahrgänge): Gebiet und Bevölkerung (= Fachserie 1: Bevölkerung und Erwerbstätigkeit, Reihe 1). Wiesbaden. Eigene Berechnungen. Eigener Entwurf.

Bildnachweis
S. 108: copyright argus Fotoarchiv/M. Specht

S. 112-113: Entwicklung interregionaler Wanderungen in den 1990er Jahren

Autoren: Dr. Hansjörg Bucher, Referat I 4 Wirtschaft und Gesellschaft, Bundesamt für

Bauwesen und Raumordnung, Am Michaelshof 8, 53177 Bonn
Dr. Frank Heins, Istituto di Ricerche sulla Popolazione, Viale Beethoven 56, 00198 Roma, I

Kartographische Bearbeiter

Abb. 1: Red.: B. Hantzsch; Bearb.: R. Richter
Abb. 2: Konstr.: H. Bucher, F. Heins; Red.: B. Hantzsch; Bearb.: R. Bräuer
Abb. 3: Red.: B. Hantzsch; Bearb.: M. Schmiedel
Abb. 4: Konstr.: H. Bucher, F. Heins; Red.: B. Hantzsch; Bearb.: R. Richter

Literatur

Böltken, F., H. Bucher u. H. Janich (1997): Wanderungsverflechtungen und Hintergründe räumlicher Mobilität in der Bundesrepublik Deutschland seit 1990. In: Informationen zur Raumentwicklung. Heft 1/2, S. 35-50.
Kemper, F.-J. (1997): Internal migration and the business cycle: the example of West Germany. In: Blotevogel, H. H. u. A. J. Fielding (Hrsg.): People, jobs and mobility in the new Europe. Chichester u.a., S. 227-245.
Kemper, F.-J. (1999): Binnenwanderungen und Dekonzentration der Bevölkerung. Jüngere Entwicklungen in Deutschland. In: Schultz, H.-D. (Hrsg.): Quodlibet Geographicum. Einblicke in unsere Arbeit. Berlin (= Berliner Geographische Arbeiten. Heft 90), S. 105-122.
Kontuly, T. u. K.-P. Schön (1994): Changing western German internal migration systems during the second half of the 1980s. In: Environment and Planning A. Heft 10, S. 1521-1543.

Quellen von Karten und Abbildungen

Abb. 1: Wanderungssaldoraten der Regionstypen 1991-1997: Laufende Raumbeobachtung des BBR. Eigene Berechnungen (unter Ausschluss der Kreise mit Aufnahmeeinrichtungen). Eigener Entwurf.
Abb. 2: Interregionale Zu- und Fortzugsraten 1994-1997: Laufende Raumbeobachtung des BBR. Eigene Berechnungen (unter Ausschluss der Kreise mit Aufnahmeeinrichtungen). Eigener Entwurf.
Abb. 3: Interregionale Wanderungen 1991: Laufende Raumbeobachtung des BBR. Eigene Berechnungen (unter Ausschluss der Kreise mit Aufnahmeeinrichtungen).
Abb. 4: Interregionale Wanderungen 1995-1997: Laufende Raumbeobachtung des BBR. Eigene Berechnungen (unter Ausschluss der Kreise mit Aufnahmeeinrichtungen). Eigener Entwurf.

Bildnachweis

S. 112: Wohnungsbau in Stahnsdorf bei Berlin: copyright G. Herfert

S. 114-115: Entwicklung intraregionaler Wanderungen in den 1990er Jahren

Autoren: Dr. Hansjörg Bucher, Referat I 4 Wirtschaft und Gesellschaft, Bundesamt für Bauwesen und Raumordnung, Am Michaelshof 8, 53177 Bonn
Dr. Frank Heins, Istituto di Ricerche sulla Popolazione, Viale Beethoven 56, 00198 Roma, I

Kartographische Bearbeiter

Abb. 1: Red.: B. Hantzsch; Bearb.: S. Dutzmann
Abb. 2, 4: Konstr.: H. Bucher, F. Heins; Red.: B. Hantzsch; Bearb.: R. Bräuer
Abb. 3: Konstr.: H. Bucher, F. Heins; Red.: B. Hantzsch; Bearb.: M. Zimmermann

Literatur

Bucher, H. u. M. Kocks (1987): [II. Entwicklung von Stadtregionen und Städten: Empirische Analysen auf der Basis der Laufenden Raumbeobachtung]: Die Suburbanisierung in der ersten Hälfte der 80er Jahre. In: Informationen zur Raumentwicklung. Heft 11/12, S. 689-707.
Frick, J. (1998): Kleinräumliche Mobilität und Wohnungsmarkt. Empirische Ergebnisse für Westdeutschland 1984-1994. In: Informationen zur Raumentwicklung. Heft 11/12, S. 777-791.
Herfert, G. (1998): Stadt-Umland-Wanderung in den 90er Jahren. Quantitative und qualitative Strukturen in den alten und neuen Ländern. In: Informationen zur Raumentwicklung. Heft 11/12, S. 763-776.
Koch, R. (1992): Mobile und nichtmobile Bevölkerungsgruppen in der Region München. In: ARL (Hrsg.): Regionale und biographische Mobilität im Lebensverlauf. Hannover (= ARL Forschungs- und Sitzungsberichte. Band189), S. 90-104.
München, Referat für Stadtplanung und Bauordnung (Hrsg.) (1993): Wanderungsbeziehungen und Bevölkerungsprognosen der Landeshauptstadt München. München (= Arbeitsberichte zur Stadtentwicklungsplanung 27).

Quellen von Karten und Abbildungen

Abb. 1: Leben in der Stadt: Eigener Entwurf.
Abb. 2: Wanderungssaldoraten der siedlungsstrukturellen Kreistypen 1991-1997: Laufende Raumbeobachtung des BBR. Eigene Berechnungen (unter Ausschluss der Kreise mit Aufnahmeeinrichtungen).
Abb. 3: Intraregionale Wanderungsraten zwischen den siedlungsstrukturellen Kreistypen 1995-1997: Laufende Raumbeobachtung des BBR. Eigene Berechnungen (unter Ausschluss der Kreise mit Aufnahmeeinrichtungen).
Abb. 4: Wanderungsvolumen und Wanderungseffizienz 1995-1997 bezogen auf München: Laufende Raumbeobachtung des BBR. Eigene Berechnungen (unter Ausschluss der Kreise mit Aufnahmeeinrichtungen).

Bildnachweis

S. 114: Häufiger Umzugsgrund ins Umland: Fehlender Platz für Kinder: copyright argus Fotoarchiv/K.-B. Karwasz

S. 116-119: Stadt-Umland-Wanderungen nach 1990

Autor: Dr. Günter Herfert, Institut für Länderkunde, Schongauerstr. 9, 04329 Leipzig

Kartographische Bearbeiter

Abb. 1: Red.: K. Großer; Bearb.: R. Richter
Abb. 2: Red.: K. Großer; Bearb.: R. Bräuer
Abb. 3, 6, 7: Red.: K. Großer; Bearb.: M. Zimmermann
Abb. 4, 5, 9: Konstr.: U. Hein; Red.: S. Dutzmann, K. Großer; Bearb.: S. Dutzmann
Abb. 8: Red.: K. Großer; Bearb.: M. Zimmermann

Literatur

Aring, J. (1999): Suburbia – Postsuburbia – Zwischenstadt. Die jüngere Wohnsiedlungsentwicklung im Umland der großen Städte Westdeutschlands und Folgerungen für die Regionale Planung und Steuerung. Hannover (= ARL Arbeitsmaterial. Nr. 62).
Böltken, F. (1995): Muster räumlicher Mobilität in Stadtregionen. In: Verband Deutscher Städtestatistiker (Hrsg.): Jahresbericht 1995. Tagungsbericht der Statistischen Woche 1995 in Leipzig. Berichte der Ausschüsse und Regionalen Arbeitsgemeinschaften. Oberhausen, S. 214-232.
Herfert, G. (1998): Stadt-Umland-Wanderung in den 90er Jahren. Quantitative und qualitative Strukturen in den alten und neuen Ländern. In: Informationen zur Raumentwicklung. Heft 11/12, S. 763-776.
Herfert, G. (2000): Wohnsuburbanisierung in sächsischen Stadtregionen – Trends der 90er Jahre. In: Eckart K. u. S. Tzschaschel (Hrsg.): Räumliche Konsequenzen der sozialökonomischen Wandlungsprozesse in Sachsen (seit 1990). Berlin (= Schriftenreihe der Gesellschaft für Deutschlandforschung. Band 74), S. 185-200.
Pfeiffer, U., H. Simons u. L. Porsch (2000): Wohnungswirtschaftlicher Strukturwandel in den neuen Bundesländern. Bericht der Kommission. Im Auftrag des BMVBW. Berlin. Auch online im Internet unter: http://www.bmvbw.de
Sailer-Fliege, U. (1998): Die Suburbanisierung der Bevölkerung als Element raumstruktureller Dynamik in Mittelthüringen. Das Beispiel Erfurt. In: Zeitschrift für Wirtschaftsgeographie. Heft 2, S. 97-116.
Wiegelmann-Uhlig, E. (Bearb.) (1998): Motive der Stadt-Umland-Wanderung in der Region Karlsruhe 1997. Ergebnisse einer Befragung zu den Wanderungsmotiven der Fortgezogenen von Karlsruhe in die Region. Karlsruhe (= Stadt Karlsruhe, Amt für Stadtentwicklung, Statistik und Stadtforschung: Beiträge zur Stadtentwicklung, Heft 6).

Quellen von Karten und Abbildungen

Abb. 1: Stadt-Umland-Wanderung in ausgewählten Großstadtregionen 1970/1990-1998: StÄdL. Eigene Berechnungen.
Abb. 2: Wanderungssalden der Oberzentren mit ihrem Umland 1993-1998: StÄdL. Eigene Berechnungen.
Abb. 3: Haushaltsstruktur der Stadt-Umland-Wanderer ausgewählter Großstadtregionen Mitte der 90er Jahre: Herfert, G. (1998). Sailer-Fliege, U. (1998).
Abb. 4: Stadt-Umland-Wanderung 1993-1998: StÄdL.
Abb. 5: Zuzüge ins Umland aus den Oberzentren 1993-1998: StÄdL. Eigene Berechnungen.
Abb. 6: Haushaltsstruktur der Bevölkerung und der Stadt-Umland-Wanderer 1996: Wiegelmann-Uhlig, E. (Bearb.) (1998).
Abb. 7: Altersstruktur der Stadt-Umland-Wanderer 1995/96: StÄdL BW, SN.
Abb. 8: Typische Haushaltsstrukturen der Stadt-Umland-Wanderer 1994/1995: Herfert (2000).
Abb. 9: Fortzüge aus dem Umland in die Oberzentren 1993-1998: StÄdL. Eigene Berechnungen.

S. 120-123: Altersselektivität der Wanderungen

Autoren: Dr. Hansjörg Bucher, Referat I 4 Wirtschaft und Gesellschaft, Bundesamt für Bauwesen und Raumordnung, Am Michaelshof 8, 53177 Bonn
Dr. Frank Heins, Istituto di Ricerche sulla Popolazione, Viale Beethoven 56, 00198 Roma, I

Kartographische Bearbeiter

Abb. 1, 2, 3, 5, 7, 8: Konstr.: H. Bucher, F. Heins; Red.: K. Großer; Bearb.: S. Dutzmann
Abb. 4: Konstr.: H. Bucher, F. Heins; Red.: K. Großer; Bearb.: S. Dutzmann, N. Frank
Abb. 6: Konstr.: H. Bucher, F. Heins; Red.: K. Großer; Bearb.: S. Dutzmann, N. Frank

Literatur

Gatzweiler, H.-P. (1975): Zur Selektivität interregionaler Wanderungen. Ein theoretisch-empirischer Beitrag zur Analyse und Prognose altersspezifischer interregionaler Wanderungen. Bonn-Bad Godesberg (= Forschungen zur Raumentwicklung. Band 1).
Kemper, F.-J. (1999): Binnenwanderungen und Dekonzentration der Bevölkerung. Jüngere Entwicklungen in Deutschland. In: Schultz, H.-D. (Hrsg.): Quodlibet Geographicum. Einblicke in unsere Arbeit. Berlin (= Berliner Geographische Arbeiten. Heft 90), S. 105-122.
Kontuly, T. u.a. (1997): Political unification and regional consequences of German east-west migration. In: International Journal of Population Geography. Nr. 1, S. 31-47.
Mammey, U. (1977): Räumliche Aspekte der sozialen Mobilität in der Bundesrepublik Deutschland. In: Zeitschrift für Bevölkerungswissenschaft. Heft 4, S. 23-49.
Rogers, A., R. Racquillet u. L. J. Castro (1978): Model migration schedules and their applications. In: Environment and Planning A. Nr. 5, S. 475-502.
Weiss, W. u. A. Hilbig (1998): Selektivität von Mobilitätsprozessen am Beispiel Mecklenburg-Vorpommern. In: Informationen zur Raumentwicklung. Heft 11/12, S. 793-802.

Quellen von Karten und Abbildungen

Abb. 1: Alter der Migranten über Ländergrenzen 1995: StBA (Hrsg.) (versch. Jahrgänge): Gebiet und Bevölkerung (=Fachserie 1: Bevölkerung und Erwerbstätigkeit, Reihe 1). Wiesbaden.
Abb. 2: Interregionale Zuzugsraten 1991-1997: Laufende Raumbeobachtung des BBR. Eigene Berechnungen (unter Ausschluss der Kreise mit Aufnahmeeinrichtungen).
Abb. 3: Interregionale Fortzugsraten 1991-1997: Laufende Raumbeobachtung des BBR. Eigene Berechnungen (unter Ausschluss der Kreise mit Aufnahmeeinrichtungen).
Abb. 4: Altersspezifische Binnenwanderung 1995-1997: Laufende Raumbeobachtung des BBR. Eigene Berechnungen (unter Ausschluss der Kreise mit Aufnahmeeinrichtungen).
Abb. 5: Migrationsbäume der alten und neuen Länder: Laufende Raumbeobachtung des BBR. Eigene Berechnungen (unter Ausschluss der Kreise mit Aufnahmeeinrichtungen).
Abb. 6: Bevölkerungsanteil und Saldoraten der 18-29-Jährigen 1995-1997: Laufende Raumbeobachtung des BBR. Eigene Berechnungen (unter Ausschluss der Kreise mit Aufnahmeeinrichtungen).
Abb. 7: Altersspezifische Wanderung mit München 1995-1997: Laufende Raumbeobachtung des BBR. Eigene Berechnungen (unter Ausschluss der Kreise mit Aufnahmeeinrichtungen).
Abb. 8: Altersspezifische Binnen- und Außenwanderung 1995-1997: Laufende Raumbeobachtung des BBR. Eigene Berechnungen (unter Ausschluss der Kreise mit Aufnahmeeinrichtungen). Eigener Entwurf.

S. 124-125: Binnenwanderungen älterer Menschen

Autor: Prof. Dr. Klaus Friedrich, Institut für Geographie der Martin-Luther-Universität Halle-Wittenberg, August-Bebel-Str. 13 c, 06108 Halle (Saale)

Kartographische Bearbeiter

Abb. 1, 3: Konstr.: M. Sauerwein; Red.: K. Großer; Bearb.: B. Hantzsch
Abb. 2: Konstr.: M. Sauerwein; Red.: B. Hantzsch; Bearb.: B. Hantzsch
Abb. 4: Konstr.: M. Sauerwein; Red.: B. Hantzsch; Bearb.: R. Richter
Abb. 5: Konstr.: M. Sauerwein; Red.: B. Hantzsch; Bearb.: B. Hantzsch

Literatur

Friedrich, K. (1995): Altern in räumlicher Umwelt. Sozialräumliche Interaktionsmuster älterer Menschen in Deutschland und in den USA. Darmstadt (= Darmstädter Geographische Studien. Heft 10).
Friedrich, K. (1996): Intraregionale und interregionale Muster und Prinzipien der Mobilität älterer Menschen. In: Enquete-Kommission Demographischer Wandel des Deutschen Bundestags. (Hrsg.): Herausforderungen unserer älter werdenden Gesellschaft an den Einzelnen und die Politik. Heidelberg, S. 501-618.
Friedrich, K. (1997): Binnenwanderungen älterer Menschen. In: IfL (Hrsg.): Atlas Bundesrepublik Deutschland. Pilotband. Leipzig, S. 48-49.
Friedrich, K. u. A. M. Warnes (2000): Understanding contrasts in later life migration patterns: Germany, Britain and the United States. In: Erdkunde. Heft 2, S. 108-120.
Janich, H. (1991): Die regionale Mobilität älterer Menschen. Neuere Ergebnisse der Wanderungsforschung. In: Informationen zur Raumentwicklung. Heft 3/4, S. 137-148.
Kemper, F.-J. (1993): Migrations of the elderly in West-Germany: developments 1970-1990. In: Espace, Populations, Sociétiés. Nr. 3, S. 477-487.
Kemper, F.-J. u. W. Kuls (1986): Wanderungen älterer Menschen im ländlichen Raum am Beispiel der nördlichen Landesteile von Rheinland-Pfalz. Bonn (= Arbeiten zur Rheinischen Landeskunde. Heft 54).

NESTMANN, E. (1989): Bedeutung der Infrastruktur für die Ruhestandswanderung. Karlsruhe (= Institut für Städtebau und Landesplanung: Schriftenreihe 22).

Quellen von Karten und Abbildungen

Abb. 1: Migration im Altersverlauf, 90er Jahre,
Abb. 2: Binnenwanderungsverflechtungen zwischen Gebietstypen,
Abb. 3: Reichweite der Binnenwanderungen älterer Migranten,
Abb. 4: Binnenwanderungen älterer Menschen 1997,
Abb. 5: Binnenwanderungen älterer Menschen 1997: STÄDBL (Hrsg.) (1999): [CD-ROM] Statistik Regional 1999. Daten und Informationen der Statistischen Ämter des Bundes und der Länder. Wiesbaden. Laufende Raumbeobachtung des BBR.

S. 126-127: Vom Auswanderungs- zum Einwanderungsland

Autor: Dipl.-Geogr. Frank Swiaczny, Geographisches Institut der Universität Mannheim, Schloss, 68131 Mannheim

Kartographische Bearbeiter

Abb. 1, 2, 4, 5: Konstr.: F. Swiaczny; Red.: K. Großer; Bearb.: M. Zimmermann
Abb. 3, 6: Konstr.: S. Specht; Red.: K. Großer, W. Kraus; Bearb.: S. Specht

Literatur

BADE, K. J. (1996): Transnationale Migration, ethnonationale Diskussion und staatliche Migrationspolitik im Deutschland des 19. und 20. Jahrhundert. In: BADE, K. J. (Hrsg.): Migration, Ethnizität, Konflikte. Systemfragen und Fallstudien. Osnabrück (= Schriften des Instituts für Migrationsforschung und Interkulturelle Studien (IMIS) der Universität Osnabrück. Band 1), S. 403-430.
BÄHR, J. (1995): Internationale Wanderungen in Vergangenheit und Gegenwart. In: Geographische Rundschau. Heft 7/8, S. 398-404.
CHAMPION, A. G. (1994): International migration and demographic change in the developed world. In: Urban Studies. Nr. 4/5, S. 653-677.
HERBERT, U. (1993): ‚Ausländereinsatz' in der deutschen Kriegswirtschaft, 1939-1945. In: BADE, K. J. (Hrsg.) (1993), S. 354-367.
JACOBMEYER, W. (1993): Ortlos am Ende des Grauens: ‚Displaced Persons' in der Nachkriegszeit. In: BADE, K. J. (Hrsg.) (1993), S. 367-373.
KÖLLMANN, W. u. P. MARSCHALCK (Hrsg.) (1972): Bevölkerungsgeschichte. Köln (= Neue wissenschaftliche Bibliothek. Geschichte. Band 54).
KONTULY, T. u. B. DEARDEN (1998): Regionale Umverteilungsprozesse der Bevölkerung in Europa seit 1970. In: Informationen zur Raumentwicklung. Heft 11/12, S. 713-722.
MARETZKE, S. (1998): Regionale Wanderungsprozesse in Deutschland sechs Jahre nach der Vereinigung. In: Informationen zur Raumentwicklung. Heft 11/12, S. 743-762.
MARSCHALCK, P. (1973): Deutsche Überseewanderung im 19. Jahrhundert. Ein Beitrag zur soziologischen Theorie der Bevölkerung. Stuttgart (= Industrielle Welt 14).
MÜNZ, R., W. SEIFERT u. R. ULRICH (1997): Zuwanderung nach Deutschland. Strukturen, Wirkungen, Perspektiven. Frankfurt a. M., New York.
MÜNZ, R. u. R. ULRICH (1998): Migration und Integration von Zuwanderern. Optionen für Deutschland. In: Informationen zur Raumentwicklung. Heft 11/12, S. 697-711.
RÖDER, W. (1993): Die Emigration aus dem nationalsozialistischen Deutschland. In: BADE, K. J. (Hrsg.) (1993), S. 345-353.
THISTLETHWAITE, F. (1972): Europäische Überseewanderung im 19. und 20. Jahrhundert. In: KÖLLMANN, W. u. P. MARSCHALCK, S. 323-355.
WENDT, H. (1991): Übersiedler aus der DDR 1950 bis 1990 – Ursachen, Verlauf, Strukturen. In: Berichte zur deutschen Landeskunde. Heft 1, S. 203-222.
WENDT, H. (1994): Von der Massenflucht zur Binnenwanderung. Die deutsch-deutschen Wanderung vor und nach der Vereinigung. In: Geographische Rundschau. Heft 3, S. 136-140.
ZELINSKY, W. (1971): The hypothesis of the mobility transition. In: The Geographical Review. Nr. 2, S. 219-249.

Quellen von Karten und Abbildungen

Abb. 1: Überseewanderungen aus Deutschland 1820-1928: BURGDÖRFER, F. (1930). StBA.
Abb. 2: Mobilitätstransformation: ZELINSKY, W. (1971).
Abb. 3: Auswanderungen aus Deutschland 1901-1939: StBA.
Abb. 4: Berufsgruppen der deutschen Auswanderer nach Übersee 1871/74 bis 1893/94: BURGDÖRFER, F. (1930).
Abb. 5: Ausländer und ihr Anteil an der Gesamtbevölkerung 1871-1933: HUBERT, M. (1998).
Abb. 6: Ausländer 1900 und Auswanderer 1871-1928: BURGDÖRFER, F. (1930).

Bildnachweis

S. 127: Auswanderung – Hamburger Hafen: copyright Staatsarchiv Hamburg

Methodische Anmerkung

Die historische Wanderungsstatistik, die auch den hier veröffentlichten Karten zugrunde liegt, weist z.T. erhebliche methodische Probleme auf. Vor allem für das 19. Jh. lässt sich die Wanderung häufig nur indirekt aus anderen Größen ableiten bzw. aus den Passagierlisten der Auswanderungsschiffe zusammenstellen. Die Differenz zwischen den Auswanderungszahlen aus Deutschland nach den USA und der amerikanischen Einwanderungsstatistik weist zudem darauf hin, dass Migration vielfach in mehreren Etappen durchgeführt wurde. Sowohl Herkunfts- als auch Zielorte der Wanderungsstatistik können hierdurch verfälscht werden. Remigration bzw. Mehrfachmigration werden in der Statistik nicht gesondert ausgewiesen. In der älteren Wanderungsstatistik wird meist nur die Überseewanderung berücksichtigt, die zwar den größten Anteil der Gesamtwanderung ausmacht, aber bei Weitem nicht 100% (DINKEL U. LEBOK 1994). Die hohen Abwanderungszahlen aus den Hansestädten Hamburg und Bremen in Abb. 6 sind Folge der Transitfunktion beider Häfen für die Auswanderung aus Deutschland.

Allgemeine Erklärung der Menschenrechte (UNO) vom 10. Dezember 1948

Artikel 13 (Freizügigkeit)

1. Jeder Mensch hat das Recht auf Freizügigkeit und freie Wahl seines Wohnsitzes innerhalb eines Staates.
2. Jeder Mensch hat das Recht, jedes Land, einschließlich seines eigenen, zu verlassen sowie in sein Land zurückzukehren.

Quelle: amnesty international (http://www.amnesty.de/kampagnen/aedmr50/aemr.htm#hd15)

S. 128-129: Außenwanderungen

Autor: Dipl.-Geogr. Frank Swiaczny, Geographisches Institut der Universität Mannheim, Schloss, 68131 Mannheim

Kartographische Bearbeiter

Abb. 1, 4: Konstr.: F. Swiaczny; Red.: B. Hantzsch; Bearb.: R. Richter
Abb. 2: Konstr.: F. Swiaczny; Red.: K. Großer; Bearb.: M. Schmiedel
Abb. 3: Konstr.: F. Swiaczny; Red.: B. Hantzsch; Bearb.: B. Hantzsch

Literatur

s. Anhang zum Beitrag Swiaczny, internationale Wanderung

Quellen von Karten und Abbildungen

Abb. 1: Zu- und Fortzüge sowie Wanderungssalden von Deutschen und Ausländern 1974-1997: StBA. Eigene Bearbeitung.
Abb. 2: Fortzüge von Deutschen in das Ausland: StBA. Eigene Bearbeitung.
Abb. 3: Migration mit europäischen Ländern 1990-1997: StBA. Eigene Bearbeitung.
Abb. 4: Internationale Wanderung von Deutschen und Ausländern 1974-1997: BBR. StBA. Eigene Bearbeitung.

Methodische Anmerkung

Die amtliche Statistik vermerkt als Außenwanderung Zu- und Fortzüge aus und nach dem Ausland. Die neuen Länder sind seit 1991 in der Außenwanderungsstatistik enthalten. Die Erfassung der Wanderung erfolgt über die An- und Abmeldebescheinigungen, ohne dass bei der Erfassung für die Niederlassung in Deutschland oder im Ausland eine Mindestaufenthaltsdauer festgesetzt ist. Die mehrfache oder periodische Wanderung einer Personen, z.B. innerhalb eines Jahres, wird nicht gesondert ausgewiesen, so dass die Wanderungsstatistik die Zahl der Wanderungsfälle, nicht jedoch die der wandernden Personen angibt.

S. 130-131: Regionale Differenzierung der Außenwanderung

Autor: Dipl.-Geogr. Frank Swiaczny, Geographisches Institut der Universität Mannheim, Schloss, 68131 Mannheim

Kartographische Bearbeiter

Abb. 1: Red.: B. Hantzsch; Bearb.: R. Bräuer
Abb. 2: Red.: B. Hantzsch; Bearb.: R. Richter
Abb. 3: Red.: B. Hantzsch; Bearb.: M. Zimmermann
Abb. 4: Red.: B. Hantzsch; Bearb.: B. Hantzsch

Literatur

s. Anhang zum Beitrag Swiaczny, internationale Wanderung

Quellen von Karten und Abbildungen

Abb. 1: Außenwanderungsbilanz 1996 und 1998: BBR. Eigene Bearbeitung.
Abb. 2: Außenwanderungsbilanz 1996 und 1998: BBR.
Abb. 3: Internationale Wanderungen der Bevölkerung im nichterwerbsfähigen Alter 1998: BBR. Eigene Bearbeitung.
Abb. 4: Außenwanderung 1996 und 1998: BBR. Eigene Bearbeitung.

Methodische Anmerkungen

Die regionale Differenzierung der Außenwanderung berücksichtigt nur den Ort des Zu- oder Fortzuges. Ein großer Teil der Zuwanderung von Asylbewerbern, Flüchtlingen und Aussiedlern wird in Deutschland in zentralen Erstaufnahmeeinrichtungen registriert. Deren Standorte führen in der Folge zu einer Verzerrung der Wanderungsstatistik für die betroffenen Kreise, die weit überdurchschnittliche Migrationsgewinne aufweisen. Während die Zuwanderung in diese Kreise als *Außenwanderung* erfasst wird, erscheint die sich anschließende Verteilung an die Aufnahmekreise und Gemeinden als überdurchschnittlicher Wanderungsverlust in der *Binnenwanderungs*statistik.

Die Bezeichnungen Agglomerationsraum, verstädterter Raum und ländlicher Raum sowie Kernstadt, hochverdichteter bzw. verdichteter und ländlicher Kreis im Text beziehen sich auf die entsprechende Klassifikation des BBR.

S. 132-135: Aussiedler

Autoren: WD Hon.Prof. Dr. Ulrich Mammey, Bundesinstitut für Bevölkerungsforschung, Friedrich-Ebert-Allee 4, 65180 Wiesbaden
Dipl.-Geogr. Frank Swiaczny, Geographisches Institut der Universität Mannheim, Schloss, 68131 Mannheim

Kartographische Bearbeiter

Abb.1, 2, 6, 7: Red.: K. Großer; Bearb.: R. Bräuer
Abb. 3: Red.: K. Großer; Bearb.: S. Dutzmann
Abb. 4, 5: Konstr.: B. Hantzsch; Red.: B. Hantzsch, Bearb.: R. Richter
Abb. 8: Red.: B. Hantzsch; Bearb.: Ingenieurbüro f. Kart. J. Zwick, editiert B. Hantzsch

Literatur

BALS, C. (1991): Aus- und Übersiedler als Herausforderung für die Raumplanung. In: GOPPEL, K. u. F. SCHAFFER (Hrsg.): Raumplanung in den 90er Jahren. Grundlagen, Konzepte, politische Herausforderungen in Deutschland und Europa – Bayern im Blickpunkt. Festschrift für Karl Ruppert. Augsburg (= Beiträge zur Angewandten Sozialgeographie. Sonderband 24), S. 68-76.
BEAUFTRAGTER DER BUNDESREGIERUNG FÜR AUSSIEDLERFRAGEN (Hrsg.) (versch. Jahrgänge): Info-Dienst Deutsche Aussiedler. Bonn.
BÜRKNER, H.-J. (1998): Kleinräumliche Wohnsegregation von Aussiedlern in der Bundesrepublik Deutschland. In: Zeitschrift für Bevölkerungswissenschaft. Heft 1, S. 55-69.
BÜRKNER, H.-J., W. HELLER u. H.-J. HOFMANN (1997): Geographische Aussiedlerforschung in den achtziger und neunziger Jahren. In: GÜSSEFELDT, J. u. J. SPÖNEMANN (Hrsg.): Geographie in der Grundlagenforschung und als Angewandte Wissenschaft. Göttinger Akzente. Göttingen (= Göttinger Geographische Abhandlungen. Heft 100), S. 215-231.
BUNDESZENTRALE FÜR POLITISCHE BILDUNG (Hrsg.) (2000): Aussiedler. München (= Informationen zur politischen Bildung. Heft 267).
GÖDDECKE-STELLMANN, J. (1994): Räumliche Implikationen der Zuwanderung von Aussiedlern und Ausländern. Rückkehr zu alten Mustern oder Zeitenwende? In: Informationen zur Raumentwicklung. Heft 5/6, S. 373-386.
HABERLAND, J. (1994): Eingliederung von Aussiedlern. Sammlung von Texten, die für die Eingliederung von Aussiedlern (Spätaussiedlern) aus den osteuropäischen Staaten von Bedeutung sind. 6., überarb. Aufl. Leverkusen (= Eine Heggen-Publikation).
HOFMANN, H.-J., H.-J. BÜRKNER u. W. HELLER (1992): Aussiedler – eine neue Minorität. Forschungsergebnisse zum räumlichen Verhalten sowie zur ökonomischen und sozialen Integration. Göttingen (= Praxis Kultur- und Sozialgeographie. Heft 9).
HOFMANN, H.-J., W. HELLER u. H.-J. BÜRKNER (1991): Aussiedler in der Bundesrepublik Deutschland. In: Geographische Rundschau. Heft 12, S. 736-739.
LEDERER, H. W. (1997): Migration und Integration in Zahlen. Ein Handbuch. Bonn (= Forum Migration 4).
LÜTTINGER, P. (1986): Der Mythos der schnellen Integration. Eine empirische Untersuchung zur Integration der Vertriebenen und Flüchtlinge in der Bundesrepublik Deutschland bis 1971. In: Zeitschrift für Soziologie. Heft 1, S. 20-36.
MAKROLOG GESELLSCHAFT FÜR LOGIK- UND COMPUTERANWENDUNGEN: Das Bundesgesetzblatt ab 1949 (Ausgabe von Makrolog): online im Internet unter: http://www.recht.makrolog.de
MAMMEY, U. (1999): Segregation, regionale Mobilität und soziale Integration von Aussiedlern. In: BADE, K. J. u. J. OLTMER (Hrsg.): Aussiedler: deutsche Einwanderer aus Osteuropa. Osnabrück (= Schriften des Instituts für Migrationsforschung und Interkulturelle Studien (IMIS) der Universität Osnabrück. Band 8), S. 107-126.
MAMMEY, U. u. R. SCHIENER (1998): Zur Eingliederung der Aussiedler in die Gesellschaft der Bundesrepublik Deutschland. Ergebnisse einer Panelstudie des Bundesinstituts für Bevölkerungsforschung. Opladen (= Schriftenreihe des Bundesinstituts für Bevölkerungsforschung. Band 25).
MÜNZ, R. u. R. OHLIGER (1998a): Deutsche Minderheiten in Ostmittel- und Osteuropa, Aussiedler in Deutschland. Eine Analyse ethnisch privilegierter Migration. 3., aktual. u. erweit. Aufl. Berlin (= Demographie aktuell. Nr. 9).
MÜNZ, R. u. R. OHLIGER (1998b): Long-distance citizens. Ethnic Germans and their immigration to Germany. In: SCHUCK, P. H. u. R. MÜNZ (Hrsg.): Paths to inclusion. The integration of migrants in the United States and Germany. New York, Oxford (= Migration and refugees. Volume 5), S. 155-201.
REICHLING, G. (1986): Die deutschen Vertriebenen in Zahlen. Teil 1: Umsiedler,

Verschleppte, Vertriebene, Aussiedler. Bonn.
RUDOLPH, H. (1994): Dynamics of immigration in a nonimmigrant country: Germany. In: FASSMANN, H. u. R. MÜNZ (Hrsg.): European migration in the late twentieth century. Historical patterns, actual trends, and social implications. Aldershot u.a., S. 113-126.
SWIACZNY, F. (2000): Innerstädtische Migration von Aussiedlern. Räumliches Verhalten und Netzwerke als Ursache für Konfliktpotentiale am Beispiel der Stadt Mannheim. In: Sozialwissenschaft und Berufspraxis. Nr. 1, S. 61-85.
THRÄNHARDT, D. (1999): Integration und Partizipation von Einwanderergruppen im lokalen Kontext. In: BADE, K. J. u. J. OLTMER (Hrsg.): Aussiedler: deutsche Einwanderer aus Osteuropa. Osnabrück (= Schriften des Instituts für Migrationsforschung und Interkulturelle Studien (IMIS) der Universität Osnabrück. Band 8), S. 107-126.
ULRICH, R. E. (1994): Vertriebene und Aussiedler. The immigration of ethnic Germans. In: STEINMAN, G. u. R. E. ULRICH (Hrsg.): The economic consequences of immigration to Germany. Heidelberg (= Studies in contemporary economics), S. 155-177.
VEITH, K. (1994a): Auswahlbibliographie zum Thema „Ausländer und Aussiedler". In: Informationen zur Raumentwicklung. Heft 5/6, S. 419-426.
VEITH, K. (1994b): Überlegungen zur Zuwanderung am Beispiel der Aussiedler. In: Informationen zur Raumentwicklung. Heft 5/6, S. 363-371.
WAHL, S. (1989): Zuwanderung von Aussiedlern in der Kurz- und Langfristperspektive. In: Informationen zur Raumentwicklung. Heft 5, S. 315-321.

Quellen von Karten und Abbildungen
Abb. 1: Altersstruktur der Aussiedler 1990 und 1998 sowie der einheimischen deutschen Bevölkerung 1998: Bundesverwaltungsamt.
Abb. 2: Zuzüge von Aussiedlern 1950-1999: Bundesverwaltungsamt.
Abb. 3: Aussiedler 1991-1998: HABERLAND, J. (1994). BBR. Bundesverwaltungsamt. StBA.
Abb. 4: Zuwanderung von Aussiedlern 1950-1987: REICHLING, G. (1986). Bundesverwaltungsamt.
Abb. 5: Zuwanderung von Aussiedlern 1988-1998: Bundesverwaltungsamt.
Abb. 6: Berufsstruktur der Aussiedler 1990-1998: Bundesverwaltungsamt.
Abb. 7: Typologie von Lagen sozialer Integration: MAMMEY, U. u. R. SCHIENER (1998), S. 72, Tab. 50.
Abb. 8: Deutsche Auswanderung nach Russland im 18. und 19. Jahrhundert: REICHLING, G. (1986). IZP 2000. Copyright Ingenieurbüro f. Kart. J. Zwick.

Methodische Hinweise zur Typologie von Lagen sozialer Integration von Aussiedlern (Abb. 7)
Datengrundlage der Typologie ist eine Panelstudie des Bundesinstituts für Bevölkerungsforschung. In den Jahren 1991 und 1994 wurden 1200 bzw. 600 Aussiedlerhaushalte der Zuzugskohorte 1989/91 hinsichtlich ihrer Integration in die Gesellschaft der Bundesrepublik Deutschland befragt. Die vier Typen von Lagen sozialer Integration ergeben sich aus der Kombination von guten bzw. schlechten objektiven sozialen Lagen und subjektiv als gut bzw. schlecht empfundenem Wohlbefinden nach drei- bis fünfjährigem Aufenthalt in Deutschland. Zur Gruppierung der Befragten wurde eine Clusteranalyse (Agglomerationsverfahren nach WARD) durchgeführt.
Als Indikatoren für objektive Lebensbedingungen dienten Variablen für materielle Konditionen wie Wohnform und Haushalts-Äquivalenzeinkommen, für die Messung sozialer Kontakte und sozialer Gruppenzugehörigkeit beispielsweise Kirchengebundenheit und Kontakte zu Einheimischen, aber auch die Variable Sprachkenntnisse. Zur

Messung des subjektiven Wohlbefinden wurden Variablen verwendet, die den Grad messen, in dem die Befragten Deutschland als Heimat betrachteten bzw. überwiegend positive Erfahrungen im Integrationsverlauf gemacht hatten (MAMMEY u. SCHIENER 1998, S. 63-70).

Zu den entsprechenden Gesetzestexten siehe
Bundesvertriebenengesetz (BVFG) vom 19. Mai 1953: Bundesgesetzblatt (BGBl) Teil I Nr. 22/1953 vom 22. Mai 1953;
· BVFG vom 3. September 1971: BGBl Teil I Nr. 97/1971 vom 17. September 1971;
Ausländeraufnahmegesetz (AAG) vom 28. Juni 1990: BGBl Teil I Nr. 32/1990 vom 30. Juni 1990;
Kriegsfolgenbereinigungsgesetz (KfbG) vom 21. Dezember 1992: BGBl Teil I Nr. 58/1992 vom 24. Dezember 1992.

S. 136-139: Asylbewerber – Herkunft und rechtliche Grundlagen
Autor: Dr. habil. Hartmut Wendt, Bundesamt für die Anerkennung ausländischer Flüchtlinge, Frankenstr. 210, 90461 Nürnberg

Kartographische Bearbeiter
Abb. 1, 2, 3, 4, 5, 6, 7: Konstr.: M. Horn, H. Wendt; Red.: W. Kraus, H. Wendt; Bearb.: R. Bräuer, H. Wendt
Abb. 8: Konstr.: H. Wendt; Red.: W. Kraus; H. Wendt; Bearb.: M. Zimmermann

Literatur
AMNESTY INTERNATIONAL (1997): Freiwillige Flüchtlinge gibt es nicht. Flüchtlinge schützen. Menschenrechte kennen keine Grenzen. Bonn.
BADE, K. J. (Hrsg.) (1994): Das Manifest der 60. Deutschland und die Einwanderung. München (= Beck'sche Reihe 1039).
BAFL (Hrsg.) (2000): Asyl im Blick. Das Recht, die Praxis, das Amt. 4. Aufl. Nürnberg. Anforderung online im Internet unter: http://www.bafl.de/bafl
BAFL (Hrsg.) (2000): Zuwanderung und Asyl in Zahlen. Tabellen, Diagramme, Erläuterungen. 7. Aufl. Nürnberg. Anforderung online im Internet unter: http://www.bafl.de/bafl
BEAUFTRAGTE DER BUNDESREGIERUNG FÜR AUSLÄNDERFRAGEN (2000): [4.] Bericht [der Beauftragten der Bundesregierung für Ausländerfragen] zur Lage der Ausländer in der Bundesrepublik Deutschland. Berlin, Bonn. Auch online im Internet unter: http://www.bundesauslaenderbeauftragte.de/publikationen/index.stm
BLANKE, B. (Hrsg), 1993: Zuwanderung und Asyl in der Konkurrenzgesellschaft. Opladen.
DEUTSCHER BUNDESTAG (1998): Zweiter Zwischenbericht der Enquete-Kommission „Demographischer Wandel – Herausforderungen unserer älter werdenden Gesellschaft an den einzelnen und die Politik". Bonn (= Bundestags-Drucksache 13/11460 vom 05.10.1998).
ENZENSBERGER, H. M. (1994): Die große Wanderung. Dreiunddreißig Markierungen. Mit einer Fußnote „über einige Besonderheiten bei der Menschenjagd". Frankfurt a. M. (= Suhrkamp-Taschenbuch 2334).
KÖPF, P. (1994): Stichwort Asylrecht. 2., überarb. Aufl. München (= Heyne-Bücher 19. Heyne-Sachbuch Nr. 4005. Stichwort).
SCHMALZ-JACOBSEN, C. u. G. HANSEN (Hrsg.) (1997): Kleines Lexikon der ethnischen Minderheiten in Deutschland. München (= Beck'sche Reihe 1192).
LEDERER, H. W. (1997): Migration und Integration in Zahlen. Ein Handbuch. Bonn (=Forum Migration 4).
LEDERER, H. W., R. RAU u. S. RÜHL (1999): Migrationsbericht 1999. Zu- und Abwanderung nach und aus Deutschland. Bamberg (= Mitteilungen der Beauftragten der Bundesregierung für Ausländerfragen). Auch online im Internet unter: http://www.bundesauslaenderbeauftragte.de/publikationen/index.stm sowie unter: http://www.uni-bamberg.de/efms

POLLERN, H.-I. VON (1999): Die Entwicklung der Asylbewerberzahlen im Jahre 1998. In: Zeitschrift für Ausländerrecht und Ausländerpolitik. Heft 3, S. 128-134.
WENDT, H. (1995): Asylbewerber in Deutschland. In: Geographische Rundschau. Heft 7/8, S. 443-446.
WENDT, H. (1997): Zuwanderung und Asyl in Deutschland – vor dem Hintergrund demographischer Entwicklungen. In: Zeitschrift für Bevölkerungswissenschaft. Heft 2/3, S. 319-346.

Quellen von Karten und Abbildungen
Abb. 1: Flüchtlingskategorien in Deutschland: BEAUFTRAGTE DER BUNDESREGIERUNG FÜR AUSLÄNDERFRAGEN (2000), S. 212.
Abb. 2: Asylbewerber in Europa 1999: Das Parlament Nr. 13 vom 24. März 2000.
Abb. 3: Aufnahme ausländischer Flüchtlinge 1999: BAFl, Bundesgesetzblatt 1993, Teil I, S. 1374.
Abb. 4: Ausländische Flüchtlinge 1993-1998: BEAUFTRAGTE DER BUNDESREGIERUNG FÜR AUSLÄNDERFRAGEN (2000), S. 239.
Abb. 5: Asylbewerber in Deutschland 1960-1999: BAFl 1999.
Abb. 6: Asylbewerber im europäischen Vergleich 1995-1999: Migration News Sheet, Nr. 156/96-03; S. 7, Nr. 168/97-03, S. 10. BAFl (Hrsg.) (1999): Asyl in Zahlen. Anträge, Entscheidungen, Verfahren. Tabellen und Diagramme mit Erläuterungen. 5. Aufl. Nürnberg, S. 22.
Abb. 7: Hauptherkunftsländer der Asylbewerber 1996-1999: BAFl 1999.
Abb. 8: Herkunftsstaaten und -regionen von Asylbewerbern 1995 und 1999: BAFl 2000.
Bildnachweis
S. 137: Zentrale Landesaufnahmestelle von Nordrhein-Westfalen in Unna-Massen: copyright vario-press
S. 138: Ankunft von Kosovo-Flüchtlingen am Hamburger Flughafen am 3. Juni 1999: copyright argus Fotoarchiv/T. Schmitt

S. 140-141: Struktur und Dynamik der Bevölkerung
Autor: Prof. Dr. Franz-Josef Kemper, Geographisches Institut der Humboldt-Universität zu Berlin, Chausseestr. 68, 10115 Berlin
Kartographische Bearbeiter
Abb. 1, 2, 3: Red.: K. Großer; Bearb.: S. Dutzmann
Abb. 4: Konstr.: S. Specht; Red.: K. Großer; Bearb.: S. Specht
Quellen von Karten und Abbildungen
Abb. 1: Durchschnittliche Haushaltsgröße nach Gebietskategorien des Wanderungssaldos 1997: Laufende Raumbeobachtung des BBR.
Abb. 2: Komponenten der Bevölkerungsdynamik 1997: Laufende Raumbeobachtung des BBR.
Abb. 3: Abhängigenquote der Älteren nach Gebietskategorien des Wanderungssaldos 1997 / ... natürlichen Saldos 1997: Laufende Raumbeobachtung des BBR.
Abb. 4: Struktur und Dynamik der Bevölkerung 1997: Laufende Raumbeobachtung des BBR.

S. 142-143: Die Bevölkerung der Zukunft
Autor: Dr. Hansjörg Bucher, Referat I 4 Wirtschaft und Gesellschaft, Bundesamt für Bauwesen und Raumordnung, Am Michaelshof 8, 53177 Bonn
Kartographische Bearbeiter
Abb. 1: Red.: K. Großer; Bearb.: R. Bräuer
Abb. 2: Konstr.: BBR; Red.: K. Großer; Bearb.: R. Richter
Abb. 3, 4: Konstr.: BBR; Red.: K. Großer; Bearb.: R. Bräuer
Literatur
BUCHER, H. u. M. KOCKS (1999): Die Bevölkerung in den Regionen der Bundesrepublik Deutschland – Eine Prognose des BBR bis zum Jahr 2015. In: Informationen zur Raumentwicklung. Heft 11/12, S. 755-772.
Quellen von Karten und Abbildungen
Abb. 1: Altersstrukturelle Dynamik 1997-

2015: copyright BBR. Autorenvorlage.
Abb. 2: Bevölkerungsdynamik zwischen 1997-2015: BBR-Bevölkerungsprognose 1996-2015/ROP.
Abb. 3: Altersstrukturen 2015: BBR-Bevölkerungsprognose 1996-2015/ROP.
Abb. 4: Prognose der Bevölkerungsentwicklung 1997-2015: copyright BBR. BBR-Bevölkerungsprognose 1996-2015/ROP.

S. 148-149: Farbgestaltung der Karten und Grafiken
Autor: Dr. Konrad Großer, Institut für Länderkunde, Schongauerstr. 9, 04329 Leipzig
Kartographische Bearbeiter
Abb. 1, 2, 3, 4, 5, 6, 7, 8, 9: Bearb.: R. Richter, M. Schmiedel
Literatur
BERTIN, J. (1974): Graphische Semiologie. Diagramme, Netze, Karten. Übersetzt und bearbeitet nach der 2. franz. Aufl. von Georg Jensch. Berlin, New York.
BOLLMANN, J. u. W. G. KOCH (Hrsg.) (2001): Lexikon der Kartographie und Geomatik. Heidelberg, Berlin. Im Druck.
GEBHARDT, H. u.a. (Fachkoordinatoren) (2001): Lexikon der Geographie. Heidelberg, Berlin. Im Druck.
GROSSER. K. (1983): Experimental-psychologische Tests zur kartographischen Darstellung von Entwicklungstendenzen und Salden mittels Farben. Ein Beitrag zur Theorie und experimentellen Untersuchung des Kartenlesen. Diss. A am Institut für Geographie und Geoökologie der Akademie der Wissenschaften der DDR. Leipzig.
IfL (Hrsg.) (1997): Atlas Bundesrepublik Deutschland. Pilotband. Leipzig.
IfL (Hrsg.) (1999-2001): Nationalatlas Bundesrepublik Deutschland. Heidelberg, Berlin. (1999): Band 1: Gesellschaft und Staat. Mithrsg. von HEINRITZ, G., S. TZSCHASCHEL u. K. WOLF. (2000); Band10: Freizeit und Tourismus. Mithrsg. von BECKER, C. u. H. JOB. (2001); Band 9: Verkehr und Kommunikation. Mithrsg. von DEITERS, J., P. GRÄF u. G. LÖFFLER. (2001). Mithrsg. von GANS. P. u. F.-J. KEMPER.
Quellen von Karten und Abbildungen
Abb. 1: Meistbenutzte Fondfarben und Landtöne,
Abb. 2: Farbassoziationen,
Abb. 3: Bipolare Skalen,
Abb. 4: Alter und Entwicklung, Aktualität von Daten, Betriebszustand, Prognose,
Abb. 5: Siedlungsstrukturelle Typen,
Abb. 6: Erdteile, Erdräume, Entfernungen,
Abb. 7: Verkehrsträger, Luftverschmutzung,
Abb. 8: Alte und neue Länder,
Abb. 9: Verkehrsmittel, Wirtschaftssektoren: Eigene Entwürfe K. Großer.

Sachregister